国防科技图书出版基金

现代合金电沉积
理论与技术

Modern Theory and Technology of
Alloy Electrodeposition

屠振密　安茂忠　胡会利　编著

国防工业出版社

·北京·

图书在版编目(CIP)数据

现代合金电沉积理论与技术/屠振密,安茂忠,胡会利
编著. —北京:国防工业出版社,2016.5
ISBN 978 - 7 - 118 - 10763 - 0

Ⅰ.①现… Ⅱ.①屠… ②安… ③胡… Ⅲ.①合金
—电沉积—理论研究 Ⅳ.①TG131

中国版本图书馆 CIP 数据核字(2016)第 116345 号

※

国防工业出版社出版发行

(北京市海淀区紫竹院南路 23 号 邮政编码 100048)
腾飞印务有限公司印刷
新华书店经售

*

开本 710×1000 1/16 印张 28½ 字数 569 千字
2016 年 5 月第 1 版第 1 次印刷 印数 1—2000 册 定价 128.00 元

(本书如有印装错误,我社负责调换)

国防书店:(010)88540777 发行邮购:(010)88540776
发行传真:(010)88540755 发行业务:(010)88540717

致 读 者

本书由国防科技图书出版基金资助出版。

国防科技图书出版工作是国防科技事业的一个重要方面。优秀的国防科技图书既是国防科技成果的一部分,又是国防科技水平的重要标志。为了促进国防科技和武器装备建设事业的发展,加强社会主义物质文明和精神文明建设,培养优秀科技人才,确保国防科技优秀图书的出版,原国防科工委于1988年初决定每年拨出专款,设立国防科技图书出版基金,成立评审委员会,扶持、审定出版国防科技优秀图书。

国防科技图书出版基金资助的对象是:

1. 在国防科学技术领域中,学术水平高,内容有创见,在学科上居领先地位的基础科学理论图书;在工程技术理论方面有突破的应用科学专著。

2. 学术思想新颖,内容具体、实用,对国防科技和武器装备发展具有较大推动作用的专著;密切结合国防现代化和武器装备现代化需要的高新技术内容的专著。

3. 有重要发展前景和有重大开拓使用价值,密切结合国防现代化和武器装备现代化需要的新工艺、新材料内容的专著。

4. 填补目前我国科技领域空白并具有军事应用前景的薄弱学科和边缘学科的科技图书。

国防科技图书出版基金评审委员会在总装备部的领导下开展工作,负责掌握出版基金的使用方向,评审受理的图书选题,决定资助的图书选题和资助金额,以及决定中断或取消资助等。经评审给予资助的图书,由总装备部国防工业出版社列选出版。

国防科技事业已经取得了举世瞩目的成就。国防科技图书承担着记载和弘扬这些成就,积累和传播科技知识的使命。在改革开放的新形势下,原国防科工委率先设立出版基金,扶持出版科技图书,这是一项具有深远意义的创举。此举势必促使国防科技图书的出版随着国防科技事业的发展更加兴旺。

设立出版基金是一件新生事物,是对出版工作的一项改革。因而,评审工作需要不断地摸索、认真地总结和及时地改进，这样，才能使有限的基金发挥出巨大的效能。评审工作更需要国防科技和武器装备建设战线广大科技工作者、专家、教授，以及社会各界朋友的热情支持。

让我们携起手来，为祖国昌盛、科技腾飞、出版繁荣而共同奋斗！

国防科技图书出版基金
评审委员会

前　言

随着科学技术和现代工业的迅速发展,合金电沉积技术及其基础理论也有了很大的进步。合金沉积层常具有许多优异的特性,如较高的硬度、强度、耐磨性、耐高温性,良好的磁性、易钎焊性以及美丽的外观等,因此得到了广泛的应用。近年来,合金电沉积在国防工业、航空航天、船舶和电子工业等领域的应用也越来越普及。

本书以合金电沉积理论和技术为主线,主要内容包括基本原理和工艺技术两部分。其中基本原理部分包括:①合金电沉积的历史分类和发展前景;②合金电沉积的阳极过程和阴极过程;③电沉积合金的相结构和晶体结构、合金电沉积类型和影响因素。工艺技术部分包括:①电沉积锌基合金;②电沉积铜基合金;③电沉积锡基合金;④电沉积镍基合金;⑤电沉积铁基、钴基、铬基合金;⑥电沉积贵金属合金;⑦电沉积非晶态合金;⑧电沉积纳米晶合金;⑨电沉积合金复合沉积层;⑩离子液体电沉积合金。作者在编写过程中,注重采用和推行新技术、新工艺、新材料和新设备,书内介绍了许多新近发展起来的新技术:如电沉积非晶态合金、电沉积纳米晶合金、离子液体电沉积合金及电沉积合金复合层等,使合金电沉积技术部分的内容更加充实和完善。

本书特别注重理论联系实际,密切结合生产实践,突显了该书的实用性。作者的科研团队有许多科研成果和获奖项目都已经在国防工业生产上得到应用,如电沉积锌镍合金、锡锌合金、锌钴合金、镍磷合金、镍铬合金、镍铜合金和代铬合金等。

本书还特别注意采用绿色环保电沉积技术和清洁高效的生产工艺,

使污染物在产生之前就被削减或消灭在生产过程中,从根本上解决合金电沉积的污染问题,这样才能从实质上避免污染的产生,才可能实现合金电沉积的可持续发展。

全书共分为 12 章,屠振密教授编写第 3、4、5、7 章的全部和第 1、2、9、10 章的部分内容;安茂忠教授编写第 8、11 章的全部和第 6 章的部分内容;胡会利副教授编写第 12 章的全部和第 1、2、9、10 章的部分内容。

本书在编写过程中,参阅了国内外大量的文献、科研数据和插图,并引用了课题组的杨哲龙教授、张景双教授以及张英杰、李萌初、夏保佳、周志军、李文良、杨培霞、苏彩娜等诸多研究生的实验数据和科研成果,还得到曹立新教授、刘海萍副教授、毕四富和于元春等老师的积极支持和帮助,在此一并表示衷心的感谢。

由于作者水平有限,书中疏漏之处在所难免,诚恳地希望读者提出宝贵意见和改进建议。

作　者

2015 年 10 月

目　录

Contents

第1章　合金电沉积概述、基本理论及特性

1.1　合金电沉积概述

现代工业和科学技术的飞速发展,对材料表面性能提出了越来越高的要求,表面处理技术也随之有了迅速的发展。在表面处理技术中电沉积是最有效的方法之一,它所起的作用和发展趋势已受到人们的极大重视,以往主要依靠电沉积单金属电沉积层的方法,已远远不能满足对金属电沉积层的性能要求。不同金属组成的合金电沉积层可以得到各种特殊的表面性能,而且种类繁多,可供选择的范围广泛。因此,合金电沉积在20世纪80年代就有了飞快的发展。

合金电沉积层是指含有两种或两种以上金属的电沉积层,不管这些金属在电沉积层中存在的形式和结构如何,只要它们结晶致密,凭肉眼不能区别开来,均可称为合金电沉积层,得到合金电沉积层的方法,可以采用热熔法、真空镀法、离子镀法、溅射法、化学镀法和电沉积法等。

合金电沉积是利用电化学方法使两种或两种以上金属(包括非金属)共沉积的过程。一般说来,合金电沉积中最少组分含质量分数应在1%以上。有些特殊的合金电沉积层,如 Cd – Ti、Zn – Ti、Sn – Ce 等合金电沉积层中,Ti 或 Ce 的含量虽然低于1%(质量分数),但由于对合金电沉积层的性能影响很大,通常也称为合金电沉积层。另外,有些合金电沉积层可采用复合电沉积的方法,如 Zn 与 Al 粉的共沉积等,也称为合金电沉积层。两种金属共沉积得到的合金,称为二元合金,三种金属共沉积的合金,称为三元合金,依此类推。目前,在生产上已经广泛使用的是二元合金,有少数三元合金也得到了应用。

在元素周期表中92号元素(U)之前,大约有70种金属元素,其中仅有33种可以从水溶液中沉积出来,参看图1－1。

在这33种金属元素中比较常用的金属仅有15种,它们是 Cr、Mn、Fe、Ni、Co、Cu、Zn、Cd、Au、In、Pb、Rh、Ag、Sn 和 Pt。从以上33种金属或主要是15种金属中就可以获得数百种二元合金和三元合金。

目前,国内外已研究的合金电沉积超过了500种,但在生产上实际应用的仅约50余种。主要有 Cu – Zn、Cu – Sn、Cu – Ni、Sn – Ni、Sn – Co、Sn – Zn、Sn – Ce、Cd – Ti、Zn – Ni、Zn – Co、Zn – Mn、Zn – Cr、Ni – P、Ni – Cr、Ni – W、Ni – Co、Ni – Fe、Ni – Mn、Fe – P、Pb – Sn、Pb – In、Ag – Co、Au – Ni、Ag – Zn、Ag – Sb、Pb – Sn – Cu 等。电沉积得到的二元合金见图1－2。

1 H																	2 He
3 Li	4 Be											5 B	6 C	7 N	8 O	9 F	10 Ne
11 Na	12 Mg											13 Al	14 Si	15 P	16 S	17 Cl	18 Ar
19 K	20 Ca	21 Sc	22 Ti	23 V	24 Cr	25 Mn	26 Fe	27 Ni	28 Co	29 Cu	30 Zn	31 Ga	32 Ge	33 As	34 Se	35 Br	36 Kr
37 Rb	38 Sr	39 Y	40 Zr	41 Nb	42 Mo	43 Tc	44 Ru	45 Rh	46 Pd	47 Ag	48 Cd	49 In	50 Sn	51 Sb	52 Te	53 I	54 Xe
55 Cs	56 Ba	57-71	72 Hf	73 Ta	74 W	75 Re	76 Os	77 Ir	78 Pt	79 Au	80 Hg	81 Tl	82 Pb	83 Bi	84 Po	85 At	86 Rn
87 Fr	88 Ra	89 Ac	90 Th	91 Pa	92 U												

图 1-1 在元素周期表中能从水溶液中沉积的金属(长方框内),
圆圈内的是非金属,也能从水溶液中析出

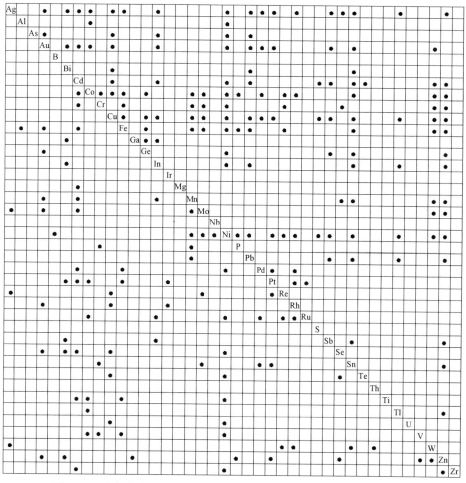

图 1-2 从水溶液中得到的二元合金,右上方是 1964 年前得到的合金,
左下方是 1964—1974 年得到的合金

1.1.1　合金电沉积的历史和发展

合金电沉积比单金属电沉积还要早些,大约在 1835—1845 年期间,研究合金电沉积的文献开始陆续发表,最早得到的是电沉积贵金属合金(如金、银的合金,主要以装饰为目的)和电沉积 Cu - Zn 合金(即黄铜)。劳尔兹(Ruolz)用电沉积的方法得到黄铜和青铜。1842 年他发表了与现代电沉积青铜相似的电沉积溶液,主要成分包括氰化亚铜和锡酸盐。

在 1850—1883 年间,美国和英国大约发表了 380 篇有关电沉积的专利,其中有近 30 篇是合金电沉积方面的,包括电沉积黄铜、青铜以及金基和银基合金等。在此时期,电沉积黄铜生产兴趣超过了电沉积铜和电沉积镍;但尚未大量应用于工业化生产,而主要使用的是电沉积铜。1905 年施皮策(Spitzer)在电化学杂志上发表了电沉积黄铜及其电沉积理论的文章。

1910 年法尔德(Fild)发表了两篇合金电沉积的专论:一篇是电沉积黄铜,另一篇是电沉积 Cu - Ag 合金。1916 年有人研究了合金电沉积的沉积电势及工艺条件对沉积合金组成的影响,并用显微镜观察了电沉积层的组织结构。霍因(Hoing)在 1910—1920 年间系统地研究了电沉积黄铜及其电沉积液性能,同时,布卢姆(Blum)等研究了电沉积 Pb - Sn 合金及性能。1925—1929 年间金属学专家用 X 射线研究了合金电沉积的结构,他们发现用电沉积得到的合金电沉积层结构与热熔法得到的合金结构相类似,但发现有的也有较大区别。

自 1930 年以后,合金电沉积的发展速度加快,1936 年,一个重要的进展即电沉积光亮 Ni - Co 合金被开发,并在工业生产上得到了应用,电沉积 Pb - Sn 合金进一步推广且应用于轴承。福斯特(Faust)等人得到了含 Cu、Fe、Ni、Sb 和 Cr 的合金电沉积。霍尔特(Holt)等人研究了电沉积 Mo 和 W 的合金。1950 年后,美国布伦纳(Brenner)等人系统地研究了铁族金属(Fe、Co 和 Ni)与 W、P 生成的合金。在英国研究了以 Sn 为基与 Ni、Cu、Sb 的合金。在苏联主要研究了含 Mn、W、Mo、Cr 与其他金属组成的合金,还有轴承合金以及合金电沉积的添加剂。劳布(Raub)教授主持的研究所用了 15 年的时间,发表了 20 篇有关合金电沉积的文章,研究的范围包括合金电沉积工艺、电沉积条件对合金组成的影响,测定合金电沉积层的性质,并用金相法和 X 射线研究了合金电沉积层的结构。

1962 年布伦纳出版了 *Electrodeposition of alloys,principles and practice* 一书,他总结了 1960 年前合金电沉积的研究成果,并比较全面详细地介绍了合金电沉积的原理与工艺特性。西瓦库马尔(Sivakumar)等撰写的 *Electrodeposition of ternary alloys* 文章总结了 1964—1969 年间电沉积三元合金的进展。

克朗(Krohn)等发表的文章 *Electrodeposition of alloys* 总结了 1970 年以前的电沉积二元合金及其应用的论文。关于合金电沉积的各种性能于 1974 年已收集整理成册,同年青谷薰等出版的《合金ぬっき技术》一书,介绍了合金电沉积的基础理论和工艺。1969 年克霍姆塔夫(Khomutov)等出版了 *Electrochemistry – Electro-deposition of metals and alloys* 一书。1976 年斯里瓦斯塔瓦(Srivastava)等在应用电化学杂志上发表了电沉积二元合金的综述 *Electrodeposition of binary alloys*。另外,费多特(Fedot)、洛温海姆(Lowenheim)和劳布等人相继发表了关于合金电沉积的文章和专著。

1980 年仓知三夫教授等的综述文章《合金ぬっき》对合金电沉积与金属学的关系、与电极的关系等作了有价值的探讨。东敬、仓知三夫、林忠夫和小西三郎等日本电沉积权威人士也对合金电沉积进行了许多研究,并发表了多篇文章。

我国于 1993 年出版了屠振密教授主编的《合金电沉积原理与工艺》,总结了国内外有关合金电沉积方面的主要论述和研究成果,还系统地研究了锌基耐蚀性二元合金(Zn – Ni、Zn – Fe、Zn – Co 和 Sn – Zn 等)的工艺和特性。2007 年屠振密教授等结合多年来教学、科研和生产实践以及国内外的发展出版了《合金电沉积实用技术》,较全面地论述了合金电沉积工艺技术和应用。2008 年曾祥德主编的《合金电沉积工艺》出版。总之,他们的工作对合金电沉积方面的理论和工艺做出了有益的贡献,推动了合金电沉积的应用、研究和发展。

1.1.2　合金电沉积层的特点

合金层与单一金属层及热熔合金相比具有以下特点。

1. 合金与单一金属层相比的特点

(1) 能够获得单一金属所没有的特殊物理特性,如导磁性、减摩性、自润滑性和钎焊性等,如 Ni – Co 合金、Pb – Sn 合金、Sn – Co 合金以及含有 MoS_2 的合金复合电沉积层等;

(2) 合金沉积层的结晶更致密、更平整、更光亮,如 Ni – Fe 合金、Cu – Ni 合金、Cu – Sn 合金等;

(3) 可获得非晶态结构的电沉积层,如 Ni – P 合金、Ni – W 合金、Fe – Mo 合金、Ni – Co – P 合金等;

(4) 合金沉积层可比组成它们的单金属层更耐磨、耐蚀、耐高温,并有高硬度和高强度,但通常其延展性和韧性会有所降低,如 Zn – Ni 合金、Zn – Fe 合金、Zn – Mn 合金等;

(5) 通常不能从水溶液沉积出来的金属,如 W、Mo、Ti、V 等金属,可与铁族金属(Fe、Co、Ni)元素共沉积,如 Zn – Ti 合金、Fe – Mo 合金等;

(6) 能够获得单一金属得不到的外观,通过调节组分和工艺条件控制,就能得到不同色彩的合金电沉积层,如仿金电沉积层、彩色电沉积镍、银合金等,使其具有更好的装饰效果。

2. 合金与热熔合金相比的特点

通常熔融方法容易获得计算量的合金组成,经过热处理,要得到预期的平衡相组织也不困难;合金电沉积在工业上的应用相对较少,其最主要原因是合金电沉积时电解条件的控制和管理比较困难,也就是说要获得一定的组成与结构的合金较难,而合金电沉积的出发点不是金属而是水合离子或配合离子,在一定的阴极电势作用下它们还原到金属原子是不可逆过程,电解液组成与合金电沉积层成分之间没有简单的关系。

决定合金电沉积组成的是各种金属离子的还原速度。而支配还原速度的主要因素是过电势、电解液中金属离子浓度、配位剂浓度、pH 值、添加剂、温度、搅拌速度以及电极表面性质等。

电沉积法得到的合金与热熔法得到的合金相比,具有以下特点:

(1) 可获得热熔法制得合金相图上没有的合金相,如电沉积 Cu – Sn 合金、Sn – Ni 合金和 Zn – Ni 合金的相图等;

(2) 容易获得高熔点金属与低熔点金属形成的合金,如 Sn – Ni 合金和 Zn – Ni 合金等;

(3) 可获得热熔法不能得到的性能优异的非晶态合金,如电沉积 Ni – P 合金和 Ni – B 合金等,而非金属 P 和 B 不能单独从水溶液中电沉积出来;

(4) 可获得水溶液中难以单独电沉积的金属,如 Ni – W 合金和 Ni – Mo 合金中的 W 和 Mo 等;

(5) 电沉积法得到的合金比一般热熔法得到的合金硬度高、耐磨性好,如 Ni – Co 合金和 Ni – P 合金等;

(6) 合金电沉积通常可以在常温下得到,不需要高的温度,节省能源。

1.1.3 合金电沉积的分类及应用

合金电沉积层具有许多单金属电沉积层所不具备的优异性能。合金电沉积层与单金属电沉积层相比,常具有较高的硬度、耐磨性、致密性、耐高温性,良好的磁性、易钎焊性以及美丽的外观等。因此,在近代已被广泛应用在国民经济的各个领域中。

1. 根据合金电沉积层中金属成分不同分类

根据金属电沉积层中金属成分的不同,可分为单金属电沉积层、双金属电沉积层(即二元合金)、三金属电沉积层(即三元合金)、含有四种金属的电沉积层(称为四元合金),通常三元合金以上的合金统称为多元合金。

(1) 二元合金电沉积。通常不能由单金属得到的特种性能的金属层,往往可由两种金属电沉积形成的合金得到,称为二元合金。该二元合金电沉积溶液成分少,工艺比较简单,容易维护和控制,故其应用比较广泛。据资料报道,目前已研究实验的已超过百种,但现在实际上用于工业生产的仅有 50 种左右。

(2) 三元合金电沉积。当采用单金属或二元合金不容易得到具有特种性能的电沉积层时,往往可以采用电沉积三元合金技术。通常它可以赋予一些产品或零件以特殊的功能性特性,故得到电沉积工作者的极大重视。但由于三元合金电沉积液中成分较多,其电沉积工艺较复杂因而电沉积层中成分难以稳定和控制,电沉积液的维护、控制和调整相对较困难。

近年来,国内外对三元合金电沉积的研究十分重视,相关研究进展很快。通常是在 Ni – Co 基、Ni – Fe 基、Ni – Cu 基、Ni – Sn 基、Fe – Co 基和 Sn – Co 基等二元合金中,加入第三种金属形成三元合金,如 Ni – Fe – Co、Ni – Co – B、Co – Mn – P、Ni – Fe – Cu 等合金。据文献资料报道,目前处于实验研究阶段的三元合金电沉积已超过百种,但多数三元合金电沉积工艺尚未投入实际生产。其中也确有一些三元合金已成功投入生产,有的已见诸产品广告,还有一些已应用于电子工业和计算机工业,并已对这两类工业的发展起到了显著作用,还有一些则已应用于日用品上,作为装饰性、防护性电沉积层。现在已经成功电沉积出的非磁性和磁性合金三元合金虽然已有百余种,但实际用于生产的还不多,仅约三十余种。

由于三元合金电沉积赋予一些产品或零件以特殊的功能性特性,而这些特殊性能是单靠基体材料以及单金属电沉积及二元合金电沉积所无法获得的,目前,国内外电沉积工作者及研究人员仍在努力研究和探索新的三元合金电沉积工艺,一些非常用金属如 W、V、Tl 以及一些贵金属和稀土元素的合金电沉积也已成为研究的课题。可以预料,国内外对三元合金电沉积的研究还会有新的发展。近年来三元合金电沉积的重要性日增,新近报道的一些三元合金,虽然绝大部分未发现任何工业上的应用,但也发现已有若干种三元合金确有重大的工业价值,如 Ni – Co 基、Ni – Fe 基和 Ni – Cu 基三元合金已用于各种计算机、电子工业的磁性薄膜以及仿金电沉积等。

(3)多元合金电沉积。选择适宜的电沉积溶液成分(三种以上的成分)和工艺条件,也可以得到四元合金镀层。由于各金属成分的性质和存在状态不同,其沉积电势也各异,要想使各成分金属能得到共沉积是非常困难的,常需要研究优选适宜的一种或几种配位剂以及导电盐、缓冲剂和表面活性剂等,这类组成的电解液,成分复杂,工艺条件苛刻,通常是不容易达到的,且电沉积液和工艺条件的稳定、维护和调整是非常困难的。因此,多元合金电沉积的实验研究相对较少,而得到实际应用的更少。研究多元合金的目的,常是由于它们具有一些特殊功能性优异特性,如具有高析氢催化特性的 Ni – Fe – Mo – Co 四元合金,具有低析氢超电势功能电极材料的 Ni – Co – W – P 四元合金,环保高装饰性仿金镀层 Cu – Zn – Sn – Co 四元合金以及高硬高耐磨性 Ni – Co – W – RE 四元合金等。

2. 根据合金电沉积的特性和应用分类

(1)电沉积防护性合金。目前已在生产上应用的有 Zn – Ni、Zn – Fe、Zn – Co、Sn – Zn 和 Cd – Ti 等合金。它们对钢铁基本来说属于阳极电沉积层,具有电化学保护作用,是良好的防护性电沉积层。另外,这类合金电沉积层具有低氢脆的特点,因此,特别适用于要求高耐蚀性和低氢脆的产品。

(2)电沉积装饰性合金。由于镍资源短缺,镍价格持续走高等原因,代镍电沉积层的发展引起人们的重视。用 Cu – Sn 合金和 Ni – Fe 合金作为电沉积铬层的底层,可以减少镍的消耗。以 Sn 为基的某些合金,如 Sn – Co、Sn – Ni 和 Sn – Ni – X(X 代表 Zn、Co、Cd 等金属)和 Sn – Co – X 三元合金等,电沉积层外观似铬,可代替装饰性铬。近年来,用于装饰目的的仿金电沉积已引起人们的极大兴趣,如 Cu – Zn、Cu – Sn、Cu – Sn – Zn、Cu – Zn – In 等合金,已大量用来作为仿金电沉积层。

(3)电沉积防护装饰性合金。通常多数合金都具有防护与装饰的特性,如用 Cu – Sn 合金和 Ni – Fe 合金作为电沉积铬的底层,可以减少镍的消耗等。故很难将防护性及装饰性合金区分得很明确。

(4)电沉积功能性合金。由于合金电沉积层具有的特殊性能和使用上的特殊要求,通常可分为可焊性、耐磨性、减摩性、磁性、导电性和催化性合金等。

① 可焊性合金。最常用的可焊性合金是含 Sn 60%(质量分数)的 Sn – Pb 合金,该合金在印制电路板上得到广泛应用,过去电沉积多采用氟硼酸盐体系,对环境有较大污染。

从环保要求考虑,最近几年开发了无氟无铅电沉积液(如甲基磺酸体系等),现在多采用 Sn 基合金,如 Sn – Ce 合金、Sn – Ag 合金、Sn – Cu 合金和 Sn – Bi 合金等。

② 耐磨性合金。铬基合金和镍基合金常具有很高的硬度和良好的耐磨性,如 Cr – Ni、Cr – Mo、Cr – W 及 Ni – P、Ni – B 合金等。

③ 减摩性合金。用于提高轴承的减摩性、耐磨性、磨合性和抗蚀性,以及修补轴承的磨损部分,通常多采用锡基合金或铅基合金等,如 Pb – Sn、Pb – In、Pb – Ag、Cu – Sn、Ag – Re、Pb – Sn – Cu 和 Pb – Co – P 等合金电沉积层,这类电沉积层通常也称为轴承合金。

④ 磁性合金。Co – Ni 和 Ni – Fe 等磁性合金,已在计算机和记录装置上作为记忆元件使用。其他如 Co – Fe、Co – Cr、Co – W、Ni – Fe – Co 和 Ni – Co – P 等合金也具有良好的磁性能。

(5)电沉积贵金属合金。主要指以 Au、Ag、Pd 等贵金属为基的合金,如Au – Co、Au – Ni、Au – Ag、Ag – Zn、Ag – Sb 和 Pd – Ni 合金作为代金电沉积层,以节约贵金属。这类合金多用在电子元器件上,有其特殊的使用要求,故单列为贵金属合金。

3. 根据合金形成晶态特点分类

合金根据形成晶态特点,可分为非晶态合金,纳米合金和合金复合层等。

(1)非晶态合金。非晶态电沉积层晶核的形成过程、成长过程与晶态有所不同,电沉积时形成晶核的速度与过电势有密切的关系。晶核的临界尺寸越小,它的形成功也越小,则晶核的形成速度越快。由实验可知,非晶态电沉积层的晶核形成尺寸需在 2nm 以下,即在短程有序的范围内。这时的晶核形成速度较大,而且晶核的生长受到抑制,生长速度很小,甚至无法生长,而以反复形成新的晶核来维持电沉积层的生长。从而可知,形成非晶态合金的主要条件是电沉积时需要有大的过电势,才能有效地生成细小而众多的晶核。其次,获取非晶态的另一重要条件是在电极上有大量氢析出,因为大量氢气的析出会阻碍析出金属原子的规则排列,从而成为非晶态。

通常的非晶态合金电沉积层可以从诱导共沉积获得,如铁族金属(Fe、Co、Ni)可与P、Mo、W、Re等金属形成的合金,如 Ni - P、Co - P、Fe - P、Ni - Mo、Co - Mo、Ni - W、Co - W、Ni - Fe - P 和 Ni - Co - P 等。以 Ni - P 合金为例,一般在含有镍盐的溶液中加入适量的含 P 化合物(次磷酸盐或亚磷酸),并选择适当的工艺条件就能得到非晶态合金电沉积层。电沉积 Ni - Mo 和 Co - Mo 非晶态合金可以用柠檬酸铵作为配合剂;电沉积 Fe - Mo 非晶态合金可选用柠檬酸盐作为配合剂,温度控制在30~50℃;电沉积 Fe、Co、Ni 与 W 形成的合金可以选用温度为80℃的柠檬酸和酒石酸为配合剂的高温电沉积液;电沉积 Co - Re 合金也可选用柠檬酸铵电沉积液。从而可看出,想得到某种非晶态合金的电沉积层,需要选择不同的电沉积液和适宜的工艺条件。

(2) 纳米合金。纳米微粒,通常是指 1~100nm 范围内的固体微粒,可以是非晶体、微晶聚合体或微单晶(纳米晶是指在纳米范围内的单晶固体微粒),微粒尺寸上的变化和限制将会产生新的物理和化学现象。纳米材料是 20 世纪 80 年代发展起来的新型材料,其晶粒尺寸小(<100nm),且具有很多微观效应。采用脉冲技术是一种提高电沉积层质量获得纳米晶材料的有效手段。

纳米材料的晶体微粒正好处于从单个原子到块体材料的过渡区。当纳米材料微粒接近 10nm 或更小时,其形状可为球形、椭球形或多面体形状,从而具有不同的对称性,通常被称为纳米颗粒;而纳米材料的尺寸在一个或两个方向逐渐增大时,它可能变为一维的棒或线,或者是二维的圆盘或平面,具有对称性,它们分别被称为纳米线、纳米管或纳米薄膜。

近年来,已经对电沉积纳米晶合金技术进行了很多研究,并逐步得到大量的应用。至今,已经制备了很多纳米合金,据不完全统计已超过 50 余种。纳米合金的性能与常规合金相比具有很多优异的特性。例如:Zn - Ni、Zn - Co、Ni - P、Co - P、Co - Ni、Ni - Fe、Ni - W、Ni - Mo、Ni - Co、Ni - Cu、Ti - Ni、Pb - Se、Ag_7Te_4、Co - Ni - Fe、Co - Ni - P 等,其性能都比通常相应的合金有飞跃性的提高,已成为目前小型化、轻量化和智能化材料发展的方向。

(3) 合金复合层。合金复合电沉积是将固体微粒均匀分散在合金电沉积液中,制成悬浮液进行电沉积。即在一般电沉积合金溶液中,加入所需的固体微粒,在一定条件下进行电沉积。

但通常需要满足以下条件:使固体微粒呈悬浮状态;使用的微粒的粒度(尺寸)适当,常使用粒度在 0.1~10μm 的微粒;微粒应亲水。

一般使用的基质合金有:Ni - Co、Ni - Fe、Ni - Mo、Ni - W、Ni - W - P、Ni - Mn - S 等。

经微粒弥散的合金复合沉积层,可大大提高其实用特性,如 Ni - P/SiC 复合沉积层的硬度和耐磨性大幅度提高,经过400℃热处理,Ni-P/SiC电沉积层硬度可以达到1000HV,其耐磨性能也有明显提高。

还可在基质合金溶液中加入固体润滑微粒,如石墨、二硫化钼、硫化锌、氟化石墨、聚四氟乙烯、云母、氮化硼等,采用电沉积方法夹嵌在基质合金中,就可得到减摩润滑电沉积层。

近年来新发展起来的离子液体电沉积合金,其研究和应用已引起人们的极大兴趣,将会有很好的发展前途。

1.1.4 合金电沉积溶液的类型

合金电沉积溶液分为以下类型。

1. 简单盐电沉积液

从简单金属盐电沉积液中实现金属的共沉积,例如:从氯化物和(或)硫酸盐电沉积液中电沉积出铁族(Fe、Co和Ni)合金;从氟硼酸盐镀液中电沉积Pb-Sn合金;从氯化物体系中电沉积Zn-Ni、Zn-Fe和Zn-Co合金等。一般说来,简单盐溶液中沉积合金的溶液,成分简单,容易维护,电流效率较高,但其分散能力和覆盖能力较差。

2. 配合物电沉积液

大多数合金层是从配合物电沉积液中沉积出来的。有的只用一种配位剂,如氰化物Cu-Zn合金电沉积液。也有的须用两种配位剂分别配合两种金属离子才能共沉积,如Cu-Sn合金,其中氰化物配合铜离子,锡酸盐配合锡离子。目前,应用比较广泛的配合剂仍是氰化物。这类电沉积液的分散能力和覆盖能力好,但电沉积液成分比较复杂,维护和控制比较麻烦,对环境污染严重,应严格控制。

3. 有机溶剂电沉积液

有些金属离子,很难从水溶液中共沉积,但在有机溶剂中的沉积比在水溶液中更容易,因而容易共沉积。比如从有机溶剂(甲酰胺等)中可以共沉积得到铝合金。对于活泼金属(如Al、Mg和Be等)和难以从水溶液中电沉积的金属(如Ti、Mo和W等)及其合金,往往可以从有机溶剂中沉积或共沉积出来。

4. 熔融盐电沉积液

有些重要的金属,如碱金属和碱土金属,由于它们的电极很负,不能在阴极上从水溶液中单独沉积出来。为了得到这类金属的合金,往往可以采用它们的熔融盐电沉积液。如从$AlCl_3-NaCl-MnCl_2$熔盐体系中电沉积Al-Mn合金,从$LiCl-KCl-PdCl_2$熔盐体系中电沉积Li-Pd合金,从NaCl-KCl熔融盐体系中电沉积Ti及其合金等。

5. 离子液体电沉积液

近几年来,新发展起来一种离子液体电沉积方法。离子液体是在室温或室温附近呈液态的由离子构成的物质,具有呈液态的温度区间大、溶解范围广、蒸气压极低、稳定性好、极性较强且酸性可调、电化学窗口大等许多优点。离子液体的阳离子和阴离子可以有多种形式,也可设计成具有一系列特定性质的基团。

与普通有机溶剂相比,室温离子液体具有很宽的电化学窗口、优良的导电性、不挥发、热稳定性较高等优点。离子液体作为新一代绿色溶剂正日益受到重视。

在离子液体中能够电沉积出在水溶液中不能或难以沉积的金属和合金等,如 Al、Mg、W、Sb 和 In-Sb 合金等。

1.1.5　合金电沉积研究的内容及存在问题

合金电沉积的应用虽已有百余年的历史,但发展相对比较迟缓。近 20 年来,随着科学技术的迅速发展,测试和控制手段有了明显的进步和提高,对材料表面性能,特别是功能特性的要求大大地促进了合金电沉积的研究、应用和发展。

合金电沉积研究的内容主要包括以下几个方面:

1. 基本理论研究

（1）合金电沉积电极/溶液界面的特性研究;

（2）合金电沉积电极附近液相中合金组分离子的传质过程研究;

（3）合金电沉积浓度极化和电化学极化研究;

（4）合金电沉积表面转化步骤研究;

（5）合金电沉积阴极过程和阳极过程及不同金属离子的相互影响研究;

（6）合金电结晶过程及金属离子的相互影响。

2. 合金电沉积的各种条件对合金电沉积层成分的影响

（1）合金电沉积溶液中各成分,如主盐浓度、配位剂、导电盐、缓冲剂和添加剂等的作用及对合金组成和性能的影响;

（2）合金电沉积工艺条件,如温度、电流密度、pH 值等对合金电沉积层成分的影响。

3. 合金电沉积中阴极和阳极电化学特性的研究

通常可通过合金电沉积（单金属和合金共沉积）过程中阴极极化曲线和阳极极化曲线测量和分析（恒电流、恒电势法等）。

4. 合金电沉积层的组成、织构和特性的研究

合金电沉积之所以发展比较缓慢（特别在早期）,主要是由于合金电沉积工艺受影响的因素较多,比单金属的电沉积复杂好多,给控制和维护带来很多困难。为了获得具有特殊性能的合金电沉积层,往往需要控制电沉积层中合金组分的含量,而影响合金组分含量变化的因素很多,如电沉积溶液的成分、含量和工艺条件等均需严格控制。另外,对合金电沉积动力学的研究要比单金属沉积复杂得多,也困难得多。

目前,关于合金电沉积的理论研究还是薄弱的环节,还远达不到实际生产的要求,更不能有效地指导生产,也不能有效地预言某种合金电沉积的生成规律、特点、组成、电沉积层特性等。现在多数的合金电沉积是靠大量的试验研究、分析和总结得来的,这就影响了合金电沉积的进一步应用和发展。因此,合金电沉积理论的研究,应该引起人们的高度重视。

1.2 合金电沉积的基本理论

1.2.1 合金电沉积的基本条件

目前,人们对单金属的电沉积还了解得不够深入,对于合金电沉积,则研究得更少。由于合金电沉积需要考虑两种以上金属的电沉积规律,因而对合金电沉积的规律和理论研究就更加困难。多数研究者仅停留在试验结果的综合分析和定性的解释方面,而定量的规律和理论很不完善。

合金电沉积的应用和研究,目前局限在二元合金和少数三元合金方面,在理论指导生产实践方面还有很大距离。以下重点讨论二元合金的共沉积。

二元合金的共沉积需具备两个基本条件:

(1) 合金中的两种金属至少有一种金属能单独从其水溶液中电沉积出来。有些金属(如 W、Mo 等)虽然不能单独从水溶液中电沉积出来,但可与另一种金属(如 Fe、Co、Ni 等)同时从水溶液中实现共沉积。

(2) 合金电沉积的基本条件是两种金属的析出电势要十分接近或相等,即

$$E_{析} = E_{平} + \eta \qquad (1-1)$$

$$E_{析} = E^0 + \frac{RT}{nF}\ln a + \eta \qquad (1-2)$$

式中:$E_{析}$ 为金属的析出电势(V);$E_{平}$ 为金属的平衡电势(V);E^0 为标准电极电势(V);η 为极化过电势(V);R 为气体常数(8.315J/(K·mol));T 为绝对温度(K);F 为法拉第常数(26.8A·h/mol);n 为参加电极反应的电子数;a 为金属离子的活度。

欲使两种金属离子在阴极上共沉积,它们的析出电势必须相等,即

$$E_{析1} = E_{析2} \qquad (1-3)$$

$$E_{析1} = E_1^0 + \frac{RT}{n_1 F}\ln a_1 + \eta_1 \qquad (1-4)$$

$$E_{析2} = E_2^0 + \frac{RT}{n_2 F}\ln a_2 + \eta_2 \qquad (1-5)$$

在合金电沉积体系中,合金中个别金属的极化值是无法测出来的,也不能通过理论计算得到。因此,式(1-3)~式(1-5)的实际应用价值不大。

根据上面诸式可以看出,仅有少数金属具有从简单盐溶液中共沉积的可能性。例如,Pb(-0.126V)与 Sn(-0.136V)、Ni(0.25V)与 Co(0.277V)、Cu(0.34V)与Bi(0.32V),它们的标准电极电势比较接近,通常可以从它们的简单盐溶液中实现

共沉积。但多数的合金电沉积并不是很容易的,需要采取一些措施。

1.2.2　实现合金电沉积的措施

为了实现合金电沉积,通常可以采用以下措施。

1. 改变金属离子的浓度

在简单盐溶液中,有少数金属离子可能得到共沉积,即金属的平衡电势相差不大,可通过改变金属离子浓度(或活度),来降低电极电势比较正的金属离子的浓度,使其电势负移,或者增大电势比较负的金属离子的浓度,使它的电势正移,使金属的析出电势互相接近或相等,从而达到合金电沉积的目的。金属离子的平均活度每增加或减少10倍,其平衡电势分别正移或负移29mV,很明显这种电势的改变是有限的。

多数金属离子的平衡电势相差比较大,若采用改变金属离子浓度的措施来实现合金电沉积,显然不可能。因为金属离子浓度即使变化100倍,其平衡电势仅能移动58mV。例如,$\varphi^0(Cu^{2+}/Cu)=0.337V$,$\varphi^0(Zn^{2+}/Zn)=-0.763V$,因为它们的标准电极电势相差较大,不可能从简单盐溶液中实现共沉积。若想通过改变离子的相对浓度来实现共沉积,根据计算溶液中离子的浓度要保持在$[Zn^{2+}]/[Cu^{2+}]=10^{38}$,即当溶液中$Cu^{2+}$离子的浓度为1mol/L时,则$Zn^{2+}$离子的浓度为$10^{38}$mol/L。由于$Zn^{2+}$离子的浓度受盐类溶解度的限制,这样高的浓度实际上是无法实现的。

为了实现共沉积通常多采用加入配位剂和(或)加入添加剂的方法。

2. 在电沉积液中加入配位剂

一般金属的析出电势与标准电势是有较大差别的,如离子的配合状态、过电势以及金属离子放电时的相互影响等,因此,仅从标准电势来预测合金电沉积是有很大局限性的。

在电沉积液中加入适宜的配位剂,使两种或两种以上金属离子的析出电势互相接近,而得到共沉积,这是非常有效的方法。它不仅可使金属离子的平衡电势向负方移动,还能增加阴极极化。例如,在简单盐电沉积液中,Ag 的电势比 Zn 正1.5V,但在氰化物电沉积液中,Ag 的析出电势比 Zn 还要负。

金属离子在含有配位剂的溶液中,所形成配合离子的电离度都比较小。配合离子在溶液中的稳定性,取决于不稳定常数的大小,不稳定常数越小,配合离子电离成简单离子的程度越少,则溶液中简单离子的浓度也越小。例如,

$$Cu(P_2O_7)_2^{6-} = Cu^{2+} + 2P_2O_7^{4-}$$

其不稳定常数为

$$K_{不稳} = \frac{[Cu^{2+}][P_2O_7^{4-}]^2}{[Cu(P_2O_7)_2^{6-}]} = 10^{-9} \tag{1-6}$$

当不稳定常数 $K_{不稳}$ 比较大时,金属可能仍以简单离子形式在阴极上放电,以浓度近似地代替活度,则平衡电势可以写成

12

$$\varphi_{\text{平}} = \varphi^0 + \frac{RT}{nF}\ln c \qquad (1-7)$$

式中：c 为放电金属离子的浓度。

由离子不稳定常数的表达式可知，溶液中简单离子的浓度取决于 $K_{\text{不稳}}$ 的大小和配离子的浓度以及配位剂的游离量。当采用配合能力比较低的配位剂时，其不稳定常数 $K_{\text{不稳}}$ 较大，此时可能仍以简单离子在阴极上放电，但简单离子的有效浓度会大大降低，并随配合离子的电离度和配位剂的游离量而变化。

通常在不稳定常数比较小（如 $K_{\text{不稳}} = 10^{-8} \sim 10^{-30}$）的配合物溶液中，简单离子的浓度是很低的，而且可能存在的时间很短，一般不超过 $10^{-8} \sim 10^{-30}$ s。因此，可以认为简单金属离子放电的可能性极小，而主要是配合离子在阴极上放电。

例如，对于配合反应 $Ag(CN)_2^- = Ag^+ + 2CN^-$，当其 $K_{\text{不稳}} = \dfrac{[Ag^+][(CN)^-]^2}{[Ag(CN)_2^-]} = 10^{-22}$ 时，得下式

$$[Ag^+] = \frac{K_{\text{不稳}}[Ag(CN)_2^-]}{[(CN)^-]^2} = 10^{-22} \times \frac{[Ag(CN)_2^-]}{[(CN)^-]^2} \qquad (1-8)$$

则有

$$\varphi_{\text{平}} = \varphi^0 + \frac{RT}{nF}\ln[Ag^+] = \varphi^0 + 0.059\lg[Ag^+]$$

$$= \varphi^0 + 0.059\lg 10^{-22} + 0.059\lg\left\{\frac{[Ag(CN)_2^-]}{[(CN)^-]^2}\right\}$$

$$= \varphi^0 - 1.298 + 0.059\lg\left\{\frac{[Ag(CN)_2^-]}{[(CN)^-]^2}\right\} \qquad (1-9)$$

从式（1-9）可以看出，金属离子在电沉积液中以配合物形式存在时，金属的平衡电势明显负移。另外，由于金属离子在配合物溶液中形成了稳定的配合离子，使阴极上析出的活化能提高了，于是就需要更高的能量才能在阴极上还原，所以阴极极化也增加，这样才可能使两种金属离子的析出电势接近或相等，以达到共沉积的目的。

3. 在电沉积液中加入添加剂

在电沉积液中加入适宜的添加剂，一般对金属的平衡电势影响很小，但对金属的极化往往有较大的影响。由于添加剂在阴极表面可能被吸附或形成表面配合物，所以对阴极反应常具有明显的阻化作用。添加剂在阴极表面的阻化作用常具有一定的选择性，一种添加剂可能对几种金属的电沉积起作用，而对另一些金属的电沉积则无效果。例如，在含有 Cu 和 Pb 离子的电解液中，添加明胶可实现 Cu 和 Pb 形成合金的共沉积（明胶主要对 Cu 析出有影响，而对 Pb 的析出没有影响）。因此，在电沉积液中加入适宜的添加剂，也是实现共沉积的有效方法之一。为了达到合金电沉积的目的，在电沉积液中可单独加入添加剂，也可和配位剂同时加入。

1.2.3 形成合金时金属自由能的变化

当形成合金时,组分金属平衡电势的移动是组分金属相互作用引起自由能变化的结果。若金属离子放电形成合金,其电极反应为

$$M^{n+} + ne^- \rightarrow M_{合金}$$

其平衡电势可表示为

$$\varphi_{平} = \varphi_X^0 + \frac{RT}{nF}\ln a_{M^{n+}} \qquad (1-10)$$

式中:φ_X^0 为合金与金属离子 M^{n+} 的平衡电极电势;$a_{M^{n+}}$ 为金属离子 M^{n+} 在合金中的活度。

φ_X^0 可表示为

$$\varphi_X^0 = \varphi^0 - \frac{RT}{nF}\ln a_M \qquad (1-11)$$

式中:φ^0 为纯金属 M 与金属离子的标准电极电势;a_M 为金属 M 在合金中的活度。

当 $a_M = f_M x_M$(f_M 为合金相中该金属 M 的活度系数,x_M 为金属 M 在合金中的摩尔分数)时,则有

$$\varphi_X^0 = \varphi^0 - \frac{RT}{nF}\ln f_M - \frac{RT}{nF}\ln x_M \qquad (1-12)$$

由此,可得到标准电极电势的偏移值为

$$\Delta\varphi_{合金}^0 = \varphi_X^0 - \varphi^0 = -\frac{RT}{nF}\ln f_M - \frac{RT}{nF}\ln x_M = -\frac{\Delta G_{合金}^0}{nF} \qquad (1-13)$$

式中:$\Delta G_{合金}^0$ 为形成合金时标准自由能的变化。

同理,合金与金属离子 M^{n+} 的平衡电极电势的偏移值为

$$\Delta\varphi_{合金} = -\frac{\Delta G_{合金}}{nF} \qquad (1-14)$$

在低共溶合金中,可以认为合金中组分金属间不发生相互作用,各组分的 x_M 可看成是 1,各组分的标准自由能变化与纯金属相同,所以平衡电势不发生变化。但是当电沉积得到共溶合金时,组分中较活泼的金属在阴极还原时,是在比 φ_X^0 还要正的电势下发生的。电沉积形成固溶体合金时,组分金属 M_1 和 M_2 的沉积电势之差可由下式计算:

$$\varphi_2 - \varphi_1 = -\frac{\Delta G_2}{n_2 F} + \frac{\Delta G_1}{n_1 F} \qquad (1-15)$$

电沉积形成金属间化合物时,若该金属间化合物按下式形成:

$$aA + bB \rightarrow A_a B_b$$

且已知形成反应的标准自由能变化为 $\Delta G_{A_a B_b}^0$,也可以由纯金属的标准电极电势计算出金属间化合物 $A_a B_b$ 的标准电极电势,即

$$\varphi_X^0 = \varphi_A^0 + \frac{\Delta G_{A_a B_b}^0}{an_A F} \qquad (1-16)$$

1.2.4 实际合金电沉积时的影响因素

两种金属在阴极上共沉积时,总是存在着一定的相互作用。同时,电极材料的性质、电极表面状态的变化、零电荷电势和双电层结构的变化,都能引起双电层中金属离子浓度的变化。

1. 电极材料性质的影响

电极材料对金属离子的放电和氢析出都可能产生影响。

(1) 形成合金时的去极化作用。形成合金时的去极化作用(即极化减少的倾向),使金属离子还原过程变得容易,这与形成合金时自由能的变化有关,使组分的平衡电势向正方向移动,即

$$\Delta \varphi = -\Delta G/nF \qquad (1-17)$$

式中:$\Delta \varphi$ 为平衡电势的变化值;ΔG 为形成合金时自由能的变化。

合金电沉积形成的合金多属于固溶体,金属离子从还原到进入晶格做有规则的排列要放出部分能量,于是能量聚积在阴极表面,使局部能量升高,它能改变电极的表面状态,使其电势升高,导致电势较负的金属向电势较正的方向变化,即发生了极化减少的作用(去极化作用),结果使得电势较负的金属变得容易析出。因此,这使一些不能单独沉积的金属与铁族金属离子共沉积成为可能。这种类型的合金电沉积称为诱导共沉积。

(2) 形成合金的极化作用。由于基体金属阻碍电化学反应的进行,可能促使电极电势升高(极化增加)。实验证明,电极表面是不均匀的,它是由活性区和钝化区所组成的。对于不同金属电极来说,在各部位上进行的化学反应速度有很大的差别,这与基体金属和还原离子的本性有关。在电极上还原迟缓的原因,可能来自两个方面:

① 电化学反应迟缓,使极化增大;

② 电极表面吸附外来质点,如氧化物和表面活性剂等,使放电增加困难,这种现象叫钝化极化。

由于基体金属的钝化倾向,改变了电极的表面状态,可使晶体在基体上的形成功增大,因而影响了合金的沉积速度。研究 Ni-Mo 合金电沉积时可以看到这种现象。随着沉积层中 Mo 的质量分数的增加,合金变得越来越容易钝化,合金中 Mo 含量在 33%~34%(质量分数)时,电极表面钝化状态特别显著。

2. 双电层结构的影响

当金属离子电沉积形成合金时,由于双电层中离子浓度和双电层结构的变化,离子的还原速度也将发生变化。电极反应的速度主要取决于反应物离子在双电层中的浓度,而与溶液中的离子浓度关系不大。在单金属电沉积时,溶液主体和双电

层中放电金属离子的类型是同一种,但在合金电沉积中,由于存在多种金属离子,双电层中原来单一的金属离子被另一些金属离子取代一部分,故双电层中每种离子的浓度将小于单独还原时的浓度。一般认为,二元合金中两种金属离子在双电层中的浓度分布,不但与它们在溶液内部的浓度有关,而且还和离子的大小、电荷的多少、离子迁移速度、离子在溶液中的状态以及表面活性物质的吸附有关。

3. 金属离子在溶液中存在状态的影响

当金属离子共沉积时,由于另一种离子的存在,会使某种放电离子在溶液中所处的状态发生变化,也可能形成新的离子形式。例如,可能形成多核配离子或缔合离子,将使金属离子的还原速度受到影响。在含有配位剂和添加剂的电沉积液中,其影响因素更为复杂。

根据对单金属离子沉积时离子还原速度的研究,不能断定离子共同沉积的速度,因为在离子共同放电时,影响的因素很多,而且是错综复杂的。为了掌握合金电沉积时所发生的一系列电化学变化,必须研究合金电沉积时的动力学问题。目前,最广泛的办法是测定阴极极化曲线,它能更集中地反映各种合金的沉积规律。

1.3 合金电沉积的电化学特性

1.3.1 合金电沉积的阴极过程

1. 合金电沉积时阴极电势的作用

合金电沉积时,阴极电势的变化受平衡电势变化的影响。在沉积过程中,电势较负的金属、电势较正的金属、电沉积液中的添加剂等对平衡电势的变化有着不同的影响。

沉积电势与合金组成有关。当沉积合金的某一条件发生变化,使得金属单独的沉积电势互相接近时,会增加电势较负金属在合金中的含量。这意味着电势较正金属的极化曲线向较负的电势变化,或电势较负的金属的极化曲线移向较正的电势变化。在合金电沉积中,要想保持合金中各成分含量恒定是相当困难的,因此必须有效地控制各参量的变化,并维持在稳定的范围内。研究表明,在恒电势下沉积的合金电沉积层,比在恒电流密度下得到的合金电沉积层组成更为稳定,如在恒电势下沉积得到的 Co – Zn 合金电沉积层,就比在恒电流密度下得到的电沉积层的组成更为均匀。

2. 合金电沉积的阴极过程

在金属电沉积中,电化学步骤之前的迁移和化学转化步骤起着重要作用。因此,当考虑金属或合金在阴极沉积时,特别是在配合物电沉积液中沉积时,需要考虑浓度极化的作用。金属在阴极沉积过程中,形成沉积层中的离子能量状态很可能不同于其在给定金属正常晶格中的状态,而处于一个较高的能级。由亚稳态到稳定形式的转变,也可能引起一种特殊类型的相(结晶化)过电势出现。至于哪种类型过电势占优势,将取决于金属本性、电沉积液组成、电流密度和温度等。在常温下使用简单盐电沉积液时,过电势依赖于金属的本性,如 Hg、Ag、Cd 和 Sn 等金属沉积的特点,主要表现为由新相缓慢形成和生长所引起的极化,电化学极化作用不大(电化学步骤的速度不太缓慢);而 Fe、Co、Ni 等金属在沉积时,具有很大的极化,主要是由电化学步骤缓慢所造成的;另有一些金属(如 Cu、Zn 等),其极化作用的大小介于上述两者之间。

金属过电势的特性和大小也依赖于阴极表面的状态,不同的金属,有不同的阴极状态,其表面析氢过电势不同。在 Fe、Co、Ni 等金属上,电沉积时易析氢,而氢的存在可以引起金属沉积层晶格扭曲,增大脆性和内应力。金属沉积层中氢含量增加,金属过电势将增大,即氢可能阻碍金属的阴极过程。有研究表明,由于氢在沉积层中形成一种表面膜或金属氢化物,氢对放电过程有抑制作用。在铁族金属沉积时,由于氢原子复合速度缓慢,所以沉积层含有较大量的氢。

在电沉积过程中,电沉积液中任何一种离子在阴极表面附近均存在着物料平衡,电流密度决定了可沉积金属离子的浓度梯度和它们在阴极表面的总浓度。若有 A、B 两种成分形成合金(A 为电势较正的金属),在阴极/溶液界面上的离子浓度分别为 c_A^S 和 c_B^S,仅在极限电流密度下,当 $c_A^S = 0$ 或 $c_A^S = c_B^S = 0$ 时,扩散才是决定合金组成的主要因素。

在其他所有情况下,决定沉积层组成的主要因素是金属的沉积电势,电势通过控制阴极界面上沉积金属离子的相对浓度来控制合金组成。

在正常的合金电沉积过程中,阴极界面上两种金属离子具有趋于和达到相互平衡的趋势,即具有使体系中两种金属之间电势差为零的趋势,这就要求电势较正的金属离子浓度与电势较负金属离子的浓度之比要大大降低,可表示为

$$c_A^S / c_B^S < c_A^0 / c_B^0 \tag{1-18}$$

式中:c_A^0、c_B^0 为 A、B 两种金属离子在溶液中的本体浓度;c_A^S、c_B^S 为 A、B 两种金属离子在阴极/溶液界面上的浓度。

也可以写成

$$c_A^0 c_B^0 - c_A^S c_B^0 > c_A^0 c_B^0 - c_A^0 c_B^S$$

整理得 $c_B^0(c_A^0 - c_A^S) > c_A^0(c_B^0 - c_B^S)$,即 $[(c_A^0 - c_A^S)/(c_B^0 - c_B^S)] > c_A^0/c_B^0$

设

$$c_A^0 - c_A^S = \Delta c_A, \quad c_B^0 - c_B^S = \Delta c_B$$

根据扩散理论,可得

$$w_A / w_B \approx \Delta c_A / \Delta c_B \tag{1-19}$$

式中:w_A、w_B 为两种成分在电沉积层中的含量。

从而有

$$w_A / w_B > c_A^0 / c_B^0 \tag{1-20}$$

式(1-20)表示,在正常共沉积中,电势较正的金属优先沉积,并表明优先沉积是金属离子在阴极界面上达到化学平衡趋势的必然结果。

1.3.2 合金电沉积中阴极扩散和电迁移的作用

1. 阴极/溶液界面金属离子的浓度及梯度与合金电沉积组成的关系

合金溶液中电沉积金属的相对浓度是决定合金组成的重要因素。由于金属沉积发生在金属/溶液界面上,所以合金电沉积的组成与界面浓度的关系比本体浓度更重要。

关于扩散理论在合金电沉积中的应用,首先讨论电沉积过程中,阴极/溶液界面金属离子的浓度及其梯度与合金电沉积的联系。扩散理论用于合金电沉积的基本方程为

$$\frac{J_P}{F} = D_P\left(\frac{dc_P}{dx_0}\right) + \frac{T_P J}{F} \tag{1-21}$$

式中:J_P 为 P 离子的分电流密度(A/cm^2);J 为电沉积时的总电流密度(A/cm^2);T_P 为传递数(离子向阴极迁移符号为正,向阳极迁移符号为负);F 为法拉第常数($A \cdot h$);c_P 为 P 离子的浓度(mol/L)。

有关式(1-21)的几点说明:式(1-21)仅适用于阴极/溶液界面的溶液;式(1-21)对电解(或电沉积)的初始态和稳态均有效;式(1-21)含有下列流体动力学假定:在与界面很近的阴极扩散层的流动为层流,在阴极表面没有液体的流动,在阴极/溶液界面的金属离子不存在对流的传质过程。

2. 含有浓度梯度(dc/dx)的物质平衡方程

当仅考虑两种金属共沉积,且无氢气析出时,则由式(1-21)得

$$J = DF\frac{dc}{dx_0} + JT \tag{1-22}$$

$$J_A = D_A F\frac{dc_A}{dx_0} + JT_A, \quad J_B = D_B F\frac{dc_B}{dx_0} + JT_B \tag{1-23}$$

式中:J 为 A、B 两种金属形成合金的总电流密度(A/cm^2),$J = J_A + J_B$;J_A、J_B 为沉积金属 A 和 B 的电流密度(A/cm^2);T_A、T_B 为 A、B 金属离子在阴极溶液界面上溶液的迁移数;T 为金属离子的总迁移数,$T = T_A + T_B$;D_A、D_B 为在阴极/溶液界面上溶液中金属离子的扩散系数;D 为加权平均值,$D \approx (D_A \Delta c_A + D_B \Delta c_B)/\Delta c$。

在阴极/溶液界面上每一种金属离子都有自己的浓度梯度 dc_A/dx_0 和 dc_B/dx_0。在阴极/溶液界面相应的金属离子消耗分别为 Δc_A 和 Δc_B,则 $\Delta c = \Delta c_A + \Delta c_B$,即为界面金属离子消耗的总和。

合金组成可用质量百分数表示,也可用物质的量(单位为 mol)的比值表示。R_A 是合金中用(mol)表示的金属组成的比值

$$R_A = J_A/J_B \tag{1-24}$$

P_A 表示合金中一种金属 A 的摩尔分数

$$P_A = (J_A/J) \times 100\% \tag{1-25}$$

理论上,可通过对溶液的测量,再由方程式(1-22)和式(1-24)计算出合金的组成。因方程右边的各项均可进行测量,然后计算出分电流密度。

3. 用 Δc 代替 $\mathrm{d}c/\mathrm{d}x_0$ 的物料平衡方程

浓度梯度($\mathrm{d}c/\mathrm{d}x_0$)可用较易测定的金属消耗 Δc 来代替,即得

$$\Delta c = k\frac{\mathrm{d}c}{\mathrm{d}x_0} \qquad\qquad (1-26)$$

式(1-26)对恒定厚度的扩散层是有效的。由于组成合金的两种金属同时从扩散层共沉积,因此,式(1-26)对合金沉积也有效。常数 k 既用于金属 A,也可用于金属 B。将式(1-26)代入式(1-22)和式(1-23)式,得

$$J = DFk\Delta c + JT \qquad\qquad (1-27)$$

$$J_A = D_A Fk\Delta c_A + JT_A, \quad J_B = D_B Fk\Delta c_B + JT_B \qquad\qquad (1-28)$$

当两种金属具有同一扩散系数和相同的离子迁移率时,以上公式可进一步简化,例如,Co-Ni 合金的电沉积。实际上,许多金属阳离子的扩散系数和离子迁移率差别不大,在前面的公式中没有必要分开考虑。

在电沉积槽中,金属离子 A 和 B 在溶液中的迁移数可表示为

$$T_A = T\frac{c_A^S}{c^S} + JT, \quad T_B = T\frac{c_B^S}{c^S} + JT \qquad\qquad (1-29)$$

将式(1-29)代入式(1-27)和式(1-28),并令 $DFk = K$,得

$$J = K\Delta c + JT \qquad\qquad (1-30)$$

$$J_A = K\Delta c_A + (JTc_A^S/c^S) \qquad\qquad (1-31)$$

$$J_B = K\Delta c_B + (JTc_B^S/c^S) \qquad\qquad (1-32)$$

用式(1-32)去除式(1-31),即得到沉积金属的比值 R_A,则

$$R_A = \frac{J_A}{J_B} = \frac{K\Delta c_A + (JTc_A^S/c^S)}{K\Delta c_B + (JTc_B^S/c^S)} = \frac{c_A^S + [(JT/K)(c_A^S/c^S)]}{c_B^S + [(JT/K)(c_B^S/c^S)]} \qquad (1-33)$$

用摩尔分数表示得

$$P_A = \frac{J_A}{J} \times 100\% = \left(\frac{K\Delta c_A}{J} + \frac{Tc_A^S}{c^S}\right) \times 100\% \qquad\qquad (1-34)$$

由式(1-30)可知,$\dfrac{K}{J} = \dfrac{1-T}{\Delta c}$,将 $\dfrac{K}{J}$ 代入式(1-34),即得出金属 A 摩尔分数的最终等式

$$P_A = \left[\frac{\Delta c_A}{\Delta c}(1-T) + T\left(\frac{c_A^S}{c^S}\right)\right] \times 100\% \qquad\qquad (1-35)$$

式(1-35)也可写成下列形式

$$P_A = \left[\frac{\Delta c_A}{\Delta c} + T\left(\frac{c^0 c_A^S - c^S c_A^0}{c^S \Delta c}\right)\right] \times 100\% \qquad\qquad (1-36)$$

式中,符号上角标"0""S"分别表示本体浓度和界面浓度,如 c_A^0 表示金属 A 在电沉

积槽中的本体浓度，c_A^S 表示金属 A 在阴极/溶液界面的浓度，则 $\Delta c = c^0 - c^S$、$\Delta c_A = c_A^0 - c_A^S$ 和 $\Delta c_B = c_B^0 - c_B^S$。

4. 不考虑迁移数时的物料方程

若金属离子的迁移数为零，则表示合金组成的各种公式就简单多了。如在电解槽中加入大量惰性电解质，当迁移数等于零时，合金组成的公式变为

$$P_A = \frac{\Delta c_A}{\Delta c} \times 100\% , \quad R_A = \frac{\Delta c_A}{\Delta c} \tag{1-37}$$

如果两种金属的扩散系数相差很大，式(1-37)需修正如下

$$P_A = \frac{D_A \Delta c_A}{D \Delta c} \times 100\% , \quad R_A = \frac{D_A \Delta c_A}{D_B \Delta c_B} \tag{1-38}$$

5. 金属优先沉积与浓度的关系

金属优先沉积的定义为

$$\frac{x_A}{x_B} > \frac{c_A^0}{c_B^0} \tag{1-39}$$

式中：x_A、x_B 为合金中较易沉积的金属和不易沉积的金属的摩尔分数；c_A^0、c_B^0 为电沉积液中 A、B 的本体浓度。

设 $R_A = \frac{x_A}{x_B}$ 并代入式(1-33)，经整理得

$$\frac{c_A^S}{c_B^S} < \frac{c_A^0}{c_B^0} \tag{1-40}$$

式(1-40)表明，在合金沉积中，较易沉积的金属与另一金属在阴极/溶液界面的浓度之比小于其本体浓度比，这是合金沉积的重要原理。

6. 极限电流密度下的共沉积

金属在阴极的沉积速度受传质过程，即向阴极提供离子的速度限制。金属沉积的最大电流密度称为极限电流密度(J_L)。在极限电流密度下，阴极/溶液界面的金属离子浓度为零。

当电沉积液中添加足够量浓度的导电物质时，则沉积金属离子的电迁移可以忽略，合金中金属 A 对 B 的摩尔分数比值由式(1-38)给出。由于在极限电流密度下，在阴极/溶液界面的两种金属离子浓度 c_A^S 和 c_B^S 均为零，因此，公式为

$$R_{AL} = \frac{D_A(c_A^0 - c_A^S)}{D_B(c_B^0 - c_B^S)} = \frac{D_A c_A^0}{D_B c_B^0} \tag{1-41}$$

式中：R_{AL} 为极限电流密度下合金中金属 A 对金属 B 的摩尔分数比值 x_A/x_B。

如果两种金属离子的扩散系数大约相等，此式可进一步简化为

$$R_{AL} = \frac{c_A^0}{c_B^0} \text{ 或 } P_{AL} = \frac{c_A^0}{c_A^0 + c_B^0} \times 100\% \tag{1-42}$$

式中：P_{AL} 为极限电流密度下沉积合金中金属 A 的摩尔分数。

7. 电迁移是控制步骤时的共沉积

以电沉积金属镍为例,当电迁移是控制步骤时,通过测定电沉积镍溶液组成与电极产物组成的关系,便可得到镀镍液中氢离子浓度对阴极电流效率影响的关系式。如果电迁移到阴极表面的离子足够快,而不影响放电,在这种情况下,阴极/溶液界面的氢离子浓度梯度可以忽略。氢离子放电速度与电迁移的关系由式(1-22)得到。即 $J_H = DF\dfrac{\mathrm{d}c_H}{\mathrm{d}x_0} + J_H T_H$,其中,$c_H$ 是氢离子浓度,J_H 是氢放电的分电流密度,T_H 是氢离子的迁移数,则有

$$J_H = J T_H \qquad\qquad (1-43)$$

电沉积槽中加入酸可提高氢离子浓度,当其他组分的浓度保持不变时,氢离子的迁移数近似表示为槽液中氢离子浓度的函数

$$T_H = \frac{M_H c_H}{M_H c_H + \sum M_l c_l} \qquad\qquad (1-44)$$

式中:M_H、c_H 分别为氢离子的迁移率和浓度;M_l、c_l 分别为其他离子的迁移率和浓度。

将式(1-44)代入式(1-43),并用 J 去除,即可得到用于氢离子放电的电流分数

$$\frac{J_H}{J} = \frac{M_H c_H}{M_H c_H + \sum M_l c_l} \qquad\qquad (1-45)$$

用于 Ni 沉积的电流分数等于 $1 - \dfrac{J_H}{J}$,即 Ni 沉积的电流效率 $\eta_K(Ni)$

$$\eta_K(Ni) = 1 - \frac{J_H}{J} = \frac{\sum M_l c_l}{M_H c_H + \sum M_l c_l} \qquad\qquad (1-46)$$

关于扩散现象的讨论表明:溶液中的任何一种离子在电极上均存在着物料平衡,电流密度决定了可沉积金属的浓度梯度和存在于阴极溶液界面上的总浓度 $c^S = c_A^S + c_B^S$,其中 c_A^S 和 c_B^S 分别为可沉积金属 A 和 B 的浓度。但扩散理论不可能既确定 A 和 B 的相对浓度梯度,又确定阴极/溶液界面上 c_A^S 对 c_B^S 的比值。仅在极限电流密度下,当 c_A^S 为零或 c_A^S 和 c_B^S 均为零时,扩散才是决定合金组成的主要因素。

1.3.3 合金电沉积的阴极极化及阴极电流分配

1. 扩散控制下的合金电沉积

(1)在稳态扩散电流密度下的合金电沉积。当 A、B 两种金属的共沉积受扩散控制时,若忽略阴极/溶液界面上的对流和电迁移作用,并在电沉积过程中达到稳态,则可得到金属的稳态扩散电流密度分别为

$$J_A = n_A F D_A \frac{c_A^0 - c_A^S}{\delta}, \quad J_B = n_B F D_B \frac{c_B^0 - c_B^S}{\delta} \qquad\qquad (1-47)$$

如果电沉积过程中没有副反应发生,即电流效率为 100% 时,则两种金属在沉积层中的质量分数分别为

$$w_A = k_A J_A, \quad w_B = k_B J_B$$

式中:k_A、k_B 为金属 A、B 的电化学当量[g/(A·h)]。

令

$$c_A^0 - c_A^S = \Delta c_A, \quad c_B^0 - c_B^S = \Delta c_B$$

则有

$$\frac{w_A}{w_B} = \frac{k_A J_A}{k_B J_B} = \frac{n_A k_A D_A}{n_B k_B D_B} \times \frac{c_A^0 - c_A^S}{c_B^0 - c_B^S} = \frac{n_A k_A D_A}{n_B k_B D_B} \times \frac{\Delta c_A}{\Delta c_B} \tag{1-48}$$

由式(1-48)可见,合金沉积层组分金属质量比与该金属离子在阴极界面与溶液本体浓度差之比呈线性关系。若 $n_A = n_B$,$D_A = D_B$,并令 $K = \dfrac{k_A}{k_B}$,则有

$$\frac{w_A}{w_B} = K \times \frac{\Delta c_A}{\Delta c_B} \tag{1-49}$$

(2)在浓度极化过电势下的合金电沉积。当 A、B 两种金属的共沉积受稳定扩散过电势控制时,若忽略阴极/溶液界面上的对流和电迁移作用,则可得浓度极化过电势为

$$\Delta\varphi_A = \frac{RT}{n_A F} \ln \frac{c_A^S}{c_A^0}, \quad \Delta\varphi_B = \frac{RT}{n_B F} \ln \frac{c_B^S}{c_B^0} \tag{1-50}$$

由合金电沉积的基本条件 $\varphi_A^0 + \dfrac{RT}{n_A F} \ln a_A + D\varphi_A = \varphi_B^0 + \dfrac{RT}{n_B F} \ln a_B + D\varphi_B$,将式(1-50)代入得

$$\varphi_A^0 + \frac{RT}{n_A F} \ln a_A + \frac{RT}{n_A F} \ln \frac{c_A^S}{c_A^0} = \varphi_B^0 + \frac{RT}{n_B F} \ln a_B + \frac{RT}{n_B F} \ln \frac{c_B^S}{c_B^0}$$

进一步整理得

$$\frac{F(\varphi_A^0 - \varphi_B^0)}{RT} = \ln \frac{(a_B c_B^S)^{\frac{1}{n_B}} (c_A^0)^{\frac{1}{n_A}}}{(a_A c_A^S)^{\frac{1}{n_A}} (c_B^0)^{\frac{1}{n_B}}} \tag{1-51}$$

当温度 T 一定时,$\dfrac{F(\varphi_A^0 - \varphi_B^0)}{RT} = H$ 为一常数。

设 $a_A = f_A c_A^0$,$a_B = f_B c_B^0$(f_A、f_B 分别为 A、B 金属离子的活度系数),代入式(1-51),得

$$H = \frac{(f_B c_B^S)^{\frac{1}{n_B}}}{(f_A c_A^S)^{\frac{1}{n_A}}}$$

当 $n_A = n_B = n$ 时,则 $H^n = \dfrac{f_B c_B^S}{f_A c_A^S}$。若 $f_A = f_B$,则简化为

$$H^n = \frac{c_B^S}{c_A^S} \tag{1-52}$$

式(1-52)表明,当 A、B 两种金属的共沉积受稳定扩散过电势控制时,金属离子 A 和金属离子 B 在阴极/溶液界面上的浓度比为一常数。

2. 电化学控制下的合金电沉积

在稳态电化学极化情况下,极化电流密度与过电势的关系可用下式表示

$$J = J_0 \left[\exp\left(-\frac{\beta n F}{RT} \Delta\varphi \right) - \exp\left(\frac{\alpha n F}{RT} \Delta\varphi \right) \right] \tag{1-53}$$

式中:J_0 为交换电流密度;α、β 为传递系数,$\alpha + \beta = 1$。

若在高过电势下进行合金电沉积,则有

$$J = J_0 \exp\left(-\frac{\beta n F}{RT} \Delta\varphi \right) \quad \text{或} \quad -\Delta\varphi = -\frac{RT}{\beta n F}\ln J_0 + \frac{RT}{\beta n F}\ln J \tag{1-54}$$

令 $\eta = -\Delta\varphi$,代入式(1-54),则有

$$\eta = \eta^0 + \frac{RT}{\beta n F}\ln J \tag{1-55}$$

式(1-55)即为塔菲尔(Tafel)公式。

若金属离子 A 和 B 的电沉积受稳态极化的电化学控制,则得到

$$\eta_A = \eta_A^0 + \frac{RT}{\beta_A n_A F}\ln J_A, \quad \eta_B = \eta_B^0 + \frac{RT}{\beta_B n_B F}\ln J_B \tag{1-56}$$

根据共沉积的基本条件

$$\varphi_A^0 + \frac{RT}{n_A F}\ln a_A + \eta_A^0 + \frac{RT}{\beta_A n_A F}\ln J_A = \varphi_B^0 + \frac{RT}{n_B F}\ln a_B + \eta_B^0 + \frac{RT}{\beta_B n_B F}\ln J_B \tag{1-57}$$

若沉积过程无副反应发生,则 $\dfrac{w_A}{w_B} = \dfrac{k_A J_A}{k_B J_B}$,代入式(1-57),得

$$\varphi_A^0 - \varphi_B^0 + \frac{RT}{F}\ln \frac{(a_A)^{\frac{1}{n_A}}}{(a_B)^{\frac{1}{n_B}}} = \eta_B^0 - \eta_A^0 - \frac{RT}{F}\ln \frac{(k_B w_A)^{\frac{1}{\beta_A}}}{(k_A w_B)^{\frac{1}{\beta_B}}} \tag{1-58}$$

假定 $n_A = n_B = n$,$\beta_A = \beta_B = \beta$ 及 $\dfrac{a_A}{a_B} = \dfrac{c_A}{c_B}$,则式(1-58)变为

$$\ln \frac{w_A}{w_B} = \frac{\beta F}{RT}(\varphi_B^0 - \varphi_A^0 + \eta_B^0 - \eta_A^0) - \ln \frac{k_B}{k_A} - \frac{\beta}{n}\ln \frac{c_A}{c_B} \tag{1-59}$$

当温度 T 不变时,则 $\dfrac{\beta F}{RT}(\varphi_B^0 - \varphi_A^0 + \eta_B^0 - \eta_A^0) - \ln \dfrac{k_B}{k_A} = G$($G$ 为常数),令

$Q = -\dfrac{\beta}{n}$,由式(1-59)得到

$$\ln \frac{w_A}{w_B} = G + Q\ln \frac{c_A}{c_B} \tag{1-60}$$

式(1-60)表明,在合金沉积层中,A、B 的质量比的对数与溶液中金属离子浓度比的对数成线性关系。

3. 形成合金时的阴极电流分配

（1）形成低共溶合金时的电流的分配。对于低共溶合金可作以下假设，即形成的合金是各金属晶体的混合物，不同金属的晶体间不发生相互影响，分别独立生长着。在共沉积层中，各组分金属晶体所占的面积将比电极总面积小，它近似地正比于合金组成中该金属的摩尔分数。在同一阴极电势下，合金组分金属离子放电的分电流密度比纯金属的小。合金电沉积层中组分金属电沉积的表观电流密度 $J_{表}$ 可表示为

$$J_{表} = J_A \frac{S_A}{S_A + S_B} \qquad (1-61)$$

式中：S_A、S_B 为金属 A 和金属 B 所覆盖的表面积；J_A 为同一阴极电势下纯金属 A 上的电流密度。

由于每一种组分金属覆盖的面积与沉积的真实电流密度成正比，于是

$$\frac{S_A}{S_A + S_B} = \frac{J_A(k_A/\rho_A)}{J_A(k_A/\rho_A) + J_B(k_B/\rho_B)} \qquad (1-62)$$

式中：ρ_A、ρ_B 为金属 A、B 的相对密度；k_A、k_B 为金属 A、B 的电化学当量。

将式（1-62）代入式（1-61）中，得

$$J_{表} = \frac{J_A{}^2}{J_A + J_B\left[(k_B \times \rho_A)/(k_A \times \rho_B)\right]} \qquad (1-63)$$

形成这种类型的合金时，金属离子电化学还原的动力学特征保持不变，只是电沉积的有效电极面积减少，所以电沉积的速度比在纯金属上电沉积的速度要小。

上述关系式是在假设金属离子在同种金属上放电的情况下得到的，这只能在过电势相当小时才是真实的，这时晶核的形成速度非常慢。事实上，若放电步骤是电沉积速度的控制步骤，即使在低过电势下，分电流密度也会比按式（1-63）计算的值大，因为还会有部分附加的金属原子电沉积在其他金属表面上，并通过表面扩散到同种金属的表面上。

在金属电沉积时，双电层结构的改变也对同时放电的离子还原速度产生不同的影响。在合金电沉积液中，组分金属离子可能以不同的形式存在。因此，双电层结构的影响也不相同。这种效应只是当电沉积液浓度很小或存在离子型表面活性剂时才突出地表现出来。合金电沉积液的浓度一般比较大，因而影响较小，特别是当电沉积液中含有大量导电盐时，影响就更小了。

（2）形成固溶体合金时电流的分配。当两种金属离子共沉积形成固溶体时，由于合金电沉积液的浓度一般较大，可以认为阴极/溶液界面的双电层结构是紧密的。另外，合金的零电荷电势有可能与组分金属的零电荷电势不同，合金的零电荷电势一般介于两组分金属的零电荷电势之间。零电荷电势的改变也会影响金属离子放电的速度。实验结果表明，当两种金属离子共同放电形成固溶体时，组分金属离子在阴极还原的速度不同于该金属离子单独还原时的速度。合金的零电荷电势

对组分金属电沉积可能产生不同的影响,当组分金属的零电荷电势比纯金属的零电荷电势负时,共沉积时其沉积速度就减小;当组分金属的零电荷电势比纯金属的零电荷电势正时,共沉积时其沉积速度就增大。

另外,零电荷电势的改变,会促使表面活性物质在电极上的吸附发生变化,双电层的 ψ_1 电势(分散层的电势)也会改变,这些变化都会影响金属离子的放电速度。例如,从焦磷酸盐的稀溶液中电沉积 Cu – Zn 合金时,Cu – Zn 合金的零电荷电势介于 Cu 和 Zn 的零电荷电势之间,比 Zn 的正,比 Cu 的负。对 Zn 来说,合金的零电荷电势比 Zn 正一些,这意味着将加速 Zn 配离子的放电过程,因而也就解释了 Cu 和 Zn 从焦磷酸盐电沉积液中共沉积的可能性。

(3)扩散控制时的电流分配。在对流作用和电迁移的影响可以忽略(电沉积液中存在大量导电盐)时,若合金电沉积的电流效率为 100% ,那么在沉积层中组分金属的摩尔分数可表示为

$$x_A = \frac{c_A^0 - c_A^S}{c^0 - c^S} \times 100\% = \frac{\Delta c_A}{\Delta c} \times 100\% , \quad x_B = \frac{c_B^0 - c_B^S}{c^0 - c^S} \times 100\% = \frac{\Delta c_B}{\Delta c} \times 100\%$$

$$(1 - 64)$$

式中:x_A、x_B 分别为沉积层中金属 A 和 B 的摩尔分数;c_A^0、c_B^0 为电沉积液中 A 和 B 的离子浓度(mol/L);c_A^S、c_B^S 为在阴极/溶液界面上 A 和 B 的离子浓度(mol/L);c^0、c^S 为在电沉积液中、阴极/溶液界面上 A 和 B 离子的总浓度(mol/L)。

按式(1 – 64)计算电沉积 Ni – Co 合金的组成,结合试验分析测定,其测试结果与计算结果相吻合。

若合金电沉积是在极限电流密度下进行,两组分金属离子在阴极/溶液界面的浓度 c_A^S 和 c_B^S 均等于 0,于是

$$x_A = \frac{c_A^0}{c^0} \times 100\% , \quad x_B = \frac{c_B^0}{c^0} \times 100\%$$

$$(1 - 65)$$

即在极限电流密度下,在电沉积的合金中组分金属的原子比等于溶液本体中组分金属离子的摩尔浓度比。

1.3.4 合金电沉积的阴极极化曲线

1. 合金电沉积并行反应的基本假说

合金在阴极的电沉积是并行的电极反应,合金阳极的溶解也是并行的电极反应。两个或多个并行反应的电极过程比单个反应要复杂得多,如果其动力学参数已知,这类过程是能够有效地加以控制的。但是对这些过程动力学的研究远不如对单个电极反应动力学的研究那样透彻。

(1)复杂电极反应动力学的出发点是并行反应独立原理。根据这个原理,并行的电极反应都是独立于其他电极反应进行的,就像它在电极上发生的唯一过程一样。各并行反应的唯一共同点是电极电势,各电极反应的速度决定于该电势的大小。

（2）极化曲线叠加原理以并行反应独立原理为基础。根据极化曲线叠加原理，并行发生两个或多个反应的电极极化曲线，可以通过各反应电流极化曲线的代数和来得到。同样，若已知每一反应所消耗的电流分数也可以根据总极化曲线作出各反应的分极化曲线。

以上两个原理应该认为是对电极过程实际情况的一种基本近似。若考虑一些复杂因素，还可以做更精确一些。即考虑各个反应产物彼此进行的相互作用或相互反应。例如，若两种金属 A 和 B 在沉积过程中，不是形成低共熔混合物［A］+［B］，而是形成了固溶体［A、B］，或是一种金属间化合物［$A_x B_y$］，这将引起自由能的降低，从而必然会导致去极化作用。但并行反应独立原理在其他一些情况下，也会带来与实际情况的偏离，这是应该引起注意的。

2. 合金电沉积极化曲线的特点及其分解

阴极电势是阴极反应的基本参数，电沉积液组成和工艺条件的变化，大都集中反映在电流密度和阴极电势关系的曲线上。

研究电化学反应动力学的基本方法是测定电极电势和电流密度的曲线，通常叫极化曲线或电流–电势曲线。分析极化曲线的形状和特点，研究其对电沉积液组成和工艺条件的影响，以及对物理化学参数的依赖关系，就能获得足够详细的有关极化过程本性的知识。测定极化曲线最常用的方法是恒电势法和恒电流法。

（1）合金电沉积极化曲线的特点。合金电沉积的极化曲线大致可分为以下几种类型。

① 合金的极化曲线位于单金属极化曲线的正向一侧，如氰化物电沉积液电沉积 Ag–Zn 合金的极化曲线（图 1–3）。由于该合金属于固溶体，可以认为合金共沉积的电势处于比电势较止金属单独电沉积时更正的值，这是因为固溶体的形成导致自由能的降低。

② 合金的极化曲线处于各单金属极化曲线的中间位置，如氰化物电沉积液电沉积 Ag–Cd 合金的极化曲线（图 1–4），这表明合金电沉积能使电势较负的金属在较正电势下沉积，而电势较正的金属在较负的电势下共沉积。

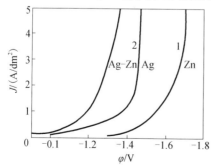

图 1–3　氰化物体系电沉积
Ag–Zn 合金的极化曲线

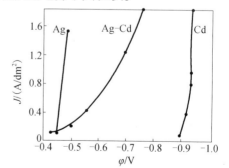

图 1–4　氰化物体系电沉积
Ag–Cd 合金的极化曲线

③合金电沉积的极化曲线至少和一种单金属极化曲线相交,如 Cu - Pb 合金电沉积的极化曲线(图 1 - 5)。

以上几种极化曲线的特点表明,合金电沉积时离子的相互影响是非常重要的。因而,若从单金属电沉积的极化曲线来预测合金电沉积的极化曲线的形状和位置是不可能的,而且合金电沉积极化曲线的位置并不能反映合金的组成。一般来说,固溶体合金和简单混合物合金的极化曲线,常处于两种单金属电沉积的极化曲线的中间位置。

(2)合金电沉积极化曲线的分解。研究合金电沉积极化曲线的目的之一是寻求合金共沉积和单独沉积时离子放电过程的动力学规律,从而总结出合金电沉积的一般规律。但根据前述结论,根本不可能由组分金属单独电沉积的极化曲线去推测共沉积时的极化曲线,这是由于金属共沉积时存在着金属离子间的相互影响和相互作用的缘故。为了加深对合金电沉积规律性的认识,可采用分解法将合金电沉积的极化曲线分解为两个或两个以上的分极化曲线,如果氢离子参加阴极反应,也应包括氢的放电曲线,见图 1 - 6。

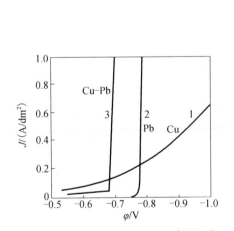

图 1 - 5 碱性酒石酸盐电沉积液电沉积
Cu - Pb 合金的极化曲线

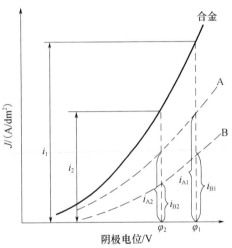

图 1 - 6 总极化曲线和分极化曲线示意图

分解方法的原理很简单,由于表现在极化曲线上每一点的电流密度是在该电极电势下各组分离子放电的总和,即 $J_{总} = J_A + J_B + \cdots$。因此,可将极化曲线上各电极电势下的 $J_{总}$ 进行分解,将其分解成相应于各放电组分金属的 J 值。为此,只需求出各放电离子的电流效率,就可按下式得到该电极电势下的分电流密度。

$$J_{A1} = \eta_{A1} \cdot J_1, \quad J_{A2} = \eta_{A2} \cdot J_2, \cdots \qquad , J_{An} = \eta_{An} \cdot J_n \qquad (1-66a)$$

$$J_{B1} = \eta_{B1} \cdot J_1, \quad J_{B2} = \eta_{B2} \cdot J_2, \cdots \qquad , J_{Bn} = \eta_{Bn} \cdot J_n \qquad (1-66b)$$

式中:$J_{A1}, J_{A2}, \cdots, J_{An}$ 为合金中组分金属 A 在 1,2,3,$\cdots$,n 点的分电流密度;J_{B1},

$J_{B2},\cdots,J_{Bn}$ 为合金中组分金属 B 在 $1,2,3,\cdots,n$ 点的分电流密度; $\eta_{A1},\eta_{A2},\cdots,\eta_{An}$ 为合金中组分金属 A 在 $1,2,3,\cdots,n$ 点放电离子的电流效率; $J_1,J_2,\cdots,J_n$ 为在 $1,2,\cdots,n$ 点的总电流密度。

应该指出,在合金电沉积时,特别是形成低共溶混合物时,有专家认为此时各种金属离子只在本身所占有的面积上放电。因此,相应的真实电流密度比纯金属放电时为高,即

$$J_A = J[S_A/(S_A + S_B)] \tag{1-67}$$

式中: J_A 为真实电流密度; J 为按表观面积计算得到的电流密度; S_A、S_B 为组分金属 A 和 B 所占的面积。

这在低过电势区,即成核条件很差的情况下才有可能,但在电化学步骤控制的过程中,特别在较高的过电势区,存在的可能性很小。

极化曲线分解的方法很简单。以电沉积 Cu–Bi 合金为例,见图 1–7,在某一电流密度(如 $5A/dm^2$)下电沉积 Cu–Bi 合金,通过分析得到电沉积层中 Cu 的摩尔分数为 91%,Bi 的摩尔分数为 9%,然后按下式计算

$$J_i = x_i \times J \times 100\% \tag{1-68}$$

式中: J_i 为合金中某一组分的分电流密度(A/dm^2); x_i 为合金中某一组分的含量; J 为总电流密度(A/dm^2)。

按式(1–68)方法,可计算一系列不同电流密度下的分电流密度,作图就可得到如图 1–7 所示的分极化曲线,它是已考虑了合金电沉积时的相互影响后的极化曲线。

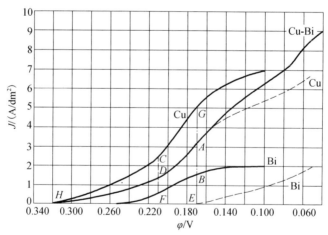

图 1–7　Cu–Bi 合金的极化曲线及分极化曲线(虚线)

由图 1–7 还可以看出,分极化曲线上各纵坐标之和等于合金极化曲线的纵坐标,且 Cu 和 Bi 的共沉积电势当达到 0.17V 时才能发生。

总之,分解法提供了根据金属共沉积和组分金属单独电沉积的极化曲线的比

较,从而探索出共沉积的规律。因此,它是一种研究合金电沉积规律的好方法。

值得提出的是,不能通过两种金属单独电沉积时的极化曲线来预测两种合金电沉积的可能性和合金的组成,因为这与试验结果不符合,即实际情况要比单金属电沉积复杂得多。

1.3.5　合金电沉积的阳极过程

1. 金属阳极的溶解和钝化

(1) 在电沉积溶液中金属阳极的溶解过程。金属阳极的溶解一般可包括两类基本过程:强迫溶解(由外加电流产生);自发溶解(与周围介质发生化学作用而产生)。这两类过程往往同时发生,并以强迫溶解为主,它们既有共同点,也有各自的特性。

电沉积金属阳极的溶解过程,作为简单水化离子或配离子进入溶液,从许多方面来看都是金属在阴极电沉积的逆过程。但和金属在阴极电沉积大不相同,阳极过程开始于金属晶格的破坏,最后在阳极溶解的总反应式为

$$M + xH_2O - ne \rightarrow M^{n+} \cdot xH_2O$$

对配合离子来说总反应为

$$M + yA^- + xH_2O - ne \rightarrow MA_y^{n-y} \cdot xH_2O$$

电沉积金属阳极常在比相应平衡电极电势更正的电势下发生阳极溶解,即阳极溶解伴随着阳极极化。而引起阳极极化的原因有迁移、固相破坏或离子化步骤的速度缓慢。在阳极溶解过程中,脱离阳极表面的速度缓慢会导致电极附近形成金属离子的积累,因此使电势向正的方向移动。

一般金属阳极的溶解与溶液组成有密切关系,如表面活性阴离子的活化效应和局外阳离子的抑制效应,也在阳极溶解过程中存在,但阴离子效应比在阴极过程中要强些,而阳离子效应则比在阴极过程中弱些。任何阴离子都有催化阳极溶解的特性,但 OH^- 离子表现得更明显。

对于铁族金属的阳极溶解过程,它们的阳极极化比阴极极化要弱很多,但比一般金属阳极的极化大得多。

(2) 金属阳极的钝化。电沉积金属阳极在溶解过程中,如果条件发生变化,可变为不溶性阳极,这种由可溶性阳极变为不可溶性阳极的转变,就称为阳极钝化。金属阳极钝化的原因较多,在电沉积过程中通常是由于阳极极化引起的。当使用的阳极电流密度过高时,容易发生钝化现象,有时也会因氧化剂的氧化所致。

典型的阳极极化曲线如图 1-8 所示。

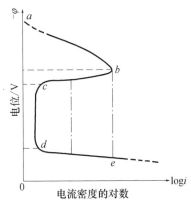

图 1-8　由恒电势法得到的阳极极化曲线

由图 1 - 8 可见,典型的钝化曲线可分为四段:ab 段,当电势向正方向移动时,金属阳极正常溶解;bc 段,电流密度突然下降,表明阳极溶解已突然缓慢下来;cd 段,阳极处于钝态;de 段,电流密度再度上升,溶解又以较快的速度进行,它通常以金属溶解形成比正常溶解时更高价态的离子为特征。

2. 对电沉积金属阳极的要求

电沉积的阳极分为可溶性阳极和不溶性阳极。电沉积过程对这两种阳极的要求不同。

(1)可溶性阳极。要求阳极的溶解必须定量、且仅形成一种价态的水化离子或配位离子。

在外电流作用下,如果溶解金属的量大于根据法拉策定律计算的值,这意味着金属的阳极溶解伴有自发溶解。

在电沉积铜、镍或锌的生产过程中,一定要满足以上要求。若电沉积铜过程在酸性溶液中进行,就需要铜以两价离子溶解进入溶液中,不希望发生以下反应

$$Cu - e^- \rightarrow Cu^+$$

当一价铜离子积累超过平衡浓度时,由于发生歧化反应

$$2Cu^+ \rightarrow Cu + Cu^{2+}$$

会导致金属铜以粉末形式沉积,使电沉积层粗糙且发暗,影响电沉积层质量。

(2)不溶性阳极。金属阳极是完全不溶的,阳极过程是气体的析出,通常为氧或者氯气的析出。例如,六价铬电沉积铬时采用铅合金合金。

金属阳极的行为决定于金属本身的性质、电沉积溶液组成、电沉积液的 pH 值、电流度和温度等。

1.3.6 合金电沉积的阳极

合金电沉积的阳极的作用与单金属电沉积一样,也是起导电作用,而且还可以补充金属离子的消耗,保持阴极上电力线分布均匀。对于合金阳极,要求它能等量、等比例地补充镀液中金属离子的消耗,所以要使阳极成分和镀层成分一致,并能均匀地连续溶解,使镀液中金属离子浓度比不致波动太大。因此,合金电沉积对阳极的要求比单金属电沉积要高。

1. 合金电沉积阳极的分类

目前,合金电沉积中的阳极大致可以分成四种类型:可溶性合金阳极、可溶性单金属联合阳极、不溶性阳极、可溶性与不溶性联合阳极。

(1)可溶性合金阳极。将欲电沉积的两种或几种金属按一定比例熔炼成合金,浇铸成单一的可溶性阳极,通常合金阳极的成分应与合金电沉积层的成分相同或相近。例如,电沉积低 Sn 的 Cu - Sn 合金时,常采用 Sn 质量分数为 10% ~ 15% 的合金阳极。使用合金阳极进行电沉积,工艺控制比较简单,成本较低,因此获得了广泛的应用。必须注意:合金阳极的金相结构、物理性质、化学成分及杂质等,对

合金的溶解电势以及溶解均匀性都有明显的影响。通常采用单相的或固溶体型的合金阳极能取得满意的效果。若合金阳极为金属间化合物，其溶解电势就比较高；若合金阳极由两相组成，往往存在选择性溶解，使阳极溶解不均匀。

（2）可溶性单金属联合阳极。在某些合金电沉积体系中，使用合金阳极时很难保证阳极的正常溶解，可采用分开的单金属可溶性阳极。如果两种金属阳极的溶解电势很接近，可将欲沉积的两种金属分别制成阳极板，挂在同一阳极导电杠上，用调节两种金属的阳极面积比例来控制其溶解速度，即可保证电沉积液中金属离子成分的稳定。若作为阳极的两种金属溶解电势相差很大，就需要采用两套阳极电流控制系统，使电流按要求分别通过两种阳极，这将使设备复杂，增加操作的困难。在电沉积高 Sn 的 Cu – Sn 合金时，就经常采用这类阳极，见图 1 – 9。

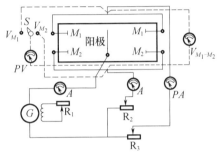

图 1 – 9　合金电沉积中采用可溶性单金属联合阳极接线图

（3）不溶性阳极。当采用可溶性阳极有困难时，可使用化学性质稳定的金属或其他导体作阳极，它仅起导电作用，在阳极上进行的反应主要是氧气的析出。电解液中金属离子的消耗靠添加金属盐类来补充，这常给电解液带进很多不需要的阴离子。另外，还需频繁地调整电沉积液，使成本提高。因此，只有在电沉积液中不能使用可溶性阳极或金属离子的浓度允许有较大的波动时，才使用不溶性阳极。

（4）可溶性与不溶性联合阳极。在合金电沉积生产中，有时将可溶性单金属阳极与不溶性阳极联合使用。电沉积液中消耗量较小的金属离子，可用金属盐或氧化物来补充。例如，电沉积低 Co 的 Ni – Co 合金时，用 Ni 作可溶性阳极，不锈钢作不溶性阳极，Co 以硫酸钴或氯化钴的形式加入。采用不锈钢阳极是为了调节 Ni 阳极的电流密度，防止 Ni 阳极钝化。

2. 合金电沉积阳极的应用

以上每一种类型的阳极，都曾作为合金电沉积阳极而应用于生产。阳极必须要保证其溶解速度与电沉积层的沉积速度一致，并按同样的比例溶解。阳极溶解的速度，取决于合金阳极化学成分和物理性质、电流密度、温度、使用电沉积液的类型、pH 值以及搅拌等因素。

一般来说，采用合金阳极在控制上最简单。呈单相或固溶体类型的合金阳极溶解比较均匀,使用效果较好。当合金阳极中存在两个相时,就有选择溶解的可能性,往往溶解不均匀。由机械混合物或金属间化合物组成的合金阳极,在使用中常出现各种问题。例如,由机械混合物组成的合金,常因其中两种组分的化学活性有差别而出现置换现象;当存在金属间化合物(如 $CoFe$、$CoFe_3$、$NiFe$ 等)时,则其溶解电势比其他合金组分要高。以上情况都可能引起合金阳极的不正常溶解。若采用合金阳极不合适时,就应考虑使用分挂的单金属联合阳极。

当使用分开的单金属可溶性阳极时,通常注意以下要点:

(1)分别调整通过两个阳极上的电流和浸在电沉积液中的阳极面积,以控制每个阳极所需的电流密度。

(2)控制好两个不同阳极之间的电压降。

(3)控制好每个阳极和阴极之间的电压降。

(4)阳极在电沉积液中的位置要适当排列。

按以上要求使用的分挂单金属阳极,就能保证挂在同一组上的阳极不会从另一组上的阳极接受串联的电流。在合金电沉积电沉积液中,使用这种单金属联合阳极是成功的,但相对于合金阳极在控制上要复杂些。

实际应用举例说明:在电沉积装饰性 $Cu-Zn$ 合金时,已广泛使用合金阳极。但在氰化物电沉积液中电沉积 $Cu-Zn$ 合金时,也可使用分挂的单金属 Cu 和 Zn 的阳极,通常选用合适的面积比,就可以在长期的电沉积中保持 Cu 和 Zn 两者的比例。在氰化物-焦磷酸盐电沉积 $Cu-Sn$ 合金时,青铜阳极溶解时表面清晰明亮,所以电沉积液浓度容易控制。在氰化物-锡酸盐电沉积 $Cu-Sn$ 合金时,Sn 的质量分数为 10% 的 $Cu-Sn$ 合金阳极溶解较好。

在某些情况下,不溶性阳极也成功地被利用,且目前应用得还比较多,但会带来一些问题。这时,电沉积液中金属离子的补充是依靠添加可溶性的金属化合物来实现的。除非能用金属氧化物或碳酸盐(酸性电沉积液中)来补充金属离子,否则都会造成电沉积液中不需要的阴离子的积累和 pH 值的变化。

合金电沉积中,如果两种组分金属中有一种含量相对很低,常采用含量高的金属作阳极,而含量很低的金属以可溶性盐或氧化物形式加入到电沉积液中。这种方式比较简单,得到广泛应用。

当采用金属间化合物作阳极时,如果金属间化合物不易溶解,可利用周期间断电流、周期换向电流和交直流叠加等,以使阳极溶解的速度与合金沉积的速度接近。另外,在电沉积液中添加卤化物或氰化物等阳极去极化剂,有利于阳极的正常溶解,并提高阳极正常溶解的极限电流密度。添加剂的选择取决于添加到电沉积液中的主盐和辅助盐的阴离子类型以及被溶解金属的性质,可首选对单金属阳极溶解有效的添加剂。

对于金属相复杂的合金阳极,则合金阳极的溶解除电化学溶解外,还存在化学溶解。如 $Ni-Fe$ 合金阳极在溶解过程中,存在着 Fe 的选择性优先溶解。

参 考 文 献

[1] Mordechay S, Milan P. Modern eletroplating[M]. 5th ed. New Jersey: John Wiley &Sons, INC, 2010.

[2] Hirsch S, Rosenstein C. Metal. Finish. guidebook and directory, 94. 289, 1996.

[3] 仓知三夫. 合金めつき[J]. 金属表面技术, 1980(10): 1–11.

[4] 屠振密. 电镀合金原理与工艺[M]. 北京: 国防工业出版社, 1993.

[5] 沈品华, 屠振密. 电沉积锌及锌合金[M]. 北京: 机械工业出版社, 2002.

[6] 仓知三夫. 机能めつき. 金属表面技术[J]. 1989, 10(4): 19–27.

[7] Nasser K. Electroplating: Basic principles, processes and practice[M]. Elsevier Science Ltd, 2004.

[8] 屠振密. 防护装饰性镀层[M]. 北京: 化学工业出版社, 2004.

[9] 周绍民. 金属电沉积——原理与研究方法[M]. 上海: 上海科学技术出版社, 1987.

[10] 屠振密, 李宁, 安茂忠, 等. 电镀合金实用技术[M]. 北京: 国防工业出版社, 2006.

[11] Lesliew F. Metal Finishing: An overview[J]. Metal Finishing, 1997, 97(1): 17–31.

[12] Lowenheim F A. Electroplating[M]. New York: McGraw – Hill Book Company, 1978.

[13] Porter F C. Corrosion resistance of zinc and zinc alloy[M]. Taylor & Francis Inc, 1994.

[14] Conway B E. Modern aspects of electrochemistry, no. 38[M]. Springer, 2005.

[15] Smith P G, Popov K, Djokic S. Fundamental aspects of electrometallurgy[M]. Kluwer Academic / Plenum Publishers, 2002.

[16] 安茂忠. 电镀理论与技术[M]. 哈尔滨: 哈尔滨工业大学出版社, 2004.

[17] 沈品华. 现代电镀手册(上册)[M]. 北京: 机械工业出版社, 2010.

[18] 张允诚, 胡如南, 向荣. 电镀手册[M]. 4版. 北京: 国防工业出版社, 2011.

[19] 曾华梁. 电镀工艺手册[M]. 北京: 机械工业出版社, 1989.

[20] 屠振密, 安茂忠, 张景双, 等. 电镀合金的应用及前景展望[J]. 电镀与精饰, 2002, 24(5): 26–32.

[21] 徐加民, 安茂忠, 苏彩娜, 等. 离子液体金属电沉积研究进展[J]. 电镀与环保, 2009, 29(1): 1–5.

[22] Sheldon R. Catalytic reactions in ionic liquids[J]. Chem commun, 2001(23): 2399–2407.

[23] 杨培霞, 安茂忠, 梁淑敏, 等. 离子液体中金属的电沉积[J]. 电镀与环保, 2006, 26(5): 1–5.

[24] 皱勇进. 低析氢超电势镍–钴基功能性电极材料电化学性能的研究[D]. 武汉: 华中师范大学, 2005.

[25] 张颖, 王晓轩, 郭永伟, 等. 玻璃钢无氰镀铜–锌–锡–钴合金仿金镀工艺研究[J]. 材料保护, 2005, 38(5): 1–5.

第2章 合金电沉积类型与晶体结构特性

2.1 电沉积二元合金与热熔合金相图

组成合金的最基本的、独立的物质叫组元。一般说来,组元就是组成合金的元素(多数为金属元素)。二元合金就是由两种组元组成的合金。由两个(或两个以上)给定组元可以形成一系列成分不同的合金,该系列合金,就称为合金系。

合金相图是表示合金系中合金状态与温度及成分之间关系的图解。它是分析合金组织、研究合金组织变化规律的有效工具。

2.1.1 电沉积二元合金平衡相图

二元合金平衡相图大致分为四种类型:形成固溶体合金;部分形成固溶体合金;几乎不互溶的合金;形成金属间化合物或中间相的合金。根据以上分类原则,仓知三夫等人试图将迄今文献中已报道的电沉积二元合金,归纳列入表2-1中,但需要说明的是由于电沉积合金的溶液组成和工艺条件不尽相同,其合金组成范围也往往存在差异,并且有的二元合金相图尚未确定或尚不明确,所以要想全面正确地论述电沉积合金和相图间的关系是很难的。

表2-1 电沉积二元合金平衡相图分类

分类	A型		B型		C型	D型			
	固相完全互溶		固相部分互溶		固相不互溶	形成金属间化合物			
平衡相图例									
已报道的二元合金镀层	Ag-Au	Au-Cu	Ag-Cu	Ag-Pt	Ag-Bi	Ag-Cd	Cd-Cu	Cu-S①	Mn-Sn
	Ag-Pd	Au-Ni	Ag-Pb	Au-Fe	Ag-Co②	Ag-In	Cd-In	Cu-Sb	Mn-Zn
	Au-Pd	Co-Pt	Ag-Rh①	Cd-Sn	Ag-Ni①	Ag-Sb	Cd-Ni	Cu-Se①	Mo-Ni
	Au-Pt	Co-Pd	Ag-Tl	Co-Cu	Ag-Re②	Ag-Se	Cd-Pt	Cu-Sn	Nb-Ni
	Bi-Sb	Co-Rh	Au-Co	Co-Mn	Ag-W②	Ag-Sn	Cd-Sb	Cu-Te①	Ni-P
	Co-Ni	Cr-Fe	Au-Mo	Cu-Fe	As-Pb	Ag-Zn	Cd-Se②	Cu-Zn	Ni-Pt

分类	A 型		B 型		C 型	D 型			
	固相完全互溶		固相部分互溶		固相不互溶	形成金属间化合物			
	Cr－W	Cr－Mo	Au－Rh①	Fe－Mn	Bi－Cu	Al－Co	Cd－Te	Fe－Ge	Ni－S①
	Cu－Ni	Cr－V	Bi－Sn	Fe－Ni	Cr－Sn①	Al－Fe	Cd－Ti	Fe－Mo	Ni－Sb
	Cu－Pd	Cu－Mn	Cd－Pb	In－Tl	Cu－Mo②	Al－Ni	Co－Bi①	Fe－P	Ni－Sn
	Cu－Pt	Ni－Pd	Cd－Zn	Ni－Re	Cu－Pb①	As－Cu	Co－Cr	Fe－Pd	Ni－Ti
	Ir－Pt		Cr－Ni	Ni－Ru	Cu－Tl①	As－Co	Co－Ge	Fe－Pt	Ni－W
	Ir－Rh		Ga－In	Pb－Tl	Fe－Pb①	As－In	Co－Fe	Fe－Re	Ni－Zn
	Mo－W		Ge－Sb	Pd－Ru	Ga－Ge	As－Ni	Co－Mo	Fe－Sn①	Pt－Re
已报道的	Pd－Pt		Pb－Sb	Pt－Re	Ga－Zn	Au－Bi	Co－P	Fe－Ti	Pt－Zn
二元合金镀层	Pd－Rh		Pb－Sn		Ge－Sn	Au－Cd	Co－Sb	Fe－V	Re－W
	Pt－Rh				Ge－Zn	Au－In	Co－Sn	Fe－W	Rh－W
	Se－Te				In－Zn	Au－Mn	Co－Ti	Fe－Zn	Sb－Se
					Mn－Pb①	Au－Pb	Co－V	Ge－Ni	Sb－Sn
					Ni－Pb①	Au－Sb	Co－W	In－Ni	Sb－Zn
					Ni－Tl①	Au－Sn	Co－Zn	In－Pb	Se－Zn②
					Pb－Zn①	Au－Zn	Cr－Mn	In－Sb	Zn－Zr
			Sn－Zn		Bi－In	Cr－P		In－Sn	
			Tl－Zn①		Bi－Pb	Cr－Re		Mn－Ni	
					Bi－Se	Cu－Ge			
					Cu－In				

① 液相中部分混溶;
② 液相中完全不溶。

2.1.2　几种电沉积合金的结构与平衡相图比较

大量试验证明,电沉积合金的结构与热平衡相图表示的结构,多数是不相同的,例如:Ag－Zn 合金,在热熔平衡相图中,α 固溶相中 Zn 的溶解度达 27%(质量分数),但在电沉积合金中仅含 2%~3%(质量分数)。这样的例子很多,请看图 2－1。

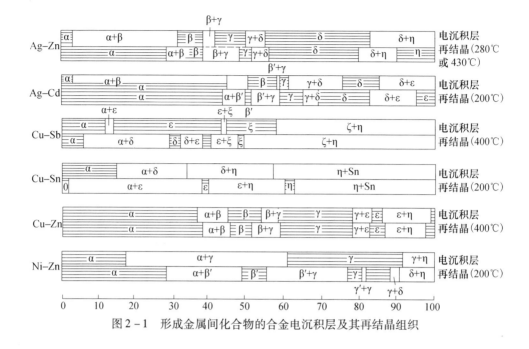

图 2 - 1 形成金属间化合物的合金电沉积层及其再结晶组织

2.2 合金电沉积的类型及影响因素

2.2.1 合金电沉积的类型

合金电沉积层的性能同它的组成有很大关系,而所有引起组分金属析出和电结晶电势移动的因素都会改变合金电沉积层的组成。

组分金属电沉积的极化性质不同时,增大电流密度将使高极化的金属在合金中的含量降低。从硫酸盐溶液中电沉积 Fe - Ni 合金时就观察到了这种现象。

根据合金电沉积的动力学特征以及合金电沉积液的组成、电沉积条件对合金电沉积层组成的影响,可将合金电沉积过程分为正常共沉积和非正常共沉积两大类。

1. 正常共沉积

正常共沉积的特点是电势较正的金属优先电沉积。依据各组分金属在对应电沉积液中的平衡电势,可定性地推断合金电沉积层中各组分的含量。正常共沉积又可分为以下三种。

(1)正则共沉积。正则共沉积的特点是共沉积过程受扩散控制,合金电沉积层中电势较正金属的含量,随阴极扩散层中金属离子总含量的提高而提高,电沉积工艺条件对电沉积层组成的影响,可由电解液在阴极扩散层中金属离子的浓度来预测,并用扩散定律来估计。因此,提高电解液中金属离子的总含量、降低阴极电流密度、升高电解液温度或增加搅拌强度等能增加阴极扩散层中金属离子浓度的措施,都能使合金电沉积层中电势较正金属的含量增加。简单金属盐电沉积液中的电沉积一般属于正则共沉积,例如,Ni – Co、Cu – Bi、Pb – Sn 合金等从简单金属盐电沉积液中的共沉积。有的配合物电沉积液中的共沉积也属于正则共沉积。若能取样测出阴极溶液界面上各组分金属离子的浓度,就能推算出合金电沉积层的组成。如果各组分金属的平衡电势相差较大,且共沉积时不能形成固溶体合金时,则容易发生正则共沉积。

(2) 非正则共沉积。非正则共沉积的特点,主要是受阴极电势控制,即阴极电势决定了电沉积合金组成。电沉积工艺条件对合金电沉积层组成的影响比正则共沉积小得多。有的电沉积液组成对合金电沉积层各组分的影响遵守扩散理论;而另一些却不遵守扩散理论。配合物电沉积液,特别是配合物浓度对某一组分金属的平衡电极电势有显著影响的电沉积液,多属于此类共沉积。例如 Cu 和 Zn 在氰化物电沉积液中的共沉积。另外,各组分金属的平衡电势比较接近,且容易形成固溶体合金的电沉积液,也容易出现非正则共沉积。

(3) 平衡共沉积。平衡共沉积的特点是在低电流密度下(阴极极化非常小),合金电沉积层中各组分金属含量比等于电沉积液中各金属离子浓度比。当将各组分金属浸入含有各组分金属离子的电沉积液中时,它们的平衡电势最终变得相等,在此电沉积液中以低电流密度电沉积时(阴极极化很小)发生的共沉积,即称为平衡共沉积。属于此类共沉积的体系不太多,已经发现,在酸性电沉积液中电沉积 Cu – Bi、Pb – Sn 合金属于平衡共沉积。

以上三种类型的共沉积通称为正常共沉积,其共同特征是电势较正的金属优先沉积。在沉积层中,组分金属之比与电沉积液中相应金属离子含量比符合以下关系式

$$\frac{x_A}{x_B} \geqslant \frac{c_A^0}{c_B^0}, \qquad \frac{x_A}{x_A + x_B} \geqslant \frac{c_A^0}{c_A^0 + c_B^0}$$

式中:x_A、x_B 为合金中电势较正金属和电势较负金属的摩尔分数;c_A^0、c_B^0 为电沉积液中电势较正金属和电势较负金属的离子浓度。

2. 非正常共沉积

目前对非正常共沉积研究得还不够深入,虽然也提出了各种不同的机理,但都有较大的局限性,还需要进一步的研究。非正常共沉积又可分为异常共沉积和诱导共沉积。

(1) 异常共沉积。异常共沉积的特点是电势较负的金属优先沉积。对于给定的电解液,只有在某一浓度、一定的工艺条件下才能出现异常共沉积,而当条件发生变化时,有可能转为正常共沉积。含有铁族金属中的一种或多种的合金的共沉积多属于此类。例如,Ni – Co、Fe – Co、Fe – Ni、Zn – Ni、Fe – Zn 和 Ni – Sn 合金等,其沉积层中电势较负金属组分的含量总比它在电沉积液的浓度要高。

(2) 诱导共沉积。从含有 Ti、Mo、W 等金属盐的水溶液中是不能电沉积出纯

金属电沉积层的,但当与铁族金属一起电沉积时,可实现共沉积,这种共沉积称为诱导共沉积。诱导共沉积与其他类型的共沉积相比,更难推测出电沉积液中金属组分和工艺条件对沉积层组成的影响。通常把能促使难沉积合金电沉积的铁族金属称为诱导金属。发生诱导共沉积的合金有 Ni－Mo、Co－Mo、Ni－W、Co－W 合金等。

3. 非正常共沉积的理论解释和说明

根据单金属的电沉积理论就能说明上面(1)～(3)属于正常共沉积类型,而(4)、(5)则是合金电沉积中的特殊现象,属于反常类型。

(1)反常类型的原因。为了解释和说明合金电沉积中出现异常类型的原因,合金电沉积工作者曾进行了很多研究工作。Vagram Yan 和 Gorbt Nova 等人将反常类型的主要原因归纳如下:

① 电极表面合金的去极化作用。由于生成合金,金属离子的还原电势向正方向移动,使电势较正金属容易还原,一般金属生成合金后较纯金属的活化能降低就容易自金属离子还原至金属。这种现象称去极化作用。例如 Hg 上电解析出 Na,尽管 Na 的析出电势很负(－2.7V),但由于与 Hg 生成合金就容易析出。

② 表面活性物质在电极表面的吸附。在合金溶液中加入表面活性物质如添加剂之类,能吸附在金属表面的活化部位,阻碍金属离子的还原。由于它的阻碍作用随不同金属离子而异,就出现反常现象。

③ 金属表面的极化作用。与①的去极化作用相反,是在电极表面延缓还原反应的作用。电沉积反应是包含水合或配位离子还原成原子,并进入邻近的晶格的过程。其中某一阶段的反应在电极表面起延缓作用,这一过程称为化学极化,极化程度依赖金属电极种类而异。另外,电极表面吸附了生成的某种化合物(如氧化物或氢氧化物)阻碍还原反应的进行称钝态极化。

④ 双电层中离子浓度的变化。电沉积反应时,金属离子被还原的速度受溶液中离子浓度的支配,这一离子浓度不是溶液中平均离子浓度而是起电极反应的双电层中的离子浓度,由于双电层中离子浓度与溶液本体中浓度不一定是比例关系,而是决定于离子的大小、电荷、离子的状态和吸附能力等,故合金电沉积液中双电层中两种金属离子浓度比与溶液中平均浓度不同。

⑤ 溶液中离子状态的变化。两种金属离子加入到同一种溶液中时,应考虑到生成新的离子质点,例如生成多核络离子或缔合离子,这种离子质点放电时将以离子组成中金属原子比的形式共沉积。

以上是合金电沉积中出现反常现象有关原因的基本考虑。由于合金电沉积机理相当复杂,有些现象是上述原因还无法解释的。下面概略地介绍合金电沉积中的特异现象,包括异常共沉积和诱导共沉积。

(2)异常共沉积的说明。

① 异常共沉积有关铁族金属合金电沉积中,常常看到析出电势颠倒过来的现

象,如 Ni – Zn、Fe – Zn、Ni – Fe、Co – Fe 和 Ni – Cr 等合金中,左边电势较正金属在某一电流密度以上析出速度急剧下降,结果电势较负金属反而优先析出,这种现象称异常共沉积。它的临界电流密度称转移电流密度,最典型的是 Ni – Zn 合金的电沉积。关于析出速度颠倒的原因,有人认为是由于电势较正金属的极化增大,而电势较负金属在合金上的去极化作用所致,但这很难解释为什么在某一电流密度两者急剧颠倒的现象。Brenner 曾提出添加剂理论来说明这一机制,认为由于电流密度上升,产生氢离子还原的副反应,使阴极附近氢离子浓度较溶液本体下降因而生成 $Zn(OH)_2$。它和添加剂一样吸附于阴极表面抑制 Ni 的析出。作者进行的研究也认同这种解释,这一机制的说法支持者很多,但这一观点还不能解释为什么生成含 Ni_7Zn_{21} 金属间化合物的中间相。Dahms 等人曾对 Fe – Ni 体系电沉积液的氢气发生量和各种离子扩散系数,根据胡克法则计算阴极附近 pH 的变化与电流密度的关系,发现转移电流密度与 pH 的急变点是一致的,符合 $Fe(OH)_2$ 优先吸附阻碍 Ni 析出的添加剂理论。

② 诱导共沉积。在水溶液中不能单独析出的金属(例如 W、Mo、Ti 等)与铁族金属一起作为合金就可能析出,这种现象称为诱导共沉积。单独不能析出的金属称惰性金属,促进它析出的金属称诱发金属。另外,P 与 S 单独在水溶液中不能电沉积,但 Fe – P、Ni – P、Co – P 及 Cu – S、Ni – S 等与非金属形成的合金电沉积也属于诱导共沉积,W、Mo 与铁族以外的金属并不是不能共沉积,但从电流效率、析出合金中含 W、Mo 的量等条件来看,与铁族金属共沉积最适合,研究也较多。为什么单独不能电沉积的金属与铁族金属一起就能共沉积,关于这一问题曾提出各种各样的电沉积机理,最简单的一种说法认为 W、Mo 单独不能电沉积的原因是由于在水溶液中形成惰性的杂化内轨型配合物,而它们与铁族金属一起则形成杂化外轨型多核配合物,此时就能以合金形成共沉积,但这种多核配合物在水溶液本体中的存在,还缺乏试验的证明。有一种说法认为在电极附近生成活性中间体,如在 Ni – W 体系中认为 Ni 离子放电时一部分电子进入 W,生成活性中间体,通过它放电沉积出 Ni – W 固溶体;另一种说法认为作为中间体生成物是惰性金属的低级氧化物,该低级氧化物膜在铁族金属存在下被催化还原成金属,称催化还原,可被电解还原到三价形成氧化物膜,铁族金属的作用是铁族金属 3d 轨道有未成对电子与氢氧离子生成共价键,低级氧化物就被原子态氢还原成金属。

一般诱导析出时合金的析出电势较铁族金属单独析出电势要正,通常认为是由于惰性金属的去极化作用在 Fe – W 系,Co – W 系中生成 Fe_8W、Co_3W 这一类金属间化合物是造成去极化作用的原因。但小见崇等对 Co – W 和 Ni – P 合金的研究结果表明电沉积得到的这类合金是非晶态,它们是以非平衡相析出的。因此,从热力学平衡论推导出的去极化作用并不适用,从而提出了不同的看法。小见崇等的研究提出 AB 合金诱导共沉积的机理:是由于电极表面析出 A 原子的核外电子中的 N 层电子与 B 的相互作用催化了惰性金属 B 的共沉积。

以上种种金属共沉积机理的解释,很多都未脱离假说的范畴,故理论的发展还有待于今后深入的研究。

2.2.2 合金电沉积的影响因素

1. 电沉积液中成分的影响

合金电沉积是比较复杂的过程,影响的因素较多。其中电沉积液的影响比较突出。

(1) 电沉积液中金属离子浓度的影响。控制电沉积液中金属离子浓度,一般可采用以下三种方法:

① 改变金属离子浓度比。保持电沉积液总浓度不变,仅改变一种金属离子对另一种金属离子的比率。用这种方法改变电沉积液组成,一般可以获得任意成分的合金电沉积层。

② 改变金属离子总浓度。保持电沉积液中金属离子浓度比不变,仅改变金属离子的总浓度。金属离子总浓度变化时,合金成分仅在一个有限的范围内变化。

③ 仅改变一种金属离子的浓度。保持电沉积液中一种金属离子的浓度不变,仅改变某一种金属离子的浓度。这种方法的结果,实际上是金属离子总浓度和离子浓度比都发生变化。由于同时改变了两个参数,因此不易控制,给操作带来麻烦。

根据以上控制方法,金属离子浓度的影响实际包括金属离子总浓度和离子浓度比两方面的影响。

(2) 电沉积液中金属离子浓度比的影响。若由 A、B 两种金属形成合金,若金属离子总浓度保持不变,当电沉积液中金属离子浓度比(c_A/c_B)增加时,电沉积层中 A 含量会增加,但多数并不是成正比关系。对于五种不同的共沉积类型,其影响规律各具有一定的特性,如图 2-2 所示。

图中对角线 AB 为成分参考线,它能帮助说明合金成分与电沉积液组成的关系。参考线内的各点,合金成分与电沉积液中金属离子的比例相同;在参考线之上,说明电势较正的金属在镀层中含量高于它在电沉积液中的含量,该金属发生了优先共沉积。

图 2-2 中曲线 1 代表正则共沉积,其特性是在金属总浓度不变的情况下,稍增加电沉积液中电势较正的金属相对于电势较负的金属的离子的浓度比,合金电沉积层中电势较正金属的含量就按比例激增,

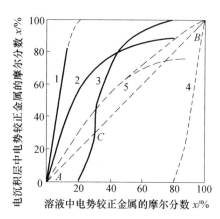

图 2-2 在五种共沉积的类型中,金属离子浓度和合金组分的关系

这与正则共沉积受扩散控制的规律相符合。

曲线 2 代表非正则共沉积,随电沉积液中电势较正金属离子的浓度增加,该金属在电沉积层中的含量也增加,但不成正比关系,所以过程并不受扩散控制,而是受沉积电势控制。

曲线 3 代表平衡共沉积,曲线与对称线相交于点 C,在该点,电沉积液中金属离子浓度比与电沉积层中金属含量比相同,相当于两种金属处于化学平衡状态,点 C 以上电势较正的金属占优势,点 C 以下电势较负的金属占优势。以上三条曲线表明,电势较正的金属优先沉积,这是正常共沉积的特性。

曲线 4 代表异常共沉积,位于参考线的下方,说明电势较负的金属优先电沉积。

曲线 5 代表诱导共沉积,位于参考线的上方,说明仍然是电势较正的金属优先电沉积,如从酸性电沉积液中电沉积 Fe – W 合金;但也有的诱导共沉积是在参考线的下方,如从酸性电沉积液中电沉积 Ni – P 合金及从柠檬酸电沉积液中电沉积 Ni – Mo 合金。曲线 4、5 说明,非正常共沉积中金属离子浓度比的影响比较复杂。

由此可见,要获得一定组成的合金,应严格控制电沉积液中金属离子的浓度比。

(3) 金属离子总浓度的影响。在电沉积液中金属离子浓度比不变的情况下,金属离子总浓度对合金组成的影响如图 2 – 3 所示。

对于正则共沉积(图 2 – 3 曲线 1 和曲线 2),可看出曲线很陡,提高金属总浓度,电沉积层中电势较正金属的含量提高,但其提高没有增加金属离子浓度比那么明显。对于非正则共沉积(图 2 – 3 曲线 3),提高金属离子总浓度,合金组成变化不大,并且因电沉积液中金属离子浓度比而异,某种成分的含量有可能增加,也可能减少。

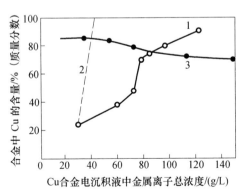

图 2 – 3 正常共沉积时,在 Cu 合金电沉积液中金属离子总浓度对电沉积层组成的影响

1—过氯酸盐电沉积液中电沉积 Cu – Bi 合金曲线;2—该电沉积液中仅增加 Cu 离子含量;

3—酒石酸盐电沉积液中电沉积 Cu – Pb 合金曲线。

对于异常共沉积,提高金属离子总浓度,合金组成的变化因体系而异,硫酸盐电沉积 Co - Ni 合金时,保持金属离子浓度比不变,提高电沉积液中金属离子总浓度,电沉积层含 Co 量略有提高。

对于诱导共沉积,通过对 Co - W、Ni - W 合金的电沉积研究表明,提高金属离子总浓度,电沉积层含 W 量略有增加。

总之,在保持电沉积液金属离子浓度比不变的情况下,提高金属离子总浓度,对正则共沉积合金的组成有明显的影响,但对非正则共沉积、异常共沉积和诱导共沉积影响较小,且趋向不定。

(4)电沉积液中配位剂浓度的影响。在合金电沉积液中,常需要加入适宜、适量的配位剂,它对合金成分的影响较大。根据配位剂使用的特点,可分为两种类型。

① 单一配位剂电沉积液。合金电沉积液中仅含有一种配位剂,它可以同时配合两种金属离子,也可以仅配合其中一种金属离子。如:在氰化物电沉积黄铜电沉积液中,Cu^+、Zn^{2+} 离子都能和 CN^- 形成配离子,且铜氰配离子比锌氰配离子稳定,$K_{不稳}\{[Cu(CN)_3]^{2-}\} = 5.0 \times 10^{-32}$,而 $K_{不稳}\{[Zn(CN)_4]^{2-}\} = 1.3 \times 10^{-17}$。因此,配位剂(即氰化物)的含量对铜离子的析出电势影响比锌离子大,所以,提高配位剂的含量,电沉积层中 Cu 含量就降低。在酸性氟化物电沉积 Sn - Ni 合金时,氟化物只与锡离子配合,而镍离子以简单离子形式存在,在该电沉积液中,增加配位剂的含量,能使电沉积层含 Sn 量降低,通过控制电沉积液中镍离子的含量,也能改变镀层组成。

② 混合配位剂电沉积液。电沉积液中的两种金属离子可选用两种不同的配位剂,形成两种金属配离子。如碱性氰化物 Cu - Sn 合金电沉积液,Cu^+ 与 CN^- 配合,Sn^{4+} 与 OH^- 配合。在同一电沉积液中有两种不同的配离子存在,当增加 CN^- 含量时,$[Cu(CN)_3]^{2-}$ 稳定性增强,阴极放电比较困难,电沉积层中 Cu 含量就会减少;若增加 OH^- 含量,则 $[Sn(OH)_6]^{2-}$ 稳定性增强,在阴极上析出受阻,电沉积层含 Sn 量减少(图 2 - 4)。

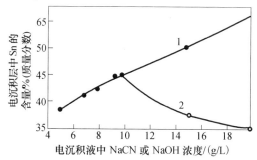

图 2 - 4　从碱性氰化物电沉积液中电沉积 Cu - Sn 合金时,配位剂浓度的影响
1—NaCN 浓度对合金成分的影响;2—NaOH 浓度对合金成分的影响。

在含有配位剂的合金电沉积液中,一般加入的配位剂要有一定的游离量,一方面是为了使配离子稳定,另一方面也可以控制电沉积层的组成。

(5)电沉积液中添加剂的影响。合金电沉积液中通常使用较多的添加剂,有些添加剂具有良好的选择性吸附,如果它对电沉积液中某一种金属离子的还原过程有影响,而对另一种金属离子没有影响,则选择适宜的添加剂,并控制其用量,就能得到适宜组成的合金电沉积层。例如:在焦磷酸盐 – 锡酸盐电沉积 Co – Sn 合金电沉积液中,加入少量 GT – 4 和苯并咪唑时,可使电沉积层含 Sn 量提高;在电沉积 Pb – Cu 合金时,明胶的影响如图 2 – 5 所示。由图 2 – 5 可见,明胶仅对 Cu 沉积有影响,而对 Pb 沉积无影响,所以加入明胶后,可以实现 Pb – Cu 共沉积。

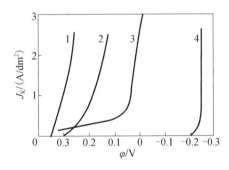

图 2 – 5　明胶对 Pb – Cu 合金的影响

1—电沉积铜液的极化曲线;2—电沉积铜液加明胶的极化曲线;

3—合金电沉积液加明胶的极化曲线;4—Pb 电沉积液加明胶(或不加)的极化曲线。

简单盐电沉积液中添加剂对合金成分的影响可参见图 2 – 6。在电沉积 Zn – Cd 合金时,即使电沉积液中添加剂含量增加很少,也会引起电沉积层组成的极大变化,但当添加剂达到一定含量后,电沉积层含 Zn 量不再随添加剂含量的增加而增加。在电沉积 Pb – Sn 合金时,随添加剂含量的增加,电沉积层含 Sn 量增加,但其影响趋势与前者有所不同。

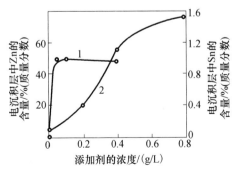

图 2 – 6　添加剂对合金组成的影响

1—硫酸盐电沉积液中沉积 Zn – Cd 合金;2—氟硼酸盐电沉积液中沉积 Pb – Sn 合金。

添加剂含量对合金组成的影响有以下特点:添加剂与配位剂相比,其影响要小得多;添加剂含量达到一定值后,合金成分迅速达到极限值,以后电沉积层组成基本保持不变;添加剂通常对简单盐溶液有明显影响;添加剂对合金成分的影响常具有选择特性。

2. 合金电沉积工艺条件的影响

在电沉积合金过程中,工艺条件的影响也很重要,通常应按照制定的工艺条件执行。

(1) pH 值的影响。pH 值对金属共沉积的影响往往是因为它改变了金属盐的化学组成。对某些电解液来说,pH 值影响较大,对另一些电解液,则影响较小,这与电解液的基本性质有关。例如:锌酸盐、锡酸盐和氰化物等电沉积液中的配合离子,在碱性溶液中是稳定的,而在 pH ≤ 7 时,往往发生分解;又如焦磷酸盐电沉积 Cu - Sn 合金电沉积液,在 pH = 8 ~ 12 范围内,配离子随 pH 值的变化,其结构形式和不稳定常数都将发生变化,且与电沉积层成分有很大关系。因此,pH 值对电解液性质和电沉积层组成的影响要根据具体条件来具体分析。

① pH 值对正则共沉积合金成分的影响中。在正则共沉积中,若电沉积液中的金属离子以简单金属离子形式存在,pH 值的影响不大。例如,在酸性高氯酸盐电沉积液中电沉积 Cu - Bi 合金,pH 值降低,电沉积层含 Cu 量仅略有增加。

② pH 值对非正则共沉积合金成分的影响。在非正则共沉积中,由于电沉积液中含有金属配离子,随 pH 值的变化合金组成有明显变化。例如,电沉积 Cu - Sn合金时,随着 pH 值的增加,电沉积层含 Sn 量下降;而在电沉积 Cu - Zn 合金时,随着 pH 值的增加,电沉积层含 Zn 量却增加。

③ pH 值对异常共沉积合金成分的影响。图 2 - 7 是电沉积 Zn - Ni 合金中pH 值对电沉积层成分的影响。随着 pH 值的增加,电沉积层含 Ni 量略有增加,其影响不太明显。

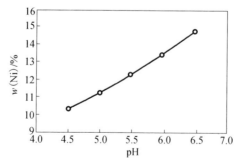

图 2 - 7 pH 值对 Zn - Ni 合金电沉积层组成的影响

以上分析表明,pH 对合金组成的影响与共沉积类型无关,它主要还是通过影响金属配合物形式来影响合金组成。

(2) 电流密度的影响。在合金电沉积中,电流密度对合金组成和电沉积层质量

44

有明显的影响。一般来说,随着电流密度的提高,阴极电势负移,合金成分中电势较负的金属的含量增加,这对于正则共沉积是正确的,可由扩散理论来解释。另外,根据扩散理论,金属沉积的速率有一个上限,电势较正的金属的沉积速度比电势较负的金属更容易接近极限值,因此,增加电流密度也会有助于电势较负金属沉积速度的增加。

① 电流密度对正则共沉积合金成分的影响。在正则共沉积中,电流密度提高,合金电沉积层中电势较正金属的含量将下降,如图 2 - 8 所示。

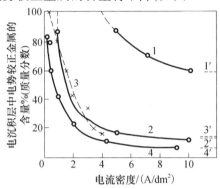

图 2 - 8 正则共沉积中电流密度对合金组成的影响

1—高氯酸电沉积液中电沉积 Cu - Bi 合金;2—不含高氯酸的电沉积液中电沉积 Cu - Bi 合金;

3—氰化物电沉积液中电沉积 Ag - Cd 合金;4—含锡酸盐和硫代锑酸盐电沉积液中电沉积 Sb - Sn 合金。

1′、2′、3′、4′分别表示上述四种电沉积液中金属离子浓度比。

由图 2 - 8 可以发现:在低电流密度区,电沉积层中电势较正金属的含量较高;随着电流密度的升高,合金电沉积层中电势较正金属的含量急剧减少;当电流密度增加到一定值后,合金电沉积层的组成基本恒定,其组成接近于电沉积液金属离子浓度比。

但是,电流密度对正则共沉积合金组成的影响有时也有反常现象。例如,在氰化物电沉积 Cu - Sn 合金中,在允许电流密度范围内,随电流密度的增加,镀层中电势较负的金属 Sn 的含量反而降低。

② 电流密度对非正则共沉积合金组成的影响。在非正则共沉积中,电流密度对合金成分的影响比较复杂,其影响作用往往不大,通常不易预测,图 2 - 9 为几种典型的非正则共沉积体系中合金组成与电流密度关系曲线。

③ 电流密度对其他共沉积合金成分的影响。对于平衡共沉积,仅在较低电流密度下,即阴极极化忽略不计时,电沉积液中金属离子的浓度比和合金电沉积层中金属成分比相同,若提高电流密度,一般将增大合金中电势较负的金属的含量。对于异常共沉积,电流密度的影响规律不易确定;对于诱导共沉积,电流密度对合金组成影响不大。

总之,电流密度对合金成分的影响,仅对正则共沉积有预测指导意义,对其他几种类型的金属共沉积,一般不能预测,即电流密度对合金组成的影响没有明确的规律性。

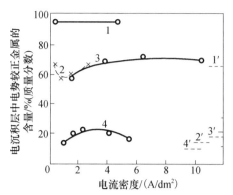

图 2 - 9　非正则共沉积中电流密度对合金组成的影响

1—酒石酸盐电沉积液中电沉积 Cu - Sb 合金;2—氰化物电沉积液中电沉积 Cu - Cd 合金;

3—氰化物电沉积液中电沉积 Cu - Sn 合金;4—氰化物电沉积液中电沉积 Sn - Zn 合金;

1′、2′、3′、4′分别表示上述四种电沉积液中金属离子浓度比。

　　（3）温度的影响。温度对合金组分的影响是它对阴极极化、金属离子在扩散层中的浓度以及金属在阴极沉积时的电流效率等综合影响的结果。当金属共沉积时,升高温度既降低了电势较正金属的阴极极化,也降低了电势较负金属的阴极极化,因此,很难推测它如何影响合金的组成。温度对阴极/溶液界面上金属离子浓度的影响:随着温度的升高,扩散速度加快,导致电势较正金属优先电沉积。温度的变化,也会影响金属电沉积的电流效率。

　　一般来说,由于正则共沉积主要受扩散控制,随温度升高,合金中电势较正金属的含量增加,受温度的影响比较明显。在氰化物电沉积 Ag - Cu 合金(图 2 - 10)时,随着电沉积液温度的升高,镀层含 Ag 量明显增加。

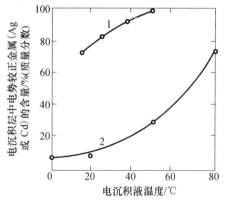

图 2 - 10　电沉积液温度对正则共沉积合金组成的影响

1—氰化物电沉积液中电沉积 Ag - Cu 合金;2—硫酸盐电沉积液中电沉积 Zn - Cd 合金。

　　对于非正则共沉积和异常共沉积,温度对合金组成的影响没有一定的规律。对于诱导共沉积,电沉积液温度升高,通常引起难沉积金属在合金电沉积层中的含量增加,但影响程度也不是太大。

（4）搅拌的影响。搅拌电沉积液或阴极移动能降低阴极扩散层厚度,从而直接影响合金电沉积层组成。在合金电沉积过程中,由于在阴极上金属沉积的比率不同,造成扩散层中金属离子浓度比与本体浓度有差别。搅拌可以导致阴极扩散层内金属离子的增加,并促使扩散层中金属的比率接近本体浓度,这有利于电势较正金属的优先沉积。

搅拌对合金电沉积层成分的影响,因合金电沉积体系不同而异。对正则共沉积,随着搅拌强度的增加,扩散层的厚度减薄,合金成分中电势较正金属的含量增加。搅拌对非正则共沉积、异常共沉积的影响不太明显。如果合金成分随搅拌变化很大,则表明沉积过程受扩散控制。

如果电沉积液中含有配位剂,配位离子的影响也是不可忽略的。例如,在氰化物电沉积液中电沉积时,阴极扩散层中游离 CN^- 的浓度比本体浓度要高,这势必影响到金属离子的沉积电势,从而影响合金组成。但通过搅拌,在阴极扩散层中游离 CN^- 的浓度将降低,从而起到稳定合金组成的作用。图 2-11 为搅拌强度(即旋转阴极)对合金组成的影响。

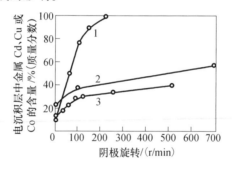

图 2-11　旋转阴极对合金组成的影响
1—硫酸盐电沉积液电沉积 Zn-Cd 合金(正则共沉积);
2—高氯酸盐电沉积液电沉积 Cu-Bi 合金(正则共沉积);
3—氯化物电沉积液电沉积 Ni-Co 合金(异常共沉积)。

2.3　合金电沉积层的晶体结构及特性

2.3.1　合金电沉积层结构类型及特点

1. 合金沉积层的结构类型

（1）机械混合物合金。形成合金的各组分(金属或非金属)仍保持原来组分的结构和性质,这类合金称为机械混合物合金。如:电沉积得到的 Sn-Pb、Cd-Zn、Sn-Zn 和 Cu-Ag 合金等,属于机械混合物合金,它是各组分晶体的混合物,组分金属之间不发生相互作用,各组分金属的标准自由能也同纯金属一样,平衡电势不发生变化。

(2)固溶体合金。将溶质原子溶入溶剂的晶格中,仍保持溶剂晶格类型的金属晶体称为固溶体。通常把溶质原子分布于溶剂晶格的间隙中形成的固溶体,称为间隙固溶体;把溶质原子占据溶剂晶格的一些节点,即溶剂原子被溶质原子置换的固溶体,称为置换固溶体(图2-12)。

形成固溶体时,虽然保持着溶剂金属的晶体结构,但由于溶质原子和溶剂原子的尺寸大小不可能完全相同,随着溶质原子的溶入,固溶体的晶格常数将会发生不同程度的变化,其变化程度和规律与固溶体的类型、溶质原子的大小及其溶入量(浓度)等有关。对于置换固溶体,若溶质原子半径大于溶剂原子半径,则晶格常数随溶解度的增加而增大;反之,固溶体的晶格常数将减小。对于间隙固溶体,晶格常数总是随着溶质溶解度的增加而增大。

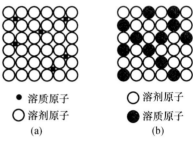

● 溶质原子　　　○ 溶剂原子
○ 溶剂原子　　　● 溶质原子
(a)　　　　　　(b)

图2-12　固溶体结构示意图
(a)间隙固溶体;(b)置换固溶体。

固溶体的晶格常数,代表固溶体晶格中大量晶胞棱边长度的统计平均值。固溶体的晶格常数与固溶体溶剂元素的晶格常数之差,在一定程度上反映了晶格畸变的平均大小。

合金中金属的相互作用,会引起自由能的变化。合金的零电荷电势与单金属有所不同,其零电荷电势一般介于组分金属的零电荷电势之间。零电荷电势的改变也会影响金属离子的放电速度,合金的零电荷电势对两组分金属的电沉积可产生不同的影响,当某种金属的零电荷电势比组成合金的零电荷电势还正时,在共沉积中它的电沉积速度会减小;反之,在共沉积中它的电沉积速度会增大。当从焦磷酸盐溶液中电沉积 Cu-Zn 合金时,合金的零电荷电势比 Cu 负,比 Zn 正,结果发现 Cu 配离子的放电速度减小,而 Zn 配离子的放电速度加快。这一效应有助于解释焦磷酸盐溶液中 Cu 与 Zn 共沉积的机理。

(3)金属间化合物。金属间化合物是合金组分间发生相互作用而生成的一种新相,其晶格类型和性能完全不同于任一组元,一般可用分子式表示其组成。它与普通化合物不同,除离子键和共价键外,金属键也在不同程度上起作用,使这种化合物具有一定程度的金属性质,故称为金属间化合物。如 Cu-Sn 合金(Cu_6Sn_5)、Sn-Ni 合金(Ni_3Sn_2)等。

金属间化合物一般具有复杂的晶体结构,熔点高,硬而脆。当合金中出现金属间化合物时,通常能提高合金电沉积层的耐蚀性、硬度和耐磨性,但会降低其塑性。金属间化合物的种类很多,根据其形成条件,可划分为正常价化合物和电子化合物。

①正常价化合物。正常价化合物的特点是符合一般化合物中的原子价规律,

成分固定,并可用化学分子式表示。通常由化学性能上表现出强金属性的元素与非金属或类金属元素组成,如 Mg_2Sn、Mg_2Pb 等。这类化合物具有很高的硬度和脆性。

② 电子化合物。电子化合物不遵守原子价规律,但其晶体结构与电子密度有一定的对应关系:电子密度为 3/2 的电子化合物,通常具有体心立方结构,称为 β相,如 $CuZn$、Cu_5Sn 等;电子密度为 21/13 的电子化合物,具有复杂立方结构,其晶胞由 52 个原子组成,称为 γ 相,如 Cu_5Zn_8 等;电子密度为 7/4 的电子化合物,具有密排六方结构,称为 ε 相,如 Cu_3Zn、$CuZn_3$ 等。这类化合物的形成规律主要与电子密度有关,故称为电子化合物。但是,电子密度并不是决定电子化合物结构的唯一因素,各组分的原子大小及其电化学特性等对其结构亦有影响。电子化合物原子之间为金属键,因而具有明显的金属特性,它的熔点和硬度都很高,但塑性较低。

2. 合金电沉积层的相特点

用电沉积方法得到的合金电沉积层具有多种多样的结构,有些结构形态至今还不能用其他方法得到。电沉积制备的合金与热熔法制备的合金相比较,当合金组成相同时,其相结构和物理性能往往不相同。当改变电沉积条件时,还能得到组成相同但相结构不同的合金。因此,研究在阴极上形成不同相结构的合金的机理以及相结构和性能间的关系,就有可能根据电沉积条件预测合金电沉积层的结构,也有助于探索获得具有特殊性能合金电沉积层的有效措施。

电沉积获得的合金电沉积层与热熔法制备的合金相比较,具有以下独特的特点:

(1) 电沉积合金是非平衡(体系)状态。热熔法制备的合金是在高温下得到的,电沉积合金是从水溶液中且在常温或较低的温度下得到的。因此,电沉积合金通常不是处于热力学平衡状态,所以多数与热熔法制备的合金具有不同的相结构。对于低熔点金属的合金,如 $Sn-Pb$、$Sn-In$、$Sn-Zn$ 合金等,若在较高的温度下电沉积,也可得到稳定的相结构。

在合金平衡相图中,有的相在热熔法制备的合金中并未发现,而在电沉积的合金电沉积层(如 $Ag-Cd$ 合金)中却能得到平衡相图中所没有的相结构。这些相在电沉积的温度下是不稳定的,当改变合金电沉积的条件时,有可能获得处于介稳状态的、性能和结构不相同的合金电沉积层。

电沉积得到的 $Sn-Ni$ 合金是亚稳定,类似于六方的 Ni_3Sn_2 的单晶相合金结构,但其组成却是 $NiSn$。

(2) 合金相的组成不同。合金各组分可能形成单相或混相、固溶体或金属间化合物等,用电沉积方法或热熔法制备的合金,其相组成往往有很大差别。图 2-13 表示某些电沉积合金的相与平衡相图的比较。

电沉积合金能形成在平衡条件下难以得到的金属间化合物,例如,$Sn-Ni$ 和

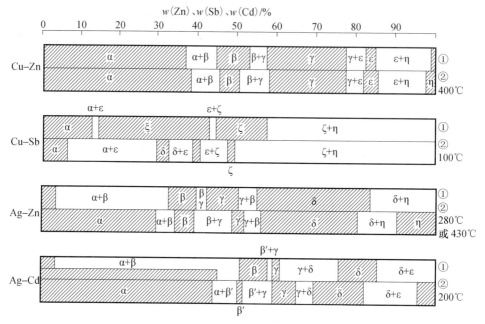

图 2 - 13 电沉积合金与热熔合金相组成比较
①—电沉积合金;②—重结晶合金。

Zn – Ni 合金等。对于固溶体来说,相组成的差异是很重要的。两种金属可能在高温下是互溶的,但在常温下的溶解度却很小,甚至观察不到固溶体的形成。在电沉积的合金中,却能得到极大饱和的固溶体相,例如,Ag – Pb、Ag – Bi、Cu – Pb 和 Cu – Sn 合金等。电沉积的 Ag – Pb 合金中,Pb 质量分数可以达到 10% 。在含有硫脲的高氯酸电沉积液电沉积的 Cu – Pb 合金中,Pb 的质量分数为 12% ,为面心立方固溶体,Pb 含量远远超过平衡体系时的溶解度(当温度为 500℃ 时,Pb 在 Cu 中的溶解度为 0.04%)。

(3)电沉积合金具有特殊的显微结构。合金电沉积层的结构与电沉积条件有着密切的关系。当条件变化时,电沉积层的结构也有明显的改变。电沉积得到的合金电沉积层具有多种多样的结构,用电沉积得到的合金结构迄今还不能用其他方法制得。虽然这些不寻常的结构可能是介稳态结构,但在加热条件下可以转变为稳定的、平衡相图上能预测的相结构。这种介稳态特性,在许多情况下,相转变的温度往往比室温高得多,实际上并不影响合金镀层的应用。

合金电沉积层的结构类型取决于电势较负的金属的析出过电势。如金属共沉积在极化很小的条件下进行,形成的是固溶体或过饱和固溶体;若共沉积在极化高的条件下进行,形成的是混相(复相)合金。

电沉积合金的晶粒一般比较细且致密,例如,Ag – Pb 合金沉积层的晶粒特别细,也观察不到 Pb 的偏析。

2.3.2 合金电沉积层的结构特点

许多合金电沉积层的结构是过饱和固溶体。例如,Fe-Mg、Fe-Zn、Cu-Au、Ag-Ni 和 Ag-Zn 合金等,这类镀层经过热处理后,将转化为混相结构。Sn-Ni、Sn-Cu 合金等的结构处于介稳状态,加热后也转化为混相结构。

若电势较负金属在析出时具有较高的过电势,当其值超过电势较正金属时,因异类原子进入其点阵而造成晶格畸变时,那么便有可能形成过饱和固溶体相。当电势较负金属在电势较正金属上生成自己的相有困难时,若沉积电势低于形成该相的电势值,那么形成的将是单相过饱和固溶体。

形成金属间化合物的沉积电势通常介于两种金属组分的电势之间。如果化合物的分子式为 A_xB_y,当某种金属组分含量超过了相应的比例,那么超过的量便会形成单独分离的相混杂在化合物中。

1. 合金典型的电结晶生长形态

电结晶生长形态是指金属电沉积层外部形貌的几何特征。电结晶生长形态显然受到晶体内部结构的对称性、结构基元之间的成键作用力以及晶体缺陷等因素的制约,但在很大的程度上受到电沉积条件的影响。电结晶基本形态特征如下。

(1)合金电沉积层状结构。这是金属电结晶生长的最常见类型。层状生长物具有平行于基体某一结晶轴的台阶边缘,层本身包含无数的微观台阶,晶面上的所有台阶沿着同一方向扩展。

合金电沉积容易形成层状结构。这是由于阴极扩散层内,组分金属的浓度发生了周期性的变化。阴极表面的特性往往使某一组分金属离子优先沉积,从而阻碍了另一组分金属在阴极上的沉积。由于优先沉积的离子消耗快,使得另一种离子在阴极界面浓度相对提高,从而该金属易发生优先沉积,于是阴极附近金属离子的变化处于周期性动态平衡状态。

若有 A 和 B 两种金属共沉积,由于在相同金属的晶格上放电消耗的能量最小,因此两种金属彼此不能在异种金属的晶格上电沉积。若 A 是电势较正的金属,共沉积在恒电流密度下进行,且电流密度高于 A 单独沉积时的极限电流密度。在开始沉积的数秒内,主要是金属 A 的沉积,于是在阴极/溶液界面上 A 离子的浓度很快接近于零;之后,B 离子开始放电以保持电流密度的稳定,这促使阴极电势变得更负,使金属 B 的沉积变得容易,生成富 B 的合金层;A 离子放电速度减慢的结果,导致阴极界面上 A 离子浓度的提高,接着又是富 A 的合金层。这种共沉积的重复与循环,从而形成了层状结构的合金沉积层。

(2)合金电沉积棱锥状结构。电沉积层表面有时呈现棱锥状,常见的有三角棱锥、四角棱锥和六角棱锥。它们的侧面一般是高指数面,且包含着台阶。棱锥的对称性取决于基体的性质。

(3)合金电沉积螺旋状结构。在低指数面的单晶电极上,偶然可以观察到这种生长形态。在 Cu 和 Ag 的电结晶情况下,只有当溶液的浓度很高时才能出现螺旋状生长。

(4) 合金电沉积枝晶结构。呈苔藓状或松树叶状的沉积物,其空间构型可能是二维或三维的。枝晶实际上是单晶的构架,枝晶的主干与枝叉同晶格中的低指数晶向平行,主干与枝叉的夹角是固定的。

(5) 合金电沉积块状结构。有人认为块状生长是层状生长的扩展。如果基体的表面是低指数面,层状生长相互交盖就变为块状生长。

2. 热处理对合金微观结构的影响

电沉积合金的结构有时处于介稳状态,但在加热条件下可转变为稳定的、从平衡相图上可查到的相结构。这种介稳特性并不影响合金电沉积层的使用,因为在大多数情况下其相转变温度比室温高得多。例如,含有铁族金属的合金电沉积层往往为层状结构,当加热到 500℃ 时,层状结构发生扩散,直至消失;在更高的温度(800~1000℃)下,特征结构消失,同时进行重结晶。

一般来说,电沉积合金的晶粒结构比热熔合金小,也比组分金属单独电沉积的晶粒小。电沉积合金经热处理再结晶后,其相结构与热熔合金一致。

2.3.3 合金电沉积层的结构的影响因素

1. 沉积电势对合金结构的影响

沉积电势除对共沉积过程起决定作用外,对电沉积层结构也有较大影响。在金属共沉积时,当电势尚未达到电势较负金属的平衡电势,电势较负金属也可能在已电沉积的电势较正金属上发生共沉积,即欠电势共沉积。当电势较负金属在电势较正金属上生成自己的相有困难时,如沉积电势低于形成该相的电势,形成合金将是单相的固溶体。电势较负金属的溶解度极限随电势较正金属的过电势增大而升高。如果电势较负的金属在沉积时具有很高的过电势,便很有可能形成过饱和固溶体。电势较负金属的电沉积过电势增加,形成固溶体的饱和度也增加。

组分金属离子的电沉积过电势对合金电沉积层的相结构有很大影响。当电沉积过电势很大时,即有可能形成平衡系统中观察不到的新相。

金属间化合物的特性类似于单金属,其沉积电势通常介于两种组分金属的电沉积电势之间,当其中某组分金属含量超过相应的计算比时,则超过的量会形成单独分离的相混杂在化合物中。如果一种组分金属的电沉积不受另一组分金属的影响,则形成的合金电沉积层是一种机械混合物。

综上所述,电沉积合金的结构类型,主要取决于电势较负金属的电沉积过电势。若共沉积在低极化下进行,则形成的是固溶体或过饱和固溶体,甚至根据相图组分金属在固态并不互溶时,也是如此;如果共沉积在高极化下进行,即使能形成固溶体,也仍然是形成两相合金,即固溶体相和电势较负金属相组成的两相体系。

2. 合金组成对合金结构的影响

有些人在研究合金结构中发现合金组成与金属晶格参数也有密切关系,发现合金电沉积的晶格中主要金属原子部分地被共沉积的另一种金属原子所取代。于是,主要金属的晶格参数近似地随着取代金属的含量而呈线性变化。图 2 – 14 和图 2 – 15 分别表示 Cu 和 Ag 的晶格参数随共沉积金属的含量的变化。

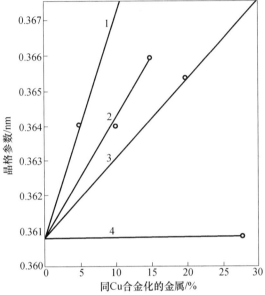

图 2 – 14　Cu 合金中 Cu 的晶格参数随共沉积合金中金属含量的变化
1—Cu – Sb 合金;2—Cu – Pb 合金;3—Cu – Zn 合金;4—Cu – Bi 合金。

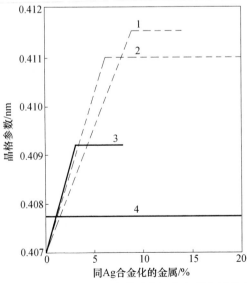

图 2 – 15　Ag 合金中 Ag 的晶格参数随共沉积金属含量的变化而改变
1—Ag – Sb 合金;2—Ag – Pb 合金;3—Ag – Zn 合金;4—Ag – Bi 合金。

合金中组分金属(Cu 和 Ag)的晶格参数随共沉积金属含量的变化呈线性关系,这表示形成了固体溶液。以上两图中的曲线 4 都是水平线,表明 Cu 和 Ag 的晶格参数不随 Cu – Bi 或 Ag – Bi 合金的组成而改变,即在这类合金中 Bi 与 Cu、Bi 与 Ag 都不能形成固体溶液。

另外,从图 2 – 15 的曲线 2 还可看出,当 Pb 含量大于 6% 时,Ag – Pb 合金中银的晶格参数不再改变,说明 Pb 在银晶格中的溶解度已达到极限值。

3. 电沉积液中表面活性剂对合金结构的影响

大量的理论研究和实验表明,在电沉积过程中表面活性剂以各种方式影响电极过程。且常夹杂在生长着的晶体中,将严重影响电沉积层的形态和结构。合金电沉积过程中某些复杂因素的影响将改变相组成,有时甚至改变电沉积物的相结构。即使在合金沉积过程中,不存在特性吸附,也可能由于合金中不同相的零电荷电位不同而表现出吸附的差异。于是,发生强烈吸附的相,电沉积过程将受到强烈的阻化,甚至完全被阻止。Cu 与 Pb 或 Cd 金属共沉积时,由于 Cu 与 Pb 或 Cd 的零电荷电位值相差较大,如果采用的表面活性剂,只能阻化 Pb 或 Cd 离子的放电过程,其结果必然会改变合金的相组成和相结构。

表面活性剂对电沉积合金的晶体结构有着明显的影响。例如,从氰化物电沉积液和含有光亮剂土耳其红油的氰化电沉积液中电沉积 Ag – Cd 合金,所得富 Ag 合金的组成与晶格参数的关系如图 2 – 16 所示。

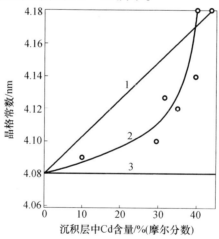

图 2 – 16   电沉积液组成对电沉积 Ag – Cd 合金晶格常数的影响
1—热熔的 Ag – Cd 合金;2—从含光亮剂的氰化物电沉积液中电沉积 Ag – Cd 合金;
3—从简单氰化物电沉积液中电沉积 Ag – Cd 合金。

从含有土耳其红油的氰化电沉积液电沉积的合金,其中 Ag 的晶格参数与合金组成的关系(曲线 2)同热熔制备合金的(曲线 1)比较接近。在这种组成范围内电沉积合金是均匀的,基本上是由单一的固体溶液组成的。图 2 – 16 中曲线 3 表示简单的氰化电沉积液得到的电沉积合金中 Ag 的晶格参数与合金的组成无关,可见合金是不均一的,由 Ag 和 Cd 或富 Cd 相混合组成。X 射线衍射研究表明,仅含 Cd 量小于 3% 的富 Ag 合金才是均一的,若 Cd 含量较高,则在富 Ag 相中观察到富 Cd 相。

4. 电沉积工艺条件对合金结构的影响

在合金电沉积液成分相同的条件下,改变电沉积液的 pH 值,也可使合金结构发生变化。

电流密度和温度对合金电沉积层结构的影响目前研究较少。在电沉积 Ag－Cd 合金时,在较低的电流密度下电沉积得到的合金是均相的,但电流密度过低或过高得到的是黑色粉状沉积物。在电沉积 Cu－Sn 合金时,与恒电流沉积相比,恒电势沉积可得到更均匀的单相沉积层。

电沉积合金层的结构不像热熔合金结构那样可以控制和再生,它是随电沉积液组成和工艺条件而变化的。

5. 金属晶体结构与共沉积难易程度的关系

通常可看出晶体结构类型相似和晶格参数相近的不同金属比较容易形成固体溶液,这类金属可能比晶体类型和晶格参数差别较大的金属更容易共沉积。但是也不尽如此,例如,有人研究了从 Cu 和其他金属的在氰化物电沉积液中得到的共沉积合金的晶体结构,发现 Pb、Ti、Ag 等金属很难与铜共沉积,而仅仅是引起 Cu 的微观结构的改变。从而可知,以上的观点是有局限性的,因为从某一类的合金电沉积液中难以得到共沉积的合金,但在使用其他类型的电沉积液时,却有可能得到很好的电沉积合金。表 2－2 列出了一些金属晶格类型和晶格常数。

表 2－2 某些金属的晶格类型和晶格结构

金属	晶格结构	晶格常数/nm	合金结构类型	共沉积难易程度
Bi	菱形	0.4736	简单低共溶	易
Cu	面心立方	0.3608	简单低共溶	易
Sn	体心立方	0.5819	简单低共溶	易
Zn	密集六方	0.2659	简单低共溶	易
Cu	面心立方	0.3608	简单低共溶	易
Pb	面心立方	0.4940	简单低共溶	易
Ag	面心立方	0.47077	微互溶	易
Pb	面心立方	0.4940	微互溶	易
Cr	体心立方	0.2879	固溶体	难
Fe	体心立方	0.2861	固溶体	难
Cr	体心立方	0.2875	固溶体	难
Mo	体心立方	0.3140	固溶体	难
Ag	面心立方	0.4077	固溶体	难
Pd	面心立方	0.3880	固溶体	难

从表 2 − 2 可看出,Cu 与 Bi 及 Zn 与 Sn 不仅晶格类型不同,晶格常数相差也颇大;而 Cu 与 Pb 及 Ag 与 Pb 虽然晶格类型相同,但其晶格参数相差显著。上述四种体系可形成简单低共溶型合金,其中一种金属在另一种金属固体中的溶解度是相当低的,但仍然可以找到合适的镀液实现合金共沉积。相反地,表 2 − 2 中后三种体系,即 Cr − Fe、Cr − Mo 和 Ag − Pd 体系,其组分金属既具有相同的晶格类型,晶格常数也相差不大,又能形成固体溶液,但却很难找到形成稳定合金的共沉积条件。

总之,决定共沉积难易的主要因素,并不是组分金属的结构,而是金属的化学性质和电化学性质。

2.3.4　电沉积合金的性质

电沉积合金具有许多优良的性能,如化学稳定性、物理性能、力学性能和电性能等,其中一些性能与热熔合金有着明显的差别,因此电沉积合金得到越来越广泛的应用。一般来说,与热熔合金相比,电沉积合金具有结晶细致、耐蚀性优良、硬度高、韧性小等特点。

1. 力学性能

(1) 硬度。电沉积合金的硬度随某一组分含量的增加而提高,在该组分含量较低时,硬度随含量增加较明显。电沉积 Cu − Sn 合金即如此。电沉积 Ag − Pb 合金中,当 Pb 的质量分数在 3% 左右时,电沉积层硬度达极限值(见图 2 − 17)。

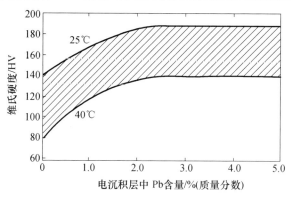

图 2 − 17　氰化物 − 酒石酸盐体系电沉积层中 Pb 含量对 Ag − Pb 合金层硬度的影响

某些电沉积层经热处理后硬度增加,如电沉积 Ni − P、Co − P 和 Co − W 合金等,这种现象称为弥散硬化。热处理参数(温度、时间等)对硬度有较大影响,对于电沉积 Cu − Pb 合金层,当在适当温度下长时间热处理时,硬度增加缓慢,并逐渐接近硬度最高值;当温度较高时,延长热处理时间会导致硬度下降。

(2) 韧性。韧性是电沉积合金的重要指标之一,它对于机械产品和电子产品尤为重要。合金电沉积层的韧性与电沉积液组成有很大关系。一般来说,当合金电沉积层是固溶体时,其韧性比金属间化合物和非晶态镀层大。合金电沉积层的韧性易受晶粒尺寸、内应力、镀层杂质和温度变化的影响。

（3）应力。电沉积合金过程中,阴极电沉积层往往产生压应力或拉应力,多数为拉应力。由于应力较大,可能造成电沉积层晶粒畸变、产生裂纹、气泡和破裂,甚至与基体剥离。电沉积合金的韧性一般比组分单金属小,所以应力的影响尤为显著。电沉积层产生应力的原因,多数与电沉积液组成、工艺条件、添加剂成分及含量以及杂质有关。有些添加剂可降低光亮电沉积层的应力,如糖精。多数合金电沉积层随厚度的增加应力也增大,如 Co – Mo 合金,而 Ni – Fe 合金电沉积层厚度小于 $1\mu m$ 时,内应力较大,当超过 $1\mu m$ 时,内应力基本保持恒定。

2. 电性能和磁性能

（1）电阻率。纯金属中含有少量其他元素形成合金时常会增加电阻,电沉积合金亦如此,如图 2 – 18 所示。

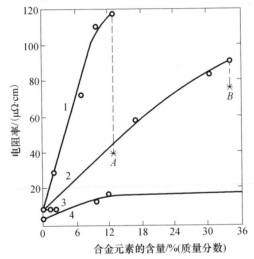

图 2 – 18　合金电沉积层组成对电阻率的影响

1—Ni – P 合金;2—Co – W 合金;3—Co – Ni 合金;4—Cu – Pb 合金。

A—Ni – P 合金经800℃退火的电阻率;B—Co – W 合金经800℃退火的电阻率。

由图 2 – 18 可见,含有非金属元素的电沉积层电阻率增加比较明显。经热处理（或退火）后,合金电沉积层电阻率下降。

（2）磁性。磁性能的重要指标是导磁率、磁场强度和剩余磁感应。电沉积磁性合金目前主要用于计算机的记忆装置和记录用磁盘、磁带。一般将磁场强度在 10^4 A/m 以上的电沉积层称为硬磁电沉积层,磁场强度在 10^3 A/m 以下的电沉积层称为软磁电沉积层。硬磁电沉积层有 Co – P、Ni – P 和 Co – Ni – P 合金等,它们多用作磁盘等记录用磁性材料,软磁电沉积层有 Ni – Fe 合金等。

根据高密度化的要求,人们希望磁性合金具有高的磁场强度。影响磁场强度的因素一般有电沉积层的晶粒尺寸、晶粒取向和内应力等,其中影响最大的是晶粒尺寸,有时合金电沉积层的厚度也有一定影响。

3. 耐蚀性能

耐蚀性合金电沉积层主要是锌基合金,如 Zn – Ni、Zn – Fe、Zn – Co、Zn – Ti、Zn – Mn、Zn – Cr 和 Zn – Sn 等。合金电沉积层的耐蚀性一般比锌电沉积层高数倍。合金电沉积层也可以进行钝化处理,其耐蚀性可得到明显提高。图 2 – 19 表示出了几种合金电沉积层的耐蚀性结果。

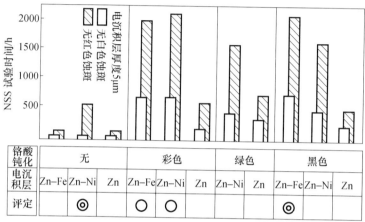

图 2 – 19　钝化膜的耐蚀性

◎—最适宜采用;○—适宜采用。

参 考 文 献

[1] 仓知三夫. 合金めつき. 金属表面技术[J]. 1980(10):1 – 11.

[2] 屠振密. 电沉积合金原理与工艺[M]. 北京:国防工业出版社,1993.

[3] 沈品华,屠振密. 电沉积锌及锌合金[M]. 北京:机械工业出版社,2002.

[4] 仓知三夫. 机能めつき[J]. 金属表面技术,1989,10(4):19 – 27.

[5] Smith P G,Popov Konstantin,Djokic Stojan. Fundamental aspects of electrometallurgy[M]. Kluwer Academic/ Plenum Publishers,2002.

[6] Conway B E. Modern aspects of electrochemistry[J]. Science,2004.

[7] Kanani Nasser. Electroplating:Basic principles,processes and practice[J]. Provided by Elsevier,2004.

[8] 屠振密. 防护装饰性镀层[M]. 北京:化学工业出版社,2004.

[9] 安茂忠. 电沉积理论与技术[M]. 哈尔滨:哈尔滨工业大学出版社,2004.

[10] 周绍民. 金属电沉积——原理与研究方法[M]. 上海:上海科学技术出版社,1987.

[11] 屠振密,李宁,安茂忠,等. 电镀合金实用技术[M]. 北京:国防工业出版社,2006.

[12] Lesliew Flott. Metal Finishing:An overview[J]. Metal Finishing,1997,97(1):17 – 31.

[13] Nayashi Tadao. Trends in Alloy Plating in Japan. Osaka,591 Japan. a. Materials Science Centre,Materials Letters,2006,60:1990 – 1995.

[14] Gabe D R. Principles of Surface Treatment and Protection. Material Science and Technology[M]. Pergamon Press,Oxford,1972.

[15] Mordechay Schlesinger,Milan Paunovic. Modern Eletroplating,Fifth Edition,2010 by Tohn Wiley &Sons,INC New Jersey.

[16] Gutcho M H. Metal surface treatment. Chemical and Electrochemical Surface Conversions[M]. Noyes Data Corporation,New Jersay,USA,1982.

第3章　电沉积锌基合金

3.1　电沉积锌基合金概述

对钢铁基体来说电沉积锌层是很好的防护性金属镀覆层,但随科学技术的飞速发展,传统的防护性电沉积锌层已远远不能满足现代新兴工业的发展要求。近20年来发展起来的锌基合金具有更高的高防护性及其他优良特性,已经受到人们的极大重视,其应用范围也越来越广泛。

锌基合金一般指以锌为主要成分,并含有少量其他金属的合金而言。目前应用比较多的是 Zn 和铁族金属形成的二元合金,即 Zn – Ni、Zn – Co 和 Zn – Fe 合金等,由于铁族金属的原子结构和性质很相近,它们与 Zn 形成合金的共沉积特性也很相似。从金属的电极电势来看,铁族金属的电极电势比锌正得多,但在共沉积时,Zn 比铁族金属容易沉积而优先沉积,这种共沉积称为异常共沉积。另外,还有 Sn – Zn、Zn – Cr 和 Zn – Mn 等,也都有良好的防护性能。近几年来,以 Zn 为基的三元合金,如 Co – Ni、Zn – Co – Cr 和 Zn – Co – Fe 合金等,也在生产上得到应用。Zn 合金对钢铁基体来说,属于阳极性电沉积层,对钢铁具有电化学保护作用。Zn 合金电沉积层与 Zn 电沉积层相比具有更高的耐蚀性,并有良好的防护性价比。其中以 Zn – Ni 合金和 Zn – Fe 合金研究的较多,应用也较广。

3.1.1　锌基合金层的特性及后处理

1. 锌基合金层的特性

电沉积锌基合金层具有许多优良特性,如优异的耐蚀性、热稳定性和低氢脆性等。Zn 合金通常需要钝化处理,能大大提高耐蚀性,如 Zn 与铁族形成的合金和 Zn 电沉积层相比,可提高耐蚀性 3 倍以上,而其氢脆性又可大大降低。其中 Zn – Ni 合金是很好的代镉电沉积层。锌基合金和锌电沉积层相比,不仅耐蚀性明显提高,其热稳定性、硬度和耐磨性等,也有所提高,但韧性往往有所下降。

2. 锌基合金层的后处理

为了进一步提高合金电沉积层耐蚀性、耐磨性和装饰性等,往往对合金电沉积层表面进行后处理。最常用的是铬酸盐钝化处理,由于铬酸盐膜的优异特性和叠加效应,其效果非常明显。但铬酸盐有很大的毒性,近几年来发展及使用了低铬或无铬钝化工艺,已取得了良好效果。

（1）锌基合金电沉积层的铬酸盐处理。经过铬酸盐钝化的合金电沉积层,可大大提高其耐蚀性和装饰性。目前多采用低浓度的铬酸溶液,一般铬酐浓度为5～10g/L,并加入适量的无机酸和卤化物等,就可得到不同颜色的钝化膜,如彩虹色、绿色、橄榄色、黄色、白色、黑色等。

（2）其他钝化工艺。由于六价铬毒性大,为了减少污染,研究和优选其他的代用化合物,曾作了大量工作,例如:曾对丹柠酸、硅酸盐、氟化物、钛酸盐、高锰酸盐、三价铬盐和钼酸盐等体系进行了大量实验,其中三价铬、钼酸盐、硅酸盐和稀土钝化等,已取得良好效果。

① 稀土化合物钝化。近几年来,在钝化液中加入稀土化合物的研究,也取得较大的进展。例如:加入 Ce、Nd、La 和 Pr 等各种稀土化合物或混合物,也取得了一定效果。

② 浸或刷涂无机或有机膜层。在锌合金沉积层或其钝化层表面涂敷无机或有机膜层,能大幅度地提高和改善膜层的耐蚀性、润滑性、扭矩和应力特性以及防紫外线特性等。已经使用的主要有以下几种类型:浸或喷涂石蜡和有机塑性材料,如苯乙烯和丁二烯的共聚物、聚酯、环氧树脂、酚醛树脂和有机硅烷等;喷涂硅酸盐系列材料,如水玻璃等,主要防紫外线破坏;喷涂油漆涂料,可提高防腐、耐磨、装饰等特性。

3.1.2　电沉积锌基合金的溶液及阳极

1. 锌基合金电沉积液

过去有许多工艺采用氰化物电沉积液,由于氰化物有剧毒,从保护环境出发,现在已不使用(或很少使用)氰化物电沉积液。目前使用的电沉积液主要有两种类型:一类是酸性体系,以氯化物和硫酸盐为主的电沉积液,该类电沉积液电流效率高、镀速快、氢脆性小,适合于高强钢、钢铁铸件、冲压制件、热处理件以及板材和带材上电沉积。另一类是碱性锌酸盐电沉积液,该电沉积液体系分散能力和覆盖能力好、对电沉积设备腐蚀性小,但电流效率低,适合镀较复杂的零部件。在电沉积液中主要含有主盐、导电盐、配位剂、缓冲剂和添加剂(如光亮剂和整平剂)等。通常在选定的电沉积液中加入适宜的配位剂和添加剂是非常重要的,也需要选择适宜的工艺条件(如工作温度、pH 值、电流密度等),才能得到光泽、平整、细致的优良电沉积层。以上两类电沉积液,都可以进行挂镀和滚镀,并能得到良好的电沉积层。

2. 锌基合金使用的阳极

电沉积阳极的作用,主要起导电、补充金属离子的消耗、保持阴极电力线均匀分布等作用。当采用合金阳极时,要求它能等量和等比地补充溶液中金属离子的消耗,由此要求阳极成分和电沉积层成分必须相同,并能均匀地连续溶解,使电沉积液中金属离子的浓度比不致于波动太大。

金属阳极的行为决定于金属本身的性质、电沉积液组成、电沉积液的 pH 值、电流密度和温度等。选用阳极的注意事项如下:

（1）阳极的溶解必须定量地形成一种价态的水化离子或配合离子,否则将使电沉积液变得不稳定或得不到质量好的电沉积层;

（2）金属阳极完全不溶,只起导电的作用,而在阳极上仅有的电极过程是气体的析出;

（3）可溶性阳极与不溶性阳极联合使用。

3.2 电沉积锌镍(Zn – Ni)合金

3.2.1 电沉积 Zn – Ni 合金特性

Zn 是两性金属,能与酸也能和碱作用。Zn 的标准电极电势是 – 0.76V,比 Fe 负,对钢铁基体来说起电化学保护作用,是阳极性电沉积层。Ni 的标准电极电势是 – 0.25V,比 Fe 正,因而对钢铁不能起阳极保护作用。由实验得知,Zn – Ni 合金电沉积层的电极电势随 Zn 含量的变化而改变,且随 Zn 含量的增加耐蚀性有所下降。

在 Zn 合金中,Zn – Ni 合金电沉积层是一种优良防护性电沉积层,适合于在恶劣的工业大气和严酷的海洋环境中使用。含 Ni 质量分数 7%~9% 的 Zn – Ni 合金耐蚀性是 Zn 电沉积层的 3 倍以上;含 Ni13% 左右的 Zn – Ni 合金是 Zn 电沉积层的 5 倍以上,它具有最好的耐蚀性。特别是经 200~250℃加热后,其钝化膜仍能保持良好的耐蚀性。Zn – Ni 合金的耐蚀性与含 Ni 量的关系,见图 3 – 1。

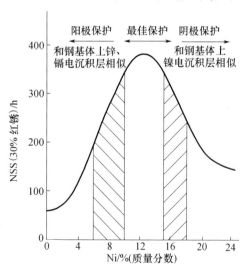

图 3 – 1　Zn – Ni 合金的耐蚀性与含 Ni 量的关系

由于 Zn – Ni 合金具有高耐蚀、低氢脆性(见表 3 – 1)、可焊性和可机械加工性等优良特性,已引起人们的高度重视,其应用范围也越来越广泛。Zn – Ni 合金电沉积层的熔点比较高(750~800℃),其耐高温性又好,适用于汽车发动机零部件;氢脆性很小,适合于高强钢上电沉积,可作为良好的代镉电沉积层,多用于军品。从表3-1可以看出,Zn-Ni合金电沉积层的氢脆性最小。

表3-1 几种Zn、Cd电沉积层及Zn-Ni合金电沉积层氢脆性比较

电沉积液类型	碱性锌酸盐电沉积Zn	氯化物电沉积Zn	氰化物电沉积Zn	光亮电沉积Cd	电沉积Zn-Ni合金
脆化率/%	78	44	53	18	<2

注:采用Delta测氢仪测定,基体是碳素工具钢,硬度为550HV,电沉积层厚度为7~10μm,未进行除氢处理。

Zn-Ni合金电沉积液主要分为两种类型:弱酸性体系和碱性锌酸盐体系。在20世纪70年代,首先发展和使用的是氯化铵型以及氯化铵和氯化钾混合型,pH值多在4~5。该电沉积液成分简单、阴极电流效率高,一般都在95%以上,电沉积液稳定,容易操作。碱性锌酸盐电沉积液是近几年发展起来的,但发展很快。其主要优点是:电沉积液的分散能力好,在宽阔的电流密度范围内电沉积层合金成分比例较均匀,电沉积层厚度也均匀,对设备和工件腐蚀性小,工艺操作容易,工艺稳定,成本较低等。

3.2.2 碱性电沉积 Zn-Ni 合金

1. 碱性电沉积 Zn-Ni 合金液组成及工艺条件

碱性Zn-Ni合金电沉积,具有良好的工艺特性和优异的电沉积层性质,目前已得到广泛的应用。其主要工艺见表3-2。

表3-2 碱性Zn-Ni合金电沉积液组成及工艺条件

电沉积液组成(g/L)及工艺条件	1	2	3	4	5④
氧化锌(ZnO)	8~12	6~8	8~14	10~15	10~15
硫酸镍(NiSO$_4$·6H$_2$O)	10~14		8~12	8~16	ZN-2C 20mL
氢氧化钠(NaOH)	100~140	80~100	80~120	80~150	100~150
乙二胺[C$_2$H$_4$(NH)$_2$]	20~30			少量	
三乙醇胺[N(C$_2$H$_5$O)$_3$]	30~50			20~60	
镍配合物/(mL/L)	ZQ 20~40	8~12	NZ-918 40~60		ZN-2Mu 20
香草醛		0.1~0.2			
添加剂/(mL/L)	ZQ-1①8~14	ZN-11③0.5~1.0	NZ-918②8~12	少许	ZN-2A 5~7
氨水/(mL/L)				15	光亮剂 5mL

电沉积液组成(g/L)及工艺条件	1	2	3	4	5④
电流密度/（A/dm²）	1～5	0.5～4	0.5～6	4～10	0.5～4
工作温度/℃	15～35	20～40	10～35	室温	20～30
阳极	锌和铁板	锌和镍板	不锈钢	不锈钢	
电沉积层含 Ni 量/%	13 左右	7～9	8～10	12～14	11～17
①哈尔滨工业大学生产；②材料保护研究所生产；③厦门大学生产；④杭州东方产品。					

（1）主盐的作用及影响。氧化锌和镍盐是电沉积液中金属离子的来源，也可采用氯化锌和硫酸锌等盐类，镍盐可选用氯化镍、硫酸镍和碳酸镍等。电沉积液中 Zn^{2+}/Ni^{2+} 含量比对电沉积层外观影响不大，但对电沉积层中含 Ni 量影响较大。

（2）氢氧化钠的作用。在电沉积液中，氢氧化钠主要对锌起配位剂的作用，同时改善电解液的导电性，还有利于阳极的均匀溶解。当电沉积液中存在过量的氢氧化钠时，氧化锌与氢氧化钠作用生成 $[Zn(OH)_4]^{2-}$ 络合离子，反应方程式为

$$ZnO + 2NaOH + H_2O = [Zn(OH)_4]^{2+} + 2Na^+$$

氢氧化钠在电沉积液中的含量对锌的沉积速度和电沉积层的质量有很大影响，如果含量不足时，还会出现氢氧化锌沉淀和阳极钝化。若氢氧化钠含量过高将会加速锌阳极的自溶解。

（3）镍配合剂的作用。Ni 离子在碱性溶液中会生成氢氧化镍沉淀，为了防止沉淀生成，电沉积液中必须加入 Ni 的配合剂，使成为 Ni 配合离子。配合剂在供给充分的 Ni 离子浓度方面起了重要作用，即使在低浓度时，通过 Ni 的增溶而发挥作用，还能使共沉积的 Ni 比率均匀。配合剂不仅通过配合 Ni 离子实现稳定电沉积液，而且还具有提高阴极极化和细化结晶的作用。常用的配合剂有柠檬酸盐、酒石酸盐、葡萄糖酸盐和多元醇以及有机胺等，其中以有机胺效果最好。

氨水对 Ni 离子和 Zn 离子有较强的配合作用形成配合离子 $[Ni(NH_3)_6]^{2+}$ 和四氨合锌配合离子 $[Zn(NH_3)_4]^{2+}$，对电沉积液的稳定性和电沉积层的成分都有较大影响。氨水的稳定性较差，可尽量少用或不用。

（4）三乙醇胺的作用。与 Zn 离子和 Ni 离子都能形成配合离子，与 Zn 的配合离子不稳定常数比较大；而与 Ni 的配合离子不稳定常数比较小；这说明三乙醇胺与 Ni 形成的配合离子更为稳定，并提高了阴极极化，也有利于电沉积液的维护和改善电沉积层外观质量。

（5）添加剂的作用。对电沉积层具有细化结晶、整平和光亮作用。通常使用的有芳香醛、有机胺以及有机胺和环氧氯丙烷的缩合物等。这些添加剂具有光亮、整平和细化结晶的作用，主要是改善电沉积层的外观质量，一般和碱性镀锌应用的光亮剂相类似。

通常使用的光亮剂有三种类型：第一光亮剂是用四甲基丙烯二胺（如甲基丙

二胺、二甲基氨丙胺等)和环氧氯丙烷的反应产物。第二光亮剂是有机醛类,如香草醛、藜芦醛等。第三光亮剂一般为无机盐等,如碲酸钠等。一般情况下,可以不用第三光亮剂。

(6)温度的影响。电沉积液温度在 $15 \sim 40℃$ 范围内,都能得到良好的电沉积层外观。

(7)电流密度的影响。电流密度在 $1 \sim 5 A/dm^2$ 之间,可以得到良好的电沉积层。一般随电流密度增加,电沉积层中含镍量在开始阶段有所上升,但很快就稳定在含 Ni13%(质量分数)左右。

2. 碱性 Zn – Ni 合金电沉积液性能

(1)阴极极化曲线。由图 3 – 2 可以看出,乙二胺对阴极极化的影响最为明显。

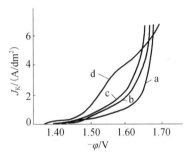

图 3 – 2　电沉积液的阴极极化曲线

a—全工艺;b—无添加剂 ZQ;c—无三乙醇胺;d—无乙二胺。

(2)分散能力。采用远近阴极法测定。利用下式计算:

$$T = \left[K - (M_1 - M_2)/(K - 1) \right] \times 100\% \qquad (3 - 1)$$

式中:M_1 为近阴极增重;M_2 为远阴极增重。

当 $K = 2$,$J_K = 2 A/dm^2$,温度为 $20℃$ 时得到的分散能力 $T = 51.5\%$,而氯化物体系的电沉积液分散能力为 35.6%,从而可以看出,碱性体系的分散能力有显著的提高。

(3)覆盖能力。采用内孔法测量。阴极用 $\varphi = 10 \times 100 mm$ 的黄铜管,电沉积液温度为 $20℃$,电流密度 $2.5 A/dm^2$,电沉积 $30 min$,内孔几乎全部镀上。

(4)阴极电流效率。采用铜库仑计法。利用下式进行计算:

$$\eta_K = \left[(a \times 1.186)/(b \times k) \right] \times 100\%$$

式中:1.186 为 Cu 的电化当量;a 为待测电沉积槽阴极试片的实际增重;b 为铜库仑计上阴极试片的实际增重;k 为待测电沉积液阴极上析出合金的电化当量。

$k = 100/\left[(电沉积层中 Zn 含量/金属 Zn 的电化当量) + (电沉积层中 Ni 含量/金属 Ni 的电化当量) \right]$。由称量和计算得到 $k = 1.129 g/A \cdot h$,$J_K = 1 A/dm^2$,电沉积 $30 min$,可得到 $\eta_K = 55\%$。

3. 碱性 Zn – Ni 合金电沉积液的配制及维护

在碱性液中,Ni 离子很容易和氢氧根生成氢氧化物沉淀,其溶度积常数很小 $K_{SP} = 6 \times 10^{-18}$,则很难溶解,所以当配制时需要特别注意。配制步骤如下:

(1)将计算量的氧化锌溶于约 1/2 ~ 1/3 槽液体积的水中,调成糊状;

(2)将计算量的氢氧化钠加入到氧化锌的糊液中边加边搅拌,至溶液澄清透明;

(3)将计算量的乙二胺加到(2)号液中,搅拌均匀;

(4)将计算量的三乙醇胺溶于少量水中,按量称取硫酸镍加到三乙醇胺水溶液中,加热搅拌,使镍盐全部溶解;

(5)将(4)溶液在不断搅拌的条件下加到(3)溶液中,搅拌均匀;

(6)加入添加剂 ZQ,搅拌均匀,并加水至规定体积,然后电解数小时,即可试镀。

如果将碱性锌酸盐镀锌溶液转化为碱性锌镍合金电沉积液,可采取如下措施:首先按要求调整氧化锌和氢氧化钠含量,并以镍板为阳极,铁板为阴极,用 $0.1A/dm^2$ 的阴极电流密度,电解处理 12 ~ 24h,然后添加乙二胺、三乙醇胺和硫酸镍的溶解液,最后加入 ZQ 添加剂,即可进行试镀。

4. 碱性 Zn – Ni 合金电沉积层性能

(1)电沉积层的外观及硬度。在工艺范围内,电流密度一般在 0.5 ~ 10A/dm² 范围内,都可得到细致、平整、光亮的电沉积层,其硬度为 220 ~ 270HV,比锌酸盐镀锌(90 ~ 120HV)高。合金中含 Ni 量对硬度及稳定电势的关系见表 3 – 3(在质量分数 5% 氯化钠溶液中测试)。

表 3 – 3　合金电沉积层中含 Ni 量与硬度及稳定电势的关系

合金组成	硬度/MPa	稳定电势(vs SCE)/V
Zn	5.88	– 1.01
12% Ni(质量分数)	32.34	– 0.80
16% Ni(质量分数)	36.26	– 0.78
20% Ni(质量分数)	39.2	– 0.74
50% Ni(质量分数)	53.9	– 0.71
低碳钢	53.9	– 0.55

由表 3 – 3 可知,随合金电沉积层中 Ni 含量的增加,硬度增加,稳定电势也升高。

(2)电沉积层的晶体结构。通过 X 射线衍射分析,合金中成分的变化对形成的晶体相结构影响较大。电沉积层中含 Ni 质量分数 10.6% ~ 19% 的相结构为单一 γ 相组成,且表现出很强的择优取向。合金电沉积层的 γ 相结构,其组成为

NiZn₃或 Ni₅Zn₂₁,是金属间化合物,具有最高的热力学稳定性,故耐蚀性最好。

（3）电沉积层的耐蚀性。从表 3 – 3 中可以看出,Zn – Ni 合金电沉积层对钢铁基体来说,其稳定电势比铁负,所以是阳极电沉积层。但又比锌电沉积层的稳定电势正,因而其耐蚀性比锌电沉积层高。另外,Zn – Ni 合金电沉积层还具有良好的耐高温腐蚀性,适合用于汽车发动机部件,钝化后的合金部件经过 120℃热处理后,仍然具有很好的耐蚀性。

3.2.3 氯化物电沉积 Zn – Ni 合金

20 世纪 70 年代,氯化物电沉积 Zn – Ni 合金才达到实用阶段,最早使用的是氯化铵型。由于氯化铵具有较强的配合作用,废水处理较困难,以后逐渐用氯化钾代替氯化铵,效果良好。

弱酸性氯化物电沉积 Zn – Ni 合金的主要优点:电流效率高,通常都在 95% 以上,沉积速度快,对钢铁基体氢脆性小,污水处理比较简单,容易得到高 Ni 含量（13% 左右）的合金电沉积层,但缺点是电沉积液的分散能力不太好,对设备腐蚀性较大。

1. 电沉积液组成及工艺条件

弱酸性氯化物电沉积 Zn – Ni 合金工艺,近几年来在国内外应用比较多,特别是用在弹簧件、压铸件和高强钢等部件上。氯化物电沉积 Zn – Ni 合金工艺见表 3 – 4。

表 3 – 4　氯化物电沉积 Zn – Ni 合金工艺

电沉积液组成(g/L)及工艺条件	氯化铵型			氯化钾型		氯化钠型
氯化锌(ZnCl₂)	65 ~ 70	120	60 ~ 80	70 ~ 80	75 ~ 80	50
氯化镍(NiCl₂·6H₂O)	120 ~ 130	130	100 ~ 120	100 ~ 120	75 ~ 85	50 ~ 100
氯化铵(NH₄Cl)	200 ~ 240	NH₄⁺ 150	100 ~ 120	30 ~ 40	50 ~ 60	
氯化钾(KCl)			120 ~ 140	190 ~ 210	200 ~ 220	
氯化钠(NaCl)						220
硼酸(H₃BO₃)	18 ~ 25	30	醋酸钠30	20 ~ 30	25 ~ 30	30
721 – 3 添加剂①		1 ~ 2	光亮剂②1 ~ 2			
SSA85 添加剂				3 ~ 5		
配位剂或稳定剂				20 ~ 35		光亮剂少量
pH 值	5 ~ 5.5	5 ~ 6	4.5 ~ 5.0	4.5 ~ 5.0	5 ~ 6	4.5
电流密度/(A/dm²)	1 ~ 4	0.5 ~ 3	1 ~ 2.5	1 ~ 4	1 ~ 3	3
工作温度/℃	20 ~ 40	35 ~ 40	20 ~ 40	25 ~ 40	30 ~ 36	40
阳极	Zn 与 Ni 分控或 Zn + Ni			Zn 与 Ni 分控 Zn : Ni = 10 : 1		
电沉积层含 Ni 量/%	13 左右	8 ~ 15		13 左右	7 ~ 9	
① 哈尔滨工业大学生产;②为上海永生产品。						

电沉积液中氯化锌、氧化锌和氯化镍为主盐,提供合金电沉积层中所需要的 Zn 和 Ni。氯化钾、氯化钠和氯化铵是导电盐,以提高电沉积液的导电率和降低工作时的槽电压,氯化铵还有一定的络合作用。硼酸为缓冲剂,以稳定电沉积液的 pH 值。配位剂通常使用的是有机羧酸盐,对 Zn 和 Ni 都有一定的络合作用。添加剂多为有机聚合物,以改善电沉积层的特性和得到光亮细致的电沉积层。

2. 电沉积液中各成分的作用(以表 3 - 4 中氯化钾型为例)

(1)主盐的作用。电沉积液中主盐的浓度是影响合金电沉积层组成的主要因素,电沉积层中含 Ni 量随电沉积液中镍盐的增加而增加。另外,Zn 在电沉积层中的含量大于它在电沉积液中的含量,即 Zn 比 Ni 优先沉积,这是异常共沉积的主要特征。为了得到一定组成的 Zn - Ni 合金,需要控制电沉积液中 Zn 和 Ni 离子的含量比 $[Zn^{2+}/Ni^{2+}]$,离子总浓度的变化则影响不大。

(2)导电盐的作用。在氯化物体系中常使用的导电盐有氯化钾、氯化钠和氯化铵等。导电盐可提高电沉积液的导电率和降低槽压,还可改善电沉积液的分散能力和电沉积层质量。另外,NH_4^+ 与 Zn^{2+}、Ni^{2+} 都有一定的配能力,从而可以影响合金电沉积层的组成。

(3)配合剂的作用。电沉积液中的配合剂能使金属沉积电势负移,使两种金属离子的沉积电势靠近,从而达到共沉积。在氯化物体系中,使用的配合剂多为有机羧酸及其盐,如柠檬酸、酒石酸、磺基水杨酸、氨基磺酸及其盐等。配合剂的主要作用是防止金属盐水解和稳定电沉积液;促进阳极正常溶解;增加阴极极化和改善电沉积层结晶等。

(4)缓冲剂的作用。通常采用硼酸作缓冲剂。主要调节和稳定电沉积液的 pH 值,以保证电沉积层的成分和质量。

(5)表面活性剂。常用的是十二烷基硫酸钠和十二烷基磺酸钠等,它是一种阴离子表面活性剂,主要用来防止电沉积层产生针孔。

(6)添加剂。由于添加剂具有良好的选择性吸附作用,它在合金电沉积中的应用很广。氯化物电沉积液使用的添加剂类型很多,常用的有醛类,如胡椒醛和肉桂醛等;有机羧酸类,如抗坏血酸、氨基乙酸和烟酸等;磺酸类,如木质素磺酸钠和萘酚二磺酸等;酮类,如苯亚甲基丙酮和苯乙基酮等;还有杂环化合物等;无机光亮剂有 Sr 和 Ba 的硫酸盐或碳酸盐等。近年来,有机光亮剂发展很快,主要是合成的有机聚合物。

3. 工艺条件的影响(以表 3 - 4 中氯化钾型为例)

(1)温度的影响。温度对合金成分的影响:一方面对阴极极化的影响;另一方面是对阴极扩散层离子浓度的影响。在该工艺中,随电沉积液温度增加,电沉积层中含 Ni 量有所增加。

(2)pH 值的影响。pH 值对金属共沉积的影响,往往是由于它改变了金属离子的化学状态,许多配合离子的组成和稳定性是随 pH 值变化而变化的。在 Zn - Ni 合金电沉积中,随电沉积液的 pH 值增加,电沉积层中含 Ni 量有所下降。

(3)电流密度的影响。电流密度的增加,将使阴极电势负移,这有利于合金电沉积层成分中电势较负金属含量的增加。

4. 氯化物电沉积 Zn - Ni 合金使用的阳极

阳极的作用主要是导电、补充金属离子和保持阴极上电力线均匀分布。阳极的类型包括:

(1)可溶性单金属阳极。可以使用单金属锌阳极或镍阳极,由于 Zn - Ni 合金电沉积液中 Zn 和 Ni 离子的含量都比较多,采用单金属阳极,将会使电沉积液中离子比很快发生变化,而很难调整。

(2)不溶性阳极。可用密石墨作不溶性阳极,碱性体系常用不锈钢板作阳极。

(3)可溶性阳极和不溶性阳极联合使用。通常是将消耗较多的锌阳极和不溶性石墨阳极(碱性电沉积液采用不锈钢阳极)联合使用。

(4)Zn 和 Ni 分挂分控阳极。具体控制方式有两种:采用一台电源,在锌阳极和镍阳极的回路中串联一个大电阻,以此来调节两个阳极上的分电流;采用两台电源,分别形成锌阳极和镍阳极回路,两回路接同一阴极上。

(5)合金阳极。由于 Zn 和 Ni 金属的熔点相差较大,目前难以铸造出合适的 Zn - Ni 合金阳极。

5. 电沉积液性能(以表3 - 4 中氯化钾型为例)

(1)电沉积液的分散能力。采用 Horing - Blum 槽测定。测得的分散能力 T 为 52.5% ,表明电沉积液具有良好的分散能力,与氯化铵型电沉积液相比,提高很多。

(2)电沉积液的覆盖能力。采用内孔法,选用一内径为 10mm 长 100mm 为的铜管,电沉积层深入内径 45mm。表明其覆盖能力优于氯化铵型电沉积液。

(3)电沉积液的电流效率。电流效率随电流密度的升高而降低。

6. 电沉积层特性(以表3 - 4 中氯化钾型为例)

(1)电沉积层的内应力及渗氢特性。Zn - Ni 合金电沉积层的内应力随厚度增加而降低,约在 $2\mu m$ 以后,内应力基本稳定,并随电沉积层中含 Zn 量增加而降低。试验表明,含 Ni 量为 12% ~ 16% (质量分数)的 Zn - Ni 合金,其内应力较小。

(2)合金电沉积层的晶体结构。为了确定 Zn - Ni 合金的晶体结构,对不同含 Ni 量的合金电沉积层及 Zn 电沉积层进行了 X 射线衍射(XRD)分析,根据衍射数据,得到不同组成的晶体结构,见表3 - 5。

(3)Zn - Ni 合金电沉积层的耐蚀性。电沉积层经钝化处理后,耐蚀性进一步提高,见表3 - 6。

表 3-5　不同含 Ni 量 Zn-Ni 合金电沉积层的晶体结构

含 Ni 量/%(质量分数)	0	5.0	10/9	12.6	13.5	22.6	95.1	100
晶体结构①	η	η	η + γ	γ	γ	γ + α	α	α
金属化合物组成	Zn	Zn	Zn 和 NiZn₃	NiZn₃ 或 Ni₅Zn₂₁	NiZn₃	NiZn₃ 和 Ni	Ni	Ni

① α—体心立方晶系(bcc);η—紧密六方晶系(hcp);γ—立方晶系(cc)是金属间化合物。

表 3-6　Zn-Ni 合金及 Zn 电沉积层中性盐雾试验

电沉积层/μm	Zn(未钝)	Zn-Ni(13%)未钝	Zn(钝化)	Zn-Ni(13%)钝化
出白锈时间/h	3	5	96	572
出红锈时间/h	280	1300	960	>2000

从以上的试验可以看出,Zn-Ni 合金的耐蚀性与锌电沉积层相比,具有更好的耐蚀性,而含 Ni 为 13%(质量分数)左右的 Zn-Ni 合金,具有最高的耐蚀性。

钝化膜的耐蚀性。Zn-Ni 合金电沉积层的组成,对钝化膜的组成及耐蚀性有较大的影响,电沉积层含 Ni 过高,当超过 15%(质量分数)时,钝化变得困难,并且膜层有缺陷,耐蚀性较差;若电沉积层中含 Ni 量低于 9%(质量分数)耐蚀性也较低;当含 Ni 质量分数为 13%左右时,合金电沉积层的耐蚀性最好。

7. 电沉积液的配制和维护

(1) 电沉积液的配制。在镀槽中加入所需总体积 1/2 的去离子水或蒸馏水,加热到 70℃左右,先加入硼酸,并搅拌,使之全部溶解,依次加入氯化锌、氯化镍、氯化钾、氯化铵和配位剂,搅拌使全部溶解。另取一烧杯水,加热至沸腾,加入十二烷基硫酸钠,待溶解后倒入镀槽。加去离子水或蒸馏水,至所需体积,充分搅拌均匀,取样分析,根据分析结果调整溶液。然后用大阴极小电流密度(0.3A/dm²)电解处理 0.5~1.0A·h/L 后,用氨水或稀盐酸调整电沉积液的 pH 值,至达到工艺要求范围,最后加入添加剂,即可进行试镀。

(2) 电沉积液的维护。为了得到良好的电沉积层,除必须严格按照工艺规定的要求进行操作外,还必须注意以下几点:

① 配制电沉积液所使用的化学药品,其纯度应不低于化学试剂三级,若使用工业级药品时,必须经过小型电沉积试验,电沉积层质量达到要求才可使用。

② 配制电沉积液或钝化液所使用的水以及清洗用水,最好使用蒸馏水或去离子水。

③ 添加剂第一次加入时不应过量,这种添加剂在使用过程中消耗较慢,应勤加少加。一般添加剂耗量是每 25A·h 消耗 0.5~1.0mL。

④ 电沉积液要经常过滤,最好是连续过滤,以保持电沉积液的清洁。

⑤ 电沉积液应定期分析,保持 Zn 离子和 Ni 离子的含量以及工作温度和 pH 值在工艺范围内,若发现偏离工艺范围应及时调整。

⑥ Zn 和 Ni 阳极都应套上阳极袋,以防止阳极渣进入电沉积液。每次下班前,一定要把阳极从镀槽中取出,以防止 Zn 阳极自溶解和置换。锌阳极使用一段时间后,应除去置换层。

3.2.4 硫酸盐电沉积 Zn – Ni 合金

硫酸盐电沉积 Zn – Ni 合金主要是为了防腐蚀,对镀层外观、光亮性和整平性一般没有高的要求,在目前也有较多使用。其主要特点是:电沉积液组成简单,工艺稳定,使用、维护和调整容易,对设备腐蚀性小;电沉积液 pH 值较低,使用电流密度高,阴极电流效率高,成本较低,生产效率高,适合于钢板和钢带等批量生产。

1. 硫酸盐镀液组成及工艺条件

硫酸盐电沉积 Zn – Ni 合金的电沉积液组成及工艺条件见表 3 – 7。

表 3 – 7 硫酸盐电沉积 Zn – Ni 合金电沉积液组成及工艺条件

电沉积液组成(g/L)及工艺条件	1	2	3	4①
硫酸锌($ZnSO_4 \cdot 7H_2O$)	72	70	150	100
硫酸镍($NiSO_4 \cdot 7H_2O$)	70	150	130	200
硫酸铵[$(NH_4)_2SO_4$]	30			20
硫酸钠(Na_2SO_4)		60		100
乙酸钠($CH_3COONa \cdot 3H_2O$)			50 ~ 100	
柠檬酸($C_6H_8O_7 \cdot H_2O$)			100 ~ 200	
硼酸(H_3BO_3)			20 ~ 40	20
添加剂	少量	少量	少量	少量
阴极电流密度/(A/dm^2)	1 ~ 2	30	1 ~ 10	10
温度/℃	60	50	35 ~ 45	40
pH 值	2 ~ 3	2	1 ~ 3	3
阳极	锌板	锌和镍板	不溶性	锌和镍板
① 适合电沉积钢带或钢板,钢带快速移动。				

2. 电沉积液中各成分的作用及工艺条件的影响

(1)主盐的作用。在硫酸盐电沉积液中,硫酸锌和硫酸镍为主盐,调节两者之间的含量比,就可改变合金镀层中的 Ni 含量。

(2)导电盐的作用。由于硫酸盐电沉积液的导电性较差,在镀液中加入适量的导电盐是必要的。通常使用的导电盐是硫酸钠和硫酸铵等,其作用可降低槽电压,并可提高使用电流密度,从而提高了生产效率。

（3）缓冲剂的作用。缓冲剂多为弱酸或弱酸盐,对电沉积液的 pH 值有缓冲作用。缓冲剂在水溶液中能电离出氢离子(H^+),当溶液中的 H^+ 浓度发生变化时,电离平衡也随之发生变化,于是建立了新的电离平衡,它对电沉积液中 H^+ 起到了调节作用。在硫酸盐电沉积液中,硼酸和乙酸钠是很好的缓冲剂,柠檬酸也有一定的缓冲作用。

（4）配合剂的作用。在硫酸盐电沉积液中柠檬酸的作用,主要是对 Zn 和 Ni 形成配合离子,从而稳定电沉积液,并提高阴极极化,使电沉积层结晶细化。通常在硫酸盐电沉积液中配合剂使用较少,因为加入配合剂后,虽然电沉积层质量有所提高,但电流效率会降低,影响了生产效率。

（5）添加剂的作用。硫酸盐电沉积使用的添加剂,通常与氯化物电沉积液相差不多,但用量相对较少。

（6）阴极电流密度的影响。由于硫酸盐电沉积液多用于电沉积钢板和钢带。当电沉积时,钢板和钢带处于快速移动状态(和)或电沉积液处于快速流动状态,因而,使用的电流密度相对较高,有的高于 $10A/dm^2$,甚至达到 $100A/dm^2$ 左右。

（7）工作温度的影响。对于硫酸盐电沉积液,一般使用较高的工作温度,多在 $40 \sim 55℃$,这有利于使用较高的阴极电流密度和提高生产效率。

（8）pH 值的影响。电沉积液的 pH 值对电沉积层组成和性能有直接影响。若 pH 值过低,锌阳极溶解太快,致使镀液不稳定,电沉积层中含 Ni 量也会发生变化;如果 pH 值过高,容易生成氢氧化物沉淀,它会夹杂在电沉积层中使镀层发暗、粗糙和发脆。

3. 硫酸盐电沉积液性能

（1）电沉积液的分散能力和覆盖能力。硫酸盐电沉积液的分散能力和覆盖能力与氯化物电沉积液相比,稍微差些,因此,要求使用的电沉积件形状比较简单。

（2）阴极电流效率。因硫酸盐电沉积液中不含配位剂和(或少量)添加剂,所以阴极电流效率比较高,一般超过 95%,接近 100%。

（3）氢脆性和整平性。由于硫酸盐电沉积液电流效率很高,所以氢脆性很小;添加剂也少用,电沉积层中夹杂少,但整平性也较差。

3.2.5 硫酸盐 – 氯化物电沉积 Zn – Ni 合金

在电沉积 Zn – Ni 合金电沉积液中,使用硫酸盐 – 氯化物电沉积液的工艺也不少,它综合了氯化物电沉积液和硫酸盐电沉积液的优点,可以电沉积形状简单部件(钢板和钢带等),也可电沉积比较复杂的部件,在生产上应用比较广泛。20 世纪 80 年代日本等国使用该类电沉积液电沉积钢板或钢带,电沉积液的 pH 值较低(pH = 2 ~ 4),工作温度较高($T = 40 \sim 60℃$),并采用电沉积液流动或(和)钢带移动,流动、移动速度为 $5 \sim 200m/min$,可使用高电流密度 $5 \sim 100A/dm^2$,生产效率大大提高。

硫酸盐 – 氯化物电沉积 Zn – Ni 合金电沉积液组成及工艺条件见表 3 – 8。

表 3-8　电沉积 Zn-Ni 合金电沉积液组成及工艺条件

电沉积液组成(g/L)及工艺条件	工艺 1	工艺 2	工艺 3①	工艺 4①
硫酸锌($ZnSO_4 \cdot 7H_2O$)	50		80	
硫酸镍($NiSO_4 \cdot 7H_2O$)	90	60~80	200	25
氯化锌($ZnCl_2$)		60~80		200
氯化镍($NiCl_2 \cdot 6H_2O$)	10			70
氯化铵(NH_4Cl)			30	200
氯化钠($NaCl$)		140~160		
葡萄糖酸钠($NaC_6H_{11}O_7$)	60			
柠檬酸钠($Na_3C_6H_5O_7 \cdot 2H_2O$)		25~35		
硼酸(H_3BO_3)	20	25~35		
添加剂	少量	少量		
阴极电流密度/(A/dm^2)	2~7	2~4	20	20~200
工作温度/℃	20~50	20~40	50	50
pH 值	2~4	4~6	2.2	4~5
阳极	锌和镍	不溶性	—	锌和镍

① 适用于电沉积钢带,使钢带作快速移动。

3.2.6　Zn-Ni 合金沉积层后处理及应用

1. Zn-Ni 合金钝化处理

Zn-Ni 合金电沉积层外观为灰白至银白色,和锌电沉积层一样,都是阳极电沉积层。如果经过钝化处理,可进一步提高耐蚀性。经过铬酸盐钝化处理的彩虹色钝化膜,其耐蚀性比电沉积锌层的彩色钝化膜要高 5 倍以上。但在 Zn-Ni 合金上形成彩色钝化膜比电沉积锌层要困难得多,且随合金电沉积层中含 Ni 量增加,则越加困难。一般合金中含 Ni 量在 10% 以内,钝化还比较容易,含 Ni 量在 13% 左右时,钝化则比较困难,当含 Ni 量超过 16% 时,则很难钝化。

(1)彩虹色钝化。钝化液的主要成分是铬酐或铬酸盐,它具有较强的毒性和强的氧化作用,应尽量采用低浓度的溶液。国内采用的工艺为:铬酐(CrO_3)　3~15g/L,721-3 促进剂(哈工大)　5~20g/L,pH 值 = 0.8~1.8,工作温度　40~70℃,浸液时间　10~50s。

721-3 促进剂可加快成膜速度,并有一定出光作用。如果不加促进剂,则难以得到彩虹色钝化膜。随促进剂含量增加,成膜速度加快,并有利于提高钝化膜的结合力。

pH 值对成膜也有较大的影响,当 pH 值过低时,合金电沉积层中锌溶解过快,成膜不牢;若 pH 值过高,形成的钝化膜比较疏松,易脱落。钝化液温度升高,可提高钝化反应速度。本工艺使用的温度一般在 40℃ 以上。钝化时间,可根据钝化液成分浓度、温度及 pH 值而定。

几种彩色钝化工艺见表 3-9。

表 3-9　Zn-Ni 合金几种彩色钝化工艺

钝化液成分(g/L)及工艺条件	1	2	3	4	5	6
铬酐(CrO_3)			2	10	5~10	
重铬酸钠($Na_4Cr_2O_7 \cdot 2H_2O$)	60	20				
硫酸(H_2SO_4)	2		0.1	1	10	
硫酸锌($ZnSO_4 \cdot 7H_2O$)		1				
硫酸铬[$Cr_2(SO_4)_3$]		1				
磷酸氢二钠(NaH_2PO_4)					2	
钝化剂 D-3						50mL/L
pH 值	1.8	2.1	1.8	1.2	1.4	
工作温度/℃	34	50	40	30	30	45~65
钝化时间/s	15	25	15	30	10	10~30
外观色泽	彩虹色	彩虹色	彩虹色	彩虹色	彩虹色稍带绿色	彩虹色

注:武汉材料保护研究所研制的彩虹钝化工艺,对含 Ni 质量分数 10% 以下的 Zn-Ni 合金,效果较好;D-3 是东方表面技术公司产品。

（2）黑色钝化及白色钝化。对于锌合金电沉积层的黑色钝化主要有两种类型:一种是以银离子为黑化剂的黑色钝化工艺,该工艺得到的黑色钝化膜比较致密,黑度高;另一种是以铜离子为黑化剂的钝化工艺,钝化膜外观质量不如前者,黑度也略差。通常使用的工艺见表 3-10。

表 3-10　Zn-Ni 合金黑色钝化工艺

钝化液成分(g/L)及工艺条件	耐蚀型	耐蚀型	外观型
铬酐(CrO_3)	钝化剂 D-4A　150mL	10~20	30~50
磷酸(H_3PO_4)	钝化剂 D-4B　150mL	6~12	
醋酸(CH_3COOH)			40~60
硫酸根离子(SO_4^{2-})		10~15	5~8
银离子(Ag^+)		0.3~0.4	0.3~0.4
pH 值	0.8~1.0		
工作温度/℃	18~25	20~25	20~25
钝化时间/s	40~90	30~40	100~180

钝化液成分(g/L)及工艺条件	耐蚀型	耐蚀型	外观型
外观色泽	真黑	暗深黑	真黑
钝化液寿命		长	短
耐蚀性 SST(出白锈时间)/h		120 ~ 140	10 ~ 48

注:SST 为中性盐雾试验;D-4 为东方表面技术公司产品。

含 Ag 黑色钝化的黑色,主要是由于钝化反应生成了黑色氧化亚银:

$$Ag_2Cr_2O_7 + 6H^+ = Ag_2O(黑色) + 2Cr(OH)_3$$

铜盐黑色钝化液主要成分是铬酐、硫酸铜、醋酸和甲酸盐,与镀锌黑钝化工艺差不多。在国外专利中提出了下列工艺,也可以得到黑色钝化膜:硫酸铜 15g/L,氯酸钾 20g/L,氯化钠 20g/L,工作温度 40 ~ 80℃。

Zn - Ni 合金电沉积层的白色钝化:Cr^{6+}　5g/L,Cr^{3+}　2g/L,HNO_3　1mL/L,SO_4^{2-}　2 ~ 4g/L,工作温度　30 ~ 50℃。钝化剂 D - 5　50mL,温度　55 ~ 65℃,时间　1.5 ~ 2.5min,手动或空气搅拌(D - 5 为东方表面技术公司产品)。

2. Zn - Ni 合金层除氢处理及应用

(1)电沉积层除氢处理。Zn - Ni 合金电沉积层与锌电沉积层相比,具有最小的氢脆性,几乎没有氢脆。若用于军品、高强钢或弹簧部件,还是需要除氢处理的。

美国航空航天材料标准规定:凡弹簧件或硬度为 45HRC 的钢铁件,包括大于 45HRC 的钢铁件,采用以下除氢处理条件:在 235 ± 8℃ 的烘箱中,保持不少于 2h;若硬度为 33HRC,或在大于 33HRC 但小于 45HRC 范围内时,应保持 190 ± 8℃,不少于 3h;若为渗碳件或硬度略低的部件,可保持不少于 135 ± 8℃5h 的除氢处理。

(2)Zn - Ni 合金的应用。在生产上最先应用的 Zn - Ni 合金电沉积液是氯化铵型电沉积液,由于铵盐电沉积液的废液处理比较困难,不利于环保,以后逐渐被氯化钾型电沉积液所代替,合金电沉积层的含 Ni 量有两种,一种含 Ni 量在 10% 以下(多为 7% ~ 9%),容易钝化处理;另一种含 Ni 量在 13% 左右,不宜钝化,但耐蚀性最高。Zn - Ni 合金电沉积层主要用在高耐蚀性钢板和汽车配件等,目前,已广泛用于汽车、航空航天、造船、机械、电机、军工以及某些轻工产品上。

3.3　电沉积锌铁(Zn - Fe)合金

Zn - Fe 合金电沉积层对钢铁基体来说是阳极电沉积层,具有电化学保护作用。根据合金电沉积层的含 Fe 量,可分为高铁合金电沉积层和微铁合金电沉积层两种;含 Fe 质量分数 7% ~ 25% 的电沉积层耐蚀性很好,但含 Fe 质量分数高于 1% 的合金电沉积层难于钝化处理,电沉积层的耐蚀性与含 Fe 量的关系见图 3-3,可以看出,电沉积层中含 Fe 质量分数在 15% 左右时耐蚀性最好。

高含 Fe 量的合金电沉积层,主要用作汽车钢板的电泳涂漆底层,为了提高与油漆的结合力,常需要进行磷化处理,可提高其耐蚀性等。

含 Fe 质量分数低于 1% 的锌铁合金电沉积层,特别是含 Fe 质量分数在 0.3% ~ 0.6% 的微 Fe 合金,容易钝化处理。经过钝化处理的合金电沉积层,其耐蚀性可大大提高。黑色钝化的合金电沉积层,具有最高的耐蚀性,且黑色钝化不用银盐,这是含微量 Fe 的 Zn – Fe 合金电沉积层的最大优点。

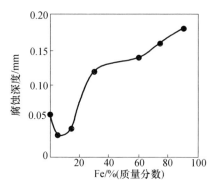

图 3 – 3   Zn – Fe 合金电沉积层中含 Fe 量与耐蚀性的关系

另外,电沉积 Zn – Fe 合金电沉积层成本较低,电沉积液容易维护,使用方便,可挂镀也可滚镀,故在生产上已逐渐得到大量应用。下面仅介绍含低 Fe 量的合金工艺、特性和应用。

3.3.1　碱性锌酸盐电沉积 Zn – Fe 合金

碱性锌酸盐电沉积液可得到含 Fe 量低的合金电沉积层,通常使用的含 Fe 质量分数多在 0.2% ~0.7% 范围内,该合金电沉积层容易钝化。经钝化的合金电沉积层,耐蚀性能大大提高,而且电沉积液比较稳定、容易维护、容易处理,对设备腐蚀性小,其最主要的优点是随电流密度变化时,而电沉积层成分基本不变,这有利于控制合金电沉积层的最佳成分。

1. 碱性 Zn – Fe 合金电沉积液的组成及工艺条件

碱性 Zn – Fe 合金电沉积液组成及工艺条件见表 3 – 11。

表 3 – 11　碱性 Zn – Fe 合金电沉积液组成及工艺条件

电沉积液成分(g/L)及工艺条件	1	2	3	4
氧化锌(ZnO)	14 ~ 16	10 ~ 15	13	18 ~ 20
硫酸亚铁(FeSO$_4$)	1 ~ 1.5			1.2 ~ 1.8
氯化亚铁(FeCl$_2$)			1 ~ 2	
氯化铁(FeCl$_3$)		0.2 ~ 0.5		
氢氧化钠(NaOH)	140 ~ 160	120 ~ 180	120	100 ~ 130
配位剂	XTL 40 ~ 60		8 ~ 12	10 ~ 30
添加剂		4 ~ 6	6 ~ 10	
光亮剂	XTT 4 ~ 6	3 ~ 5		WD 6 ~ 9
工作温度/℃	15 ~ 30	10 ~ 40	15 ~ 30	5 ~ 45
阴极电流密度/(A/dm²)	1 ~ 2.5	1 ~ 4	1 ~ 3	1 ~ 4

电沉积液成分(g/L)及工艺条件	1	2	3	4
阴极面积与阳极面积比	1:1	1:2		
使用阳极/Zn:Fe		1:5		
合金电沉积层含Fe量/%(质量分数)	0.2~0.7	0.2~0.5	0.4~0.8	0.4~0.6

注:XTL 和 XTT 是哈尔滨工业大学产品;WD 是武汉大学产品。

2. 电沉积液的配制及转化

合金电沉积液的配制,首先在镀槽内加入总体积 1/3 的水,将计量好的氢氧化钠倒入槽内,搅拌溶解后,将计量好的氧化锌调成糊状,在搅拌下逐渐加入到热碱溶液中。等完全溶解后,加水至 2/3 体积,待冷却到 30℃ 以下,用金属锌粉 1~2g/L 撒入槽中,并不断搅拌 30min,再澄清过滤。在另一容器中用温水将计量好的配位剂溶解后,将亚铁盐在搅拌下加入,待完全溶解后加入槽内,然后将添加剂和光亮剂依次加入,小电流处理后,分析调整,即可投入生产。

碱性锌酸盐电沉积锌溶液的转化,将计量的亚铁盐溶于计量的配位剂溶液中,充分搅拌使之络合后,加入到碱性锌酸盐电沉积锌溶液中,即可进行生产。

3. Zn – Fe 合金电沉积层的特性

(1)电沉积层的硬度。合金电沉积层的硬度与碱性锌酸盐电沉积锌层相比,硬度比锌电沉积层略有增加。合金电沉积层的硬度为 131~160HV,而锌电沉积层的硬度为 125~134HV。

(2)结合力。经弯曲试验法,未见电沉积层有起皮和脱落现象,电沉积件可以进行扣边冲压等操作。

(3)合金电沉积层的晶体结构。通过 X 射线衍射(XRD)分析,Zn – Fe 合金的结构与电沉积层中含 Fe 量有关(见图 3 – 4)。

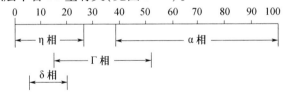

图 3 – 4 Zn – Fe 合金的晶体结构与电沉积层中含 Fe 量的关系

η 相为 hcp 晶体结构;δ 相为 hcp 晶体结构;

Γ 相为 bcc 和 fcc(又称为 Γ$_1$ 相)晶体结构;α 相为 bcc 晶体结构。

(4)电沉积层(经钝化处理)的抗蚀性。Zn – Fe 合金电沉积层经中性盐雾试验与同厚度的锌电沉积层相比较,按 GB 6458—86 标准进行,耐蚀性比锌电沉积层高 2 倍以上。

Zn – Fe 合金电沉积层高耐蚀的原因,主要是合金镀层的晶粒较锌电沉积层均匀、致密,并且 Fe 参与了钝化膜的结构。因此,在腐蚀介质中较锌电沉积层具有更大的极化电阻和更正的稳定电势。另外,在合金电沉积层中含有铁的存在时,它具有抑制腐蚀的效果。

3.3.2 氯化物电沉积 Zn – Fe 合金

氯化物电沉积 Zn – Fe 合金在我国应用较多,合金电沉积层中含 Fe 质量分数在 0.4% 左右时耐蚀性最高,故一般控制在 0.3%~0.7% 范围之间。含微量 Fe 的 Zn – Fe 合金容易钝化处理,其钝化工艺与电沉积锌层相似,首先在硝酸溶液中(含硝酸 1~3mL/L)出光,然后在含有铬酐的溶液中钝化处理,即可得到彩虹色、白色和黑色钝化膜层。黑色钝化膜具有最好的耐蚀性,且黑色钝化可以不加银盐,合金电沉积层中的微量 Fe 具有代替银盐的作用,这是 Zn – Fe 合金电沉积层最优良的特性之一。

1. 氯化物电沉积液组成及工艺条件

氯化物电沉积 Zn – Fe 合金电沉积液组成及工艺条件见表 3 – 12。

表 3 – 12 氯化物电沉积 Zn – Fe 合金电沉积液组成及工艺条件

电沉积液组成(g/L)及工艺条件	1	2
氯化锌(ZnO)	80~100	90~110
硫酸亚铁(FeSO$_4$·7H$_2$O)	8~12	9~16
氯化钾(KCl)	210~230	220~240
聚乙二醇	1.0~1.5	1.5
硫脲	0.5~1.0	
抗坏血酸	1.0~1.5	
ZF 添加剂[①]	8~10mL/L	
稳定剂[②]		7~10
添加剂[②]		14~18
pH 值	3.5~5.5	4~5.2
工作温度/℃	5~40	15~38
阴极电流密度/(A/dm^2)	1.0~2.5	1~5
阳极	Zn:Fe=10:1	
合金电沉积层含 Fe 量/%(质量分数)	0.5~1.0	0.4~0.7
① 成都市新都高新电沉积环保工程研究所生产;② 哈尔滨工业大学研制的产品。		

2. 氯化物电沉积 Zn – Fe 合金电沉积液的性质

(1)电沉积液的分散能力。采用远近阴极法,远阴极与近阴极之比为 3:1,

测定分散能力为 57.8% 。

(2) 电沉积液的覆盖能力。采用内孔法,覆盖能力为 75% 。

(3) 电沉积液的电流效率。当电流密度为 $1A/dm^2$ 时,测定的阴极电流效率在 96% 以上。

3. 氯化物电沉积 Zn - Fe 合金电沉积层性能

(1) 电沉积层外观。电沉积层表面致密、平整,为全光亮或半光亮。

(2) 电沉积层的结合力。冷轧钢板试片,镀厚 $20\mu m$,放入电热恒温干燥箱内,190℃恒温保持 2h,再放入冷水中骤冷,无起泡脱皮现象。

(3) 电沉积层的结构和耐蚀性。由扫描电镜(SEM)和 X 射线衍射(XRD)分析可知,Zn - Fe 合金电沉积层的结晶更细小、更致密,并在(101)面有择优取向。电化学测试可知,合金具有比锌层更大的极化电阻和较低的腐蚀电流。Zn - Fe 合金电沉积层经黑色钝化处理后,耐蚀性有明显提高,经过分析,发现合金电沉积层表面有微裂纹,可分散腐蚀电流,从而提高了防护性;另外,在钝化过程中合金电沉积层中的铁迁移进入钝化膜,并与铬酸形成较稳定的化合物,该层黑色钝化膜还具有憎水性,因而大大提高了耐蚀性。中性盐雾试验,电沉积层厚度 $10\mu m$,按 GB 6458—86 国家标准进行盐雾试验,经过 7 周期(168h),钝化膜未变色,也无白锈。含微量铁的合金电沉积层与耐蚀性的关系见图 3 - 5。

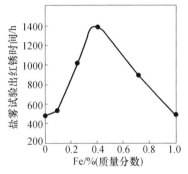

图 3 - 5　Zn - Fe 合金电沉积层的耐蚀性与含 Fe 量的关系

4. 合金电沉积液的维护

电沉积液的维护。配槽或补加 $ZnCl_2$ 和 KCl 时,需用水溶解,经锌粉和活性炭处理后,过滤入槽。铁盐只在配槽时加入,以后靠阳极溶解补充,纯铁阳极要间歇式取挂,以控制铁离子含量。阳极要用尼龙布套,停止电沉积时必须取出全部阳极,这是为了防止锌离子升高,以稳定溶液的 pH 值和防止亚铁氧化的关键措施。

添加剂的补加,需注意少加勤加,每千安时消耗量约为 $80 \sim 140mL/L$。稳定剂(无论是还原剂或是配位剂)也有一定的消耗,它的加入要根据试验确定。聚乙二醇的补加,大致每 1000A · h 加入 $10 \sim 20g/L$。

pH 值是电沉积液中 Fe^{2+} 保持稳定和电沉积液正常使用的关键因素,最佳的 pH 值范围是 $4 \sim 5$,pH 值高,Fe^{3+} 浓度上升,并容易生成 $[Fe(OH)_3]$ 沉淀,导致电沉积层灰暗无光。pH 低时,阳极溶解快,电沉积液中 Fe^{2+} 离子上升,导致合金电沉积层中 Fe 含量增加。

3.3.3　硫酸盐电沉积 Zn - Fe 合金

硫酸盐电沉积液多用在高 Fe 含量的 Zn - Fe 合金工艺,一般合金电沉积层的含 Fe 量在 7% ~30% 之间。主要用来电沉积合金钢板、钢丝、钢管和钢带,多采用高速电沉积,阴极电流密度比较高,大都在 $10A/dm^2$ 以上。对于汽车等高耐蚀要求的钢铁部件,电沉积高 Fe – Zn 合金后,还要进行磷化处理,作为涂装底层。

1. 硫酸盐电沉积液组成及工艺条件

硫酸盐电沉积 Zn – Fe 合金电沉积液组成及工艺条件见表 3 – 13。

表 3 – 13　硫酸盐电沉积 Zn – Fe 合金电沉积液组成及工艺条件

电沉积液组成(g/L)及工艺条件	1	2	3	4	5
硫酸锌($ZnSO_4 \cdot 7H_2O$)	200 ~300	260	115	18	10 ~40
硫酸亚铁($FeSO_4 \cdot 7H_2O$)	200 ~300	250	170	18	200 ~250
硫酸钠(Na_2SO_4)	30	30	84		
醋酸钠(CH_3COONa)	20	12	硫酸铝20		
草酸铵($(COONH_4)_2$)				68	
硫酸铵$[(NH_4)_2SO_4]$					100 ~120
氯化钾(KCl)					10 ~30
柠檬酸($C_6H_8O_7$)	5				5 ~10
添加剂①	少许		0.5		
阴极电流密度/(A/dm^2)	25 ~150	50	30	1.0 ~2.0	20 ~30
pH 值	3.0	3.0	1.5 ~2.0	2.0	1 ~1.5
工作温度/℃	40	40	55	50	40 ~50
阳极	锌板	锌板	锌板	锌板	锌板
电沉积层含 Fe 量/%	20	20	18	14	15 ~30
① 主要是萘二磺酸和甲醛的缩合物,还有苯甲酸钠、糖精、异丙基苯磺酸钠等及其混合物。					

2. 电沉积液中各成分的作用

(1)主盐。硫酸锌和硫酸亚铁是主盐,它们分别提供 Zn^{2+} 和 Fe^{2+},改变电沉积液中(Zn^{2+}/Fe^{2+})浓度比,则电沉积层中含 Fe 量发生变化,所以电沉积过程中必须严格控制电沉积液的组成,才能达到预期的效果。

(2)导电盐。通常选用易溶解的硫酸盐做导电盐,如硫酸钠和硫酸铝等,以提高电沉积液的导电率,改善电沉积液性能。

(3)缓冲剂。常用醋酸钠和硼酸等做电沉积液的缓冲剂。在使用高电流密度时,阴极析氢比较严重,阴极表面附近 pH 值上升比较快,造成电沉积液不稳定,缓冲剂可起到稳定电沉积液 pH 值的作用。

(4)电沉积液的稳定剂。Fe^{2+} 在电沉积液中极易氧化为 Fe^{3+},可加入稳定剂,通常使用的是还原剂或配合剂,如铁粉、锌粉和柠檬酸等。

3. 电沉积使用的阳极

电沉积 Zn - Fe 合金时,可采用可溶性阳极和不溶性阳极。采用可溶性阳极室,常用锌板和铁板联合阳极;也可用单锌阳极,在电沉积过程中向电沉积液中补加碳酸亚铁,以达到主盐的稳定。当采用不溶性阳极时,可通过补加氧化锌或碳酸锌以及硫酸亚铁或铁粉来维持电沉积液中主盐的稳定。

3.3.4 Zn - Fe 合金电沉积层的钝化处理

对于含 Fe 质量分数 0.2% ~ 0.7% 的 Zn - Fe 合金电沉积层,为了进一步提高其耐蚀性,必须对电沉积层进行钝化处理,其钝化工艺与电沉积锌层相类似,但黑色钝化可以不加银盐。钝化膜颜色一般为黑色、彩虹色和白色。黑色钝化膜耐蚀性最高,彩虹色次之,蓝白钝化效果最差。

1. Zn - Fe 合金电沉积层的黑色钝化

Zn - Fe 合金电沉积层的黑色钝化工艺见表 3 - 14。

表 3 - 14 Zn - Fe 合金电沉积层的黑色钝化工艺

电沉积液组成(g/L)及工艺条件	1	2	3	4	5
硫酸锌($ZnSO_4 \cdot 7H_2O$)	200 ~ 300	260	115	18	10 ~ 40
硫酸亚铁($FeSO_4 \cdot 7H_2O$)	200 ~ 300	250	170	18	200 ~ 250
硫酸钠(Na_2SO_4)	30	30	84		
醋酸钠(CH_3COONa)	20	12	硫酸铝 20		
草酸铵($COONH_4)_2$				68	
硫酸铵$[(NH_4)_2SO_4]$					100 ~ 120
氯化钾(KCl)					10 ~ 30
柠檬酸($C_6H_8O_7$)	5				5 ~ 10
添加剂		少许	0.5		
阴极电流密度/(A/dm^2)	25 ~ 150	50	30	1.0 ~ 2.0	20 ~ 30
pH 值	3.0	3.0	1.5 ~ 2.0	2.0	1 ~ 1.5
工作温度/℃	40	40	55	50	40 ~ 50
阳极	锌板	锌板	锌板	锌板	锌板
电沉积层含 Fe 量/%	20	20	18	14	15 ~ 30

钝化工艺中 XTH 的作用,主要是增强钝化膜的黑色,提高成膜速度,拓宽钝化液的操作工艺条件,延长钝化液的使用寿命。在 pH 为 1.0 ~ 4.0 和温度 5 ~ 30℃范围内,均能得到良好的黑色钝化膜。XTK 的主要作用是提高钝化膜的耐蚀性。

以上工艺获得了均匀、致密、光泽的油黑色高耐蚀性钝化膜。合金电沉积层中含 Fe 质量分数在 0.4% 左右时,得到的黑色钝化膜的耐蚀性最高,是同厚度 Zn 电沉积层的2倍以上。

2. Zn – Fe 合金的彩虹色和白色钝化

（1）彩虹色钝化。铬酐（CrO_3） 1.5～2.0g/L，硝酸（HNO_3） 0.5mL/L，硫酸盐 0.5g/L，氯化钠（NaCl） 0.2g/L，氟化物 2～3g/L，pH 值 1.5～1.7，工作温度 室温，钝化时间 30～40s。

（2）彩虹色钝化。铬酐（CrO_3） 5g/L，硫酸（H_2SO_4） 0.5～1.0g/L，硝酸（HNO_3） 3～8g/L，pH 值 1.0～1.6，温度 室温，时间 10～45s（无需空停）。

（3）白色钝化。铬酐（CrO_3） 2.0～5.0g/L，硝酸（HNO_3） 25～30mL/L，硝酸锌［$Zn(NO_3)_2$］ 0.5～0.8g/L，硫酸（H_2SO_4） 10～15mL/L，氟氢酸（HF） 3～4mL/L，温度 10～30℃，钝化时间 10～30s。

3.4 电沉积锌钴（Zn – Co）合金

电沉积 Zn – Co 合金是比较新的工艺，在 20 世纪 80 年代初期首先在欧洲应用与生产。电沉积 Zn – Co 合金的电沉积液主要有四种类型：氯化物型、硫酸盐型、氯化物 – 硫酸盐混合型和碱性锌酸盐型。研究和应用比较多的是氯化物型，近几来，碱性电沉积液发展较快，其应用也越来越广泛。

Zn – Co 合金电沉积层具有良好的耐蚀性，对钢铁基体来说也是阳极电沉积层，具有电化学保护作用。合金电沉积层的耐蚀性与电沉积层中含 Co 量有关，随含 Co 量增加，耐蚀性提高，当含 Co 质量分数超过 1% 以后，耐蚀性提高的幅度变小。因此，从经济和电沉积液的维护考虑，大多使用含 Co 质量分数为 0.6%～1.0% 的 Zn – Co 合金电沉积层。含 Co 量低的 Zn – Co 合金，也可以进行铬酸盐钝化处理，耐蚀性有很大提高。中性盐雾试验表明，出红锈时间比同厚度的锌层高 2 倍以上。由于该合金电沉积层含 Co 量比较少，成本较低，工艺较简单，并可从传统电沉积锌工艺转化为电沉积 Zn – Co 合金工艺。

3.4.1 碱性锌酸盐电沉积 Zn – Co 合金

1. 合金电沉积液组成及工艺条件

电沉积 Zn – Co 合金电沉积液组成及工艺条件见表 3 – 15。

表 3 – 15 碱性锌酸盐电沉积 Zn – Co 合金电沉积液组成及工艺条件

电沉积液组成（g/L）及工艺条件	1	2	3	4
氧化锌（ZnO）	8～14	10～20	20～40	10～20
硫酸钴（$CoSO_4$）	1.5～3.0		0.5～5	
钴添加剂		2～3		1～2.0
三乙醇胺			6mL/L	

电沉积液组成(g/L)及工艺条件	1	2	3	4
氢氧化钠(NaOH)	80 ~ 100	90 ~ 150	160	80 ~ 150
ZC 稳定剂	30 ~ 50			
ZCA 添加剂	6 ~ 10mL/L	添加剂少量	添加剂少量	添加剂少许
工作温度/℃	10 ~ 40	24 ~ 40	20 ~ 40	25 ~ 40
阴极电流密度/(A/dm^2)	1 ~ 4	0.5 ~ 4	0.5 ~ 3	0.1 ~ 4.0
阳极	锌与铁混挂	混挂	混挂	锌
电沉积层含 Co 量/%(质量分数)	0.6 ~ 0.8	0.7 ~ 0.9	1.0 以下	

注:ZC 为羟基羧酸盐;ZCA 为氯甲代氧丙烷的衍生物,哈尔滨工业大学研制。

2. 电沉积液各成分的作用及工艺条件的影响(以表 3-15 中 1 为例)

(1) 硫酸锌和硫酸钴。硫酸锌和硫酸钴是主盐,电沉积液中硫酸钴的含量对电沉积层中含 Co 量影响很大,随硫酸 Co 含量增加,电沉积层中含 Co 量明显增加。为了得到一定含 Co 量的合金镀层,必须严格控制工艺。

(2) ZC 稳定剂。稳定剂的加入主要是为了防止生成 Co 的氢氧化物,它对 Co^{2+} 有一定的络合作用,随稳定剂含量的增加,电沉积层中含 Co 量下降。

(3) 添加剂。添加剂的加入主要是为了提高阴极极化。ZCA 添加剂对 Co^{2+} 放电的阻化作用大些,因此随添加剂含量增加,电沉积层中含 Co 量下降。

(4) 工作温度。电沉积液温度增加,电沉积层中含 Co 量也增加。

(5) 电流密度。阴极电流密度对电沉积层含 Co 量的影响不大,呈略有增加的趋势,因电流密度增加,极化增强,使沉积 Co 含量增加。

3. 电沉积液性能及镀层特性

(1) 电沉积液性能。

① 分散能力。远近阴极法,采用式(3-1)计算,当 $J_K = 2A/dm^2$,$K = 5$ 时,分散能力为 60% 左右。

② 覆盖能力。用内孔法测量,$J_K = 2A/dm^2$,$H/\varphi = 1.6$。

③ 电流效率。用库仑法测量,当 $J_K = 2A/dm^2$ 时,电流效率为 60%。

(2) 电沉积层特性。

① 电沉积层外观和组织结构。外观为银白色,结晶致密、平整,经铬酸盐钝化处理,可得到彩虹色或橄榄色钝化膜,其耐蚀性能大大提高。经扫描电镜观察电沉积层形貌,含 Co 质量分数 0.6% 的合金电沉积层为粒状结构;含 Co 质量分数 0.8% 的电沉积层接近片状结构,含 Co 质量分数 1.0% 的合金为片状结构。

② 结合力。与钢铁基体结合力良好,180° 弯曲,未起皮和暴裂。

③ 孔隙率。用贴滤纸法,电沉积层厚 >6μm,没有孔隙。

④ 合金电沉积层的硬度和稳定电势,见表 3-16。

表 3-16　Zn-Co 合金电沉积层的硬度和稳定电势

电沉积层中 Co 含量/%	硬度/VHN(负载 50g)	稳定电势/V vs SCE(3.5%NaCl 中)
Zn	87	-1.055
Zn-Co(0.6% 质量分数)	202	-0.998
Zn-Co(0.8% 质量分数)	215	-0.986
Zn-Co(10% 质量分数)	224	-0.981
Fe	—	-0.660

⑤ 耐蚀性。含 Co 质量分数 0.6% ~0.8% 的合金电沉积层,厚度为 7μm,经铬酸盐钝化处理,在中性盐雾试验中,200h 出白锈,1400h 未出红锈。在二氧化硫试验中,出白锈时间比锌电沉积层高 4~5 倍,这说明 Zn-Co 合金电沉积层在二氧化硫气氛中,具有很好的耐蚀性。

4. 锌酸盐电沉积液使用的阳极和阳极特性

在碱性锌酸盐电沉积液中,Zn^{2+} 的浓度不容易控制,正常活化状态的 Zn 阳极溶解效率为 100%。Zn 在碱性液中还有自溶的特性,所以 Zn 阳极的溶解效率超过 100%。但阴极的沉积效率则仅有 60% 左右,于是在电沉积过程中 Zn^{2+} 的浓度有增加的趋势。通常可采用减小 Zn 阳极面积,但这样 Zn 阳极容易钝化。最好采用可溶性阳极与不溶性 Fe 阳极混挂的办法,保持 Zn 阳极和 Fe 阳极的一定面积比,来控制 Zn 阳极上的电流密度,进而控制电沉积液中 Zn^{2+} 的浓度。另外,采用 Zn 和 Fe 混挂阳极时,在停止电沉积时 Zn 阳极自溶非常严重,应注意停止电沉积时将 Zn 阳极从溶液中取出。

3.4.2　氯化物电沉积 Zn-Co 合金

合金电沉积层含 Co 质量分数多在 1% 以内,一般都要经过钝化处理,耐蚀性是 Zn 电沉积层的 2 倍以上,在欧洲应用较多,多用于汽车部件、采矿和建筑等工业。

1. 电沉积 Zn-Co 合金电沉积液组成及工艺条件

氯化物电沉积 Zn-Co 合金电沉积液组成及工艺条件见表 3-17。

表 3-17　氯化物电沉积 Zn-Co 合金电沉积液组成及工艺条件

电沉积液组成(g/L)及工艺条件	1	2	3	4	5
氯化锌(ZnCl₂)	100	80~90	70~95	46	78
氯化钴(CoCl₂·6H₂O)	20	5~25		10.4	4~16
Co 添加剂			10~40		
氯化钾(KCl)	190	180~210	200		

电沉积液组成(g/L)及工艺条件	1	2	3	4	5
氯化钠(NaCl)				175	200
硼酸(H₃BO₃)	25	20~30	2025	20~25	20
OZ 添加剂	16				
A 添加剂		少量	少量	1.5~2.0	
pH 值	5	5~6	4.8~5.5	5	5.0~5.5
工作温度/℃	25	24~40	20~32	25	20~35
阴极电流密度/(A/dm²)	2.5	1~4	2~4	1.6	1~4
阳极	Zn	Zn	Zn		Zn
电沉积层中含 Co 量/%(质量分数)	0.7	0.4~0.8	0.4~1.0	>1.0	0.4~0.8

注:OZ 添加剂是苯甲基丙酮、苯甲酸钠与表面活性剂的合成物;A 添加剂是苯甲酸钠和苄叉丙酮的混合物。

2. Zn – Co 合金电沉积液性能

（1）分散能力。远近阴极法,采用公式(3 – 1)当 $J_K = 2A/dm^2$, $K = 5$ 时,分散能力为35% 。

（2）覆盖能力。用内孔法测量, $J_K = 2A/dm^2$,电沉积 30min, $H/\varphi = 1.6$ 。

（3）电流效率。随电流密度的增加电流效率有所下降。

3. Zn – Co 合金电沉积层特性

（1）电沉积层外观。电沉积层结晶细密,外观光亮。含 Co 量 1% 以下的 Zn – Co 合金镀层,容易钝化。

（2）电沉积层的晶体结构。Zn – Co 合金的晶体结构与 Zn 相同,为密集六方结构。合金为固溶体,但与 Zn 相比,晶体发生了择优取向,晶粒排列规范。

（3）电沉积层的耐蚀性。由于 Zn – Co 合金的晶体排列规范,并有择优取向,这有利于提高耐蚀性。另外,在合金腐蚀过程中,由于有 Co 的存在和作用,腐蚀产物主要以 Zn(OH)₂ 复盐形式存在,该复盐形成的膜致密、稳定,是不良导体,对腐蚀起了阻挡作用。还发现在合金腐蚀过程中,Zn 优先溶解,Co 向内层富集,形成了"阻挡层",减缓了腐蚀速度。

Zn – Co 合金电沉积层的中性盐雾试验,见表 3 – 18。Zn – Co 合金电沉积层二氧化硫试验,见表 3 – 19。从表 3 – 19 可以看出:Zn – Co 合金电沉积层对二氧化硫具有很好的耐蚀性,比 Zn 电沉积层高 3 倍以上,这是 Zn – Co 合金的又一特点。

表 3-18　Zn-Co 合金中性盐雾试验(电沉积层厚度为 7μm)

电沉积层	铬酸盐钝化	出白锈时间/h	出红锈时间/h
Zn	彩虹色	144	400
Zn-Co	彩虹色	240	1200 未出红锈
Zn-Co	橄榄色	260	1200 未出红锈

表 3-19　Zn-Co 合金层二氧化硫试验

电沉积层类型	铬酸盐钝化	出白锈时间(周期)
Zn	彩虹色	3
Zn-Co	彩虹色	10
Zn-Co	橄榄色	12

3.4.3　硫酸盐电沉积 Zn-Co 合金

1. Zn-Co 合金电沉积液组成及工艺条件

硫酸盐电沉积 Zn-Co 合金液组成及工艺条件见表 3-20。

表 3-20　硫酸盐电沉积 Zn-Co 合金电沉积液组成及工艺条件

电沉积液组成(g/L)及工艺条件	1	2	3	4
硫酸锌($ZnSO_4 \cdot 7H_2O$)	44	495	100	31
硫酸钴($ZCoSO_4 \cdot 7H_2O$)	4.7	75	50	20
硫酸铵[$(NH_4)_2SO_4$]	50			
硼酸(H_3BO_3)			30	
硫酸钠(Na_2SO_4)		50		
醋酸钠(CH_3COONa)		9		
葡萄糖酸钠				60
氨水 25%($NH_3 \cdot H_2O$)	250mL/L			
添加剂	少量	适量	适量	适量
工作温度/℃	20~30	50	25	30
pH 值	3.0~4.0	4.2	3.5	8.7
阴极电流密度/(A/dm^2)	1.5~3.0	30	5.5	8.5

表 3-20 所列工艺除 4 号外,都是弱酸性的。2 号工艺使用的电流密度较高,可用于电沉积钢板或钢带。添加剂一般是含氮的化合物,能使电沉积层外观细致、平整。

2. 电沉积液及电沉积层特性

(1)电沉积液的分散能力和覆盖能力。硫酸盐电沉积液的分散能力和覆盖能力较氯化物电沉积液和碱性电沉积液的比较低,适合电沉积比较简单的部件。

（2）阴极电流效率。电流效率一般比较高,通常都在95%以上,这有利于降低氢脆性和提高生产效率。

（3）电沉积层的物理特性。合金的物理特性见表3-21。

表3-21 合金电沉积层与Zn电沉积层的物理特性比较

物理特性	Zn-Co(0.8%)合金	氯化物电沉积锌层
内应力/MPa	50~60	80~200
延展性/%	1.0~1.4	0.5~1.0
硬度/HV	200	105

3.4.4 Zn-Co合金电沉积层的钝化处理及应用

1. Zn-Co合金电沉积层的钝化处理

含Co量低的Zn-Co合金电沉积层容易钝化,其工艺和电沉积锌层的钝化工艺差不多,可以得到彩虹色钝化膜,耐蚀性比Zn电沉积层提高2倍。还研究了Zn-Co合金电沉积层的橄榄色钝化膜,耐蚀性比Zn电沉积层提高3倍以上,其工艺如下:

（1）彩虹色钝化。铬酐（CrO_3） 5g/L,硫酸（H_2SO_4） 0.5mL/L,硝酸（HNO_3） 3mL/L,工作温度 20~30℃,pH值 1.3~1.7,时间 20~30s。

（2）橄榄色钝化。铬酐（CrO_3） 5~10g/L,ZCD促进剂 5~12g/L,pH值 1.2~1.8,工作温度 20~40℃,时间 20~50s。

2. Zn-Co合金的应用

Zn-Co合金电沉积层（在欧洲使用较多）主要用于汽车配件,如汽车管道系统、燃料系统、制动系统等;其他还有各种标准件和紧固件等。由于合金对二氧化硫具有很好的耐蚀性,用在工业二氧化硫气氛条件下有好的效果。最近发现该合金电沉积层对新型甲醇混合燃料也有良好的耐蚀性,可以代替不锈钢材料,使成本大大降低。另外,可以使用弱酸性氯化物电沉积液电沉积钢铁铸件、锻压件和经过渗碳氮化的钢铁件表面。

3.5 电沉积锌锰(Zn-Mn)合金

3.5.1 电沉积Zn-Mn合金概述

Zn与铁族金属的共沉积,都是电势较负的Zn优先沉积,称为异常共沉积。而Zn和Mn的共沉积则不相同,已知Zn和Mn的标准电极电势分别为$\varphi^0_{Zn/Zn^{2+}} = -0.762V$和$\varphi^0_{Mn/Mn^{2+}} = -1.06V$,这种沉积是Zn和电势更负的金属Mn的共沉积,这种共沉积属于正常共沉积。

近几年来,研究发现含有金属 Mn 的 Zn－Mn 合金具有许多优良的特性,特别是具有很高的耐蚀性。Zn－Mn 合金中含 Mn 量一般在 30%～85% 范围内,含 Mn 量高于 40% 的 Zn－Mn 合金,才具有很高的耐蚀性,几乎高于任何一种锌基合金,但含 Mn 量太高,电沉积层脆性增大,电沉积液稳定性也不好,是其缺点。经过涂装后的 Zn－Mn 合金电沉积层,其耐蚀性还可进一步提高。含高锰的 Zn－Mn 合金镀层,多用于电沉积钢板和钢带。其主要存在的问题是:电沉积层中含 Mn 量高的合金,一般含 Mn 量要超过 40%,电沉积液维护较困难,含 Mn 量太高脆性增大,且电流效率也较低,所以成本较高。Zn－Mn 合金的耐蚀性见图 3－6。

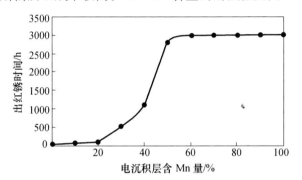

图 3－6　电沉积 Zn－Mn 合金电沉积层的耐蚀性

3.5.2　电沉积 Zn－Mn 合金工艺

过去电沉积 Zn－Mn 合金多采用酸性氯化铵或氟硼酸盐镀液,氟硼酸盐电沉积液,电流效率可达 80% 以上,电沉积液的稳定性也较好,但具有毒性和较大的腐蚀性,对环境污染严重,从环境保护考虑,该类电沉积液已逐渐被淘汰。目前,使用的电沉积 Zn－Mn 合金工艺,多为硫酸盐和柠檬酸盐电沉积液,见表 3－22,该类电沉积液电流效率比较低,且电沉积液的稳定性较差,需加入适当的稳定剂,如溴化钾或硫代硫酸盐等。

表 3－22　电沉积 Zn－Mn 合金电沉积液组成及工艺条件

电沉积液组成(g/L)及工艺条件	工艺 1	工艺 2	工艺 3	工艺 4
硫酸锌($ZnSO_4 \cdot 7H_2O$)	52～90	70(0.24mol)	65	16
硫酸锰($MnSO_4 \cdot 4H_2O$)	60～80	30(0.18mol)	55	75.5
柠檬酸盐($Na_3C_6H_5O_7 \cdot 2H_2O$)	250	176(0.612mol)	155	194
溴化钾(KBr)			12～30	
硫代硫酸钠($Na_2S_2O_3$)		0.1～0.2		
添加剂	0.16～0.2			0.9
pH 值	5.4～5.6	5～6	5.4～6.0	5～6

电沉积液组成(g/L)及工艺条件	工艺 1	工艺 2	工艺 3	工艺 4
工作温度/℃	40 ~ 60	50 ~ 60	40 ~ 50	45
阴极电流密度/(A/dm²)	10 ~ 40	20 ~ 30	1.5	4 ~ 6
阳极	锌板	Zn 和 Ti 上镀铂	锌板	锌板
搅拌或流速	镀液高速运动	镀液流速2m/s		

最近,Wilcox 等人提出了用 EDTA 和硫酸铵作配位剂的电沉积 Zn – Mn 合金工艺。该工艺如下:硫酸锌($ZnSO_4 \cdot 7H_2O$) 0.03 ~ 0.06mol/L,硫酸锰($MnSO_4 \cdot 5H_2O$) 0.25mol/L,硫酸铵[$(NH_4)_2SO_4$] 0.4mol/L,EDTA 0.03 ~ 0.06mol/L,硒酸铵[$(NH_4)_2SeO_4$] 0.003mol/L,pH 值 1.9 ~ 2.5,阴极电流密度 10 ~ 15A/dm²,工作温度 25 ~ 30℃。

随电沉积液中 EDTA 含量增加,合金电沉积层中含 Zn 量下降;当电沉积液中含 Mn 量增加,电沉积层中含 Mn 量上升;随电沉积液温度上升,电沉积层中含 Zn 量上升很快,当电沉积液温度从 20℃ 增加到 50℃ 时,镀层中含 Zn 量增加 4 倍。若电沉积液温度高于 50℃,则电沉积层外观变暗。在电沉积过程中,由于阳极析氧,容易将电沉积液中的二价锰氧化为四价锰(MnO_2),加入 EDTA 后,能将二氧化锰溶解,形成三价锰的络合离子。为了避免二价锰被氧化,可在电沉积液中加入还原剂,如亚硫酸盐或硫代硫酸盐等,即可解决。在电沉积液中加入硫代硫酸盐,不仅可提高电沉积液的稳定性,还能提高阴极电流效率,并能提高电沉积层中的含 Mn 量。

Bozzini 还提出了采用以下的电沉积工艺:硫酸锌($ZnSO_4 \cdot 7H_2O$) 0.24mol/L,硫酸锰($MnSO_4 \cdot H_2O$) 0.18mol/L,柠檬酸钠(($Na_3C_6H_5O_7 \cdot 2H_2O$)) 0.612mol/L,硫代硫酸钠($Na_2S_2O_3$) 0.15g/L,pH 值 5 ~ 6,电流效率 60%,电沉积层中 Mn 含量 40%。

该工艺的主要特点是在电沉积液中加入少量的硫代硫酸钠,其电流效率可达 60% 以上,主要用于电沉积钢板或钢带,电沉积液流速 2m/s。

3.5.3 电沉积 Zn – Mn 合金的特性及应用

1. 合金电沉积液特性

在电沉积 Zn – Mn 合金过程中,为了提高生产效率,常采用较大的电流密度,就必须对电沉积液进行高速搅拌,或使电沉积液高速流动(1 ~ 3m/s)。为了得到一定组成的合金电沉积层,还必须控制电沉积液中[Zn^{2+}/Mn^{2+}]的比值,电沉积液中 Mn^{2+} 含量与电沉积层中含 Mn 量有密切的关系,见图 3 – 7。

图 3 – 7 中虚线为参考线,在参考线的上方是电势较负的金属 Mn 优先沉积,称为异常共沉积。在参考线的下方,是电势较正的 Zn 优先沉积,为正常共沉积。

由图可见,当 Mn^{2+} 含量较低时,电沉积液组成与电沉积层组成趋于相等,当 Mn^{2+} 含量增加到30%(摩尔分数)后,开始出现 Zn 的优先沉积。另一方面,随着 Mn^{2+} 含量的增加,阴极电流效率最初是缓慢下降,当 Mn^{2+} 含量增加到50%(摩尔分数)后,则迅速下降。在该电沉积液体系中,阴极电流效率是比较低的。

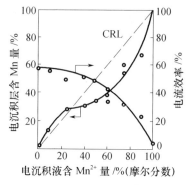

图3-7 电沉积液中 Mn^{2+} 含量与电沉积层 Mn 含量及阴极电流效率的关系

通常,为了保证电沉积层含 Mn 量一定和得到较高的电流效率,一般控制含 Mn^{2+} 量为56%(摩尔分数)时,按上述工艺条件进行电沉积,可得到含 Mn 量为40%(质量分数)左右的 Zn-Mn 合金电沉积层,阴极电流效率为45%左右。

电沉积液中配合剂(柠檬酸钠)对电沉积层含 Mn 量的影响比较大,一般随电沉积液中柠檬酸钠含量的增加,电沉积层中含 Mn 量也增加。电沉积液中的柠檬酸钠分别与 Zn^{2+} 及 Mn^{2+} 形成配合离子为 $[ZnCit]^{-}$、$[MnCit]^{-}$,都能使 Zn 和 Mn 离子的析出电势向负方移动,使之达到共沉积,但对 Zn 的配合作用更大些(注:Cit 为柠檬酸根)。

随电沉积液中电流密度的增加,电沉积层中 Mn 含量也增加,当电流密度达到 $35A/dm^{2}$ 左右以后,电沉积层含 Mn 量下降。但电流密度过低,当低于 $10A/dm^{2}$,电沉积层中没有 Mn 共沉积。

电沉积液中 pH 值对电沉积层组成也有较大影响,主要是对金属配合离子的影响。当 pH 值下降时,则使用的电流密度提高,电流效率也随之上升。但 pH 值过低,则电沉积液容易产生白色沉淀。当 pH 值为5.6时,Mn^{2+} 和 Cit 形成 $[MnCit]^{-}$ 配离子,随着 pH 值的下降,形成 MnHCit(白色沉淀)的量增加,当 pH 值达到5.0时,即开始有沉淀生成。当电沉积液中加入硫代硫酸钠后,电沉积液的稳定性显著提高,可在 pH 值5.6~6.0范围内,较长时间也不会产生沉淀,并可提高阴极电流效率至60%。

2. 合金电沉积层特性及应用

(1)电沉积层的晶体结构。电沉积 Zn-Mn 合金电沉积层的相结构与它在热力学平衡状态的相图不相同。在不同组成的 Zn-Mn 合金中,都有 ε 相和 γ-Mn 相共同存在。当电沉积层中含 Mn 量比较低时,ε 相的衍射强度比较大;与此相反,当电沉积层中含 Mn 量比较高时,γ-Mn 相的衍射强度较大。ε 相为紧密六方晶系,γ-Mn 相为正方晶系。

当合金电沉积层中含 Mn 质量分数在20%以下时,为 ε 相;当含 Mn 质量分数在20%~50%范围内,为混相;含 Mn 质量分数在50%以上时,为 γ-Mn 单相。

（2）电沉积层的钝化处理和耐蚀性。

① 电沉积层的钝化处理。铬酐（CrO_3） 50g/L,硫酸（H_2SO_4） 7mL/L,醋酸（CH_3COOH） 60mL/L,甲酸（$HCOOH$） 7mL/L,硫酸铜（$CuSO_4 \cdot 5H_2O$） 16g/L,工作温度室温,时间30~60s。经过以上工艺钝化后,呈现光亮黑色至灰色外观,中性盐雾试验结果表明耐蚀性良好。在120℃时加热处理1h,模拟汽车等工业用途中暴露于高温发动机内的条件,然后再进行中性盐雾试验,结果表明耐蚀性良好。

② 电沉积层的耐蚀性。未经钝化的Zn－Mn合金电沉积层的耐蚀性与电沉积层含Mn量有密切关系,通过中性盐雾试验,以电沉积件表面开始出现红锈的时间,来评价电沉积层的耐蚀性。当合金电沉积层含Mn量低于20%（质量分数）时,Zn－Mn合金电沉积层的耐蚀性比电沉积锌层略高;当电沉积层含Mn量大于20%（质量分数）后,随着含Mn量的增加,电沉积层耐蚀性迅速提高;当含Mn量达到45%（质量分数）左右时,即使进一步提高电沉积层含Mn量,其耐蚀性基本上也不再增加。Zn－Mn合金电沉积层耐蚀性随电沉积层含Mn量变化的这一规律,是与电沉积层的相结构密切有关,即随电沉积层中含γ－Mn相的量增加,耐蚀性提高。

Zn－Mn合金电沉积层具有高耐蚀性与其腐蚀产物有密切关系。Zn－Mn合金电沉积层的腐蚀产物为$ZnCl_2 \cdot 4Zn(OH)_2$和γ－Mn_2O_3,尽管$ZnCl_2 \cdot 4Zn(OH)_2$具有一定抑制腐蚀反应的作用,但主要是γ－Mn_2O_3在起作用,它能在电沉积层表面形成一层覆盖膜层,使表面平滑,能有效地抑制腐蚀反应的进行。

③ 合金电沉积层涂装后的耐蚀性。Zn－Mn合金电沉积层具有良好的涂装性。电沉积Zn－Mn合金的钢板,经过电泳涂漆,并进行中性盐雾试验,而后检查漆层的龟裂情况,由此可确定电沉积层涂装后的耐蚀性。Zn－Mn合金电沉积层的涂装耐蚀性比锌电沉积层好,经中性盐雾试验840h后,锌电沉积层上的漆层裂缝最大宽度为8mm,而含Mn量为20%~80%（质量分数）的Zn－Mn合金电沉积层上的漆层裂缝最大宽度为0.5~2.5mm。随着电沉积层含Mn量的提高,涂装耐蚀性更好。

（3）合金电沉积层的应用。由于电沉积Zn－Mn合金电沉积层具有很高的耐蚀性,主要用于钢铁的防护性,多用于钢板和钢带的高速电沉积。日本的钢铁企业如新日铁、日本钢管等都有大量应用。

3.6　电沉积锌钛（Zn－Ti）及锌铬（Zn－Cr）合金

3.6.1　电沉积 Zn－Ti 合金

早在20世纪60年代,苏联和日本等国就对电沉积Zn－Ti合金进行了许多研究,开始采用硫酸锌溶液中加入葡萄糖酸钛进行电沉积,得到了Zn－Ti合金电沉积层。该合金电沉积层光泽性好,结晶致密,耐蚀性高,但存在以下主要问题:含钛的合金电沉积液稳定性不好,给使用和维护带来很大困难。合金电沉积层含 Ti 量不易提高,特别是碱性电沉积液,一般含 Ti 量只能达到 1% 左右。由于镀层中含 Ti 量与耐蚀性有密切关系,随含 Ti 量增加,耐蚀性提高,于是电沉积层耐蚀性提高受到限制。

1. 酸性电沉积 Zn - Ti 合金工艺

酸性电沉积 Zn - Ti 合金工艺见表 3 - 23。

表 3 - 23 酸性电沉积 Zn - Ti 合金电沉积液组成及工艺条件

电沉积液组成(g/L)及工艺条件	1	2	3
硫酸锌($ZnSO_4 \cdot 7H_2O$)	80 ~ 400		80 ~ 400
氯化锌($ZnCl_2$)		60 ~ 100	
硫酸钛($TiSO_4$)	5 ~ 80	50 ~ 350	
氯化铵(NH_4Cl)		50 ~ 350	
硫酸铵[$(NH_4)_2SO_4$]	20 ~ 120		
酒石酸($C_4H_6O_6$)	20 ~ 160		
氟化钛钾或钠(K_2TiF_6)(Na)	稳定剂 2 ~ 12	10 ~ 160	5 ~ 80
(SO_4^{2-})/(F^-)			1 : 5 ~ 30
(Cl^-)/(F^-)		1 : 5 ~ 30	
pH 值	3 ~ 4	3.0	3 ~ 4
工作温度/℃	70	70	70
阴极电流密度/(A/dm^2)	2 ~ 10	1.5 ~ 10	2 ~ 10
合金电沉积层含 Ti 量/%	1.5 ~ 15		1.5 ~ 15

在酸性电沉积液中,Zn 的硫酸盐和(或)氯化物是主盐,能够提供二价锌离子。若锌盐在电沉积液中含量过低,则合金沉积速度太慢,电沉积层结晶粗糙;锌盐含量过高,则溶解困难。电沉积液中的硫酸钛、氟化钛钾或钠,也是主盐,能提供二价钛和四价钛的来源和补充。若钛盐含量过低,则电沉积层中含 Ti 量太低,不能保证所期望的耐蚀性;钛盐也不易含量过高,因其溶解度受到限制,溶解达到一定程度后,即使再增加钛盐含量,电沉积层中含 Ti 量也不会继续增加了。另外,钛盐容易水解,使电沉积液不稳定,但可以加入适量的有机羧酸或盐作稳定剂,它对 Ti 离子有一定的配合作用,从而起到稳定电沉积液的作用。

酸性电沉积液能得到含 Ti 量为 1.5% ~ 15% 的合金电沉积层,随电沉积层中含 Ti 量的增加,耐蚀性也提高。当电沉积层中含 Ti 量达到 15% 时,即得到最好的耐蚀性,经中性盐雾试验,出红锈时间达到 1000h,比同厚度的 Zn 层高 3 倍以上。

但通常,则难以达到这样高的含 Ti 量。

2. 碱性电沉积 Zn – Ti 合金工艺

在碱性电沉积液中加入辅助络合剂或稳定剂,以稳定 Ti 离子,即可得到含少量 Ti 的 Zn – Ti 合金电沉积层。其电沉积液组成及工艺条件见表 3 – 24。

表 3 – 24 碱性电沉积 Zn – Ti 合金电沉积液组成及工艺条件

电沉积液组成(g/L)及工艺条件	微氰电沉积液	无氰电沉积液(工艺 1)	无氰电沉积液(工艺 2)
氧化锌(ZnO)	8 ~ 15	8 ~ 15	15 ~ 20
氢氧化钠(NaOH)	100 ~ 150	100 ~ 150	120 ~ 150
钛(以金属 Ti 计)	0.95 ~ 1.0	0.65 ~ 0.85	1 ~ 3
氰化钠(NaCN)	30		
络合剂	60 ~ 100	60 ~ 100	
光亮剂	3 ~ 6mL/L	3 ~ 6mL/L	1 ~ 2
表面活性剂	4 ~ 6mL/L	4 ~ 6mL/L	
工作温度/℃	室温	室温	室温
阴极电流密度/(A/dm²)	1 ~ 3	1 ~ 2	1 ~ 3
合金电沉积层含 Ti 量/%	0.3 ~ 0.9	0.3 ~ 0.6	0.1 ~ 0.4

以上工艺都能得到的 Zn – Ti 合金电沉积层与基体结合力良好,电沉积层结晶致密、平滑。随电沉积液中 Ti 离子的增加,电沉积层含 Ti 量增加。

在氰化物电沉积液中,当电沉积层含 Ti 质量分数增加到接近 1% 时,进一步增加 Ti 离子浓度,则电沉积层含 Ti 量也不再增加。阴极电流密度增加,电沉积层含 Ti 量也增加。在电沉积过程中,电沉积液温度的变化对电沉积层含 Ti 量影响不大。在含低 Ti 的 Zn – Ti 合金电沉积层中,虽然含 Ti 量很低,但耐蚀性却有明显提高。另外,还可大大降低电沉积层的氢脆性。

3. Zn – Ti 合金电沉积层的钝化处理

含低量 Ti 的合金电沉积层容易进行铬酸盐钝化处理,其钝化工艺与电沉积锌层差不多,可得到彩虹色钝化膜,钝化工艺如下:铬酐(CrO_3) 5.0g/L,硫酸根 $[SO_4^{2-}]$ 0.5g/L,硝酸根(NO_3^-) 5.0g/L,Ti 离子(Ti^{4+}) 0.1g/L,工作温度室温,时间 10 ~ 15s。

4. Zn – Ti 合金电沉积层的耐蚀性

Zn – Ti 合金电沉积层的耐蚀性比电沉积锌层要高,并随合金电沉积层中含 Ti 量的增加而提高。经中性盐雾试验,电沉积层表面开始出现红锈的时间与电沉积层含 Ti 量的关系见表 3 – 25,从而可以看出,当合金电沉积层含 Ti 质量分数达到 15% 时,出红锈时间超过 1000h。

表 3 - 25　电沉积 Zn - Ti 合金钢板的耐蚀性(电沉积层厚度 3μm)

电沉积层含 Ti 量/%	0.5	1.5	3	5	8	10	12	15
开始出红锈时间/h	60	100	200	330	528	660	800	>1000
注:同厚度电沉积锌层出红锈时间为30h。								

5. Zn - Ti 合金电沉积层的氢脆性

Zn - Ti 合金电沉积层具有低氢脆性,据报道:对锌电沉积层试样进行 200℃烘烤除氢,保温 100h,也不能除去高强钢中的氢。而电沉积 Zn - Ti 合金电沉积层的不锈钢,当电沉积层中含 Ti 质量分数为 0.2% 时,在 200℃保温 16h,就可以使基体中的含氢量大幅度降低,当电沉积层中含 Ti 质量分数为 0.2% 时,在 200℃保温 6h,即可全部除去高强钢中的氢。由于合金中 Ti 的作用,增加了基体中的氢往外逸出的能力,从而降低了高强钢材料的氢脆敏感性。

3.6.2　电沉积 Zn - Cr 合金

Zn 可以和 Cr 族金属(Cr、Mo、W)形成合金,合金电沉积层中 Cr 族金属含量比较低,但对电沉积层的特性影响比较大,特别是能较大程度地提高电沉积层的耐蚀性。Zn 和 Cr 的标准电极电势分别为 $\varphi_{Zn/Zn^{2+}}^{0} = -0.76V$ 和 $\varphi_{Cr/Cr^{3+}}^{0} = -0.17V$,两者电极电势相差不是很大,在适宜的条件下,能在简单盐溶液中实现共沉积。电沉积液所用的主盐通常使用金属 Zn 和 Cr 的氯化物或硫酸盐,由于六价铬毒性大,一般采用三价铬盐。

目前研究使用的 Zn - Cr 合金电沉积层有两种类型:一种含 Cr 量比较低,仅几十个 ppm,阳极采用单一锌阳极即可,维护比较简单;另一种含 Cr 量比较高,百分含量大致在 4% ~ 8% 范围内,耐蚀性高于低 Cr 含量的。含低 Cr 量的 Zn - Cr 合金电沉积层耐蚀性,虽然不如含高 Cr 的,但容易进行铬酸盐钝化处理,耐蚀性也得到明显提高,总之,Zn - Cr 合金电沉积层都比锌电沉积层耐蚀性好。

1. Zn - Cr 合金电沉积液组成及工艺条件

Zn - Cr 合金电沉积液组成及工艺条件见表 3 - 26。

表 3 - 26　Zn - Cr 合金电沉积液组成及工艺条件

电沉积液组成(g/L)及工艺条件	工艺 1	工艺 2	工艺 3	工艺 4
氯化锌(ZnCl₂)	180			
氯化铬(CrCl₃·6H₂O)	35	215	20 ~ 30	
硫酸锌(ZnSO₄·7H₂O)		57	300	158
硫酸铬(Cr₂(SO₄)₃·6H₂O)			235	
氯化钾(KCl)	165			
氯化钠(NaCl)		29	20	

电沉积液组成（g/L）及工艺条件	工艺 1	工艺 2	工艺 3	工艺 4
氯化铵（NH₄Cl）		27		
氯化铝（AlCl₃·6H₂O）	22			
硫酸钠（Na₂SO₄）				60
硼酸（H₃BO₃）	25	9		
柠檬酸钠（Na₃H₅C₆O₇）				20～30
甲酸钠（HCOONa）				40～60
尿素（NH₂CONH₂）		240	30	
光亮剂或络合剂	3mL/L	38	5～10mL/L	少量
pH 值	3～4	2.5～3	3.4～3.7	0.5～2
工作温度/℃	15～35	20～25	20～25	30
阴极电流密度/（A/dm²）	2～6	1～4	4～7	10～40
阴极	锌板	高密石墨	锌与不溶性阳极混挂	铅板
电沉积层含 Cr 量/%	0.05～0.1	5～8	5～9.5	1～4

2. Zn – Cr 合金电沉积层特性及钝化处理

电沉积 Zn – Cr 合金电沉积层属于阳极性电沉积层,耐蚀性比锌电沉积层高。含 Cr 量低（100～500ppm）的合金电沉积层,外观似光亮镀锌层,容易进行铬酸盐钝化处理,采用电沉积锌层使用的低铬钝化液,就能得到良好的钝化膜层,经过铬酸盐钝化处理的 Zn – Cr 合金电沉积层,可使耐蚀性进一步明显提高。含 Cr 量较高（4%～8%）的 Zn – Cr 合金电沉积层,耐蚀性最高,但钝化比较困难（见图 3 – 8）。

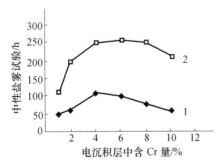

图 3 – 8　Zn – Cr 合金电沉积层的耐蚀性（NSS 试验）
1—出白锈时间/h;2—出红锈时间/h。

国外,主要从考虑环保出发,研究采用其他氧化剂来代替铬酸盐,已取得成功,并取得良好的效果。如使用高锰酸钾（$KMnO_4$）或过硫酸盐（MeS_2O_8）钝化工艺，以高锰酸钾钝化工艺为例，首先将 Zn - Cr 合金电沉积层在质量分数为 3% 的硝酸溶液中 10s 出光，之后在高锰酸钾溶液中钝化处理，工艺参数为 pH 值 1.5～1.8，工作温度 25℃，清洗后，60℃ 烘干，就能得到较好效果。高锰酸钾钝化的主要反应得到的钝化膜主要成分仍然是铬酸盐。含 Cr 质量分数为 2% 的合金钝化膜色淡，含 Cr 6% 的合金为彩虹色，含 Cr 8% 的为深彩虹色，含 Cr 高于 8% 的合金钝化很困难。Zn - Cr 合金电沉积层的耐蚀性大约是锌电沉积层的 1.5 倍，该类合金多作为组合电沉积层的底层使用，或作为光亮的高耐蚀性表面电沉积层。

Zn - Cr 合金电沉积层的铬酸盐钝化处理，含低铬的 Zn - Cr 合金电沉积层，可采用电沉积锌用的高铬、低铬彩色钝化工艺，并能得到美丽的彩虹色钝化膜。

（1）高铬钝化工艺。铬酐（CrO_3） 200g/L，硝酸（HNO_3） 20mL/L，硫酸（H_2SO_4） 20mL/L，工作温度 室温，时间 10～20s。钝化后，在空气中停留 10s，然后冲洗，吹干。

（2）低铬钝化工艺。铬酐（CrO_3） 5g/L，硝酸（HNO_3） 3mL/L，硫酸（H_2SO_4） 0.5mL/L，冰醋酸（CH_3COOH） 5mL/L，pH 值 0.8～1.4，工作温度 室温，时间 5～10s。

低铬钝化后，需经老化处理，以提高钝化膜的硬度、耐磨性和耐蚀性。老化温度一般为 65±5℃，时间为 15～20min。

3.7 电沉积锌磷（Zn - P）、锌铝（Zn - Al）及锌镉（Zn - Cd）合金

3.7.1 电沉积 Zn - P 合金

近几年来，有关电沉积 Zn - P 合金工艺及电沉积层耐蚀性的报导，使人们很感兴趣。当含 P 质量分数小于 1% 的合金电沉积层，在 3% 的氯化钠水溶液中浸泡 5760h 后，电沉积层几乎无明显变化，也无点蚀发生。电沉积 Zn - P 合金中的锌来源于锌的氯化物或硫酸盐，而合金电沉积层中的 P，一般来源于亚磷酸或磷酸；再加入适量的导电盐、络合剂、缓冲剂和光亮剂。该类电沉积液的主要特点是稳定性不太好，如果使用不溶性阳极，则亚磷酸容易被氧化为正磷酸；若用锌板做阳极，则电沉积液中的锌离子增加较快，引起电沉积液成分发生变化。为了保证电沉积层中成分保持一定，必须首先保持电沉积液中锌盐和亚磷酸的成分比保持一定。另外，在该类电沉积液中得到的电沉积层含 P 量不易提高，即电沉积层中含 P 量受到限制。

1. 电沉积 Zn - P 合金工艺

电沉积 Zn - P 合金工艺见表 3 - 27。

表 3-27 电沉积 Zn-P 合金工艺

电沉积液成分(g/L)及工艺条件	工艺 1	工艺 2	工艺 3
硫酸锌($ZnSO_4$)	50~60		120~160
氯化锌($ZnCl_2$)	20~30		8~12
氧化锌(ZnO)		25~50	
亚磷酸(H_3PO_3)	40~60	8	8~10
磷酸(H_3PO_4)(80%)		20	磷酸钠
硫酸铝[$Al_2(SO_4)_3$]		20~25	
EDTANa$_2$·2H$_2$O	10~20		
硼酸(H_3BO_3)			20~25
柠檬酸铵[($NH_4)_3H_5C_6O_7$]	120~150		
酒石酸($H_6C_4O_6$)			40~75
甘氨酸			4~5
水杨酸	乳化剂0.05~0.1		0.2~0.5
糊精			2~4
pH 值	1.0~1.5		2.0
工作温度/℃	20~25	20	25~35
阴极电流密度/(A/dm^2)	1.0~3.0	6~20	7~20
阳极	纯锌板	铅板	
合金电沉积层含 P 量/%		0.6%~2.5%	<1

在表 3-27 的 1 号工艺中，电沉积液中硫酸锌和氯化锌是主盐，是锌的来源；亚磷酸是磷的来源；电沉积液采用双络合剂，即柠檬酸盐和 EDTA 铵(或钠)盐。

2. Zn-P 合金电沉积液特性

（1）电沉积液的分散能力。采用 Haring-Blum 电解槽，由试验得到电沉积液的分散能力为 15%。

（2）电流效率及沉积速度。由铜库仑计法测得电沉积液的电流效率为96.5%。平均沉积速度为 0.57μm/min。

（3）阴极极化特点。测得的阴极极化曲线表明，含有配合剂和表面活性剂的电沉积液其阴极极化程度有明显增加，这有利于分散能力的提高，并有利于获得晶粒细致、平滑的电沉积层。

3.7.2 电沉积 Zn-Al 合金

Zn 和 Al 都具有较好的耐蚀性，热浸镀 Zn-Al 合金是比较成熟的工艺技术，已在钢铁件的防护处理方面发挥着重要作用，但热浸镀技术生产成本高，投资大，资金占用率较高。如果用电沉积的方法能得到 Zn - Al 合金电沉积层,将是非常有意义的工作。已知金属铝的标准电极电势较负,一般不能从它的水溶液中电沉积出来,若在含 Zn 的电沉积液中加入含 Al 的化合物,并选择加入适宜的配合剂和添加剂,就得到了 Zn - Al 合金电沉积层。具体工艺见表 3 - 28。

表 3 - 28　电沉积 Zn - Al 合金工艺

电沉积液组成(g/L)及工艺条件	工艺 1	工艺 2
氧化锌(ZnO)	10 ~ 15	38
氢氧化钠(NaOH)	100 ~ 200	190 ~ 210
氢氧化铝[Al(OH)$_3$]		42
铝盐	10 ~ 35	
配位剂	15 ~ 30	4 ~ 6
添加剂	20 ~ 40	0.4 ~ 0.6
光亮剂	2 ~ 4mL/L	0.04 ~ 0.06g/L
工作温度	室温	室温
电流密度	1 ~ 4A/dm^2	≥16
pH 值	14	

采用电子探针 X 射线能谱仪分析合金电沉积层成分,电沉积层中含 Zn 质量分数为 89.4% ~ 91.5%,而 Al 的含量为 0.169% ~ 0.438%,其中还夹杂有部分碳和氧等,参看图 3 - 9。

对合金电沉积层进行了不同氯化钠浓度下电沉积层腐蚀失重试验和在人造海水中电沉积层腐蚀速率试验两方面的腐蚀试验,并和锌电沉积层进行对比。结果表明 Zn - Al 合金电沉积层的耐蚀性大于锌电沉积层,在海水中的耐蚀性是锌电沉积层的 4 倍。可以作为电沉积镉层及其他锌基合金替代层。

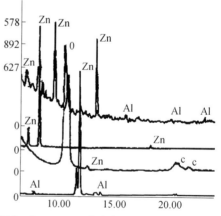

图 3 - 9　Zn - Al 合金电沉积层的电子探针 X 射线能谱图

3.7.3　电沉积 Zn - Cd 合金

Zn 的标准电极电势为 - 0.762V,Cd 的标准电极电势为 - 0.402V,两种金属共沉积时电势较正的 Cd 金属优先沉积,所以属于正常共沉积。电沉积 Zn - Cd 合金镀层对钢铁基体来说属于阳极性电沉积层,具有电化学保护作用,是很好的防护性电沉积层,对钢铁的防护性比单独的 Zn 电沉积层和 Cd 电沉积层都要好。最早使用的是氰化物电沉积液,能得到各种不同比例的合金电沉积层,含 80% 的 Cd 及 20%Zn 的合金电沉积层,外观平整、致密、光亮,呈银白色,似银电沉积层。随着对环境保护意识的增强,近来发展了无氰电沉积 Zn – Cd 合金工艺,主要是硫酸盐镀液和氨基磺酸盐两种类型。

1. 无氰电沉积 Zn – Cd 合金工艺

（1）硫酸盐电沉积 Zn – Cd 合金。硫酸锌 70g/L,硫酸镉 5g/L,硫酸铝（[$Al_2(SO_4)_3 \cdot 18H_2O$]） 30g/L,咖啡碱 0.1g/L,pH 值 3.6 ~ 3.8,电流密度 1.5A/dm²,电沉积层中含 Zn 量为 10%。

（2）氨基磺酸盐电沉积 Zn – Cd 合金。氨基磺酸锌 65g/L,氨基磺酸镉 13g/L,氨基磺酸（总） 220g/L,pH 值 2,温度 25℃,电流密度 2A/dm²,搅拌,合金电沉积层中 Zn 含量 10%。

随电沉积液中锌盐含量的增加或镉盐含量的减少,合金电沉积层中 Zn 含量增加。在电沉积液中常加入适量的添加剂,以改善电沉积层的性能。通常使用的添加剂有明胶、芦荟苷素和咖啡碱等,若不加添加剂是得到的电沉积层是粗糙、疏松和暗黑色膜,加入添加剂后就能得到半光亮或光亮的光泽膜,并能增加合金电沉积层中的 Zn 含量。

电沉积液中 pH 值的变化对电沉积层种成分含量影响不明显,但随电流密度的增加,电沉积层中 Zn 含量增加;而随工作温度增加或搅拌增强,合金电沉积层中的 Zn 含量下降。

2. 氰化物电沉积 Zn – Cd 合金工艺

氰化物电沉积 Zn – Cd 合金工艺见表 3 – 29。从氰化物电沉积液中容易得到任意组成的 Zn – Cd 合金电沉积层。

表 3 – 29 氰化物电沉积 Zn – Cd 工艺

电沉积液组成(g/L)及工艺条件	工艺 1	工艺 2	工艺 3	工艺 4	工艺 5
氰化锌[$Zn(CN)_2$]	75	75	61	100	12
氧化镉(CdO)	3	6.5	1.1	5.7	29
氰化钠(NaCH)	38	38	120	160	1.5mol/L①
氢氧化钠(NaOH)	90	90	45	100	0.6mol/L②
电流密度/(A/dm²)	2	2	1	3	1
工作温度/℃	35	35			20
电沉积层中 Cr 含量/%	10	14	20	60	80
①为氰化钾;②为氢氧化钾。					

99

3.8 电沉积锌基三元合金

3.8.1 电沉积 Zn – Ni – Fe 合金

电沉积 Zn – Ni – Fe 合金在我国应用较早,当时主要研究的目的是代镍、节镍(因当时 Ni 的价格很高),主要作为装饰铬的底层。该合金属于阳极性电沉积层,它的耐蚀性也很好。一般说来,三元合金与二元合金相比,在使用和维护方面更为复杂。Zn – Ni – Fe 合金电沉积层中含 Ni 质量分数 10% 左右,含 Fe 3% ~ 5%,其余为 Zn。电沉积层外观为银白色,结晶细致,易于抛光。

使用的 Zn – Ni – Fe 合金电沉积液通常为硫酸盐电沉积液,主盐成分是硫酸锌、硫酸镍和硫酸铁,配合剂为焦磷酸钾,它有较强的配合能力,可与 Zn^{2+}、Ni^{2+}、Fe^{2+} 都能形成配合离子,对 Fe^{2+} 的配合能力较差,故常加入酒石酸钾作为辅助配合剂,还可加入适量的缓冲剂和添加剂等。

1. 电沉积 Zn – Ni – Fe 合金工艺

Zn – Ni – Fe 合金电沉积液组成及工艺条件见表 3 – 30。

表 3 – 30 Zn – Ni – Fe 电沉积液组成及工艺条件

电沉积液组成(g/L)及工艺条件	工艺 1	工艺 2	工艺 3	工艺 4
硫酸锌($ZnSO_4 \cdot 7H_2O$)	100	53 ~ 81	80 ~ 90	100
硫酸镍($NiSO_4 \cdot 7H_2O$)	16 ~ 20	20 ~ 25	10 ~ 15	10 ~ 18
硫酸亚铁($FeSO_4 \cdot 7H_2O$)	2 ~ 2.5	2.5 ~ 5	3 ~ 4	2.5 ~ 3.5
焦磷酸钾($K_4P_2O_7$)	270 ~ 300	200 ~ 350	300 ~ 350	280 ~ 320
酒石酸钾钠($KNaC_4H_4O_6$)	15 ~ 25	15 ~ 25	10 ~ 15	25 ~ 50
磷酸氢二钠(Na_2HPO_4)	50	50 ~ 100	50 ~ 60	50
1,4 – 丁炔二醇	0.4 ~ 0.6	0.4 ~ 0.6		
洋茉莉醛			0.01 ~ 0.02	适量
pH 值	8.2 ~ 8.5	8.5 ~ 9.3	8.5 ~ 9.0	8.5 ~ 8.8
工作温度/℃	38 ~ 42	32 ~ 36	20 ~ 35	44 ~ 48
阴极电流密度/(A/dm^2)	0.6 ~ 0.8	0.5 ~ 1.0	0.8 ~ 1.5	1.0 ~ 1.5

2. 电沉积液组成对镀层质量的影响

当电沉积液中 Zn^{2+} 含量增加时,则电沉积层中含 Zn 量上升,而含 Ni 和含 Fe 量均下降;若电沉积层中 Zn 含量过高,则电沉积层发白;当含 Zn 质量分数超过85% 时,在上层电沉积铬就比较困难;电沉积液中含 Zn^{2+} 过低时,电流效率降低,电沉积层发暗,易起皮、变脆。

若电沉积液中 Ni^{2+} 含量增加,电沉积层中含 Ni 和含 Fe 量都增加。若 Ni^{2+} 含量过高,低电流密度区易产生黑斑,由于电沉积层中含 Ni 量高,易发脆,当 Ni^{2+} 含量过低时,色泽较暗。当电沉积液中含 Fe^{2+} 比较低时,电沉积层中含 Fe 质量分数也比较低,仅 3% ~5%,但它对合金电沉积层中的质量影响较大。随着含 Fe^{2+} 增加,电沉积层中 Zn 含量迅速下降,含 Ni 量也有所下降,Fe^{2+} 含量过高,电沉积层有条纹,电沉积层发暗,脆性增加。电沉积液中焦磷酸盐是主配合剂,但它的含量变化对电沉积层的成分和外观变化影响不大,若含量过高,阳极溶解太快,一般焦磷酸钾可维持在 250 ~400g/L 范围内。酒石酸钾钠是辅助配合剂,以加强对 Fe^{2+} 的配合能力,从而使电沉积液中 Fe^{2+} 保持稳定。

3. 工艺条件的影响

电沉积液中 pH 值对电沉积层外观、沉积速度及套铬均有影响,应严格控制在工艺范围内。若 pH 值过低,电流效率下降,沉积速度减慢,并使电沉积层发暗;pH 值过高,电沉积层含 Zn 量升高,外观为乳白色,不易套铬。

阴极电流密度的影响较大,当电流密度提高时,电沉积层含 Zn 量上升,含 Ni 量降低,含 Fe 量变化不大。电流密度过高时,电沉积层易出现条纹、麻点和毛刺等现象,以及脆性增大和暴皮,并使电流效率降低;电流密度过低,电沉积件的沟槽等凹处出现黑斑,甚至全部变黑。电流密度可随电沉积液的温度和 pH 值的改变而变化。

电沉积液温度升高,有利于 Ni 的沉积,并可提高合金的沉积速度。若温度过高,低电流密度区易产生黑斑;温度过低,电沉积层易发白。

电沉积 Zn – Ni – Fe 合金使用的阳极为 Zn、Fe 或不锈钢联合阳极,Fe 和不锈钢为不溶性阳极。电沉积液中的 Ni^{2+} 和 Fe^{2+} 消耗,依靠它们的硫酸盐来补充。

4. 不合格镀层退除

在室温下,采用盐酸(HCl,1.19)1∶1(体积分数)退除,除净为止。

3.8.2 电沉积 Zn – Ni – P 合金

White 等人对 Zn – Ni – P 合金进行了大量研究,并与 Zn – Ni 合金电沉积层进行了对比。Zn – Ni – P 合金外观光亮细密,结晶更细致,并随电沉积液中 P 含量的增加更细致。Zn – Ni – P 三元合金比 Zn – Ni 合金电沉积层具有更优良的防护性。

(1)电沉积 Zn – Ni – P 合金工艺。电沉积液组成及工艺条件:硫酸镍($NiSO_4$ · $7H_2O$) 150g/L,硫酸锌($ZnSO_4$ · $7H_2O$) 50g/L,硫酸钠(Na_2SO_4) 70g/L,次亚磷酸钠(NaH_2PO_2 · H_2O) 50 ~100g/L,pH 值 3.0 ±1,阴极电流密度 2 ~20A/dm^2,工作温度 室温。

(2)Zn – Ni – P 合金特性。曾对以上两种合金电沉积层进行了 EDX 分析,Zn – Ni 合金电沉积层中含 Zn 质量分数为90%,含 Ni 量为9.6%;而在 Zn – Ni – P 合金电沉积层中含 Zn 质量分数为90%,含 Ni 量为9.4%,含 P 量为0.5%。还对两种合金电沉积层进行了耐腐蚀试验:浸入到含硫酸钠(0.5mol/L)和硼酸(0.5mol/L)

的溶液中,溶液的 pH = 3,测腐蚀电势与时间的变化试验表明,Zn - Ni - P 合金的耐蚀性优于 Zn - Ni 合金。又对两种合金电沉积层进行了 XRD 分析表明,Zn - Ni 合金电沉积层结晶比较细,而 Zn - Ni - P 合金的结晶则更细致,并随电沉积层中含 P 量的增加,更细化了。

3.8.3 电沉积 Zn - Fe - Co 合金

从焦磷酸盐镀液中电沉积 Zn - Fe - Co 合金,可得到光亮性电沉积层,合金成分含 Zn 质量分数为 88% ~ 92%,Fe 7% ~ 9%,Co 1% ~ 2%。合金电沉积层的平衡电势比钢铁负,对于钢铁而言是阳极电沉积层。合金电沉积层与钢铁部件有良好的结合力,无需其他电沉积层打底,就具有良好的耐蚀性。电沉积液的分散能力好,而且稳定。焦磷酸盐电沉积液的电流效率为 70% ~ 80%,通常可作为滚镀 Sn - Co 合金或光亮黄铜的底层。

(1) 电沉积 Zn - Fe - Co 合金镀液组成和工艺条件:硫酸锌($ZnSO_4 \cdot 7H_2O$) 100 ~ 110g/L,硫酸钴($CoSO_4 \cdot 7H_2O$) 1 ~ 1.5g/L,硫酸铁 [$Fe_2(SO_4)_3 \cdot 7H_2O$] 8 ~ 12g/L,焦磷酸钾($K_4P_2O_7$) 350 ~ 400g/L,酒石酸钾钠($KNaC_4H_4O_6 \cdot 4H_2O$) 20g/L,洋茉莉醛 0.005 ~ 0.1g/L,pH 值 9 ~ 9.5,滚镀电流 170 ~ 200A/桶,工作温度 35 ~ 45℃。

(2) Zn - Fe - Co 合金故障及纠正方法,见表 3 - 31。

表 3 - 31 滚镀 Zn - Fe - Co 合金故障及纠正方法

故障现象	纠 正 方 法
电沉积层呈青白色、光亮度差	①光亮剂少,酌情补充;②Fe 含量低,补充;③温度低,升温;④Zn 含量高,减少 Zn 阳极或增加 Fe 阳极;⑤pH 值太高,用磷酸调
电沉积层光亮度差,且有脆性	①Fe 含量高,提高 pH 值;②Co 含量高,电解处理;③Zn 含量低,增加 Zn 阳极
电沉积层呈黑暗色,分散能力差	①温度太高,而电流太低;②Fe 含量太高,提高 pH 值;③光亮剂太多,提高 pH 值

此外,电沉积锌基三元合金还有 Zn - Co - Fe 合金和 Zn - Ni - V 合金等,也在生产上得到应用。

3.8.4 电沉积 Zn - Co - Cr 合金

为了进一步提高钢板的耐蚀性,可在电沉积锌溶液中添加一定量的钴盐和铬盐,就可得到含有少量 Co 和 Cr 的 Zn - Co - Cr 三元合金。

(1) 电沉积 Zn - Co - Cr 合金工艺。该电沉积液组成及工艺条件如下:硫酸锌($ZnSO_4 \cdot 7H_2O$) 500g/L,硫酸钴($CoSO_4 \cdot 7H_2O$) 40g/L,硫酸铬 [$Cr_2(SO_4)_3 \cdot 18H_2O$] 4g/L,硫酸钠($Na_2SO_4 \cdot 7H_2O$) 50g/L,醋酸钠($CH_3COONa \cdot 2H_2O$)

12g/L,pH 值 4.0,工作温度 50℃,电流密度 10 ~ 30A/dm^2,电沉积层含 Co 质量分数 0.3%,电沉积层含 Cr 质量分数 0.06%。

（2）合金电沉积层特性。由以上工艺得到的 Zn – Co – Cr 三元合金电沉积层，具有良好的耐蚀性，通过对其进行的 XPS 分析表明，Co 是以金属原子状态存在，而 Cr 以氧化物状态存在。由于合金电沉积层中含 Co 及 Cr 量很少，所以电沉积层容易进行钝化、磷化等膜层处理，可以满足不同要求需要。

Zn – Co – Cr 三元合金电沉积层的耐蚀性比锌电沉积层提高一倍以上，在中性盐雾试验中厚度为 6.25μm 的 Zn – Co – Cr 合金电沉积层与厚度为 12.5μm 的 Zn 电沉积层具有相同的耐蚀性。另外，Zn – Co – Cr 合金电沉积层的涂装耐蚀性比 Zn 电沉积层要好。

3.8.5　电沉积 Zn – Co – Mo 合金

对 Zn – Co 为基的三元合金也进行了较多的研究，目前已有多种工艺应用于生产，主要是为了提高其耐蚀性，多用于钢板和钢带的镀覆。如电沉积 Zn – Co – Mo 三元合金，通常是在硫酸盐电沉积 Zn – Co 合金电沉积液中加入少量的钼酸盐就可以得到。

1. 电沉积液组成及工艺条件

硫酸锌（ZnSO$_4$ · 7H$_2$O） 250g/L,硫酸钴（CoSO$_4$ · 7H$_2$O） 30g/L,钼酸铵〔（NH$_4$）$_6$Mo$_7$O$_{24}$ · 4H$_2$O〕 0.5g/L,硫酸铵〔（NH$_4$）$_2$SO$_4$〕 15g/L,工作温度 45℃,阴极电流密度 20 ~ 40A/dm^2,空气搅拌或阴极移动。

随着电沉积液中 Co^{2+} 的增加，电沉积层的含 Co 量增加。随着电沉积液中 Mo^{6+} 的增加，电沉积层的含 Co 和含 Mo 量均增加。硫酸铵主要起导电盐和一定的配合作用。温度升高时，电沉积层含 Co 量下降，而含 Mo 量增加。电流密度的升高与温度的影响相反，电沉积层含 Co 质量分数上升，含 Mo 量下降。电沉积时最好加强搅拌，这有利于外观均匀一致，但对电沉积层组成会产生影响。

2. Zn – Co – Mo 合金电沉积层特性

（1）电沉积层耐蚀性。未钝化的 Zn – Co – Mo 合金电沉积层含 Co 质量分数为 2.5%、Mo 0.5%,其余为 Zn,其耐蚀性经中性盐雾试验表明是锌电沉积层的4 ~ 6 倍,是 Zn – Co 合金电沉积层的 1 ~ 1.5 倍。

Zn – Co – Mo 三元合金在碱性液腐蚀过程中，电沉积层表面生成氢氧化锌、氢氧化钼和碱式钴盐组成的混合物，并形成一层薄的表面保护膜，它对锌的进一步溶解起抑制作用，从而提高了合金电沉积层的耐蚀性。

（2）涂装特性。Zn – Co – Mo 合金电沉积层有良好的涂装性，合金与锌电沉积层相比，经过电沉积 Zn – Co – Mo 的合金钢板涂装后，其腐蚀的速度比同样条件处理的锌钢板要小得多。

在涂装前通常要进行磷化或钝化处理。对于 Zn – Co – Mo 合金电沉积层，钝化与否对涂层的结合力及涂装耐蚀性影响不大。

3.8.6 电沉积 Zn – Ni – Ce 合金

有人研究在碱性电沉积 Zn – Ni 合金电沉积液中加入稀土化合物(铈盐),初步得到了含稀土铈的 Zn – Ni – Ce 三元合金。

(1) 试验的电沉积液组成及工艺条件。氧化锌(ZnO) 15~20g/L,氢氧化钠(NaOH) 120~160g/L,镍离子(Ni^{2+}) 2.8~3.6g/L,三乙醇胺(TEA) 40~50g/L,配合剂 15~20g/L,电流密度 1~3A/dm^2,工作温度 15~32℃。

加入硫酸铈的量为 0.1g/L、0.3g/L、0.5g/L、0.7g/L。测阴极极化曲线可知,电沉积液中加入铈盐后,显著地提高了阴极极化值,但只限于到 0.5g/L 硫酸铈,再增加铈盐量,极化值也不会继续增加。通过对 EDX 能谱仪测定,在 Zn – Ni – Ce 合金电沉积层中含有 Ce 的质量分数 0.1%~1.0%,这说明在电沉积层中稀土 Ce 已成为合金电沉积层的有效成分,因 Ce 的析出电势很低,它是很难从水溶液中沉积出来的,如果没有测试误差,这就是诱导共沉积的结果。

(2) 曾对以上几种合金电沉积液的电流效率作了试验,电沉积液中加入硫酸铈后,电流效率有所提高,从 77% 提高到 85%,此时电沉积液中硫酸铈含量为 0.5g/L,再多加硫酸铈,电流效率也不会再提高。

还对以上几种合金电沉积层的耐腐蚀试验,表明在中性盐雾试验中,加铈的三元合金与不加铈的合金电沉积层没有明显的差别;又在 120℃,2 个大气压,5% 氯化钠溶液中浸泡 70min 后,自然冷却,发现含 Ce 的合金电沉积层耐蚀性最好。另外,还用电化学渗氢测量法测量了加入铈后的渗氢电流曲线,测量表明在 Zn – Ni 合金电沉积液中加入 Ce 以后,可以降低电沉积过程中的渗氢量。

参 考 文 献

[1] 屠振密,李宁,安茂忠,等. 电镀合金实用技术[M]. 北京:国防工业出版社,2007.

[2] 沈品华,屠振密. 电镀锌及锌合金[M]. 北京:机械工业出版社,2001.

[3] 屠振密. 电镀合金原理与工艺[M]. 北京:国防工业出版社,1993.

[4] Wilcox G D, Wharton J A. Review of chromate – free passivation treatments for zinc and zinc alloys[J]. Trans. IMF,1997,75(6):B14.

[5] 屠振密. 电镀锌与锌合金的特性应用及发展[J]. 材料保护,2000,33(1):37 – 41.

[6] 沈品华,等. 现代电镀手册(上册)[M]. 北京:机械工业出版社,2010.

[7] Ramanauskas R,Pech – Canal M A. Corrosion resistance and micro – structure of electrodeposites zinc and zinc alloy coatings[J]. Surface and Coatings Technology,1997(92):16 – 21.

[8] 屠振密,杨哲龙,安茂忠,等. 电镀锌基合金的耐蚀性[J]. 表面技术,1998,27(2):25.

[9] Tu Zhenmi,Zhang Jingshuang,Yang Zhelong,et al. Electrodeposition of Zn – Co alloy from a chloride bath[J]. Trans. IMF. 1995,73(2): 48.

[10] Tu Zhenmi,Zhang Jingshuang,Yang Zhelong,et al. Elecrodeposition of Zn – Co alloy from a zincate bath[J].

Plating and Surface Finishing,1995,82(5): 135.

[11] Tu Zhenmi, An Maozhong, Yang Zhelong, et al. The relation between corrosion resistance and micro – structure of Zn – Co alloy coating[J]. Trans. IMF,1999,77(10): 52.

[12] 褚德威,全成军,李宁,等. 无氰碱性锌铁合金电镀工艺研究[J]. 材料保护,1995,28(7):14.

[13] 安茂忠,屠振密,张景双,等. 氯化物电沉积锌铁合金工艺[J]. 材料保护,1996,29(7):12.

[14] 曾祥德. 合金电镀工艺[M]. 北京:化学工业出版社,2009.

[15] Narasimhamurthy V, Sheshadn B S. Electrodeposition of Zn – Fe alloy from an acid sulfate bath[J]. Plating and Surface Finishing,1996,83(11):75.

[16] 褚德威,全成军,等. Zn – Fe 合金镀层耐蚀性研究[J]. 腐蚀科学与防护技术,1996,8(2):121.

[17] Papertsch W, Kautek W, Sahre M. Corrosion behaviour and mechanical properties of plated Zn – alloys[J]. Trans. I M F. 1997,75(6): 31 – 32.

[18] 屠振密,刘海萍,张锦秋. 防护装饰性镀层. 2 版[M]. 北京:化学工业出版社,2014.

[19] Papertsch W, Kautek W, Sahre M. Corrosion behaviour and mechanical properties of plated Zn – alloys[J]. Trans. I M F. 1997,75(6): 31 – 32.

[20] 符德学. 锌锰合金电沉积和电极/溶液界面作用模型[D]. 徐州:中国矿业大学,2002.

[21] 安茂忠,杨哲龙,屠振密,等. 电镀防护性锌合金镀层钝化膜的耐蚀性[J]. 中国腐蚀与防护学报,1998,18(1):41 – 44.

[22] 羽木秀树,束敬. Zn – Co、Zn – Fe、Zn – Ni 的腐蚀进程[J]. 铁と钢(日),1987,(14):118 – 120.

[23] Wang K, Weil K G. Corrosion resistance of electroplated Sn – Zn alloy and its improvement[J]. Plating and Surface Finishing,2002,89(6): 80 – 83.

[24] Girciene O, Ramanauskas R, Castro P. Corrosion behavior of Zn and Zn alloy coatings in alkaline media[J]. Trans. IMF,2001,79(6): 199 – 203.

[25] Bapu K N, Devraj G A. Electrodeposition of zinc – cobalt alloy on to steel and its corrosion resistance[J]. Trans. Metal Fin. (India) 1997,6(1):65 – 67.

[26] Arasimhamurthy V, Sheshadn B S. Electrodeposition of Zn – Fe alloy from an acid sulfate bath[J]. Plating and Surface Finishing ,1996,83(11): 75 – 77.

[27] Budman E, Stevens D. Tin – Zinc Plating[J]. Trans. I M F,1998,76(3):B34 – 37.

[28] Vitkova S, Ivanova V. Electrodeposition of low tin content Zinc – Tin alloys[J]. Surface &Coatings Technology,1996,82(3):226 – 231.

[29] Lee E C, Ahn J G, Ma C l. Electrodeposition of Gradient zinc alloys[J]. Plating and Surface Finishing ,2001,88(5):124 – 126.

[30] 谷勇,野口裕臣. The operation of Zinc alloy plating in Japan[J]. 表面技术(日),1996,47(10):829 – 831.

[31] Roper M E, Grady J O. Zinc alloy coating – A European perspective[J]. Trans. I M F ,1996,74(4): 3 – 5.

[32] Baldwin K R, Smith C J E. Advances in replacements for Cadmium plating in Aerospace applications[J]. Trans. I. M. F 1996,24(6): 202 – 209.

[33] Durairajan Anand, Haran Balas. Development of new electrodeposition process for plating of Zn – Ni – X(X = Cd,P)[J]. J. Elecrochem. Soc. 2000,147(5): 1781.

[34] Younan M M. Surface microstructure and corrosion resistance of electrodeposited ternary Zn – Ni(11. 24%) – Co(6. 52%) alloy[J]. J Appl. Electrochem. 2000,30(1): 55.

[35] Krishniyer A, White M E. Electrodeposition and characterization of corrosion resistant zinc – nickel – phisphorus alloy[J]. Plating and Surface Finishing,1999,86(1): 99.

第4章 电沉积铜基合金

在电沉积工艺中,电沉积 Cu 层用途非常广泛,通常多用作电沉积底层、中间层或表面电沉积层。还可以和许多金属形成合金电沉积层,例如 Cu 与 Zn、Sn、Ni 和 Fe 等都能形成合金电沉积层,其中 Cu – Zn 和 Cu – Sn 及铜基三元合金(仿金电沉积层)等,已得到大量应用。

目前在工业上使用的 Cu – Zn 和 Cu – Sn 合金主要是含有氰化物的剧毒电沉积液,随着国家对环保的严格限制,电沉积工作者对无氰电沉积进行了许多研究,并取得一定进展,但至今还无法与氰化物电沉积液相媲美,仍多以低氰和微氰为主,无氰的 Cu – Zn 和 Cu – Sn 合金电沉积液应用较少。

4.1 电沉积铜锌(Cu – Zn)合金

电沉积 Cu – Zn 合金(俗称黄铜)是最早发展起来的合金镀种之一,早在 18 世纪它就作为黄铜制品得到了应用,但采用剧毒的氰化物作配位剂。

Cu – Zn 合金电沉积层具有良好的外观和较高的耐蚀性,目前已作为装饰性电沉积层得到了广泛应用,此外还具有某些特殊的性能。Cu – Zn 合金电沉积层主要用作室内装饰品、各种家具、首饰及建筑用五金件等的装饰性电沉积,也可以作为钢铁件上电沉积 Sn、Ni、Cr、Ag 等金属时的中间电沉积层,它还可用作功能性电沉积层,如在轮胎用铜丝上电沉积 Cu – Zn 合金可以提高金属与橡胶间的粘合强度。此外,在 Al 或 Al 合金上电沉积时,Cu – Zn 合金电沉积层可用作底层,这样在铝材上可不经浸锌处理,就可直接得到其他金属容易沉积的中间层。

4.1.1 氰化物电沉积 Cu – Zn 合金

根据合金中 Cu 的含量不同,可将 Cu – Zn 合金电沉积层分成三种类型:Cu 的质量分数为 20% 左右的白色 Cu – Zn 合金(俗称白铜)、质量分数为 70% 左右的黄色 Cu – Zn 合金(仿金电沉积层)及质量分数为 90% 左右的红色 Cu – Zn 合金。

在 Cu – Zn 合金电沉积层中,仿金电沉积层应用最广泛。随着科技发展和社会的进步,人们对灯具、电风扇、打火机和眼镜等小五金产品的外观要求不再是清一色的镀铬层色彩,而是要求多色调,如金色、黑色、枪色、青古铜色、红古铜色等。其中金色,即仿金电沉积层,主要是 Cu – Zn、Cu – Sn、Cu – Sn – Zn 等合金电沉积层;目前室内装饰品、各种灯具等,对仿金电沉积层的需要量仍在不断增加。

白色 Cu‑Zn 合金可以作为镀 Cr 的底层(代镍电沉积层),但电沉积层含 Cu 量低于 12% 时,镀 Cr 层易发花。白色 Cu‑Zn 合金电沉积层也可以作涂装的底层,但其防护性能不够理想,因此这种类型的电沉积层目前应用较少。高 Cu 含量的 Cu‑Zn 合金电沉积层通常用于钢带的电沉积。

1. 氰化物电沉积 Cu‑Zn 合金工艺

两种金属共沉积获得合金的关键是两种金属的沉积电势要相等或接近,并且阴极极化能保证两种金属按要求的比例沉积。氰化物是 Cu 和 Zn 离子的配位剂,它与 Cu^+ 和 Zn^{2+} 均能形成非常稳定的配合离子。当在电沉积中含有适量的氰化物时,可形成 $[Cu(CN)_3]^{2-}$ 和 $[Zn(CN)_4]^{2-}$ 形式的配合离子,它们的不稳定常数分别为 2.6×10^{-28} 和 1.3×10^{-17}。由于形成上述配合离子,可使两金属的沉积电势相互接近,从而实现共沉积。基于此,氰化物的含量也对电沉积层组成有明显的影响。通常来讲,氰化钠含量增加,电沉积层含 Cu 量下降。

Cu 的标准电极电势为 $\varphi^0_{Cu^+/Cu} = 0.52V$、$\varphi^0_{Cu^{2+}/Cu} = 0.35V$,而 Zn 的标准电极电势为 $\varphi^0_{Zn^{2+}/Zn} = -0.76V$,两种金属标准电极电势相差 1V 以上。可见在简单盐电沉积中,这两种金属很难实现共沉积。然而在碱性氰化物电沉积中,Cu 和 Zn 的电极电势都向负方向移动,且两者的电势差缩小($\varphi^0_{[Cu(CN)_3]^{2-}/Cu} = -1.165V$、$\varphi^0_{[Zn(CN)_4]^{2-}/Zn} = -1.26V$),因而有利于这两种金属实现共沉积。表 4‑1 ~ 表 4‑3 分别给出了氰化物电沉积白色 Cu‑Zn 合金工艺、仿金 Cu‑Zn 合金工艺及红色 Cu‑Zn 合金工艺的电沉积液组成及工艺条件。由表 4‑3 可知,随电沉积液中 Cu 含量的增加,合金电沉积层的外观红色加深。

表 4‑1　氰化物电沉积白色 Cu‑Zn 合金液组成及工艺条件

电沉积液组成(g/L)及工艺条件	工艺 1	工艺 2	工艺 3	工艺 4	工艺 5	工艺 6
氰化亚铜(CuCN)	14 ~ 18	16 ~ 20	4 ~ 5	3 ~ 4	4 ~ 5	5 ~ 8
氰化锌[$Zn(CN)_2$]	60 ~ 75	35 ~ 40	32 ~ 36	14 ~ 17	39 ~ 49	14 ~ 21
氰化钠(NaCN)	83 ~ 95	52 ~ 60	85 ~ 90	36 ~ 42	22 ~ 28	40 ~ 60
游离氰化钠	30 ~ 38	5 ~ 6.5				
碳酸钠(Na_2CO_3)		35 ~ 40	50	40 ~ 50	25 ~ 35	50 ~ 70
氢氧化钠(NaOH)	60 ~ 75	30 ~ 37	16 ~ 18	16 ~ 18	22 ~ 28	18 ~ 27
硫化钠(Na_2S)	0.4	0.20 ~ 0.25				
柠檬酸钠($Na_3C_6H_5O_8$)					20 ~ 25	
钼酸钠(Na_2MoO_4)					1.5 ~ 2.5	
酒石酸钾钠($KNaC_4H_4O_6 \cdot 4H_2O$)						30
温度/℃	27 ~ 40	20 ~ 60	28 ~ 34	18 ~ 25	18 ~ 25	20 ~ 35

电沉积液组成(g/L)及工艺条件	工艺1	工艺2	工艺3	工艺4	工艺5	工艺6
阴极电流密度/(A/dm²)	1~4	3~5	0.7~1.2	0.5~1.0	1~2	
阴阳极面积比(S_K/S_A)	3:1					
阳极组成 w_{Cu}/%	28	35				

注:工艺1、2为常规工艺;工艺3的电沉积分散能力较高;工艺4、5氰含量较低;工艺6适于滚镀。

表 4-2　氰化物电沉积仿金 Cu-Zn 合金液组成及工艺条件

电沉积液组成(g/L)及工艺条件	工艺1	工艺2	工艺3	工艺4	工艺5	工艺6
氰化亚铜(CuCN)	53	27	32~35	22~27	26	28~35
氰化锌[Zn(CN)₂]	30	9	13~18	8~10	11	4~6
氰化钠(NaCN)	90	56	65~80	50~60	40~50	40~50
游离氰化钠	7.5	17	12~14	15~18	6~7	8~15
碳酸钠(Na₂CO₃)	30	30	30~50	25~35		20~30
氢氧化铵(NH₄OH)/(mL/L)		0.3~1.0				
氢氧化钠(NaOH)						5~8
氯化铵(NH₄Cl)			5~7			
酒石酸钾钠(KNaC₄H₄O₆·4H₂O)	45					20~30
醋酸铅[Pb(CH₃COO)₂·3H₂O]						0.01~0.02
pH 值	10.3~10.7	10.3~10.7	11.5~11.7	9.5~10.5	12.6	
温度/℃	43~60	35~50	35~45	25~38	30~50	50~55
阴极电流密度/(A/dm²)	0.5~3.54	0.5	1~4	0.3~0.5	0.5	
阴阳极面积比(S_K/S_A)	1:2	1:2	1:2	1:2	1:2	1:(2~3)
阳极组成 w_{Cu}/%	70	80	70	80	70	70

注:工艺1、2、3、4为常规工艺;工艺5适于电沉积用于橡胶粘接的电沉积层;工艺6适于滚镀。

表 4-3　氰化物电沉积红色 Cu-Zn 合金液组成及工艺条件

电沉积液组成(g/L)及工艺条件	工艺1	工艺2
氰化亚铜(CuCN)	53.5	75~105
氰化锌[Zn(CN)₂]	3.8	
氧化锌(ZnO)		3~9

电沉积液组成（g/L）及工艺条件	工艺 1	工艺 2
氰化钠（NaCN）	66.7	90 ~ 135
游离氰化钠	4.5	4 ~ 19
碳酸钠（Na_2CO_3）	30	
氢氧化铵（NH_4OH）/（mL/L）	1.0 ~ 5.0	
氢氧化钾（KOH）		40 ~ 75
酒石酸钾钠（$KNaC_4H_4O_6 \cdot 4H_2O$）	45	
pH 值	10.3	12.5
温度/℃	38 ~ 60	75 ~ 95
阴极电流密度/（A/dm^2）	0.5 ~ 3.2	2.5 ~ 15
阳极组成 w_{Cu}/%	95	95

注：工艺 1 为常规工艺；工艺 2 为高速电沉积工艺。

2. 电沉积液组成及工艺条件的影响

（1）电沉积液成分的影响。

① 主盐。主盐是金属离子放电的供给源，氰化物 Cu - Zn 合金电沉积的主盐为**氰化亚铜和氰化锌**。电沉积中主盐的浓度比及总浓度主要影响沉积速度和电沉**积层的合金组成**，因此主盐含量因所需电沉积层组成而异。当然，影响电沉积层合金组成的因素还有配位剂含量、添加剂种类及其含量以及电沉积工艺条件等，但上述诸因素中影响最大的还是电沉积的主盐金属离子浓度比。通常来讲，电沉积中 [Cu^+] 浓度升高，电沉积层含 Cu 量显著提高；电沉积中 [Zn^{2+}] 浓度增加，电沉积层含 Cu 量下降；在游离氰化钠含量不足的情况下，增加 [Zn^{2+}] 浓度时，电沉积层含 Cu 量反而增加。在生产上通常用电沉积中的 [Cu^+]/[Zn^{2+}]（摩尔比）来控制电沉积层中各金属的含量，为得到白色 Cu - Zn 合金电沉积层，电沉积中 [Cu^+]/[Zn^{2+}] 通常控制在 1 : （3 ~ 6）；为得到仿金 Cu - Zn 合金电沉积层，电沉积中 [Cu^+]/[Zn^{2+}] 通常控制在（2 ~ 4）: 1；为得到红色 Cu - Zn 合金电沉积层，电沉积中 [Cu^+]/[Zn^{2+}] 通常控制在（10 ~ 15）: 1。

② 氰化钠。氰化钠是铜和锌离子的配位剂，它与 Cu^+ 和 Zn^{2+} 均能形成非常稳定的配合离子。当在电沉积中含有适量的氰化物时，可使两金属的沉积电势相互接近，从而实现共沉积。基于此，氰化钠的含量也对电沉积层组成有明显的影响。通常来讲，氰化钠含量增加，电沉积层含 Cu 量下降。

在合金电沉积中，除与 Cu^+、Zn^{2+} 形成配合离子时需要一定量的氰化钠外，还需要有适量的游离氰化钠。这对于阳极的正常溶解、稳定电沉积及保证两种金属按所需比例沉积是必不可少的。当游离氰化钠含量过低时,阳极将发生钝化而呈暗褐色,导致溶解不正常,使电沉积成分不稳定,并出现混浊现象,所得电沉积层粗糙、疏松多孔;随着电沉积中游离氰化钠含量的增加,电沉积的覆盖能力有所提高;游离氰化钠含量过多时,阴极上析氢严重,阴极电流效率显著下降。通常情况下,电沉积中游离氰化钠含量控制在 7～25g/L 范围内。当电沉积红色 Cu - Zn 合金时,可以采用游离氰化钠含量较低的电沉积。在复杂工件上电沉积时,可采用游离氰化钠含量较高的电沉积。

③ 碳酸钠。电沉积中碳酸钠的主要对电沉积 pH 值起缓冲作用,同时也可提高电沉积液的电导率。尽管氰化物电沉积液使用一段时间后会自然形成碳酸盐,但配制新电沉积液时通常还是要加入一些碳酸钠。电沉积液中碳酸钠含量对于电沉积层的合金组成影响较小,但对阳极电流效率影响较大。碳酸钠含量过高,阳极电流效率下降,势必会引起电沉积液中主盐金属离子浓度逐渐降低。

在生产中,电沉积液中碳酸钠的含量通常控制在 70g/L 以下。如果碳酸钠含量偏高,可通过冷却电沉积液、使碳酸钠沉淀的方法除去。

④ 氢氧化钠。在电沉积液中加入一定量的氢氧化钠或氢氧化钾、氢氧化铵,可以使电沉积液的导电性能得到改善,同时还有可能与锌离子形成配合离子。加入氢氧化钠后会改变电沉积液的 pH 值,而电沉积液 pH 值的变化会影响电沉积液的合金组成。当电沉积液中氢氧化钠含量较高(电沉积液 pH 值升高)时,电沉积液中一部分 $[Zn(CN)_4]^{2-}$ 离子可能会转变成较易放电的 $[Zn(OH)_4]^{2-}$ 离子,致使电沉积层含 Zn 量增加。

电沉积白色 Cu - Zn 合金时,多采用 pH 值较高的电沉积液。氢氧化钠含量过高,电沉积层呈暗灰色,表面粗糙,脆性增大,套铬时容易发花;氢氧化钠含量过低,电沉积层粗糙无光。

⑤ 酒石酸钾钠。可促进阳极的溶解,是阳极的去极化剂,可溶解阳极上的碱性钝化膜,消除阳极钝化,同时对合金电沉积层的外观也有好的效果。

⑥ 氨水或氯化铵。在电沉积液中加入一定量的氨水或氯化铵,有利于得到均匀而有光泽的 Cu - Zn 合金电沉积层,而且还有助于合金阳极的正常溶解。这可能与 NH_4^+ 对 Cu 和 Zn 的配合作用有关。电沉积液中的 NH_4^+ 含量对电沉积层组成也有一定影响,随着电沉积液中 NH_4^+ 含量增加,电沉积层含 Zn 量增加。当 NH_4^+ 含量达到一定值时,电沉积层就会变白。因此,通过调节电沉积液中 NH_4^+ 的含量,可以控制 Cu - Zn 合金电沉积层的组成及外观。

⑦ 光亮剂。氰化物电沉积 Cu - Zn 合金的添加剂,主要包括酚/醛类、金属光亮剂等。

酚/醛类:酚、醛及其衍生物也是电沉积 Cu - Zn 合金的光亮剂。在电沉积液中加入 0.04～0.08g/L 的酚、0.5～1.0g/L 的甲酚磺酸或 0.5～1.5g/L 的洋茉莉醛(事先要经过磺化处理),均可得到光亮致密的 Cu - Zn 合金电沉积层。洋茉莉醛与钼酸盐混合使用效果更佳。

金属光亮剂:某些金属化合物,如钼酸钠(或铵)、醋酸铅、醋酸镍等也能起到和上述光亮剂相类似的效果。添加量通常在 0.01~0.02g/L 左右。

除上述光亮剂外,还可加入某些胶体类物质作为添加剂,如动物胶、聚乙烯醇等。这些添加剂可以单独加入,也可以和上述光亮剂混合使用。

(2) 工艺条件的影响。

① 阴极电流密度。提高阴极电流密度,阴极电流效率下降。所以,电沉积 Cu-Zn 合金使用的阴极电流密度都比较小,大都在 1A/dm² 以下。但近些年来也出现了一些高速电沉积 Cu-Zn 合金工艺,使电流密度上限提高到几个 A/dm²。在较低电流密度下电沉积时,电沉积层含 Cu 量很高,当电流密度很低时,所得电沉积层接近纯铜。在低电流密度(0.5A/dm² 以下)区,随着电流密度的增加,电沉积层含 Cu 量急剧下降,在电流密度接近 0.5A/dm² 时,电沉积层含 Cu 量最低;当电流密度大于 0.5A/dm² 时,随着电流密度的增加,电沉积层含 Cu 量缓慢增加;若电流密度较大时,电沉积层含 Cu 量则基本不受电流密度的影响。由此可见,要使电沉积层的合金组成稳定,可在较大电流密度下进行电沉积。然而实际多采用 Cu-Zn 合金电沉积液的主盐金属离子浓度都比较低,不可能用太高的电流密度进行电沉积。因此,为得到组成均匀的 Cu-Zn 合金电沉积层,必须对阴极电流密度进行严格控制。

② 温度。电沉积温度对电沉积层组成和外观都有显著影响。随着电沉积温度的升高,电沉积层含 Cu 量增加。电沉积温度每升高 10℃,电沉积层含 Cu 量就增加 2%~4%,而且当电流密度大于 1A/dm² 时,合金组成几乎不受电流密度的影响。在此电流密度区,随着电沉积温度的升高,电沉积层含 Cu 量在 75%~85% 范围内变化。因此在生产中,通过调节电沉积温度,可以得到不同组成的合金电沉积层。但电沉积温度通常不宜过高,当电沉积温度超过 60℃ 时,氰化物就很容易地分解成碳酸盐,从而降低电沉积液的使用寿命。通常采用的氰化物 Cu-Zn 合金电沉积液的使用温度通常在 40℃ 以下。

③ pH 值。电沉积液的 pH 值主要影响电沉积液的导电性,同时也影响锌离子的配合状态,从而影响电沉积层组成。实验结果表明,电沉积液 pH 值升高(氢氧化钠用量增加),电沉积层含 Cu 量有所下降。由此可见,在碱性较强的电沉积液中,Zn 比较容易析出。在碱性氰化物电沉积液中,Zn 以两种形式的配合离子存在,即以锌氰配离子和锌酸盐形式存在。它们存在如下平衡关系:

$$Zn(CN)_4^{2-} + 4OH^- \rightleftharpoons ZnO_2^{2-} + 4CN^- + 2H_2O$$

从上式可以推测,当电沉积液碱性较大时,Zn 主要以锌酸根形式存在。而 ZnO_2^{2-} 比 $Zn(CN)_4^{2-}$ 更容易在阴极上放电。因此,随着电沉积液 pH 的升高,Zn 的沉积变得更容易,导致电沉积层含 Zn 量增加,即电沉积层含 Cu 量下降。

调整电沉积液 pH 值时须注意:当升高 pH 值时,可以用氢氧化钠或氢氧化钾来调整;但降低 pH 值时,只能用重亚硫酸钠水溶液等弱酸性溶液来调整,而且加入上述溶液时,须在不断搅拌下缓慢加入,以防止氢氰酸的逸出。

3. 电沉积液的维护与调整

通常氰化物 Cu - Zn 合金电沉积液的维护并不困难,但要获得组成均匀的 Cu - Zn 合金电沉积层也并不很容易。

电沉积 Cu - Zn 合金主要用途有:作为装饰性电沉积层;作为电沉积铬的底层;以提高金属与橡胶间的粘合力为目的的过渡层。

对 Cu - Zn 合金电沉积层的技术要求,通常因电沉积层目的而异,但无论是装饰性电沉积层,还是功能性电沉积层,均以电沉积液组成作为主要的技术指标。装饰性电沉积层要求其外观具有均匀的颜色。而电沉积层的外观色泽主要取决于合金的组成,电沉积层含 Cu 量高时呈现铜的红色,含 Cu 量低时就会发白。所以要使电沉积层外观色泽均匀,必须控制好电沉积液中各成分的含量。

对于以提高金属与橡胶间粘合力为目的的 Cu - Zn 合金电沉积液来说,对其组成的要求随橡胶中含 S 量、促进剂种类及硫化条件等的不同而有所区别,不同类型的橡胶对电沉积液组成有不同的要求。因此,要得到高质量的 Cu - Zn 合金电沉层,应对影响合金组成的因素,如电沉积液中的主盐金属离子浓度比、电沉积液温度、pH 值及阴极电流密度等进行严格的控制。

定期除去电沉积液中的有害杂质也是保证电沉积液质量、提高电沉积液使用寿命的必要条件,尤其是对那些使用时间较长的电沉积液,必须考虑杂质的去除问题。有害杂质主要是某些有机杂质和过量的碳酸盐(指含量超过 70g/L)。电沉积液中的有机杂质用活性炭可以除掉。除去过量的碳酸盐的方法较多,常用方法有冷冻法和沉淀法。冷冻法是把电沉积液温度降至 0℃ 左右,使过饱和的碳酸盐冷冻沉淀后去除的处理方法。沉淀法是在电沉积液中加入可溶性的钡盐或钙盐,使过量的碳酸根生成碳酸钡或碳酸钙沉淀,然后过滤除去的一种方法。用酸性离子交换树脂也可以除去碳酸根,但这种方法需要有一套专用设备,成本较高。

另外,将各个槽子和直接与电沉积液接触的电沉积设备定期进行清洗,同时采用循环过滤、使用阳极套等,均有助于延长电沉积液使用寿命和提高电沉积产品的质量。

4. 阳极材料及使用方法

阳极材料组成和阳极的制造方法,对稳定电沉积液中的主盐浓度及保证电沉积液质量有着重要的作用。电沉积 Cu - Zn 合金时一般不采用单金属混挂阳极。在氰化物电沉积液中,尽管 Cu 和 Zn 的电极电势较在简单盐电沉积液中已大为缩小,但仍有较大差值,若采用单金属混挂阳极,在锌阳极上往往发生铜置换反应,因而难以控制电沉积液中的主盐金属离子浓度比。因此,目前在工业上采用的阳极多为合金阳极,其组成要大致与电沉积液组成相同。生产经验表明,为得到 w_{Cu} 为 70% ~75% 的 Cu - Zn 合金电沉积层,最好使用 w_{Cu} 为 80% 左右的 Cu - Zn 合金阳极,因为使用这种阳极可以提高阳极溶解效率,同时可以减少阳极泥。

目前常用的合金阳极大都是通过铸造或轧制方法得到的。实验结果表明,铸造后再经挤压、轧制成型的阳极使用效果较好。这种阳极溶解效率高,溶解比较均匀。但轧制阳极在成型后最好在500℃下退火处理数小时后使用。铸造阳极在使用前应除去表面的氧化物及其他金属杂质。

合金阳极的质量不仅取决于合金组成及制造工艺,而且还取决于合金中杂质的种类及其含量。合金阳极中的有害杂质,主要是 Pb、Sn、As、Fe 等。这些杂质在电沉积液中的含量超过某一定值时,不仅会影响阳极的正常溶解,而且还会影响电沉积层的外观色泽和结合强度。近年来,国家对工业用 Cu – Zn 阳极都制定了相应的标准,规定了各种杂质的最高允许含量。

影响合金阳极溶解行为的因素还有:电沉积液成分、电沉积工艺条件、阳极组成及其结构、阳极中杂质种类及含量等,其中对阳极溶解影响较大的是电沉积液成分。合金阳极在溶解过程中,合金中的 Cu 和 Zn 分别独立地溶解并进入电沉积液中,所以电沉积液中起配合作用的游离氰化物含量及铜盐和锌盐浓度均会影响合金的溶解。

一般来说,合金阳极的溶解速率主要取决于电沉积液中的游离氰化物含量,而合金阳极的溶解均匀性主要取决于电沉积液中的主盐金属离子浓度比。当合金阳极中杂质含量较高时,阳极容易发生钝化,溶解效率就会降低,严重时导致电沉积层发暗或发黑,甚至出现鼓泡。此外,阳极电流密度也对阳极溶解有一定影响,阳极电流密度稍大,阳极就有可能发生钝化,因此阳极电流密度一般不得超过 $0.5 A/dm^2$。

4.1.2 无氰电沉积 Cu – Zn 合金工艺

由于氰化物毒性很大,而且氰化物在电沉积过程中或与空气接触时会发生分解,于是人们就试图寻找一种毒性小且比氰化物更稳定的电沉积液。尽管已开发了多种无氰电沉积液,但尚没有一种能与氰化物电沉积液相媲美的无氰 Cu – Zn 合金电沉积液。下面仅介绍几种研究较多的无氰电沉积液 Cu – Zn 合金工艺。

1. 酒石酸盐体系电沉积 Cu – Zn 合金

酒石酸盐体系 Cu – Zn 合金电沉积液是研究最早的一种无氰电沉积液。在碱性条件中,酒石酸根与 Cu^{2+} 和 Zn^{2+} 均有配合作用,它们的配合状态及配合离子稳定性主要受电沉积液 pH 值的影响。在电沉积液 pH 值为 $5.5 \sim 11$ 范围内,Zn^{2+} 主要以 $[Zn(OH)C_4H_4O_6]^-$ 形式存在,其不稳定常数为 2.4×10^{-8};pH > 11 时,则以 $[Zn(OH)_4]^{2-}$ 形式存在,其不稳定常数为 3.6×10^{-16}。当电沉积液 pH > 10 时,Cu^{2+} 主要以 $[Cu(OH)_2C_4H_4O_6]^{2-}$ 形式存在,其不稳定常数为 7.3×10^{-20}。酒石酸根对 Cu^{2+} 和 Zn^{2+} 的配合能力的显著差异,有利于通过控制电沉积液 pH 值来实现两种金属的共沉积。

酒石酸盐体系电沉积 Cu – Zn 合金工艺,见表 4 – 4。

表 4 – 4   酒石酸盐体系电沉积 Cu – Zn 合金工艺

电沉积液组成(g/L)及工艺条件	工艺 1	工艺 2
硫酸铜($CuSO_4 \cdot 5H_2O$)	30	5 ~ 40
硫酸锌($ZnSO_4 \cdot 7H_2O$)	12	10 ~ 15
酒石酸钾钠($KNaC_4H_4O_6 \cdot 4H_2O$)主配剂	100	80 ~ 100
氢氧化钠(NaOH)	50	20 ~ 30
柠檬酸钾($K_3C_6H_5O_7 \cdot 2H_2O$)辅助配剂		20 ~ 30
磷酸二氢钾		20 ~ 25
pH 值	12.4	12 ~ 12.4
电沉积液温度/℃	40	30 ~ 40
阴极电流密度/(A/dm^2)	4	2.5 ~ 3.0

在酒石酸盐电沉积 Cu – Zn 合金中要得到光亮合金电沉积层,必须加入适当的添加剂,如某些醇胺类或氨基磺酸类及其衍生物等。当把上述光亮剂混合使用时光亮效果更好,如当加入 12mL/L 三乙醇胺和 4g/L p – 苯酚氨基磺酸钠盐时,在 $3 ~ 8A/dm^2$ 的电流密度范围内均能得到全光亮的 Cu – Zn 合金电沉积层。

图 4 – 1 为在碱性酒石酸盐电沉积液中 Cu、Zn 单金属和它们的合金电沉积液的阴极极化曲线。从图中可以看出,合金极化曲线位于两单金属极化曲线之间。这说明两种金属共沉积时,Zn 在比其单独沉积时的沉积电势更正的电势下析出,而 Cu 在比其单独沉积时的沉积电势更负的电势下析出。由于合金沉积时放电金属离子之间有相互影响,因此不能从金属单独沉积时的极化曲线推算出合金沉积的极化曲线。

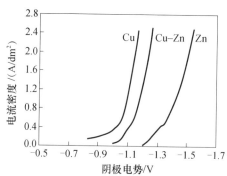

图 4 – 1   酒石酸盐 Cu – Zn 合金电沉积液的阴极极化曲线

另外,还在不同温度下测得电流密度与电沉积层含 Cu 量的关系曲线。结果表明,在该镀液体系中,温度对电沉积层组成的影响非常明显,随着电沉积液温度的升高,电沉积层中电势较正的金属——Cu 含量显著增加。电流密度对电沉积层组成的影响较小,但其值大于 1.2A/dm² 时,电沉积层 Cu 含量随电流密度的增大而明显减少。上述这些特征表明,在碱性酒石酸盐体系中 Cu - Zn 合金的电沉积属于正则共沉积。

2. 焦磷酸盐体系电沉积 Cu - Zn 合金

焦磷酸盐体系 Cu - Zn 合金电沉积液,也是一种有希望获得工业应用的无氰电沉积 Cu - Zn 溶液。焦磷酸根与 Cu^{2+} 和 Zn^{2+} 均有配合作用,并分别形成相应的配合离子$[Cu(P_2O_7)_2]^{6-}$ 及 $[Zn(P_2O_7)_2]^{6-}$,它们的不稳定常数分别为 1.0×10^{-9} 和 1.0×10^{-11}。虽然焦磷酸根对 Cu^{2+} 的配合能力不是很强,但在焦磷酸盐电沉积液中铜的沉积超电势非常大,这有利于 Cu 与 Zn 的共沉积。

焦磷酸盐体系电沉积 Cu - Zn 合金工艺见表 4 - 5。

表 4 - 5　焦磷酸盐体系电沉积 Cu - Zn 合金工艺

电沉积液组成(mol/L)及工艺条件	工艺 1	工艺 2
硫酸铜($CuSO_4 \cdot 5H_2O$)	0.1	0.1
硫酸锌($ZnSO_4 \cdot 7H_2O$)	0.1	0.03 ~ 0.07
焦磷酸钾($K_4P_2O_7$)	0.5	1.0
N,N,N,N - 四 - 2 - 乙二胺	0.1	
组合氨酸		0.01
pH 值	11.0	9.3 ~ 9.4
电沉积液温度/℃	50	30
阴极电流密度/(A/dm²)	0.5	0.3 ~ 3.0
电沉积液含 Cu 量 w_{Cu}/%	60 ~ 70	70 ~ 80

在焦磷酸盐电沉积液 Cu - Zn 合金时,虽然 Cu 的沉积超电势很大,但电沉积液中若不含有适当的添加剂或辅助配位剂,在低电流密度区 Cu 仍然优先沉积,而在稍高的电流密度区域,所得电沉积层往往出现烧焦或结晶粗糙现象。因此,选择合适的辅助配位剂或添加剂,对于焦磷酸盐体系电沉积 Cu - Zn 合金的实际应用至关重要。

图 4 - 2 为 N,N,N,N - 四 - 2 - 乙二胺含量对电沉积液组成的影响。由图可以看出,随着 N,N,N,N - 四 - 2 - 乙二胺含量的增加,电沉积层含 Cu 量有所下降。由图还可以看出,其影响程度还与电沉积液的 pH 值密切相关。当 pH 值超过 11 时,Cu 的沉积受到比较明显的抑制,即使电沉积液中 Cu 离子浓度在很宽的范围内变化,均能得到 w_{Cu} 为 60% ~ 70% 的 Cu - Zn 合金电沉积层。

在焦磷酸盐电沉积液中不加入任何添加剂时,电流密度 0.5A/dm² 以上所得电

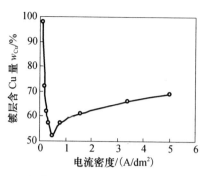

图 4 - 2　焦磷酸盐电沉积 Cu - Zn 合金时 $N,N,N,$
N - 四 - 2 - 乙二胺含量对电沉积层组成的影响

沉积层出现烧焦或粉末状。当加入 0.01mol/L 组氨酸时,光亮电流密度范围明显扩大。组氨酸还起到稳定电沉积层组成的作用,当电沉积液中加入组氨酸后,阴极电流密度在 0.3 ~ 3.0A/dm² 的范围内均能获得组成均匀的合金电沉积层。

对焦磷酸盐电沉积液中电沉积 Cu - Zn 合金时的沉积电势与合金组成的关系的研究表明,在比 - 1.2V 正的电势下获得的合金电沉积层中,部分锌以化合物状态(近似于 ZnO)存在;然而沉积电势比 - 1.2V 负,所得电沉积层中上述化合物含量明显减少;当沉积电势比 - 1.3V 更负时,所得电沉积层基本以金属状态存在。因此,为获得具有良好外观的合金电沉积层,应开发一种工作电流密度较大的合金电沉积液。

3. HEDP 体系电沉积 Cu - Zn 合金

以羟基乙叉二膦酸(HEDP)为配位剂对 Cu、Zn 都有很强的配位能力,能够实现两者的共沉积。电沉积液稳定性好,分散能力和覆盖能力良好,对环境无污染。HEDP 电沉积 Cu - Zn 合金电沉积液组成及工艺条件见表 4 - 6。

表 4 - 6　HEDP 体系电沉积 Cu - Zn 合金电沉积液组成及工艺条件

电沉积液组成(g/L)及工艺条件	工艺 1	工艺 2	工艺 3[①]
硫酸铜(CuSO₄ · 5H₂O)	45 ~ 50	15	45 ~ 50
硫酸锌(ZnSO₄ · 7H₂O)	20 ~ 28	10	20 ~ 28
HEDP/(mL/L)	80 ~ 100	130	0 ~ 100
酒石酸钾钠(NaKC₄H₄O₆ · 4H₂O)		40	
锡酸钠(Na₂SnO₃)		10	
碳酸钠(Na₂CO₃)		60	20 ~ 30
添加剂	1 ~ 2		1 ~ 2
NH₄F		1.0	

（续）

电沉积液组成(g/L)及工艺条件	工艺1	工艺2	工艺3[①]
八烷基醇聚氧乙烯醚		0.5	
氯化铟($InCl_3$)		0.5	
柠檬酸钾($K_3C_6H_5O_7 \cdot H_2O$)	20 ~ 30		20 ~ 30
pH 值	13 ~ 13.5	13	13 ~ 13.5
温度/℃	室温	35 ~ 40	室温
阴极电流密度/(A/dm^2)	1.5 ~ 3.5	1.5	1.5 ~ 3.5

① 采用工艺 3 可以得到含 Cu 为 70% 左右的 Cu - Zn 合金,其电沉积层外观为金黄色,可作为仿金电沉积层使用。

4. 乙二胺体系电沉积 Cu - Zn 合金

乙二胺体系也是有望得到应用的 Cu - Zn 合金的电沉积液。乙二胺能很好地与 Cu^{2+}、Zn^{2+} 配位,加入乙二胺后 Cu、Zn 之间的电位差缩小为 300mV,使 Cu、Zn 共沉积变为可能。乙二胺电沉积 Cu - Zn 合金电沉积液组成及工艺条件如下:硫酸铜($CuSO_4 \cdot 5H_2O$) 25 ~ 30g/L,硫酸锌($ZnSO_4 \cdot 7H_2O$) 15 ~ 25g/L,硫酸铵 [$(NH_4)_2SO_4$] 40 ~ 50g/L,乙二胺($C_2H_8N_2$) 25 ~ 40mL/L,第二配位体 15 ~ 25g/L,pH 值 8 ~ 9,温度 15 ~ 30℃,阴极电流密度 2.0 ~ 4.0A/dm^2。

4.1.3 电沉积 Cu - Zn 合金层晶体结构特性及后处理

1. 电沉积 Cu - Zn 合金层晶体结构特性

电沉积 Cu - Zn 合金的性质,如电阻率、硬度、抗拉强度以及它与橡胶间的粘合力等均与合金的微观结构密切相关。

表 4 - 7 为电沉积 Cu - Zn 合金与冶炼 Cu - Zn 合金的相组成比较。由表 4 - 7 可见,电沉积合金的晶体结构与冶炼合金不完全相同,即使是同样用电沉积法得到的合金,所用电沉积液体系不同,所得合金的晶体结构也有所区别。X 射线衍射分析结果表明,α 相 Cu - Zn 合金为面心立方晶系,而 β 相和 γ 相分别属于体心立方晶系和简单立方晶系,ε 相及 η 相均为简单六方晶系。

表 4 - 7 电沉积 Cu - Zn 合金与冶炼 Cu - Zn 合金相组成比较

w_{Zn}/%	电沉积液体系	合金组成	
		电沉积 Cu - Zn 合金	冶炼 Cu - Zn 合金
10 ~ 20	氰化物体系(含 Na_2CO_3)	α	α
30	氰化物体系(含 Na_2CO_3)	β	α
30	氰化物体系(含 NaOH)	α	α
30	焦磷酸盐体系	α	α

117

w_{Zn}/%	电沉积液体系	合金组成	
		电沉积 Cu – Zn 合金	冶炼 Cu – Zn 合金
43	焦磷酸盐体系	β	α + β
48	氰化物体系(含 NaOH)	β	β
52	氰化物体系(含 NaOH)	β + γ	β + γ
67	氰化物体系(含 NaOH)	β + γ + ε	γ
73 ~ 79	氰化物体系(含 NaOH)	ε	γ + ε
82 ~ 85	氰化物体系(含 NaOH)	ε	ε
95	氰化物体系(含 NaOH)	ε + η	ε + η

电沉积 Cu – Zn 合金的电阻率比相同组成的冶炼 Cu – Zn 合金大 25% ~ 45%，这是由于在氰化物电沉积液中得到的 Cu – Zn 合金的晶粒比较细致所致。电沉积 Cu – Zn 合金的硬度一般在 180 ~ 600HV 范围内，这个值比同组成的冶炼合金的硬度要高。X 射线衍射分析表明，电沉积层 Cu – Zn 合金硬度最高时的合金(w_{Zn} 67%)相主要为体心立方的 β 相和六方晶系的 γ 相的混合相。

关于电沉积 Cu – Zn 合金的微观结构和其与橡胶间粘合力的关系，高倍率电子显微镜的研究结果表明，影响合金与橡胶间粘合力的因素，主要有合金组成及合金的表面形态。与橡胶间粘合力较好的 Cu – Zn 合金表面多为紧密的球状或多边体，而粘合力较差的 Cu – Zn 合金表面较为光滑，观察不到上述结晶形态。

2. 电沉积 Cu – Zn 合金后处理

（1）无铬化学钝化（两次钝化）。第一次，温度控制在 30 ~ 40℃，在 0.25% 的苯并三氮唑溶液中进行钝化，时间 2 ~ 3min；第二次，温度控制在 50 ~ 60℃，在 0.05% 的苯并三氮唑溶液中进行钝化，时间 3 ~ 5min。

（2）铬酸盐钝化。Cu – Zn 合金在高温和潮湿气候下，或在含硫量较高的气氛中易于变色和泛黑点。因此，装饰用电沉积层一般需要进行镀后处理，以防止其外观发生变化。镀后处理多采用钝化处理和涂保护膜的方法，或两者兼用。除此之外，还可进行氧化或着色处理，以赋予电沉积层各种色调。

钝化液组成及工艺条件见表 4 – 8。

表 4 – 8　Cu – Zn 合金钝化处理液组成及工艺条件

钝化液组成(g/L)及工艺条件	工艺 1	工艺 2
铬酐(CrO₃)	30 ~ 90	
重铬酸钠(Na₂Cr₂O₇)		100 ~ 150

（续）

钝化液组成(g/L)及工艺条件	工艺 1	工艺 2
硫酸(H_2SO_4)	15 ~ 30	5 ~ 10
氯化钠(NaCl)		4 ~ 7
温度/℃	室温	室温
时间/s	15 ~ 30	3 ~ 8

需要钝化的工件先在工艺 1 中进行一次钝化处理,然后经弱酸浸蚀再在工艺 2 中进行二次钝化处理。钝化后的工件不允许热水洗,只能用压缩空气吹干。钝化件在 70 ~ 80℃下进行老化,可进一步提高其耐蚀性。

镀后处理的另一种方法是,电沉积后在 50g/L 重铬酸钠或重铬酸钾溶液中浸 30 ~ 60s,水洗后迅速脱水吹干,然后涂一薄层透明树脂涂料并在 80 ~ 120℃下烘干。选择涂料时,要选择附着力强且透明度高的涂料,保护膜的厚度不宜过厚。

氧化或着色处理方法和纯铜的处理方法基本相同,处理后也要涂一层保护膜。

4.2 电沉积铜锡(Cu – Sn)合金

4.2.1 电沉积 Cu – Sn 合金概述

Cu – Sn 合金俗称青铜,是合金电沉积中应用较多的一个镀种。20 世纪 30 年代首次提出了锡酸盐 – 氰化物电沉积 Cu – Sn 合金的专利,50 年代因金属 Ni 供应短缺,曾作为代 Ni 电沉积得到推广应用。

Cu – Sn 合金电沉积层具有两个显著特点:①电沉积层外观色泽随电沉积层含锡量的变化而呈现红色、金黄色、淡黄色及银白色等各种色彩;②电沉积层耐蚀性良好,其耐蚀性可以和同厚度的 Ni 电沉积层相媲美。这些特点为 Cu – Sn 合金在防护 – 装饰性上的应用提供了保证。根据电沉积层含 Sn 量的不同,Cu – Sn 合金电沉积可分为三种类型。

（1）低锡 Cu – Sn 合金。合金中 Sn 的质量分数 w_{Sn} 为 7% ~ 15%。w_{Sn} 为 7% ~ 9% 时,电沉积层外观呈红色,w_{Sn} 为 13% ~ 15% 时为金黄色。金黄色 Cu – Sn 合金耐蚀性最好。低锡 Cu – Sn 合金硬度较低,抛光性能良好,孔隙率低,耐蚀性好,因此可作为代镍电沉积层。红色 Cu – Sn 合金还可作防渗氮及轴承用合金电沉积层。在亮镍上闪镀薄层金黄色 Cu – Sn 合金,然后涂透明清漆,可作为仿金电沉积层。低锡 Cu – Sn 合金对钢铁基体而言属于阴极性电沉积层,而且在空气中易氧化而失去原有光泽,故不宜作表面装饰电沉积层。但它在热水中比较稳定,因此可作为与热水接触的工件的防护电沉积。

119

（2）中锡 Cu – Sn 合金。合金中 w_{Sn} 为 16% ~ 30%。当 w_{Sn} 超过 20% 时，电沉积层颜色基本是白色。中锡 Cu – Sn 合金硬度与抗氧化能力比低锡 Cu – Sn 合金高，但仍不宜作表面装饰电沉积层。在这种电沉积层上套铬一般比较困难，镀铬后容易发花，色泽不均匀。故这类电沉积层目前应用较少。

（3）高锡 Cu – Sn 合金。合金中 w_{Sn} 为 40% ~ 55%。电沉积层呈银白色，抛光后具有镜面光泽，故亦称"镜青铜"。这种类型的合金的结构属金属间化合物，故具有特殊的物理化学性质，硬度介于电沉积镍和电沉积铬之间，在空气中耐氧化性强，防变色能力优于 Ag 和 Ni，而且在弱酸、弱碱及有机酸中稳定，具有良好的钎焊性和导电性，故一般用作代银、代铬电沉积层，也可作反光电沉积层以及日用品、餐具、灯具、乐器等的防护 – 装饰性电沉积层。电沉积层的缺点是柔韧性差，电沉积层不能经受强烈变形。

目前在工业上已得到应用的 Cu – Sn 合金电沉积液主要有氰化物、低氰化物电沉积液和无氰电沉积液。

4.2.2 氰化物 – 锡酸盐电沉积 Cu – Sn 合金

目前应用最广泛、最成熟的 Cu – Sn 合金电沉积液为氰化物 – 锡酸盐电沉积液。在该电沉积液中，通过改变主盐浓度比和工艺条件可以获得任意组成的 Cu – Sn 合金电沉积层。主要缺点是电沉积液毒性大，不利于环境保护。

低氰化物电沉积液有低氰化物 – 焦磷酸盐、低氰化物 – 三乙醇胺等电沉积液。前者可用于电沉积高、中、低锡 Cu – Sn 合金，后者主要用于电沉积低锡 Cu – Sn 合金。在低氰化物电沉积液中，游离氰化钠含量一般不超过 3g/L。

氰化物 – 锡酸盐体系电沉积低锡、中锡、高锡 Cu – Sn 合金液组成及工艺条件分别列于表 4 – 9 ~ 表 4 – 11。

表 4 – 9 氰化物 – 锡酸盐电沉积低锡 Cu – Sn 合金工艺

电沉积液组成（g/L）及工艺条件	工艺 1	工艺 2	工艺 3	工艺 4
氰化亚铜（CuCN）	35 ~ 42	15 ~ 30	28 ~ 30	10 ~ 15
锡酸钠（Na_2SnO_3）	30 ~ 40	15 ~ 25	16 ~ 18	钾盐：35 ~ 40
氰化钠（NaCN）		35 ~ 50		
游离氰化钠（NaCN）	20 ~ 25		18 ~ 20	钾盐：30 ~ 45
氢氧化钠（NaOH）	7 ~ 10	8 ~ 12	10 ~ 12	KOH：5 ~ 10
十二烷基硫酸钠		0.01 ~ 0.03		
光亮剂/（mL/L）		CSNU – Ⅰ：5 ~ 6	Cu – Sn 91 : 6	M：30
光亮剂/（mL/L）		CSNU – Ⅱ：10 ~ 14		A：10
pH 值		12.5 ~ 13.5		13

电沉积液组成(g/L)及工艺条件	工艺 1	工艺 2	工艺 3	工艺 4
电沉积液温度/℃	50 ~ 60	50 ~ 60	45 ~ 55	45 ~ 55
阴极电流密度/(A/dm²)	1 ~ 1.5	2 ~ 4	2 ~ 4	0.3 ~ 2.5

注:工艺 1 适于无光电沉积;工艺 2、工艺 3、工艺 4 可得到光亮电沉积层。

表 4 - 10 氰化物 - 锡酸盐电沉积中锡 Cu - Sn 合金工艺

电沉积液组成(g/L)及工艺条件	工艺 1	工艺 2
氰化亚铜(CuCN)	35	90
锡酸钠(Na₂SnO₃)	25	30
氰化钠(NaCN)	45	65
氢氧化钠(NaOH)	22	26
pH 值	13	13.5
电沉积液温度/℃	55	60
阴极电流密度/(A/dm²)	1 ~ 2	1 ~ 3

表 4 - 11 氰化物 - 锡酸盐电沉积高锡 Cu - Sn 合金工艺

电沉积液组成(g/L)及工艺条件	工艺 1	工艺 2	工艺 3
氰化亚铜(CuCN)	25	45	30 ~ 45
锡酸钠(Na₂SnO₃)	120	150	100 ~ 150
氰化钠(NaCN)	27	37	
游离氰化钠(NaCN)			18 ~ 20
氢氧化钠(NaOH)	95	103	7 ~ 8
酒石酸钾钠(KNaC₄H₄O₆·4H₂O)	37	37	
明胶			0.3 ~ 0.5
pH 值	13.5	13.5	
电沉积液温度/℃	65	65	60 ~ 65
阴极电流密度/(A/dm²)	3	3	2 ~ 2.5

在氰化物 - 锡酸盐电沉积液中,Cu 和 Sn 分别以 $[Cu(CN)_3]^{2-}$、$[Sn(OH)_6]^{2-}$ 形式存在。该电沉积液稳定性好,维护容易,电沉积液分散能力良好。但在装饰性电沉积层时,电沉积后必须要经过抛光才能保证电沉积层的光亮度。为了开发电沉积光亮 Cu - Sn 合金液,需要研制有效的光亮剂。

4.2.3 无氰电沉积 Cu – Sn 合金

1. 焦磷酸盐体系电沉积 Cu – Sn 合金

焦磷酸盐体系电沉积 Cu – Sn 合金主要以焦磷酸根作为主配位剂,该工艺具有电沉积液成分简单、工艺相对稳定、节能环保等优点。为了进一步改善电沉积液性能,还可向电沉积液中加入酒石酸钾钠等辅助配位剂,加入适宜的组合添加剂,如胺类化合物、醛类化合物及表面活性剂等。

焦磷酸盐体系的电沉积液组成及工艺条件如表 4 – 12 所列。电沉积液及工艺条件的影响见表 4 – 13。

表 4 – 12　焦磷酸盐体系电沉积 Cu – Sn 合金工艺

电沉积液组成(g/L)及工艺条件	工艺 1	工艺 2	工艺 3	工艺 4
焦磷酸钾($K_4P_2O_7$)	240 ~ 280	250 ~ 300		230 ~ 260
焦磷酸铜($Cu_2P_2O_7 \cdot 3H_2O$)	34 ~ 47	22 ~ 28	5 ~ 10	20 ~ 25
焦磷酸锡($Sn_2P_2O_7$)	2.6 ~ 4.3		20 ~ 40	
锡酸钠($Na_2SnO_3 \cdot 3H_2O$)		60 ~ 70		40 ~ 60
磷酸氢钠(Na_2HPO_4)		30 ~ 50		
磷酸氢钾(K_2HPO_4)			30 ~ 50	
柠檬酸钠($Na_3C_6H_5O_7$)	5 ~ 10		5 ~ 10	
硝酸钾(KNO_3)	40 ~ 45			40 ~ 45
酒石酸钾钠 ($KNaC_4H_4O_6 \cdot 4H_2O$)		20 ~ 25		30 ~ 35
明胶		0.01 ~ 0.02		0.01 ~ 0.02
氨三乙酸		30 ~ 40	30 ~ 50	
配位剂 A/(mL/L)			10 ~ 30	
光亮剂 B/(mL/L)			10 ~ 20	
$m(Cu):m(Sn)$			1 : (3 ~ 5)	
$c(P_2O_7^{4-})/c(Sn^{2+}+Cu^{2+})$			8.0 ~ 9.5	
pH 值	8.3 ~ 8.8	10 ~ 11	8.2 ~ 9.2	10.8 ~ 11.2
温度/℃	25 ~ 35	30 ~ 50	20 ~ 30	25 ~ 50
阴极电流密度/(A/dm²)	0.5 ~ 1.0	2 ~ 3	0.5 ~ 1	2 ~ 3
阴极移动	20 ~ 25 次/min	10 ~ 15 次/min		
阳极	电解铜	含 Sn 6% ~8% 合金阳极	316 不锈钢 或 Pt – Ti 合金	含 Sn 6% ~9% 合金阳极
电源	阴阳间歇断电 (20 次/min)	单相全波		

注:工艺 1、2、3 为低锡 Cu – Sn 合金工艺,工艺 4 为高锡 Cu – Sn 合金工艺。

表 4–13　焦磷酸盐电沉积 Cu–Sn 时,电沉积液组成及工艺条件的影响

电沉积液组成及工艺条件的变化	电沉积层含 Cu 量 w_{Cu}/%	极限电流密度	阴极电势
阴极电流密度增加	含铜量降低	—	负移
$[Sn^{2+}]$ 增加(0.15 ~ 0.25mol/L)	高电流密度区减少	不变	负移
$[Sn^{2+}]+[Cu^{2+}]$ 增加(0.2 ~ 0.4mol/L)	略微增加	不变	稍变正
$[P_2O_7^{4-}]/([Sn^{2+}]+[Cu^{2+}])$ 增加(2.23 ~ 3.23)	高电流密度区减少	不变	略微变负
阳极:不锈钢 + Cu–Sn 合金(Cu 55% ~ 90%)	略微增加	稍有变化	无规律
电沉积液温度上升(40 ~ 80℃)	增加	增加	正移
搅拌强度增加	稍有变化	—	稍变正

2. 柠檬酸盐电沉积 Cu–Sn 合金

柠檬酸盐电沉积高锡 Cu–Sn 合金电沉积液组成和工艺条件如下:硫酸铜($CuSO_4 \cdot 5H_2O$)　25g/L,硫酸亚锡($SnSO_4$)　22g/L,柠檬酸铵 $[(NH_4)_3C_6H_5O_7]$ 100g/L,硫酸铵 $[(NH_4)_2SO_4]$　50g/L,氨水($NH_3 \cdot 5H_2O$)　20mL/L,pH 值 6.2。

该类电沉积液使用的添加剂有两类,第一类为环氧化合物和甘油按 1:1(摩尔比)在三氟化硼催化下,在 60℃时的反应产物,用量为 1 ~ 2g/L。第二类为醛,例如茴香醛、丙醛等,用量为 0.1 ~ 0.2g/L,可得到半光亮至全光亮的高锡青铜电沉积层。

4.2.4　电沉积 Cu–Sn 合金层晶体结构及特性

1. 电沉积 Cu–Sn 合金的组织结构

电沉积合金是从非热力学平衡状态下得到的合金。因此,其组织结构与用热熔法得到的合金不完全相同。同样是用电沉积法得到的合金,因所用电沉积液及工艺条件的不同,其合金组织结构也有所不同。

图 4–3(a)、(b)分别表示 500℃ 和 100℃ 时的 Cu–Sn 合金平衡相图。在 500℃ 时,合金在 w_{Sn} 为 0 ~ 16% 范围内均为 α 相。然而温度降至 100℃ 时,α 相存在区域就变得非常窄,该相基本都是铜。在 100℃ 下的富锡区为 θ 相,该相可视为纯 Sn,因为在该相中含 Cu 量小于 0.006%。

从图 4–3(b)中还可以看出,另外两个单相 ε 相(Cu_3Sn)及 η 相(Cu_6Sn_5)只在非常有限的范围内存在,即 ε 相及 η 相各自仅出现在 w_{Sn} 分别为 35% 和 61% 左右。

图 4–3 中(c)、(d)分别为从氰化物–锡酸盐体系在不同条件下得到的 Cu–Sn 合金的相图。由图 4–3(c)可见,w_{Sn}32% 左右的 Cu–Sn 合金主要是粗晶粒的亚稳态 δ 相,而 w_{Sn}51% 左右的 Cu–Sn 合金主要是 η 相,但也掺杂少量的 δ 相,这种相晶粒比较细致,当 w_{Sn}57% 左右时,合金相接近于纯 η 相,该相结晶最致

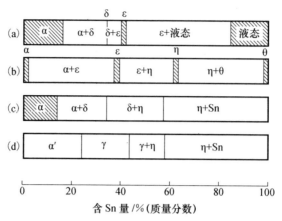

图 4-3　不同条件下 Cu-Sn 合金相结构对比

(a)、(b)500℃和100℃时的平衡相图；

(c)、(d)不同条件下得到的电沉积合金的相图。

密,晶粒最细小。由图 4-3(d)可见,w_{Sn} 为 17.5% ~33.3% 的 Cu-Sn 合金为 α + γ 混相,而 w_{Sn} 为35% ~57.3% 时为 γ + η 混相。但无论是 γ 相还是 η 相,均属于不稳定相,当加热至一定温度时会转变为 ε 相。这说明电沉积得到的 Cu-Sn 合金是亚稳态的合金,但在一定条件下可以转化为热力学平衡相。

2. 电沉积 Cu-Sn 合金层的特性

(1) 电阻率。电沉积 Cu-Sn 合金的电阻率如图 4-4 所示。由图 4-4 可见,其电阻率值与合金含 Sn 量呈函数关系,在 w_{Sn} 为 15% 和 41% 左右时,电阻率值分别出现两个极大值,分别为 $78\mu\Omega\cdot cm$ 和 $100\mu\Omega\cdot cm$。这可能是由于在这些区域中不稳定的金属间化合物所占的比例较大,因而对价电子的束缚力较大所致。

若在一定温度下对电沉积层 Cu-Sn 合金进行热处理,则其电阻值会随着处理时间的延长而减小,如图 4-5 所示。

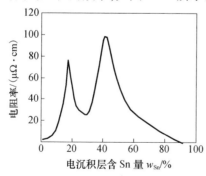

图 4-4　Cu-Sn 合金电沉积层
组成与电阻率的关系

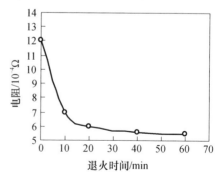

图 4-5　热处理对 Cu-Sn 合金
电沉积层电阻值的影响

(电沉积层 w_{Sn} 为 51%,热处理温度 220℃)

（2）硬度。无论是用电沉积法得到的还是用热熔法得到的 Cu－Sn 合金,其硬度均比组成该合金的单金属的硬度高。一般来说,电沉积合金的硬度高于退火处理的铸造合金的硬度,其硬度值大致相当于冷加工的磷青铜(w_p0.1%)的硬度。这与电沉积合金晶粒细小、结晶致密且含有一些夹杂物等有关,但更主要的是因为电沉积合金的金属相含有一定量的金属间化合物,所以表现出较高的硬度。即使在同一电沉积液中得到的合金,因所用电沉积液温度的不同,其硬度也有所差别,一般在低温下得到的合金电沉积层硬度大于在高温下得到的合金电沉积层的硬度。

（3）耐蚀性。

① 中性盐雾试验结果。中性盐雾试验结果表明,低锡或高锡 Cu－Sn 合金均比铜电沉积层或镍电沉积层耐腐蚀。表 4－14 列出了 Cu－Sn 合金电沉积层的中性盐雾试验结果。

表 4－14　Cu－Sn 合金电沉积层的中性盐雾试验结果

电沉积液种类	盐雾试验结果		
	24h	48h	72h
低锡 Cu－Sn 合金(13μm)/镀铬(0.5μm)	无锈点	无锈点	锈点很少
光亮镍(25μm)/镀铬(0.5μm)	无锈点	锈点较多	—
高锡 Cu－Sn 合金(25μm)	无锈点	无锈点	锈点很少

② 醋酸盐雾试验结果。表 4－15 为 Cu－Sn 合金/光亮镍/铬电沉积层的醋酸盐雾试验结果。醋酸盐雾试验结果表明,Cu－Sn 合金/镍/铬电沉积层耐蚀性优于铜/镍/铬电沉积层,w_{Sn}20% 的 Cu－Sn 合金电沉积层对基体金属的保护作用大于 w_{Sn}10% 的 Cu－Sn 合金电沉积层。

表 4－15　Cu－Sn 合金/光亮镍/铬电沉积层醋酸盐雾试验结果

序号	w_{Sn}/%	电沉积层厚度/μm	试验结果(腐蚀点数)		
			23h	47h	71h
1	20	12.5	4	44	71
2	20	17.8	0	21	47
3	20	28.3	0	0	3
4	10	21.0	12	56	93
5	10	29.8	4	9	30

③ 大气暴露试验结果。大气暴露试验结果表明,Cu－Sn 合金电沉积层耐蚀性高于铜或镍电沉积层。在温带海洋气氛中作暴露试验时,Cu－Sn 合金(w_{Sn}17% ~20%)13μm/Cr 0.25μm 的电沉积层暴露 5 个月以后的外观好于 Cu 25μm/Ni 13μm/Cr 0.25μm 的电沉积层暴露 3 个月后的外观。表 4－16 中列出了镍电沉积层和 Cu－Sn 合金电沉积层在工业区作暴露试验时的失重情况。

表 4-16 镍电沉积层和 Cu-Sn 合金电沉积层在大气暴露试验时的失重情况

基体金属	电沉积层	暴露天数/d	失重/(mg/dm²)
钢铁	镍(12.5μm)	295	225
		684	396
		1172	633
钢铁	高锡 Cu-Sn 合金(12.5μm)	372	1
		759	86
		1729	157

4.3 仿金电沉积铜基合金

4.3.1 仿金电沉积概述

1. 仿金电沉积合金简况

黄金具有经久不变的美丽色泽,已经成为人们所喜爱的金属。但它的产量稀少,价格昂贵,远远不能满足人们的渴求。因此,研究仿金材料,用它代替黄金,制造出价廉物美的仿金饰品是电沉积工作者的追求之一。

由于 Au 含量不同,其色泽也不同:24K 纯金是深黄色;18K 金是金黄色;14K 金色泽黄中带红,所以又称玫瑰金。常用的三种 Au 合金成分见表 4-17。仿金合金的化学成分以 Cu 为主,并含有其他元素,如 Zn、Sn、Al、Mn、Si、Al 等。

表 4-17 常用的三种 Au 合金成分

Au 合金	色泽	含金量	典型成分
24K 金	深黄	>99%	Au>99
18K 金	金黄	75%	75Au-18Cu-7Ag
14K 金	玫瑰金	58.33%	58.5Au-31.5Cu-10Ag

在装饰性电沉积层中,金色电沉积层目前可分为纯金电沉积层和仿金电沉积层两大类。由于金价昂贵,用于装饰不现实。而仿金电沉积层则调节了价格与装饰要求的矛盾,故很多饰品或制品都采用装饰性仿金电沉积层。仿金电沉积层既保持了金黄色的外观,又大大降低了成本,使其容易普及。目前,金色电沉积层已广泛用于如首饰、工艺制品、灯具、纽扣、手表、打火机、制笔等零件上的装饰性电沉积层。

常用的仿金电沉积层目前多以黄铜电沉积液为基础,在其中加入第三种金属元素可改变其外观色调,电沉积层的种类主要包括 Cu-Zn、Cu-Sn 二元合金和 Cu-Sn-Zn、Cu-Zn-Sn-Ni 多元合金等。

仿金色也有多种不同色泽,见表 4-18。习惯中的黄金色泽,应是金黄色略带微红,有清心悦目的光泽,并有豪华典雅的感觉,所以一般仿金色都以 18K 金为标准色。

表 4 - 18　常用的三种仿金色

仿金品种	色泽	采用电沉积液
仿 24K 金色	金黄略带青,呈柠檬黄色	镀铜锌二元仿金
仿 18K 金色	金黄略带微红,呈黄金色	镀铜锌锡三元仿金
仿 14K 金色	金黄带桃红色,呈玫瑰金色	镀铜锡二元仿金

2. 仿金电沉积基本工艺流程及注意事项

电沉积仿金合金一般都是铜基合金,其 Cu 含量至少在 60% 以上。

金属件仿金电沉积工艺流程如下:机械打磨—水洗—碱性化学除油—热水洗—冷水洗—强浸蚀(盐酸)—冷水洗—活化—上夹具—电解除油—清洗—弱浸蚀(盐酸)—清洗—预镀镍—清洗—酸性光亮镀铜—清洗—(除膜)—清洗—镀亮镍—清洗—(活化)—清洗—镀仿金合金—清洗—钝化—清洗—热水洗—甩干—罩光涂漆—烘干—入库。

塑料件仿金电沉积工艺流程如下:除油—清洗—敏化活化处理—清洗—化学镀镍或化学镀铜—清洗—酸性光亮镀铜—清洗—(除膜)—清洗—镀亮镍—清洗—(活化)—清洗—镀仿金合金—清洗—钝化—清洗—热水洗—甩干—罩光涂漆—烘干—入库。

要想得到质量优良的仿金电沉积层,必须注意以下几点:

(1)工件表面要求非常光洁,越光洁毛孔越少,越不易变色。

(2)仿金镀的目的在于装饰,若仅要求在工件表面着上金黄色,一般只镀几十秒,电沉积层较薄(只有几微米),这样薄的电沉积层抗蚀性较差,所以要靠镀中间层来解决。常用的中间层是亮镍或亮铜/亮镍电沉积层,既光亮又有一定硬度,表面的仿金层也不易发花。

(3)电沉积仿金层在批量生产中要达到纯正一致的仿金色泽比较困难,色彩的稳定性不高,在空气中很易氧化,经过一段时间就会褪色、变色。为防止变色,可以先进行钝化,再涂上一层透明罩光涂料,最好采用阴极电泳清漆,又平滑又光亮,这样能使仿金层保存和使用较长时间。这涉及从磨光到最后的有机涂料封闭的每一道工序。因此,应从工艺选择入手,筛选比较优良的电沉积工艺以提高产品质量。

(4)仿金电沉积除选择镀种外,电沉积工艺也非常重要,如可使用三段电流法进行电沉积,即开始用较大的电流密度电沉积 15 ~ 20s 后,将电流减小些再电沉积 5 ~ 10s,最后用小电流电沉积 5s 左右,即可获得外观接近 24K 金的仿金电沉积层。

4.3.2　氰化物仿金电沉积工艺

氰化物电沉积仿金工艺所用电沉积液有高氰、中氰、低氰和微氰电沉积液,电沉积的种类主要包括 Cu - Zn、Cu - Sn 二元合金和 Cu - Sn - Zn、Cu - Zn - Sn - Ni 多元合金等。其电沉积液组成及工艺条件如表 4 - 19 所列。

表 4-19 氰化物仿金电沉积组成及工艺条件

电沉积液组成(g/L)及工艺条件	高氰电沉积液				中氰电沉积液		低氰电沉积液		微氰电沉积液
	Cu-Zn	Cu-Sn	Cu-Zn-Sn	Cu-Zn-Sn-Ni	Cu-Zn	Cu-Zn-Sn	Cu-Zn	Cu-Zn-Sn	Cu-Zn
氰化亚铜(CuCN)	11~13	35~42	25~30	20~30	Cu^+:13~15	Cu^+:4~5	Cu^+:6~8	5~7	Cu^+:3~5
游离氰化钠(NaCN)	13~15	20~25	10~15		8~12	8~12	2.0~2.5	2~3	1.0~1.5
氰化钠总量(NaCN)				40~50					
氧化锌(ZnO)	7~8		7~10						
氰化锌[$Zn(CN)_2$]				4~5	Zn^{2+}:4~5	Zn^{2+}:5~6	Zn^{2+}:2.0~3.5	Zn^{2+}:1.5~2.0	Zn^{2+}:1.5~2.5
锡酸钠(Na_2SnO_3)		30~40	5~8	6~8		Sn^{4+}:0.8~1.5		Sn^{4+}:1.4~1.8	
硫酸镍($NiSO_4 \cdot 6H_2O$)				1~1.5					
焦磷酸钾($K_4P_2O_7$)	55~60					230~250		95~125	
碳酸钠(Na_2CO_3)	10~15		25~30						
柠檬酸钠($Na_3C_6H_5O_7 \cdot 2H_2O$)								15~20	15~18
氢氧化钠(NaOH)	15~20	7~10							
酒石酸钾钠($KNaC_4H_4O_6 \cdot 3H_2O$)				8~10	20~30	20~30	15~25		15~25
氟化铵(NH_4F)			3~6						
氨三乙酸[$N(CH_2COOH)_3$]						25~35			
氨水($NH_3 \cdot H_2O$)/(mL/L)	5~7		2~3	2~3	2~4	5~10	2~4	2~5	1~3
添加剂/(mL/L)	B-9A:5~10						LK:0.5~1.5	LK:0.2~1.0	
pH值	10.0~11.5	11.0~12.5	11.0~12.5	10.5~11.5	10~12	9.5~10.0	9.5~11.0	9.5~12.5	8.5~9.5
电沉积液温度/℃	30~40	50~60	20~40	25~40	30~50	40~50	15~35	15~35	25~35
阴极电流密度/(A/dm²)	0.5~1.0	1.0~1.5	0.5~1.2	1~3	0.5~1.0	0.1~0.3	0.6~1.2	0.5~1.5	0.5~1.5

128

关于电沉积液组成及工艺条件的影响,4.1、4.2 节已分别对电沉积 Cu – Zn、Cu – Sn 合金进行了讨论,在此不再赘述。

4.3.3 无氰仿金电沉积工艺

无氰仿金电沉积的主要类型主要包括 Cu – Zn、Cu – Sn 二元合金和 Cu – Sn – Zn 三元合金等,并逐渐发展在三元合金中添加 Ni、Co、Pd、Zr 等金属形成四元以上的合金。

通常的合金电沉积溶液,如果仅用一种配位剂时,电沉积液的阴极过电势往往不是太低就是过高。最常用而有效的调整方法是在加入一种主配位剂的基础上,再加入另一种或几种配位剂(称为辅助配位剂)形成不同的几种配体离子或混合配体离子,以改变配位离子的结构和电极的表面状态,从而达到电沉积合金层的质量要求。显然,配位剂的选择及复配问题成为影响合金电沉积的关键问题之一。目前常用焦磷酸盐、酒石酸盐、HEDP、柠檬酸盐等配位剂来代替氰化物,而且多为几种配位剂联用。下面介绍几种研究较多的无氰电沉积仿金合金工艺。

1. 焦磷酸盐体系

焦磷酸盐体系电沉积液是一种有望获得工业应用的无氰仿金电沉积工艺,其优点是电沉积液不含剧毒氰化物,工艺清洁;缺点是溶液成分复杂,较难控制,而且溶液的分散能力不够理想,仅适用于电沉积形状简单的零件。

$P_2O_7^{4-}$ 是配位剂,它与 Cu^{2+}、Zn^{2+} 和 Sn^{2+} 均有配合作用,并分别形成相应的配合离子。$P_2O_7^{4-}$ 对 Cu^{2+} 的配合能力不是很强,但在焦磷酸盐电沉积液中铜的沉积过电势非常大,这有利于 Cu 与 Zn、Sn 的共沉积。然而,在单一焦磷酸盐电沉积液中,低电流密度区由于铜优先析出,电沉积层偏红,得不到光亮的电沉积层;而在稍高的电流密度区,合金电沉积层结晶粗糙。因此光亮仿金电沉积液必须加入合适的添加剂或辅助配位剂(如草酸、氨三乙酸等)以抑制铜的优先析出,才能提高电流密度范围,获得光亮致密的仿金电沉积层。

焦磷酸盐体系仿金电沉积液组成及工艺条件如表 4 – 20 所列。为了获得更逼真的颜色,电沉积层成分多为三元合金或四元合金。

表 4 – 20 焦磷酸盐体系仿金合金电沉积液组成及工艺条件

电沉积液组成(g/L) 及工艺条件	Cu – Zn 工艺	Cu – Sn 工艺	Cu – Sn – Zn 工艺 1	Cu – Sn – Zn 工艺 2	Cu – Sn – Zn 工艺 3	Cu – Sn – Zn – Ni 工艺 1	Cu – Sn – Zn – Ni 工艺 2
焦磷酸铜($Cu_2P_2O_7$)		20 ~ 25				1.0 ~ 1.2	
焦磷酸亚锡($Sn_2P_2O_7$)		1.5 ~ 2.5					
焦磷酸锌($Zn_2P_2O_7$)						30 ~ 33	
硫酸铜($CuSO_4 \cdot 5H_2O$)	25		14 ~ 16	45	35		45
硫酸锌($ZnSO_4 \cdot 7H_2O$)	29		4 ~ 5	15	10		20

电沉积液组成(g/L)及工艺条件	Cu-Zn 工艺	Cu-Sn 工艺	Cu-Sn-Zn 工艺1	Cu-Sn-Zn 工艺2	Cu-Sn-Zn 工艺3	Cu-Sn-Zn-Ni 工艺1	Cu-Sn-Zn-Ni 工艺2
氯化亚锡($SnCl_2 \cdot 2H_2O$)			1.5~2.5	5	3		5
锡酸钠($Na_2SnO_3 \cdot 3H_2O$)						4.5~4.8	
硫酸镍($NiSO_4 \cdot 6H_2O$)						1.3	0.2
焦磷酸钾($K_4P_2O_7$)	165	300~320	300~320	320	260	230~250	340
氨三乙酸[$N(CH_2COOH)_3$]		25~35	25~35	23			35~50
酒石酸钾钠($KNaC_4H_4O_6 \cdot 4H_2O$)				35	20~30	31.5	25
磷酸氢二钾(K_2HPO_4)		30~40					
磷酸氢二钠(Na_2HPO_4)			30~40				
磷酸二氢钠(NaH_2PO_4)					10		
柠檬酸钾($K_3C_6H_5O_7 \cdot H_2O$)			15~20	70	5		
氢氧化钾(KOH)			15~20				
N,N,N,N-四-2(2-甲基)-乙二胺	0.1mol/L						
添加剂ZG			0.039~0.13				
亚乙基硫脲				0.2~0.7			
碳酸钠						10.6	
甘油						8~12mL/L	
双氧水						0.3~0.6mL/L	
丙三醇							0.3~1.5
pH 值	11.0	8.0~8.8	7.5~8.8	8.8~9.3	8.5~8.8	8~8.5	8.5~9.3
电沉积液温度/℃	50	25~35	25~35	20~25	30~35	35~45	20~35
电流密度/(A/dm^2)	0.5	0.8~1.5	0.8~1.5	1.1~1.4	2.0	0.4~0.6	1.2

2. 酒石酸盐体系

酒石酸盐体系是研究最早的一种无氰 Cu-Zn 合金电沉积液。在碱性条件中,酒石酸根与 Cu^{2+} 和 Zn^{2+} 均有配合作用,它们的配合状态及配合离子稳定性主要受电沉积液 pH 值的影响。在电沉积液 pH 值为 5.5~11 范围内,Zn^{2+} 主要以 $[Zn(OH)C_4H_4O_6]^-$ 形式存在,其不稳定常数为 2.4×10^{-8};pH >11 时,Zn 则以 $[Zn(OH)_4]^{2-}$ 形式存在,不稳定常数为 3.6×10^{-16};当 pH >10 时,Cu^{2+} 主要以 $[Cu(OH)_2C_4H_4O_6]^{2-}$ 形式存在,不稳定常数为 7.3×10^{-20}。酒石酸根对 Cu^{2+} 和 Zn^{2+} 的配合能力的显著差异,有利于通过控制电沉积液 pH 值来实现两种金属的共沉积。

在酒石酸盐电沉积 Cu – Zn 合金液中要得到光亮合金电沉积层,必须加入适当的添加剂,如某些醇胺类(如三乙醇胺)或氨基磺酸类(如 p – 苯酚氨基磺酸钠)及其衍生物等。而且上述光亮剂混合使用时光亮效果更好。

酒石酸盐仿金电沉积液组成及工艺条件如表 4 – 21 所列。

表 4 – 21　酒石酸盐仿金电沉积合金液组成及工艺条件

电沉积液组成(g/L)及工艺条件	Cu – Zn 工艺	Cu – Sn – Zn 工艺
硫酸铜($CuSO_4 \cdot 5H_2O$)	35	30
硫酸锌($ZnSO_4 \cdot 7H_2O$)	15	14
锡酸钠(Na_2SnO_3)		7
酒石酸钾钠($KNaC_4H_4O_6 \cdot 4H_2O$)	90	90
柠檬酸($C_6H_8O_7$)		20
柠檬酸钾($K_3C_6H_5O_7 \cdot H_2O$)	20	
三乙醇胺[($HOCH_2CH_2$)$_3$N]		14mL/L
氢氧化钠(NaOH)	20 ~ 30	50
磷酸氢二钾(K_2HPO_4)	30 ~ 35	
pH 值	12.5	12 ~ 13
工作温度/℃	35	40
电流密度/(A/dm^2)	3	6

3. HEDP 体系

HEDP(1 – 羟基乙叉 1,1 – 二膦酸)对 Cu^{2+} 和 Zn^{2+} 都有很强的配合能力,能够实现两者的共沉积。具有电沉积液稳定、分散能力和覆盖能力好、电沉积层色泽均匀、操作简单等特点,可获得各种仿金电沉积层。HEDP 体系仿金合金电沉积工艺如表 4 – 22 所列。

表 4 – 22　HEDP 仿金合金电沉积液组成及工艺条件

电沉积液组成(g/L)及工艺条件	Cu – Zn 工艺 1	Cu – Zn 工艺 2	Cu – Sn – Zn 工艺 1	Cu – Sn – Zn 工艺 2
硫酸铜($CuSO_4 \cdot 5H_2O$)	35 ~ 45	45 ~ 50	45 ~ 50	15
硫酸锌($ZnSO_4 \cdot 7H_2O$)	20 ~ 30	20 ~ 28	15 ~ 20	10
锡酸钠(Na_2SnO_3)			10 ~ 15	10
HEDP/(mL/L)	80 ~ 100	80 ~ 100	80 ~ 100	130
碳酸钠(Na_2CO_3)	15 ~ 25	20 ~ 30	20 ~ 30	60
柠檬酸钾($K_3C_6H_5O_7 \cdot H_2O$)	20 ~ 30	20 ~ 30	20 ~ 30	
酒石酸钾钠($KNaC_4H_4O_6 \cdot 4H_2O$)				40
氟化铵(NH_4F)				1

电沉积液组成(g/L)及工艺条件	Cu－Zn 工艺 1	Cu－Zn 工艺 2	Cu－Sn－Zn 工艺 1	Cu－Sn－Zn 工艺 2
八烷基醇聚氧乙烯醚				0.5
氯化铟（InCl₃）				0.5
添加剂（SC）	1～2	1～2	1～2	
pH 值	12.5～13	13～13.5	13～13.5	13
工作温度/℃	25	25	25	35～40
电流密度/（A/dm²）	1.0～2.5	1.5～3.5	1.5～3.5	1.5

4. 其他体系

除上述体系外,还有一些其他无氰仿金电沉积合金工艺,如柠檬酸盐体系和葡萄糖酸钠体系等。

(1) 柠檬酸盐电沉积工艺。该法简单易行,可获得金黄色或古铜色电沉积层,且光亮度等外观效果良好,成本低廉也使得该法在无氰仿金电沉积层行业中具有广阔的前景。柠檬酸盐仿金电沉积 Cu－Sn 合金工艺如下:碱式碳酸铜 [(Cu₂OH)₂CO₃] 18～23g/L,锡酸钠(Na₂SnO₃·3H₂O) 24～29g/L,磷酸(H₃PO₄) 5g/L,柠檬酸(C₆H₈O₇) 175～195g/L,氢氧化钠(NaOH) 100～110g/L,pH 值 9.3～10.0,工作温度 25～35℃,电流密度 1.2～1.7A/dm²。

柠檬酸和氢氧化钠分别为 Cu^{2+} 和 Sn^{4+} 的主配位剂,二者不仅在电沉积中起配位剂的作用,同时电沉积液酸碱度的变化主要是靠柠檬酸和氢氧化钠来调整;pH 值过高时,增加柠檬酸的用量;反之,则适当补充氢氧化钠。因此,适当调整二者的浓度对电沉积层外观的影响十分重要。

(2) 葡萄糖酸钠电沉积工艺。葡萄糖酸钠能与 Cu^{2+} 和 Sn^{2+} 形成稳定的配合物,通过电刷镀的方法得到耐蚀性能良好的金色 Cu－Sn 合金电沉积层,其电沉积液组成及工艺条件如下:硫酸铜(CuSO₄·5H₂O)0.04mol/L,硫酸亚锡(SnSO₄)0.06mol/L,硫酸钾(K₂SO₄)0.19mol/L,葡萄糖酸钠(C₆H₁₁O₇Na) 0.32mol/L,明胶 10g/L,pH 值 2,工作温度 28℃。

另外,研究表明,在仿金电沉积过程中引入超声波,可起到电流密度大大提高、pH 值范围拓宽、降低电沉积液温度、缩短电沉积时间等作用,电沉积层的颜色、外观、质量等方面也会发生明显的改善。

4.3.4 仿金电沉积层的后处理

仿金层很薄,且本身没有抗氧化能力,在湿热的环境中易变色和泛黑斑。因此,仿金层电沉积后必须经过严格的水洗、钝化和浸(喷)有机涂料等工序,才能保证其颜色不变。其中钝化是极其重要的工序。钝化处理可在电沉积层表面形成一层肉眼看不见的防护膜,这层膜使仿金电沉积层的耐蚀性大为提高,同时也增加了涂料与仿金电沉积层之间的结合强度。钝化使用的水应为去离子水或蒸馏水。

常用钝化液组成及工艺条件为:重铬酸钾 4~10g/L,固色剂(B-9B) 20mL/L,pH 值 3~4,工作温度 30~4℃,时间 15~20min。

在重铬酸钾钝化工艺中,温度不能过低,否则钝化作用减弱;钝化液的 pH 值过低,易使电沉积层泛红;pH 值过高,又易使电沉积层失去光泽。当 pH 值过高时,可用醋酸调低。

以苯并三氮唑为主要成分的钝化液组成及工艺条件为:苯并三氮唑(BTA) 1~2g/L,工作温度 室温,时间 45~60s。

一般认为,BTA 的钝化效果优于铬酸盐钝化,且对环境影响小。BTA 是铜的较好的有机缓蚀剂,在近中性溶液中它与铜形成不溶性薄膜。用 BTA 的钝化工艺不仅能防止仿金电沉积层变色,而且还加深了仿金电沉积层的颜色。

为防止仿金电沉积层变色,在钝化处理后,还必须涂覆一层有机膜,以提高其耐蚀性。

4.4 电沉积其他铜基合金

前面重点介绍了电沉积 Cu-Zn、Cu-Sn 及仿金电沉积等铜基合金。此外,人们对其他铜基合金,如 Cu-Ni 合金、Cu-Co 合金、Cu-Fe 合金、Cu-Cd 合金及 Cu-Ge 合金等也进行了许多研究,这些合金镀层各有其不同特点,并有希望得到实际应用,下面简要介绍这些合金的电沉积工艺。

4.4.1 电沉积 Cu-Ni 合金

1. 电沉积 Cu-Ni 合金工艺

Cu-Ni 合金电沉积液组成及工艺条件见表4-23。

表4-23 电沉积 Cu-Ni 合金液组成及工艺条件

镀液组成(g/L)及工艺条件	柠檬酸盐镀液	柠檬酸盐[①]镀液	焦磷酸盐镀液	酒石酸盐镀液	低氰镀液
硫酸铜($CuSO_4 \cdot 5H_2O$)(以 Cu 计)	2.6	0.02mol/L		1.9	0.7
硫酸镍($NiSO_4 \cdot 6H_2O$)(以 Ni 计)	8.8	0.02mol/L		1.0	10
柠檬酸钠($Na_3C_6H_5O_7$)	75				
氯化钠(NaCl)	2				
焦磷酸铜(以 Cu 计)			3.2		
氯化镍($NiCl_2$)(以 Ni 计)			17.6		
焦磷酸钠($Na_4P_2O_7$)			370		
酒石酸铵[$(NH_4)_2C_4H_4O_6$]				13	
氢氧化铵(NH_4OH)				25mL/L	

镀液组成(g/L)及工艺条件	柠檬酸盐镀液	柠檬酸盐[①]镀液	焦磷酸盐镀液	酒石酸盐镀液	低氰镀液
柠檬酸($C_6H_8O_7$)		0.2mol/L			50
氰化钠(NaCN)					1.5
电流密度/(A/dm^2)	2	15～20	2	0.22～1.8	0.5～2.5
工作温度/℃	55		60	25	40～80
pH 值	5.0	0.5	8.7		
①工艺,采用脉冲技术,可得到纳米晶 Cu-Ni 合金。					

2. 电沉积液组成及工艺条件的影响

在柠檬酸盐电沉积工艺中,随着镀液中金属总离子的增加,从 0.1mol/L 增加到 0.5mol/L,镀层中 Cu 含量从 20% 增加到 60%(质量分数)。

电流密度的影响,随电沉积时电流密度从 0.5A/dm² 增加到 4A/dm²,则镀层中 Cu 含量由 90% 降低到 60%(质量分数)。

pH 值的影响,pH 值为 3.5 增加至 6 时,镀层中 Cu 含量由 85% 降至最低值 50%(质量分数),而后随 pH 继续增加,镀层中 Cu 含量又开始升高。

4.4.2 电沉积 Cu-Fe 和 Cu-Co 合金

1. 电沉积 Cu-Fe 合金工艺

电沉积 Cu-Fe 合金工艺研究的较少,目前仅有含氰镀液得到实际应用,无氰镀液得不到合格镀层,其工艺见表 4-24。

表 4-24 电沉积 Cu-Fe 合金工艺

镀液组成(g/L)及工艺条件	工艺1	工艺2	工艺3
氰化亚铜(CuCN)(以 Cu 计)	0.7	8.4	
亚铁氰化镍(以 Ni 计)	13.5	5.6	
酒石酸钾钠($KNaC_4H_4O_6$)	18	18	
醋酸铜[$Cu(AC)_2$](以 Cu 计)			25
硫酸亚铁($FeSO_4$)(以 Fe 计)			1
柠檬酸钠($Na_3C_6H_5O_7 \cdot H_2O$)(以 Na 计)			50
电流密度/(A/dm^2)	1～5	1～5	2
工作温度/℃	25～70	30～60	25

2. 电沉积 Cu-Co 合金工艺

硫酸铜($CuSO_4$) 12.7g/L,硫酸钴($CoSO_4 \cdot 7H_2O$) 38.7g/L,柠檬酸钠($Na_3C_6H_5O_7 \cdot H_2O$) 88.2g/L,硼酸(H_3BO_3) 6.6g/L,糖精钠盐 1.2g。

4.4.3　电沉积 Cu – Fe – Ni 三元合金

对于电沉积 Cu – Fe – Ni 三元合金的有关的资料不多,现介绍几种工艺,见表4 – 25。

表 4 – 25　电沉积 Cu – Fe – Ni 三元合金工艺

镀液组成(g/L)及工艺条件	柠檬酸镀液	酒石酸盐镀液	低氰镀液
硫酸铜($CuSO_4$)(以 Cu 计)	0.3	3.5	
硫酸镍($NiSO_4$)(以 Ni 计)	4.5	6	
硫酸亚铁($FeSO_4$)(以 Fe 计)	10.5	5.8	
柠檬酸($C_6H_8O_7$)	30		
硫酸铵$[(NH_4)_2SO_4]$	5		
硼酸(H_3BO_3)	5		
氢氧化铵($NH_4)OH$	2mL		
酒石酸钠($Na_2C_4H_4O_6$)		15	
氰化亚铜(CuCN)			0.3
氰化镍$[Ni(CN)_2]$			2.7
亚铁氰化亚铁			12
酒石酸钾钠			25
电流密度/(A/dm^2)	1.0	1.1	6

参 考 文 献

[1] 屠振密,刘海萍,张锦秋. 防护装饰性镀层. 2 版[M]. 北京:化学工业出版社,2013.

[2] 屠振密,胡会利,刘海萍,等. 绿色环保电镀技术[M]. 北京:化学工业出版社,2013.

[3] 沈品华,等. 现代电镀手册. 上册[M]. 北京:机械工业出版社,2010.

[4] 张允诚,胡如南,向荣,等. 电镀手册4 版[M]. 北京:国防工业出版社,2011.

[5] 安茂忠. 电镀理论与技术[M]. 哈尔滨:哈尔滨工业大学出版社,2004.

[6] Jack Horner. Cyanide copper plating[J]. Plating and Surface Plating,2001,88(8):18 – 21.

[7] Authur J. Brass Plating[J]. Plating and Surface Plating,2001,88(8):24 – 26.

[8] Miu W S,Ross J,Fong B L. Studies on the electrodeposition of ternary Copper – Zinc – Tin alloys[J]. Trans. I M F. 1997,75(4):137 – 139.

[9] 余向飞. 无氰铜锌合金镀工艺研究[D]. 大连:大连理工大学,2008.

[10] 姜腾达. 无氰电镀铜锡合金代镍工艺研究[D]. 广州:华南理工大学,2011.

[11] 余向飞,梁成浩. 无氰铜锌合金仿金电镀工艺[J]. 电镀与涂饰,2008,27(11):8 – 10.

[12] Nobel Fred I,Bresch William R. Cyanide ~ Free plating solutions monovalent metals[P]. U. S. Pat. 5302276, 1994,4.

[13] Baskaran I,Sankara Narayanan,Stephen. Plese Electrodeposition of nanocrystalline Cu – Ni alloy films and e-valuation of their characterstic properties[J]. Materils Letter,2006,60:1990 – 1995.

［14］ Masami Ishikawa, Masao Matsuoka. Effect of some factors on electrodeposition of nickel – copper alloy from. pyrophosphate – tetraborate bath［J］. Electrochimica Acta, 1995, 40(11):1663 – 1668.

［15］ Bonhote Ch, Landolt D. Microstructure of Ni – Cu multilayers electrodeposition from a citrate electrolyte［J］. Electrochimica Acta, 1997, 42(15):2407 – 2417.

［16］ Lopez AntonR, Insqusti M. Influence of the preparation method on the properties of Cu – Co heterogene-ous. alloys［J］. J. of Non – crystalline solids, 2001, 287:26 – 30.

［17］ Lopez Anton R, Insqusti M. Preparation and characterisation of Cu – Co heterogenous alloys by potentiostatic electrodeposition［J］. Material Science and Engeneering, 2002, A335:94 – 100.

第5章　电沉积锡基合金

Sn 是银白色的金属,密度为 $7.28g/cm^3$,熔点为 232℃,硬度为 12HV,原子价有二价和四价,二价锡的标准电极电势是 -0.136V。Sn 具有抗腐蚀、无毒、易钎焊、柔软和延展性好等优点。但锡的硬度低,耐磨性差,易受卤素、强碱性溶液和矿物酸的腐蚀等缺点。锡可以和很多金属形成合金,并能大大提高其使用特性,如锡铅合金具有良好的可焊性;Sn – Bi 和 Sn – Ce 合金等是环保的可焊性镀层;Sn – Ni 和 Sn – Co 合金具有良好的装饰性;Sn – Zn 合金对钢铁有很好的防护性,可作为代镉电沉积层使用等。

另外,纯锡在一定条件下会发生"相变"或产生"晶须",因而在电子工业中,一般都以少量 Pb、Sb、Bi、Ce 等与 Sn 共沉积,以提高电子产品的可靠性,已大量应用于印制板和电子元器件等领域中。

5.1　电沉积锡铅(Sn – Pb)及铅锡(Pb – Sn)合金

Sn – Pb 合金具有浅灰色的金属光泽,较柔软,孔隙率比单层锡或铅都低。由于 Pb 和 Sn 的标准电极电势相差极小,它们的标准电势分别为 $\varphi_{Pb}^{\ominus} = -0.126V$,$\varphi_{Sn}^{\ominus} = -0.136V$,所以它们很容易共沉积。Pb 和 Sn 的标准电极电势均比氢标准电极电势负,但氢在 Pb – Sn 合金上析出过电势较高,所以它们有可能从酸性溶液中以 100% 的电流效率析出合金。Pb – Sn 合金电沉积层在工业上应用很广,通过改变电沉积液中两种金属离子的浓度比,就可以得到 Pb、Sn 含量不同的各种 Sn – Pb 合金,因这些电沉积层中 Sn 含量不同,所以电沉积层性能不同,因此用途也不一样。

各种不同含量合金用途见表 5 – 1。

表 5 – 1　各种 Sn – Pb 合金的用途

序号	电沉积层含 Sn 量/%(质量分数)	电沉积层用途
1	6 ~ 10	用作轴瓦、轴套减摩、耐蚀电沉积层
2	15 ~ 25	钢带表面润滑、助粘、助焊
3	45 ~ 55	用作防止海水等介质腐蚀
4	55 ~ 65	用作钢、铜、铝表面改善焊接性

电沉积 Pb – Sn 合金以前使用最普及的就是氟硼酸盐电沉积液,除了氟硼酸盐电沉积液,还有氨基磺酸盐、酚磺酸盐、烷醇磺酸盐和柠檬酸盐电沉积液。甲磺

酸盐电沉积液由于其优异的性能,越来越受到重视,随着甲磺酸盐生产成本的降低,甲基磺酸盐电沉积液已经得到了普遍的应用。

5.1.1 氟硼酸盐电沉积 Sn – Pb 合金

1. 氟硼酸盐电沉积 Pb – Sn 合金工艺

氟硼酸盐电沉积 Pb – Sn 合金工艺见表 5 – 2、表 5 – 3。

表 5 – 2 氟硼酸盐电沉积 Pb – Sn(Sn – Pb)合金工艺

电沉积液组成(g/L)及工艺条件	工艺 1	工艺 2	工艺 3	工艺 4	工艺 5	工艺 6	工艺 7
氟硼酸铅[$Pb(BF_4)_2$]	160	20 ~ 50	74 ~ 110	55 ~ 85	15 ~ 20	15 ~ 20	50 ~ 60
氟硼酸亚锡[$Sn(BF_4)_2$]	15	40 ~ 90	37 ~ 74	70 ~ 90	44 ~ 62	44 ~ 62	120 ~ 140
游离氟硼酸(HBF_4)	100 ~ 200	100 ~ 150	100 ~ 180	80 ~ 100	260 ~ 300	260 ~ 300	100 ~ 200
硼酸(H_3BO_3)		20 ~ 30			30 ~ 35	30 ~ 35	
桃胶		3 ~ 5	1 ~ 3				
明胶				1.5 ~ 2			
蛋白胨	0.5					3 ~ 5	4 ~ 6
2 – 甲基醛缩苯胺					30 ~ 40		
甲醛(HCHO)					20 ~ 30		
平平加					30 ~ 40		
β – 萘酚					0.5 ~ 1		
间苯二酚		0.5 ~ 1					
温度/℃		18 ~ 25	18 ~ 45	室温	10 ~ 20	室温	10 ~ 35
阴极电流密度/(A/dm²)	3	1 ~ 1.5	4 ~ 5	0.8 ~ 1.2	3	1 ~ 4	3
阳极	Pb – 8% Sn	Pb – 8% Sn	Pb、Sn 分挂	Pb – 50% Sn	Pb – 60% Sn	Pb – 60% Sn	Pb – 60% Sn
电沉积层含 Sn 量/%(质量分数)	10	50 ~ 70	15 ~ 25	45 ~ 55	45 ~ 55	60	60
适用范围	减摩电沉积层	电子元器件	助粘、助焊	海水防腐	印制电路	印制电路	印制电路

表 5 – 3 光亮电沉积 Pb – Sn(Sn – Pb)合金工艺

电沉积液组成(g/L)及工艺条件	工艺 1	工艺 2
氟硼酸铅[$Pb(BF_4)_2$]	8 ~ 11	16
氟硼酸亚锡[$Sn(BF_4)_2$]	18 ~ 25	43
游离氟硼酸(HBF_4)	260 ~ 300	250
硼酸(H_3BO_3)	30 ~ 35	40
2 – 甲基醛缩苯胺	30 ~ 40	
甲醛(HCHO)	20 ~ 30	15

电沉积液组成(g/L)及工艺条件	工艺1	工艺2
平平加	30 ~ 40	
β - 萘酚	1	
OP 乳化剂		15
亚苄基丙酮		0.4
4,4 - 氨基二甲烷		0.6
温度/℃	10 ~ 20	室温
阴极电流密度/(A/dm^2)		4
阳极	Pb - 60% Sn	Pb - 60% Sn
电沉积层中 Sn 含量/%(质量分数)	60	60

2. 电沉积液的配制

（1）将计量的一半的氟硼酸倒入塑料槽中,加水稀释一倍,并稍加热。

（2）往上述溶液中缓慢加入碱式碳酸铜,反应成氟硼酸铜,将锡粉缓慢加入到该溶液中,直到铜离子的蓝色完全消失,过滤除去铜渣即可。

（3）用水将氧化铅调成糊状,然后将另一半氟硼酸加入其中,不断搅拌至完全溶解得到氟硼酸铅溶液,倒入上一步的溶液中搅匀。

（4）将桃胶溶于40℃的水中,过滤加入槽中;蛋白胨也用温水溶解后加入。明胶用冷水浸泡过夜,再用热水溶解后加入。其他组分可直接加入。

3. 电沉积液成分和工艺条件的影响

（1）主盐浓度的影响。电沉积液中 Sn^{2+} 和 Pb^{2+} 是电沉积 Pb - Sn 合金电沉积层的主要成分,也是控制合金组成的主要因素,其中 Sn^{2+} 的含量对电沉积层的组成影响最明显,改变二价锡的浓度,可使电沉积层中锡的含量在宽广的范围内变化。

电沉积液中总金属离子浓度(Pb^{2+} 和 Sn^{2+} 离子含量之和)对电沉积液的电导率和分散能力均有一定影响。总金属离子浓度过高,则电沉积液的电导率和分散能力降低,但允许使用的电流密度提高;若总金属离子浓度过低,则沉积速度变慢。

（2）游离氟硼酸的作用。游离氟硼酸的主要作用是使 Pb - Sn 合金阳极正常溶解,改变氟硼酸浓度对合金成分影响不大,而对电沉积层的结晶颗粒大小有影响。氟硼酸的另一作用是可以抑制 Sn^{2+} 的水解作用,即起到了稳定电沉积液的作用。氟硼酸浓度的大小对电沉积液的电导率和分散能力也有影响。增加氟硼酸游离量,可提高电沉积液的电导率,改善电沉积液的分散能力。

（3）硼酸的影响。硼酸在电沉积溶液中通常起缓冲剂作用,在本体系中主要作用是抑制电沉积液中金属盐水解,因为在电沉积液中存在下述反应:

$$Sn(BF_4)_2 + H_2O \longrightarrow Sn(OH)BF_4 \downarrow + HBF_4$$
$$HBF_4 + 3H_2O \longrightarrow 4HF + H_3BO_3$$

加入硼酸后,既可阻止氟硼酸盐的水解,同时又可阻止氟化氢气体的逸出。电沉积液中若产生氟化氢便会有氟化铅(PbF_2)沉淀产生,会影响电沉积层质量。

(4)明胶等添加剂的影响。明胶、桃胶、胨等添加剂的加入,可以改善电沉积液的分散能力,使电沉积层结晶细致。电沉积液中胶体的含量对电沉积层中 Sn 含量有显著的影响,随着胶体含量的增加,电沉积层中 Sn 含量亦增加。这是因为,这些添加剂对铅的电沉积有较强的抑制作用。而间二苯酚的加入,可以降低明胶在电沉积层表面的吸附作用,从而可以降低电沉积层的脆性。生产中一定要严格控制电沉积液中胶体含量。因为胶体含量过多时,电沉积过程中,由于胶体在电沉积层表面吸附而夹杂于电沉积层中使电沉积层脆性增加,而胶体含量太少时,电沉积层又会变得粗糙发黑。

(5)电流密度的影响。提高阴极电流密度,电沉积层中 Sn 含量会相应增加;反之,Sn 含量则减少。

(6)温度的影响。温度的变化对电沉积层成分、电沉积层外观及电沉积液稳定性均有较大影响。一般说来,温度上升,电沉积层中 Sn 含量降低。但是,温度也不能太低,当温度低于20℃时,阴极电流效率下降,电沉积层变得粗糙,电沉积液中的对苯二酚和硼酸等会结晶析出。

(7)阳极的影响。Pb-Sn 合金电沉积层的化学成分,主要取决于电沉积液中氟硼酸铅和氟硼酸亚锡的相对含量以及阳极的化学组成。因为阳极影响电沉积液中金属盐的比例,所以要控制电沉积层中 Pb、Sn 比例,必须控制阳极中 Pb、Sn 含量。一般阳极成分是按照所需电沉积层的成分来选择合适的合金阳极,或者使用分排阳极来实现。

(8)基体材料的影响。Pb-Sn 合金通常都电沉积在钢铁、Cu 及其合金、Al 及其合金上,为使电沉积层在热熔化时色彩均匀光亮,均须预电沉积铜。铜及其合金电沉积 1~3min,钢铁和铝合金电沉积 3~10min。

(9)电沉积层厚度的影响。用于钎焊的合金要稍厚,钢铁基体电沉积 20~30μm;Al 及 Al 合金电沉积 40~60μm。为提高合金电沉积层的耐蚀性、光泽性、可焊性和可焊存储期,电沉积后宜进行热熔化处理。

4. 杂质的影响及消除方法

(1)硫酸根与铅形成白色沉淀,悬浮于溶液中,使电沉积层粗糙、有毛刺、结瘤。可以通过过滤去除。

(2)胶体分解产物的积累,常在电沉积层中夹杂,造成电沉积层结晶粗糙、发脆、条纹、锡含量降低。应定期使用活性炭处理和过滤。

(3)二价锡氧化成四价锡后发生水解,导致溶液浑浊、电流效率下降和电沉积层发脆,可以通过过滤清除。

（4）金属杂质 Cu、Ag、Zn、Cd、Fe、Ni 等，主要来源于阳极不纯和零件的掉落腐蚀，金属杂质会影响钎焊性合金的性能。其中 Cu 的影响最大，电沉积层中含 Cu 0.25% 时，焊接就难于进行。对于轴承用合金，金属杂质通常会提高合金层的硬度，从而降低润滑性和耐蚀性。金属杂质可以通过小电流密度电解的方法除去。

电沉积 Pb – Sn 合金常见故障及纠正方法，见表 5 – 4。

表 5 – 4　电沉积 Pb – Sn 合金常见故障及纠正方法

故障现象	可能产生的原因及纠正方法
电沉积层发暗、发脆、溶液浑浊	①胶体分解物过多，用活性炭处理并重新补加；②阳极泥过多，进行刷洗或调换
电沉积层结合力差	①前处理不好；②电沉积件未带电入槽
电沉积层粗糙、烧焦、疏松成树枝状结晶	①胶体含量低；②游离氟硼酸少；③溶液浑浊；④阴极电流密度大
电沉积层硬而脆，有条纹	胶体过多，活性炭吸附过滤后，重新加入
阴极大量析氢，电流效率低	游离酸过多，Pb – Sn 含量过低，按分析补充
焊接性不好	①Sn 含量少，比例失调；②有重金属杂质，电解处理；③存放期过长，表面氧化，活化后再进行热熔处理
热熔后有颗粒	①电沉积层太厚；②Pb – Sn 比例失调；③溶液太脏
热熔后亮度不高	①电沉积层太薄；②电沉积层中 Sn 含量少；③热熔温度低

5. Pb – Sn 合金钝化处理

重铬酸钾（$K_2Cr_2O_7$）　8 ~ 10g/L，碳酸钠（Na_2CO_3）　18 ~ 20g/L，工作温度室温，工作时间　2 ~ 5min。

5.1.2　无氟电沉积 Sn – Pb 及 Pb – Sn 合金

由于氟硼酸盐具有强烈的腐蚀性，危害人体、腐蚀设备仪器，并且三废处理比较困难，已经越来越不能满足现代工业生产的需要。无氟电沉积 Pb – Sn 合金是大势所趋，已经有越来越多的无氟电沉积 Pb – Sn 得到应用。甲磺酸盐电沉积液的效果最好，并将逐渐扩大使用。

1. 甲磺酸盐光亮电沉积 Sn – Pb 合金

甲磺酸盐电沉积液体系，溶液稳定，甲磺酸盐在操作温度范围内均无明显的水解现象，烷基磺酸亚锡和烷基磺酸铅无论在酸性、中性和碱性条件下均很稳定，毒性低，电沉积层质量优良，废水处理简单。由于该体系具有上述优点，甲磺酸盐电沉积液体系应用已较多，并将逐渐取代毒性较大、废水处理复杂的氟硼酸体系。

（1）电沉积液组成与工艺条件。甲磺酸（MSA）盐电沉积光亮 Sn – Pb 合金工艺，见表 5 – 5。

表 5 - 5　甲磺酸盐电沉积光亮 Sn - Pb 合金液组成及工艺条件

电沉积液组成(g/L)及工艺条件	工艺 1	工艺 2	工艺 3
甲基磺酸(CH_3SO_3H)	225	225	120 ~ 220
Sn^{2+}[以 $Sn(CH_3SO_3)_2$ 加入]	16	16	30 ~ 65
Pb^{2+}[以 $Pb(CH_3SO_3)_2$ 加入]	8	10	2 ~ 6
光亮剂 A			30 ~ 50
光亮剂 B			15 ~ 25
甲醛(HCHO 37%)/(mL/L)	15	15	14 ~ 18
电沉积液温度/℃	20 ~ 30	20 ~ 30	18 ~ 35
阴极电流密度/(A/dm^2)	2 ~ 4	2 ~ 4	2 ~ 4
阳极	Pb - 40% Sn	Pb - 40% Sn	Pb - 90% Sn
合金含 Sn 量/%(质量分数)	60	60	90
注:工艺 2 适合高速电沉积 Sn - Pb 合金。			

（2）电沉积液组成与工艺条件的影响。

① 甲磺酸含量对电沉积层质量的影响。甲磺酸是溶液的主要成分,增强溶液的导电性,提供可溶性锡盐及铅盐的强酸性介质,保持溶液中游离甲磺酸的含量,可确保不致因甲磺酸亚锡氧化而降低溶液的稳定性。

② Sn^{2+} 和 Pb^{2+} 对电沉积层质量的影响。电沉积液主盐浓度和金属离子浓度比对电沉积层质量及组分影响显著。两种主盐离子总浓度过高,会使分散能力下降,电沉积层粗糙,颜色发暗。浓度过低,沉积速度慢,易使电沉积层烧焦。在两种离子总浓度不变的情况下,通过调整溶液中锡铅离子的比例可得到一系列不同Sn - Pb比例的电沉积层。

③ 电流密度对电沉积层质量的影响。电流密度直接影响 Sn - Pb 合金电沉积层的质量。电流密度太小,Sn - Pb 合金电沉积层光亮性差,电沉积层发雾。电流密度太大,电沉积层粗糙,产生条纹,甚至烧焦。只有控制在 2 ~ 4A/dm^2,Sn - Pb合金电沉积层外观才光亮、致密。

④ 温度对电沉积层质量的影响。温度对 Sn - Pb 合金电沉积层的质量至关重要。实验表明,温度太高,大于 35℃,光亮剂消耗大,电沉积液易浑浊,电沉积层光亮区缩小,甚至有露底现象。温度太低,虽然电沉积层光亮性好,光亮剂消耗少,但电流效率太低。在保证电沉积层外观光亮、致密的前提下,一般温度控制在 18 ~ 35℃较好。

⑤ 添加剂的选用。

a. Sn^{2+} 的稳定剂。在酸性体系中 Sn^{2+} 不仅易被空气中的氧氧化,而且还易在电解时被阳极所氧化,其氧化产物 Sn^{4+} 会影响电沉积层性能及外观,因此在复合添加剂中必须添加有 Sn^{2+} 稳定剂。常用的有对苯二酚、间苯二酚、异烟酸、抗坏血酸、2,6-二甲基苯酚磺酸。并有学者提出了钒化合物对酸性体系中 Sn^{2+} 的稳定作用,指出在酸性电沉积锡中加入钒化合物可有效提高电沉积锡液的稳定性、电流效率和扩大光亮范围。

b. 光亮剂。含有羰基的有机添加剂可以作为光亮剂。在实际应用中,除乙烯基旁的羰基有很高的反应活性和增光效果外,乙烯基旁的碳氮双键($>C=N-$)也同样有效。席夫碱(Schiff)就是利用醛、胺缩合形成。利用这一反应,不仅可以提高醛的稳定性,而且碳氮双键旁的乙烯基可以由醛提供,也可由胺提供。

c. 分散剂(又称载体)。甲磺酸体系中,非离子表面活性剂作分散剂,效果较好。它们在槽中不但起降低表面张力、抑制 H_2 析出,同时还对一些不溶于水的有机添加剂起增溶作用,并抑制 Sn^{2+} 放电,使晶粒细化。其主要物质是:聚乙二醇,烷基醇聚氧乙烯醚,烷基酚聚氧乙烯醚等。

⑥ 工艺操作过程对电沉积层质量的影响。甲基磺酸盐电沉积光亮 Sn-Pb 合金和氟硼酸盐电沉积 Sn-Pb 合金相比,由于前者加入大量添加剂,使得溶液黏稠,水洗性差,且溶液为强酸性。这就需要对零件进行彻底水洗,两道自来水洗,一道蒸馏水洗,再用磷酸钠盐中和。

⑦ 电沉积阻挡层对焊接质量的影响。电沉积 Sn-Pb 合金的基体大部分是黄铜件,黄铜件中的锌极易向 Sn-Pb 合金电沉积层中扩散。扩散的结果导致电沉积层的可焊性严重降低。因此为保证 Sn-Pb 合金良好的可焊性,对于黄铜件必须电沉积 $1\sim2\mu m$ 的镍层或 $3\mu m$ 的紫铜层。

⑧ Sn-Pb 合金厚度对焊接质量的影响。因为 Sn-Pb 合金的表面氧化会降低电沉积层的有效厚度,再者如果电沉积层薄,存在孔隙,空气中的氧气、水极易通过孔隙将基体与 Sn-Pb 电沉积层的界面层氧化,或者表面氧化层直接推移到界面层,可焊性能下降。因此无论是青铜直接电沉积 Sn-Pb 合金,还是黄铜基体上电沉积阻挡层,都要求 Sn-Pb 合金保证一定的厚度,通常半年以内使用的产品应该有 $4\mu m$ 以上的电沉积层,如果使用期更长,则应该选择更厚的电沉积层。

(3)常见故障及解决方法。工艺中出现的故障及解决方案见表 5-6。

表 5-6 故障及解决方案

故障	产生原因	解决方法
电沉积层结合力差	前处理不良,电流过大,有 Cu^{2+} 等污染	改善前处理,降低电流密度,低电流电解处理
析氢严重	游离酸过多,Sn^{2+}、Pb^{2+} 浓度过低	降低 MSA 浓度,补充 Sn^{2+}、Pb^{2+} 盐
电沉积液浑浊,电沉积层发暗	Sn^{2+}、Sn^{4+} 胶体过多,阳极泥过多	用处理剂处理胶体,活性炭吸附有机杂质
电沉积层粗糙	有机物污染、电沉积液中有 Sn^{4+} 胶体,电沉积液中有固体物,氯化物、硫酸盐污染	活性炭处理,过滤并驱除 O_2,过滤并检查电沉积前清洁处理

2. 其他无氟电沉积 Sn – Pb 合金工艺

（1）柠檬酸盐电沉积液。柠檬酸盐体系电沉积液稳定,对各类杂质敏感性低,维护方便,电沉积层光亮、细致、均匀、可焊性好。柠檬酸盐体系已经获得了实际的应用。

柠檬酸盐电沉积光亮 Sn – Pb 合金工艺见表 5 – 7。

表 5 – 7　柠檬酸盐电沉积光亮 Sn – Pb 合金液组成及工艺条件

电沉积液组成(g/L)及工艺条件	工艺 1	工艺 2	工艺 3
氯化亚锡(SnCl$_2$)	40 ~ 50	30 ~ 45	61
醋酸铅[Pb(CH$_3$COO)$_2$]	2 ~ 20	5 ~ 25	29
柠檬酸(C$_6$H$_8$O$_7$)	60		150
柠檬酸铵[(NH$_3$)$_2$C$_6$H$_6$H$_7$]		60 ~ 90	
氢氧化钾(KOH)	40		
醋酸铵(CH$_3$COONH$_4$)	60	60 ~ 80	
硼酸(H$_3$BO$_3$)		25 ~ 30	
氯化钾(KCl)		20	
EDTA 钠盐			50
稳定剂/(mL/L)	30 ~ 50	25 ~ 100	15
BD 光亮剂/(mL/L)	15		
YDZ – 7 光亮剂/(mL/L)		16	
YDZ – 8 光亮剂/(mL/L)		16	
pH 值	5 ~ 6	5	5 ~ 6
温度/℃	10 ~ 25	10 ~ 30	室温
阴极电流密度/(A/dm^2)	0.5 ~ 2.5	1 ~ 2	1 ~ 2
搅拌	阴极移动	阴极移动	阴极移动
阳极	Pb – (80% ~ 90%)Sn	Pb – (80% ~ 90%)Sn	Pb – 60%Sn
电沉积层含 Sn 量/%(质量分数)	80 ~ 95	80 ~ 95	60
注:YDZ – 7、YDZ – 8 光亮剂由上海通讯设备厂等单位研制。			

（2）酚磺酸盐电沉积液。该体系可以获得高锡含量的 Sn – Pb 合金电沉积层。该溶液的特点是各成分的浓度、温度和电流密度对分散能力的影响小,电沉积层中 Sn 含量受电流密度影响小,据介绍电流密度在 0 ~ 10A/dm^2 范围内变化,电沉积层

的 Sn 含量基本稳定。

酚磺酸盐电沉积液组成与工艺条件:酚磺酸亚锡$[Sn(OHC_6H_4SO_3)_2]$　15~25g/L,酚磺酸铅$[Pb(CHC_6H_4SO_3)_2]$　0.8~1.2g/L,游离酚磺酸$[OHC_6H_4SO_3H]$ 80~120g/L,乙醛缩苯胺　4~8mL/L,光亮剂　15~30mL/L,OP-15　15~40g/L,温度　10~25℃,阴极电流密度　2A/dm²,阳极　Pb-95%Sn,电沉积层成分(质量分数)　Pb-95%Sn。

5.2　电沉积无铅的锡基可焊性合金

在印制板和电子元器件等领域中 Sn 和 Sn-Pb 合金电沉积层已经广泛地应用于可焊性电沉积层或者抗蚀性电沉积层。但由于 Sn 电沉积层容易产生晶须,导致短路,Sn-Pb 合金工艺容易产生污染。近年来,日、美、欧洲等国家正在致力于开发不含 Pb 的 Sn 合金材料电沉积层,其中 Sn-Bi 合金是无铅可焊性材料之一,还有 Sn-Ce 合金和 Sn-Ag 合金等。

5.2.1　电沉积 Sn-Bi 合金

Sn-Bi 合金电沉积层具有优良的低熔点、可焊性,适用于印制版、电子元器件等表面可焊性精饰。因而人们试图以 Sn-Bi 合金电沉积层取代 Sn 或 Sn-Pb 合金电沉积层,其中以含 Bi 质量分数为 30%~50% 的 Sn-Bi 合金电沉积层尤为引人注目。

由于 Sn、Bi 的平衡电势相差很大,因而在进行电沉积 Sn-Bi 合金时,电沉积液中需要加入不同的配位剂以减少二者的电势差或者加入添加剂以吸附在电沉积层的活性点处。目前国内外报道的 Sn-Bi 合金电沉积液体系有硫酸、柠檬酸、谷氨酸、丙二酸、有机磺酸、氟硼酸盐等。其中氟硼酸盐和酚磺酸体系毒性大,不适应绿色环保的要求,在未来发展中必将受到限制。而研究比较多的硫酸盐、有机磺酸体系都各有优势,如甲磺酸体系沉积速率快、废水容易处理,硫酸体系具有电沉积液导电性和分散能力好,沉积速率快,获得的电沉积层综合性能好,生产成本低等优点等,必将得到更好的发展和完善。柠檬酸盐体系为弱酸性,电沉积液 pH 值介于 4.0~4.5 之间,具有对基体的腐蚀较小的优点。

1. 硫酸盐电沉积 Sn-Bi 合金

硫酸盐电沉积光亮 Sn-Bi 合金溶液成分简单,电沉积液稳定性好,工作温度和阴极电流密度范围宽,便于操作和调控。所得 Sn-Bi 合金电沉积层表面光亮,结构致密,抗氧化腐蚀性好,结合力强,焊接工作温度低,可焊性比纯锡、Sn-Ce、Sn-Sb 合金更好;该电沉积液的电流效率高,分散能力好,沉积速度快,成本低,废水易处理等特点,这些性能都很好地适应于电子元器件的可焊性光亮电沉积层,非常适于工业化生产。

145

（1）硫酸盐 Sn – Bi 合金电沉积工艺,见表5 – 8。

表5 – 8　硫酸盐电沉积 Sn – Bi 合金工艺

电沉积液组成(g/L)及工艺条件	工艺1	工艺2	工艺3	工艺4	工艺5
硫酸亚锡(SnSO$_4$)	43	65	40 ~ 70	30 ~ 50	30 ~ 60
硫酸铋[Bi$_2$(SO$_4$)$_3$]	0.7	7	3 ~ 5	0.5 ~ 4.0	1 ~ 4
Sn^{2+}	9.5	15			
Bi^{3+}		5			
乳酸	80	200		160 ~ 180	130 ~ 160
硫酸(H$_2$SO$_4$)			120 ~ 140		
硫酸铵[(NH$_4$)$_2$SO$_4$]		100			
聚氧乙烯烷基醚		10			
聚氧乙烯烷基胺	5				
1 – 萘酚	0.1				
甲醛(HCHO)	5				
联苯三酚	0.1				
氯化钠(NaCl)			0.5 ~ 1.0		
OP – 21			3 ~ 5		
明胶			1 ~ 2		
SNR – 5A(光亮剂)/(mL/L)				15 ~ 20	
TNR – 5(稳定剂)/(mL/L)				30 ~ 40	
稳定剂/(mL/L)					0.5 ~ 20
光亮剂/(mL/L)					1 ~ 20
表面活性剂					1 ~ 10
pH 值	< 1				
温度/℃	25	25	室温	10 ~ 30	室温
阴极电流密度/(A/dm^2)	3	5	0.5 ~ 1.2	1.0 ~ 3.0	0.5 ~ 3.0
阳极	Pt	Pt	纯锡板(> 99.9%)	纯锡板(> 99.9%)	Sn – 1 板
搅拌方式			阴极移动	阴极移动	阴极移动

注:SNR – 5A、TNR – 5 为南京大学配位化学研究所研制。

（2）电沉积液配制。

①在搅拌条件下,缓慢地向水中加入计量的硫酸;②将计算量的硫酸亚锡及氯化钠加入①溶液中;③将计量的铋盐溶解于用硫酸酸化的水中(1L 水加 100mL 硫酸),搅拌均匀,加入②溶液中;④将预先溶解于温水中的计量添加剂加入③液中。

加水至规定的体积。

（3）电沉积液成分及工艺条件的影响。

① 在电沉积液中适当地添加一些添加剂，可获得组成稳定、色泽均匀、外观良好的电沉积层。但添加剂的加入量过高时，电沉积层会发黑，色泽不均匀；加入量过低，电沉积层表面容易产生针状、须状、粉状、粒状的电沉积层。

② 阳极可采用 Pt、Pt-Ti 和石墨等不溶性阳极。

③ 搅拌方法可以采用电沉积液流动、空气搅拌和阴极移动等方法。

2. 甲磺酸盐电沉积 Sn-Bi 合金

甲基磺酸（MSA）是强酸，电导率较高，对 Sn^{2+} 有很高的溶解度。MSA 电沉积液对基材及设备的腐蚀性小，比氟硼酸及氟硅酸电沉积液的毒性低，废水处理容易，稳定性好，沉积速度快，并可与多种金属共沉积，合金成分比例范围较宽。甲基磺酸电解液在环保方面具有明显的优势，已成为当今研究与应用的热点，用来取代有毒的电沉积 Sn-Pb 合金工艺。目前研究较多的是在有机磺酸体系中电沉积 Sn-Bi 合金及 Sn-Ag 合金。

（1）电沉积液组成和工艺条件。甲磺酸盐电沉积 Sn-Bi 合金工艺见表 5-9。

表 5-9　甲磺酸盐电沉积 Sn-Bi 合金液组成及工艺条件

电沉积液组成(g/L)及工艺条件	工艺 1	工艺 2	工艺 3
甲磺酸亚锡[$Sn(CH_3SO_3)_2$]（以 Sn^{2+} 计）	15	17.4	15
甲磺酸铋[$Bi(CH_3SO_3)_3$]（以 Bi^{3+} 计）	5	2.6	5
甲磺酸（CH_3SO_3H）	200	106	
牛油胺聚氧乙烯醚	3		
2-巯基安息香酸	1		
顺式甲基丁二烯酸	0.5		
2-巯基苯并噻唑-S-戊烷磺酸钠		0.05	
1-萘醛		0.1	
甲基丙烯酸		0.8	
对苯二酚		0.3	
苯酚-4-磺酸铋			17
苯酚-4-磺酸锡			60
环氧乙烷/环氧丙烷共聚物 （共聚物相对分子质量为 2500，二者含量比为 3:2）			7
2-巯基乙胺			3
富马酸			0.3
pH 值	<1	<1	<1

147

电沉积液组成(g/L)及工艺条件	工艺 1	工艺 2	工艺 3
温度/℃	25	20	25
阴极电流密度/(A/dm^2)	3	3	4
阳极	Sn-20%（质量分数）Bi	Pt	Bi
搅拌	阴极移动	阴极移动	阴极移动

（2）各成分作用及工艺条件控制。

① 甲磺酸亚锡、甲磺酸铋。是电沉积 Sn-Bi 合金的主盐,电沉积液中 Sn^{2+}、Bi^{2+} 的来源。两种主盐浓度过低,电流密度上限偏低,电沉积层易烧焦;而主盐浓度过高,电沉积层结晶粗糙,电沉积液分散能力降低。通过调整两种离子的浓度比例可以有效控制电沉积层中的锡、铋比例。随着 Bi^{2+} 浓度增加,电沉积层中 Bi 含量也会增加,需经常化验添加电沉积液中 Sn^{2+}、Bi^{2+} 浓度,以保证电沉积层中的 Sn、Bi 比例。

② 甲磺酸。电沉积液中存在一定浓度的游离甲磺酸,能有效防止甲磺酸亚锡的水解,同时还能增加阳极的溶解和溶液的导电性。含量过高,会导致阴极析氢严重,电流效率低下,并且会因阳极溶解过快,导致 Sn^{2+} 浓度过高而使电沉积层粗糙;含量过低,电沉积液稳定性降低,电流密度范围缩小。

③ 添加剂。电沉积液中适当添加一些添加剂,可获得组成稳定、色泽均匀、外观良好的电沉积层。添加剂加入量过低,电沉积层表面易出现花斑,电沉积液混浊;若添加剂加入量过高,电沉积层会发黑,出现条纹,还会增加电沉积层的脆性和含碳量等。

④ 温度。温度对电沉积液、电沉积层、电流密度范围都有影响。温度过高,会加速 Sn^{2+} 的氧化,降低电沉积液的稳定性,电沉积层光亮度下降;温度过低,会使工作电流降低,电沉积层易烧焦且光亮度低。电沉积层中 Bi 含量先随温度升高而升高,到一定温度又会随温度的升高而降低。温度偏高或偏低都会使电沉积层中的 Bi 含量降低。

⑤ 阴极电流密度。阴极电流密度偏高,析氢严重,阴极效率低,电沉积层粗糙,出现麻点和烧焦等现象,电沉积层中的 Bi 含量随阴极电流密度升高而降低。

⑥ 阳极。阳极可采用 Sn-Bi 合金、单金属 Sn、Bi 的可溶性阳极;也可采用 Pt、Pt-Ti 和石墨等不溶性阳极。

⑦ 搅拌。电沉积液搅拌方式可以采用阴极移动、电沉积液流动等方式。

3. 柠檬酸盐电沉积 Sn-Bi 合金

电沉积 Sn-Bi 合金有许多体系,如甲磺酸、硫酸、氟硼酸等。但是各体系仍存在不足之处,如硫酸体系的缺点是 Sn^{2+} 的氧化较快,电沉积液不能长时间工作;氟硼酸盐和酚磺酸体系毒性大、电沉积液后处理麻烦;烷基磺酸盐体系成本较高,稳定性也不太好。而且,上述体系均为强酸性溶液(pH < 0.5),容易对工件基体产生侵蚀。冯祥明等开发了一种新的电沉积 Sn – Bi 合金电沉积液体系,即柠檬酸盐体系,该体系为弱酸性,pH 值介于 4.0 ~ 4.5 之间,对基体的腐蚀较小。该体系以柠檬酸三钠和 EDTA 作为复合配位体,与 Sn^{2+} 形成了稳定配位化合物,大大降低了其被氧化的速度,使电沉积液长时间保持稳定;此外柠檬酸三钠和 EDTA 与硼酸一起组成了很好的缓冲溶液,避免了长时间操作后溶液 pH 值波动过大。

柠檬酸盐电沉积 Sn – Bi 合金液组成及工艺条件为:硫酸亚锡　30g/L;Bi^{3+} 0.25g/L;柠檬酸三钠　120g/L;EDTA　30g/L;硼酸　30g/L;NH_4Cl　0g/L;稳定剂　20mL/L;光亮剂　20mL/L;聚乙二醇　2g/L;pH 值　4.0 ~ 4.5;阴极电流密度 0.5 ~ 1.25A/dm^2;阳极纯锡板;镀液中稳定剂为复合稳定剂,其组成成分为聚乙烯二醇、维生素 C 及次磷酸钠;光亮剂是一种合成的若干种胺、多醛、杂环类化合物的缩聚物,能够使得电沉积层的厚度和光亮度更加均匀;辅助光亮剂组成为一种有机盐和唑类化合物,可提高阴极极化,使电沉积液的分散能力提高,并可以消除电沉积层表面的黑色条纹。

与硫酸盐和甲磺酸盐电沉积 Sn – Bi 合金工艺不同的是,本工艺在电沉积时最好不要搅拌,因为搅拌溶液容易使电沉积层产生溅散状花纹。

5.2.2　电沉积 Sn – Ce 合金

随着电子工业的发展,对电子元器件的可焊性提出了越来越高的要求,可焊性已成为衡量电子元件好坏的一个重要指标。早期可焊性电沉积层大都用纯锡电沉积层,用无光锡电沉积层时由于结晶粗、孔隙大,易氧化导致可焊性差。

光亮电沉积 Sn – Ce 合金在国内已广泛应用,Ce 与 Sn 共沉积的合金能防止基体铜形成不可焊的合金扩散层。该合金抗氧化能力强,化学稳定性好,明显地提高了可焊性,铈离子还有防止 Sn^{2+} 氧化和水解的功能,工艺稳定。

(1)光亮电沉积 Sn – Ce 合金工艺,如表 5 – 10 所列。

表 5 – 10　电沉积 Sn – Ce 合金液组成及工艺条件

电沉积液组成(g/L)及工艺条件	工艺1	工艺2	工艺3	工艺4	工艺5	工艺6
硫酸亚锡($SnSO_4$)	40 ~ 70	40	35 ~ 45	47 ~ 70	35 ~ 60	40 ~ 70
硫酸(H_2SO_4)/(mL/L)	80 ~ 100	100	70 ~ 80	140 ~ 160	90 ~ 110	80 ~ 100
硫酸高铈[$Ce(SO_4)_2$]	8 ~ 20	15	5 ~ 15	5 ~ 15	15 ~ 25	8 ~ 20
硫酸铋[$Bi_2(SO_4)_3$]						3 ~ 5
硫酸镍($NiSO_4$)				10 ~ 12		
开缸剂 SNR – 3A	5 ~ 20					16 ~ 18
稳定剂 TNR – 3/(mL/L)	20 ~ 30					1 ~ 2

电沉积液组成(g/L)及工艺条件	工艺 1	工艺 2	工艺 3	工艺 4	工艺 5	工艺 6
补充剂 SNR - 3B/(mL/L)	1 ~ 3					25
添加剂		适量			适量	
光亮剂 SS - 820/(mL/L)			15 ~ 20			
稳定剂 PAS - 0/(mL/L)			40 ~ 50			
OP - 21/(mL/L)				6 ~ 18		
混合光亮剂/(mL/L)				5 ~ 15		
温度/℃	室温	室温	室温	室温	8 ~ 13	室温
阴极电流密度/(A/dm²)	1 ~ 3.5	5		1 ~ 3	3 ~ 8	0.5 ~ 1.5
超声波频率		45Hz				
阴极:阳极面积比	1:2	1:2	1:1.5		1:2	1:2
阴极移动	需要	需要	需要	需要	需要	需要
滚筒转速/(r/min)			8 ~ 10			

注:工艺 1 为南京电子技术研究所雷达用印制板酸性光亮 Sn - Ce 电沉积工艺;工艺 2 为超声电沉积 Sn - Ce 合金工艺;工艺 3 为北京广播器材厂 Sn - Ce 合金电沉积工艺;工艺 4 中混合光亮剂配制方法为:OP - 21400mL,甲醛 100mL,苄叉丙酮 50g,对二氨基二苯甲烷 25g,乙醇加至 1L;工艺 5 为 Sn - Ce - Ni 合金电沉积工艺;工艺 6 为微波高频电路板的电沉积 Sn - Ce - Bi 合金工艺。

（2）电沉积液中各成分的作用。常用的酸性光亮电沉积 Sn - Ce 合金溶液是一种强酸性溶液,基本上由硫酸亚锡、硫酸、硫酸铈和添加剂等四种成分组成。

① 硫酸亚锡。硫酸亚锡是主盐,提供阴极放电所需 Sn^{2+}。硫酸亚锡的纯度至关重要,最好是分析纯。Sn^{2+} 含量高,所允许阴极电流密度大,沉积速率快;含量过高时,阴极极化作用变差,电沉积液分散能力降低,电沉积层结晶粗大,色暗,甚至产生毛刺,同时电沉积液带出损失大,成本高。Sn^{2+} 含量低,电沉积液的深电沉积能力较好,允许阴极电流密度小,沉积速率较慢,电沉积层容易烧焦。Sn^{2+} 通常应控制在 30 ~ 80g/L 范围内。

② 硫酸铈。在电沉积 Sn - Ce 合金中,硫酸铈作用较多,可提高电沉积锡电沉积液的稳定性,增强电沉积液的导电作用;提高电沉积层的电导率,使电沉积层光亮,提高电沉积层的耐高温和抗氧化能力;改善电沉积层的可焊性,消除锡电沉积层的"淌锡"和"锡瘟"等问题。然而铈盐浓度过高则会降低电沉积液的均镀能力,造成电沉积层耐腐蚀性下降。因而,硫酸铈的含量最好控制在一定的浓度范围内,以不超过 20g/L 为宜。

③ 硫酸。电沉积液中硫酸的作用较多,如:增加电沉积液电导,降低槽电压,提高电沉积液的分散能力;防止 Sn^{2+} 或 Sn^{4+} 水解,提高电沉积液稳定性等。如在

电沉积液中 Sn^{2+} 或 Sn^{4+} 通常会发生如下水解反应,生成沉淀,使电沉积液混浊,而加入足够的 H_2SO_4 则可使得水解反应受到抑制,从而防止 Sn^{2+} 和 Sn^{4+} 的水解,提高电沉积液稳定性。

$$SnSO_4 + 2H_2O \rightarrow Sn(OH)_2 \downarrow + H_2SO_4$$
$$Sn(SO_4)_2 + 4H_2O \rightarrow Sn(OH)_4 \downarrow + 2H_2SO_4$$

此外,加入适当浓度的硫酸还能促使阳极正常溶解。一般而言,硫酸含量应保持在 $80 \sim 100mL/L$ 范围内为好。

④ 添加剂。酸性光亮电沉积 $Sn - Ce$ 合金液,通常需要加入添加剂以改善电沉积液及电沉积层性能。如添加剂的加入可以提高阴极极化,使电沉积层均匀、细致,光亮;提高阴极电流效率,扩大光亮电流密度范围;减少电沉积层条纹及针孔,使电沉积层平整及光亮。添加剂通常包括稳定剂、分散剂和光亮剂。甲酚磺酸、β-萘酚、对苯二酚、邻苯二酚、硫酸联胺、盐酸羟胺、水合肼等可作稳定剂。光亮剂可分为二大类,第一类如肉桂醛、乙烯基甲酮、2,4-二氯苯甲醛等。第二类光亮剂如异丁烯酸等。分散剂是利用表面活性剂的胶束增溶作用来提高光亮剂在电沉积液中的含量。

（3）工艺条件控制。

① 温度。电沉积 $Sn - Ce$ 合金在室温下进行即可,但最好不超过 20℃。温度太低,沉积速率较慢,电沉积液允许电流密度范围小。温度太高,加速添加剂的消耗,Sn^{2+} 易氧化产生 Sn^{4+},使电沉积液混浊。

② 阴极电流密度。在有连续过滤和阴极移动的情况下,电流密度一般在 $1 \sim 3.5A/dm^2$ 范围内。电流密度大,沉积速率快;然而电流密度过大,电沉积层粗糙,易出现烧焦现象;电流密度过小,低电流密度区光亮性较差。

③ 阳极。应采用高纯锡(纯度在 99.9% 以上),并套上聚丙烯阳极袋,防止阳极泥进入溶液。在电沉积过程中阳极电流密度太高或阳极面积与阴极面积之比控制不当,易使 Sn^{2+} 氧化为 Sn^{4+},产生的阳极泥呈细粉状进入电沉积液。因此,必须控制电流密度和 $S_{阳} : S_{阴} \geq 2 : 1$。

④ 搅拌。静止电沉积时,电沉积层易产生条纹,因此必须采用搅拌。电沉积槽不宜采用空气搅拌。主要原因是 Sn^{2+} 易被空气中氧气氧化为 Sn^{4+};其次;空气搅拌易产生大量泡沫。可采用阴极移动和连续过滤同时进行:阴极移动 $20 \sim 30$ 次/min,行程 $10 \sim 15cm$;连续过滤至少 $2 \sim 3$ 次/h。

（4）电沉积液配制和维护。

① 电沉积液配制必须用去离子水或蒸馏水,最好不要使用自来水(对于电子行业可焊性工件电沉积锡槽),以免自来水中含有的 Cl^-、Ca^{2+}、Mg^{2+} 等离子对电沉积件的焊接性能造成不良影响。硫酸亚锡和硫酸高铈最好为分析纯试剂,硫酸的纯度也不要低于化学纯。

② 将计算量的硫酸、硫酸亚锡、硫酸高铈倒入槽中,为使其全部溶解需搅拌

4~6h,加入开缸剂(最好以25g/L加入),加水至规定体积。电沉积液配好后,用耐酸阳极包裹锡板进行小电流($0.1A/dm^2$左右)通电处理2~4h。

③ 生产过程中要经常用赫尔槽测定电沉积层质量和电沉积液性能,定期分析电沉积液中锡离子、铈离子与硫酸含量等成分,视情况补加添加剂。要定期过滤电沉积液,材质应用化工滤布,保证电沉积液透明、清亮。当不进行电沉积时,将阳极板刷净放入电沉积液,同时电沉积液应加盖,防止Sn^{2+}氧化和其他杂质进入电沉积液。

5.2.3 电沉积 Sn - Ag 合金

在无铅可焊性电沉积层合金体系的选择中,Sn - Ag 合金具有较好的耐蚀性和可焊性,特别是 Sn - 3.5% Ag 共晶合金最有发展前景。电沉积层的主要缺点是制备困难,由于锡和银的标准电极电势相差较大(0.935V),从热力学原理角度决定电沉积 Sn - Ag 合金的共沉积较困难。

1. 碱性焦磷酸盐电沉积 Sn - Ag 合金

碱性焦磷酸盐电沉积 Sn - Ag 合金工艺,见表5-11。

表 5-11 碱性焦磷酸盐电沉积 Sn - Ag 合金工艺

电沉积液组成(g/L)及工艺条件	1	2	3	4	5
硫酸亚锡($SnSO_4$)	35	52	52	70	40
碘化银(AgI)	1.5	2.4	2.4	4	6
焦磷酸钾($K_4P_2O_7$)	240	440	440	350	500
碘化钾(KI)	150	250	250	100	300
pH 值	8.5	8.5	8.5	9	9
阴极电流密度/(A/dm^2)	2.0	0.4	0.1	4	1
阳极	纯铜	纯铜	纯铜	纯铜	纯铜
温度	室温	室温	室温	室温	室温
Ag/%(质量分数)	4.1	10.4	22.5	59	81

碱性焦磷酸盐电沉积 Sn - Ag 合金工艺,电沉积液成分简单,容易管理。焦磷酸钾和碘化钾的加入,避免了Sn^{2+}的氧化和水解,也避免了银的接触置换反应,电沉积液具有较好的化学稳定性。通过调整电沉积液组成和工艺参数,可以得到 Ag 含量在4%~81%(质量分数)之间的 Sn - Ag 合金电沉积层。

2. 甲基磺酸盐电沉积 Sn - Ag 合金

(1)甲基磺酸盐电沉积液组成与工艺条件。甲磺酸亚锡 46~77g/L,甲磺酸银 0.8~1.2g/L,甲磺酸 110~130g/L,柠檬酸钠 1.0~1.5g/L,硫脲 10~15g/L,光亮剂 18~23mL/L,pH 值 4.5~5.5,温度 15~45℃。

（2）电沉积液组成与工艺条件的影响。

① Ag⁺ 浓度的影响。电沉积液中 Ag⁺ 是主盐，其浓度对电沉积层中 Ag 的含量影响很大。电沉积液中 Ag⁺ 的浓度越高，Ag⁺ 越容易优先沉积，如果要严格控制电沉积层中 Ag 的含量，就必须要注意 Ag⁺ 优先沉积的问题。

② 光亮剂对电沉积层中 Ag 含量的影响。光亮剂对电沉积层光亮性影响很大，还对电沉积层中 Ag 含量也有一定影响。光亮剂有利于提高 Sn、Ag 离子的阴极极化，要得到含 Ag 量为 3.5%（质量分数）的 Sn – Ag 合金电沉积层，光亮剂用量在 15 ~ 25mL/L 范围比较好，此范围内曲线比较平缓，Ag 的含量比较稳定，适合严格控制生产，此时电沉积层光亮、平滑，可焊性好。

③ 温度对电沉积层中 Ag 含量的影响。温度从 10 ~ 50℃ 变化时，电沉积层中的 Ag 含量变化很小，说明温度对电沉积层中 Ag 含量的影响很小。

④ pH 值对电沉积层中 Ag 含量的影响。pH 值对电沉积层中 Ag 含量的影响比较大。当 pH 值高于 6.0 时，电沉积液易浑浊，因为只有在酸性较强的溶液中 Sn²⁺ 才比较稳定，当 pH 值高于 6.0 时，Sn²⁺ 容易被氧化成 Sn⁴⁺，并水解形成 α 锡酸，由于 α 锡酸很不稳定，它容易转变成 β 锡酸，从而形成沉淀；而 pH 值过低时，电沉积层中 Ag 含量的增加幅度增大（因为此时电流效率超过 100%），这说明 pH 值越小，酸度越大，Ag 离子的络合物稳定性就越差，因此，pH 值应控制在 4.5 ~ 5.5 之间。

⑤ 阴极电流密度对 Ag 含量的影响。随着阴极电流密度的增加，电沉积层中含 Ag 量下降。当电流密度小于 2A/dm² 时，电沉积层中的 Ag 含量随着阴极电流密度增加而急剧下降；当电流密度大于 2A/dm² 时，电沉积层中含 Ag 量随着阴极电流密度的变化较为平缓。

5.2.4　电沉积 Sn – Cu 合金

Sn – Cu 合金电沉积层一般应用于装饰性电沉积层，或作为镍电沉积层的代镍层，它的电沉积层组成、晶粒尺寸、平滑性和杂质都会影响 Sn – Cu 合金层的可焊性。此外，为了确保焊接可靠性，要求和 Sn – Pb 合金电沉积层一样，热处理后的可焊性和电沉积层外观仍然优良。

Sn – Cu 合金中的 C 含量对合金层可焊性有很重要的影响。电沉积 Sn – Cu 合金如果长期存放或者由于加热引起的热扩散，合金层中的杂质碳会浮出到电沉积层表面，显著地影响电沉积层的可焊性。Sn – Cu 合金中的杂质碳的质量分数为 0.3% 以下时，可以显著地提高电沉积层的可焊性。研究还表明，如果以 Sn – Cu 合金电沉积层取代 Sn – Pb 合金层，考虑到电子部件之间的焊接强度或者 250 ~ 300℃ 的焊接温度，Sn – Cu 合金电沉积层中的 Cu 质量分数最好为 0.5% ~ 2.0%。如果 Cu 质量分数低于 0.1%，就容易发生锡的晶须而可能导致短路；如果 Cu 质量分数高于 2.5%，电沉积层熔点就会超过 300℃，难以进行良好焊接。

电沉积 Sn – Cu 合金工艺见表 5 – 12。

表 5-12　电沉积 Sn-Cu 合金液组成及工艺条件

电沉积液组成(g/L)及工艺条件	工艺1	工艺2	工艺3	工艺4
Sn^{2+}[以 $Sn(CH_3SO_3)_2$ 形式加入]	45	55		
Sn^{2+}(以 2-羟基乙基-1-磺酸锡形式加入)			36	
焦磷酸锡($Sn_2P_2O_7$)				30
Cu^{2+}[以 $Cu(CH_3SO_3)_2$ 形式加入]	1.2	2.5		
Cu^{2+}(以 2-羟基乙基-1-磺酸铜形式加入)			1.0	
焦磷酸铜($Cu_2P_2O_7$)				1.5
甲磺酸(CH_3SO_3H)	100	200		
2-羟基乙基-1-磺酸			120	
焦磷酸钾($K_4P_2O_7$)				270
聚氧乙烯壬酚醚	8			
聚氧乙烯烷基胺		5		
聚氧乙烯山梨糖醇酯		8		
邻二苯酚		0.3		
对二苯酚	3			
抗坏血酸			3	
苯甲酰丙酮			0.2	
氮三乙酸钠				1.5
苯甲醛				0.2
温度/℃	30	45	25	30
阴极电流密度/(A/dm^2)	9	20	25	30
注:阳极可采用锡或者 Sn-Cu 合金等可溶性阳极或者电沉积有 Pt、Rh、Ti 或 Ta 等不溶性阳极。				

上述工艺中,甲磺酸盐体系 2-羟基乙基-1-磺酸体系得到的电沉积层质量更为优异,合金层中的 C 质量分数低于 0.3%,长时间保存或者加热处理后尤其是蒸汽老化以后仍然具有优良的可焊性。

Sn-Cu 合金电沉积层,具有良好的环境效益、生产成本低、有可靠的焊接强度,特别是用于引线架、连接器、片状电阻和片状电容等电子部件的无铅焊料电沉积层的表面精饰。

5.3　电沉积锡镍(Sn-Ni)合金

5.3.1　电沉积 Sn-Ni 合金概述

最早的电沉积 Sn-Ni 合金电沉积液是氰化物-锡酸盐电沉积液。由于氰化物对镍的配合能力很强,故在该电沉积液中所得镀层含镍量非常有限,没有实用价值。电沉积 Sn - Ni 合金应用于生产的是酸性氟化物电沉积液。之后,人们又开发了不含氟离子的柠檬酸盐电沉积液和焦磷酸盐电沉积液。目前在生产上应用较多的是氟化物型电沉积液和焦磷酸盐电沉积液。

(1) Sn - Ni 合金电沉积层特点。

① 良好的外观色泽。Sn - Ni 合金一般具有类似于不锈钢并略带粉红色,其外观色泽随合金组成的改变而有所变化,一般随着电沉积层含 Ni 量的增加,外观由青白色经粉红色直至黑色。

② 耐蚀性及抗变色性能良好。该合金电沉积层耐蚀性及抗变色性能明显优于单金属 Sn 或 Ni 电沉积层。Sn - Ni 合金电沉积层厚度为 $12 \sim 25\mu m$ 时,其耐蚀性相当于同厚度的 Cu 和 Ni 双层电沉积层;当电沉积层厚度为 $25\mu m$ 以上时,其耐蚀性非常好,可以和耐热 Ni - Cr 铁合金的耐蚀性相媲美。

③ 适度的硬度和耐磨性。其硬度为 $650 \sim 700HV$,在 Ni 电沉积层和铬电沉积层之间。

④ 内应力很小。电沉积层不会发生裂纹、剥落等现象。但电沉积层略有脆性,电沉积后不宜进行变形加工处理。

⑤ 非磁性。电沉积层为非磁性,并具有良好的可焊性,因此适用于电子产品的电沉积。

⑥ 结构稳定。电沉积层在 300℃ 以下金相结构稳定,其性能不会发生变化。

(2) Sn - Ni 合金电沉积层的应用。由于 Sn - Ni 合金电沉积层具有上述引人注目的优点,其应用范围相当广泛。其主要用途是作为装饰性代铬电沉积层,其次是作为电子、电器、汽车、机械、光学仪器及照相器材以及化学器具等的防护装饰性电沉积层。

5.3.2 氟化物电沉积 Sn - Ni 合金

1. 电沉积液组成及工艺条件

表 5 - 13 列出了几种氟化物电沉积 Sn - Ni 合金液组成及工艺条件。

表 5 - 13 氟化物电沉积 Sn - Ni 合金液组成及工艺条件

电沉积液组成(g/L)及工艺条件	工艺 1	工艺 2	工艺 3	工艺 4
氯化亚锡($SnCl_2 \cdot 2H_2O$)	50	$40 \sim 50$	50	50
氯化镍($NiCl_2 \cdot 6H_2O$)	300	$280 \sim 310$	250	300
氟化钠(NaF)	28		20	
氟化氢铵(NH_4HF_2)	35	$50 \sim 60$	33	
氢氧化铵(NH_4OH)			8	调 pH
盐酸(HCl)/(mL/L)				56

155

电沉积液组成(g/L)及工艺条件	工艺 1	工艺 2	工艺 3	工艺 4
pH 值		2.0 ~ 2.5	2.5	2.0 ~ 2.5
电沉积液温度/℃	65	60 ~ 70	65	70
阴极电流密度/（A/dm²）	2.5	1 ~ 2	2.7	2 ~ 3

2. 电沉积液组成及工艺条件的影响

（1）$\dfrac{[Ni^{2+}]}{[Ni^{2+}]+[Sn^{2+}]}$ 摩尔比的影响。当电沉积液中氟化物浓度一定时,随着 $\dfrac{[Ni^{2+}]}{[Ni^{2+}]+[Sn^{2+}]}$ 摩尔比的增加,电沉积层含 Ni 量增加,但摩尔比值超过 50% 时,电沉积层组成变化很小。因此,维持电沉积液中 Ni^{2+} 浓度比值较高,有利于获得组成均匀的合金电沉积层。实际使用的电沉积液中,摩尔比一般为 80% ~ 85%。

（2）F^- 浓度的影响。Sn 和 Ni 的标准电极电势只差 0.1V 左右,但在简单盐电沉积液中,它们很难沉积出组成均匀的合金电沉积层。即使两种金属实现共沉积,由于各种工艺参数对电沉积层组成的影响很大,因此在生产上难以得到应用。若在电沉积液中引入 F^-,则 F^- 与 Sn^{2+} 能够形成较稳定的配合离子 $[SnF_3]^-$ 或 $[SnF_4]^{2-}$,而 F^- 对 Ni^{2+} 的配合能力很弱,这可以使 Sn 和 Ni 的沉积电势更加接近,因而有利于两种金属的共沉积。

氟化物可以用氟化钠或氟化氢铵,也可两者混用。实验表明电沉积液中 F^- 浓度与电沉积层含 Sn 量有一定关系,随电沉积液中 F^- 浓度增加,可使电沉积层含 Sn 量下降。电沉积液中氟化物的含量应根据 Sn^{2+} 浓度而定,$[Sn^{2+}]/[F^-]$ 摩尔比一般为 1 :（6 ~ 8）。若电沉积液中氟化物的含量过高,则会使电沉积层内应力增加,因此 F^- 浓度一般控制在 2mol/L 以下。

（3）温度的影响。在电流密度为 2 ~ 4A/dm² 范围内,电沉积液温度的变化对电沉积层组成的影响很小。在上述电流密度范围内,电沉积液温度在 45 ~ 70℃ 范围内变化时,电沉积层含 Sn 量为 65% ~ 72%。但电沉积液温度与电沉积层光亮度有关,当温度较低时,电沉积层光亮度有所下降,电沉积液的最佳温度为 66 ± 2℃。

（4）电流密度的影响。当电沉积液中游离 F^- 浓度较高时,随着电流密度的增大,电沉积层含 Sn 量减少;但游离 F^- 浓度偏低时,其变化规律就相反。然而无论是怎样变化,电流密度对电沉积层组成的影响并不显著,尤其当电沉积液主盐金属离子浓度较高时,其影响更小。在该电沉积液中阴极电流密度在 3A/dm² 以下时,其电流效率接近 100%,电流密度为 2.5 ~ 3A/dm² 时的沉积速度约为 1μm/min。

（5）Sn – Ni 合金使用的阳极。电沉积合金阳极可以用合金阳极（w_{Ni}28% 左右）,也可以用 Sn、Ni 单金属分控阳极。使用合金阳极虽然操作方便,但制备比较困难,而且合金阳极溶解时,往往发生合金中某一相的优先溶解现象。如按沉积比例铸造的合金阳极一般含有 Ni_3Sn_2 相和 Ni_3Sn_4 相,当阳极溶解时,Ni_3Sn_2 相优先溶解,导致电沉积液中放电金属离子浓度不易控制。理想的合金阳极应为具有 NiSn 结构的合金,然而这种结构的合金只能通过电解法或粉末冶金法才可能得到。因此目前合金阳极的使用受到一定的限制。

采用 Sn、Ni 单金属分控阳极时,通过调节锡和镍阳极各自的电流,能够比较准确地控制电沉积液中放电金属离子的浓度。因此,目前采用较多的仍为 Sn、Ni 单金属分控阳极。作阳极用的 Sn 或 Ni 应具有较高的纯度,以免电沉积时 Cu、Pb 等有害杂质进到电沉积液中而影响电沉积层质量。阳极最好使用尼龙或聚丙烯阳极套,阳极套网眼大小应根据阳极泥的粒度而定。当电沉积结束时,合金阳极或锡阳极应从电沉积液中取出,以减少阳极泥的产生。

3. 电沉积槽及其他设备

由于氟化物腐蚀性很强,而且电沉积液使用温度较高,所以对电沉积槽及直接与电沉积液接触的设备,如过滤机、滚筒等材料应有相应的防腐蚀要求。

电沉积槽要使用内衬塑料或橡胶的铁槽。电沉积槽或滚筒用塑料不宜使用含有增塑剂的塑料,衬里橡胶应使用游离硫及其他添充剂较少的橡胶,最好使用氯丁二烯硬橡胶。制作加热管所用管材应为石墨或镍材,过滤机的泵、滤芯等材料应选用尼龙、丙烯或聚丙烯等材料。

该工艺使用温度较高,酸雾容易挥发,因此整流器等设备最好与生产线隔离。另外,车间通风要良好,尽可能减少酸雾对车间设备的腐蚀。

5.3.3 焦磷酸盐电沉积 Sn – Ni 合金

焦磷酸盐体系电沉积 Sn – Ni 合金的工艺条件对电沉积层组成的影响较小,因此电沉积层质量比较稳定,但其阴极电流效率略低于氟化物体系。目前,焦磷酸盐体系电沉积液有逐步取代氟化物体系电沉积液的趋势,这也是绿色电沉积生产发展的必然。

1. 焦磷酸盐体系电沉积液的特点

焦磷酸盐体系与氟化物体系电沉积液不同,虽然 $P_2O_7^{4-}$ 对 Sn^{2+} 的配合能力较强($[Sn(P_2O_7)_2]^{6-}$ 与 $[Ni(P_2O_7)_2]^{6-}$ 的不稳定常数 $K_{不稳}$ 分别为 10^{-14} 和 $10^{-7.2}$),但 Sn 与 Ni 的沉积电势相差较大,若电沉积液中不加入适当的辅助配位剂,则所得电沉积层主要是 Sn,此时电沉积层表面也比较粗糙。有效的辅助配位剂是某些有机酸或氨基羧酸,如柠檬酸、氨基乙酸等。这些辅助配位剂或者与 Sn^{2+} 形成更为稳定的配合离子,使 Sn 的沉积电势变得更负,或者在 Ni 的电沉积过程中起去极化作用,使 Ni 的沉积更容易,从而实现两种金属的共沉积。氨基乙酸是属于辅助配位剂,它在焦磷酸锡溶液中对极化曲线几乎没有什么影响,但在焦磷酸镍溶液中可使极化曲线向正方向移动约 0.1V,引入氨基乙酸的有利于 Sn 与 Ni 的共沉积。

2. 焦磷酸盐电沉积 Sn – Ni 合金工艺

焦磷酸盐电沉积 Sn – Ni 合金工艺见表 5 – 14。

表 5 – 14 焦磷酸盐电沉积 Sn – Ni 合金液组成及工艺条件

电沉积液组成(g/L)及工艺条件	工艺 1	工艺 2	工艺 3	工艺 4
焦磷酸亚锡($Sn_2P_2O_7$)	20			
氯化亚锡($SnCl_2 \cdot 2H_2O$)		28	15	20 ~ 30
氯化镍($NiCl_2 \cdot 6H_2O$)	15	30	70	30 ~ 35
焦磷酸钾($K_4P_2O_7$)	200	200	280	280 ~ 300
柠檬酸铵[(NH_4)$_3C_6H_5O_7$]	20			
氨基乙酸(NH_2CH_2COOH)		20		
氨氨酸	5		5	5
乙二胺(NH_2NH_2)			15mL/L	
铜配位化合物/(mL/L)				35 ~ 40
氢氧化铵(NH_4OH)		5mL/L		
光亮剂		1mL/L		
发黑调整剂/(mL/L)				30
pH 值	8.5	8	9.5	8 ~ 8.5
电沉积液温度/℃	50	50	60	35 ~ 45
阴极电流密度/(A/dm²)	0.5 ~ 6	0.1 ~ 1.0	3	0.5
电沉积层含 Sn 量 w_{Sn}/%	67 ~ 92	60 ~ 90		

注：采用工艺 1 可以获得光亮致密的电沉积层，其外观色泽随含 Sn 量的减少，由银白色变为灰白色；工艺 2 为其改进后的工艺；工艺 3、4 是新开发的工艺

3. 电沉积液组成及工艺条件的影响

表 5 – 15 列出了 Sn – Ni 合金电沉积工艺对电沉积层及电沉积液性能的影响（表 5 – 14 工艺 2）。

表 5 – 15 Sn – Ni 合金电沉积工艺的影响规律

组成与条件	电沉积层含锡量	阴极电流效率	极限电流密度	阴极电势
$\dfrac{[Sn^{2+}]}{[Sn^{2+}] + [Ni^{2+}]}$增加(20% ~ 80%)	略增	增加	增加	略微变负
$[P_2O_7^{4-}]$增加	变化很小	变化很小	不变	变化很小
氨基乙酸增加(0 ~ 0.5mol/L)	减小		增加	略微变正
氨水增加(0 ~ 30mL/L)	变化很小	变化很小	不变	变化很小

158

组成与条件	电沉积层含锡量	阴极电流效率	极限电流密度	阴极电势
pH 值上升(7~9)	先减后增	变化很小	不变	变化很小
电沉积液温度上升	略增	变化很小	不变	变正
阴极电流密度增加	变化很小	下降	—	变负
搅拌	低电流区增加, 高电流区减小	增加	不变	略有变化

从表5-15可看出,电沉积层组成及电沉积液性能受电沉积工艺条件变化的影响较小,在相当宽的工艺条件范围内均可得到组成均匀的合金电沉积层。因此这种工艺操作方便,而且比较容易控制电沉积层质量。

4. 焦磷酸盐体系使用的阳极

在焦磷酸盐体系电沉积液中,单金属 Sn 或 Ni 作阳极时,其阳极溶解效率都接近100%。但使用 Sn、Ni 单金属混挂阳极时,镍阳极基本不溶,因而电沉积液中放电金属离子浓度比容易发生较大的变化。因此,在生产上一般采用 Sn、Ni 单金属分控阳极或合金阳极。

5.3.4 柠檬酸盐电沉积 Sn-Ni 合金

柠檬酸盐体系电沉积 Sn-Ni 合金液组成及工艺条件如下:硫酸镍($NiSO_4 \cdot 6H_2O$) 150g/L,硫酸亚锡($SnSO_4$) 40g/L,柠檬酸铵$[(NH_4)_3C_6H_5O_7]$ 150g/L,氨基磺酸钠(H_2NSO_3Na) 70g/L,间苯二酚 10g/L,pH 值 4,电沉积液温度40℃,阴极电流密度 3~4A/dm^2。

由该工艺获得的电沉积层外观为白色略带粉红色。

5.3.5 电沉积黑色光亮 Sn-Ni 合金

(1)电沉积黑色 Sn-Ni 合金特点。在焦磷酸盐体系 Sn-Ni 合金电沉积液中加入适当的发黑剂,即可获得美丽而光亮的黑色(亦称枪黑色)Sn-Ni 合金电沉积层。这种电沉积层适合于作光学仪器或照相器材零部件的表面电沉积层。常用的黑色电沉积层多为黑铬电沉积层或黑镍电沉积层,但黑铬电沉积层黑度不均匀,使用电流密度较大,而且对电沉积液的维护管理及废水处理等都比较麻烦。黑镍电沉积层在外观色泽、电沉积层的力学性能、耐蚀性及抗变色性能等方面存在一些问题,因而产品质量往往得不到保证。若用黑色 Sn-Ni 合金电沉积层代替黑铬电沉积层或黑镍电沉积层,就可以克服上述缺陷,而且由于使用的电流密度区域较宽,因此尤其适合于形状复杂的制品的电沉积。

(2)发黑剂及其作用。获得黑色光亮 Sn-Ni 合金电沉积层的关键是选择合适的发黑剂。研究发现,许多含硫的氨基羧酸在焦磷酸盐体系 Sn－Ni 合金电沉积液中起着较好的黑色光亮作用,如巯基丙氨酸、巯基丁氨酸、胱氨酸或蛋氨酸类等,在电沉积液中加入这些物质 1～10g/L 时均能使 Sn－Ni 合金电沉积层产生黑色光亮的色泽。若上述含巯基氨基羧酸与某些羟基羧酸或有机胺配合使用,其黑色光亮效果更为理想,使用电流密度范围更宽。如果在电沉积液中再添加少量铜盐,则可得到 Sn－Ni－Cu 三元合金,该电沉积层的色调更胜一筹,且硬度较高(500～700HV)。

(3) 电沉积黑色光亮 Sn－Ni 合金工艺见表 5－16。黑色 Sn－Ni 合金电沉积层中 Ni 的质量分数一般为 40% 左右。若电沉积层 Ni 含量过低,电沉积层色泽变成灰白色或白色;电沉积层 Ni 含量过高,电沉积层黑度差,而且还会掺杂其他颜色。

表 5－16　电沉积黑色光亮 Sn－Ni 合金液组成及工艺条件

电沉积液组成(g/L)及工艺条件	工艺1	工艺2	工艺3
焦磷酸亚锡($Sn_2P_2O_7$)	10		
硫酸亚锡($SnSO_4$)		15	
氯化镍($NiCl_2 \cdot 6H_2O$)	75		
硫酸镍($NiSO_4 \cdot 7H_2O$)		70	
枪黑盐 A			20～30
枪黑盐 B			20～40mL/L
焦磷酸钾($K_4P_2O_7$)	250	280	200～250
柠檬酸铵[$(NH_4)_3C_6H_5O_7$]	20		
乙二胺(85%)		15	
含硫氨基酸	3～5	5～10	
枪黑色稳定剂			0.2～0.4mL/L
pH 值	8.5	9.5	8.5～9.5
电沉积液温度/℃	50	60	40～45
阴极电流密度/(A/dm²)	0.2～6	0.2～6	0.1～2
电沉积层含 Ni 量 w_{Ni}/%	39～41	38～40	

5.3.6　电沉积 Sn－Ni 合金层的结构及性能

1. 电沉积层结构

不管是从氟化物体系还是从焦磷酸盐体系中得到的 Sn－Ni 合金电沉积层,当电沉积层 w_{Sn} 在 57%～75% 范围内时,其合金相均为单一的中间相 NiSn。若所得

160

电沉积层 w_{Sn} 超过 75%，则其合金相为 $\varepsilon + \delta_1(Ni_3Sn_4)$ 混相。NiSn 相是在热力学平衡状态图上不存在的一种亚稳态合金相，其晶体结构与 γ 相（Ni_3Sn_2）相似，都是属于六方晶系的合金相。这种亚稳定合金相加热至 325℃ 以上时，就转化为几种平衡相：γ 相、β（Ni_3Sn）+ δ_1 混相及 δ_1 相。其转化温度与电沉积层含锡量有着密切关系。在平衡相与亚稳定相之间，由于它们的合金结构不同，其物理化学性能有较大的差异。如 γ 相或 δ_1 相的耐蚀性及抗变色性能远不及 NiSn 相。

NiSn 相的另一个特点是晶面的取向性。X 射线衍射测试结果表明，w_{Sn} 为 57% ~69% 的光亮 Sn – Ni 合金电沉积层在（110）晶面存在择优取向，不光亮电沉积层则不存在择优取向。

NiSn 相的晶粒尺寸比较小，一般在 10 ~30nm 之间。光亮合金电沉积层的晶粒尺寸相对小一些，而半光亮或不光亮电沉积层的晶粒尺寸相对大一些。NiSn 相的上述结构特点决定着其物理化学性能。

2. 电沉积层特性

（1）电沉积层的硬度。Sn – Ni 合金电沉积层的硬度不完全取决于电沉积层的含镍量，其硬度值在很大程度上受工艺条件、结晶状态及电沉积后热处理温度等因素的影响。因此不同研究者所测得的数据相差较大，其硬度值一般在 550 ~900HV 之间。比较发现，合金电沉积层的硬度比镍电沉积层、锡电沉积层的硬度都要高。

（2）电沉积层的韧性。表 5 – 17 列举了用 ASTM B498、BS1224 标准韧性试验方法测得的 Sn – Ni 合金电沉积层的韧性。从测试结果可以看出，Sn – Ni 合金电沉积层在测试过程中容易出现裂纹。这说明 NiSn 相硬而脆，韧性较差。因此这种电沉积层不宜再进行电沉积后加工。

表 5 – 17　Sn – Ni 合金电沉积层的韧性

镀液类型	芯轴直径/mm			
	10	8	6	4
焦磷酸盐镀液	○○○○○	○△○△×	××△○△	△△△△△
氟化物镀液	○○○○○	○○○○△	△△×△×	△△○△△
○—无裂纹；△—细裂纹；×—较大裂纹。				

（3）电沉积层的内应力。Sn – Ni 合金电沉积层的内应力与电沉积层组成不存在对应关系，它主要取决于电沉积工艺条件及电沉积层结晶状态。在氟化物体系电沉积液中，电沉积层的内应力与电沉积液中的阳离子类型有关。K^+ 对内应力的影响最大，K^+ 或 Na^+ 等一般使电沉积层产生压应力，而 NH_4^+ 可使电沉积层表现出拉应力。因此在电沉积液中若以适当比例加入 K^+（Na^+）和 NH_4^+，可以消除电沉积层的内应力。在焦磷酸盐体系电沉积液中，对电沉积层内应力影响较大的因素有电沉积液的 pH 值及电沉积液组成，如［Sn^{2+}］/［Ni^{2+}］比、氨基乙酸和氨水含

量等。当在电沉积液中加入氨基乙酸时,可使电沉积层内应力增加;加入适量氨水,可以显著地消除电沉积层内应力。

(4)电沉积层的耐蚀性。Sn-Ni合金电沉积层的耐蚀性相当于或优于同厚度镍/铬组合电沉积层。没有针孔的Sn-Ni合金电沉积层在大气中长久放置不会失去光泽。表5-18和表5-19分别表示几种不同类型的电沉积层在常见的有机酸和无机酸中的腐蚀失重,从表中可以看出,Sn-Ni合金电沉积层具有较高的耐蚀性。

关于Sn-Ni合金电沉积层的耐蚀机理有很多研究报告。研究结果表明,Sn-Ni合金电沉积层在空气中形成的钝化膜主要成分为锡的化合物,但对锡的存在形式说法不一,而且对其耐蚀机理的解释也不尽相同。因此真正揭开其耐蚀机理还需要进一步的研究。

表5-18   常见有机酸和盐类中电沉积层的腐蚀失重

溶液组成(mg)	电沉积层种类		
	Sn电沉积层	Ni电沉积层	Sn-Ni合金电沉积层
甲酸(1mol/L)	22	35	0
乙酸(1mol/L)	22	43	0.5
草酸(0.5mol/L)	12	16	12
乳酸(1mol/L)	18	18	2
酒石酸(0.5mol/L)	10	10	0.5
柠檬酸(0.33mol/L)	12	19	0.5
氯化钠(1mol/L)	0.5	1	0.8
次氯酸钠(有效氯40g/L)	1.3	625	67
次氯酸钠(有效氯10g/L)	1.8	1.8	0.8
氢氧化钠(1mol/L)	36	0.2	0.7
氯化亚铁(0.33mol/L)	290	300	6
注:试样尺寸75mm×25mm,温度30℃,浸渍时间24h。			

表5-19   无机酸中电沉积层的腐蚀失重   (mg)

电沉积层种类	酸浓度	盐酸	硫酸	硝酸
Sn-Ni合金	浓	553.8	132.8	14.4
Sn-Ni合金	5mol/L	69.8	10.7	17.4
光亮锡	5mol/L	44.7	3.0	溶解
光亮镍	5mol/L	86.5	6.6	溶解
Sn-Ni合金	1mol/L	17.0	12.1	1.5
注:试样尺寸100mm×50mm,温度25℃,浸渍时间24h。				

162

5.4 电沉积锡钴(Sn-Co)合金

早期的 Sn-Co 合金电沉积液是氰化物-锡酸盐体系,但在该体系电沉积液中只能获得含 Co 量极低($w_{Co}<0.35\%$)的合金电沉积层。之后,氟化物体系、焦磷酸盐体系和葡萄糖酸盐体系电沉积液先后问世。目前应用较多的有焦磷酸盐体系和锡酸盐体系电沉积液等。

在一定组成范围内,Sn-Co 合金电沉积层的外观色泽酷似铬电沉积层,所以常用来作为代铬电沉积层。Sn-Co 合金电沉积层的色泽随含 Co 量的变化而变化,当 $w_{Co}<20\%$ 时电沉积层呈白色,当 $w_{Co}=20\%\sim30\%$ 时呈近似铬电沉积层的青白色,当 $w_{Co}>30\%$ 时电沉积层呈暗黑色。

光亮 Sn-Co 合金电沉积具有如下特点:

(1)电沉积层反射率比铬电沉积层略低。

(2)若在黄铜上电沉积 5mm 厚的 Sn-Co 合金电沉积层,其硬度为 300~450HV,弯曲 90°不起皮。但硬度和耐磨性较电沉积铬差。

(3)电沉积层内应力较小,适合于作塑料制品的表面电沉积层。

(4)电沉积层的抗变色性能较差,电沉积后往往需要进行钝化处理。

因此,Sn-Co 合金电沉积层适合于对硬度和耐磨性要求不高的制品上的代铬电沉积层,尤其对于小零件和复杂件,其电沉积液分散能力和覆盖能力较高,可大大提高产品合格率。

5.4.1 焦磷酸盐电沉积 Sn-Co 合金

1. 电沉积液组成及工艺条件

焦磷酸盐体系电沉积 Sn-Co 合金液主要由焦磷酸亚锡、氯化亚锡、氯化钴和焦磷酸钾等成分组成,见表 5-20。该电沉积液具有优良的分散能力,可获得色泽均匀一致的代铬电沉积层,适合于滚镀和挂镀。该电沉积液的缺点是 Sn^{2+} 易氧化,采用石墨阳极时更甚,应经常加双氧水处理。另外,该电沉积液对铜杂质敏感,应注意防止铜杂质的引入。

表 5-20 焦磷酸盐电沉积 Sn-Co 合金液组成及工艺条件

电沉积液组成(g/L)及工艺条件	工艺 1	工艺 2	工艺 3
焦磷酸亚锡($Sn_2P_2O_7$)			15
氯化亚锡($SnCl_2 \cdot 2H_2O$)		15~50	
锡酸钠(Na_2SnO_3)	60~70		
氯化钴($CoCl_2 \cdot 6H_2O$)	6~10	15~50	30
焦磷酸钾($K_2P_2O_7$)	150~200	200~300	250

电沉积液组成(g/L)及工艺条件	工艺1	工艺2	工艺3
乙二胺四乙酸二钠(EDTA – 2Na)	10 ~ 15		
酒石酸钾钠(KNaC$_4$H$_4$O$_6$)	15 ~ 20		
聚乙烯亚胺(M > 3000)		10 ~ 30	
乙烯基乙醇		1 ~ 10	
氨水(NH$_4$OH)/(mL/L)			70
甘氨酸/(mL/L)			10
pH 值	10 ~ 11	8 ~ 9	10
温度/℃		50 ~ 60	55
阴极电流密度/(A/dm^2)	1.0 ~ 2.0	0.3 ~ 1.0	0.5 ~ 2.0
电沉积层含 Co 量 w_{Co}/%	15 ~ 20	20 ~ 30	20

2. 电沉积液组成及工艺条件的影响

（1）主盐的影响。电沉积液中钴盐可以用氯化钴、硫酸钴或醋酸钴等,锡盐可以用氯化亚锡、锡酸钠及焦磷酸亚锡。在电沉积液中其他成分不变而只改变钴盐含量时,随着电沉积液中 Co^{2+} 浓度的增加,电沉积层含 Co 量缓慢上升,电沉积液中主盐金属离子浓度比对电沉积层组成影响并不大。实际生产中,电沉积液中 Co 含量不宜过高,因为电沉积层含 Co 量较高时,电沉积层的脆性增加,当 w_{Co} > 30% 时,所得电沉积层外观色泽呈黑色或褐色。若电沉积层含 Co 量过低,所得电沉积层就会发白。为了获得接近铬色泽的 Sn – Co 合金电沉积层,电沉积液中[Co^{2+}]/[Sn^{2+}]摩尔比一般控制在(0.6 ~ 0.9):1。

（2）配位剂的影响。配位剂可以用焦磷酸钾或焦磷酸钠,但使用钾盐效果更好一些。P$_2$O$_7^{4-}$ 对 Co^{2+} 和 Sn^{2+} 均有配合作用,并分别形成[Co(P$_2$O$_7$)$_2$]$^{6-}$ 及[Sn(P$_2$O$_7$)$_2$]$^{6-}$ 配合离子,后者比前者更稳定,它们的不稳定常数分别为 $10^{-7.2}$ 及 10^{-14}。因此电沉积液中 P$_2$O$_7^{4-}$ 浓度增加会使电沉积层 Co 含量提高。为了使电沉积液稳定并获得较理想的合金电沉积层,配位剂浓度和放电金属离子总浓度比,即 $\dfrac{[P_2O_7^{4-}]}{[Co^{2+}]+[Sn^{2+}]}$ 摩尔比应保持在(2.0 ~ 2.5):1。

（3）光亮剂的影响。在该体系电沉积液中不加光亮剂时只能得到无光泽的灰白色电沉积层,因而不宜用作装饰性代铬电沉积层。因此 Sn – Co 合金电沉积层能够代替装饰铬的关键是选择合适的光亮剂。目前已报道的光亮剂有各种凝胶体及含硫或含氮的有机化合物,如牛皮胶、明胶、胨及巯基羧酸、聚胺化合物等,其中聚乙烯亚胺的光亮效果较好。其通式为 $\text{+CH}_2\text{CH}_2\text{NH+}_n$($n$ 为 6 ~ 3000),使用量为 0.5 ~ 30g/L。若聚胺化合物和乙二醇配合使用,则其光亮效果更为理想,乙二醇用

164

量为 1 ~ 10g/L。

（4）电流密度的影响。在该电沉积液中,阴极电流密度对电沉积层组成的影响非常大,如图 5 – 1 所示。由图 5 – 1 可看出,随着阴极电流密度增大,电沉积层含 Co 量明显增加,尤其是电流密度较大时,电流密度对电沉积层组成的影响更为显著。因此要得到外观色泽均匀的 Sn – Co 合金电沉积层,应对阴极电流密度进行严格控制。生产中一般控制在 $2A/dm^2$ 以下。

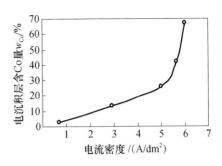

图 5 – 1　阴极电流密度与电沉积层组成的关系

5.4.2　锡酸盐电沉积 Sn – Co 合金

最早的电沉积 Sn – Co 合金是从氰化物 – 锡酸盐体系中得到的。但由于电沉积液中含有大量对 Co 配合能力很强的氰化物,因此只能获得含 Co 量极低的合金电沉积层。近年来,开发了用氨基羧酸取代氰化物的锡酸盐体系电沉积液,其电沉积液组成及工艺条件如下:氯化钴($CoCl_2 \cdot 6H_2O$)　5 ~ 15g/L,锡酸钠($Na_2SnO_3 \cdot 6H_2O$)　30 ~ 60g/L,氨基羧酸　15 ~ 40g/L,光亮剂　少量,pH 值　>13,电沉积液温度(T)　50 ~ 60℃,阴极电流密度(J_K)　0.5 ~ 3.0A/dm^2,电沉积层含 Co 量(w_{Co})　15% ~ 40%。

在锡酸盐电沉积液中,锡以 Sn^{4+} 形式存在,因而就不存在 Sn^{2+} 的氧化问题。另外 Sn^{4+} 与 OH^- 能够形成较稳定的配合离子,只要保持电沉积液的 pH 值在一定范围内就不会发生锡酸盐的水解。因此锡酸盐电沉积液的稳定性优于焦磷酸盐电沉积液。该电沉积液对金属杂质不太敏感,因而对电沉积液的维护也比较容易。但电沉积液中的有机杂质对电沉积层质量有较大影响。因此,新配制的电沉积液最好用活性炭处理后再使用。

该电沉积液的另一个特点是,工艺条件的变化对电沉积层组成影响不明显。如阴极电流密度对电沉积层含钴量的影响比焦磷酸盐电沉积液小得多,因而可在较宽的电流密度范围内进行电沉积。

该电沉积液使用的阳极一般为不溶性阳极。若使用 Sn 阳极,控制阳极电流密度比较麻烦,而且电沉积液中主盐金属离子浓度比变化较大,因而电沉积层组成就不稳定。采用单金属混挂阳极时也存在类似问题。不溶性阳极多采用石墨阳极,消耗的放电金属离子以盐类形式定期补加。这种方法能够比较容易控制电沉积液中的主盐金属离子浓度比。

5.4.3　氟化物电沉积 Sn – Co 合金

氟化物电沉积 Sn – Co 合金液组成及工艺条件如下:氯化钴($CoCl_2 \cdot 6H_2O$)

165

37.5g/L,氟化亚锡($SnF_2 \cdot 2H_2O$) 45g/L,酸性氟化铵(NH_4HF_2) 82.5g/L,氯化铵(NH_4Cl) 37.3g/L,光亮剂 适量,pH值 2.0~2.5,电沉积液温度 65℃,阴极电流密度 1~3A/dm²,电沉积层含Co量(w_{Co}) 25%。

氟化物体系电沉积液比较稳定,阴极电流效率较高,而且加入适当的光亮剂后,可以获得光亮细致的合金电沉积层。但这种电沉积液酸性较大,使用温度较高,因而对设备的腐蚀比较严重,故目前应用较少。

5.4.4 电沉积 Sn – Co 合金层的结构、特性及后处理

1. 电沉积层结构

在氟化物体系电沉积液中得到的 Sn – Co 合金电沉积层(w_{Co}33%)为等原子数的金属间化合物 CoSn,其结晶属于单相正方晶系。这种相在 Sn – Co 合金的平衡相图中是不存在的。在平衡相图中的等原子数的 Sn – Co 合金 CoSn 是属于六方晶系的。通过电沉积法获得的 Sn – Co 合金仍属于亚稳态的合金相,当温度高于 200℃ 时将发生相变而转化为 $CoSn_2$ 相和 $\gamma – Co_3Sn_2$ 相。由于电沉积合金与用热熔法得到的合金结构不同,所以它们在物理化学性质上也表现出差异,如合金的硬度、应力及耐蚀性等不完全相同。

2. 电沉积层特性

(1)外观色泽。电沉积层的外观色泽主要取决于合金含Co量。随着电沉积层含Co量的提高,电沉积层外观依次呈光亮银白色→青白色→灰黑色→褐色。随着人们审美观念的变化,白色柔和的 Sn – Co 合金电沉积层开始流行,对传统的铬电沉积层的色泽已渐失去兴趣。此外,在钟表、日用五金等制品上,略带黑色的 Sn – Co 合金电沉积层也受到人们的青睐。

(2)硬度及耐磨性。Sn – Co 合金电沉积层的硬度一般随其组成的变化而变化,当电沉积层含Co量增加时,其硬度略微提高。Sn – Co 合金电沉积层的硬度一般在 400~500HV 之间,这个值远低于铬电沉积层的硬度值,因此其耐磨性比铬电沉积层差。滑动磨损试验结果表明,磨损 1μm 厚的铬电沉积层所需要的滑动次数为 600 次以上,但磨损同样厚度的 Sn – Co 合金电沉积层只需要 200 次。因此对电沉积层的硬度和耐磨性要求较高的零部件不能采用电沉积 Sn – Co 合金。

(3)耐蚀性及抗变色性能。表 5 – 21 给出了几种不同组合电沉积层的 CASS 试验结果。

表 5 – 21 几种不同电沉积层的 CASS 试验结果

电沉积层组合/μm				试验结果评定分数			
半光亮镍	光亮镍	Sn – Co 合金	铬	16h	32h	48h	64h
	10	0.2		9	7	3	
	10		0.2	9.5	8	5	

电沉积层组合/μm				试验结果评定分数			
半光亮镍	光亮镍	Sn－Co 合金	铬	16h	32h	48h	64h
	20	0.2		9.5	8	4	
	20		0.2	10	8	5	
6	4	0.2		10	9	9	9
6	4		0.2	10	10	9	9
12	8	0.2		10	10	10	10
12	8		0.2	10	10	10	9.5

从试验结果可以看出,在双层镍上电沉积 Sn－Co 合金的组合电沉积层耐蚀性不亚于双层镍上电沉积铬的组合电沉积层。在 CASS 试验中,Sn－Co 合金电沉积层表面将会产生褐色膜。分析结果表明,这种褐色膜是钴的氧化物,并非基体金属的腐蚀产物。在铁基体上先电沉积镍 $10\mu m$,然后再电沉积 $0.2\mu m$ 厚的 Sn－Co 合金组合电沉积层,在大气中暴露 2 个月不会发生锈蚀,也不会改变其外观色泽。

3. Sn－Co 合金电沉积层的后处理

若对 Sn－Co 合金电沉积层进行后处理,可以改善电沉积层的耐蚀性和抗变色性能。常用的钝化处理方法有化学法和电解法两种。

（1）Sn－Co 合金电沉积层的化学法钝化处理液组成及工艺条件:铬酐(CrO_3) $40\sim60g/L$,醋酸(CH_3COOH) $2\sim5mL/L$,温度 室温,钝化时间 $30\sim60s$。

（2）Sn－Co 合金层电解法钝化处理工艺:重铬酸钾($K_2Cr_2O_7$) $12\sim15g/L$,氢氧化钠(NaOH) 调 pH 至 12.5,温度 $60\sim90℃$,阳极电流密度 $0.2\sim0.5A/dm^2$,时间 $20\sim40s$。

5.4.5 电沉积 Sn－Co－X 三元合金

Sn－Co 合金电沉积层虽然具有引人注目的外观色泽,但其硬度、耐磨性及抗变色性能等均不及铬电沉积层,所以它只能部分取代装饰性铬电沉积层。因此人们就试图引入第三种金属形成 Sn－Co 基三元合金来改善上述性能。可以同 Sn、Co 共沉积并能改善合金性能的第三种金属,有 V 族、Ti 族、Cr 族金属及 Ni、Zn、Cd、In、Sb 等金属。当在电沉积液中加入 Ni、Zn、In 等金属的盐类时,虽然电沉积层外观色泽、抗变色性能等可以得到一定程度的改善,但电沉积层的硬度仍不理想。当加入某些过渡金属时,所得电沉积层不但硬度、耐磨性等有较大幅度的提高,而且电沉积层色泽及抗变色性能也能得到改善。在第三种金属中,对电沉积层性能影响较大的是 Zn、V、Ta 等。

表 5－22 列出了几种电沉积 Sn－Co 基三元合金的电沉积液组成及工艺条件。研究表明,加入 Cr 族金属对于改善电沉积层硬度及耐磨性确有较好的效果,尤其

是再引入第四种金属,如:Ti,其效果更为显著。但多元合金电沉积液维护与调整比较麻烦,比较难以控制。

表 5 - 22　电沉积 Sn - Co 基三元合金的工艺

电沉积液组成(g/L)及工艺条件	Sn - Co - V	Sn - Co - V	Sn - Co - Ta	Sn - Co - Zn
氯化钴($CoCl_2 \cdot 6H_2O$)	50 ~ 350	50 ~ 350	50 ~ 350	8 ~ 12
氯化亚锡($SnCl_2 \cdot 2H_2O$)	5 ~ 45	5 ~ 45	5 ~ 45	20 ~ 30
二氟氧钒(VOF_2)	1 ~ 45	2 ~ 45		
氟化钽(TaF_5)			0.2 ~ 8	
氯化锌($ZnCl_2$)				2 ~ 5
氟化氢铵(NH_4HF_2)	35 ~ 75	35 ~ 75	35 ~ 75	
焦磷酸钾($K_4P_2O_7$)				220 ~ 300
氯化铵(NH_4Cl)	70 ~ 100	70 ~ 100	70 ~ 100	
氯化铁($FeCl_3$)		0.5 ~ 4		
添加剂(RC - 90)/(mL/L)				20 ~ 30
代铬稳定剂				2 ~ 8
pH 值				8.5 ~ 9.5
电沉积液温度/℃	55 ~ 80	55 ~ 80	55 ~ 80	20 ~ 45
阴极电流密度/(A/dm^2)	0.5 ~ 4.5	0.5 ~ 4.5	0.5 ~ 4.5	0.1 ~ 1.0

5.5　电沉积锡锌(Sn - Zn)合金

在钢铁的防护性电沉积层中,Sn - Zn 合金占有重要地位。Sn - Zn 合金电沉积层对钢铁基体来说是阳极电沉积层,其化学稳定性超过或相当于昂贵的金属 Cd。这种电沉积层还可以进行抛光,还能保持长久不变,它也容易钎焊,不产生长"白毛"现象。在与铝零件接触时,不易形成腐蚀电偶,它是比较理想的防护 - 装饰性合金电沉积层。

含 Zn 质量分数为 20% ~ 30% 的 Sn - Zn 合金电沉积层,耐蚀性最高。电沉积层结晶细致,无孔隙;在二氧化硫气氛中,也具有良好的耐蚀性,电沉积层经过铬酸盐钝化处理,可进一步提高其耐蚀性,但含 Sn 量高的合金电沉积层钝化比较困难。

5.5.1　氰化物电沉积 Sn - Zn 合金

氰化物电沉积 Sn - Zn 合金,成分稳定,电沉积液分散能力好,容易维护。采用合金阳极时,为防止 Sn^{2+} 的增加和危害,阳极要像碱性电沉积锡那样保持半钝化状态。

1. Sn – Zn 合金电沉积液组成及工艺条件

氰化物电沉积 Sn – Zn 合金工艺见表 5 – 23。

表 5 – 23　氰化物 Sn – Zn 合金电沉积液组成及工艺条件

电沉积液组成(g/L)及工艺条件	1	2	3	4(滚镀用)	5
锡酸钾(K_2SnO_3)	50 ~ 100		120	94	
锡酸钠($Na_2SnO_3 \cdot 3H_2O$)					72
氰化锌[$Zn(CN)_2$]			9	15	12.5
氧化锌(ZnO)	3 ~ 15	3 ~ 15			
氰化钾(KCN)	20 ~ 60	20 ~ 60	30	34	
氰化钠($NaCN$)					30
氢氧化钾(KOH)	4 ~ 12	3 ~ 14	6.8	11	
氢氧化钠($NaOH$)					10
工作温度/℃	60 ~ 75	60 ~ 75	65	65 ± 2	65
阴极电流密度/(A/dm^2)	1 ~ 3	1 ~ 3	2 ~ 3	0.5 ~ 1.5	1 ~ 3
阳极 Sn – Zn 合金	按电沉积层成分比	按电沉积层成分比	按电沉积层成分比	按电沉积层成分比	按电沉积层成分比
电沉积层含 Sn 量/%(质量分数)	70 ~ 80	70 ~ 80	80	75 ~ 85	80

2. 电沉积液中各成分的作用及工艺条件的影响

(1) 主盐。通常使用锡酸钾或锡酸钠以提供 Sn^{4+},用氰化锌或氧化锌提供 Zn^{2+}。由于电沉积液中的锡比锌难以沉积,所以电沉积液中 Sn^{4+} 的含量必须远大于 Zn^{2+} 的含量。随电沉积液中含 Sn^{4+} 量增加,电沉积层中含 Sn 量上升。在电沉积液中,锡以 SnO_3^{2-} 或 $Sn(OH)_6^{2-}$ 的形式存在;锌以 ZnO_2^{2-} 或 $Zn(OH)_4^{2-}$ 及 $Zn(CN)_4^{2-}$ 的形式存在。

(2) 游离氢氧化钾(钠)。随着电沉积液中氢氧化钾(钠)含量的增加,电沉积层含 Zn 量增加。当氢氧化钾(钠)含量在 8 ~ 12g/L 范围内变化时,电沉积层含 Zn 量比较稳定。此时,含 Zn 量大致在 25%(质量分数)。氢氧化物和氰化物最好每天进行分析。

(3) 游离氰化钾(钠)。CN^- 是 Zn^{2+} 的络合剂。氰化物含量过低时,使锌沉积时的阴极极化降低,并降低分散能力和覆盖能力,使电沉积层结晶粗糙,并对电沉积层组成有一定影响。

(4) 工作温度。随着电沉积液温度的升高,电沉积层含 Sn 量增加。这是由于锡的析出电势随温度升高而变正,并且阴极电流效率也有所上升。温度最好控制

169

在 65℃左右为好。

（5）阴极电流密度。随着电流密度的提高，电沉积层含 Zn 量减少。电流密度对电沉积层成分的影响较小，但也必须注意尽量严格控制。

（6）电沉积液的分散能力。合金电沉积液的分散能力，应包括电沉积层厚度的均匀性和合金组成两部分内容。该电沉积液在使用电流密度范围内，具有较高的分散能力。

5.5.2　柠檬酸盐电沉积 Sn - Zn 合金

20 世纪 70 年代以后，日本、欧、美和中国相继开发和发展了无氰电沉积 Sn - Zn 合金工艺，其中以柠檬酸盐电沉积液应用的比较多。该电沉积液比较稳定，电沉积层中 Sn - Zn 含量比较容易控制。采用表 5 - 24 所列的工艺，都能得到含 Zn 质量分数为 25% 左右的光亮或半光亮的 Sn - Zn 合金电沉积层。

1. 柠檬酸盐电沉积 Sn - Zn 合金工艺

柠檬酸盐电沉积 Sn - Zn 合金工艺见表 5 - 24。

表 5 - 24　柠檬酸盐电沉积 Sn - Zn 合金工艺

电沉积液组成(g/L)及工艺条件	1	2	3	4
硫酸亚锡($SnSO_4$)	35	38	28	110
硫酸锌($ZnSO_4 \cdot 7H_2O$)	32	36	24	110
柠檬酸($H_8C_6O_7$或钠盐)	80			30
柠檬酸铵[$(NH_4)_3H_5C_6O_7$]		110	90	
葡萄糖酸盐				20
酒石酸($C_4H_6O_6$)	25			
酒石酸铵($(NH_4)_2C_4H_4O_6$)			5	
硫酸铵($(NH_4)_2SO_4$)	60	70		
磷酸铵($(NH_4)_3PO_4$)			80	
琥珀酸			10	
氨水(30% $NH_3 \cdot H_2O$)/(mL/L)	72	调 pH	80	
光亮剂/(mL/L)	8	8	8	明胶 15g/L
阴极电流密度/(A/dm^2)	1 ~ 3	0.5 ~ 3.0	1 ~ 3	1.5
工作温度/℃	15 ~ 25	10 ~ 40	15 ~ 25	20 ~ 35
pH 值	6 ~ 7	5 ~ 6	5.8	4.5
阳极含锌质量分数	25%合金	25%合金	25%合金	25%合金

2. 电沉积工艺特点

两价 Sn 的标准电极电势等于 - 0.14V，Zn 的标准电极电势等于 - 0.763V。为了使两者沉积电势相近，必须对电极电势较正的金属 Sn^{2+} 进行络合，以增加其极化作用。试验证明,单一的络合剂很难达到这一效果,往往需要加入辅助络合剂。以上工艺使用的络合剂主要是柠檬酸或其盐,辅助络合剂是酒石酸及氨盐等。若络合剂含量增加,将使合金沉积中含 Zn 量提高;如果络合剂含量过低时,将使合金沉积中含 Zn 量降低,且电沉积液的分散能力和覆盖能力下降。合金电沉积液中的 Zn^{2+}/Sn^{2+} 比,对电沉积层成分含量影响较大,应注意经常保持在工艺范围内。

为了保持电沉积液的稳定性,必须在电沉积液中加入稳定剂。通常可采用两种方法:一种是在电沉积液中加入辅助络合剂,如苯酚、间苯二酚、甲苯磺酸、酒石酸、苹果酸、乙醇酸和乳酸等;另一类是还原剂,如抗坏血酸以及分子结构中含有 $C=O$、$C=C$ 及若干—OH 基团的化合物等。为了得到结晶细致、平整和光亮的 Sn – Zn 合金电沉积层,必须加入光亮剂,如明胶和蛋白胨等有机物以及其他有机聚合物,还可加入适量的醛类化物,如胡椒醛、香草醛等作次级光亮剂。

3. 含低锡(含锡 15%)的电沉积 Zn – Sn 合金工艺

含低锡(15%)的 Zn – Sn 合金电沉积层,容易铬酸盐钝化处理,可得到不同色彩的钝化膜,并提高了耐蚀性。其电沉积工艺如下:硫酸锌($ZnSO_4 \cdot 7H_2O$)110g/L,硫酸亚锡($SnSO_4$) 5g/L,氯化铵(NH_4Cl) 30g/L,葡萄糖酸钠 20g/L,柠檬酸钠 30g/L,光亮剂 15mL/L,纯锌为阳极,工作温度室温,阴极电流密度 $1 \sim 3A/dm^2$,pH 值 4.5。

5.5.3 碱性锌酸盐及焦磷酸盐电沉积 Sn – Zn 合金

1. 碱性锌酸盐电沉积工艺

碱性锌酸盐电沉积 Sn – Zn 合金电沉积液主要由锡酸钠、碳酸锌、氢氧化钠和乙二胺四乙酸二钠(EDTA)等组成。其镀液组成及工艺如下:锡酸钠($Na_2SnO_3 \cdot 3H_2O$) 70g/L,碳酸锌($ZnCO_3$) 15g/L,氢氧化钠(NaOH) 10g/L,EDTA 15g/L,阴极电流密度 2.2A/dm²,工作温度 70℃,电沉积层含 Zn 质量分数 25%,阴极电流效率 65%。

碱性 Sn – Zn 合金电沉积液成分简单,操作比较容易,但使用温度比较高,由于是强碱性电沉积液,添加剂选择比较困难,电沉积层外观不够平整光亮,故应用较少。

2. 焦磷酸盐电沉积工艺

锡酸钠($Na_2SnO_3 \cdot 3H_2O$) 50g/L,焦磷酸锌($Zn_2P_2O_7$) 10g/L,焦磷酸钾($K_4P_2O_7$) 250g/L,磷酸氢二钠($Na_2HPO_4 \cdot 2H_2O$) 20g/L,pH 值 10 ~ 11,温度 40 ~ 50℃,电流密度 $1 \sim 2A/dm^2$。

5.5.4 Sn – Zn 合金电沉积层的钝化处理

1. 铬酸盐钝化

Sn – Zn 合金电沉积层在一般铬酸或铬酸盐钝化液中很难得到满意的钝化膜,因为 Sn – Zn 合金中含 Zn 量比较低,而含 Sn 量在 70% 以上,钝化剂对锡的作用很弱,故难以得到较好的钝化膜。另外,通常使用硝酸作为出光剂,不但不能起到出光的作用,反而带来不良的影响。经研究,在钝化液中加入适量的活化剂能起较好作用,得到比较满意效果。

钝化液组成及工艺条件见表 5 – 25。

表 5 – 25 铬酸或铬酸盐钝化工艺

钝化液组成(g/L)及工艺条件	工艺 1	工艺 2	工艺 3	工艺 4
铬酐(CrO_3)	10 ~ 15	2 ~ 5		
硫酸(H_2SO_4)	1 ~ 3mL/L	15 ~ 20		
硝酸(HNO_3)	30 ~ 50mL/L			
氢氟酸(HF)	2 ~ 4mL/L			
重铬酸钾($K_4Cr_2O_7$)			30 ~ 50	10
碳酸钠(Na_2CO_3)				20
促进剂	10 ~ 20			
pH 值	1 ~ 2		3 ~ 4	
工作温度/℃	20 ~ 50	10 ~ 40	35 ~ 40	室温
时间/min	20 ~ 30s	5 ~ 10s	3 ~ 5	0.5 ~ 1
注:促进剂为哈尔滨工业大学生产。				

钝化处理后,一般可得到比较鲜艳的彩虹色钝化膜,外观均匀致密,最好在 60 ~ 65℃老化 15 ~ 20min,使钝化膜硬化,并提高膜层的结合力和耐蚀性。在钢铁件上电沉积含 Zn 量25% 左右的 Sn – Zn 合金电沉积层 10μm,钝化膜经中性盐雾试验,通过了 144h 未出白锈,出红锈时间超过 1000h,说明经钝化的 Sn – Zn 合金电沉积层具有良好的耐蚀性。

2. 钼酸盐钝化、钨酸盐钝化、三价铬钝化及钛盐钝化

(1)钼酸盐钝化。钼酸盐钝化主要含有钼酸钠、硫酸和氯化物。其工艺如下:钼酸钠(Na_2MoO_4) 20 ~ 30g/L,硫酸(H_2SO_4) 2 ~ 3mL/L,氯化物 3 ~ 5g/L,pH 值 4 ~ 6,温度 20 ~ 40℃,时间 2 ~ 3min。

该工艺得到的钝化膜外观呈蓝绿色,膜层较薄,耐蚀性不太高,采用电解钝化法较好。

(2)钨酸盐钝化。从环境保护考虑,近年来对钨酸盐钝化进行了研究,电解钝化工艺:钨酸钠(Na_2WO_4) 30g/L,硼酸钠(Na_3BO_3) 调 pH = 9,电流密度 0.5A/dm^2,温度 20℃,阴极电解时间 10s,阳极电解时间 10s,次数 2 ~ 5 次。

(3)三价铬钝化。工艺如下:Cr^{3+} 1.5 ~ 2.5g/L,钼酸盐(以 Mo^{6+} 计) 0.1 ~ 0.2g/L,钴盐(以 Co^{2+} 计) 0.1 ~ 0.2g/L,工作温度 18 ~ 25℃,时间 30 ~ 60s。

(4)钛盐钝化。工艺如下:硫酸氧钛 8 ~ 15g/L,过氧化氢(H_2O_2) 50g/L,硫酸(H_2SO_4)10mL/L,工作温度室温。

5.5.5 Sn‑Zn合金层的特性及应用

1. Sn‑Zn合金层的特性

（1）电沉积层的外观及晶体结构。含Zn量为25%的Sn‑Zn合金电沉积层，具有抛光锡电沉积层的光泽，而含Zn为90%的Sn‑Zn合金电沉积层，则为灰白色。Sn‑Zn合金电沉积层不会产生锡须，电沉积层经钝化处理后，一般具有彩虹色外观，并具有较好的耐污染性。

Sn‑Zn合金电沉积层比锡电沉积层结晶细致。X射线衍射（XRD）表明：Sn‑Zn合金电沉积层的晶体结构和Sn‑Zn合金平衡状态的相图是相同的，为具有低共熔点的合金。

（2）Sn‑Zn合金的耐蚀性。Sn‑Zn合金镀层对于钢铁基体来说属于阳极性电沉积层，但Sn‑Zn合金电沉积层的耐蚀性比锌电沉积层有显著的提高。这是由于Sn‑Zn合金中含有Sn的影响，它对Zn受到腐蚀而溶解时具有抑制作用，使合金电沉积层不易受到点蚀。

Sn‑Zn合金电沉积层的耐蚀性与合金电沉积层中的含Sn量有密切的关系，见图5‑2。

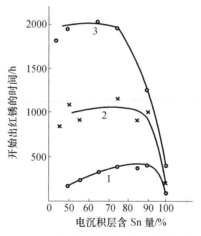

图5‑2 Sn‑Zn合金电沉积层的含Sn量与耐蚀性的关系

1—电沉积层厚度5μm，无钝化；2—电沉积层厚度5μm，彩色钝化；3—电沉积层厚度10μm，彩色钝化。

（3）可焊性。Sn‑Zn合金电沉积层的钎焊性良好，它可在无焊剂的条件下进行钎焊，即使钝化处理后，放置较长时间，也不影响其可焊性。但随合金电沉积层中含Zn量的增加，钎焊性下降。为保证合金电沉积层的可焊性，电沉积层中含Zn量不宜超过30%，而合金电沉积层的厚度应在4~5μm以上。此外，Sn‑Zn合金电沉积层还具有很好的韧性、延伸性和电性能。

2. Sn‑Zn合金的应用

Sn‑Zn合金电沉积层具有良好的耐蚀性、可焊性、润滑性、抗摩擦、可加工性和可涂装等特性以及较低的接触电阻,所以国外在电沉积汽车钢板、汽车零部件(如燃料管路、底盘、制动板等)和其他零部件上得到大量应用。其电性能也好,故常用在电子和电气设备上。还可用作铝合金表盘的钢铁紧固件上的电沉积层,该合金电沉积层还具有抗汽油和制动液的特性。

Sn－Zn合金电沉积层在耐蚀性、氢脆性和可焊性等方面都优于或相当于镉电沉积层。因此,可作为代镉电沉积层,用于高强钢、弹性件的电沉积层,适用于电气、电子、航空航天和轻工等许多领域。该合金电沉积层,也可代替锡电沉积层,用于容器电沉积,特别适用于盛装有腐蚀性流体容器的电沉积处理。适用于石油、化工产品、饮食用具等容器产品。

参 考 文 献

[1] 沈品华,等. 现代电镀手册. 上册[M]. 北京:机械工业出版社,2010.

[2] 屠振密,刘海萍,张锦秋. 防护装饰性镀层(二版)[M]. 北京:化学工业出版社,2014.

[3] 张允诚,等. 电镀手册. 4版[M]. 北京:国防工业出版社,2011.

[4] 屠振密,李宁,安茂忠,等. 电镀合金实用技术[M]. 北京:国防工业出版社,2007.

[5] 屠振密,胡会利,刘海萍,等. 绿色环保电镀技术[M]. 北京:化学工业出版社,2013.

[6] 陈彦彬,刘庆国. 低铅光亮Sn－Pb合金电镀工艺的研究[J]. 电镀与精饰,1999,21(4):12－14.

[7] Fukuda,Mitsunobu,Imayoshi. Effect of adsorption of polyoxyethylene laurylether on electrodeposition of Pb－free Sn alloys[J]. Surface and Coatings Techonlogy. 2003,169(2):128－130.

[8] 黄思玉. 锡铈合金电镀工艺的改进[J]. 电镀与精饰,1999,18(2):70－71.

[9] 冯祥明. 电镀光亮锡铋合金工艺研究[J]. 材料保护,2002,35(12):28－30.

[10] Vitkova S,Ivanova V. Electrodeposition of low tin content Zinc－Tin alloys[J]. Surface &Coatings Technology,1996,82(3):226－231.

[11] Budman E,Stevens D. Tin－Zinc Plating[J]. Trans. I M F,1998,76(3):B34－37.

[12] 王腾,孙丽芳,安成强. 甲基磺酸盐电镀锡及锡合金的研究进展[J]. 电镀与精饰,2009,31(12):14－18.

[13] 陈双扣,郭莉萍,朱建芳. 电路板电镀锡铅合金的工艺研究[J]. 电镀与精饰,2007,40(4):25－27.

[14] 冯祥明,李卫东,左正忠,等. 电镀锡铋合金镀液及其制备方法[P]. 中国:CN 1380445A,2002.

[15] Neveu B,Lallemand F,Poupon G,et al. Electrodeposition of Pb－free Sn alloys in pulsed current[J]. Applied Surface Science,2006,252(10):3561－3573.

[16] 陈华茂,吴华强,吴明. 超声电镀锡铈合金的微观结构与性能[J]. 电镀与涂饰,2008,27(5):14－16.

[17] 施吉连. 一种在微波高频电路板上电镀锡铈铋合金的方法[P]. 中国:CN 101899691A,2010.

[18] 黄鑫,贺子凯,王敏,等. 锡铋合金电镀工艺条件的研究[J]. 电镀与涂饰,2004,23(4):25－27.

[19] Tsai Y D,Hu C C,Lin C C. Electrodeposition of Sn－Bi lead－free solders:Effects of complex agents on the composition,adhesion,and dendrite formation[J]. Electrochimica Acta,2007,53(4):2040－2047.

[20] 崔润平. 甲磺酸电镀锡铋合金[J]. 电镀与环保,2005,25(1):41－42.

[21] Yingxin Goh,A. S. M. A. Haseeb,Mohd Faizul Mohd Sabri. Effects of hydroquinone and gelatin on the electrodeposition of Sn－Bi low temperature Pb－free solder[J]. Electrochimica Acta,2013,90:265－273.

[22] 王清龙. 浅谈SPL－900电镀锡－钴－锌三元合金[J]. 电镀与环保,2009,29(2):46－47.

第6章　电沉积镍基合金

6.1　电沉积镍基合金概述

随着电沉积和材料表面处理技术的发展,具有特殊性能的多功能合金沉积层的研究和应用也日益广泛。在合金电沉积的研究中,电沉积镍基合金由于具有许多优良的物理、化学和力学性能,因而在工程应用中越来越受到人们的重视。如通常使用的电沉积 Ni – Fe 合金和 Ni – Co 合金具有良好的电磁性能,已广泛应用于电子产品、磁记录材料或军事等领域;另外,如 Ni – Fe 合金、Ni – W 合金、Ni – Cr 合金和 Ni – P 合金等镍基合金具有很高的硬度和耐磨损性能,已应用于机械、电机、航空航天工业等领域;Ni – Zn、Ni – P 和 Ni – Cr 合金等具有良好的耐蚀性,已大量作为防护性表面层使用。

(1)电沉积防护性镍基合金。耐蚀性较好的镍基合金有 Ni – P、Ni – Cr、Ni – Zn 等合金及其复合电沉积层。电沉积 Ni – P 合金的优点是沉积速度快,电沉积液稳定性好,成本低,沉积层耐磨性及耐蚀性优良。Ni – P 合金沉积层中 P 质量分数达 12.9% 时,其结构具有非晶态特征,具有较高的电极电势和优良的耐蚀性,其原因在于非晶态合金自身的均匀性及合金表面磷元素富集的结构,而不是合金的自钝化性。

(2)电沉积磁性镍基合金。Ni、Fe、Co 属于磁性金属,因此电沉积 Ni – Fe 合金、Ni – Co 合金及相关的复合电沉积层具有优良的磁性能,Ni – Fe 合金应用于工业领域已有 100 多年的历史,Fe 元素的加入可大量节省贵重的 Ni。早期研究主要应用于防护装饰性电沉积层,后来多用于电子工业的铁磁记忆材料。电沉积 Ni – Fe 合金成本较低,沉积层中 Ni、Fe 含量容易调节,几乎能在任何导电基体上进行电沉积。

(3)电沉积高硬度耐磨性镍基合金。Ni – B、Ni – Fe、Ni – P、Ni – W 及 Ni – Cr 等镍基合金电沉积层具有良好的耐磨性、耐蚀性和装饰性等特点,在实际生产中应用广泛。

随着工件使用环境越来越复杂和苛刻,对镍基合金沉积层的使用性能提出了更高的要求。通常在电沉积液中加入一些硬质颗粒,如 SiC、WC、BN、Si_3N_4、Al_2O_3 或金刚石等,可得到复合电沉积层,该沉积层在保持良好耐蚀性的同时,还具有更高的硬度和优良的耐磨性,可满足一些特殊环境的使用要求。

6.2 电沉积镍磷(Ni－P)合金

6.2.1 电沉积 Ni－P 合金概述

1. 电沉积 Ni－P 合金的特点及应用

电沉积 Ni－P 合金是 1946 年由 Brenner 发明的,该技术一直沿用至今。此法与化学沉积法不同之处是:亚磷酸仅作为沉积层中 P 的来源,金属 Ni 是 Ni^{2+} 在阴极上得到电子发生还原而生成的。

(1)电沉积 Ni－P 合金的优点:

在低温下具有较高的沉积速率;电沉积液稳定性好,Ni^{2+} 的还原与亚磷酸无关,亚磷酸仅提供 P;电沉积液成分简单,使用寿命长;沉积层平滑,光泽性良好,耐磨、耐蚀;控制电沉积液中亚磷酸的含量,可容易地调节沉积层组成;沉积速率高,可沉积较厚的沉积层。

(2)电沉积 Ni－P 合金工艺存在的问题:

pH 值低、Cl^- 含量高,导致镍阳极溶解速率大,造成电沉积液中 Ni^{2+} 浓度迅速上升;若采用不溶性阳极,则 Cl^- 析出形成 Cl_2 气,将氧化亚磷酸,使电沉积液中亚磷酸含量迅速下降;阴极反应有镍和氢的还原,生产过程中 pH 不断上升,pH 达到 3.5 以上时出现亚磷酸镍沉积;电沉积液的分散能力和覆盖能力较差。

电沉积 Ni－P 合金具有很多优异特性,如耐蚀、耐磨、可焊性、磁屏蔽、高硬度、高强度、高导电性等,已广泛应用于汽车、航空、计算机、电子、化工和石油等领域。另外,Ni－P 合金沉积层经热处理后,其硬度大大提高,能接近或超过硬铬沉积层,从而可以部分代替铬,这对保护环境是非常有利的。目前用于制备 Ni－P 合金沉积层的方法有化学沉积法和电沉积法,与化学法相比,电沉积法具有很多优点,如沉积速度快、电沉积液工作温度较低、电沉积液稳定性高、可制得更厚的电沉积层、成本较低等。

2. 电沉积 Ni－P 合金的类型及特性

(1)电沉积 Ni－P 合金类型。根据电沉积 Ni－P 合金溶液的不同,可分为亚磷酸盐电沉积液、次磷酸盐电沉积液和氨基磺酸盐电沉积液等,其中亚磷酸盐电沉积液应用较多。

根据 Ni－P 合金沉积层中 P 含量的不同,可分为低 P、中 P 和高 P 电沉积 Ni－P合金。

(2)电沉积 Ni－P 合金的特性。用电沉积方法可以方便地获得含 P 量十分稳定的高 P(质量分数 14% 左右)和中高 P(10% 左右)的 Ni－P 合金沉积层。经 400℃热处理 1h 可得到高硬度 Ni－P 合金,这时合金以 Ni_2P、Ni_3P 等结构的金属间化合物散布于镍基质中,电沉积层致密光亮,孔隙率低。

Ni－P 合金的磁性随含 P 量而变化,当沉积层中 P 质量分数小于 8% 时,属于磁性沉积层,随着 P 含量的升高,沉积层的磁性逐渐减弱,当 P 含量大于 14% 时,沉积层属于抗磁体。

Ni－P 合金沉积层与铬、光亮镍沉积层的特性对比见表 6－1。

表 6－1　Ni－P 合金沉积层与铬、镍沉积层综合性能比较

比较项目		化学沉积 Ni－P 合金	电沉积 Ni－P 合金	电沉积硬铬	电沉积光亮镍
初始硬度/HV		500～750	600～700	800～1100	400 左右
热处理后硬度/HV（300～400℃）		900～1300	800～900	750～850	—
沉积速率/(μm/h)		15～20	60	18	60
电流效率/%		—	50	15	95
分散能力		优良	良好	差	优良
电沉积液管理		难	易	易	易
电沉积层应力		压应力	张应力	很大张应力	压应力
耐蚀性	盐雾试验	优	优	良	良
	CASS 试验	良	良	一般	一般
	SO_2 气体腐蚀	良	良	差	差
耐磨性		良	良	优	一般

由表 6－1 可以看出,电沉积 Ni－P 合金可以在一定条件下作为代铬层使用,而且有些性质还优于硬铬沉积层和亮镍沉积层。

6.2.2　电沉积 Ni－P 合金工艺

电沉积 Ni－P 合金通常使用的有亚磷酸盐电沉积液、次磷酸盐电沉积液和氨基磺酸－亚磷酸盐电沉积液等。

1. 亚磷酸盐电沉积 Ni－P 合金工艺

亚磷酸盐电沉积 Ni－P 合金的溶液组成及工艺条件见表 6－2。

表 6－2　亚磷酸盐电沉积 Ni－P 合金的溶液组成及工艺条件

溶液组成(g/L)及工艺条件	工艺 1	工艺 2	工艺 3	工艺 4	工艺 5
硫酸镍($NiSO_4 \cdot 6H_2O$)	180～230	150～170	150	160	200～250
氯化镍($NiCl_2 \cdot 6H_2O$)	70～90	10～15	45	40	40～50
碳酸镍($NiCO_3$)				40	
亚磷酸(H_3PO_3)	6～10	10～25	50	44	4～8
磷酸(H_3PO_4)	40～60	15～25	40	50	40～45

177

溶液组成(g/L)及工艺条件	工艺1	工艺2	工艺3	工艺4	工艺5
磷酸钠（Na_3PO_4）					40～50
KN 配合物		50～70			
DPL 添加剂		1.5～2.5			
pH 值	0.5～1.5	1.5～2.5	1	0.5～1.5	1.5～2.5
温度/℃	70	70	75～95	85～90	65～75
电流密度/（A/dm²）	2～4	5～15	0.5～4	1～5	2～5
注：KN 配合物和 DPL 添加剂为哈尔滨工业大学研制。					

亚磷酸盐电沉积液是应用较多的体系。该电沉积液的特点是：成分简单，电沉积层光亮细致、结合力好，容易获得含 P 量较高的 Ni-P 合金沉积层，但电解液的分散能力和覆盖能力较差。

2. 次磷酸盐电沉积 Ni-P 合金工艺

次磷酸盐电沉积 Ni-P 合金的溶液组成及工艺条件见表6-3。

表6-3 次磷酸盐电沉积 Ni-P 合金的溶液组成及工艺条件

溶液组成(g/L)及工艺条件	工艺1	工艺2	工艺3	工艺4
硫酸镍（$NiSO_4 \cdot 6H_2O$）	160～200	150～200	130～150	14
氯化镍（$NiCl_2 \cdot 6H_2O$）	10～15	40～45		
次磷酸钠（$NaH_2PO_2 \cdot H_2O$）	10～20	20～30	6	5
氯化钠（NaCl）				16
硼酸（H_3BO_3）	20～30	20		15
磷酸（H_3PO_4）		25～35	50	
糖精	1			
添加剂	适量			
pH 值	2.0～2.5	2.0～2.5	1.5～2.5	2
温度/℃	65±2	70～80	75	80
电流密度/（A/dm²）	1～3	10～15	3～10	2.5
沉积层含 P 量/%（质量分数）	10～12	<10	14～15	9
阳极	Ni	Ni+Ti	Ni+Ti	Ni

3. 氨基磺酸镍-亚磷酸电沉积 Ni-P 合金工艺

氨基磺酸镍-亚磷酸电沉积 Ni-P 合金的溶液组成及工艺条件：氨基磺酸镍［$Ni(NH_2SO_3)_2$］200～300g/L；氯化镍（$NiCl_2 \cdot 6H_2O$） 10～15g/L；亚磷酸（H_3PO_3） 10～12g/L；硼酸（H_3BO_3） 15～20g/L；电流密度 2～4A/dm²；pH 值

1.5 ~ 2.0;温度 50 ~ 60℃。

该工艺可获得 P 质量分数为 10% ~ 15% 的 Ni – P 合金沉积层。其特点是工艺稳定、电沉积液成分简单、电沉积层韧性较好、光亮、结合力好,但电沉积液的成本较高。

6.2.3 电沉积 Ni – P 合金溶液组成及工艺条件的影响

1. 各成分的作用及影响

(1)镍盐。电沉积液中主要有硫酸镍、氯化镍和碳酸镍等,是沉积层中 Ni 的主要来源。只有当 Ni^{2+} 达到一定浓度时,Ni 和 P 才能发生共沉积。随着镍盐浓度的提高,阴极电流效率提高,沉积层质量改善;但镍盐含量过高,沉积层粗糙,含 P 量降低。硫酸镍浓度以 130 ~ 200g/L 为宜。

氯化镍中含有氯离子,氯离子是阳极活化剂,可以降低或防止镍阳极的钝化,保证镍阳极正常溶解。用氯化镍做阳极活化剂,还可以提供部分 Ni^{2+} 作为主盐。氯化镍含量不宜过高,在保证阳极正常溶解的情况下,尽量少用,因为氯离子容易增加沉积层的内应力。

(2)亚磷酸和次磷酸。它们是沉积层中磷成分的主要来源。它们在阴极上还原生成 P,进入沉积层形成 Ni – P 合金。主要反应式如下:

$$H_2PO_2^- + 2H^+ + e \rightarrow P + 2H_2O$$

$$H_3PO_3^- + e \rightarrow P + 3OH^-$$

随着亚磷酸浓度的提高,电沉积液 pH 值降低,这有利于 P 的沉积,沉积层中 P 的含量增加。次磷酸在阳极被氧化成亚磷酸,亚磷酸积累后会生成沉淀析出,加入适量的添加剂可以抑制氧化反应的发生。

(3)磷酸。磷酸可以使电沉积液中亚磷酸的含量保持稳定,便于电沉积液的维护和长时间使用。磷酸还可以起到缓冲剂的作用,稳定电沉积液的 pH 值。

(4)硼酸。主要是调节和稳定电沉积液的 pH 值。

(5)配位剂和添加剂。KN 是配位剂,它可以与 Ni^{2+} 形成配合物,提高阴极极化,改善电沉积液的分散能力,对 Fe^{3+} 等杂质有一定的屏蔽作用,对稳定电沉积液中 Ni^{2+} 有积极的作用,并可以提高电流密度。DPL 是添加剂,它可以提高阴极极化,使沉积层光亮细致,并可以降低沉积层的脆性。糖精是光亮剂,对沉积层有光亮作用,并能产生压应力,以抵消因氯离子造成的拉应力。

2. 工艺条件的影响

(1)pH 值。电沉积液的 pH 值降低,沉积层中 P 含量降低;pH 值过高,电沉积液易生成亚磷酸镍沉淀。一般增加磷酸25mL/L,电沉积液 pH 值会降低0.2 左右。pH 值降低,电流效率会下降;pH > 3 时,沉积层脆性会增加。调节 pH 值,可用含 50g/L 磷酸和 50g/L 磷酸钠的水溶液。

(2)温度。温度对电沉积层中 P 的含量影响不大,但对沉积速率有较大影响,当温度低于50℃时,沉积速率会变得很慢。

(3)电流密度。电沉积液体系不同,使用的阴极电流密度也不同。一般情况下,沉积层中P含量随电流密度的增加而有所下降。

(4)阳极。电沉积Ni-P合金的阴极电流效率较低,如果只采用可溶性镍阳极,则阳极电流效率较高,电沉积液中Ni^{2+}积累太快,不利于电沉积液的维护管理。常采用可溶性和不溶性混合阳极。不溶性阳极比较理想的材料是钛板上镀铂,但造价较高。采用高密度石墨阳极,用涤纶或丙纶布包扎,防止污染电沉积液。可溶性阳极与不溶性阳极的面积比在1:(1.5~3)之间为宜。

3. 电沉积液的配制

(1)用热去离子水溶解计算量的硫酸镍和氯化镍,加双氧水1~2mL/L,充分搅拌。加热至65℃左右,保温30min,加活性炭2~3g/L,静置2h,过滤。将清液注入工作槽中。

(2)分别用水溶解其他成分,用去离子水调整到液位。

(3)调整pH值到工艺要求,然后小电流电解,试镀。

6.2.4 电沉积Ni-P合金的特性及应用

1. Ni-P合金的特性

Ni-P合金的平衡相图见图6-1。

2. 影响Ni-P合金硬度的因素

Ni-P合金硬度较高,一般在500HV以上。电沉积层的硬度与电沉积液组成与工艺条件有关。在亚磷酸体系中,电沉积得到的Ni-P合金沉积层的硬度与下面几个因素有关:

(1)电沉积液中亚磷酸含量对硬度的影响。亚磷酸可提高沉积层的硬度,但浓度达到一定值后,随着亚磷酸含量的增加,沉积层硬度有所降低。

(2)电沉积液温度对硬度的影响。温度升高,电沉积层的硬度有所增加。

(3)阴极电流密度对硬度的影响。阴极电流密度增加,沉积层硬度有所增加。

(4)沉积层中P含量对硬度的影响。随着沉积层中P含量的增加,沉积层硬度有所下降。

(5)热处理对硬度的影响。为了得到更高的硬度,可以对Ni-P合金沉积层进行热处理,热处理的温度变化对沉积层硬度有显著影响。图6-2给出了P质量分数分别为9%、3%的沉积层及化学沉积Ni-P合金层的热处理温度与沉积层硬度的关系曲线。

在温度400℃下热处理1h时,沉积层硬度达到最大值,一般可达到1000HV以上,相当于电沉积硬铬的硬度。不同含P量的Ni-P合金沉积层及不同方法得到的Ni-P合金沉积层,其硬度随热处理温度的变化规律基本相同。

由于Ni-P合金沉积层的硬度很高,因此其耐磨性也较好,在低于400℃热处理时,耐磨性随热处理温度的升高而提高。经400℃热处理1h的Ni-P合金沉积层的耐磨性优于硬铬沉积层,且Ni-P合金沉积层的摩擦系数小,因此用于代替耐磨的硬铬沉积层是可行的。

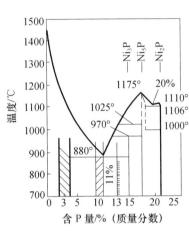

图6-1 Ni-P合金的平衡状态图

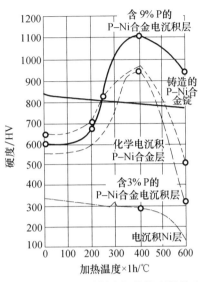

图6-2 沉积层硬度与热处理的关系

3. 影响耐蚀性的因素

Ni-P合金沉积层的热力学稳定性较好,在有机或无机腐蚀介质中都表现出良好的耐蚀性能。随着沉积层中P含量的增加,沉积层耐蚀性提高,当P质量分数超过13%后,沉积层的耐蚀性有所下降。Ni-P合金沉积层经过热处理后,改变了其非晶态结构(变为晶态),其硬度得到提高,但耐蚀性却有所下降。

6.3 电沉积镍铁(Ni-Fe)合金

6.3.1 电沉积Ni-Fe合金概述

随着各种有效光亮剂及Fe^{2+}稳定剂的出现,电沉积Ni-Fe合金才陆续开始应用于装饰性表面处理。光亮Ni-Fe合金沉积层作为代镍层,在汽车、自行车、缝纫机、家用电器、日用五金和文化用品中得到应用。

1. 电沉积Ni-Fe合金工艺的优点

(1)电沉积液具有良好的整平能力,因而金属的消耗量比电沉积光亮镍要少。

(2)在Ni-Fe合金沉积层上套铬比较容易,且电沉积铬的覆盖能力较好。

(3)合金沉积层的硬度较高,其硬度值在550~650HV之间,而且沉积层韧性比光亮镍沉积层好,电沉积后可以进行再加工。

（4）沉积层与基体结合牢固，可在钢铁基体上直接电沉积出全光亮、高整平性的 Ni - Fe 合金层。沉积层的耐蚀性与光亮镍相当。

（5）用廉价的铁代替部分 Ni，可以节省 15% ~50% 的金属 Ni，成本较低。

（6）电沉积液中镍盐的浓度比电沉积镍低 1/3 ~1/2，因而可减少镍盐的带出损失。

（7）电沉积 Ni 时的有害杂质——铁，在该工艺中为主盐金属，因此电沉积液管理比较容易。此外，由光亮电沉积 Ni 溶液转化为电沉积 Ni - Fe 合金溶液非常方便。

2. 电沉积 Ni - Fe 合金工艺的特性

电沉积 Ni - Fe 合金具有节约 Ni，沉积层韧性、整平性、耐蚀性好，沉积层硬度高，电沉积过程允许电流中断等许多优点。但当沉积层含 Fe 量较高时，会泛出淡棕色锈点；当 Fe 质量分数在 12% 以下时，这种现象消失。为此，国内外发展了"双层 Ni - Fe 合金"，即第一层电沉积 Fe 质量分数为 25%（国内 40%）的 Ni - Fe 合金，占总厚度 2/3 以上；第二层电沉积 Fe 质量分数为 15%（国内 12% 以下）的 Ni - Fe 合金，占总厚度 1/3 以下。电沉积双层 Ni - Fe 合金可以在一个槽中进行，即先搅拌电沉积液，以获得含 Fe 量较高的沉积层；待达到所需要的厚度后，停止搅拌，以获得含 Fe 量较低的沉积层。

Ni - Fe 合金沉积层的耐蚀性与光亮 Ni 沉积层差不多，但 Ni - Fe 合金不宜作表面层，一般用作底层或中间层。由于这种沉积层在潮湿空气中或在水中放置时间较长时容易出现铁锈而影响它与上层之间的结合强度，所以电沉积 Ni - Fe 合金后，最好立即进行面层的电沉积。

3. 电沉积 Ni - Fe 合金溶液类型

电沉积液类型很多，但多数为简单盐电沉积液或弱配合物型电沉积液，如硫酸盐型、氯化物型、硫酸盐 - 氯化物混合型、焦磷酸盐型、氟硼酸盐型、氨基磺酸盐型、柠檬酸盐型等。然而，目前研究较多且在生产上得到普遍应用的电沉积液还是含有 Fe^{2+} 稳定剂和若干光亮剂的简单盐电沉积液。

6.3.2 电沉积 Ni - Fe 合金工艺

随着各种有效光亮剂和 Fe^{2+} 稳定剂的开发，出现了各种组成的电沉积 Ni - Fe 合金溶液。

1. 常用电沉积 Ni - Fe 合金溶液组成及工艺条件

常用电沉积 Ni - Fe 合金溶液组成及工艺条件见表 6 - 4。由表可知，电沉积液的主盐一般用氯化物和硫酸盐。氯化物溶解度较大，因而可用大电流密度进行电沉积，阴极电流效率较高，但所得沉积层应力较大，而且由于电沉积液中含有大量氯离子，基体金属容易受腐蚀。硫酸盐溶解度较氯化物低，且在硫酸盐溶液中电沉积时阳极容易发生钝化。因此，目前普遍采用以硫酸盐为主，同时加入少量氯化物的硫酸盐－氯化物混合型电沉积液。在电沉积 Ni－Fe 合金工艺中,氨基磺酸盐体系电沉积得到的 Ni－Fe 合金应力较低,但由于该工艺成本较高,溶液维护复杂,目前在生产中应用较少。

表 6－4 电沉积 Ni－Fe 合金溶液组成及工艺条件

溶液组成(g/L)及工艺条件	工艺 1	工艺 2	工艺 3	工艺 4	工艺 5
硫酸镍($NiSO_4 \cdot 7H_2O$)		180~200	45~55	200	
氯化镍($NiCl_2 \cdot 6H_2O$)			100~105		
氨基磺酸镍$[Ni(NH_2SO_3)_2]$	200				369
硫酸亚铁($FeSO_4 \cdot 7H_2O$)		20~25	17~20	20	20~25
氯化亚铁($FeCl_2 \cdot 4H_2O$)	5				
氯化钠($NaCl$)		30~35		25	
氨基磺酸(NH_2SO_3H)					10~20
柠檬酸钠($Na_3C_6H_5O_7 \cdot 2H_2O$)	20	20~25			
葡萄糖($C_6H_{12}O_6$)				30	
琥珀酸($CH_2CO_2H)_2$			0.2~0.4		
硼酸(H_3BO_3)	36	40	27~30	50	30
抗坏血酸($C_6H_8O_6$)	2		1.0~1.5		
硫酸羟胺$[(NH_2OH)_2 \cdot H_2SO_4]$					2~6
苯亚磺酸钠($NaC_6H_5SO_2 \cdot 2H_2O$)		0.3	0.2~0.8	0.3	
十二烷基硫酸钠($C_{12}H_{25}OSO_3Na$)		0.05~0.10	0.05~0.10	0.3	0.05~0.10
糖精($C_7H_5NO_3S$)	5	3	2~4	5	0.6~1.0
791 光亮剂/(mL/L)		4~6		3.8	
ABS 光亮剂/(mL/L)			4~8		
pH 值		3.0~3.5		3.5	1.0
温度/℃	52~60	60~63	55~65	58~65	45
电流密度/(A/dm^2)	2~10	2.0~2.5	2~10	3~5	25
阳极	不溶性	$S_{Ni} : S_{Fe} = 4 : 1$	$S_{Ni} : S_{Fe} = 4 : 1$	$S_{Ni} : S_{Fe} = 7 : 1$	不溶性

2. 电沉积 Ni－Fe 合金溶液组成及工艺条件的影响

(1) 主盐浓度比($[Fe^{2+}]$/$[Ni^{2+}]$)。电沉积液中$[Fe^{2+}]$/$[Ni^{2+}]$比与沉积层 Fe 含量的关系如图 6－3 所示。由图 6－3 可以看出,曲线位于平衡线的上方。这表明,在合金电沉积液中电极电势比 Ni 约负 200mV 的 Fe 优先沉积。由此可见,在简单盐电沉积液中,Ni、Fe 的共沉积是属于异常共沉积类型。由图 6－3 还可以看出,即使在电沉积液中 Fe^{2+} 浓度很低,Fe 仍优先沉积。由此可以推测:在电沉积 Ni－Fe 合金时,控制好电沉积液中的 Fe^{2+} 浓度是获得组成均匀的合金沉积层的关键。实践证明,在简单盐电沉积液中对沉积层组成影响最大的因素就是 $[Fe^{2+}]/[Ni^{2+}]$ 浓度比。因此在实际生产中,应严格控制电沉积液中主盐金属离子浓度比。

（2）稳定剂。在简单盐电沉积液中,最重要的是 Fe^{2+} 稳定剂的选择。在电解过程中,Fe^{2+} 在阳极容易被氧化为 Fe^{3+},而 Fe^{3+} 的氢氧化物溶度积比 Fe^{2+} 的氢氧化物小得多[$Fe(OH)_3$ 与 $Fe(OH)_2$ 的 K_{sp} 分别为 4×10^{-38} 和 8×10^{-16}],因此电沉积液中很容易生成 $Fe(OH)_3$ 沉淀。从 $Fe － H_2O$ 体系的电势～pH 图(图 6－4)可以看出,曲线 1 的右方、曲线 2 的上方为 $Fe(OH)_3$ 的稳定存在区。可见在没有稳定剂的电沉积液中,当 pH 值超过 2.5 左右时,极有可能生成 $Fe(OH)_3$ 沉淀。一旦电沉积液中形成 $Fe(OH)_3$ 沉淀,由于 Ni－Fe 合金沉积层具有磁性,它易吸附在阴极表面上,造成沉积层出现针孔、毛刺和发脆等。当 Fe^{3+} 含量达到总 Fe 量的 40% 以上时,就难以正常生产。即使电沉积液 pH 值较低,但若使用较大的电流密度时,由于大量析氢使阴极表面附近的 pH 值上升,也会导致阴极表面附近局部区域 $Fe(OH)_3$ 沉淀的产生。因此在电沉积液中必须要加入一定量的 Fe^{2+} 稳定剂和足够量的缓冲剂,才能使电沉积液保持稳定。Fe^{2+} 稳定剂应满足下列条件:

① 在较宽的浓度范围内,能与 Fe^{2+} 形成稳定的配合物或能抑制 Fe^{2+} 的氧化;

② 稳定剂的电化学性质稳定,不参与电极反应,不易老化,也不影响电沉积液和沉积层的性能。

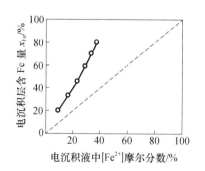

图 6－3　电沉积液中 $[Fe^{2+}]/[Ni^{2+}]$ 比与
沉积层组成的关系($[Ni^{2+}] = 0.7mol/L$,
$[Fe^{2+}] = 0.07～0.42mol/L$)

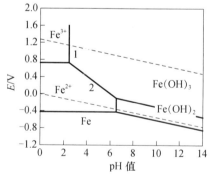

图 6－4　$Fe － H_2O$ 体系的 $E～pH$ 图

一般满足上述条件的物质有羟基羧酸和多羧酸类,如柠檬酸盐、葡萄糖酸盐、酒石酸盐、EDTA、抗坏血酸等。实验结果表明,将上述物质单独或混合加入电沉积液时,对 Fe^{2+} 的稳定效果良好,而且还有利于提高电沉积液的整平能力。但是,如果稳定剂含量过高,反而导致电沉积液的整平能力下降。因此,生产中须严格控制稳定剂的含量。

（3）光亮剂。在装饰性 Ni – Fe 合金电沉积液中,光亮剂是不可缺少的。早先使用的光亮剂是沿用电沉积镍的光亮剂,近年来开发出了多种适于 Ni – Fe 合金的专用光亮剂,如 FN、NT、BNF、XNF、ABSN 等系列光亮剂。这类光亮剂一般除了起光亮作用外,还能起到较好的整平作用。

电沉积 Ni – Fe 合金的光亮剂一般有两种类型:糖精和苯并萘磺酸类的混合物;磺酸盐类和吡啶盐类的衍生物。我国研制的 ABSN 光亮剂是由饱和醇与某些杂环化合物及芳香族磺酸(盐)合成的,其整平能力随电流密度的增加而提高,但沉积层脆性也随之增大,使用电流密度一般为 $5A/dm^2$ 以上。

（4）缓冲剂。当电沉积液 pH 值超过 3.5 时就会形成 $Fe(OH)_3$ 沉淀,从而影响沉积层性能。因此, Ni – Fe 合金电沉积液中也需要加入缓冲剂。与电沉积 Ni 一样, Ni – Fe 合金电沉积液的常用缓冲剂也是硼酸。硼酸的缓冲作用,主要表现在电沉积过程中对阴极表面的 pH 值的缓冲作用。

随着电沉积的进行,电沉积液的 pH 值会逐渐升高。为降低 pH 值,可使用稀的硫酸或盐酸溶液进行调整。

（5）pH 值。在简单盐电沉积液中,pH 值对沉积层组成及阴极电流效率的影响都比较大。pH 值升高,会使沉积层含 Fe 量增加。当 pH 值较高时,Fe^{2+} 容易被氧化为 Fe^{3+} ,当 pH 值高于一定值时,$Fe(OH)_3$ 沉淀的生成不限于在阴极表面附近的局部区域发生,在整个电沉积液中都有可能发生,因而沉积层中夹杂的铁的氢氧化物含量将会增加,此时得到的沉积层力学性能必然要下降。因此电沉积液 pH 值不应过高,一般控制在 3.6 以下。

电沉积液 pH 值对阴极电流效率的影响规律同一般电沉积类似,pH 值较低时,电流效率会明显下降。

（6）温度。随着温度的升高,沉积层含 Fe 量增加。但温度对电流效率的影响很小,温度每升高 10℃ 时,电流效率约提高 1% ~ 2%。温度过高,会加速 Fe^{2+} 的氧化速度;温度过低,使用电流密度范围窄,高电流密度区容易烧焦,电沉积液整平能力下降。因此,电沉积液温度一般控制在 55 ~ 68℃ 范围内。

（7）电流密度。随着电流密度的增大,沉积层含 Fe 量下降。在该电沉积液中 Fe^{2+} 浓度一般很低,但在阴极上沉积时 Fe 优先沉积,因此 Fe^{2+} 的还原反应就要受扩散步骤的控制,而且电流密度越大,该扩散步骤的影响就越明显。所以电流密度越大,沉积层含 Fe 量就越低。

（8）搅拌。电沉积 Ni – Fe 合金时,搅拌对合金组成的影响比较显著。一般来说,电沉积时若采取消除浓差极化的措施,如采用脉冲电流或对电沉积液进行搅拌等,就可以提高沉积层的含 Fe 量。电流密度对电流效率的影响并不显著,当电流密度增大时,电流效率仅略微提高。

但是,为防止 Fe^{2+} 的氧化,若采用空气搅拌,最好采用低压弱搅拌。同时,对电沉积液应进行连续过滤或定期过滤。

3. 电沉积 Ni – Fe 合金的阳极

电沉积 Ni – Fe 合金使用的阳极,可以是合金阳极,也可以是 Ni、Fe 单金属分控或混挂阳极。使用合金阳极操作方便,不需要其他辅助设备,但不易控制电沉积液中主盐金属离子浓度比。为了准确地控制主盐金属离子浓度比,往往采用 Ni、Fe 单金属分挂阳极,此时镍阳极和铁阳极的电流比应视沉积层组成而定。若使用 Ni、Fe 单金属混控阳极,需要控制镍和铁阳极的面积比,因为在该电沉积液中,铁阳极比较容易溶解,因此铁阳极面积要小一些。当沉积层含 Fe 量为 20% ~30% 时,镍阳极和铁阳极面积比以(7 ~8):1 为宜。使用混挂阳极时,最好使用钛篮。

铁阳极材料最好用高纯铁,挂具可用镍铬丝。镍阳极最好用电解镍或含硫镍。上述阳极可分别装入用聚丙烯或纯涤纶制成的阳极袋,以免阳极泥进入电沉积液中影响沉积层质量。

4. 电沉积液的管理及维护

Ni – Fe 合金电沉积液的管理方法与光亮镍电沉积液大致相同,但对合金电沉积液的要求比单金属电沉积液要高。

首先,应严格控制电沉积液中的主盐金属离子浓度比。电沉积液在使用过程中,主盐金属离子浓度比的变化主要取决于阳极的种类及使用方法。因此,新配制的电沉积液在使用初期,应勤分析其中的主盐金属离子浓度及沉积层组成,从中找出变化规律,并确定镍和铁阳极的电流比或面积比。电沉积层组成还受工艺条件的影响,尤其受搅拌影响较大,因此搅拌强度应保持一定。

另外,应尽可能防止 Fe^{2+} 的氧化。当电沉积液中 Fe^{3+} 含量较高时,电沉积液的整平能力、阴极电流效率及沉积层的延展性等均变差。为防止 Fe^{2+} 的氧化,应注意如下几点:

(1) 对电沉积液的 pH 值严加管理,尤其要注意在使用过程中 pH 值的变化,应把 pH 值控制在 3.6 以下;

(2) 阳极面积要适当增大,以防止阳极发生钝化;

(3) 电沉积液不使用时应降温处理;

(4) 电沉积液在使用期间,应定期用活性炭处理并过滤,若有条件应对电沉积液进行循环过滤。当电沉积液中 Fe^{3+} 含量超过 1g/L 时,可用小电流进行电解处理,使之还原为 Fe^{2+}。

6.3.3 沉积层 Ni – Fe 合金的结构与性能

1. 沉积层结构

Ni – Fe 合金沉积层的结构可分为晶态和非晶态。

对于晶态沉积层,晶粒大小和组成强烈依赖于电沉积液组成和工艺条件。电沉积液中 $[Ni^{2+}]/[Fe^{2+}]$ 比值增大,沉积层铁含量下降,晶粒增大。基体和搅拌速度也影响结晶颗粒的大小,搅拌速度较小,颗粒较大。当电流密度较小时,得到的Ni-Fe合金为柱状结构,当电流密度过大和沉积时间较长时,Ni-Fe合金变成层状结构,层状结构的电沉积层耐蚀性较差,脆性大。电沉积液温度升高时,沉积层柱状结晶变得粗大。当pH值增大时,沉积层可由柱状结构变为层状结构。

通过控制电沉积条件,如增大电流密度,也可以得到纳米晶Ni-Fe合金,这种沉积层具有良好的力学性能、磁性能和较高的硬度。在电沉积纳米晶Ni-Fe合金时,最大的缺点是产生内应力(宏观应力)。当内应力大到超过断裂强度时,将导致沉积层产生裂缝。在电沉积液中加入适量的应力抑制剂,如糖精等,可以减小颗粒大小和应力值。

改变电沉积条件,也可以得到非晶态Ni-Fe合金。非晶态是一种微观近程有序、远程无序结构的材料,无晶界、无位错,表现为宏观上的均一性和各向同性,化学成分均匀,无腐蚀中心,热力学性质稳定,具有强度高、硬度大、韧性好以及抗蚀性能强等性能。在室温下,当电沉积液中有P、B等元素存在时,会导致Ni-Fe合金沉积层结构发生本质上的变化,使Ni-Fe合金沉积层由晶态结构完全转变为非晶态结构。

2. 沉积层性能

(1)外观。无论是高铁合金还是低铁合金,Ni-Fe合金沉积层均结晶细致并有光泽,其外观色泽介于镍和铬之间,呈青白色。

(2)硬度及韧性。Ni-Fe合金沉积层的硬度比光亮镍沉积层稍大,一般为550~650HV。硬度与沉积层组成和结构有一定关系,沉积层含Fe量很低时,其硬度较低,随着沉积层Fe含量的增加,沉积层硬度增大,但Fe含量达到一定值后,其硬度则随着Fe含量的增加而下降,高Fe含量的Ni-Fe合金沉积层的硬度比镍沉积层的硬度还要低,如图6-5所示。

Ni-Fe合金沉积层具有良好的韧性,电沉积10~15mm厚的Ni-Fe合金箔弯曲180°不会发生断裂。

(3)内应力。Ni-Fe合金沉积层的内应力不仅与沉积层Fe含量有关,而且还与电沉积液中光亮剂的种类和浓度、pH值、温度等因素有关。一般情况下,沉积层的内应力随着沉积层Fe含量的增加而增大。电沉积液pH值较高时,沉积层中掺杂的Fe的氢氧化物含量增多,因而沉积层内应力也增大。

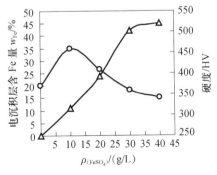

图6-5　硫酸亚铁浓度与沉积层
Fe含量和硬度的关系

(4)耐蚀性。大量实验结果表明,在一般环境中,Ni-Fe合金沉积层耐蚀性基本与光亮镍沉积层相当,因此它可以用作代镍层。在大气暴露试验和CASS试验中,光亮 Ni(10μm)/Cr(0.25μm) 的组合沉积层和 Ni – Fe 合金(10μm)/Cr (0.25μm)的组合沉积层耐蚀性属于同一级别。在快速腐蚀试验中,Ni – Fe 合金沉积层表面容易产生能用肉眼观察到的褐色斑点,但这种斑点并非基体金属的腐蚀产物,而是沉积层中 Fe 的腐蚀产物。在上述试验中,光亮镍沉积层也受腐蚀,但其腐蚀产物为极淡的绿色或白色,因而不易被观察到。因此可以说,Ni – Fe 合金沉积层的耐蚀性与光亮镍沉积层相当。

防止褐色斑点产生的有效办法是,在 Ni – Fe 合金沉积层上电沉积 2.5 ~ 4.0μm 厚的镍封沉积层,然后再电沉积铬,即在合金上电沉积一层微孔铬。这种办法不仅可以消除斑点,而且还能提高沉积层的耐蚀性。有时为了进一步提高沉积层的耐蚀性,采用多层合金沉积层。如第一层先电沉积总厚度的 2/3 左右的高 Fe 合金层 (Fe 质量分数为 30% ~ 40%),然后再电沉积一层低 Fe 合金层(Fe 质量分数为 10% ~ 15%),或电沉积第一层时采用搅拌,使沉积层 Fe 含量达到 20% ~ 30%,之后在静止状态下电沉积 Fe 质量分数为 10% ~ 15% 的第二层合金层。对耐蚀性要求较高的工件,甚至还采用三层 Ni – Fe 合金沉积层作为装饰铬的底层。

6.4 电沉积镍钴(Ni – Co)、镍钨(Ni – W) 和镍钼(Ni – Mo)合金

6.4.1 电沉积 Ni – Co 合金

Ni 与 Co 在一般的简单盐溶液中的析出电势很接近,如在 15℃ 的 0.5mol/L 硫酸盐溶液中,Ni 的析出电势是 – 0.57V,而 Co 的析出电势是 – 0.56V,从电化学观点来分析,在简单盐溶液中电沉积 Ni – Co 合金是可行的。

当 Ni – Co 合金中 Co 质量分数为 40% 左右时,Ni – Co 合金具有白色金属外观,硬度较高,有良好的耐磨性和化学稳定性,因此可以作为装饰性沉积层和功能性沉积层。通常装饰性沉积层使用 Co 质量分数 15% 以下的合金,低 Co 合金矫顽力低,不会影响手表的走时,主要用作手表零件的表面处理。钴质量分数 5% 左右的 Ni – Co 合金可代替镍做电铸模,比镍电铸层硬度和机械强度高,该合金层可以从氨基磺酸盐电沉积液中得到。

当 Ni – Co 合金中的 Co 含量超过 40% 以后,Ni – Co 合金层具有良好的磁性能,在电子计算机行业中有广泛的用途,如作磁鼓、磁盘、磁带等。Ni – Co 合金作磁性沉积层时,必须严格控制合金成分、厚度和外观,而且还要严格控制沉积层的结晶过程,因为结晶不同,其磁性差别很大。

1. 电沉积装饰性和防护性 Ni – Co 合金工艺

(1)电沉积液组成及工艺条件。电沉积 Co 质量分数 40% 以下的 Ni – Co 合金时,通常使用的电沉积液有硫酸盐型、氯化物 – 硫酸盐混合型和氨基磺酸盐型电

沉积液。电沉积液组成及工艺条件见表 6 - 5。

表 6 - 5 电沉积 Ni - Co 合金溶液组成及工艺条件

溶液组成(g/L)及工艺条件	工艺 1	工艺 2	工艺 3	工艺 4
硫酸镍($NiSO_4 \cdot 7H_2O$)	200		200	
氯化镍($NiCl_2 \cdot 6H_2O$)		260		10
硫酸钴($CoSO_4 \cdot 7H_2O$)	6		20	
氯化钴($CoCl_2 \cdot 6H_2O$)		14		
氯化钠($NaCl$)	12		15	
硫酸钠(Na_2SO_4)	25 ~ 30			
硼酸(H_3BO_3)	30	15	30	40
甲酸钠($NaCOOH$)	20			
甲醛($HCHO$)	1			
Co^{2+}				1.5
氨基磺酸镍[$Ni(SO_3NH_2)_2$]				600
pH 值	5 ~ 6	3	6	4
温度/℃	25 ~ 30	20	20 ~ 25	60
电流密度/(A/dm^2)	1.0 ~ 1.2	1.6	1.8 ~ 2.5	2.0

(2) 电沉积液组成与工艺条件的影响

① 主盐。硫酸镍、氯化镍、氨基磺酸镍、硫酸钴和氯化钴都是主盐,是合金沉积层中 Ni 和 Co 的主要来源。因为 Co 比镍优先在阴极上沉积,所以电沉积液中钴盐的浓度变化对沉积层组成影响最大,电沉积液中 Co^{2+} 稍有增加,沉积层中 Co 的含量就会增加很大。一般来说,在电沉积液中只要含 Co^{2+} 量占 Ni^{2+} 和 Co^{2+} 总量的 5%(质量分数)左右时,沉积层中 Co 的质量分数就可以接近 50%。

② 阳极活化剂。氯化钠、氯化镍都是阳极活化剂。电沉积 Ni - Co 合金阳极主要使用镍板,如果电沉积液中不含氯离子,镍阳极容易钝化,导致槽压升高,电流下降;当含有氯离子时,则可以使镍阳极正常溶解,消除钝化现象,维持工艺的稳定。

③ 缓冲剂。硼酸和甲酸钠都是缓冲剂,可以起到稳定电沉积液 pH 值的作用,保证沉积层质量。硼酸和甲酸钠联合使用,缓冲效果更好。

④ 光亮剂。甲醛是光亮剂,加入后可以提高阴极极化,得到的电沉积层光亮细致,针孔少。但含量不宜过高,否则沉积层脆性增大。

⑤ pH 值。pH 值升高,沉积层中 Co 含量有所下降。

⑥ 温度。随着温度的升高,沉积层中 Co 含量会随之增加。

⑦ 阴极电流密度。随着阴极电流密度的提高,沉积层中 Co 含量会随之下降。

⑧ 搅拌。电沉积过程中,需要进行搅拌或阴极移动。随着搅拌强度的提高,沉积层 Co 含量会增加。一般情况下,沉积层 Co 含量会增加 5% ~10% 左右。

2. 电沉积磁性 Ni - Co 合金工艺

Co 质量分数 80% 左右的 Ni - Co 合金沉积层具有良好的磁性能。

(1)电沉积液组成及工艺条件。电沉积磁性 Ni - Co 合金的溶液组成及工艺条件见表 6 -6。

表 6 - 6 电沉积磁性 Ni - Co 合金的溶液组成及工艺条件

溶液组成(g/L)及工艺条件	工艺 1	工艺 2	工艺 3	工艺 4	工艺 5
硫酸镍($NiSO_4 \cdot 7H_2O$)	135			70	300
氯化镍($NiCl_2 \cdot 6H_2O$)		100 ~300	160	50	50
硫酸钴($CoSO_4 \cdot 7H_2O$)	108			80	29
氯化钴($CoCl_2 \cdot 6H_2O$)		100 ~300	40		
氯化钾(KCl)	6 ~7				
硼酸(H_3BO_3)	17 ~20	25 ~40	30	30	30
对甲苯磺酰胺($C_7H_9O_2SN$)			2	1	
十二烷基硫酸钠($C_{12}H_{25}SO_4Na$)			0.003	0.003	
次磷酸钠($Na_2HPO_2 \cdot H_2O$)			2		
润湿剂					0.15 ~0.20
香豆素				0.5	
蔗糖				1	
pH 值	4.5 ~4.8	3 ~6	4 ~5	4 ~5	3.7 ~4.0
温度/℃	42 ~45	60 ~75	室温	60	60 ~66
电流密度/(A/dm^2)	3	10	3	1 ~2	3 ~4
叠加电流比(交/直)	1/3	1/5	1/3	3/2	—
沉积层中 Co 含量/%(质量分数)					50

(2)电沉积液组成及工艺条件的影响。

① 主盐。镍盐和钴盐是电沉积液中的主盐,Ni^{2+} 和 Co^{2+} 的浓度比直接影响着沉积层 Co 的含量,同时也影响 Ni - Co 合金的磁性能。一般来说,两种离子的浓度比为 1:1 时,合金沉积层中 Co 的质量分数约为 80% 。

通常,随着 Co 含量的增加,沉积层的磁感应强度会随之升高。图 6 -6 是不同 Ni 含量与沉积层磁场强度的关系。

② 次磷酸盐。在含有次磷酸盐的电沉积液中得到的 Ni - Co 合金中含有一定量的 P,P 分散在合金的结晶间或以磷化物形式存在于沉积层中,从而影响沉积层的磁性能。沉积层中 P 含量受电沉积液的 pH 值影响较大,因此必须选择合适的

190

缓冲剂,稳定电沉积液的 pH 值,从而保证沉积层的 P 含量。P 在沉积层中存在可以提高沉积层的磁场强度,但是 P 含量超出工艺范围时,磁性能反而会遭到破坏。

③ 对甲苯磺酰胺。对甲苯磺酰胺的加入,不仅能使晶粒细化,而且会提高沉积层的磁性,使磁滞回线的矩形比提高。但加入过量会使晶粒扭曲,沉积层的磁阻增大。

④ pH 值。电沉积液的 pH 值对沉积层的磁性能影响较大,随着 pH 值的升高,沉积层钴含量下降,磁性提高。

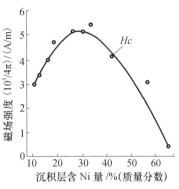

图 6 - 6　不同 Ni 含量与沉积层
磁场强度的关系

⑤ 温度和电流密度。电沉积液的温度和电流密度对沉积层的磁场强度有一定的影响,一般情况下,磁性能随着温度和电流密度的提高有所提高,并有一个最大值,继续提高时,磁性能会随之下降。

⑥ 电流波形。如果在直流电流上叠加交流成分,可以提高沉积层的磁场强度,降低磁感应强度。叠加交流电流不仅能够引起沉积层磁性能发生变化,还能够使沉积层外观得到改善,提高光亮度。

3. 电沉积 Ni - Co 合金的阳极

(1) 使用单独的镍阳极,采用连续滴加一定浓度的硫酸钴溶液以补充 Co^{2+} 的消耗。这种方法适用于含 Co 量较低的 Ni - Co 合金的电沉积。电沉积液要定期分析,并根据分析结果进行及时调整,使之保持在工艺范围之内。

(2) 联合使用镍阳极和钴阳极,采用两套电源分别控制电流。这种方法虽然操作复杂,但对电沉积液维护有利,容易保证沉积层组成的稳定。

(3) 使用 Ni - Co 合金阳极,可根据电沉积液 Co^{2+} 的多少,选择适宜组成的合金阳极。例如阳极中 Co 的质量分数为 5% 时,可维持电沉积液中 4 ~ 5g/L 的 Co^{2+} 含量;合金阳极中 Co 的质量分数为 18% 时,可维持电沉积液中 Co^{2+} 的质量分数在 12% ~ 15%。

4. Ni - Co 合金电沉积液的配制

(1) 将计算量的镍盐、钴盐和各种导电盐(氯化钠、氯化钾和硫酸钠等)混合,用热水溶解后倒入槽内。硼酸加入热槽液中搅拌至完全溶解。

(2) 稀释至总体积,加入 1 ~ 2g/L 活性炭,充分搅拌,静置 8 ~ 12h 后过滤。

(3) 调整 pH 值和温度,采用小电流密度电解数小时。

(4) 将十二烷基硫酸钠用热水溶解,煮沸 30min,稀释后倒入槽内搅匀;其他光亮剂用水或乙醇溶解后加入槽中搅匀即可。

5. 不良 Ni - Co 合金沉积层的退除

(1) 化学法。化学法退除不良 Ni - Co 合金沉积层的溶液组成及工艺条件:间硝基苯磺酸钠（$O_2NC_6H_4SO_3Na$）　50g/L；硫酸（H_2SO_4）　120g/L；硫氰酸钠（$NaSCN$）　0.8g/L；温度　90℃。

（2）电解法。电解法退除不良 Ni-Co 合金沉积层的溶液组成及工艺条件：硫酸（H_2SO_4）　1100～1200g/L；甘油（$C_3H_8O_3$）　20～25g/L；温度　35～40℃；阳极电流密度　5～7A/dm²。

6.4.2　电沉积 Ni-W 合金

W 的标准电势为 -1.05V，W 在水溶液中不能单独实现电沉积，但在铁族金属存在时，在一定的电沉积液中可以实现共沉积，其共沉积规律属于诱导共沉积。在 Ni-W 合金沉积层中，W 的含量影响着沉积层的结构，当 W 的质量分数超过44%时，合金沉积层由晶态过渡到非晶态。

Ni-W 合金沉积层结构致密，硬度高，耐热性好，尤其在高温下耐磨损、抗氧化性优良，显示出其优良的自润滑和耐蚀性能。当合金沉积层中 W 的质量分数为30%～32%时，硬度为450～500HV。经350～400℃热处理1h后，其硬度可达到1000～1200HV，与电沉积硬铬的硬度相当。但合金中 W 的质量分数超过25%时，沉积层脆性增加。

1. 电沉积液组成及工艺条件

电沉积 Ni-W 合金的溶液组成及工艺条件见表6-7。

表6-7　电沉积 Ni-W 合金的溶液组成及工艺条件

溶液组成（g/L）及工艺条件	工艺1	工艺2	工艺3	工艺4
钨酸钠（$Na_2WO_4 \cdot 2H_2O$）	30～60	10～50	2	30～60
硫酸镍（$NiSO_4 \cdot 6H_2O$）	8～60	15	100	8～60
柠檬酸（$C_6H_8O_7 \cdot H_2O$）	50～100	40～70		50～100
氨水（$NH_3 \cdot H_2O$）/（mL/L）	50～100	调 pH		50～100
柠檬酸铵[（NH_4）$_3C_6H_5O_7$]			10	
氯化铵（NH_4Cl）			50	
pH 值	5～7			3～9
温度/℃	38～80	40	50～70	30～80
阴极电流密度/（A/dm²）	2.0～2.5	3	0.5～3.0	5～25
阳极材料	不锈钢	DSA	钛基涂层阳极	不锈钢

2. 电沉积液组成及工艺条件的影响

（1）主盐浓度。在 Ni-W 合金的共沉积过程中，随着 WO_4^{2-} 的加入，伴随着激烈的析氢，使阴极电流效率降低。随着电沉积液中 WO_4^{2-} 的增加，电流效率明显下降，之后趋于稳定值，见图6-7。

当电沉积液中 WO_4^{2-} 的质量分数达到 80% 时,有利于 W 的析出,沉积层中 W 的质量分数超过 44% ,电沉积层呈非晶态结构,电流效率随 W 含量的增加逐渐降低。

(2)铵离子。铵离子的加入,可以很大程度地提高阴极电流密度,但同时会降低沉积层中 W 的含量。其原因是铵离子可与镍离子配位体结合形成多重配位体,对 Ni 的沉积有去极化作用,有利于 Ni 的析出。

(3)pH 值。在阴极电流密度为 15A/dm² ,温度为 80℃ 的条件下,用 WO_4^{2-} 质量分数 90% 的电沉积液,调节 pH = 3 ~ 9,对得到的沉积层进行分析,发现当 pH 值为 5 ~ 7 时,沉积层中 W 的质量分数为 44% 以上,沉积层为非晶态结构,而当 pH 值小于 4 或大于 8 时,沉积层中 W 的质量分数均小于 44% ,见图 6 - 8。

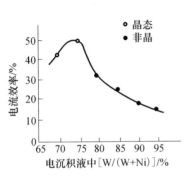

图 6 - 7　电沉积液中 W 含量
对电流效率的影响

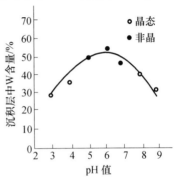

图 6 - 8　电沉积液 pH 值
对沉积层中 W 含量的影响

(4)温度。用 WO_4^{2-} 质量分数 90% 的电沉积液,在阴极电流密度 15A/dm² ,pH = 6 的条件下,研究了温度对沉积层组成及电流效率的影响,结果见图 6 - 9。

由图可以看出,当温度大于 50℃ 时,所获得的沉积层均为非晶态,W 含量均大于 44%(质量分数)。随着温度的升高,电流效率随之提高。

(5)阴极电流密度。随着电流密度的提高,沉积层中 W 含量增加,当达到 20A/dm² 时,沉积层中 W 的质量分数达到 46% ,沉积层结构由晶态变为非晶态。

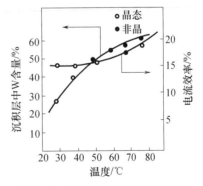

图 6 - 9　温度对沉积层中 W 含量
和电流效率的影响

3. Ni - W 合金的应用

(1)作为装饰性沉积层,其外观似光亮铬沉积层,可作为代铬层使用;

(2)有良好的剥离性,用于玻璃铸模上,可以大大提高模具的使用寿命;

（3）在高温下耐磨损、抗氧化，具有良好的自润滑和耐蚀性，多用于内燃机汽缸、活塞环等工件上；

（4）耐化学品性优良，可用于聚四氟乙烯工具上。

关于电沉积非晶态 Ni - W 合金，详见本书第 7 章 7.2 节。

6.4.3　电沉积 Ni - Mo 合金

Mo 在水溶液中不能单独电沉积出来，在有铁族金属存在的情况下，Mo 能够与铁族金属发生诱导共沉积，从而得到 Mo 与铁族金属的合金。Ni - Mo 合金具有优异的耐腐蚀性能和很好的析氢催化性能。当沉积层中的 Mo 的质量分数超过 33% 时，合金结构转变为非晶态，耐腐蚀性能显著提高，一般 Mo 质量分数在 33% ~77% 之间。Mo 质量分数在 30% 左右时，Ni - Mo 合金沉积层具有较佳的析氢催化性能。

1. 电沉积液组成及工艺条件

电沉积 Ni - Mo 合金的溶液组成及工艺条件见表 6 -8。

表 6 -8　电沉积 Ni - Mo 合金的溶液组成及工艺条件

溶液组成(g/L)及工艺条件	工艺 1	工艺 2	工艺 3
硫酸镍($NiSO_4 \cdot 7H_2O$)	50	60	40
钼酸钠($Na_2MoO_4 \cdot 2H_2O$)	10	10	4 ~16
氯化镍($NiCl_2 \cdot 6H_2O$)		20	
柠檬酸钠($Na_3C_6H_5O_7$)		50	
焦磷酸钾($K_4P_2O_7$)	250		160
氯化钠($NaCl$)		20	
氯化铵(NH_4Cl)			20
1,4 - 丁炔二醇			50mg/L
磷酸氢二铵$[(NH_4)_2HPO_4]$	30		
非离子表面活性剂			0.1mL/L
苯亚磺酸钠(0.1%)/(mL/L)	1.6		
pH 值	8.5	9 ~10	8.5
温度/℃	25	48	20
电流密度/(A/dm²)	6	4 ~16	1 ~5
沉积层含 Mo 量/%(质量分数)	33.8		

2. 电沉积液组成及工艺条件的影响

（1）主盐金属浓度比。电沉积 Ni - Mo 合金时，Ni 总是优先于 Mo 沉积，电沉积液中 Mo_4^{2-} 的摩尔分数总是比沉积层中 Mo 的摩尔分数高。电沉积液中，当 Mo_4^{2-} 的质量分数较低时，随着 Mo_4^{2-} 含量的增加，沉积层中 Mo 的含量也相应提高;当电沉积液中 Mo_4^{2-} 的质量分数达到 33% ~77% 范围时,沉积层中 Mo 的含量趋于稳定;当电沉积液中 Mo_4^{2-} 的质量分数超过 77% 时,沉积层中的 Mo 含量随着电沉积液中 Mo 含量的增多急剧增加。

随着 Mo_4^{2-} 的质量分数的增大,电流效率缓慢下降,当电沉积液中 Mo_4^{2-} 的质量分数达到 77% 时,电流效率随着金属浓度比的增大急剧下降,见图 6 – 10。这可能是由于金属离子浓度比在 77% 左右时,是沉积层由晶态向非晶态转变的一个临界点,而非晶态合金沉积层不利于氢的去极化,导致电流密度下降。

(2)铵离子。氯化铵在 Ni – Mo 共沉积中起到重要作用,它在很大程度上提高了阴极电流密度。随着电沉积液中铵离子浓度的升高,合金沉积层中 Mo 的含量会随之下降。可能的原因是铵离子与镍柠檬酸配合物形成了新的配合物,有利于 Ni 的去极化,提高了沉积层中 Ni 的含量。

(3)电流密度。电流密度对沉积层组成影响不大,随着电流密度的升高,沉积层中 Mo 的含量略有下降。如前所述,沉积层中 Mo 含量在相当宽的金属离子浓度比范围内保持稳定,这可能是由于钼的沉积过程存在着一个前置转化过程的缘故。

电沉积 Ni – Mo 合金与单质 Ni 的沉积不同,在电流密度较高和较低时,电流效率都比较低;在中等电流密度区间,电流效率较高。

(4)pH 值。pH 值对沉积层组成影响显著,并且在不同的电流密度下,pH 值对沉积层中 Mo 含量的影响规律不同。在低电流密度($5 \sim 8A/dm^2$)下电沉积时,Mo 含量随着 pH 值的上升而下降;在高电流密度($12 \sim 20A/dm^2$)下电沉积时,Mo含量在 pH 值为 9 处得到最低值。一般 pH 值选择在 8 ~10 范围内。

不同电流密度情况下,阴极电流效率都在 pH 值为 9 时取得最大值,见图 6 – 11。

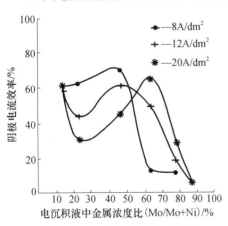

图 6 – 10　金属离子浓度比与阴极
电流效率的关系

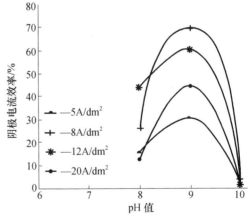

图 6 – 11　pH 值对阴极电流效率的影响

(5)温度。温度升高,沉积层中 Mo 的含量增加,阴极电流效率降低。

(6)搅拌。增加搅拌强度,有利于 Mo 的沉积。在低电流密度($5 \sim 8A/dm^2$)

时,搅拌对阴极电流效率影响不大;在高电流密度($12 \sim 20A/dm^2$)时,加强搅拌有利于提高阴极电流效率。

关于电沉积非晶态 Ni – Mo 合金,详见本书第 7 章 7.2 节。

6.5 电沉积镍铜(Ni – Cu)、镍锰(Ni – Mn)和镍硫(Ni – S)合金

6.5.1 电沉积 Ni – Cu 合金

由于 Ni 和 Cu 的电极电势相差较大,必需加入合适的配位剂才能实现共沉积。Ni – Cu 合金沉积层是由均匀的固溶体组成的,起初主要是作为装饰性使用。近些年来,人们感兴趣的是它的力学性能、抗蚀性、电性能和催化特性等,特别是 Cu 质量分数 30% 左右的 Ni – Cu 合金,其在海水、酸、碱、和氧化性及还原性气体环境中具有良好的耐蚀性。目前,电沉积 Ni – Cu 合金使用的溶液主要分为两类:即柠檬酸盐体系和焦磷酸盐体系。

1. 电沉积液组成及工艺条件

电沉积 Ni – Cu 合金的溶液组成及工艺条件见表 6 – 9。

表 6 – 9 电沉积 Ni – Cu 合金的溶液组成及工艺条件

溶液组成(g/L)及工艺条件	工艺 1	工艺 2	工艺 3	工艺 4	工艺 5
硫酸镍($NiSO_4 \cdot 7H_2O$)	100	120	20	40	130
硫酸铜($CuSO_4 \cdot 5H_2O$)	10	30		100	13
柠檬酸钠($Na_3C_6H_5O_7 \cdot 2H_2O$)	70	60	6	80	
焦磷酸钾($K_4P_2O_7$)			100		
四硼酸钠($Na_2B_4O_7 \cdot 10H_2O$)			38		
氯化钠(NaCl)	6			110	
硼酸(H_3BO_3)	30				15
pH 值	4.5	8~9	9	8~10	5.5
工作温度/℃	55	<40	50	55	30
阴极电流密度/(A/dm^2)	3	3~8	1.0	2	5
沉积层含 Cu 量/%(质量分数)	10				

2. 电沉积液组成及工艺条件的影响

下面主要结合工艺 1 进行讨论。

(1)硫酸铜含量。在其他条件不变的条件下,考察了电沉积液中不同硫酸铜含量对合金沉积层组成的影响,结果见表 6 – 10。

196

表 6 – 10   不同硫酸铜含量对 Ni – Cu 合金沉积层组成的影响

硫酸铜含量/(g/L)	5	10	15	20
Cu^{2+} 含量/%（质量分数）	5.39	10.23	14.6	18.56
沉积层中 Cu 含量/%（质量分数）	13.63	16.51	20.25	24.44

由表 6 – 10 可以看出,随着硫酸铜含量的增大,Ni – Cu 合金沉积层中铜含量增加。

（2）柠檬酸钠。柠檬酸钠含量对合金沉积层组成的影响见表 6 – 11。

表 6 – 11   柠檬酸钠含量对电沉积 Ni – Cu 合金组成的影响

柠檬酸钠含量/(g/L)	70	123	147
沉积层含 Cu 量/%（质量分数）	12.38	19.23	57.67

由表 6 – 11 可以看出,当电解液中配位剂柠檬酸钠含量增大时,沉积层中 Cu 的含量增加明显。

（3）电流密度。在其他条件不变的情况下,随着电流密度的增大,Ni – Cu 合金沉积层中的 Cu 含量呈线性减小,这说明 Cu 在低电流密度下容易沉积。

（4）pH 值。在其他条件不变的情况下,考察了 pH 值对 Ni – Cu 合金沉积层组成的影响,结果见图 6 – 12。

电解液的 pH 值可以影响氢的放电电势以及碱性夹杂物的沉淀,还可以影响配合物或水合物的组成以及添加剂的吸附程度。

由以上试验可知,电解液的各组分对 Ni – Cu 合金沉积层的组成影响较大。当控制主盐中镍盐的浓度不变时,增大硫酸铜的含量,沉积层的 Cu 含量增加;增大柠

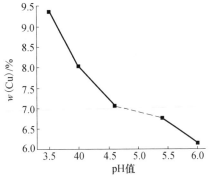

图 6 – 12   pH 值对 Ni – Cu 合金沉积层
组成的影响

檬酸钠含量沉积层的 Cu 含量增加;电流密度增加,沉积层的 Cu 含量下降;pH 值增大,沉积层的 Cu 含量下降。

6.5.2   电沉积 Ni – Mn 合金

电沉积 Ni – Mn 合金在航天领域具有独特的应用前景,如在制造具有特殊结构的先进航天发动机推动室时,电沉积 Ni – Mn 合金可用于形成推力室身部的外壁,与电沉积 Ni 相比,它可以避免高温度下的硫脆性,可焊性也得到明显的改善。

1. 电沉积液组成及工艺条件

电沉积 Ni – Mn 合金的溶液组成及工艺条件见表 6 – 12。

表 6-12　电沉积 Ni-Mn 合金的溶液组成及工艺条件

溶液组成(g/L)及工艺条件	工艺1	工艺2	工艺3
氨基磺酸镍[Ni(NH$_2$SO$_3$)$_2$]	200~400	430~600	
氨基磺酸锰[Mn(NH$_2$SO$_3$)$_2$]	20~60	12~28	
氯化镍(NiCl$_2$·6H$_2$O)	15~25	15~25	10
硫酸镍(NiSO$_4$·7H$_2$O)			350
硫酸锰(MnSO$_4$·H$_2$O)			15
硼酸(H$_3$BO$_3$)	30~40	30~35	35
消泡剂/(mL/L)			1.5
温度/℃	40~60	50	50
pH 值	3.5~4.5	4.0~4.5	3.8
电流密度/(A/dm^2)	1~4		

2. 电沉积液组成及工艺条件的影响

（1）电流密度。电流密度对电沉积 Ni-Mn 合金组成的影响见图 6-13,电流密度对电沉积 Ni-Mn 合金显微硬度的影响,见图 6-14。

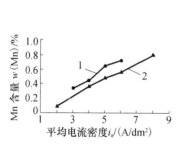

图 6-13　电流密度对电沉积
Ni-Mn 合金组成的影响
1—直流电沉积;2—交流电沉积。

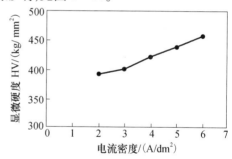

图 6-14　电流密度对电沉积
Ni-Mn 合金硬度的影响
1kg/mm^2 = 9.8×10^{4}Pa

由图可见,沉积层中 Mn 含量随着阴极电流密度的提高而增大,这主要是由于电流密度的提高使阴极极化增大,从而有利于电极电势较负的 Mn 的电沉积。

相同平均电流密度的脉冲与直流电沉积相比,由于其沉积是在峰值电流密度下进行的,电流密度较大,因此在一个脉宽期间,扩散层中 Mn$_4^{2+}$ 被消耗而很快减少,此后沉积是在扩散层中 Mn$_4^{2+}$ 浓度相对较低的条件下进行的,Mn 的沉积量就会相对减少。直至脉冲间隔时,扩散层中的 Mn$_4^{2+}$ 才有可能得到补充。

由图 6-13 可以看出,随着电流密度的增大,沉积层中 Mn 含量增加,沉积层晶粒细致,硬度增大。

（2）脉冲参数。图 6-15 是平均电流密度和脉冲宽度不变的情况下,脉冲间隔时间变化对沉积层组成的影响。由图可见,沉积层中 Mn 含量随着脉冲间隔的延长而减少,但影响不是很明显。这是由于脉冲间隔增大使峰值电流密度增大,每个脉宽期间沉积的 Mn 就更少了。

（3）脉冲频率。脉冲频率对电沉积 Ni - Mn 合金组成的影响见表 6 - 13。

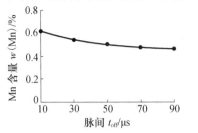

图 6 - 15 沉积层中 Mn 含量与脉冲间隔的关系
$(J_a = 5A/dm^2, t = 10\mu s)$

表 6 - 13 脉冲频率对电沉积
Ni - Mn 合金组成的影响

脉冲频率/kHz	1. 66	16. 66
沉积层中 Mn 含量/%（质量分数）	43. 7	50. 3

注:$J_a = 5A/dm^2$, r = 16.7%。

由表 6 - 13 可见,在平均电流密度和占空比不变的情况下,沉积层中 Mn 含量随脉冲频率的增大而增加。

6.5.3 电沉积 Ni - S 合金

随着经济的高速发展,电解水制氢装置的应用范围越来越广,研制高催化活性的新型电极,对于降低电解能耗具有十分重要的意义。电解水制氢是现有成熟制氢技术中最具应用前景的一种,要实现大规模开发应用氢能,必须大幅降低析氢阴极的超电势。Ni - S 及其多元合金电极因具有较低的析氢超电势而成为制氢阴极的研究热点。

1. 电沉积 Ni - S 合金的溶液组成及工艺条件

电沉积 Ni - S 合金的溶液组成及工艺条件工艺见表 6 - 14。

表 6 - 14 电沉积 Ni - S 合金的溶液组成及工艺条件

溶液组成(g/L)及工艺条件	工艺 1	工艺 2	工艺 3	工艺 4
硫酸镍($NiSO_4 \cdot 6H_2O$)	187. 2		27 ~ 54	47. 5
硫氰化镍[$Ni(SCN)_2$]		87		
柠檬酸($C_6H_8O_7 \cdot H_2O$)		126		
氨水($NH_3 \cdot H_2O$)/(mL/L)		200		
氯化铵(NH_4Cl)		50		40
硫酸铵[$(NH_4)_2SO_4$]			23 ~ 46	
硫代硫酸钠($Na_2S_2O_3 \cdot 5H_2O$)			15 ~ 400	200
柠檬酸钠($Na_3C_6H_5O_7 \cdot 2H_2O$)			15	
硫脲[$CS(NH_2)_2$]	100			

199

溶液组成(g/L)及工艺条件	工艺 1	工艺 2	工艺 3	工艺 4
硼酸(H_3BO_3)	40			
氯化钠(NaCl)	20			
pH 值	4	8	4	4
工作温度/℃	55	30	30	30
阴极电流密度/(A/dm^2)	3	10	2	2
注:工艺 1 为恒电流制备工艺。				

2. 电沉积 Ni – S 合金的性能与特点

（1）表面形貌与能谱分析。电沉积 Ni – S 合金的 SEM 像及能谱分析结果见图 6 – 16。

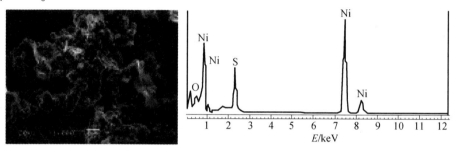

图 6 – 16　Ni – S 合金电极的 SEM 像与能谱图

由图 6 – 16 可知,能谱分析表明,合金层主要由 Ni 和 S 元素组成,其中 S 的质量分数为 13.61% 。

（2）结构。电沉积 Ni – S 合金的 XRD 谱图见图 6 – 17。

由图 6 – 17 可以看出,在 45°左右出现镍峰,并且镍峰比较平缓。这说明Ni – S 合金沉积层呈现出明显的非晶态,所以析氢催化活性比较高。

（3）特点。Ni – S 合金沉积层呈紧密堆积的菜花状结构,主要由 Ni 和 S 元素组成。在 25℃、6mol/LNaOH 溶液中,以 100mA/cm^2 的电流密度电解时,Ni – S 电极的析氢超电势比纯镍电极低 309mV。随着电解液温度的升高,析氢超电势降

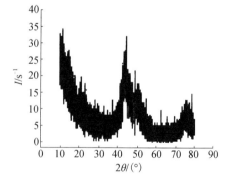

图 6 – 17　电沉积 Ni – S 合金的 XRD 谱图

低,90℃时析氢超电势为 63mV。在电流密度为 0.01 ~ 0.10A/cm^2 时,Ni – S 电极的析氢反应表观活化能为 19.57kJ/mol。电化学阻抗测试表明,在高超电势下,电极的阻抗谱由 2 个容抗弧构成。

6.6 电沉积镍铬(Ni – Cr)合金

6.6.1 电沉积 Ni – Cr 合金概述

电沉积 Ni – Cr 合金具有耐磨、抗腐蚀、高电阻等许多优异性能。沉积层中 Cr 含量不同,其性能也有很大的差别,当沉积层中 Cr 含量达到一定值时,表面形成一层铬的非晶态结构,具有较高的耐腐蚀性,其耐腐蚀性能相当于甚至优于含 Cr 量相近的不锈钢。电沉积 Ni – Cr 合金具有与锻造的 Ni – Cr 合金相同的性能,可作为代铬层用于轴承、轴瓦、齿轮等耐高温磨损的部件,也可用于装饰,正日益受到重视。

由于 Cr^{6+} 对环境严重污染,用 Cr^{3+} 电沉积 Ni – Cr 合金日益得到了人们的重视,目前研究较多的是柠檬酸盐溶液体系。

6.6.2 电沉积 Ni – Cr 合金工艺

电沉积 Ni – Cr 合金的溶液组成及工艺条件见表6 – 15。

表 6 – 15 电沉积 Ni – Cr 合金的溶液组成及工艺条件

溶液组成(g/L)及工艺条件	工艺 1	工艺 2	工艺 3
硫酸镍($NiSO_4 \cdot 6H_2O$)	20	50	50
氯化铬($CrCl_3 \cdot 6H_2O$)	30	75	75
硫酸铬[$Cr_2(SO)_3 \cdot 6H_2O$]	39		
氯化铵(NH_4Cl)	50	50	50
氯化镍($NiCl_2 \cdot 6H_2O$)		45	45
溴化钾(KBr)		12.5	12.5
柠檬酸钠($Na_3C_6H_5O_7$)	70		
甲酸钠($HCOONa$)	5 ~ 10		62.5
硼酸(H_3BO_3)	35		50
乙酸钠(CH_3COONa)			62.5
甲酸($HCOOH$)/(mL/L)	30		
溴化钠($NaBr$)	10		
十二烷基硫酸钠			0.2
pH 值	3	2.5	2.5
工作温度/℃	40	25	30
电流密度/(A/dm^2)	2.5 ~ 5	25	20
转速/(r/min)		100	100
沉积层含 Cr 量/%(质量分数)	11.1		

6.6.3 电沉积 Ni‒Cr 合金溶液组成及工艺条件的影响

下面主要针对工艺 1 进行讨论。

电流密度与沉积层含 Cr 量的关系见图 6‒18。

由图 6‒18 可见,随着电流密度的增加,沉积层含 Cr 量也增加。

pII 值与沉积层含 Cr 量的关系见图 6‒19。

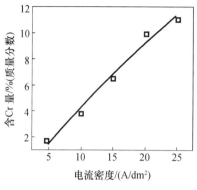

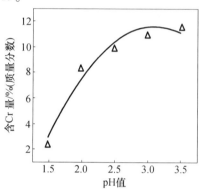

图 6‒18　电流密度与沉积层
含 Cr 量的关系($Q = 200C$)

图 6‒19　pH 值与沉积层含 Cr 量的
关系($Q = 200C$, $J = 2.5A/dm^2$)

由图 6‒19 可知,提高 pH 值有利于活性配体浓度的增加,同时氢的析出量减少,Cr 的含量有所增加。pH 值过高时,易形成 Cr 的沉淀物夹杂于沉积层中,从而影响其外观。较佳的 pH 值为 2.5~3.0。

醋酸含量对沉积层含 Cr 的影响见图 6‒20。

由图 6‒20 可见,当电流密度小于 $10A/dm^2$ 时,含醋酸根离子和不含醋酸根离子的电沉积液中得到的沉积层含 Cr 量都较低,且相差很小;但随着电流密度的升高,前者的沉积层含 Cr 量较后者略有提高。

电解液的阴极极化曲线见图 6‒21。

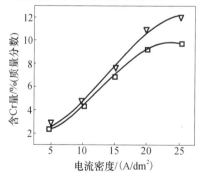

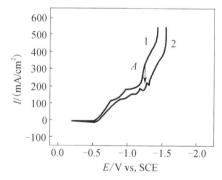

图 6‒20　醋酸根离子对沉积层含 Cr 量的
影响($Q = 200C$)(图中:▽含醋酸根离子;
□不含醋酸根离子)

图 6‒21　电解液的阴极极化曲线
(扫描速度 5mV/s)
1—含有 CH_3COO^-;2—不含 CH_3COO^-。

极化曲线表明,含有 CH_3COO^- 的电解液中,Cr 的析出电势(A)正移了约 20 ~ 30mV,这说明其对 Cr 的沉积有一定的促进作用。

另有研究表明,在 Cr^{3+}、Ni^{2+} 共存的溶液中,极化曲线的第一个峰几乎只有 Ni 沉积,电势负移至 -1.1 ~ -1.8V 时,出现第二个峰,沉积物发黑;比 -1.8V 更负时,Ni、Cr 开始共沉积。电势负移至 -2.7V,同时得到沉积两种金属的最大扩散极限电流。沉积物发黑的电势区相当于只有 Cr^{3+} 溶液的阴极极化曲线上出现 Cr^{2+} 最多的电势范围。这时 Cr^{2+} 是 Ni^{2+} 的强还原剂,发生 $Ni^{2+} + Cr^{2+} \rightarrow Cr^{3+} + Ni$ 反应,Ni 是黑色沉积物的主要成分,该反应极大地干扰了 Ni - Cr 合金的共沉积。

6.6.4 电沉积 Ni - Cr 合金的发展

目前,电沉积 Ni - Cr 合金仍存在许多问题,最主要的是目前对 Cr^{3+} 的配体形式还了解的不够清楚,在不同的溶液体系或不同的工艺条件下,其配位形式也难以预测、判断和确定,从而对其电沉积的阴极过程难以弄清楚。对于 Ni - Cr 合金电沉积,Ni^{2+} 和 Cr^{3+} 以何种配位体形式在阴极放电也不完全清楚,为使电沉积 Ni - Cr 合金早日在工业生产中得到应用,仍须在配体形式、电极过程、电极材料选择、电解液维护、工艺参数控制、电沉积机理研究等许多方面继续深入开展研究工作。

说明:有关电沉积非晶态镍基合金,请参阅本书第 9 章"电沉积非晶态合金"部分。

参 考 文 献

[1] 屠振密,胡会利,刘海萍,等. 绿色环保电镀技术[M]. 北京:化学工业出版社,2013.

[2] 屠振密,刘海萍,张锦秋. 防护装饰性镀层. 2 版[M]. 北京:化学工业出版社,2014.

[3] 欧阳小琴,周琳燕,余斌,等. 镍基合金镀层的研究现状[J]. 电镀与精饰,2014,36(7):20 - 24.

[4] 王凤娥. 电沉积镍基合金的研究进展[J]. 稀有金属,1998,22(5):375 - 379.

[5] 何建波,吴肖安,黄辉,等. 电镀 Ni - P 合金研究现状及前景[J]. 浙江工业大学学报,1999,27(1):63 - 70.

[6] Naryan R,Mungol M N. Electrodeposition of Ni - P alloy coatings[J]. Surf Coat Technol,1985,24:233 - 242.

[7] 何建波,吴肖安,郑华均. 电镀非晶态 Ni - P 合金控制方法的研究[J]. 电镀与环保,1996,16(3):3 - 6.

[8] Huang H C,Chung S T,Pan S J. Microstructure evolution and hardening mechanics of Ni - P electrodeposits [J]. Surface and Coatings Technology,2010,205(7):2097 - 2103.

[9] Lashmore D S,Ratzker M,Pratt K W. Electrodeposition and corrosion performance of Ni - P amorphous alloys [J]. Plating and Surface Finishing,1986,9:74 - 82.

[10] Wang J,Dong Z P,Huang J W et al. Filling carbon nato - tubes with Ni - Fe alloys via methylbenzene - oriented constant current electrodeposition for hydrazine electrocatalysis[J]. Applied Surface Science,2013,270: 128 - 122.

[11] 王成林. 镍铁合金电沉积工艺[J]. 材料保护,2000,33(2):7.

[12] 于金库,廖波,冯皓. 电沉积 Ni - Fe 合金及其耐蚀性的研究[J]. 材料保护,2002,35(2):301 - 305.

[13] 袁和平,高航,郭东明. 电沉积镍钴合金多层磨粒砂轮电解修整机理[J]. 大连理工大学学报,2012,52

(2):197 – 202.

[14] 王立平,高燕,徐洮,等. 电沉积梯度 Ni – Co 纳米合金电沉积层研究[J]. 电镀与涂饰,2004,23(6):
5 – 7.

[15] 周向阳,杨建红,刘开宇. 电沉积光亮 Ni – Co 合金工艺的研究[J]. 电镀与环保,2000,20(3):14 – 16.

[16] Goldbach S,Kermadec R,Lapicque F. Electrodeposition of Ni – Co alloys from sulfamate baths[J]. Journal of
Applied Electrochemistry,2000,30:277 – 284.

[17] 覃奇贤,李要民,封万起,等. 电沉积 Ni – Co 梯度合金的研究[J]. 电镀与精饰,1995,21(5):6 – 8.

[18] 三谷和久,桥田和夫,周康. 改善连铸铜板耐磨性能的 Ni – Co 合金的特性[J]. 连铸,1999(6):34 –
36.

[19] 姚素薇,郭鹤桐,周婉秋. 电沉积 Ni – W 非晶态合金[J]. 化工学报,1995(1):88 – 90.

[20] Wang H Z,Yao S W. Preparation,Characterization and the Study of the Thermal Strain in Ni – W Gradient De-
posits with Nanostructure[J]. Surface and Coatings Technology,2002,157:166 – 170.

[21] 张雪辉. 电沉积 Ni – W 合金镀层的制备、结构及其性能研究[D]. 南昌:江西理工大学,2010.

[22] 王进. 镍基 Ni – Mo 合金电极制备及电催化析氢性能研究[D]. 重庆:重庆大学,2013.

[23] MckoneJ R,Sadtler B,Werlang C A,et al. Ni – Mo Nano powder for Efficient Electrochemical Hydrogen Evolu-
tion[J]. ACS Catalysis,2012,3(2):166 – 169.

[24] Halim J,Abdel – Karim R,El – Raghy S,et al. Electrodeposition and Characterization of Nanocrystalline Ni –
Mo Catalysts for Hydrogen Production[J]. Journal of Nanomaterials,2012,20(12):1 – 9.

[25] 张东,李国华,赵鹏,等. 脉冲电沉积制备 $Ni_{70}Cu_{30}$ 合金镀层工艺研究[J]. 电镀与涂饰,2012,31(5):
10 – 13.

[26] 王瑞永,黄中省. 影响 Ni – Cu 合金镀层成分的因素[J]. 电镀与涂饰,2011,30(8):13 – 16.

[27] Paseka I. Hydrogen evolution reaction on amorphous Ni – P and Ni – S electrodes and the internal stress in a
layer of these electrodes[J]. Electrochimica Acta,2001,47(6):921 – 931.

[28] 杜敏,高荣杰,魏绪钧. 电沉积 Ni – S 合金阴极析氢反应[J]. 电源技术,2001,25(6):223 – 224.

[29] 陈磊,龚竹青,黄志杰,等. 电沉积镍铬合金的研究[J]. 电镀与涂饰,1998,17(4):4 – 6.

[30] 段德莉,李曙. 电镀镍铬合金进展[J]. 材料保护,2006,39(2):33 – 36,41.

[31] 张志鹏. 镍铬合金工艺研究[D]. 济南:山东轻工学院,2011.

第7章 电沉积铁基、钴基和铬基合金

7.1 电沉积铁基合金

7.1.1 电沉积 Fe – W 合金

W 具有高熔点,达 3400℃,在所有金属中是最高的。在科学技术日新月异的今天,含 W 的合金重要性越来越显著,其应用领域也愈来愈广。在基体上电沉积含 Fe – W 合金,可大大提高材料在大气、海水及其环境中的耐腐蚀性能。合金电沉积层在腐蚀过程中能够形成钝化膜,厚度约 $700 \sim 900nm$。对 Fe – W 合金电沉积层进行表面改性,能增强电沉积层的耐腐蚀性能,扩大其应用范围。

1. 电沉积 Fe – W 合金电沉积液组成与工艺条件

电沉积 Fe – W 合金电沉积液组成及工艺条件见表 7 – 1。

表 7 – 1 电沉积 Fe – W 合金电沉积液组成及工艺条件

电沉积液组成(g/L)及工艺条件	工艺 1	工艺 2	工艺 3/(mol/L)
钨酸钠($Na_2WO_4 \cdot 2H_2O$)	28	30	$0.13 \sim 0.35$
$FeSO_4 + Fe_2(SO_4)_3$ [1:1(质量分数)]	20	3	
硫酸铁 $Fe_2(SO_4)_3 \cdot xH_2O$			$0.13 \sim 0.35$
酒石酸钾钠($NaKC_4H_4O_6 \cdot 4H_2O$)	100	100	
柠檬酸($C_6H_8O_7$)	120	66	$0.28 \sim 0.66$
硼酸(H_3BO_3)		5	
葡萄糖		1	
硫脲		1	
光亮剂/(mL/L)			5
pH 值	5	$4 \sim 6$	$3 \sim 8$
温度/℃	室温	室温	$30 \sim 80$
阴极电流密度/(A/dm^2)	5	$3 \sim 6$	$5 \sim 20$
阳极材料	钨棒	钨棒 + 碳棒	不锈钢

2. 电沉积液组成与工艺条件的影响

(1)主盐浓度的影响。在 Fe – W 合金电沉积液中,Na_2WO_4、$FeSO_4$、$Fe_2(SO_4)_3$ 等几种主盐中,铁盐起着决定性的作用。W 不可能单独沉积,相对于 W 而言,Fe 的标准电位较正,而且又发生诱导沉积作用,因此,只有在电解液中加入了铁盐,才能获得 Fe – W 合金层。若不加铁盐,尽管电沉积液中具有高浓度的钨离子,在电沉积件上却得不到电沉积层,电能几乎都消耗在电解水上。

Fe³⁺在电沉积铁或铁合金中,一般是以有害离子存在于镀液中。例如电沉积铁溶液中含有大量 Fe³⁺时,会生成三价铁的碱式盐沉淀,造成电沉积层粗糙、多孔和发脆。而 Fe²⁺电沉积液一般具有良好的稳定性。Fe – W 合金镀液性能稳定,虽然 Fe²⁺有可能氧化成 Fe³⁺,但不妨碍电沉积过程,即使 Fe²⁺全部变为 Fe³⁺,电沉积过程仍然可以正常进行。将传统认为有害的物质 Fe³⁺变为有益物质参加电极反应,从而对电沉积液纯度的要求大大降低。

电沉积液中铁盐含量过高,电沉积层中 Fe 含量会很高;铁盐含量过低,沉积速度大为减慢,电沉积时间延长。钨盐的含量可以在较广的范围变化,提高钨盐的含量,可使电沉积层中 W 的含量有较大幅度的增加,从而降低铁在电沉积层中的含量。但是由于钨酸钠在酸性电沉积液中会形成多聚钨酸盐沉淀使电沉积液稳定性变差,故电沉积液中钨盐含量也不宜过高。

(2)电流密度的影响。电流密度较小时,电沉积层中 Fe 的含量较高,W 的含量较少。这是因为在低的电流密度下极化小,达不到共析电势,Fe 离子优先沉积,导致电沉积层中铁含量升高。随着电流密度的增加,W 含量逐渐增加,但电流密度过大时,有氢气从表面逸出,电沉积层薄而粗糙,边角处发黑,因而电流密度不宜过大。

(3)pH 值的影响。对于非晶态合金电沉积层来讲,pH 值在 4 ~ 5.5 之间获得的合金电沉积层比较好,此时 Fe³⁺不会水解生成碱式盐沉淀,FeSO₄ 和 Fe₂(SO₄)₃在电沉积液中均能够很好地溶解,而且所得到的合金电沉积层中 W 含量适中;当 pH 值大于 8 时,不仅电沉积层中 W 含量显著降低,而且试样边缘沉积出氢氧化物或氧化物,电沉积液变浑浊,严重影响电沉积层的表面质量和电沉积液的稳定性;当 pH 值小于 3 时,几乎得不到合金电沉积层,电能几乎全部消耗在电解水上。

(4)温度的影响。在其他条件不变的情况下,升高电沉积液温度会降低阴极极化,导致电沉积层结晶变粗,但是升高温度通常能提高允许电流密度上限,同时由于盐类的溶解度增大,容许配制更高浓度的电沉积液,这样也能提高电流密度的上限。另外,升高温度还能提高溶液的导电率,减少电沉积层针孔和降低电沉积层内应力。

3. 电沉积 Fe – W 合金表面改性及其耐蚀性

Fe – W 合金电沉积层在酸性溶液中具有高耐蚀性能,但在中性和碱性溶液,特别是在 NaCl 溶液中耐蚀性能差,如在 30 ℃、1mol/L 的 HCl 溶液中,电沉积 Fe – W 合金电沉积层的腐蚀速率约为不锈钢 SUS304 的 1/15,在 60 ℃、0.15mol/L H₂SO₄溶液中约为不锈钢的 1/180。但在质量分数为 3% 的 NaCl 溶液中浸泡 1h,表面就出现大量黄色锈斑,残留水滴也会在电沉积层表面造成锈蚀。为了提高电沉积Fe – W合金的耐蚀性,需要对合金电沉积层表面改性。

常见的有三种方法:化学钝化法、磷化和电化学钝化法。

（1）化学钝化法。铬酐（CrO_3） 250g/L，硫酸（H_2SO_4） 50g/L，温度 70℃。

（2）磷化处理。

① （NH_4）$_6Mo_7O_{24} \cdot 2H_2O$ 2.5g/L + 主体溶液 $Zn(NO_3)_2 \cdot 6H_2O$ 30g/L，H_3PO_4 25g/L，$NaH_2PO_2 \cdot H_2O$ 40g/L，$KF \cdot 2H_2O$ 0~10g/L）。

② $NaNO_3$ 25g/L + $NaNO_2$ 0.5g/L + $KClO_3$ 3g/L + 主体溶液（$Zn(NO_3)_2 \cdot 6H_2O$ 30g/L，H_3PO_4 25g/L，$NaH_2PO_2 \cdot H_2O$ 40g/L，$KF \cdot 2H_2O$ 0~10g/L）。

（3）电化学钝化法。电化学钝化液按如下组分（质量分数）配制：$K_2Cr_2O_7$：$CrCl_3$：$(NH_4)_3C_6H_5O_7 = 8:1.5:0.5$。电化学方法分为阳极钝化、阴极钝化和联合钝化。

① 阴、阳极钝化对孔蚀电势的影响。阴极钝化后较钝化前电势正移了 1200mV；阳极钝化电流维持在 $2.0 \sim 3.0 A/dm^2$ 为宜，钝化后较钝化前电位正移了 1600mV。

② 联合钝化对耐蚀性能的影响。钝化后较钝化前，合金电沉积层的活化溶解峰消失了，阳极溶解电流下降，孔蚀电势正移，钝化区间增宽，耐蚀性能大幅度提高。

③ 钝化后合金电沉积层在盐酸和硫酸溶液中的腐蚀行为。合金电沉积层在 1mol/L 的 HCl 溶液中进行了阳极极化测试，合金电沉积层在经过钝化处理后，维钝电流密度降低，腐蚀电势较钝化前正移了 180mV，钝化区间变宽，极大地提高了合金镀层在 NaCl 溶液中的耐蚀性能。

7.1.2 电沉积 Fe-Mo 合金

Mo 不能从水溶液中单独电沉积，只能随 Fe 族金属一起析出，电沉积层中 Mo 含量低时为晶态，当 Mo 含量超过 20%（质量分数）时就转变为非晶态。最近研究表明，不仅电沉积层中 Mo 含量影响晶态结构，而且电沉积液的温度、pH 值、电流密度等工艺条件也对非晶态的形成产生显著影响。

电沉积 Fe-Mo 合金工艺见表 7-2。

表 7-2 电沉积 Fe-Mo 合金电沉积液组成及工艺条件

电沉积液组成（g/L）及工艺条件	工艺 1	工艺 2
氯化铁（$FeCl_3 \cdot 6H_2O$）	9	
钼酸钠（$Na_2MoO_4 \cdot 2H_2O$）	40	31~94
焦磷酸钠（$Na_4P_2O_7 \cdot 10H_2O$）	45	
碳酸氢钠（$NaHCO_3$）	75	
硫酸亚铁（$FeSO_4 \cdot 7H_2O$）		20~70
柠檬酸钠（$Na_3C_6H_5O_7 \cdot 2H_2O$）		76~230
pH 值	8~10	4~5
温度/℃	50	30
阴极电流密度/（A/dm^2）	15	0.8

随着电沉积液中 Mo 浓度的增加,Fe – Mo 电沉积层中的含 Mo 量增加;电流密度对电沉积层的含 Mo 量影响不大;随着电沉积液 pH 值的增加,电沉积层含 Mo 量先增加后减小,在 pH = 5 左右时,电沉积层具有最大的含 Mo 量。当 pH 值高于 4 时,随着 pH 值增高,阴极电流效率降低,电沉积层保持非晶态结构。若 pH 值高于 4 时,电流效率也降低,电沉积层转变为晶态结构。

从电沉积合金层的电流效率看,铁族过渡金属电沉积层自身的电流效率为 30% ~ 40%,并随着电沉积液中 Mo 浓度的升高而降低。当电沉积层中 Mo 的浓度在 80% 以上时,电流效率降到 10% 以下,而且析出速度降低,但这时电沉积层的非晶状态最佳。由于 Fe – Mo 合金具有非晶态结构,赋予了合金电沉积层的化学均匀性,使合金的耐蚀性大大提高,期望着更优异的电沉积耐蚀合金的开发和实用化(见本书第 9 章非晶态 Fe – Mo 合金部分)。

7.1.3　电沉积 Fe – Cr 合金

Fe – Cr 合金具有较强的耐腐蚀性,这是由于含 Cr 合金表面形成了含 Cr 的钝化膜,阻挡了腐蚀介质的侵入。在金属材料表面沉积一层含 Cr 合金能提高材料的耐腐蚀性,从而降低不锈钢的用量,节约 Cr 资源。

1. 电沉积 Fe – Cr 合金电沉积液组成与工艺条件

电沉积 Fe – Cr 合金电沉积液组成及工艺条件见表 7 – 3。

表 7 – 3　电沉积 Fe – Cr 合金的电沉积液组成及工艺条件

电沉积液组成(g/L)及工艺条件	工艺 1	工艺 2/(mol/L)
氯化亚铁($FeCl_2 \cdot 4H_2O$)	32	0.08
三氯化铬($CrCl_3 \cdot 6H_2O$)	275	0.6
乙酸铵(CH_3COONH_4)	170	
氯化铵(NH_4Cl)	25	0.4
硼酸(H_3BO_3)	35	0.2
溴化钠(NaBr)		0.2
甘氨酸(NH_2CH_2COOH)		0.6
抗坏血酸		5
氟化钠(NaF)		10
温度/℃	30	室温
pH 值	1.8 ~ 3.5	2

2. 合金电沉积液组成与工艺条件的影响

(1)阴极电流密度与 pH 值的影响。由试验可知,pH 值越低,电流密度越大,则电沉积层中 Cr 含量越高,越容易形成非晶态结构。从不同 pH 值下测得的电沉积层中 Cr 含量与电流密度变化关系曲线可知,电沉积层中 Cr 含量随电流密度的增加先迅速增加,然后趋于恒定值。实验发现,电沉积层中 Cr 含量在 30%(质量分数)以上时,电沉积层转变为非晶态结构。

（2）主盐浓度的影响。增加电沉积层中 Cr 含量的方法既可以通过增加电沉积液中铬盐的浓度，也可以通过减少电沉积液中的铁盐浓度来实现。由实验得知电沉积液中 Cr 含量变化对电沉积层中 Cr 含量有较大的影响。电沉积层中 Cr 含量随电沉积液中 Cr 含量增加而增加，而 Fe 含量则随电沉积液中 Cr 含量增加减少。

（3）甘氨酸浓度的影响。电沉积液中甘氨酸的作用是作为配合剂，它与 Fe^{2+} 形成络离子，导致 Fe^{2+} 的阴极极化增加，析出电势负移，从而达到共沉积。而当甘氨酸浓度超过一定量时，Cr^{3+} 也可以与甘氨酸起配合作用，可能同时改变铬的沉积电势，增加了铬的阴极极化，使电沉积层中 Cr 含量下降。

（4）NaF 的影响。三价铬电沉积 Fe - Cr 合金与三价铬镀层类似，呈现出微裂纹的表面形貌。当电沉积液中不含氟化钠时，镀层表面微裂纹多，裂纹宽度较大；而当加入氟化钠后，电沉积层表面的裂纹明显减少，裂纹变细。

3. 合金晶态与非晶态的耐蚀性

与晶态电沉积层相比，非晶态电沉积层具有更好的耐蚀性。图 7 - 1 是合金电沉积层在 2mol/L 的 $(NH_4)_2CO_3$ 溶液中的阳极极化曲线。Cr 含量为 37%（质量分数）的非晶态电沉积层有明显的钝化区；Cr 含量为 42%（质量分数）的非晶态电沉积层的钝化曲线与 a 类似，并且其维钝电流更小；Cr 含量为 22%（质量分数）的晶态电沉积层的钝化区不够理想。图 7 - 2 是合金电沉积层在 0.05mol/L 的 H_2SO_4 溶液中的阳极极化曲线。

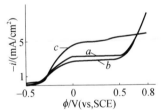

Cr 含量（质量分数）a—37%；b—42%；c—22%。

图 7 - 1　合金电沉积层在 2mol/L 的 $(NH_4)_2CO_3$
溶液中的阳极极化曲线

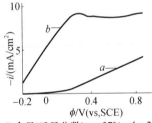

Cr 含量（质量分数）a—37%；b—22%。

图 7 - 2　合金电沉积层在 0.05mol/L 的
H_2SO_4 溶液中的阳极极化曲线

非晶态合金电沉积层耐蚀性优于晶态电沉积层，尤其在酸性条件下优势更明显。而且电沉积层中 Cr 含量越高，维钝电流越小，电沉积层的耐蚀性也越好。

4. Fe - Cr 合金电沉积层的高耐蚀性原因分析

在 Fe - Cr 合金上形成了一层水合含氧氢氧化铬组成的钝化膜，主要成分为 $CrO_x(OH)_{3-2x} \cdot nH_2O$。晶态电沉积层和非晶态电沉积层形成的钝化膜并无本质的差别，但非晶态电沉积层中水合含氧氢氧化铬的浓度以及 n 和 x 值与晶态的值不相同，非晶态合金钝化膜中的水合含氧氢氧化铬得到极大的富集。另外非晶态合金为均一单相钝化膜，也是非晶态合金高耐蚀性原因。

7.1.4　电沉积 Fe－Mn 合金

电沉积 Fe－Mn 合金电沉积液的分散能力好,晶粒细小,较电沉积铁的电沉积层厚。

电沉积 Fe－Mn 合金工艺:硫酸亚铁($FeSO_4 \cdot 7H_2O$) 1.0mol/L,硫酸锰($MnSO_4 \cdot 7H_2O$) 0.16～0.8mol/L,氨基磺酸(NH_2SO_3H) 0.05mol/L , α －葡萄糖 1mol/L,阴极电流密度 2～8A/dm² 。

当金属共沉积溶液中的总浓度较低时,镀层质量较差,呈灰黑色,力学性能不理想。加入氨基磺酸,有利于提高 Fe^{2+} 、 Mn^{2+} 的稳定性。

7.2　电沉积钴基合金

7.2.1　电沉积 Co－W 合金

Co－W 合金电沉积层外观色泽很接近装饰性和功能性的电沉积 Cr 层,并具有很好的耐蚀、耐热和耐磨等性能,Co 含量较高的镀层具有良好的磁性能。电沉积合金的成分和含量,决定了合金镀层的性质和使用价值。例如,随着电沉积层中 W 含量的增加,镀层合金的硬度会随之提高,直至 W 含量增加到35 %～50 %(质量分数)为止;W 含量不超过 5 %(质量分数)时,合金电沉积层为韧性合金,当钨含量较高时,通过热处理可以增加合金电沉积层的韧性;Co－W 合金的电阻率随着 W 含量的增加而增加,磁性、抗蚀性等也随着合金成分而变化。

1. 电沉积 Co－W 合金工艺

电沉积 Co－W 合金工艺见表7－4。

表7－4　电沉积 Co－W 合金电沉积液组成及工艺条件

电沉积液组成(g/L)及工艺条件	工艺1	工艺2	工艺3
硫酸钴($CoSO_4 \cdot 7H_2O$)	25	5～30	120
钨酸钠($Na_2WO_4 \cdot 2H_2O$)	28～64	4～12	45
柠檬酸钠($Na_3C_6H_5O_7$)	24～40		
氯化钠(NaCl)		10	
硼酸(H_3BO_3)		10	
酒石酸钾钠($NaKC_4H_4O_6 \cdot 4H_2O$)			400
添加剂	适量		
1,6－二胺己烷[$NH_2(CH_2)_6NH_2$]/(mol/L)		0.001～0.1	
1,8－二胺辛烷[$NH_2(CH_2)_8NH_2$]/(mol/L)		0.001～0.1	
氯化铵(NH_4Cl)			50
硫酸钠(Na_2SO_4)		45	
pH 值	9～9.5	3.5～6	8～9.5
阴极电流密度/(A/dm²)	1～5	0.5～3	3
温度/℃	25～80	50	40～90

2. 电沉积液组成与工艺条件的影响

（1）钨酸钠浓度的影响。由试验可知电沉积层中 W 含量随着电沉积液中钨酸盐含量的变化而显著变化，在低浓度阶段，随着钨酸盐浓度的增大，电沉积层中 W 含量随之显著提高；当钨酸盐浓度达到 8g/L 时，电沉积层中 W 含量达到最高含量，而后随着钨酸盐浓度的升高电沉积层中 W 含量反而下降（以工艺 2 为例）。

（2）Co 含量的影响。随着电沉积层中 Co 含量的增加，电沉积层结构也发生了很大变化，见图 7-3。

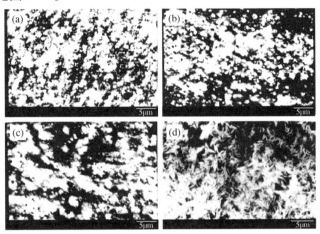

图 7-3　Co-W 合金层表面的 SEM 照片
(a)纯钴；(b)Co-5%W；(c)Co-10%W；(d)Co-15%W。

当电沉积层中 Co 含量在 5%～10%（质量分数）范围内时，合金电沉积层是光亮的条纹状，颗粒尺寸大约在 1～2μm；当电沉积层中 W 含量达到 15%（质量分数）时，电沉积层的颗粒尺寸达到亚微米级，大约在 300～450nm 范围内。

（3）硫酸钴浓度的影响。随着硫酸钴浓度的增加，镀层中 W 含量随之显著升高，当硫酸钴浓度达到 20g/L 时，电沉积层中 W 含量达到最大值；当硫酸钴浓度继续升高时，电沉积层中 W 含量基本保持不变。硫酸钴的加入，提高了 W 离子的活性，并提高了阴极电流效率。

（4）配合物浓度的影响。在工艺 1 中，以柠檬酸盐为配合物的 Co-W 合金电沉积液，随柠檬酸盐浓度的升高，Co-W 合金中 W 含量下降。

（5）钠离子浓度的影响。工艺 1 中，合金电沉积层中 W 含量随着柠檬酸钠浓度的升高而降低，认为是钠离子在阴极表面聚集，阻碍了 W 的阴极析出。以 $(NH_4)_3C_6H_5O_7$ 代替 $Na_3C_6H_5O_7$ 来试验，在其他条件相同时，柠檬酸盐浓度都为 0.1mol/L 的情况下，电沉积层中 W 含量从 18% 增加到了 30%。

（6）阴极电流密度的影响。Co-W 合金镀层中，W 含量随沉积电流密度的增大而增加，因阴极极化较小，不利于 W 的析出。另外，根据扩散理论，金属沉积的速率有上限,它决定于金属离子通过阴极扩散层的速率。在给定电流密度下,增加电流密度也有助于电位较负金属沉积速率的增加,使得 Co – W 电沉积层中 W 含量增加。

(7) 温度的影响。工艺 2 中,电沉积液温度与镀层中 W 含量的关系,见表 7 – 5。

表 7 – 5　电沉积液温度与电沉积层中 W 含量的关系

温度/℃	室温	50	80
W 含量/%(质量分数)	24.5	25.9	28.6

从表 7 – 5 中可以看出,电沉积液温度升高,电沉积层中 W 含量增加。温度主要通过两个方面来影响合金的成分,一方面通过温度对金属离子的扩散和迁移的速度的影响,即金属离子在阴极扩散层中的浓度的影响;另一方面通过对阴极电流效率的影响。在诱导共沉积中,电沉积液温度升高,通常引起较难沉积金属在合金镀层中的含量增加。

(8) 热处理的影响。电沉积 Co – W 合金热处理前后的 SEM 照片见图 7 – 4,电沉积层为 Co – W 32%(质量分数),热处理温度为 400℃。热处理前后 Co – W 合金硬度变化,见表 7 – 6。

图 7 – 4　电沉积 Co – W 合金热处理前后 SEM 照片
(a)处理前;(b)处理后。

表 7 – 6　热处理前后 Co – W 合金硬度变化

温度/℃	未处理	100	200	400
硬度/HV	600	700	750	880

3. 合金电沉积层中 Co 含量对表面形貌的影响

随着电沉积层中 Co 含量的增加,电沉积层结构也发生了很大的变化,当电沉积层中 Co 含量在 5% ~ 10%(质量分数)范围内时,合金电沉积层是光亮的条纹状,颗粒尺寸大约在 1 ~ 2μm;当电沉积层中 W 含量达到 15% 时,电沉积层的颗粒尺寸达到亚微米级,大约在 300 ~ 450nm 范围内。

7.2.2　电沉积 Co – Mo 合金

电沉积 Co – Mo 合金电沉积层,具有电沉积层紧密、细致、硬度大、结合力强、耐腐蚀性强等优良特性。电沉积 Co – Mo 合金电沉积层具有优良的电催化性能，并且电沉积层耐腐蚀性强，是电化学工业的理想电催化电极。低 Mo 的电沉积 Co – Mo 电沉积层还是优良的软磁性电沉积层。

1. 电沉积 Co – Mo 合金工艺

电沉积 Co – Mo 合金工艺见表 7 – 7。

表 7 – 7　电沉积 Co – Mo 合金电沉积液组成及工艺条件

电沉积液组成(g/L)及工艺条件	工艺 1	工艺 2/(mol/L)
氯化钴($CoCl_2 \cdot 6H_2O$)	3 ~ 5	
硫酸钴($CoSO_4 \cdot 7H_2O$)		0.1 ~ 0.3
钼酸钠($Na_2MoO_4 \cdot 2H_2O$)	10 ~ 15	0.005 ~ 0.012
柠檬酸钠($Na_3C_6H_5O_7$)	20 ~ 25	0.15 ~ 0.3
十二烷基硫酸钠	0.1 ~ 0.4	
1,4 – 丁炔二醇	0.5 ~ 1.0	
pH 值	7 ~ 8	
阴极电流密度/(A/dm²)	1 ~ 3	0.5 ~ 1.5
温度/℃	60 ~ 70	室温
阳极材料	DSA	DSA
电沉积层含 Mo 量/%(质量分数)	35	3 ~ 10
注:工艺 2 用于软磁性材料镀层。		

2. 电沉积液组成与工艺条件的影响(工艺 1)

(1) 配合物浓度的影响。Co 和 Mo 的电极电势相差较大,在简单盐体系中难以共沉积,在电沉积液中加入配合物柠檬酸钠,使钴、钼配合物电势相近,实现共沉积。配合物的加入,还能避免因电沉积速度太快而造成的电沉积层粗糙,电沉积 Co – Mo 合金柠檬酸钠的最佳用量为 20 ~ 25g/L。

(2) pH 值对电沉积层质量的影响。电沉积液的 pH 值直接影响配合物的组成和稳定性,当酸性过高(pH > 5)时,柠檬酸易分解,减弱了对 Mo 的配合作用,致使 Co 在阴极上的电沉积占主导,同时产生析氢现象,电沉积层呈灰白色;而 pH 太高(pH≥9)时,钴盐发生水解,电沉积层变脆,甚至起泡。电沉积 Co – Mo 合金电沉积液最佳 pH 值为 7 ~ 8。

(3) 阴极电流密度对电沉积层质量的影响。阴极电流密度对电沉积层质量的影响很大。电流密度过大,电沉积层粗糙,甚至烧焦;电流密度过小,Co 和 Mo 难以共沉积。电沉积 Co – Mo 合金的阴极电流密度以 1 ~ 3A/dm² 为佳。

(4) 温度对电沉积层质量的影响。如果电沉积液温度过高,配合物不稳定;温度太低,电沉积速度缓慢,温度对 Co – Mo 合金电沉积的影响很大。当温度低于 50℃ 时,电沉积层容易发黑;当温度高于 70℃ 时,电沉积层边缘会出现灰白色,甚至产生斑点。电沉积钴 Co – Mo 合金最佳温度为 60 ~ 70℃。

(5) 光亮剂对电沉积层质量的影响。在电沉积 Co – Mo 合金中,1,4 – 丁炔二醇是较好的光亮剂,并配合使用防针孔剂十二烷基硫酸钠。十二烷基硫酸钠的加入量应控制在0.1~0.4g/L。

7.2.3 电沉积 Co – P 及 Co – Ni – P 合金

电沉积 Co – P 及 Co – Ni – P 合金工艺见表7 – 8。

表7 – 8 电沉积 Co – P 及 Co – Ni – P 合金电沉积液组成及工艺条件

电沉积液组成(g/L)及工艺条件	Co – P 合金	Co – Ni – P 合金
硫酸钴($CoSO_4 \cdot 6H_2O$)	180	
磷酸(H_3PO_4)	50	
亚磷酸(H_3PO_3)	15	
氯化镍($NiCl_2$)		160
氯化钴($CoCl_2 \cdot 6H_2O$)		40
次亚磷酸钠($NaH_2PO_2 \cdot H_2O$)		2
对甲苯磺酰胺		2
十二烷基硫酸钠		0.03
硼酸(H_3BO_3)		30
pH 值	0.5~2	4~5
阴极电流密度/(A/dm^2)		3
温度/℃	75~95	室温
叠加电流(交流/直流)		1/3

7.3 电沉积铬基二元合金

铬合金比纯铬具有更优异的性能,如耐腐蚀、耐磨损、耐高温等,目前在工业中已得到广泛应用。早期采用电沉积方法得到的铬合金是 Cr – Ni 合金,之后相继出现了铬和其他铁系金属(Fe、Co)及铬族金属(Mo、W)以及其他金属(如 V、Mn 等)的各种二元合金的电沉积方法。早期铬合金电沉积液是以六价铬(铬酸盐)为基础的。到20世纪70年代,随着人们环保意识的增强以及三价铬电沉积的迅速发展,为三价铬电沉积合金开辟了新途径。近年来,已发表的有关三价铬电沉积合金论文和专利超过百篇,其中有电沉积二元合金、三元或三元以上合金、非晶态合金、纳米合金及铬基复合电沉积层等,大大的丰富了电沉积合金的内容。

7.3.1 电沉积 Cr – Ni 或 Ni – Cr 合金

1. 电沉积 Cr – Ni 合金概述

Cr – Ni 合金具有硬度高、电阻大、耐磨性好、耐氧化性酸和盐腐蚀以及抗高温氧化、抗硫化腐蚀等,能用于一些较苛刻的工作环境。当 Cr 含量超过20%(质量分数)时,其表面会形成 Cr 的非晶态钝化膜,阻挡了腐蚀介质的侵入,具有较强的

214

耐蚀性,与冶炼熔融压延制取法相比,电沉积法得到的 Cr - Ni 合金是一种提高材料耐蚀性的有效方法,具有能耗低、工艺简单以及绿色环保等优点。

在三价铬电沉积基础上发展起来的电沉积 Cr - Ni 合金,根据所用的配位剂不同,目前常用的有二甲基甲酰胺(DMF)体系、甲酸体系、乙酸体系、氨基乙酸体系、硫氰酸体系、草酸体系、柠檬酸体系及它们的混合体系等。

2. 电沉积 Cr - Ni 合金工艺

在三价铬电沉积液体系中加入适量的镍盐及其化合物就可以得到 Cr - Ni 合金电沉积液。由试验可知,仅改变电沉积液中 Cr^{3+} 及 Ni^{2+} 浓度及比例,就可得到任意比例的合金电沉积层。合金电沉积液稳定性较好,操作条件较宽,电流效率较高,使用电流密度较高,电沉积层外观明亮细致,厚度可达 10 μm 以上,是一种较理想的电沉积 Cr - Ni 合金工艺。电沉积 Cr - Ni 合金工艺见表 7 - 9。

表 7 - 9   电沉积 Cr - Ni 或 Ni - Cr 合金的电沉积液组成及工艺条件

电沉积液组成(g/L)及工艺条件	工艺 1	工艺 2	工艺 3	工艺 4	工艺 5	工艺 6	工艺 7
氯化铬($CrCl_3 \cdot 6H_2O$)	106	(Cr^{3+})	100	80	(Cr^{3+})	190	50
氯化镍($NiCl_2 \cdot 6H_2O$)	5 ~ 10	20	30 ~ 40		20	55	
硫酸镍($NiSO_4 \cdot 6H_2O$)				35			20
甲酸(95% HCOOH)		1.0	30 ~ 40		1.5	50mL/L	30mL/L
甲酸铵($HCOONH_4$)	32		mL/L				
甲酸钠(HCOONa)				40			
乙酸钠(CH_3COONa)	16.5						5 ~ 10
乙醇酸($HOCH_2COOH$)			50				
柠檬酸钠($Na_3C_6H_5O_7$)			80	80		80	
氯化钾(KCl)				16			50
氯化铵(NH_4Cl)	135	75		40		70	NaBr
溴化铵(NH_4Br)	10	130	(NaBr)	KBr12		17.5	10
硼酸(H_3BO_3)	40		15	30	40	35	35
添加剂	0.1 ~ 0.2	50	30 ~ 40	12		70mL/L	70
硫酸铵($(NH_4)_2SO_4$)		65	1 滴		120		
硫酸钾(K_2SO_4)					87		
氨基乙酸($NC_2H_5O_2$)						65	
pH 值	3.0	2.5 ~ 3.0	3.5	3.5	2 ~ 3	1.5 ~ 1.8	2.5 ~ 3.0
θ/℃	10 ~ 20	25 ~ 50	35	50	室温	30	室温
J_K/(A/dm²)	5 ~ 10	20 ~ 25		5	20 ~ 30	20	15 ~ 20
阳极	石墨	石墨	石墨	石墨	双槽	石墨	石墨

3. 电沉积 Cr-Ni 合金的工艺特性

通常电沉积液中 Cr^{3+} 应保持在较高浓度,其中 Ni^{2+} 的浓度对电沉积层中 Ni 的影响较大。配位剂和 Cr^{3+} 有配位作用和稳定作用,有利于电沉积层中 Cr 含量维持在较高水平。pH 值也对电沉积层中的 Cr 含量有较大影响,pH 值采用下限有利于 Cr 析出,pH 值升高有利于电流效率提高和电沉积层增厚。电流密度对电沉积层成分影响不大,但对耐蚀性有明显影响。

(1) 电流密度对电流效率和电沉积层厚度的影响见图 7-5。由图 7-5 可知,在 Ni-Cr 合金电沉积过程中,随着电流密度的增大,阴极电流效率下降,但电沉积层厚度增大。当电流密度从 $10A/dm^2$ 增大到 $24A/dm^2$ 时,电流效率由 60.0% 降低到 21.3%,电沉积层厚度由 $10\mu m$ 增大到 $30\mu m$。电流密度增大,析氢副反应速度加快,这是导致电流效率下降的原因。当电流密度较小时,电流效率较高,但电沉积层 Cr 含量较低,电沉积层较薄。当电流密度过大时,Cr 含量较高,电沉积层较厚,但电流效率降低,且电沉积层质量下降,周边出现发黑现象。当电流密度为 $14\sim20A/dm^2$ 时,电流效率为 33.9% ~ 45.0%、厚度为 $15\sim27\mu m$、Cr 含量为 12.8% ~ 17.5%。

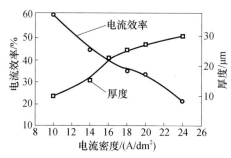

图 7-5 电流密度对电流效率和电沉积层厚度的影响(35℃,pH 2.0)

(2) 电沉积液 pH 值对电流效率和电沉积层厚度的影响见图 7-6。图 7-6 表明,电流效率随着 pH 值的升高呈现出先升高后降低的趋势,这与 pH 值对电沉积层中 Cr 含量的影响相一致。当 pH 值由 1.5 升高到 2.5 时,电流效率由 26.2% 升高到 39.8%,并达到最大值。当 pH 值由 2.5 继续增大到 3.5 时,电流效率则下降到 14.9%。在 pH 值升高的过程中,电沉积层的厚度呈现出下降趋势。

(3) 工作温度对电流效率和电沉积层厚度的影响见图 7-7。由图 7-7 可知,当温度由 35℃升高到 38℃时,电流效率由 39.8% 跃升到最大值 58.0%,然后随着温度升高逐渐下降。电沉积层厚度亦随着温度升高呈现出先升高后下降的趋势,出现最高值 $21.7\mu m$ 的温度为 40℃。当温度较低时,随着温度的升高,电沉积液中 Ni^{2+}、Cr^{3+} 的扩散速度加快,有利于阴极扩散层中金属离子浓度的增加和阴极极化的减小,使电流效率和电沉积层厚度上升。但 Cr^{3+} 电沉积对温度非常敏感,当温度大于 40℃时,电沉积层中 Cr 的含量骤然下降,Ni-Cr 合金的共沉积变得更加困难,电沉积层无法增厚,电流效率下降。

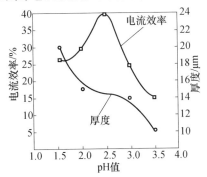

图 7 - 6 pH 值对电流效率和电沉积层
厚度的影响(14A/dm², 35℃)

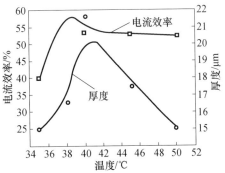

图 7 - 7 温度对电流效率和电沉积层
厚度的影响(14A/dm², pH 2.0)

4. 电沉积 Ni - Cr 合金电沉积层特性

（1）Ni - Cr 合金电沉积层微观形貌。Ni - Cr 合金电沉积层的 SEM 图像表明,其电沉积层组成为 Ni 91%、Cr 8.8%(质量分数)时,电沉积层表面由一系列均匀密集的球形小颗粒组成,无微裂纹,并具有含铬电沉积层的明显特征。

（2）合金电沉积层的晶体结构。图 7 - 8 为 5 种不同组成 Ni - Cr 合金电沉积层的 XRD 图谱。由图 7 - 8 可见,5 种电沉积层均在 44.4°附近有明显的衍射峰,表明为晶体结构,随着 Cr 含量的升高,衍射峰发生宽化,强度明显降低,这说明 Ni - Cr合金电沉积层的晶粒尺寸随着 Cr 含量升高而变小,有利于晶界的增大和耐蚀性能的提高。

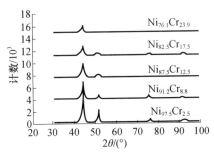

图 7 - 8 Ni - Cr 合金电沉积层的 XRD 谱图

（3）合金电沉积层的耐蚀性。将 Ni - Cr 合金电沉积层浸泡在 5% NaCl 溶液中,检测其耐蚀性能。由试验可知,失重随浸泡时间延长而增加,但变化很小;Cr 含量较高的 Ni - Cr 合金电沉积层其失重小于含 Cr 量较低的电沉积层,说明 Cr 含量的升高有利于钝化膜的形成和耐蚀性能的提高。

5. 电沉积 Cr - Ni 合金调制多层膜

Rousseau 利用三价铬体系制得了 Cr - Ni 合金调制多层膜。Huang 等人采用脉冲技术研究得到了厚层的调制 Cr-Ni 合金多层膜,膜层由富 Cr 的非晶态层和富 Ni 的纳米层交替组成。当脉冲周期为 6s 时,其 Cr-Ni 合金多层膜的调制厚度富 Cr 层为 150nm、富 Ni 层为 25nm;当脉冲周期为 2s 时,Cr-Ni 合金多层膜的调制厚度富 Cr 层为 60nm、富 Ni 层为 10nm。

Cr-Ni 合金多层膜的成分及晶体结构见图 7-9。由图 7-9(a)可知,在 6s 脉冲周期条件下,镀层由平均 7nm 的富 Ni 层和非晶态的富 Cr 层组成,看到的波纹状界面是富 Cr 层和富 Ni 层的分界面;图 7-9(b)和(c)是富 Ni 层和富 Cr 层的 EDS 图谱,其富 Ni 层和富 Cr 层的相应电流密度是 10A/dm² 和 30A/dm²;图 7-9(d)是富 Cr 层和富 Ni 层的化学组成。

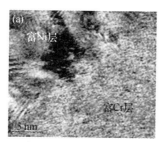

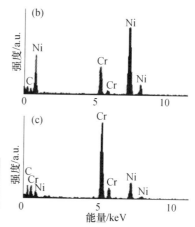

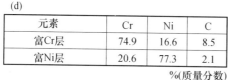

元素	Cr	Ni	C
富Cr层	74.9	16.6	8.5
富Ni层	20.6	77.3	2.1

%(质量分数)

图 7-9 Cr-Ni 合金多层膜的成分及晶体结构

(a)脉冲周期 6s 时电沉积 Cr-Ni 合金多层膜(包括富 Ni 层和富 Cr 层)的 TEM 图像;

(b)富 Ni 层的 EDS 谱;(c)富 Cr 层的 EDS 谱;(d)富 Cr 层和富 Ni 层的化学组成。

7.3.2 电沉积 Cr-Fe 合金

Cr-Fe 合金具有很多优异特性,如耐蚀性、高强度和硬度以及高温下的抗氧化性等。Cr-Fe 合金膜作为一种表面保护材料已大量应用在许多工业领域。过去电沉积 Cr-Fe 合金采用六价铬,因其对环境污染严重,近年来发展使用了三价铬电沉积 Cr-Fe 合金,并取得良好效果。

在三价铬镀液中加入适量的 Fe^{2+} 的盐,如硫酸亚铁或氯化亚铁等便可得到 Fe-Cr 合金镀液,在该溶液中电沉积就可得到 Fe-Cr 或 Cr-Fe 合金。Cr^{3+} 沉积电势比 Fe^{2+} 的电势要负很多,故在电沉积层中 Fe 总是优先沉积。

1. 电沉积 Cr-Fe 合金工艺

电沉积 Cr-Fe 合金工艺见表 7-10。

表 7 – 10　三价铬电沉积 Cr – Fe 合金工艺

电沉积液组成(g/L)及工艺条件	工艺 1	工艺 2	工艺 3	工艺 4	工艺 5
氯化铬($CrCl_3 \cdot 6H_2O$)	150		0.6mol/L	0.6mol/L	(Cr^{3+} 47.7)
氯化亚铁($FeCl_2 \cdot 4H_2O$)	25		0.25mol/L	0.08mol/L	
硫酸铬[$Cr_2(SO_4)_3 \cdot 6H_2O$]		0.5mol/L			
硫酸亚铁($FeSO_4 \cdot 7H_2O$)		0.075mol/L			8
甲酸铵($HCOONH_4$)					23.4
氨基乙酸(NH_2CH_3COOH)	150	0.2mol/L	2.0mol/L	0.6mol/L	
尿素($(NH_2)_2CO$)		1.25mol/L			
氯化铵(NH_4Cl)	100		1.8mol/L	0.4mol/L	
溴化铵(NH_4Br)				0.2mol/L	
硼酸(H_3BO_3)	20	0.3mol/L	0.5mol/L	0.2mol/L	40
硫酸铵($(NH_4)_2SO_4$)		0.8mol/L			
硫酸钾(K_2SO_4)					37
pH 值	2.0	1.0	2 ~ 4		1 ~ 1.5
$J_K/(A/dm^2)$	20 ~ 25	20 ~ 40	5 ~ 25		脉冲参数
工作温度 $\theta/℃$	30	20 ~ 30	30		
阳极			Pt	Pt	

2. 电沉积 Cr – Fe 合金工艺特性

（1）电流密度和 pH 值对电沉积层成分和晶体结构的影响。电沉积液组成及工艺条件:氯化铬　200g/L,氨基乙酸　180g/L,氯化亚铁　25g/L,氯化铵　100g/L,硼酸　20g/L,pH 值　2.0,温度　30℃。

试验发现,电沉积液的 pH 值和电流密度对电沉积层的结构影响很大,见图 7 – 10、图 7 – 11。

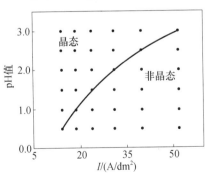

图 7 – 10　电流密度($i/(A/dm^2)$)和 pH 值对 Fe – Cr 电沉积层非晶态结构的影响

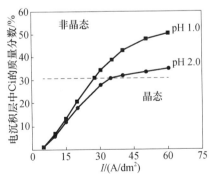

图 7 – 11　电流密度($i/(A/dm^2)$)和 pH 值对电沉积层中 Cr 含量(m)的影响

图 7 - 10 给出了电沉积液的 pH 值和电流密度与电沉积 Fe - Cr 合金电沉积层非晶态化的关系。图 7 - 11 表明,在一定电流密度下,pH 值越低,电沉积层越容易形成非晶态结构;当 pH 值给定时,随着电流密度增加,电沉积层结构由晶态向非晶态转变。由此可知,电沉积液在较大电流密度和较低的 pH 值时,容易获得非晶态结构电沉积层。

（2）电沉积液中 Cr 含量对电沉积层 Cr 含量的影响见图 7 - 12。

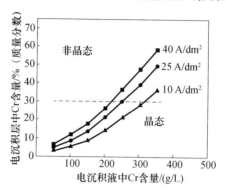

图 7 - 12　电沉积液 Cr 含量及电流密度对电沉积层中 Cr 含量的影响

由图 7 - 12 可知,随电沉积液中 Cr 含量的增加,电沉积层中 Cr 含量也增加,但高电流密度时 Cr 含量增加较快;从图 7 - 12 还可看出,电沉积层中 Cr 含量低于 30%（质量分数）时合金电沉积层为晶态,高于 30%（质量分数）时为非晶态。

3. 电沉积 Cr - Fe 合金电沉积层特性

（1）Cr - Fe 合金非晶化特性。试验表明:Cr - Fe 合金电沉积态的非晶化有两种因素,即电沉积层 Cr 含量增加引起晶格畸变增加,促使晶粒细化,而 Cr - C 在 Fe - Cr 合金中的夹杂,进一步促进了非晶化。Cr - Fe 合金晶态和非晶态电沉积层表层结构基本相同,在表面上 Fe 和 Cr 分别以 Fe_2O_3 及 Cr_2O_3 的形式存在,内部非晶态 Fe - Cr 电沉积层中有 CrC 夹杂。

Cr - Fe 合金电沉积层中的 Cr 含量对电沉积层的非晶化影响很大,通常 Cr 含量低时为晶态,随着 Cr 含量的增加,逐渐向非晶化转化。

（2）Fe - Cr 合金电沉积层的微观形貌。Fe - Cr 合金电沉积层横截面的 SEM 像见图 7 - 13。由图 7 - 13 可知,图 7 - 13(a)横截面是规则柱状或层状结构,为晶态;图(b)是玻璃状非晶态。

（3）Fe - Cr 合金电沉积层的晶态特征。Fe - Cr 合金电沉积层的 TEM 像见图 7 - 14。由图 7 - 14 可知,Cr 含量较低的 Cr - Fe 合金电沉积层为晶态结构,晶粒大小约为 7.5μm,由计算得到的晶间距约为 0.21 nm;Cr 含量较高的 Cr - Fe 合金电沉积层的电子衍射图表明其为非晶态,其单电子衍射图也表明为非晶态。

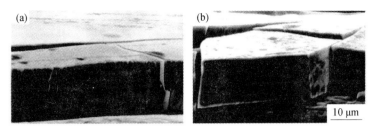

图 7 - 13 Fe - Cr 合金电沉积层横截面的 SEM 像

（a）Cr 22.4%（质量分数）；（b）Cr 38.6%（质量分数）。

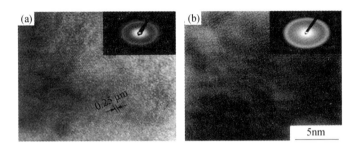

图 7 - 14 Cr - Fe 合金电沉积层横截面的 TEM 图像

（a）Cr 22.4%；（b）Cr 74.4%。

（4）Cr - Fe 合金电沉积层的结构分析。Cr - Fe 合金电沉积层的 XRD 图谱见图 7 - 15。由图 7 - 15 可见，在 40°～50°（2θ）间出现馒头峰，表明该合金为非晶态结构。电沉积层含 Cr 量 > 20%（质量分数）。

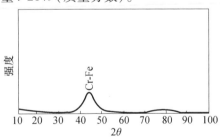

图 7 - 15 Cr - Fe 合金电沉积层的 XRD 图谱

7.3.3 电沉积 Cr - Co 或 Co - Cr 合金

Cr - Co 合金电沉积层具有良好的耐蚀性、耐磨性和磁性能，已在工业上得到大量应用。过去可在 Cr^{6+} 体系中用电沉积法得到。从环境保护出发，现在使用的是三价铬电沉积液体系加入适量的 Co^{2+} 得到的 Cr - Co 合金电沉积液，但不易得到较厚的电沉积层。

1. 电沉积 Co – Cr 或 Cr – Co 合金工艺

电沉积 Co – Cr 或 Cr – Co 合金工艺见表 7 – 11。

表 7 – 11 电沉积 Co – Cr 或 Cr – Co 合金电沉积液组成及工艺条件

电沉积液组成(g/L)及工艺条件	工艺 1	工艺 2	工艺 3	工艺 4	工艺 5
氯化铬($CrCl_3 \cdot 6H_2O$)	100	0.8mol/L		266	125
氯化钴($CoCl_2 \cdot 6H_2O$)	30	0.05mol/L	0.5 ~ 10	15	1.4
硫酸铬$[Cr_2(SO_4)_3 \cdot 6H_2O]$			0.3mol/L		
甲酸(HCOOH)	40mol/L		0.4mol/L		60mL
柠檬酸钠($Na_3C_6H_5O_7 \cdot 2H_2O$)	80			EDTA – 2Na:4.2	
磷酸二氢钠(NaH_2PO_4)				4	
二甲基甲酰胺$[(CH_3)_2COONH_2]$		0.137mol/L			
尿素($(NH_2)_2CO$)			0.75mol/L		
氟硅酸(H_2SiF_6)				8 ~ 12	
氯化铵(NH_4Cl)	50	0.5mol/L			80
氯化钠(NaCl)		0.5mol/L			
溴化钠(NaBr)	15				(KBr)15
氟化钠(NaF)			0.5mol/L	21	
硼酸(H_3BO_3)	30	0.15mol/L	0.5mol/L		30
硫酸铝$[Al_2(SO_4)_3 \cdot 18H_2O]$			0.2mol/L		
硫酸钠(Na_2SO_4)			0.6mol/L		
氨基磺酸铵($NHSO_3NH_4$)					210
pH 值	3.8		2.0	1.5 ~ 3.0	
$J_K/(A/dm^2)$	2.5		30	20 ~ 50	3
θ/℃	室温	室温	30 ~ 50	25	室温
搅拌	需要		需要		
电沉积层含 Cr 量/%(质量分数)	Pt		1.9% ~ 60%		33%

注:工艺 2 具有很好的磁性能,适合做录音机和录像机的磁头;工艺 3 可得到 Co 含量为 2% ~ 60%(原子分数)的质量良好的合金电沉积层;工艺 4 具有良好的黑度和吸光度,可用于光学仪器。

2. 电沉积 Cr – Co 合金的工艺特性

（1）三价铬电沉积 Cr – Co 合金电沉积液中 Co 含量对电沉积层组成的影响见表 7 – 12。由表 7 – 12 可知,随着电沉积液中 $CoCl_2$ 含量的增加,合金电沉积层中 Co 含量也增长。由于 Co^{2+} 的电沉积电势比 Cr^{3+} 正,所以通常在合金中 Co^{2+} 容易沉积而含量高。在较高电流密度（20 ~ 30A/dm^2）可沉积 30 ~ 40 min。试验还证明,合金电沉积液 $CoCl_2$ 含量为 1 ~ 2g/L 时,可得到质量良好,厚度达 30 μm 的电沉积层。

表 7 – 12　Cr – Co 合金电沉积液中含 CoCl₂ 量对电沉积层含 Co 量的影响

溶液中含 $CoCl_2$ 量/(g/L)	0.5	1.0	2.0	3.0	5.0	10.0
合金电沉积层含 Co 量/%（质量分数）	1.9	5.5	7.7	10.0	49.0	60.5
注：电沉积层厚 $10\mu m$，阴极电流密度 $30A/dm^2$，温度 $50℃$。						

（2）合金电沉积液中 $CoCl_2$ 含量对电沉积合金电流效率的影响见图 7 – 16。由图 7 – 16 可看出：随电沉积液中 $CoCl_2$ 含量的增加，阴极电流效率有所降低，当 $CoCl_2$ 含量为 1 ~2g/L 时，电流效率达 30%，10g/L 时电流效率降低到 15%。

3. 电沉积 Cr – Co 合金电沉积层特性

（1）电沉积 Cr – Co 合金电沉积层的表面形貌见图 7 – 17。由图 7 – 17 可看出，随着电沉积液中 $CoCl_2$ 含量的增加，合金电沉积层表面结节小瘤减少，并且变得比较平滑。

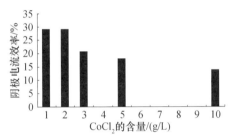

图 7 – 16　$CoCl_2$ 含量对电沉积 Cr – Co 合金电流效率的影响

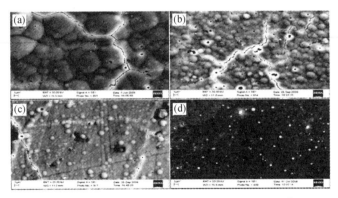

图 7 – 17　Cr – Co 合金电沉积层的 SEM 图像（$J_K = 30A/dm^2$，$\theta = 50℃$）
电沉积液中 $CoCl_2$ 含量：(a)0.5g/L；(b)1.0g/L；(c) 2.0g/L；(d) 3.0g/L。

（2）电沉积 Cr – Co 合金电沉积层的晶体结构。合金电沉积层的 XRD 图谱见图 7 – 18。图 7 – 18 上曲线的衍射角为 43°处有一较宽的衍射峰，由计算可知是属于纳米晶结构，晶粒约为 1.3 nm。下曲线出现两个 Cr 峰（即 Cr(110) 及 Cr(200)）和一个 Co(200) 峰，还有一个作为 Cu 基体的 Cu(200) 峰。

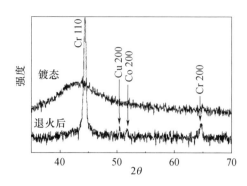

图 7 – 18　电沉积态 Cr – Co 合金电沉积层(上曲线)和经真空加热600℃、2h 处理
(下曲线)电沉积层的 XRD 图谱(Cu Ka 辐射,合金电沉积层厚度为 20 μm)

7.3.4　电沉积 Cr – P 合金

通常在适宜的三价铬电沉积液中加入适量的次磷酸盐,就可以得到 Cr – P 合金电沉积层,它具有良好的光泽外观和耐蚀性,其耐蚀性优于六价铬镀层,并可作为优良的防护装饰性镀层。

1. 电沉积 Cr – P 合金工艺

电沉积 Cr – P 合金工艺见表 7 – 13。

表 7 – 13　电沉积 Cr – P 合金电沉积液组成及工艺条件

电沉积液组成(g/L)及工艺条件	工艺 1	工艺 2	工艺 3	工艺 4	工艺 5
氯化铬(CrCl$_3$ · 6H$_2$O)			170		
硫酸铬[Cr$_2$(SO$_4$)$_3$ · 6H$_2$O]	70	0.15mol/L		(50%)1890	0.1mol/L
次磷酸钠(NaH$_2$PO$_2$ · H$_2$O)	32	0.4	20	10 ~ 30	0.1mol/L
酒石酸(C$_4$H$_4$O$_6$)	4				
甲酸(HCOOH)	(NH$_4^+$)$_4$			20	
氨基乙酸(NH$_2$CH$_3$COOH)					0.1mol/L
丙二酸[CH$_2$(COOH)$_2$]		0.45mol/L			
硫酸钾(K$_2$SO$_4$)	50			100#	
硫酸铝[Al$_2$(SO$_4$)$_3$ · 18H$_2$O]		60			
硫酸钠(Na$_2$SO$_4$)		0.6mol/L			
氯化钾(KCl)			60		10
溴化铵(NH$_4$Br)	60		30	10	
硼酸(H$_3$BO$_3$)	3.2	0.9mol/L	16	50	10
添加剂		0.2		0.1	
pH 值	2.8 ~ 3.2	2 ~ 3	1.5	1.25	3

电沉积液组成(g/L)及工艺条件	工艺1	工艺2	工艺3	工艺4	工艺5
J_K/(A/dm^2)	8	3～12	10	20	
工作温度 θ/℃	40	35	25	30	50
电沉积层含 Cr 量/%(质量分数)	11				（化学镀）

2. 电沉积 Cr - P 合金工艺特性

（1）次磷酸钠对电沉积层含 P 量的影响见图 7-19。由图 7-19 可知,电沉积层中含 P 量随电沉积液中次磷酸钠加入量的增大而提高。可以通过控制次磷酸钠加入量来获得 P 含量不同的 Cr - P 合金电沉积层。

（2）三价铬盐含量对合金电沉积层厚度的影响。硫酸铬浓度变化对(5min 电沉积)电沉积层厚度的影响较明显,见图 7-20。由图 7-20 可知,增大硫酸铬加入量,可以提高沉积速率;但试验发现,硫酸铬浓度较高时电沉积层较粗糙。综合考虑电沉积液中硫酸铬含量应选择在 35g/L 左右。

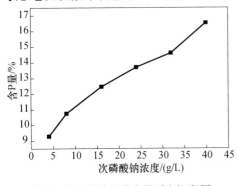

图 7-19　次磷酸钠含量对电沉积层
含 P 量的影响

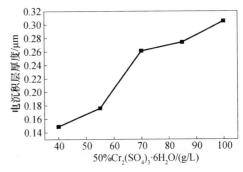

图 7-20　Cr^{3+} 浓度变化对电
沉积层厚度的影响

（3）配位剂甲酸铵含量的影响。甲酸铵是电沉积液中的配位剂之一,当其他组分不变时,甲酸铵浓度对电沉积液稳定性、光亮范围和挂镀试片厚度的影响见表 7-14。由表 7-14 可看出,甲酸铵浓度对光亮区间的影响很大,增大甲酸铵加入量,光亮区间变窄;甲酸铵加入量几乎不影响电沉积液的稳定性;甲酸铵浓度增大有利于 P 在电沉积层中的沉积。随着甲酸铵含量增加,电沉积层沉积速率先升后降。

表 7-14　甲酸铵含量对电沉积液稳定性、光亮范围、
电沉积层含 P 量和厚度的影响

甲酸铵/(g/L)	光亮区间/(A/dm^2)	稳定性/(A·h/L)	电沉积层厚度/μm	含 P 量/%
0	2.0～15	9	0.207	10.39
4	2.6～15	9	0.261	11.53

甲酸铵/（g/L）	光亮区间/（A/dm^2）	稳定性/（A·h/L）	电沉积层厚度/μm	含P量/%
8	3.5～10	9	0.262	12.09
12	4.5～9	9	0.253	15.81

（4）配位剂酒石酸含量的影响。酒石酸含量对电沉积液性能和电沉积层组成及厚度的影响见表7-15。可看出,加入少量的酒石酸可以提高电沉积液的稳定性,但加入量增大会降低电沉积液稳定性;酒石酸对光亮区间和电沉积层含P量的影响不明显。

表7-15　酒石酸含量对电沉积层厚度、光亮区间和稳定性等的影响

酒石酸/（g/L）	光亮区间/（A/dm^2）	稳定性/（A·h/L）	电沉积层厚度/μm	含P量/%
0	2.2～15	6	0.242	11.63
4	2.6～15	9	0.261	11.53
8	2.7～15	8	0.218	10.69
12	2.8～15	6	0.208	12.07

3. 电沉积Cr-P合金电沉积层的特性

Cr-P合金电沉积层、三价铬电沉积层和六价铬电沉积层的厚度均控制在0.5μm左右,通过塔菲尔、EIS和CASS试验,对三种电沉积层的耐蚀性进行了比较。

（1）塔菲尔曲线测试。测试结果如图7-21所示。由塔菲尔曲线计算得到的腐蚀电流和腐蚀电势如表7-16所列。由图7-21和表7-16可看出,Cr-P合金电沉积层腐蚀电流最小,六价铬电沉积层腐蚀电流次之,三价铬电沉积层腐蚀电流最大,这说明Cr-P合金电沉积层的耐蚀性最好。

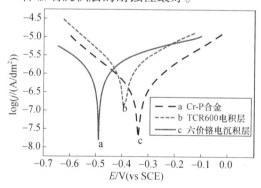

图7-21　Cr-P合金电沉积层与三价铬、六价铬电沉积层的塔菲尔曲线

表7-16　Cr-P合金电沉积层与三价铬、六价铬电沉积层的腐蚀电流和腐蚀电势

电沉积层	j_{corr}/（10^{-7}A/cm^2）	E_{corr}/V
TCR 三价铬镀层	16.1	-0.391

226

电沉积层	$j_{corr}/(10^{-7}\mathrm{A/cm^2})$	E_{corr}/V
六价铬电沉积层	9.8	−0.489
Cr−P 合金	4.46	−0.336

（2）交流阻抗（EIS）测试。测试结果如表 7－17 所列。由表 7－17 可知，0.1Hz 时六价铬电沉积层的阻抗值较大，Cr－P 合金电沉积层的阻抗值略小，三价铬电沉积层阻抗值最小；当 0.01Hz 时 Cr－P 合金电沉积层的阻抗值较大，六价铬电沉积层的阻抗值略小，三价铬电沉积层阻抗值最小。总体来看 Cr－P 合金电沉积层的阻抗值较大，耐蚀性最好。

表 7－17　不同电沉积层在 0.1 Hz 和 0.01 Hz 的阻抗值　　（$\Omega \cdot \mathrm{cm^2}$）

频率	0.1 Hz	0.01 Hz
Cr−P 合金	17080	110500
三价铬电沉积层	14220	45580
六价铬电沉积层	17320	62740

（3）CASS 试验。按 CASS 试验要求测试 36h，按 GB/T 6461—2002 标准评定。三价铬电沉积层腐蚀面积较大，结果评为 8 级，六价铬电沉积层和 Cr－P 合金电沉积层表面仍然保持较好的光泽性，试验结果均评为 9 级，表明六价铬电沉积层和 Cr－P 合金电沉积层的耐蚀性良好，该结果与塔菲尔、EIS 测试结果一致。

（4）Cr－P 合金电沉积层的 SEM 图像见图 7－22。在 Cr－P 合金表面有很多结节瘤，但无裂纹。

（5）Cr－P 合金电沉积层的晶体结构。图 7－23 为 Cr－P 合金电沉积层的 XRD 谱图。由图可看出，Cr－P 合金电沉积层的 XRD 谱图在衍射角 $2\theta = 43°$ 处有一馒头峰出现，说明合金为非晶态电沉积层。经 XRF 分析发现镀层中 P 的质量分数约为 11%。

 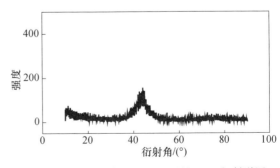

图 7－22　Cr－P 合金表面的 SEM 像　　图 7－23　Cr－P 合金电沉积层的 XRD 衍射谱图

（6）Cr－P 合金电沉积层的 XPS 图谱见图 7－24 和图 7－25。由图 7－24 可看出,结合能573.6eV处是金属Cr,结合能576.1eV处是CrP₃中的Cr;在图7－25中,结合能129.1eV和130.2eV对应的是CrP₃中的P及单体P。从而可知,在Cr－P合金电沉积层中主要存在Cr、P和CrP₃。

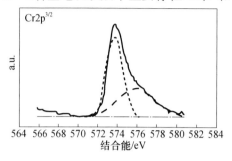

图7－24 Cr－P合金电沉积层的
Cr2p$^{3/2}$XPS谱

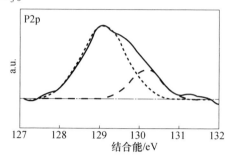

图7－25 Cr－P合金电沉积层
的P2pXPS谱

7.3.5 电沉积 Cr－C 合金

Cr－C合金具有很高的硬度和耐磨性以及优良的耐高温性能,可通过六价铬溶液得到Cr－C合金电沉积层,但六价铬毒性大和污染环境。近年来采用三价铬电沉积液也可得到Cr－C合金电沉积层,其厚度超过60μm,电沉积态硬度为600HV,经200℃、1h热处理后,硬度可达1400HV,该合金很有希望成为硬铬的替代层。

1. 电沉积 Cr－C 合金工艺

电沉积Cr－C合金工艺见表7－18。

2. 三价铬电沉积 Cr－C 合金电沉积层特性

(1)三价铬电沉积Cr－C合金电沉积层表面形貌见图7－26。由图7－26可看出,Cr－C合金电沉符号层表面不平整,有很多小鼓包;由合金电沉积层横截面,可推测其厚度约为22μm。

表7－18 电沉积 Cr－C 合金电沉积液成分及工艺条件

电沉积液组成(g/L)及工艺条件	工艺1	工艺2	工艺3
氯化铬(CrCl₃·6H₂O)	170	0.5mol/L	210
甲酸(HCOOH)	8mL/L	0.8mol/L	10
氯化钾(KCl)	60	1.0mol/L	
氯化铵(NH₄Cl)		1.0mol/L	
氯化钠(NaCl)			30
溴化铵(或NaBr)	30	10	20
硼酸(H₃BO₃)	15	0.65mol/L	12
添加剂		少量	

228

（续）

电沉积液组成(g/L)及工艺条件	工艺1	工艺2	工艺3
pH 值	1.5	2.0	0.5
$J_K/(A/dm^2)$	15		60
工作温度 θ /℃	25	30	20

图 7 - 26 三价铬电沉积 Cr - C 合金电沉积层表面形貌

（a）为 Cr - C 合金电沉积层 SEM 像；（b）为合金横截面图像。

（2）电沉积 Cr - C 合金工艺条件对电沉积层晶体结构的影响。

① 电流密度对 Cr - C 合金电沉积层结构的影响见图 7 - 27。由图 7 - 27 可

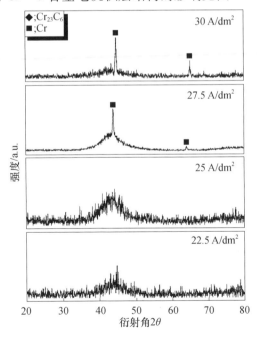

图 7 - 27 不同电流密度下所得 Cr - C 合金电沉积层的 XRD 图谱

229

知,当电流密度等于或小于 25A/dm² 时,Cr－C 合金电沉积层有一馒头峰,故为非晶态电沉积层;当电流密度等于或高于 27.5A/dm² 时,出现晶态结构。

　　② 温度对 Cr－C 合金电沉积层结构的影响见图 7－28。由图 7－28 可知,当热处理温度为 200℃和 400℃时,合金电沉积层转变为晶态结构。

　　③ 热处理对 Cr－C 合金电沉积层硬度的影响。由试验可知,Cr－C 合金电沉积层镀态下硬度为 800HV,当热处理温度为 200℃或以上时,其硬度可超过 1400HV,而铬酸电沉积液中得到的 Cr 电沉积层经热处理后,其硬度明显下降。

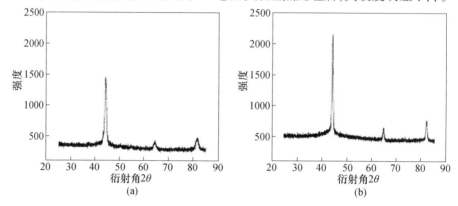

图 7－28　热处理温度为 200℃和 400℃时电沉积层的 XRD 图谱
(a)200℃;(b)400℃。

7.4　电沉积铬基及含铬三元合金

7.4.1　电沉积 Cr－Fe－Ni 或 Fe－Ni－Cr 合金

　　电沉积 Cr－Fe－Ni 合金,具有高硬度、很强的防变色能力和防腐蚀能力,合金电沉积层经过高温热处理之后,能够产生不锈钢结构,可用来代替不锈钢。

1. 电沉积液组成与工艺条件

　　目前国内外对 Cr－Fe－Ni 合金电沉积的研究主要有 3 大体系,即氯化物体系、氯化物－硫酸盐体系和 DMF/H₂O 溶液体系。这 3 种体系均可电沉积出合金电沉积层,氯化物体系电沉积出的合金电沉积层色泽差,厚度一般仅为几个微米,易开裂,耐蚀性能欠佳。在氯化物体系中,Cl⁻ 浓度过高会在阳极氧化为 Cl₂ 污染环境,并对设备腐蚀较大。在 DMF/H₂O 溶液体系,能得到电沉积层较厚,铬含量较高的合金电沉积层,但 N,N-2 二甲基甲酰胺(DMF)作为溶剂,存在着环保问题。氯化物－硫酸盐体系,电沉积液无毒性,但铬含量不够高,耐腐蚀性能较低。

　　电沉积 Cr－Fe－Ni 合金电沉积液组成与工艺条件见表 7－19。

表 7 – 19　电沉积 Cr – Fe – Ni 合金电沉积液组成及工艺条件

电沉积液组成(g/L)及工艺条件	工艺 1	工艺 2	工艺 3	工艺 4	工艺 5/(mol/L)	工艺 6
硫酸亚铁($FeSO_4 \cdot 7H_2O$)	28	5~8				40~60
硫酸铬[$Cr_2(SO_4)_3 \cdot 18H_2O$]	265					
硫酸镍($NiSO_4 \cdot 7H_2O$)	65					160~220
甲酸镍[$Ni(COOH)_2$]		15~20				
硼酸(H_3BO_3)	25	30		37		45
氟化钠(NaF)		8~10				
硫酸铬钾[$KCr(SO_4)_2 \cdot 12H_2O$]		400~450				
三乙醇胺[$N(C_2H_4OH)_3$]	149					
甘氨酸(NH_2CH_2COOH)		10~20		37.5	0.3~0.8	
氯化铬($CrCl_3 \cdot 6H_2O$)			250	160	0.3~0.8	15~35
氯化镍($NiCl_2 \cdot 6H_2O$)			46	13.7	0.12	25~45
氯化亚铁($FeCl_2 \cdot 4H_2O$)			30	40	0.04	
柠檬酸钠($Na_3C_6H_5O_7 \cdot 2H_2O$)			70			
氯化铝($AlCl_3$)			130			
甲酸钠($HCOONa$)				68		
溴化铵(NH_4Br)				14.7		
溴化钾(KBr)					0.1~0.3	
氯化铵(NH_4Cl)				53.5	0.2~0.6	
N,N – 二甲基甲酰胺%(质量分数)(DMF)					30~50	
抗坏血酸						10~12
柠檬酸($C_6H_8O_7$)						30
有机添加剂						20
复合光亮剂 791/(mL/L)						2
十二烷基硫酸钠						0.06
糖精						3
pH 值	2.0	1.2~2.8	0.2~0.3	2.8~3	2.0~4.0	
温度/℃	40	20~26	30	20~30	20~40	
阴极电流密度/(A/dm²)	5~40	6~37	25~30		2~10	
阳极	铂			铂	不锈钢	镍板
电沉积层中金属含量/%(质量分数)						
Fe	58~78	58~82	37~89	74		54
Ni	11~27	25~40	8~54	8		40
Cr	6~10	5~15.5	3~29	18	18~27	6

2. Fe–Ni–Cr 合金的工艺特性

(1) 氯化铬含量及 $[Fe^{2+}]/[Ni^{2+}]$ 比值对 Fe–Ni–Cr 合金电沉积层成分的影响。由试验可知,随 $CrCl_3$ 含量的增加,电沉积层中 Cr 含量增加,Fe 含量下降,Ni 含量略有下降;还可知,随 $[Fe^{2+}]/[Ni^{2+}]$ 比值的增加,电沉积层中 Fe 含量上升,Ni 和 Cr 含量下降。

(2) 配位剂对 Fe–Ni–Cr 合金电沉积层成分的影响。随配位剂 H–L 浓度增加,Fe 含量下降,Ni 和 Cr 含量有所上升。

(3) 电沉积液的 pH 值对电沉积层成分的影响。由试验可知,随电沉积液的 pH 值升高,电沉积层中 Ni 含量增加,Cr 含量下降。

3. Fe–Ni–Cr 合金电沉积层的形貌和晶体结构

(1) Fe–Ni–Cr 合金电沉积层表面形貌见图 7–29。由图可知,合金电沉积层为面心立方晶体,表面具有密集球形小颗粒。

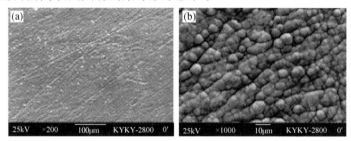

图 7–29　Fe–Ni–Cr 合金电沉积层的 SEM 图像(pH 2,T 30℃,电流密度 18A/dm^2)

(2) Fe–Ni–Cr 合金电沉积层的晶体结构见图 7–30。由图可知,在 2θ 为 43.339°和 50.74°附近有明显的衍射峰出现,其晶面指数分别为(111)和(200),因此确定为面心立方晶体(fcc)结构。

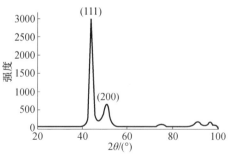

图 7–30　Fe–Ni–Cr 合金电沉积层的 XRD 图谱(pH 2,T 30℃,电流密度 18A/dm^2)

(3) Fe–Ni–Cr 合金电沉积层的成分含量。由试验可知,合金组成为:Fe 49.3%,Ni 44.2%,Cr 6.5%(质量分数)。

(4) Fe–Ni–Cr 合金电沉积层的衍射图见图 7–31。由图可知,"1"是典型的非晶态馒头峰;"2"是 Cu 基体的衍射峰。

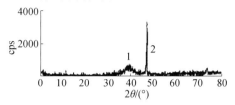

图 7 - 31　合金电沉积层的 XRD 图谱(基体为 Cu)

4. 电源对 Fe - Ni - Cr 合金电沉积层的影响

邓姝皓和李东林等人采用直流和脉冲技术对电沉积 Fe - Ni - Cr 合金进行了大量研究,在优选脉冲参数的基础上,结果表明采用脉冲技术与直流电沉积相比优点较多:①合金电沉积层表面平整、致密、孔隙率少;②沉积速率快,合金容易得到厚电沉积层;③电沉积层耐蚀性进一步提高;④在合金成分中 Cr 是较难沉积的。当采用直流电源时,沉积的合金中 Cr 含量通常很低,而采用脉冲电源能得到 Cr 含量较高的合金电沉积层,如邓姝皓可得到 Cr 含量为 40% ~ 60%(质量分数)的 Cr - Fe - Ni 合金电沉积层,电沉积效率达 50%,沉积速率为 3 μm/10min。

7.4.2　电沉积 Cr - Fe - C 合金

非晶态材料的制备及其性能研究是现代材料研究与开发的重要方向,电沉积作为获得非晶态材料的方便途径,正日益受到重视,其中非晶态电沉积层应用较多的特性是耐磨性和耐蚀性,尤其是以镍基和铬基电沉积层最具优势。近年来在开发三价铬电沉积基础上,对铬基二元和多元合金进行了较多研究,其中 Cr - Fe - C 非晶态合金具有优良特性,已引起人们的极大关注。

1. 电沉积非晶态 Cr - Fe - C 合金工艺

电沉积非晶态 Cr - Fe - C 合金工艺见表 7 - 20。

表 7 - 20　三价铬电沉积非晶态 Cr - Fe - C 合金工艺

电沉积液组成(mol/L)及工艺条件	工艺 1	工艺 2	工艺 3
氯化铬(CrCl₃ · 6H₂O)			0.6
氯化亚铁(FeCl₂ · 4H₂O)			0.05 ~ 0.35
硫酸铬[Cr₂(SO₄)₃ · 6H₂O]	0.5	0.4 ~ 0.6	
硫酸亚铁(FeSO₄ · 7H₂O)		0.02 ~ 0.1	
甲酸(HCOOH)		8mL/L	
氨基乙酸(NH₂CH₃COOH)		0.2 ~ 0.3	2.0
尿素((NH₂)₂CO)		1.1 ~ 1.5	
氯化铵(NH₄Cl)			1.8
草酸铵[(NH₄)₂C₂O₄ · H₂O]	0.2 ~ 0.5		

233

电沉积液组成(mol/L)及工艺条件	工艺 1	工艺 2	工艺 3
硼酸（H_3BO_3）		0.1 ~ 0.3	0.5
硫酸铵（$(NH_4)_2SO_4$）	1.0	0.7 ~ 1.0	
pH 值	2.0	0.8 ~ 1.3	2.0
$J_K/(A/dm^2)$	15 ~ 17.5	20 ~ 40	5 ~ 25
工作温度 $\theta/$ ℃	25 ~ 45	20 ~ 30	30
镀层中 Cr:Fe:C 含量	654.8:26.9:6.6		Cr22.9% ~ 74.4%
阳极	304 不锈钢		Pt
注:工艺 1 合金电沉积层中的 Fe 含量来自阳极不锈钢的溶解。			

2. 电沉积非晶态 Cr – Fe – C 合金电沉积层特性

（1）Cr – Fe – C 合金电沉积层的 SEM 图像见图 7 – 32。由图可知,随着电沉积时间的延长及电沉积层厚度的增加,表面小瘤增多,且越来越大。

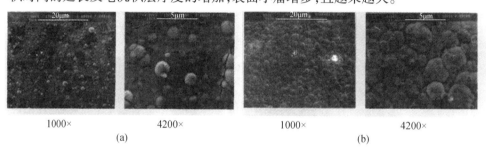

1000×   4200×   1000×   4200×
(a)   (b)

图 7 – 32　Cr – Fe – C 合金电沉积层的表面形貌

(a)0.5h;(b)1.5h。

（2）Cr – Fe – C 合金电沉积层的 XRD 图谱见图 7 – 33。由图可知,Cr – Fe – C 合金电沉积层有一馒头峰,故为非晶态镀层。

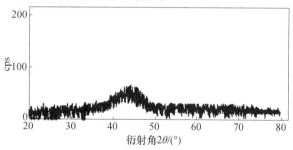

图 7 – 33　Cr – Fe – C 合金电沉积层的 XRD 图谱

（3）Cr – Fe – C 合金电沉积层的 XPS 图谱。图 7 – 34 是厚度为 20μm 左右的合金电沉积层的 XPS 谱图,分别以 574.6 eV 处的 Cr2p$^{3/2}$ 峰和 709eV 处的 Fe2p 峰以及

284.6eV 处的 C1s 峰,通过峰面积计算电沉积层中各元素的含量,分别为:Fe 25% 左右,C 5% 左右,其余为 Cr。上述电沉积层中碳主要来自电沉积液中 HCOO⁻ 等有机组分的还原。

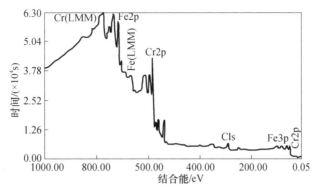

图 7 – 34   电沉积 Cr – Fe – C 合金电沉积层的 XPS 图谱(厚度为 20μm)

(4) Cr – Fe – C 合金电沉积层经不同温度热处理后的硬度见图 7 – 35。由图可知,随着热处理温度的增加,电沉积层的显微硬度也增加,至 600℃时达到最高值 1400HV 左右,超过 600℃其硬度反而下降。

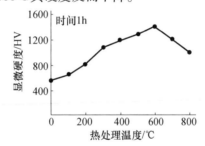

图 7 – 35   热处理温度对 Cr – Fe – C 合金电沉积层硬度的影响

7.4.3   电沉积 Fe – Cr – P 合金

Baosong 等人采用环保型三价铬体系加入配位剂氨基乙酸和二价铁盐以及次磷酸盐等进行电沉积得到了 Fe – Cr – P 合金电沉积层,并对电沉积液性能和电沉积层特性进行了测试及研究。

1. 电沉积非晶态 Fe – Cr – P 合金工艺

电沉积非晶态 Fe – Cr – P 合金工艺见表 7 – 21。

表 7 – 21   电沉积非晶态 Fe – Cr – P 合金电沉积液组成及工艺条件

电沉积液组成(mol/L)及工艺条件	工艺 1	工艺 2
氯化铬($CrCl_3 \cdot 6H_2O$)	0.38	
氯化亚铁($FeCl_2 \cdot 4H_2O$)	0.16	

电沉积液组成(mol/L)及工艺条件	工艺 1	工艺 2
硫酸铬[$Cr_2(SO_4)_3 \cdot 6H_2O$]		0.1 ~ 0.4
硫酸亚铁($FeSO_4 \cdot 7H_2O$)		0.01 ~ 0.2
次磷酸钠($NaH_2PO_2 \cdot H_2O$)	0.23	0.2 ~ 0.8
柠檬酸钠($Na_3C_6H_5O_7 \cdot 2H_2O$)	0.32	
甲酸(HCOOH)	0.9	
氨基乙酸(NH_2CH_3COOH)		0.5 ~ 2.0
溴化钠(NaBr)	0.15	
硼酸(H_3BO_3)	0.5	0.8
硫酸钠(Na_2SO_4)		0.6
pH 值	1.8 左右	1.5 ~ 3.5
J_K/(A/dm²)	5 ~ 10	4 ~ 8
工作温度 θ/℃	室温	30 ~ 35
阳极		Ti/IrO_2

2. 电沉积 Fe – Cr – P 合金的工艺特性

（1）电沉积液中配位剂含量对合金电沉积层中 Cr 含量的影响。由试验可知，随电沉积液中氨基乙酸浓度的增加，合金电沉积层中 Cr 含量也增加，至氨基乙酸含量为 0.8mol/L 时，合金中 Cr 含量最高达到 50%，之后开始下降。

（2）电沉积液 pH 值对合金镀层 Cr 含量的影响。由试验可知，随电沉积液 pH 值的升高，合金电沉积层 Cr 含量增加，至 pH 值升高到 2.75 左右时，合金中 Cr 含量最高达到 58%（质量分数），之后下降。

（3）电沉积时间与沉积层厚度的关系。由试验可知，随电沉积时间的延长，起始阶段电沉积层厚度增加较快，电沉积 20min 后增加缓慢，50min 后基本不增厚。

Fe – Cr – P 合金电沉积层的表面形貌见图 7 – 36。由图可知，在同一电沉积液中，电沉积层外观随电沉积时间的延长，电沉积层表面小瘤增大。

7.4.4　电沉积 Ni – Cr – P 和 Cr – Ni – Mo 合金

1. 电沉积 Ni – Cr – P 合金

在非晶态合金中加入 P 有利于提高耐蚀性，特别对强酸，如盐酸和氟氢酸等效果更好，其作用是在非晶态合金表面能形成 P 层，它对非晶态合金的溶解有抑制作用和钝化作用，因其能提高阴极活性和降低阳极活性。

（1）电沉积非晶态 Ni – Cr – P 合金工艺。Guilinger 等人采用三价铬电沉积的方法得到了非晶态 Ni – Cr – P 合金电沉积层，电沉积液主要成分是氯化铬、氯化镍和含 P 化合物（如次磷酸盐或亚磷酸盐），配位剂是柠檬酸盐，还有导电盐和润湿

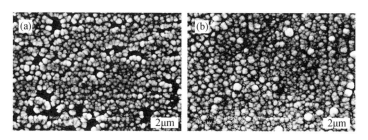

图 7 − 36　Fe − Cr − P 合金电沉积层的 SEM 像（基础液，$J_K = 4A/dm^2$）

（a）5min；（b）15min。

剂等。具体工艺如下：

氯化铬（$CrCl_3 \cdot 6H_2O$）　100g/L，氯化镍（$NiCl_2 \cdot 6H_2O$）　30g/L，次磷酸盐（$NaH_2PO_2 \cdot H_2O$）　30g/L，甲酸（HCOOH）　35mL/L，柠檬酸钠（$Na_3H_5C_6O_7$）80g/L，氯化铵（NH_4Cl）　50g/L，溴化钾（KBr）　17.3g/L，硼酸（H_3BO_3）　35g/L，pH 值　3，电流密度　20 ~ 40A/dm²，工作温度　室温。

（2）Ni − Cr − P 合金电沉积层特性。

① 合金电沉积层外观光亮细致，厚度为 2μm 时无孔隙，连续电沉积可达到 10μm。

② 合金电沉积层为非晶态，电沉积层成分为：Cr 10%，P 20%，其余为 Ni（原子分数）。

（3）Ni − Cr − P 合金电沉积层的耐蚀性。Lin and Zhang 等人对 Ni − Cr − P 合金电沉积层的耐蚀性进行了研究，并系统测试了合金电沉积层在盐酸和氢氟酸的浓溶液中的耐蚀性，其腐蚀速率约为 0.004mm/年，而在 12mol/L 的盐酸和 47% 的氢氟酸混合溶液中也具有良好的耐蚀性。

（4）Gruberger 等人在稳定的三价铬硫酸盐体系中和室温条件下制得了 Ni − Cr − P合金电沉积层，电沉积层外观光亮，与基体结合良好，电子显微镜、能量分散光谱和 X 射线衍射仪等分析发现，合金电沉积层的组成与阴极电流密度、流体动力学和添加剂（莰酮）有密切关系；动电势扫描法测试表明，Ni − Cr − P 合金电沉积层具有优异的耐蚀性能。

2. 电沉积 Cr − Ni − Mo 合金

在含铬合金电沉积液中，由于铬离子难于电沉积，通常在合金电沉积层中含铬量很少。电沉积 Cr − Ni − Mo 合金工艺：硫酸镍（$NiSO_4 \cdot 7H_2O$）　100g/L，硫酸铬 [$Cr_2(SO_4)_3$] 320g/L，钼酸铵 [$(NH_4)_6Mo_7O_{24} \cdot 4H_2O$]　100g/L，硼酸（$H_3BO_3$）10g/L，pH 值　2，温度　70 ~ 90℃，阴极电流密度　2 ~ 5A/dm²。电沉积层中 Mo 含量　2.3% ~ 7.8%，电沉积层中 Ni 含量　2.8% ~ 23.8%，其余为 Cr。

在上述工艺下，当电解量达到 15Ah/L 时，方可获得 Cr − Ni − Mo 合金电沉积层。

经过分析发现，得到的合金镀层中含 5% 左右的铬以六价的形式存在，若六价铬含量超过15%，电沉积层会发黑。如果阴极电流密度超过$15A/dm^2$，电沉积层也会发黑。

参 考 文 献

［1］屠振密，胡会利，刘海萍，等．绿色环保电镀技术［M］．北京：化学工业出版社，2013.

［2］沈品华，等．现代电镀手册（上册）［M］．北京：机械工业出版，2010.

［3］屠振密，刘海萍，张锦秋．防护装饰性镀层．2版［M］．北京：化学工业出版社，2014.

［4］段德莉，李曙．电镀镍－铬合金的研究进展［J］．材料保护，2006，39(2)：32－36，41.

［5］Luciana S. Sanchesa, Sergio H. Dominguesa, Claudia E. B. Marinoa, et al. Characterization of electrochemically deposited Ni－Mo alloy coatings［J］. Electrochemistry Communications, 2004, 6：543－548.

［6］Svenssona M, Wahlstrom U, Holmbom G. Compositionally modulated cobalt－tungsten alloys deposited from a single ammoniacal electrolyte［J］. Surface and Coatings Technology, 1998, 105：218－223.

［7］屠振密．电镀合金实用技术［M］．北京：国防工业出版社，2007.

［8］Elvira. G. ornez. Electrodeposition of soft－magnetic cobalt－molybdenum coating containing low molybdenum percentages［J］. Journal of Electroanalytical Chemistry, 2004, 568：29－36.

［9］姚素薇，蒋晓飞，李水林，等．非晶态Fe－W合金的电沉积方法及耐蚀性能［J］．腐蚀科学与防护技术，1994，6(4)：340－343.

［10］BaiA, Hu C C. Iron－cobalt and iron－cobalt－nickel nanowires deposited by means of cyclic voltammetry and pulse－reverse electroplating. Electrochemistry Communications, 2003, 5：78－82.

［11］杨建明，朱荻，曲宁松，等．纳米晶镍锰合金的脉冲电铸研究［J］．中国机械工程，2003，22(11)：1974－1978.

［12］屠振密，杨哲龙，阎康平．电镀铬－镍合金的研究［J］．材料保护，1983，(5)：18－20.

［13］Rousseau A, Benaben P. Single－bath electrodepositionof chromium－nickel Compositionally Modulated Multilayers(CMM) from a trivalent chromium Bath［J］. Plating and Surface Finishing, 1999, 9：106－110.

［14］Matsuoka M, Kammel R, Landau U. Electrodeposition of Iron－Chromium－Nickel Alloys［J］. Plat. & Surf. Finish, 1987, 74(10)：56－60.

［15］李松林，李益民，姚素薇，等．非晶态Fe－Cr合金镀层制备［J］．表面技术，1999，28(2)：9－10，15.

［16］李惠东，李敏．电沉积Cr－Fe－C合金镀层结构与性能研究［J］．腐蚀科学与防护技术，1999，11(4)：213－216.

［17］Surviliene S. Jasulaitien V, Cesuniene A. The use of XPS for study of the surface layers of Cr－Co alloy electrodeposited from Cr(Ⅲ) formate－urea baths［J］. Solid State Ionics, 2008, 179：222－227.

［18］Surviliene S. CesunieneA, SelskisA, etal. Electrodeposition of Cr－Co alloy from Cr^{3+} formate－urea electrolyte［J］. Trans. IMF. 2010, 88(2)：100－106.

［19］于元春，屠振密，郝照辉，等．三价铬镀液电沉积装饰性铬－磷合金特性研究［J］．材料保护，2011，44(1)：46－47.

［20］Zeng Z X, Liang A M, Zhang J Y. Electrochemical corrosion behavior of chromium－phosphorus coatings electrodeposited from trivalent chromium baths［J］. Electrochemica Acta, 2008, 53：7344－7349.

［21］Shashikala A R, Tharamani C N, Rani R Uma. Development and characterization of electroless Cr－P alloy as a decorative coating for automobiles［J］. Surface Engineering, 2005, 21(3)：220－224.

[22] Zeng Zhiziang, Wang Liping, Liang Aimin. Tribological and electrochemical behavior of thick Cr – C alloy coatings electrodeposited in trivalent chromium bath as an alternative to conventional Cr coatings [J]. Electrochemica Acta, 2006, 52(3): 1366 – 1373.

[23] Boiadjieva Tz, Petrov K, Kronberger H, et al. Composition of electrodeposited Zn – Cr alloy coatings and phase transformations induced by thermal treatment [J]. Journal of alloys and Compounds, 2009, 480: 259 – 264.

第8章　电沉积贵金属合金

Au、Ag、Pt、Ru、Pd 等为稀贵金属,其在表面装饰及电子产品中应用广泛。为减少贵金属用量、降低成本、提高性能,人们提出了电沉积贵金属合金。贵金属合金沉积层主要包括 Au 合金、Ag 合金及铂族金属(Pt、Rh、Pd、Ru)合金等。

贵金属合金沉积层最初主要是作为装饰性沉积层使用。近年来,随着电子、宇航工业的发展,贵金属合金作为功能性沉积层的应用得到迅猛发展。其中,Au 合金、Ag 合金的应用范围最为广泛。电沉积贵金属合金不但能获得多种色彩以满足人们对装饰品外观的要求,而且还能提高表面硬度、耐磨性、耐蚀性等,并且也可以大大减少贵金属的使用量。

随着电子工业的发展和电子技术的进步,电子产品对电沉积层质量的要求不断提高,这也促进了电沉积贵金属合金技术的快速发展,贵金属合金沉积层的种类也在不断增加。本章将重点介绍一些应用比较广泛的贵金属合金层的电沉积,同时也对近年来新出现的一些贵金属合金层的电沉积技术进行简单论述。

8.1　电沉积金钴(Au – Co)、金镍(Au – Ni)和金银(Au – Ag)合金

电沉积 Au 合金在贵金属电沉积中应用最为广泛,在电子工业中,电子元器件、集成电路引线框架、印制电路板等通常都需要电沉积 Au 合金。在电沉积金溶液中加入不同的金属盐,即通过改变沉积层中金的含量和共沉积金属的种类改善沉积层的性能、外观与性能。不同 Au 合金沉积层的色泽见表 8 – 1。

表 8 – 1　Au 合金沉积层色泽与合金组成的关系

Au 合金种类	沉积层颜色
Au – Cu	Cu 含量增加,合金颜色变化:金黄色→浅红色→红色
Au – Ni	Ni 含量增加,合金颜色变化:金黄色→淡黄色→白色
Au – Co	Co 含量增加,合金颜色变化:金黄色→橘黄色→绿色
Au – Cd	Cd 含量增加,合金颜色变化:黄色→绿色
Au – Ag	Ag 含量增加,合金颜色变化:黄色→绿色
Au – Bi	Bi 含量增加,合金颜色变化:黄色→紫色
Au – Pd	Pd 含量增加,合金颜色变化:黄色→淡黄色

8.1.1 电沉积 Au – Co 合金

电沉积 Au – Co 合金层的硬度和耐磨性比纯金高,因此也称为硬金。电沉积纯金层的显微硬度大约为 70HV,而 Au – Co 合金层的硬度可达 130HV。Au – Co 合金层主要用作集成电路的电接点、印制电路板等的表面处理。

电沉积 Au – Co 合金溶液主要分为氰化物体系和非氰化物体系,目前氰化物体系应用比较普遍。氰化物体系又分为碱性氰化物电沉积液(pH 8.5 ~ 13)和酸性氰化物电沉积液(pH 3 ~ 6)。碱性氰化物电沉积液的电流效率较高,所得沉积层硬而耐磨,色泽好,但这种电沉积液不适于电子元器件,特别是印制电路板。在酸性氰化物电沉积液中,Co 的共沉积比较容易,所得沉积层光亮、硬度高、致密无孔隙、耐蚀性好,但其电流效率较低,一般为 30% ~ 60%。为了改善沉积层性能和电沉积液的稳定性,有时也向氰化物电沉积液中加入 EDTA、有机磷酸、氨基乙酸、苹果酸、马来酸、葡萄糖酸、焦磷酸盐和酒石酸盐等,从而得到复合配位剂的电沉积液。

1. 氰化物电沉积 Au – Co 合金工艺

(1)电沉积液组成及工艺。氰化物电沉积 Au – Co 合金的溶液组成及工艺条件见表 8 – 2。

表 8 – 2 氰化物电沉积 Au – Co 合金的溶液组成及工艺条件

溶液组成(g/L)及工艺条件	工艺 1	工艺 2	工艺 3	工艺 4	工艺 5
氰化金钾[$KAu(CN)_2$]	0.1 ~ 4.0	8.0	4 ~ 12	6	8
焦磷酸钴钾($K_2CoP_2O_7$)	1.3 ~ 4.0				
氰化钴钾[$KCo(CN)_3$]		< 1.0			少量
柠檬酸($H_3C_6H_5O_7$)			20 ~ 70	25	76
柠檬酸钾($K_3C_6H_5O_7$)			50 ~ 90	80	100
硫酸钴($CoSO_4 \cdot 7H_2O$)			1 ~ 3	9	
酒石酸钾钠($KNaC_4H_4O_6 \cdot 1/2H_2O$)	50				
焦磷酸钾($K_4P_2O_7 \cdot 3H_2O$)	100				
磷酸二氢钾(KH_2PO_4)		120			
EDTA 钠盐(Na_2EDTA)				15	
硝酸铊($TlNO_3$)			0.04		
铟(以硫酸盐形式加入)				0.4	
pH 值	7 ~ 8	4.3 ~ 5.0	3.2 ~ 4.0	3.2	4.2
温度/℃	50	40 ~ 50	25 ~ 32	25 ~ 30	35
电流密度/(A/dm^2)	0.5	0.6 ~ 1.2	0.8 ~ 2.0	0.8 ~ 1.5	1.0

(2)电沉积液的配制。以工艺 3 为例,电沉积液的配制步骤如下:

① 氯化金的制备。将纯金切碎、洗净、烘干，置于王水（HNO_3：$HCl=1:3$）中，用水浴加热，使其溶解。待金溶解后，在不断搅拌下加热浓缩（注意：溶液温度不得超过100℃）除去氧化氮，直至得到血红色的黏稠物（三氯化金），冷却备用。

② 雷酸金的制备。用5倍体积的蒸馏水溶解红色的黏稠物，然后在不断搅拌下缓缓加入氨水（1g纯金约需浓氨水10mL），生成的淡黄色沉淀即是雷酸金。继续搅拌蒸发除氨，直至无氨味。除氨时要不断加水，以防止沉淀干燥。然后抽滤，用热水洗3~4次，即得到可以使用的雷酸金。雷酸金制备过程中不得干烧，以防爆炸。雷酸金最好是现用现配。

③ 氰化金钾的制备。将雷酸金沉淀连同滤纸一起，倒进氰化钾溶液中，缓慢加热溶解，得到无色透明的溶液。1g纯金约需氰化钾1.2~1.5g。

④ 按配方将计算量的EDTA二钠盐和柠檬酸用蒸馏水溶解。

⑤ 将硫酸钴用蒸馏水溶解在另一容器中。

⑥ 将④、⑤两种溶液混合，然后加入氰化金钾溶液中，调pH值，用蒸馏水稀释至规定体积，即可进行试镀。

（3）电沉积液成分和工艺条件的影响。

① 主盐浓度。氰化物电沉积Au-Co合金时，主盐主要包括氰化金钾和钴盐，钴盐包括氰化钴钾、焦磷酸钴钾和硫酸钴等。

电沉积液中氰化金钾含量不足时，允许使用的电流密度较低，沉积层呈暗红色。提高金含量可以扩大电流密度范围，改善沉积层的光泽。当Au含量过高时，合金沉积层发花。固定钴盐浓度，随着Au含量的增加，阴极电流效率明显升高。相反，假如金盐浓度固定，增加溶液中Co的含量，电流效率则会降低。由于电沉积Au-Co合金的主盐浓度主要是依靠添加金属盐的形式来维持，不能靠阳极溶解，因此要及时分析电沉积液成分并及时进行补充。

钴盐的存在可以提高沉积层的硬度。沉积层中Co的含量对沉积层的硬度、色泽及电沉积时的阴极电流效率影响很大。所以，生产中应严格控制钴盐的含量，使其始终保持在工艺规定的范围内。

金为面心立方体结构，使原子形成紧密排列的平面，取向为（111）面。由于这些平面的可滑动性，在负荷作用下，允许点阵变形，所以金的延展性很好。向电沉积液中添加少量的钴盐，可使沉积层结晶颗粒变小，同时带入一定量的碳，从而提高沉积层的光泽和硬度。碳是由钴带入的，以配合物形式存在的钴[如$K_4Co(CN)_6$]进入沉积层，不但没有改变金结晶的取向，反而固定了金的紧密排列的可滑动面（111），从而有利于改善沉积层的耐磨性。特别是在高负荷下，碳原子像固体润滑剂一样，不断被释放出来，从而提高工件的耐磨损性。但沉积层中钴含量不能太高，否则会导致沉积层接触电阻增大，沉积层耐高温氧化性能下降。当沉积层中钴的质量分数为0.08%~0.2%时，沉积层耐磨性能最好。

② 柠檬酸盐。柠檬酸盐具有配位和缓冲作用，并能使沉积层光亮。柠檬酸盐

含量过低时,电沉积液的导电性能和分散能力较差;柠檬酸盐含量过高时,阴极电流效率降低。

EDTA 二钠盐与柠檬酸盐具有相同的作用。

③ 磷酸二氢钾。它的主要作用是起缓冲剂作用,可使溶液 pH 值维持在一定的范围内,从而使 Au - Co 合金能在较宽的电流密度范围内进行电沉积,并保持金黄色的光泽外观。

④ 电流密度。提高电流密度有利于 Co 的析出,因此有利于沉积层硬度的提高。

⑤ 温度。温度主要影响电流密度范围。温度较高时,可使用的电流密度范围较宽。但温度也不能过高,因为过高的温度会使氰化物的分解速度急剧上升。

⑥ pH 值。pH 值对沉积层外观和硬度都有显著影响。pH 值过高或过低,沉积层外观都会变差,硬度也会降低。因此 pH 值一定要控制在工艺规定的范围内。

⑦ 阳极。在弱酸性溶液中进行电沉积时,几乎全部使用不溶性阳极。以前广泛使用铂电极,目前多用不锈钢阳极、镀铂钛阳极或纯金阳极等。

(4) 不合格沉积层的退除及 Au 的回收。不合格的 Au - Co 合金沉积层应该尽可能修复,只有在无法补救时再进行退除。退除时要求具有良好的通风条件,退除方法见表 8 - 3。

表 8 - 3 不合格 Au - Co 合金沉积层的退除

基体	退除液组成/(g/L)		工艺条件
Fe、Ni	氰化钠(NaCN)	80 ~ 100	室温 ~ 70℃
	氢氧化钠(NaOH)	8 ~ 22	阳极电流密度 1 ~ 5A/dm²
Fe、Cu	硫酸(98%,H_2SO_4)/(mL/L)	600 ~ 625	室温
	甘油($C_3H_8O_3$)	22 ~ 38	阳极电流密度 5 ~ 10A/dm²
Fe、Cu	间硝基苯磺酸钠($NaC_6H_4O_5NS$)	20	
	氰化钠(NaCN)	50	90 ~ 98℃
	柠檬酸钠($Na_3C_6H_5O_7$)	50	

废弃的 Au - Co 合金液(包括回收液)应该予以回收。回收方法如下:

① 在良好的通风条件下,把废液注入瓷皿中,加热蒸发至黏稠状,用 5 倍的蒸馏水稀释,在不断搅拌下,加入已用盐酸酸化过的硫酸亚铁,直至不析出沉淀为止,黑色粉末状的金沉淀在瓷皿底部。将沉淀先用盐酸、后用硝酸煮一下,然后清洗烘干。最好能在 700 ~ 800℃下焙烧 30min。

② 在良好的通风条件下,用盐酸调废液使 pH 值为 1,并把溶液加热到 70 ~ 80℃,加入锌粉,至溶液变成半透明的淡黄色,并有大量的金粉沉淀下来为止。在此过程中,要始终保持处理液的 pH 值为 1 左右。以后的处理方法同前。

2. 亚硫酸盐电沉积 Au - Co 合金工艺

亚硫酸盐电沉积金及金合金液无毒,其分散能力和覆盖能力较好,沉积层结晶细致,合金元素与金的共沉积提高了沉积层的硬度,节约黄金,降低成本。

(1)电沉积液组成及工艺。亚硫酸盐电沉积 Au – Co 合金的溶液组成及工艺条件见表 8 – 4。

表 8 – 4　亚硫酸盐电沉积 Au – Co 合金的溶液组成及工艺条件

溶液组成(g/L)及工艺条件	工艺 1	工艺 2
亚硫酸金钾[$K_3Au(SO_3)_2$]	1 ~ 30	8 ~ 10
硫酸钴($CoSO_4 \cdot 7H_2O$)	2 ~ 200	6 ~ 15
亚硫酸钠(Na_2SO_3)	40 ~ 150	120 ~ 150
磷酸氢二钾(K_2HPO_4)		20 ~ 40
柠檬酸钾($K_3C_6H_5O_7$)		10 ~ 20
缓冲剂	25 ~ 150	
添加剂/(mL/L)		1 ~ 2
pH 值	>8	8.5 ~ 9.5
温度/℃	43 ~ 60	35 ~ 45
电流密度/(A/dm^2)	0.1 ~ 5.0	0.15 ~ 0.30

(2)电沉积液组成及工艺条件的影响。

① 主盐。金盐以 $K_3Au(SO_3)_2$ 形式加入。在电沉积溶液中,金以亚硫酸金配离子[$Au(SO_3)_2^{3-}$]和柠檬酸金配离子[$Au(HC_6H_5O_7)^-$]形式存在。金盐含量过低,允许使用的阴极电流密度较低;金盐含量提高,阴极电流密度升高,沉积层中钴含量下降。硫酸钴也是主盐,在电沉积液中以柠檬酸钴配离子形式存在,其浓度变化对沉积层中钴的含量有很大影响。浓度升高,钴含量增加,需要的配位剂含量增加,电沉积液维护比较困难。

② 亚硫酸钠。亚硫酸钠是金的主要配位剂,含量不能过低,否则在碱性溶液中 $Na_3Au(SO_3)_2$ 容易形成 $Au(OH)_3$ 沉淀,从而使溶液出现混浊。亚硫酸钠能提高电沉积液的导电性,改善其分散能力。

③ 磷酸氢二钾。磷酸氢二钾是导电盐和 pH 值缓冲剂,通过水解来调节 pH 值,使电沉积液始终保持在碱性状态。

④ 柠檬酸钾。柠檬酸钾是金的辅助配位剂、钴的配位剂。它可以使金和钴发生共沉积,保持电沉积液稳定,提高阴极极化,改善电解液的分散能力。

⑤ pH 值。溶液 pH 值是影响亚硫酸盐电沉积液稳定性的重要因素。试验表明,当 pH < 8 时,$Na_3Au(SO_3)_2$ 不稳定,金易还原析出而使溶液混浊;当 pH > 10 时,沉积层发暗,无光泽。

⑥ 温度。电沉积液温度升高能提高电流密度,加快沉积速率。但是若温度过高,沉积层粗糙,亚硫酸盐易被氧化成硫酸盐,引起电沉积液老化和不稳定,而且亚硫酸盐过热还会分解出 S^{2-} 与 Au^+ 生成 Au_2S 沉淀;电沉积液温度过低,沉积层不光亮。

试验表明,控制温度在 30~50℃ 范围内可得到性能良好的 Au-Co 合金沉积层。

⑦ 阴极电流密度。电流密度小于 $0.1A/dm^2$ 时,沉积层不光亮,沉积速率低于 $0.1mm/min$,沉积层中金的质量分数高于 99%;电流密度大于 $0.4A/dm^2$ 时,沉积层发乌、不均匀、粗糙,阴极析氢严重,电流效率降低。

8.1.2 电沉积 Au-Ni 合金

电沉积 Au-Ni 合金是一种硬度高、耐磨性好的沉积层,主要用于接插件、印制板插头、触点等耐磨件的表面处理。

电沉积 Au-Ni 合金溶液基本与电沉积 Au-Co 合金相似。由于常规的碱性氰化物电沉积液常常引起电器元件,特别是印制电路板的剥离,所以至今还是以弱酸性"缓冲型"氰化物电沉积液为主,其中以添加柠檬酸盐的溶液应用最为广泛。中性"缓冲型"氰化物电沉积液,如添加焦磷酸盐、酒石酸盐、EDTA 二钠盐、二乙基三胺五乙酸盐(即 DTPA)或乙二胺的氰化物电沉积溶液,使用范围仅次于弱酸性电沉积液。无氰亚硫酸盐电沉积液的使用范围也在扩大。

1. 氰化物电沉积 Au-Ni 合金工艺

(1)电沉积液组成及工艺条件。氰化物电沉积 Au-Ni 合金的溶液组成及工艺条件见表 8-5。

表 8-5　氰化物电沉积 Au-Ni 合金的溶液组成及工艺条件

溶液组成(g/L)及工艺条件	工艺 1	工艺 2	工艺 3	工艺 4	工艺 5	工艺 6
氰化金钾[$KAu(CN)_2$]	1~5	3~5	4~20	10	8	3.0~3.5
焦磷酸镍钾($K_2NiP_2O_7$)						0.6~0.8
氰化镍钾[$KNi(CN)_3$]	5~20	1~2				
柠檬酸($H_3C_6H_5O_7$)				16~30	50	
柠檬酸钾($K_3C_6H_5O_7$)					50	
硫酸镍($NiSO_4 \cdot 6H_2O$)			6~12	20		
柠檬酸镍[$Ni_3(C_6H_5O_7)_2$]					25	
焦磷酸钾($K_4P_2O_7$)						50~60
氰化钾(KCN)	5~10	10~35				
磷酸钾(K_3PO_4)		40~70				
草酸($H_2C_2O_4 \cdot 3H_2O$)			40~60			
甲酸(HCOOH)/(mL/L)			40~50			
酒石酸钾钠($KNaC_4H_4O_6 \cdot 1/2H_2O$)						50~60
pH 值	>9		4.0~4.5	6.0	3.8	7~8
温度/℃	50~60	60~65	室温	70	22	50~60
电流密度/(A/dm^2)	1~3	0.3~1.0	1.0~1.5	1.0~15	1.0	0.4~0.5

（2）电沉积液组成及工艺条件的影响。工艺 3 是针对镍层上沉积金层时沉积层结合力较差的问题而提出的。该工艺操作简便,很好地解决了以镍层为底层的结合力问题,经加热法、划格法及弯曲法检查,Au-Ni 合金沉积层与镍层结合良好,同时与银层的结合力也令人满意。

① 主盐。以氰化金钾和硫酸镍为主盐。当氰化金钾含量降低时,阴极电流效率降低,沉积速率减慢,沉积层呈暗红色,光亮性差;当氰化金钾含量过高时,导致 pH 值上升较快,并且溶液带出损耗大。硫酸镍含量太低时,沉积层光亮性不好,沉积层硬度和耐磨性降低;若硫酸镍含量太高,沉积层颜色不纯,呈青色。

② 草酸和甲酸。它们可认为是有机添加剂和配位剂,并且有缓冲溶液 pH 值的作用,使沉积层结晶细致。草酸和甲酸含量过高时,阴极电流效率和沉积速率均下降;草酸和甲酸含量太低时,溶液导电性、分散能力降低,沉积层结晶粗糙。

③ 添加剂。添加剂可增强沉积层的光泽性,提高表面光亮度,改善电沉积液的性能。

④ pH 值。pH 值对沉积层色泽影响较大,需严格控制。调整 pH 值可用氢氧化钾或草酸、甲酸。pH 值高于工艺规定值时,沉积层色泽发暗,有烧焦状。

⑤ 搅拌。搅拌可有效改善电沉积液的性能,提高沉积层的光亮度。

⑥ 电流密度。电流密度提高,沉积速率加快。

⑦ 温度。温度范围较宽,温度变化对沉积层外观影响不大。

2. 亚硫酸盐电沉积 Au-Ni 合金工艺

（1）电沉积液组成及工艺条件。亚硫酸盐电沉积 Au-Ni 合金溶液组成及工艺条件为:亚硫酸金钾 $[K_3Au(SO_3)_2]$ 10~25g/L;硫酸镍（$NiSO_4 \cdot 6H_2O$） 20~60g/L;亚硫酸钠（Na_2SO_3） 120~160g/L;柠檬酸铵 $[(NH_4)_3C_6H_5O_7]$ 160~220g/L;乙二胺（$C_2H_8N_2$） 7~12mL/L;pH 值 6.5~8.0;温度 50~75℃;电流密度 0.5~4A/dm²。

（2）电沉积液组成及工艺条件的影响。

① pH 值。pH 值对电沉积液稳定性和沉积层质量都有较大影响。当 pH<6.5 时,溶液浑浊,亚硫酸金钠易分解;当 pH>10 时,出现浅绿色的氢氧化镍沉淀。研究发现,当 pH 值较高（>8.0）时,沉积层表面呈现粉末状。pH 值对沉积层组成也有较大影响,随着 pH 值的升高,沉积层中 Ni 含量降低。

② 温度。温度影响沉积层的质量和电沉积液的稳定性。温度过低,沉积层缺乏金属光泽,且容易变脆;温度过高,电沉积液挥发较快,浓度及 pH 值变化较大。温度高于80℃时,由于 Au⁺ 的歧化,溶液中会产生沉淀。温度对沉积层组成也有影响,随着温度的升高,Au-Ni 合金沉积层中 Ni 的含量降低。

③ 阴极电流密度。随着阴极电流密度的增加,合金中 Ni 的含量增加。因为电流密度增加,提高了阴极极化,这对 Ni 的沉积更加有利。

④ 乙二胺。乙二胺对电沉积液稳定性、沉积层质量和合金组成均有影响（见

图 8 – 1)。

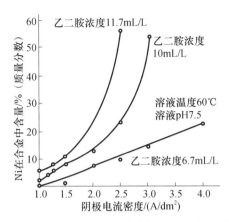

图 8 – 1 阴极电流密度和乙二胺浓度与沉积层中 Ni 含量的关系

由图 8 – 1 中各条曲线的对比发现,乙二胺浓度越高,沉积层中 Ni 含量随阴极电流密度增加而上升的幅度越大。在同一电流密度下,乙二胺浓度越高,沉积层中 Ni 含量越高,甚至 Ni 质量分数可高达 50% 以上。

8.1.3 电沉积 Au – Ag 合金

电沉积 Au – Ag 合金也是主要的节金措施之一。为节省黄金,以降低贵金属电镀产品的成本,采用 Au – Ag 合金沉积层代替纯金用于装饰和电子工业也是常见的方法。常用的 Au – Ag 合金沉积层有 16 ~ 18K 和 12 ~ 14K,即沉积层中 Ag 的质量分数分别为 25% 左右和 50% 左右的合金。

电沉积 Au – Ag 合金作为装饰性沉积层使用时,可用 12K 的合金做底层,以提高整个沉积层的硬度和耐磨性,并可节省黄金;外层可沉积一薄层 23K 的 Au 合金(例如 Au – Ni 合金),以增加沉积层的抗蚀性和耐磨性,同时满足产品的外观要求。实践证明,将接插件等耐磨电子元件,电沉积 1μm 厚的 Au – Ag 合金后再沉积 0.5μm 厚的纯金能获得很好的耐磨性能,其耐磨性比 1.5μm 厚的纯金层提高 25% 以上。

1. 电沉积 Au – Ag 合金的溶液组成及工艺条件

目前使用的电沉积 Au – Ag 合金液多数还是氰化物溶液,其溶液组成及工艺条件见表 8 – 6。

表 8 – 6 氰化物电沉积 Au – Ag 合金的溶液组成及工艺条件

溶液组成(g/L)及工艺条件	工艺 1	工艺 2	工艺 3	工艺 4	工艺 5
氰化金钾[KAu(CN)$_2$]	6	15 ~ 20	10	6 ~ 8	3
氰化银钾[KAg(CN)$_2$]	0.4	5 ~ 10	1	2.0 ~ 2.5	2.5
游离氰化钾(KCN)	15		23	.	7.5

（续）

溶液组成(g/L)及工艺条件	工艺1	工艺2	工艺3	工艺4	工艺5
氰化钾(KCN)		50~100		50~60	
磷酸二氢钠(NaH₂PO₄)	15				
磷酸氢二钾(K₂HPO₄)					15
碳酸钾(K₂CO₃)		30			
光亮剂/(mL/L)	适量	适量	适量	60	适量
pH值		11~13		11~13	
温度/℃	50~60	25~30	80	室温	55~70
电流密度/(A/dm²)	0.1~0.2	0.5~1.0	3~4	0.5~1.0	0.5~2.5

2. 电沉积液组成及工艺条件的影响

（1）溶液中 Au 和 Ag 的含量。增加溶液中金盐的含量,沉积层中 Au 的含量上升;反之,增加溶液中银盐的含量,沉积层中 Ag 的含量会显著增加。当然,对于表 8 - 6 中不同的工艺,其变化规律略有不同。

（2）电流密度。电沉积 Au - Ag 合金时,电流密度的变化对沉积层组成影响很大。例如当使用工艺 3 进行电沉积时,升高电流密度,会使沉积层中 Ag 的含量显著降低,当电流密度从 0.5A/dm² 增加到 4A/dm² 时,沉积层中 Ag 的质量分数从 30% 下降到 5%。

（3）温度和搅拌。在一定范围内,升高温度、加强搅拌,均会使沉积层中 Ag 的含量增加。

8.2 电沉积金铜(Au – Cu)、金锑(Au – Sb)、金铋(Au – Bi)和金锡(Au – Sn)合金

8.2.1 电沉积 Au – Cu 合金

电沉积 Au - Cu 合金和 Au - Sb 合金是最早得到应用的金合金沉积层。依 Au 与 Cu 的比例不同,Au - Cu 合金沉积层的外观色泽也不同。Au - Cu 合金沉积层可作为装饰性沉积层使用,例如钟表零件的装饰性表面处理。因为 Au - Cu 合金外观为玫瑰红色,俗称"玫瑰金"。在工业生产中,因它坚硬而且具有良好的"韧性",所以该沉积层具有能适应产品对耐磨性、硬度和延展性的要求,如 Cu 质量分数为 15% ~25% 的 Au - Cu 合金,其硬度比纯金高 1.5 倍。有研究表明,Cu 质量分数为 20% ~40% 的 Au - Cu 合金沉积层的硬度和耐磨性均比纯金沉积层提高 1~2 倍。因此,Au - Cu 合金可代替纯金用于接插器件、触点等电子产品的表面处理。

电沉积 Au – Cu 合金的溶液可分为氰化物体系和非氰化物体系。根据产品用途不同,可选用不同的溶液体系。对于首饰、钟表等装饰品,通常使用氰化物体系;而对于电子产品,则多采用中性的含 EDTA 或二乙三胺五乙酸(DTPA)的氰化物溶液以及无氰亚硫酸盐型的 DTPA 溶液、焦磷酸盐溶液等。

1. 氰化物电沉积 Au – Cu 合金工艺

(1)电沉积液组成及工艺条件。氰化物电沉积 Au – Cu 合金的溶液组成及工艺条件见表8 – 7。

表8 – 7　氰化物电沉积 Au – Cu 合金的溶液组成及工艺条件

溶液组成(g/L)及工艺条件	工艺1	工艺2	工艺3	工艺4	工艺5
氰化金钾[$KAu(CN)_2$]	6.0 ~ 6.5	6.0 ~ 6.5	50	3	2
EDTA 铜钠[$Na_2Cu(EDTA)_2$]	16 ~ 18				
DTPA 铜钠[$NaCu(DTPA)$]		16 ~ 18			
游离氰化钾(KCN)				1.0 ~ 1.5	7
氰化亚铜(CuCN)				8 ~ 14	
氰化铜钾[$KCu(CN)_2$]					7
硫酸铜($CuSO_4 \cdot 5H_2O$)			10		
磷酸(H_3PO_4)/(mL/L)	25	25			
游离亚硫酸钠(Na_2SO_3)				9 ~ 10	
EDTA 钠盐(Na_2EDTA)			20		
磷酸二氢钾(KH_2PO_4)			60		
pH 值	7.0 ~ 7.5	7.5 ~ 9.5	3.5 ~ 4.5	7.0 ~ 7.2	10
温度/℃	65	65	35 ~ 38	75 ~ 85	30 ~ 80
电流密度/(A/dm^2)	0.6 ~ 1.0	0.6 ~ 1.0	0.5 ~ 1.0	0.1 ~ 2.5	0.5 ~ 8.0

(2)电沉积液组成及工艺条件的影响。

①Au、Cu 离子浓度比。为了获得装饰性 Au – Cu 合金(即玫瑰金),控制电沉积液中 Au^+、Cu^+ 离子浓度比为1∶(2 ~ 3)为宜。若 Cu^+ 含量过高,则沉积层呈紫铜色;若 Au^+ 含量过低,则沉积层呈金黄色。随着溶液中 Au^+、Cu^+ 离子浓度比的增加,沉积层中 Au 含量增加,沉积层外观呈现由浅红色、玫瑰红色至金黄色的变化现象,且沉积层硬度也会下降。

②游离氰化钾。氰化钾不但能和 Au^+ 形成配合物,而且也可以和 Cu^+ 形成 $[Cu(CN)_4]^{3-}$、$[Cu(CN)_3]^{2-}$、$[Cu(CN)_2]^-$ 等配位离子。这些配位离子在溶液中稳定性都较好,其中 $[Cu(CN)_4]^{3-}$ 最稳定。一般情况下,溶液中 $[Cu(CN)_3]^{2-}$ 含量较高,即铜氰配离子的主要存在形式是 $[Cu(CN)_3]^{2-}$。实验证明,随着溶液中游离氰化钾浓度的增加,高配位数配离子浓度亦会增加,如溶液中游离氰化钾含量过高,$[Cu(CN)_3]^{2-}$ 就会转化为 $[Cu(CN)_4]^{3-}$。配位数高的配离子在阴极放

电,电化学极化增加,使铜的析出电势更负,即铜不易被沉积,沉积层中铜含量下降,同时允许使用的电流密度上限减小。所以,游离氰化钾对铜的析出有明显的影响。游离亚硫酸钠、EDTA 及 DTPA 与游离氰化钾有相同的作用。

③ 阴极电流密度。阴极电流密度对沉积层组成及外观影响较大。电流密度升高,沉积层中 Cu 含量增加,外观向金属铜的颜色方面变化,即外观变红色;电流密度降低,沉积层中 Au 含量增加,沉积层易产生白雾,反光能力变差。

④ 添加剂。电沉积 Au – Cu 合金时常使用混合添加剂。该混合添加剂是指在添加剂中同时含有通式为 $R(NO_2)_n$ 的硝基化合物(其中:$n = 1 \sim 4$,R 是烷基、芳烃或杂环化合物)和 As、Sb、Bi、Se 等的化合物中的一种。常用的硝基化合物包括:硝基苯胺(⬡—NHNO_2)、对硝基酚(HO—⬡—NO_2);常用的 As、Sb、Bi、Se 等的化合物包括:三氯化砷($AsCl_3$)、碳酸铋[$Bi_2(CO_3)_3$]、三氯化锑($SbCl_3$)、硝酸铊($TlNO_3$)、四氯化硒($SeCl_4$)等。除上述两种物质外,添加剂中还可能含有有机酸、无机酸及其盐类,如柠檬酸、草酸、硫酸、硼酸等。

使用上述混合添加剂,可以获得结晶细致、光亮、耐磨、耐蚀性好,并具有良好延展性、导电性和反光性能的沉积层,同时可以提高使用电流密度上限,扩大电流密度的使用范围,提高电解液的分散能力和覆盖能力,有时还可延长电解液的使用寿命。

⑤ 阳极。电沉积 Au – Cu 合金时常使用不溶性阳极。常用的阳极有:Au、Pt、不锈钢、石墨等,其中以 Pt、Au 为最好。因为不锈钢电极容易导致金属污染(以亚硫酸钠作配位剂的电解液尤甚),而石墨本身的吸附作用也会造成有机物污染。

2. 非氰化物电沉积 Au – Cu 合金工艺

非氰化物电沉积 Au – Cu 合金主要是采用亚硫酸盐体系,其溶液组成及工艺条件见表 8 – 8。

表 8 – 8　非氰化物电沉积 Au – Cu 合金的溶液组成及工艺条件

溶液组成(g/L)及工艺条件	工艺 1	工艺 2
亚硫酸金钠[$Na_3Au(SO_3)_2$]	12 ~ 24	6 ~ 8
焦磷酸铜钾[$K_6Cu(P_2O_7)_2$]	0.5 ~ 6.0	
DTPA 铜钠[$NaCu(DTPA)$]		0.5 ~ 3.0
游离亚硫酸钠(Na_2SO_3)	6 ~ 8	
DTPA 钠盐(Na_2DTPA)		40 ~ 60
pH 值	9.0 ~ 9.5	9.5 ~ 10.5
温度/℃	55 ~ 60	40 ~ 50
电流密度/(A/dm²)	0.6 ~ 1.6	1.0 ~ 2.5

8.2.2 电沉积 Au – Sb 合金

电沉积 Au – Sb 合金的研究和使用不如 Au – Co 合金、Au – Ag 合金和 Au – Cu 合金那么广泛,其用途和性能与 Au – Cu 合金比较相近,而成本要比 Au – Cu 合金高。电沉积 Au – Sb 合金装饰性沉积层多使用碱性氰化物体系,沉积层外观为金黄色,硬度比纯金高,Sb 质量分数为 5% 的 Au – Sb 合金沉积层硬度为 200HV 左右。在电子工业中应用时,电沉积 Au – Sb 合金溶液多为中性或弱酸性体系。

电沉积 Au – Sb 合金的溶液组成及工艺条件见表 8 – 9。

表 8 – 9　电沉积 Au – Sb 合金的溶液组成及工艺条件

溶液组成(g/L)及工艺条件	工艺 1	工艺 2	工艺 3	工艺 4	工艺 5
氰化金钾[$KAu(CN)_2$]	6 ~ 8	8	15	12.3	
三氯化金($AuCl_3 \cdot 5H_2O$)					5 ~ 20
酒石酸锑钾[$K(SbO)C_4H_4O_6 \cdot H_2O$]	0.3 ~ 1.0	0.05		0.1 ~ 1.0	0.10 ~ 0.15
三氧化二锑(Sb_2O_3)			1.25		
磷酸氢二钾($K_2HPO_4 \cdot 3H_2O$)				130	
磷酸二氢钠(NaH_2PO_4)				50	
柠檬酸钾($K_3C_6H_5O_7$)					80 ~ 120
柠檬酸铵[$(NH_4)_3C_6H_5O_7$]			100		
酒石酸钾钠($KNaC_4H_4O_6 \cdot 1/2H_2O$)	20 ~ 40			5	
游离氰化钾(KCN)	8 ~ 10	15			
亚硫酸铵[$(NH_4)_2SO_3$]					150 ~ 250
甲替乙酰胺/(mL/L)			5		
pH 值				7	8 ~ 11
温度/℃	50	40	60	60	40 ~ 60
电流密度/(A/dm²)	0.25	0.3 ~ 0.7	0.2 ~ 0.5	1.0	0.1 ~ 0.5
沉积层含 Sb 量/%(质量分数)	1.5 ~ 2.0		0.25	0.1 ~ 4	
阳极材料	Au、Ti	Au、Ti	Au、Ti	Au	Au、Ti

8.2.3 电沉积 Au – Bi 合金

电沉积 Au – Bi 合金虽有研究报道,但研究不够深入,应用也不广泛。下面仅给出电沉积 Au – Bi 合金的溶液组成及工艺条件:氰化金钾[$KAu(CN)_2$] 0.8 ~ 100g/L;柠檬酸铋[$BiC_6H_5O_7$] 0.5 ~ 30g/L;柠檬酸钾($K_3C_6H_5O_7$)调 pH 值用;pH 值 4 ~ 8;温度 55 ~ 65℃;电流密度 0.2 ~ 0.8A/dm²。

8.2.4　电沉积 Au－Sn 合金

电沉积 Au－Sn 合金具有类似光亮铑沉积层的外观,Sn 质量分数 2%～20% 的 Au－Sn 合金沉积层用于代替纯金制造半导体接点材料,不但可节省黄金,而且可以提高表面性能。表 8－10 给出了电沉积 Au－Sn 合金的溶液组成及工艺条件。

表 8－10　电沉积 Au－Sn 合金的溶液组成及工艺条件

溶液组成(g/L)及工艺条件	工艺 1	工艺 2	工艺 3	工艺 4	工艺 5
氰化金钾[$KAu(CN)_2$]		5.8～31.6	15		
氰化高金钾[$KAu(CN)_4$]				5	
氯金酸钾($KAuCl_4 \cdot xH_2O$)					5
硫代苹果酸金钠	0.5				
锡酸钠[$Na_2SnO_3 \cdot 3H_2O$]	3.0				
焦磷酸亚锡($Sn_2P_2O_7$)		57.6～102.9			
氯化亚锡($SnCl_2 \cdot 2H_2O$)			20		50
氯锡酸(H_2SnCl_6)				75	
氢氧化钠(NaOH)	调 pH 值用				
焦磷酸钾($K_4P_2O_7$)		99～231			
亚硫酸钠(Na_2SO_3)					15
柠檬酸铵[$(NH_4)_3C_6H_5O_7$]			100		100
抗坏血酸					15
聚乙二醇辛基苯基醚(X－100)					3.3
pH 值	11.5	9.2	4.2	0.5	
温度/℃	70		60	20	室温
电流密度/(A/dm²)	9.0	1.0		1.0～4.0	0.2～0.4
沉积层含 Sn 量/%(质量分数)			2～20	22～27	20～70

值得注意的是,工艺 4 中的氰化金钾使用的是 Au^{3+} 盐,氯锡酸使用的是 Sn^{4+}。氯锡酸是通过将金属 Sn 溶解到王水中得到的。工艺 5 是一个新型的无氰电沉积 Au－Sn 合金体系,在该体系中,通过控制溶液组成和工艺条件,可得到 Sn 质量分数为 20%～70% 的 Au－Sn 合金沉积层。

8.3　电沉积银镉(Ag－Cd)、银锌(Ag－Zn)、银锑(Ag－Sb)、银铅(Ag－Pb)和银锡(Ag－Sn)合金

银在常温下具有最高的导热性和导电性,焊接性能优良。除硝酸外,银在其他

酸中都是稳定的。由于银的价格比金低得多,因此在装饰品、仪器仪表、飞机、电子产品中的应用更加广泛。银具有很好的抛光性,有极强的反光能力,高频损耗小,表面传导能力高,因此银沉积层也被广泛用于高频元件和波导器件。

然而,由于银对硫的亲合力极高,大气中微量的硫(H_2S、SO_2 或其他硫化物)就会使它变色,沉积层变色生成硫化银(Ag_2S)和氧化银(Ag_2O),使其焊接可靠性降低。另外,银原子很容易扩散和沿材料表面滑移,在潮湿大气中会产生"银须"造成短路。所以,对于中、高档的电子产品,不能使用银沉积层代替金。

银具有很多优点,但也存在各种缺陷,为此人们提出了电沉积 Ag 合金。

8.3.1 电沉积 Ag – Cd 合金

电沉积 Ag – Cd 合金层的性能随合金中 Cd 含量的变化而变化。Cd 质量分数为 5% 的 Ag – Cd 合金沉积层,其抗海水腐蚀能力比纯银提高 4 倍以上;Cd 质量分数 15% 的 Ag – Cd 合金沉积层,其抗硫性能比纯银提高 2 倍以上;Ag – Cd 合金的抗高温氧化性能也比纯银高。Ag – Cd 合金可以提高被处理制品在硫化氢或硫化钠溶液作用下的抗腐蚀性,抗变色能力强,并具有良好的外观及细致的结构。电沉积 Ag – Cd 合金经氧化处理后可得到 Ag – CdO 氧化层,它可作为接点材料用于中等功率、甚至大功率继电器的接触元件的表面处理。

在工业生产中,Cd 质量分数为 1.5% 的 Ag – Cd 合金沉积层主要用于代替硫化物环境中工作的银层;Cd 质量分数为 3% ~5% 的 Ag – Cd 合金沉积层主要用于海洋气候中工作的仪器的防护处理。

电沉积 Ag – Cd 合金的溶液主要是氰化物体系。究其原因:一是由于 Ag、Cd 的电极电势相差较大,难以找到合适的配位剂使其共沉积;二是 Cd 本身就是剧毒物质,开发无氰电沉积体系意义不大。

1. 电沉积 Ag – Cd 合金的溶液组成及工艺条件

常用氰化物电沉积 Ag – Cd 合金的溶液组成及工艺条件见表 8 – 11。

表 8 – 11　电沉积 Ag – Cd 合金的溶液组成及工艺条件

溶液组成(g/L)及工艺条件	工艺 1	工艺 2	工艺 3	工艺 4	工艺 5
氰化银(AgCN)	32	28	15	6	15.4
氰化镉[Cd(CN)₂]	20	14	15		21
硝酸镉[Cd(NO₃)₂·4H₂O]				75	
氰化钠(总量)(NaCN)				80	76.4
氰化钾(钠)(游离)[K(Na)CN]	20 ~25(Na)	35 ~45(K)	28(K)		
氢氧化钾(钠)[K(Na)OH]	7 ~15(K)	10 ~15(Na)			
氢氧化铵(NH₄OH)/(mL/L)					2
碳酸钠(Na₂CO₃)				10	10

溶液组成(g/L)及工艺条件	工艺1	工艺2	工艺3	工艺4	工艺5
硫氰酸钾(KCNS)			40 ~ 70	70	
硫酸镍(NiSO$_4$·6H$_2$O)				1	
氨三乙酸[N(CH$_2$COOH)$_3$]			40 ~ 60		
土耳其红油				7.5	
温度/℃	18 ~ 25	15 ~ 25	18 ~ 35	22	30
电流密度/(A/dm^2)	0.3 ~ 0.7	0.2 ~ 0.5	1.5 ~ 2.5	1	0.5
沉积层含Cd量/%(质量分数)	3 ~ 5	2.5 ~ 6.0	5 ~ 7	15 ~ 18	10

2. 电沉积液组成及工艺条件的影响

(1) 金属离子含量。氰化银和氰化镉、硝酸镉是电沉积 Ag – Cd 合金的主盐。沉积层中 Ag 含量与电沉积液中 Ag$^+$ 含量的关系如图 8 – 2 所示。

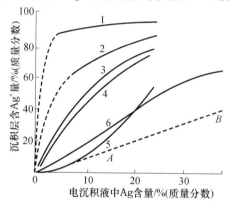

图 8 – 2　不同电流密度下沉积层中 Ag 含量与电沉积液中 Ag$^+$ 含量的关系
1—1.1A/dm^2；2—2.2A/dm^2；3—10A/dm^2；4—3.8A/dm^2；5—8.6A/dm^2；6—1.1A/dm^2。

由图 8 – 2 可以看出,曲线形状基本类似,且都位于参考组分线 AB 之上。这说明 Ag 在该体系中是比较容易沉积的金属,Ag、Cd 共沉积的类型属于正常共沉积。曲线 1、2 是在不含添加剂的溶液中得到的,曲线 3、4、5、6 是从含有添加剂土耳其红油和镍盐的溶液中得到的,曲线的趋势有差别,这也说明添加剂对共沉积是有一定影响的。

(2) 氰化钠(钾)。氰化钠(钾)是 Ag$^+$ 和 Cd^{2+} 离子的配位剂。在简单水溶液中 Ag 和 Cd 的标准电极电势差别较大,所以 Ag 和 Cd 很难共沉积。Ag 和 Cd 均属于交换电流比较大的电极体系,所以电沉积往往获得粗晶的沉积层。因此,为了使 Ag 和 Cd 实现共沉积,并且获得细致均匀的沉积层,必须选用适当的配位剂。氰化物是理想的配位剂,它可以与 Ag$^+$ 形成 (AgCN)$_2^-$ 配离子,其不稳定常数为 1.6×10^{-22}；与 Cd^{2+} 形成 Cd(CN)$^+$、Cd(CN)$_2$、Cd(CN)$_3^-$、Cd(CN)$_4^{2-}$ 等配离子,随游离氰化物含量的变化,各种配离子占的比例将发生变化。在溶液中主要存在形式是$Cd(CN)_4^{2-}$,其不稳定常数为1.4×10^{-19}。为了使配离子稳定并保证阳极正常溶解,溶液中需保持一定量的游离氰化物。游离氰化物含量增加,沉积层中Cd含量增加。游离氰化物含量过高,阴极电流效率下降;游离氰化物含量过低,沉积层粗糙,电解液的分散能力、覆盖能力变差。

(3)氢氧化钠(钾)。氢氧化钠(钾)主要起导电作用。其含量过高时,阴极电流效率下降;其含量过低时,电解液分散能力差,沉积层粗糙。

硫酸钠、碳酸钠等也可以起到导电作用。

(4)辅助配位剂。在电沉积Ag-Cd合金溶液中,常常加入酒石酸盐、硫氰酸盐和氨三乙酸等,这些成分不但可以起到部分替代游离氰化物的作用,而且有利于镉的电沉积,可认为是辅助配位剂。添加硫氰酸钾时,可使Ag^+在高电流密度区还原时的极化增加,可以认为SCN^-与CN^-具有类似的作用,Ag^+可以和CN^-、SCN^-形成混合配体配合物$[Ag(CN)(SCN)]^-$。混合配体配合物体积大、水化程度高、放电困难,且SCN^-在电极表面的吸附能力比CN^-强,从而使Ag^+还原的超电势提高。

(5)添加剂。电沉积Ag-Cd合金溶液中加入土耳其红油、硫酸镍等添加剂,能够增加沉积层中Cd的含量,并改善沉积层的表面光泽。

(6)电流密度。提高阴极电流密度能够增加沉积层中Cd的含量。在低电流密度区域,随着电流密度的增大,沉积层中Cd的含量增加较快;在高电流密度区域,随着电流密度的增大,沉积层中Cd的含量增加比较缓慢。

(7)温度。升高温度,沉积层中Cd的含量呈下降趋势。

(8)阳极。电沉积Ag-Cd合金时,可使用高Ag合金阳极和高Cd合金阳极。使用高Cd合金阳极(Cd含量90%)时,容易发生置换银的现象,产生大量的泥渣。使用不溶性阳极时,容易得到Cd含量较高的沉积层,且能改善沉积层外观。实际生产中,选择阳极时应考虑电解液的稳定性。一般认为,电沉积高Ag含量的Ag-Cd合金时,宜采用银阳极或不锈钢阳极;电沉积高Cd含量的Ag-Cd合金时,宜采用不溶性阳极。

8.3.2　电沉积 Ag–Zn 合金

电沉积Ag-Zn合金最早见于1939年的德国专利,专利中使用的是氰化物体系。对于非氰化物体系,人们研究了许多类型的配合物体系,其中比较理想的是碘化物体系,该体系中,I^-与Ag^+配合生成银碘配离子,Zn^{2+}以简单金属离子形式存在,在此溶液中电沉积可获得Zn质量分数50%左右的粉状沉积物。显然,这对以防护为目的的沉积层来说是不适宜的。之后,有人又提出了一种酸性溶液电沉积Ag-Zn合金工艺,该工艺可获得光滑细致的Ag-Zn合金沉积层。

1. 氰化物体系电沉积 Ag – Zn 合金工艺

氰化物体系电沉积 Ag – Zn 合金的溶液组成及工艺条件为:氰化锌 [Zn(CN)$_2$] 100g/L;氰化银(AgCN) 8g/L;氰化钠(NaCN) 160g/L;氢氧化钠 (NaOH) 100g/L;电流密度 0.3A/dm^2。

由以上工艺可得到 Zn 质量分数为 18% 左右的 Ag – Zn 合金沉积层。

在配制电解液时,首先把氰化锌和氰化钠溶解,并用锌粉或硫化钠进行净化处理。这样处理的目的是除去溶液中的金属杂质。为了获得光亮沉积层,还可适当添加一些添加剂,如聚乙烯醇、硫化物、硫代硫酸盐等。

2. 酸性体系电沉积 Ag – Zn 合金工艺

酸性体系电沉积 Ag – Zn 合金的溶液组成及工艺条件为:硝酸锌(Zn(NO$_3$)$_2$ · 6H$_2$O) 30g/L;硝酸银(AgNO$_3$) 17g/L;硝酸铵(NH$_4$NO$_3$) 24g/L;酒石酸 (H$_2$C$_4$H$_4$O$_6$) 1g/L;温度 45℃;电流密度 0.4A/dm^2。

8.3.3 电沉积 Ag – Sb 合金

电沉积 Ag – Sb 合金主要用作电接点材料的表面处理。该沉积层比纯银的力学性能好,Ag – Sb 合金俗称"硬银",是一种耐磨性沉积层,其硬度和耐磨性均比纯银高。锑质量分数 2% 的 Ag – Sb 合金沉积层硬度比纯银高 1.5 倍,耐磨性比纯银高 10 倍以上,电导率为纯 Ag 的 1/2。由于 Sb 含量不高,所以接触电阻变化不大,不影响银的电性能、可焊性。电沉积光亮 Ag – Sb 合金工艺不但沉积速率快,且可获得硬度高、光泽性好、抗硫性能好的沉积层,沉积层中 Sb 含量不能过高,否则沉积层会发脆,电性能也会恶化。

电沉积 Ag – Sb 合金的溶液主要是氰化物体系,虽然也有关于非氰化物体系的报道,但工艺尚不够成熟。

1. 电沉积 Ag – Sb 合金的溶液组成及工艺条件

电沉积 Ag – Sb 合金的溶液组成及工艺条件见表 8 – 12。

表 8 – 12 电沉积 Ag – Sb 合金的溶液组成及工艺条件

溶液组成(g/L)及工艺条件	工艺 1	工艺 2	工艺 3	工艺 4	工艺 5
硝酸银(AgNO$_3$)	35 ~ 45	38 ~ 46	46 ~ 54	22 ~ 32	25.5
氰化钾(游离)(KCN)	100 ~ 130	70 ~ 80	65 ~ 71		
氢氧化钾(KOH)	12 ~ 16		3 ~ 5		
碳酸钾(K$_2$CO$_3$)		30 ~ 40	25 ~ 30		31.3
酒石酸钾钠(KNaC$_4$H$_4$O$_6$ · 4H$_2$O)	16 ~ 25		40 ~ 60		59.3
锑盐(以金属 Sb 计)	0.19 ~ 0.77	0.46 ~ 0.60	0.65 ~ 0.95	0.77 ~ 1.20	
酒石酸锑钾(K$_2$Sb$_2$C$_8$H$_4$O$_{12}$ · 3H$_2$O)					6 ~ 20
亚铁氰化钾[K$_4$Fe(CN)$_6$ · 3H$_2$O]					72

溶液组成(g/L)及工艺条件	工艺 1	工艺 2	工艺 3	工艺 4	工艺 5
硫氰酸钾（KSCN）					146
FH 添加剂	0.1 ~ 0.4				
LC – 1 添加剂/（mL/L）				7 ~ 10	
1, 4 – 丁炔二醇（$C_4H_6O_2$）		0.5 ~ 0.7			
2 – 巯基苯骈噻唑		0.5 ~ 0.7			
硫代硫酸钠（$Na_2S_2O_3$）			1.0		
温度/℃	室温	15 ~ 25	18 ~ 20	10 ~ 25	室温
电流密度/（A/dm^2）	0.2 ~ 4.0	0.8 ~ 1.2	0.3 ~ 0.5	0.1 ~ 2.0	0.6 ~ 1.5

2. 电沉积液组成及工艺条件的影响

（1）银盐。硝酸银为主盐，其中的 Ag^+ 与 CN^- 形成稳定的配离子。银盐含量提高，有利于提高阴极电流密度上限，提高沉积速率，改善沉积层质量。但是，银盐含量过高，要求氰化物含量也较高，工件带出损失增大；银盐含量过低，极限电流密度降低，沉积层容易烧焦。

（2）氰化钾。它是 Ag^+ 的配位剂。通常，溶液中要存在一定量的游离配位剂。游离氰化钾含量提高，阴极极化增大，沉积层结晶细致，电解液的分散能力和覆盖能力好，改善阳极溶解性能，提高光亮剂的温度使用范围。但游离氰化钾的含量要适当，若含量过高，阳极溶解过快，阴极电流效率降低；若含量过低，沉积层结晶粗糙，光亮剂的使用温度范围缩小，并促使阳极钝化。

（3）碳酸钾。碳酸钾能提高电解液的电导率，从而提高电解液的分散能力和覆盖能力。碳酸钾含量也不能过高，当含量达到 80g/L 时，会使溶液混浊；当含量达到 120g/L 时，沉积层结晶变粗、光亮度明显下降。

（4）酒石酸钾钠。它能使锑离子以配离子形式稳定地存在于电解液中。酒石酸钾钠含量过高，沉积层光亮度下降；酒石酸钾钠含量过低，会使锑离子水解形成白色沉淀。

（5）酒石酸锑钾。它是电沉积 Ag – Sb 合金的另一主盐。随着酒石酸锑钾含量的提高，沉积层中 Sb 的含量增加，沉积层硬度也将随之升高。据介绍，Sb 质量分数在 6% 以下时，Ag 与 Sb 形成 α 固溶体；Sb 质量分数大于 6% 时，沉积层中会有单独的锑存在，由于 Sb 原子半径较大，会引起结晶位错，从而造成沉积层的脆性增大。

在电沉积过程中，溶液中的 Sb 含量会逐渐降低。为保证质量，应定期向溶液中补充酒石酸锑钾。补充酒石酸锑钾时，为防止锑盐水解，最好将酒石酸锑钾与酒石酸钾钠按 1∶1（质量比）混合，并用热水溶解之后加入到电解液中。

（6）光亮剂。添加适当的光亮剂，不仅可以得到光亮细致的 Ag – Sb 合金沉积层,而且可以显著提高沉积层的硬度。光亮剂含量不足时,沉积层光亮度差;光亮剂含量偏高时,会使高电流密度区域沉积层粗糙。光亮剂的消耗量与工作温度、电流密度、电镀时间均有关。各种光亮剂的补充办法均有经验数据可查,或根据光亮度、硬度等变化的情况进行补充。

（7）温度。温度对沉积层光亮程度、阴极电流密度范围和沉积层硬度都有较大影响。温度过低,阴极电流密度上限降低;温度过高,沉积层结晶粗糙,低电流密度区沉积层发雾,光亮度差,硬度下降。

（8）电流密度。电流密度变化对 Ag – Sb 合金组成和硬度都有影响。提高电流密度有利于 Sb 的沉积,即随着电流密度的增加,沉积层中 Sb 的含量逐渐增加。随着电流密度的升高,沉积层硬度会出现极大值,这说明电流密度不是影响硬度的唯一因素,沉积层结构的变化也会对硬度有一定影响。电流密度过大,沉积层结晶粗糙。

（9）搅拌。搅拌可提高电流密度上限,使电沉积速率加快,能提高沉积层光亮度和平整性。因此生产时需要进行搅拌。

8.3.4　电沉积 Ag – Pb 合金

电沉积 Ag – Pb 合金是为适应高速运转的发动机的滑动轴承的需要,作为减磨性沉积层而发展起来的。电沉积得到的 Ag – Pb 合金的硬度比冶炼法得到的合金的硬度高得多,当沉积层中 Pb 的质量分数达到 3% ~5% 时,就可以大大提高沉积层的减磨性能,一般认为用于轴承的 Ag – Pb 合金沉积层的 Pb 含量以 1.5% 左右为宜。

电沉积 Ag – Pb 合金溶液仍以氰化物体系为主,也有一些关于无氰体系电沉积 Ag – Pb 合金的报道。

1. 氰化物电沉积 Ag – Pb 合金工艺

（1）电沉积液组成及工艺条件。氰化物电沉积 Ag – Pb 合金的溶液组成及工艺条件见表 8 – 13。

表 8 – 13　氰化物电沉积 Ag – Pb 合金的溶液组成及工艺条件

溶液液组成(g/L)及工艺条件	工艺 1	工艺 2	工艺 3	工艺 4
碱式醋酸铅[$Pb(CH_3COO)_2 \cdot 2Pb(OH)_2$]	4.0	4.0		2.6
酒石酸铅($PbC_4H_4O_6$)			6.0	
氢氧化钾(KOH)	0.5	1.0	10	60
氰化银(AgCN)	30	30	120	40
氰化钾(KCN)	22	22	205	44
酒石酸钾($K_2C_4H_4O_6$)	40	47	100	86
温度/℃	20 ~30	25	35 ~50	

溶液液组成(g/L)及工艺条件	工艺1	工艺2	工艺3	工艺4
电流密度/(A/dm²)	0.4	0.8~1.5	5~10	4
阳极	96% Ag–4% Pb			
沉积层含 Pb 量/%（质量分数）		4	8	

（2）电沉积液组成及工艺条件的影响。

① 氢氧化物和氰化物含量。氰化物含量增加，电沉积得到的 Ag–Pb 合金沉积层中 Pb 的含量增加；氢氧化物含量增加，Ag–Pb 合金沉积层中 Pb 的含量减少。因此，通过控制氢氧化物和氰化物的含量，可以在一定程度上控制沉积层组成。

② 酒石酸盐。氰化物电沉积 Ag–Pb 合金时，溶液中极易生成氧化铅沉淀。一旦发生沉淀，不管电解液是否工作，这种沉积都会逐渐增多。研究发现，加入少量的酒石酸盐即能阻止氧化铅的生成。此外，增加溶液中氢氧化钾和酒石酸盐的含量还能稳定合金沉积层组成，并能使阳极保持正常溶解。

③ 电流密度。电流密度对电沉积 Ag–Pb 合金组成的影响如图 8–3 所示。由图可以看出，随着电流密度的增加，沉积层中 Pb 的含量增加。同时也发现，游离氰化钾含量增加，沉积层中 Pb 含量增加。并且，游离氰化钾含量不同，Pb 含量随电流密度的变化规律也不同。

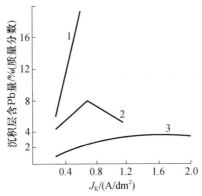

图 8–3　电流密度对电沉积 Ag–Pb 合金组成的影响
（游离氰化钾含量：1—14.2g/L；2—6.8g/L；3—2.4g/L）

④ 阳极。电沉积 Ag–Pb 合金使用的阳极有多种样式。可以使用双金属联合阳极；也可以采用 Ag 金属作阳极，靠添加铅盐的办法补充铅的消耗；有时也使用合金阳极，如使用 Pb 质量分数为 4% 左右的 Ag–Pb 阳极，该阳极使用效果较好，当阳极电流密度为 1A/dm² 时，阳极电流效率为 100%。

2. 非氰化物电沉积 Ag–Pb 合金工艺

对于非氰化物电沉积 Ag–Pb 合金工艺，人们主要是研究了硝酸盐体系和碘化物体系中的电沉积。

硝酸盐体系电沉积 Ag – Pb 合金的溶液组成及工艺条件为:硝酸银(AgNO₃) 25g/L;硝酸铅[Pb(NO₃)₂] 100g/L;酒石酸(H₂C₄H₄O₆) 20g/L;电流密度 0.4～1.2A/dm²。

在该电解液中进行电沉积时需要搅拌,可得到 Pb 质量分数 5% 左右的、光滑、硬而呈白色的 Ag – Pb 合金沉积层。

碘化物体系电沉积 Ag – Pb 合金的溶液组成及工艺条件为:碘化银(AgI) 1～10g/L;醋酸铅[Pb(CH₃COO)₂·3H₂O] 20g/L;碘化钾(KI) 900g/L;电流密度 0.4A/dm²;温度 26℃。

在该溶液中进行电沉积时,根据溶液主盐(银盐、铅盐)含量、操作条件的不同,可得到 Pb 质量分数在 0.5%～88% 范围内变化的 Ag – Pb 合金沉积层。在该溶液中得到的沉积层与基体结合良好。随着沉积层中 Pb 含量的降低,沉积层外观呈现从灰色→象牙色→白色→银亮色的变化趋势。

8.3.5 电沉积 Ag – Sn 合金

电沉积 Ag – Sn 合金沉积层比纯银在耐变色、耐磨方面更优良,导电性良好,所以电沉积 Ag – Sn 合金被广泛用于电接点材料的表面处理。

电沉积 Ag – Sn 合金的溶液体系仍以氰化物体系为主,包括氰化物—锡酸盐体系和氰化物—焦磷酸盐体系等,其中应用较多的是氰化物—焦磷酸盐体系。此外,近年来也有一些关于非氰化物电沉积 Ag – Sn 合金的报道。

1. 氰化物电沉积 Ag – Sn 合金工艺

(1) 电沉积液组成及工艺条件。表8 – 14 给出了氰化物电沉积 Ag – Sn 合金的溶液组成及工艺条件。

表8 – 14 氰化物电沉积 Ag – Sn 合金的溶液组成及工艺条件

溶液组成(g/L)及工艺条件	工艺 1	工艺 2	工艺 3	工艺 4
氰化银钾[KAg(CN)₂]		14.7	18.5	15.5
氰化银(AgCN)	5			
硫酸亚锡(SnSO₄)		19.9		
锡酸钾(K₂SnO₃)	80			
焦磷酸亚锡(Sn₂P₂O₇)			51.8	20
焦磷酸钾(K₄P₂O₇)		100	231	200
氰化钾(钠)[K(Na)CN]	80(Na)	15(K)		60(K)
氢氧化钾(钠)[K(Na)OH]	50(Na)			8(K)
EDTA 钠盐(Na₂EDTA·2H₂O)				60
锑盐(以金属 Sb 计)			0.7	

溶液组成(g/L)及工艺条件	工艺1	工艺2	工艺3	工艺4
酒石酸钾钠($KNaC_4H_4O_6 \cdot 4H_2O$)			0.5	
双氧水(30%,H_2O_2)/(mL/L)				2
pH 值	9~10	9~10	8.0~9.5	
温度/℃	室温		20	室温
电流密度/(A/dm²)	0.5	0.5~0.7	1.0	1~3
沉积层中 Sn 含量/%(质量分数)	10	10	27	40

（2）电沉积液组成及工艺条件的影响。电沉积 Ag – Sn 合金溶液中,除含有主盐、配位剂外,还应加入少量表面活性剂、光亮剂和 pH 值调整剂等。

光亮剂主要用于改善沉积层外观。适宜的光亮剂有:β – 萘酚、β – 萘酚 – 6 – 磺酸、β – 萘磺酸、间氯苯醛等。

pH 值调整剂包括:H_3PO_4、CH_3COOH、$C_6H_{12}O_7$ 等酸及其钠、钾、铵盐,以保持溶液 pH 值稳定。

此外,加入特定的脂肪族硫化物和二硫化合物,可以提高电解液的稳定性,有助于获得质量良好的沉积层。适宜的脂肪族含硫化合物有:硫化二丙三醇、硫化双(十二烷基乙二醇)、2 – 巯基乙醚 – 双(二乙二醇)、3,3 – 硫代丙醇、二硫代双(三十一烷基乙二醇)、二硫代双(十五烷基乙二醇)、2 – 巯基乙基硫 – 双(三十六烷基乙二醇)等。

2. 非氰化物电沉积 Ag – Sn 合金工艺

关于非氰化物电沉积 Ag – Sn 合金工艺的研究比较少,下面给出的是甲磺酸盐电沉积 Ag – Sn 合金的溶液组成及工艺条件:甲磺酸银($AgCH_3SO_3$,以 Ag^+ 计) 0.7g/L;硫酸亚锡($SnSO_4$,以 Sn^{2+} 计) 20g/L;硫酸(H_2SO_4) 150g/L;聚氧乙烯辛酚 5g/L;苄基十六烷基二甲基甲磺酸铵 1g/L;β – 萘酚 – 6 – 磺酸 0.2g/L;硫代二丙三醇 70g/L;电流密度 0.5~1.5A/dm²。

8.4 电沉积银铜(Ag – Cu)、银镍(Ag – Ni) 和银钴(Ag – Co)合金

1. 电沉积 Ag – Cu 合金

电沉积 Ag – Cu 合金的外观随 Cu 含量的增加由银白色经玫瑰红色变化到红色。Ag – Cu 合金沉积层结晶细致,无脆性,耐磨性比纯银好。Ag – Cu 合金沉积层还具有良好的抗硫性能,可以用作电接点器件的表面处理。

Ag、Cu 都可以容易地从氰化物溶液中电沉积出来,因此 Ag – Cu 合金也可以从氰化物溶液中电沉积。但是研究发现,使用碘化物溶液可以很容易地得到不同

261

Cu 含量的 Ag – Cu 合金沉积层。这样,碘化物电沉积 Ag – Cu 合金工艺就得到了推广应用。

碘化物电沉积 Ag – Cu 合金的溶液组成及工艺条件见表 8 – 15。

表 8 – 15 电沉积 Ag – Cu 合金的溶液组成及工艺条件

溶液组成(g/L)及工艺条件	工艺 1	工艺 2	工艺 3
硝酸银(AgNO₃)	15	12	
硝酸铜[Cu(NO₃)₂]	30		
银 + 铜			20
碘化亚铜(CuI)		10	
焦磷酸钾(K₄P₂O₇)	82	500	100
碘化钾(KI)		100	
奎宁酸		0.5	
pH 值			9
温度/℃	45	25	20
电流密度/(A/dm²)	1.5	0.3	0.5

2. 电沉积 Ag – Ni 合金

银基电接触材料适用于在各种功率条件下工作,而且大量用于大、中负荷电器中,如开关、继电器、接触器等。接点的工作条件较恶劣,常处于电弧的强烈作用下,电侵蚀严重,特别要求导热性、导电性好,抗电侵蚀能力强。但银硬度不高,熔点低,不耐磨,在大电流作用下易熔焊,且有硫化倾向,因而需要采用银合金作为电接触材料。银中加入少量其他元素,如 Cu、Cd、Ni、Pd、Au、Mg、In、V、Zr 和稀土等组成的电接触材料可克服其天然柔性,提高力学性能和耐蚀性,且仍保持其高的电导率。目前,国外用于强电接点的电接触材料有银镍、银钨、银/氧化镉、银/氧化锡、银/石墨等。

电沉积 Ag – Ni 合金的溶液主要有氰化物体系和甲磺酸盐体系。

(1)电沉积 Ag – Ni 合金溶液组成及工艺条件。

常用电沉积 Ag – Ni 合金的溶液组成及工艺条件见表 8 – 16。

表 8 – 16 电沉积 Ag – Ni 合金的溶液组成及工艺条件

溶液组成(g/L)及工艺条件	工艺 1	工艺 2
氰化银(AgCN)	6.7	
甲磺酸银(AgCH₃SO₃)/(mol/L)		0.03
氰化镍[Ni(CN)₂]	1.1	
硫酸镍(NiSO₄·6H₂O)/(mol/L)		0.3
氰化钠(NaCN)	11.8	
碘化钾(KI)/(mol/L)		1.5

溶液组成(g/L)及工艺条件	工艺1	工艺2
硼酸(H_3BO_3)		20
尿素(H_2NCONH_2)		10
pH 值		5.0
温度/℃	20	60
电流密度/(A/dm^2)	0.2~0.8	1.0
脉冲频率/Hz		2000
占空比/%		30

（2）电沉积液组成及工艺条件的影响。

下面主要针对工艺2进行讨论。

① 主盐金属离子浓度。$NiSO_4 \cdot 6H_2O$ 和 $AgCH_3SO_3$ 是主盐,其含量直接影响到沉积层的组成。改变金属离子浓度比,将极大地改变沉积层组成。Ag 的沉积电势是 0.799V,而 Ni 的沉积电势是 −0.250V,Ag 的沉积比 Ni 要容易得多。所以,为提高沉积层中 Ni 的含量,$[Ni^{2+}]/[Ag^+]$ 浓度比应尽量大。随着 $[Ni^{2+}]/[Ag^+]$ 浓度比的增大,沉积层中 Ni 含量增加。当 $[Ni^{2+}]/[Ag^+]$ 比值达 30 时,沉积层中 Ni 的质量分数为 52%,这时沉积层光亮,有淡黄色光泽;$[Ni^{2+}]/[Ag^+]$ 比为 10~15 时,沉积层中 Ni 的质量分数为 20% 左右,沉积层失去光泽,发白。沉积层中 Ni 含量越低,沉积层表面质量越差。

② 配位剂。碘化钾主要起配位剂的作用,同时也是导电盐。I^- 和 Ag^+ 形成可溶性的配合物,不至于使 Ag^+ 形成卤化物沉淀。而且,碘化钾浓度很高,增强电解液的导电性,改善电解液的分散能力。

③ 尿素。尿素作为抗氧化剂使用。因为 I^- 在有氧气存在时很容易被氧化为碘单质,使电解液变黑,缩短使用寿命。加入尿素,利用尿素的还原性,可以减缓 I^- 的氧化速度,延长电解液的使用寿命。

④ 硼酸。硼酸主要起缓冲剂的作用,使电解液的 pH 值维持在 5 左右。在弱酸性的环境中,镍阳极不易钝化,能够正常溶解。

⑤ 脉冲频率。随着脉冲频率的提高,沉积层中 Ni 含量下降,但是变化不大,Ni 的质量分数在 19%~33% 之间。在不同的脉冲频率条件下,沉积层的表面状况比较相近,这说明脉冲频率对沉积层表面状态影响不大。

⑥ 占空比。脉冲占空比对沉积层中镍含量的影响较小,随着占空比的提高,沉积层中镍含量略有上升。从沉积层表面状态来说,占空比高一些,沉积层质量要好些。

⑦ 正反向脉冲。调节正向脉冲和反向脉冲的个数,对沉积层组成影响不大。但增加反向脉冲的个数,会使沉积层表面质量好转。同时,由于反向脉冲的溶解作

用,会使电流效率有所下降。

⑧ 平均电流密度。电流密度对沉积层组成影响显著。电流密度增加,会使阴极极化增大,阴极电势变负。对于电沉积 Ag – Ni 合金来说,则更有利于 Ni 的共沉积,使沉积层中 Ni 含量提高。而且,提高电流密度时,Ag 的沉积更接近极限值,也会使沉积层中 Ni 含量提高。

⑨ 温度。对于电沉积 Ag – Ni 合金来说,电解液中 Ag^+ 含量少,且 Ag^+ 的消耗快,Ag^+ 的浓差极化比较严重,因此温度升高更加有利于 Ag 的沉积,故沉积层中 Ni 含量随温度的升高而降低。温度对沉积层表面状态也有一定影响,在 30 ~ 40℃ 范围内,沉积层表面微泛黄色,平整光亮;随着温度的升高,沉积层逐渐变为灰白色,失去光泽,结晶粗糙。

3. 电沉积 Ag – Co 合金

电沉积 Ag – Co 合金应该与电沉积 Ag – Ni 合金有类似的工艺与性能。但是,关于电沉积 Ag – Co 合金的研究报道较少。表 8 – 17 给出了氰化物电沉积 Ag – Co 合金的溶液组成及工艺条件。

表 8 – 17　电沉积 Ag – Co 合金的溶液组成及工艺条件

溶液组成(g/L)及工艺条件	工艺1	工艺2
氰化银钾 [$KAg(CN)_2$]	30	1
氰化钴钾 [$KCo(CN)_3$]	1	
硫酸钴 ($CoSO_4 \cdot 7H_2O$)		5
游离氰化钾 (KCN)	20	
碳酸钾 (K_2CO_3)	30	
焦磷酸钾 ($K_4P_2O_7$)		100
草酸铵 [$(NH_4)_2C_2O_4 \cdot 7H_2O$]		2
1,4 – 丁炔二醇 ($C_4H_6O_2$)		0.3
pH 值		8.9
温度/℃	15 ~ 25	50
电流密度/(A/dm^2)	0.8 ~ 1.0	1 ~ 2
沉积层含 Co 量/%(质量分数)		20 ~ 45

8.5　电沉积金基三元及四元合金

电沉积二元合金的性能相对于电沉积单金属有许多优异性能。为了进一步提高合金沉积层的性能,发挥各元素的优势,人们又探讨了电沉积金基三元、四元合金。下面作一简单介绍。

1. 电沉积 Au – Ag – Ni 合金

电沉积 Au – Ag – Ni 合金的研究,主要是基于提高钟表和一些电子产品壳体的耐磨性而提出的。如使用纯金，沉积层厚度需要达到 $4 \sim 5 \mu m$，这就必须消耗大量的价格昂贵的金，且纯金沉积层硬度较低，耐磨性较差，所以提出以电沉积 Au 合金来代替纯金。

电沉积 Au - Ag - Ni 合金外观光亮、结晶细致，呈微带金绿色的黄金色，Ag、Ni 质量分数分别为 23% ~ 26% 和 1% ~ 5% 的合金沉积层的硬度为 200HV，而 Au - Ag 合金沉积层硬度为 120 ~ 180HV，纯金沉积层为 70HV，说明 Ni 的引入大大提高了沉积层的硬度。

（1）电沉积 Au - Ag - Ni 合金工艺。电沉积 Au - Ag - Ni 合金的溶液组成及工艺条件：氰化金钾 $[KAu(CN)_2]$　$6 \sim 10g/L$；氰化银钾 $[KAg(CN)_2]$　$2.0 \sim 7.5g/L$；氰化镍钾 $[K_2Ni(CN)_4]$　$6 \sim 12g/L$；游离氰化钾（KCN）　$70 \sim 130g/L$；光亮剂 A　$20mL/L$；光亮剂 B　$1.5mg/L$；温度　$18 \sim 25℃$；电流密度　$0.2 \sim 0.5A/dm^2$；阳极　不锈钢或涂钌钛网。

（2）电沉积液组成及工艺条件的影响。

① 金属离子浓度。在电沉积 Au - Ag - Ni 三元合金时，金属离子之间是相互影响的，当其他成分不变时，增加任何一种金属离子的浓度，往往会使该金属在沉积层中的含量增加。为了获得外观光亮、结晶细致的沉积层，必须保持电解液中各金属离子的比例恒定。一般来说，Au^+ 与 Ag^+ 含量之比应控制在 $(1.5 \sim 2.5):1$，Ni^{2+} 的加入可以改变沉积层的力学性能，使沉积层更光亮、硬度更高。

② 游离氰化钾。氰化钾是金属离子的配位剂，它能提高阴极极化，使合金沉积层细致光亮。但游离氰化钾含量过高会使极化过大，从而降低阴极电流效率。游离氰化钾含量一般控制在 $70 \sim 130g/L$ 为宜。

③ 光亮剂。光亮剂 A 主要是对银的析出起作用，对于一定组成的电解液，添加光亮剂 A，沉积层中 Ag 的含量显著增加。光亮剂 B 对沉积层有一定的增光作用，但含量不宜过高，过高时沉积层会发花。

④ 电流密度。在氰化物电解液中，Ag 很容易和 Au 发生共沉积。提高阴极电流密度，沉积层中 Au 含量增加；降低电流密度，沉积层中 Ag 含量增加。

⑤ 温度。温度过高，沉积层发雾、发花；温度过低，合金沉积速度慢，且组成不易控制。一般将电解液温度控制在 $20 \pm 2℃$。

⑥ 搅拌方式。由于采用氰化物电解液，为了防止氰化物的氧化，一般不采用空气搅拌，使用阴极移动效果较好。

⑦ 阳极。Au 阳极只能用在电沉积纯金，且电解液中不能含有氰化钠，否则在阳极表面将形成氰化金钠覆盖层。Au 阳极在含有钾盐的电解液中溶解较好。在电沉积 Au 合金时，只能采用不溶性阳极，常用石墨阳极、不锈钢阳极和镀铂的钛阳极等。

2. 电沉积 Au - Ag - Zn 合金

电沉积 Au - Ag - Zn 合金外观为银白色，硬度可达 200HV。电沉积得到的

Ag、Zn 质量分数分别为 46% 和 11% 的 Au – Ag – Zn 合金,其外观接近 13K 金的水平,其成本比 14K 的 Au – Ag 合金降低 15% 以上。Au – Ag – Zn 合金沉积层的耐蚀性比 Ag – Zn 合金更强,且质地柔软。

电沉积 Au – Ag – Zn 合金的溶液组成及工艺条件:氰化金钾[KAu(CN)$_2$] 15g/L;氰化银钾[KAg(CN)$_2$] 10g/L;氰化锌钾[K$_2$Zn(CN)$_4$] 0.4g/L;游离氰化钾(KCN) 适量;酒石酸钾钠(KNaC$_4$H$_4$O$_6$·4H$_2$O) 45g/L;pH 值 8.5;温度 60℃;电流密度 1.5A/dm^2。

3. 电沉积 Au – Ag – Cu 合金

电沉积 Au – Ag – Cu 合金的溶液组成及工艺条件见表 8 – 18。

表 8 – 18 电沉积 Au – Ag – Cu 合金的溶液组成及工艺条件

溶液组成(g/L)及工艺条件	工艺 1	工艺 2
氰化金钾[KAu(CN)$_2$]	4.0	1 ~ 15
氰化银钾[KAg(CN)$_2$]	0.4	0.5 ~ 5.0
氰化铜钾[K$_2$Cu(CN)$_3$]	6.0	5 ~ 50
游离氰化钾(KCN)		适量
磷酸氢二钠(Na$_2$HPO$_4$)	10	
磷酸二氢钠(NaH$_2$PO$_4$)	10	
柠檬酸(C$_6$H$_8$O$_7$)	1.0	
硒(以 KSeCN 加入)/(mg/L)		0.1 ~ 1.0
pH 值	7.5	9.5 ~ 11.0
温度/℃	60 ~ 70	40 ~ 50
电流密度/(A/dm^2)	0.5	0.5 ~ 1.5

4. 电沉积 Au – Ag – Cd 合金

电沉积 Au – Ag – Cd 合金的溶液组成及工艺条件:氰化金钾[KAu(CN)$_2$] 7 ~ 8g/L;氰化银钾[KAg(CN)$_2$] 0.7 ~ 1.0g/L;氰化镉钾[K$_2$Cd(CN)$_4$] 25 ~ 30g/L;氰化钾(KCN) 100 ~ 150g/L;pH 值 9 ~ 11;温度 室温;电流密度 0.4 ~ 0.6A/dm^2。

5. 电沉积 Au – Sn – Co 合金

电沉积 Au – Sn – X 三元合金,不仅能改善沉积层光泽,而且 Sn^{2+} 的稳定性也能得到提高;同时,由于第三种元素 X 的加入,使沉积层硬度得到提高,从而改善沉积层的力学性能。

一般电沉积 Au – Sn – X 三元合金溶液中金属离子浓度较高,可采用较高的电流密度进行快速电沉积。

电沉积 Au – Sn – Co 合金的溶液组成及工艺条件:氰化金钾[KAu(CN)$_2$] 35g/L;氯化亚锡(SnCl$_2$·2H$_2$O) 50g/L;氯化钴(CoCl$_2$·6H$_2$O) 0.5g/L;柠檬

酸($H_3C_6H_5O_7$) 450g/L;甲醛(HCHO,37%) 10mL/L;甲苯胺 适量;pH 值 4.5;温度 20℃;电流密度 2A/dm²。

按照上述工艺,可电沉积得到 Snm、Co 质量分数分别为 16.9% 和 0.1% 的 Au - Sn - Co 三元合金沉积层。

6. 电沉积 Au - Sn - Cu 合金

电沉积 Au - Sn - Cu 合金的溶液组成及工艺条件:氰化金钾[$KAu(CN)_2$] 35g/L;硫酸亚锡($SnSO_4$) 75g/L;硫酸铜($CuSO_4 \cdot 5H_2O$) 5g/L;丙二酸 ($HOOC_2H_2COOH$) 450g/L;硫酸羟胺[$(NH_2OH)_2H_2SO_4$] 5g/L;β - 萘酚 1g/L; pH 值 4.5;温度 45℃;电流密度 1A/dm²。

按照上述工艺,可电沉积得到 Sn、Cu 质量分数分别为 12% 和 1% 的 Au - Sn - Cu 三元合金沉积层,该沉积层可用于钟表等的装饰性表面处理。

7. 电沉积 Au - Sn - Ni 合金

电沉积 Au - Sn - Ni 合金的溶液组成及工艺条件:氰化金钾[$KAu(CN)_2$] 35g/L;硫酸亚锡($SnSO_4$) 50g/L;硫酸镍($NiSO_4 \cdot 6H_2O$) 10g/L;硫酸联氨 ($NH_2 \cdot NH_2 \cdot H_2SO_4$) 30g/L;苹果酸 300g/L;明胶 1g/L;胨 0.55g/L;醋酸苄川 0.5g/L;pH 值 4.5;温度 20℃;电流密度 4A/dm²。

按照上述工艺,可电沉积得到 Sn、Ni 质量分数分别为 24.8% 和 0.2% 的 Au - Sn - Ni 三元合金沉积层,该沉积层具有高硬度,可作为耐磨层使用。

8. 电沉积 Au - Ag - Cu - Cd 合金

电沉积 Au - Ag - Cu - Cd 四元合金的溶液组成及工艺条件:氰化金钾 [$KAu(CN)_2$] 3 ~ 5g/L;氰化银钾[$KAg(CN)_2$] 0.01 ~ 0.04g/L;氰化镉钾 [$K_2Cd(CN)_4$] 0.2 ~ 0.5g/L;氰化铜钾[$K_2Cu(CN)_3$] 30 ~ 50g/L;氰化钾 (KCN) 15 ~ 25g/L;光亮剂 1 ~ 50mg/L;pH 值 9 ~ 11;温度 55 ~ 75℃;电流密度 0.8 ~ 1.2A/dm²。

8.6 电沉积钯镍(Pd - Ni)、钯钴(Pd - Co)、钯银(Pd - Ag)和钯铁(Pd - Fe)合金

1. 电沉积 Pd - Ni 合金

电沉积 Pd - Ni 合金是作为代金材料而出现的。对沉积层质量要求较高的接插件,用电沉积 Pd 或电沉积 Pd - Ni 合金代替金已在工业生产中得到应用。据报道,Ni 质量分数 20% 的 Pd - Ni 合金沉积层,其主要性能均已接近或达到硬金沉积层的性能。与纯金沉积层相比,Pd - Ni 合金沉积层成本降低 20% ~ 80%,是一种较理想的代金沉积层。

在 Pd - Ni 合金沉积层上再闪镀一薄层软金(0.1 ~ 0.2μm)或硬金,其性能有

极大改善,并且符合消费者对金黄色外观的要求。

(1)电沉积 Pd – Ni 合金的溶液组成及工艺条件。

电沉积 Pd – Ni 合金溶液是由钯和镍的可溶性化合物、相应的导电盐及缓冲剂等组成,通常在室温下工作。常用电沉积 Pd – Ni 合金的溶液组成及工艺条件见表 8 – 19。

表 8 – 19　电沉积 Pd – Ni 合金的溶液组成及工艺条件

溶液组成(g/L)及工艺条件	工艺 1	工艺 2	工艺 3	工艺 4
氯化钯(PdCl$_2$)	10 ~ 25	20	10	18 ~ 22
硫酸镍(NiSO$_4$ · 6H$_2$O)	30 ~ 50			62 ~ 80
氨基磺酸镍[Ni(NH$_2$SO$_3$)$_2$]			50	
硫酸镍铵[Ni(NH$_4$)$_2$(SO$_4$)$_2$ · 6H$_2$O]				10
硫酸铵[(NH$_4$)$_2$SO$_4$]				50
氨水(NH$_3$ · H$_2$O,25%)/(mL/L)	80 ~ 120	60 ~ 75		
导电盐	70 ~ 100			
添加剂 A/(mL/L)	1 ~ 3			
添加剂 B/(mL/L)		3 ~ 5		
光亮剂/(mL/L)				5 ~ 15
pH 值	7.5 ~ 8.5	8 ~ 9	7.2	8.0 ~ 8.5
温度/℃	20 ~ 50	35 ~ 45	30	30 ~ 35
电流密度/(A/dm^2)	0.1 ~ 1.5	0.8 ~ 1.5	1.0	10 ~ 15
阳极	铂或石墨	高纯石墨	钯	
沉积层含 Ni 量/%(质量分数)	15 ~ 25		47	15 ~ 20

(2)电沉积液组成及工艺条件的影响。

由于电沉积 Pd – Ni 合金目前均采用不溶性阳极,如铂、高纯石墨等,因此电解液中各成分、pH 值等因素均会随电沉积过程的进行发生变化。电解液组成发生变化,势必会影响沉积层组成,而沉积层组成又与其性能密切相关。因此,讨论电沉积液中各组分的作用和各种工艺条件对沉积层成分及外观的影响,是获得符合要求的 Pd – Ni 合金沉积层的基本保证。

①氯化钯含量。氯化钯是电沉积 Pd – Ni 合金的主盐。钯盐选择比镍盐更重要,Pd(NH$_3$)$_2$Cl$_2$ 或 Pd(NH$_3$)$_4$Cl$_2$ 以其价格较低,易于提纯以及废液易回收等特点而被广泛采用。但是其中的 Cl$^-$ 在电沉积过程中在阳极上可能发生氧化反应,产生氯气、次氯酸盐和其他能导致有机添加剂分解的强氧化性物质。使用 Pd(NH$_3$)$_2$SO$_3$ 为主盐,其主要优点是 Pd(NH$_3$)$_2$SO$_3$ 既是配位剂又是导电盐,还具有光亮作用。但它也存在电解液易产生沉淀,SO$_3^{2-}$ 易被氧化(空气中或阳极上),使沉积层含硫,导致沉积层耐蚀性变差等缺陷。

在电解液中钯以氯化钯铵[$PdCl_2 \cdot Pd(NH_3)_4Cl_2$]形式存在,通常氯化钯含量为 15～25g/L。由于电沉积采用不溶性阳极,所以随着电沉积过程的进行,电解液中 Pd^{2+} 浓度逐渐降低。

随着电沉积过程的进行,必须定时、定量(根据分析结果)补充溶解好的氯化钯铵溶液,以补充 Pd 的消耗。

② 镍盐。可以使用硫酸镍和氨基磺酸镍。使用氨基磺酸镍时,电沉积得到的 Pd–Ni 合金沉积层色泽较白,韧性好。在电沉积过程中 Ni^{2+} 的消耗也是靠补加镍盐来实现的。电解液中 Ni 含量的增加或 Pd 含量的降低,均会使沉积层中 Ni 的含量增加。

③ 氢氧化铵(氨水)。主要起配位剂的作用,同时也有缓冲作用。除氨水外,也可以使用乙二胺、多乙烯多胺、氨基乙酸、焦磷酸盐和有机羧酸等。电解液中含有一定量的氨水,不但可以保证氯化钯以氯化钯铵的形式存在,而且能使溶液的 pH 值维持在 8.0～9.0 之间。由于氨水易于挥发,而且当其含量不足时溶液会产生沉淀,所以要随时补加氨水,将其含量控制在工艺范围内。氨水含量正常时,溶液呈透明的蓝绿色。

④ 光亮剂。选择合适的光亮剂和表面活性剂是获得优良 Pd–Ni 合金沉积层的关键。光亮剂大多是含硫的有机物,如硫脲、巯基醋酸、硫代苹果酸等。糖精及其衍生物和含氮的杂环化合物,如吡啶–3–磺酸、哌啶、吡嗪–9 以及顺丁烯二酸铵等。表面活性剂可采用含有 $C_4 \sim C_{35}$ 的脂肪直链季铵、十二烷基三甲基氯化铵等。当溶液中光亮剂不足或无光亮剂时,沉积层呈雾状,且光亮范围狭窄。添加一定量的光亮剂,能使沉积层光亮细致,电流密度范围宽,电解液的分散能力好。

⑤ pH 值。电解液的 pH 值对沉积层组成、外观及电流效率均有一定影响。pH 值在 7.0～9.0 范围内时,沉积层组成基本符合要求。pH < 7 时,沉积层外观失去光泽。

⑥ 电流密度。随着电流密度的升高,沉积层中 Ni 的含量缓慢升高。电流密度对电流效率的影响不大。当电流密度升至 $2.0A/dm^2$ 时,沉积层边缘出现烧焦现象。综合以上指标,生产中可选择电流密度在 $0.1 \sim 1.5A/dm^2$ 范围内。

⑦ 温度。温度变化对沉积层组成影响不大,对电流效率的影响也较小。温度较低时,沉积层光亮度降低,工作电流密度减小;温度超过 45℃时,氨水易挥发,电解液成分不稳定。综合分析,温度控制在 20～45℃为宜。

(3) 电沉积 Pd–Ni 合金的性能。

电沉积 Pd–Ni 合金具有光亮的银白色,耐腐蚀性能良好,可作为金属眼镜架、表壳等产品的装饰性表面层,具有良好的装饰效果。

作为电子元器件的表面代金层,应在接触电阻、孔隙率、可焊性、延展性以及内应力等重要性能指标上接近甚至超过金沉积层。

Pd-Ni 合金沉积层的接触电阻、耐环境腐蚀性能与硬金层相当。如在 Pd-Ni 合金上再沉积一层(0.5~0.2μm)软金,可得到优良的可焊性、耐腐蚀性和耐磨性。Pd-Ni 合金沉积层孔隙率、延展性比硬金好。由此可见,Pd-Ni 合金可作为电子元器件的代金沉积层。同时,由于 Pd-Ni 合金孔隙率低,可用较薄的沉积层就能取代较厚的硬金沉积层,因此生产成本可大大降低。

Pd-Ni 合金沉积层与硬金沉积层的性能对比见表 8-20。

表 8-20   Pd-Ni 合金沉积层与硬金沉积层的性能对比表

沉积层类别		Pd-Ni 合金	硬金
硬度/HV		450~600	100
接触电阻 /mΩ	初始状态	7~8	11~12
	插拔 500 次后	7~8	11~12
	1% H_2S 处理 1h 后	7~8	—
可焊性	初始状态	良好	—
	蒸汽老化 1h 后	良好	—
结合力	(胶带试验)	合格	合格
耐磨性	1100 次/2.5μm	不露底	
孔隙率	厚度:1μm	2	—
	厚度:2μm	0	—
50% HNO_3 试验		未通过	通过
抗 H_2S 试验		不变色	—

2. 电沉积 Pd-Co 合金

电沉积 Pd-Co 合金较电沉积 Pd-Ni 合金具有更优越的性能,如色泽鲜艳洁白,对皮肤无敏感反应,适于各类首饰,而且其沉积层还具有低孔隙率和极佳的抗腐蚀性能。若将此作为底层,还有防止底层金属迁移至面层的作用。同时,沉积层坚硬耐磨,又不失其柔软度,适用于眼镜框、表壳、表带、皮扣及首饰等。

表 8-21 给出了电沉积 Pd-Co 合金的溶液组成及工艺条件。

表 8-21   电沉积 Pd-Co 合金的溶液组成及工艺条件

溶液组成(g/L)及工艺条件	工艺 1	工艺 2	工艺 3
氯化氨钯[$Pd(NH_3)_2Cl_2$]	20	2	
钯(Pd^{2+})			3.5~4.0
钴(Co^{2+})			0.35~0.70
硫酸钴($CoSO_4 \cdot 7H_2O$)	0.01~0.30		
氯化钴($CoCl_2$)		0.65	
氯化铵(NH_4Cl)		150	
配位剂	150~200		

溶液组成(g/L)及工艺条件	工艺 1	工艺 2	工艺 3
硫酸铵[(NH₄)₂SO₄]	40～160		
添加剂/(mL/L)	5～30		
开缸剂/(mL/L)			800
pH 值	7～8	9.5	8.2～8.5
温度/℃	55	室温	33～40
电流密度/(A/dm²)	1～5	1～2	0.3～1.5
阳极	铂钛网	铂网	铂钛网
沉积层含 Co 量/%(质量分数)		12	20

3. 电沉积 Pd – Ag 合金

电沉积 Pd – Ag 合金的用途与其沉积层组成有关。Ag 质量分数 90% 以上的 Pd – Ag 合金沉积层,可以改善 Ag 沉积层的耐蚀性、耐磨性;作为电接点材料时,要求 Ag 含量在 40% 以上;作为红外反射层使用时,要求 Ag 的含量在 18%～20%;作为选择性渗氢膜使用时,要求 Ag 含量在 23%～25%,借助电沉积技术在多孔的基体上制备薄 Pd – Ni 合金选择性渗氢层,对于超纯氢的大规模生产和聚变燃烧纯化均具有重要意义。

电沉积 Pd – Ag 合金的溶液主要有氯化物体系和氨性体系。从氯化物溶液可电沉积得到光亮 Pd – Ag 合金层,其缺点是电解液对基体的腐蚀性强;氨性溶液具有较宽的光亮电流密度范围,通过调节可以制备各种组成的 Pd – Ag 合金沉积层,有研究表明,在氨性溶液中加入少量的甘氨酸及其盐能够得到与溶液中 Pd/Ag 比例相同的光亮 Pd – Ag 合金沉积层。

电沉积 Pd – Ag 合金的溶液组成及工艺条件:硝酸氨钯[Pd(NH₃)₄(NO₃)₂] 0.067mol/L;硝酸氨银[Ag(NH₃)₂NO₃] 0.030mol/L;pH 值 11.8;温度 23℃;电流密度 3A/dm²;沉积层中 Ag 的质量分数 24%。

4. 电沉积 Pd – Fe 合金

电沉积 Pd – Fe 合金为光亮的银白色,耐磨性强,可用于电子元器件及表面精饰。Pd – Fe 合金沉积层还具有良好的磁记录性能,Pd – Fe 合金纳米阵列可成为超高密度硬盘记录介质的重要首选材料。

电沉积 Pd – Fe 合金溶液主要有磺基水杨酸体系和亚硝基 R 盐体系。

(1)电沉积 Pd – Fe 合金的溶液组成及工艺条件。

电沉积 Pd – Fe 合金的溶液组成及工艺条件:硫酸亚铁(FeSO₄·7H₂O) 0.01～0.20mol/L;氯化氨钯[Pd(NH₃)₂Cl₂] 0.01～0.10mol/L;磺基水杨酸 (SSCS) 0.02～0.30mol/L;硫酸铵[(NH₄)₂SO₄] 0.30mol/L;乙二胺(或氨水)

适量;pH 值 4.0～9.0;温度 20～80℃;平均电流密度 0.35～35.00A/dm²;

271

通断比　1:20~1:100。

（2）电沉积液组成及工艺条件的影响。

随着电沉积液中$[Fe^{2+}]/[Pd^{2+}]$比的增加,沉积层中 Fe 含量缓慢增加。当$[Fe^{2+}]/[Pd^{2+}]$＝7~8 时,Fe 含量显著增加。

随着 pH 值由 4.0 升高到 7.5,沉积层中 Fe 含量呈现明显的减小趋势。

随着脉冲通断比由 1:40 增加到 1:100,沉积层中 Fe 含量下降。

随着脉冲电流密度的升高,沉积层中 Fe 含量显著增加。

随着温度的升高,沉积层中 Fe 含量呈现先减少后增加的趋势,在 60℃左右达到最低值。

8.7　电沉积铑钌（Rh－Ru）合金

在装饰行业(首饰、眼镜、制笔、手表等)中,不锈钢本色或常规 Cu/Ni/Cr 多层沉积层的青白色已经不能满足人们的需要。人们更喜欢洁白光亮、酷似 Ag 的外观,而 Ag 沉积层(纯银表面)在空气中极易被氧化变色。铑是银白色金属,在室温下耐酸碱,对硫化物稳定,可作为装饰性沉积层、防银变色层、电接点层。钌和铑的性质相似,但比铑便宜,因此电沉积 Rh－Ru 合金引起了人们的关注。

1. 电沉积 Rh－Ru 合金工艺

电沉积 Rh－Ru 合金的溶液组成及工艺条件:铑盐(Rh_2SO_4)　1~2g/L;硫酸(H_2SO_4,相对密度 1.84)　30mL/L;钌盐($RuCl_3$)　0.1~1.0g/L;氨基磺酸(NH_2SO_3H)　10~30g/L;温度　40~50℃;电流密度　2~8A/dm²;阳极　涂钌钛网。

2. 电沉积液组成及工艺条件的影响

（1）金属离子含量。电解液中含有 Rh^+ 离子和 Ru^{3+} 离子,提高其中一种金属离子的浓度,那么对应的其在沉积层中的含量就会提高。电沉积 Rh－Ru 合金适宜的钌盐有:Ru 的无机盐或 Ru 的含 N、含 S 的配合物。常用的 Ru 的无机盐有 $Ru_2(SO_4)_3$、$RuCl_3$ 等;Ru 的含 N、含 S 配合物有 $Ru_2N(H_2O)_2Cl_3(NH_4)_3$ 等。Ru 的含 N、含 S 配合物的制备是在 $RuCl_3$ 等无机盐的水溶液中加入 H_2NSO_3H 煮沸回流和熟化生成 $Ru_2N(H_2O)_2Cl_3(NH_4)_3$ 配合物,让其冷却至 10℃以下即可获得钌配合物结晶,多次清洗即可。电解液中加入硫酸或硫酸盐、氨基磺酸盐可以使钌盐稳定。沉积层中含有一定量的 Ru,可提高铑沉积层的硬度和光亮度,降低沉积层内应力,但若沉积层中 Ru 含量过高会影响沉积层的色泽,使沉积层不够白亮,硬度也会降低。因此,要根据实际需要,严格控制电解液中 Rh、Ru 的含量比。考虑到铑的价格昂贵,应采用金属离子含量较低的电解液。一般电解液中 Rh 含量维持在 1~2g/L 为宜。由于采用的是不溶性阳极,电沉积时 Rh^+ 和 Ru^{3+} 离子不断消耗,因此需要定期补充其浓缩液。

（2）硫酸含量。硫酸作为导电物质加入，但若含量过高，对零件的腐蚀加重。因此，零件应带电入槽。电解液中硫酸含量控制在 20~40mL/L 为宜。

（3）氨基磺酸。加入氨基磺酸能降低沉积层的内应力，尤其是需要沉积层较厚时，电解液中必须加入氨基磺酸或其盐，以降低沉积层的内应力。

（4）电流密度。当电流密度低于 $2A/dm^2$ 时，沉积层会出现黑色斑点；只有当电流密度高于 $2A/dm^2$ 时，沉积层才会全光亮；当电流密度过高（$>8A/dm^2$）时，阴极电流效率会下降。

（5）温度。温度变化对 Rh－Ru 合金沉积层的外观无明显影响。但温度低于 20℃时，由于阴极析氢严重，阴极电流效率降低，沉积层变脆。因此，温度应控制在 40~50℃范围内。

参 考 文 献

[1] 屠振密,李宁,安茂忠,王素琴. 电镀合金实用技术[M]. 北京:国防工业出版社,2007.

[2] 郭承忠,梁成浩,杨长江. 亚硫酸盐电镀金－钴合金工艺的研究[J]. 电镀与环保,2006,26(6): 11－13.

[3] Chalumeau L, Wery M, Ayedi H F. Development of a new electroplating solution for electrodeposition of Au－Co alloys[J]. Surface & Coatings Technology, 2006, 201: 1363－1372.

[4] Hosseini M, Ebrahimi S. The effect of Tl(I) on the hard gold alloy electrodeposition of Au－Co from acid baths [J]. Journal of Electroanalytical Chemistry, 2010, 645: 109－114.

[5] Yamachika N, Mushaa Y, Sasano J. Electrodeposition of amorphous Au－Ni alloy film. Electrochimica Acta, 2008, 53: 4520－4527.

[6] 谭强. 双酸低氰镀金镍合金工艺的应用[J]. 材料保护,1997,30(7): 32－33.

[7] 张恒彬,李树家,李忆. 无氰电镀金镍合金的研究[J]. 吉林大学自然科学学报,1990(2): 119－121.

[8] Brun E, Durut F, Botrel R. Influence of the Electrochemical Parameters on the Properties of Electroplated Au－Cu Alloys[J]. Journal of The Electrochemical Society, 2011, 158(4): D223－D227.

[9] Bozzini B, Fanigliulo A, Giovannelli G. Electrodeposition of Au－Sn alloys from acid Au(Ⅲ) baths[J]. Journal of Applied Electrochemistry, 2003, 33: 747－754.

[10] He A, Ivey D G. Electrodeposition of Sn and Au－Sn alloys from a single non－cyanide electrolyte. J Mater Sci: Mater Electron. 2012, 23: 2186－2193.

[11] 安茂忠,张菊香,刘建一. 电镀 Ag－Cd 合金工艺研究[J]. 材料保护,2003,36(5): 27－30.

[12] Saitou M, Fukuoka Y. An Experimental Study on Stripe Pattern Formation of Ag－Sb Electrodeposits[J]. J Phys Chem B, 2004, 108: 5380－5385.

[13] Hrussanova A, Krastev I. Electrodeposition of silver－tin alloys from pyrophosphate－cyanide electrolytes [J]. J Appl Electrochem, 2009, 39: 989－994.

[14] Hrussanova A, Krastev I, Beck G, Zielonka A. Properties of silver－tin alloys obtained from pyrophosphate－cyanide electrolytes containing EDTA salts[J]. Journal of Appl Electrochem, 2010, 40(12): 2145－2151.

[15] 安茂忠,张鹏,刘建一. 碘化物镀液脉冲电镀 Ag－Ni 合金工艺[J]. 电镀与环保,2003,23(2): 15－18.

[16] Liang D F, Liu Z W, Hilty R D, Zangari G. Electrodeposition of Ag－Ni films from thiourea complexing solu-

tions[J]. Electrochimica Acta, 2012, 82: 82 – 89.

[17] Nineva S, Dobrovolska T, Krastev I. Properties of electrodeposited silver – cobalt coatings[J]. J Appl Electrochem, 2011, 41:1397 – 1406.

[18] Santhi K, Revathy T A, Narayanan V, Stephen A. Dendritic Ag – Fe nanocrystalline alloy synthesized by pulsed electrodeposition and its characterization[J]. Applied Surface Science, 2014, 316(1): 491 –496.

[19] Dadvand N, Dadvand, M. Pulse electrodeposition of nanostructured silver – tungsten – cobalt oxide composite from a non – cyanide plating bath [J]. Journal of the Electrochemical Society, 2014, 161 (14): D730 – D735.

[20] 徐明丽,张正富,杨显万. 钯及其合金电镀的研究现状[J]. 材料保护,2003,36(10): 4 – 8.

[21] Noce R D, Barelli N, Marques R F C. The influence of residual stress and crystallite size on the magnetic properties of electrodeposited nanocrystalline Pd – Co alloys[J]. Surface & Coatings Technology, 2007, 202: 107 – 113.

[22] 徐明丽,张正富,杨显万. 电镀工艺条件对钯铁合金镀层成分的影响[J]. 材料保护,2005,38(5): 31 – 34.

[23] Usgaocar A R, Groot C H. The electrodeposition, magnetic and electrical characterisation of Palladium – Nickel alloys[J]. Journal of Electroanalytical Chemistry, 2011, 655(1): 87 – 91.

[24] Chang C M, Hsieh M T, Kang W C, Whang T J. Study of the co – electrodeposited Pd – Ni alloy thin film and its performance on ethanol electro – oxidation [J]. Journal of the Electrochemical Society, 2014, 161 (10): D552 – D557.

[25] Hsieh M W, Whang T J. Electrodeposition of Pd – Cu alloy and its application in methanol electro – oxidation [J]. Applied Surface Science, 2013, 270: 252 –259.

[26] Li S R, Zuo Y, Tang Y M, Zhao X H. The electroplated Pd – Co alloy film on316L stainless steel and the corrosion resistance in boiling acetic acid and formic acid mixture with stirring[J]. Applied Surface Science, 2014, 321: 179 –187.

[27] Hubkowska K, Lukaszewski M, Czerwiski A. Thermodynamics of hydride formation and decomposition in electrodeposited Pd – rich Pd – Ru alloys[J]. Electrochemistry Communications, 2014, 48: 40 – 43.

第9章　电沉积非晶态合金

9.1　电沉积非晶态合金概述、特性及用途

9.1.1　电沉积非晶态合金概述

非晶态合金又称金属玻璃,20 世纪 70 年代发展起来的,是当代材料科学广泛研究的一个新领域,也是一种迅速发展起来的重要新型材料。

非晶态,在结构上与晶体的本质区别是不存在长程有序,不存在位错、孪晶、晶界等晶体缺陷。是一种长程无序、微观短程有序的结构。非晶态合金是多种元素的固溶体,因此非晶态材料比相应的晶体材料具有更优异的物理和化学等特性。制备非晶态材料的方法有电沉积法、化学镀法、液态急冷法、离子注入法、气相沉积法等。其中电沉积法具有设备简单、耗能低、操作方便等特点,并且较容易获得各种组成的非晶态合金,电沉积层结构可以连续由晶态转变为非晶态,也可连续进行大批量生产,近年来得到广泛的重视。

1. 非晶态合金的类型

（1）根据非晶态合金电沉积层的成分,可将非晶态合金电沉积层大致分成以下 5 种类型:金属—氢构成的非晶态合金;金属—类金属系非晶态合金;金属—金属系非晶态合金;半导体元素的非晶态合金;非晶态金属氧化物。

用电沉积方法已获得的非晶态合金主要有两大类:过渡金属与类金属系、铁族元素与过渡金属系。表 9 - 1 列出了现有已知的电沉积非晶态合金的种类。随着新型非晶态合金电沉积的开发和研究,电沉积非晶态合金的种类还会增加,其性能也会不断地完善。电沉积非晶态合金将向着多元化、功能型、梯度层和提高实用性的方向发展。

表 9 - 1　电沉积制备的非晶态合金

M - 类金属	M - M	半导体元素系	M - H	金属氧化物
Ni - P, Ni - B	Ni - W, Ni - Mo	Bi - S	Ni - H	Ir - O
Co - P, Co - B	Fe - W, Fe - Mo	Bi - Se	Pd - H	Rh - O
Fe - S, Ni - S	Co - W, Cr - Mo	Cd - Te	Cr - H	
Co - S, Cr - C	Cr - W, Cr - Mo	Cd - Se	Cr - W - H	
N - C, Pd - As	Co - Re, Co - Ti	Cd - S	Cr - Mo - H	

（续）

M-类金属	M-M	半导体元素系	M-H	金属氧化物
Co－Ni－P, Ni－Fe－P	Ni－Cr, Ni－Zn	Cd－Se－S	Cr－Fe－H	
Fe－Co－P, Ni－Cr－P	Au－Ni, Ni－Fe	Si－C－F		
Fe－Cr－P, Co－Zn－P	Co－Cd, Co－Cr			
Ni－Sn－P, Ni－W－P	Fe－Cr, Cd－Fe			
Co－W－P, Fe－Cr－P	Pt－Mo			
Ni－W－B, Co－W－B	Al－Mn			
Ni－Cr－B, Co－W－B	Fe－Mo－Co			
Ni－Fe－Co－P	Pt－Mo－Co			
Ni－Cr－P－C	Fe－Ni－W			
Ni－Cr－Fe－P	Fe－Co－W			
Fe－Cr－P－C	Ni－W－Co			
Fe－Cr－P－Co	Sn－Co－Fe			
	Sn－Ni－Fe			

（2）根据非晶态电沉积层的特性,可分为磁性合金和非磁性合金。

① 磁性合金。具有电磁性的合金,或者具有和电、磁有关的性能,比如:电阻率、磁导率、绝缘强度、介电强度等,如 Fe－W、Ni－W、Co－W、Fe－Co－W、Ni－Co－W 和 Ni－Fe－Co 等合金。

② 非磁性合金。即没有磁性的合金,如 Ni－Cu、Ni－Zn、Ni－Co－W、Ni－Co－Sn 和 Fe－Co－Mn 等合金。

（3）还可根据非晶态合金中金属元素的多少分为:若非晶态合金中含有两种金属元素的称为非晶态二元合金;含有三种金属元素的称为非晶态三元合金;含有四种金属元素的称为非晶态四元合金,依次类推。

2. 电沉积法非晶态合金的形成过程

非晶态电沉积层晶核的形成过程、成长过程与晶态有所不同,电沉积时形成晶核的速度与超电势有密切的关系。晶核的临界尺寸越小,它的形成功也越小,则晶核的形成速度越快。由实验可知,非晶态电沉积层的晶核形成尺寸需在 2nm 以下,即是在短程有序的范围内。这时的晶核形成速度较大,而且晶核的生长受到抑制,生长速度很小,甚至无法生长,而以反复形成新的晶核来维持电沉积层的生长。从而可知,形成非晶态合金的主要条件是电沉积时需要有大的超电势,才能有效地生成细小而众多的晶核。其次,获取非晶态的另一重要条件是在电极上有大量氢析出,因为大量氢气的析出会阻碍析出金属原子的规则排列,从而成为非晶态。

通常的非晶态合金电沉积层可以从诱导共沉积获得,如铁族金属(Fe、Co、Ni)

276

可与 P、Mo、W、Re 等金属形成的合金,Ni－P、Co－P、Fe－P、Ni－Mo、Co－Mo、Ni－W
和 Co－W 等。以 Ni－P 合金为例,一般在含有镍盐的溶液中加入适量的含磷化合
物(次磷酸盐或亚磷酸),并选择适当的工艺条件就能得到非晶态合金电沉积层。
电沉积 Ni－Mo 和 Co－Mo 非晶态合金可以用柠檬酸铵作为配位剂;电沉积
Fe－Mo非晶态合金可选用柠檬酸盐作为配位剂,温度控制在 30～50℃;电沉积
Fe、Co、Ni 与 W 形成的合金可以选用 80℃的柠檬酸和酒石酸为配位剂的高温电沉
积液;电沉积 Co－Re 合金也可选用柠檬酸铵电沉积液。从而可以看出,想得到某
种非晶态合金的电沉积层,需要选择不同的电沉积液和适宜的工艺条件。

9.1.2　电沉积非晶态合金的特性

电沉积法制备非晶态合金具有以下优点:可以获得其他方法所不能得到的非
晶态材料;可以制备不同组成的非晶态沉积层和多层沉积层,并可使沉积层结构连
续变化,制得梯度材料;可以制作大面积及形状复杂的非晶态材料;可以在非金属
基材上得到非晶态沉积层;能耗低,可用于连续作业和大量生产。

非晶态合金是一种长程无序、微观短程有序的结构,是多种元素的固溶体。非
晶态合金的结构和化学组成的特殊性决定了它优异的物理、化学性能,如高强度、
高韧性、高耐磨、高超导、高透磁率和高耐蚀等。

1. 非晶态合金的稳定性

非晶态合金热力学是一种亚稳态的结构,原子排列混乱且自由能较高。在一
定的外界条件下会产生结构弛豫、调幅分解、晶化等现象,从亚稳态向稳态转化,转
变为晶态或另一种非晶态,这时它的性能也发生变化,许多非晶态合金固有的优良
特性会丧失。对于非晶态下使用的合金来说,结构和性能的稳定性是一个很突出
的问题。

另一方面,非晶态合金发生转变后,也可使材料在某些方面获得更为优越的性
能。例如,铁族金属－类金属系非晶态合金电沉积层晶化后,电沉积层的显微硬度
明显升高,一般都认为晶化后合金电沉积层形成细小的、弥散分布的金属间化合
物,具有很高的硬度,在电沉积层中起弥散强化的作用,使得合金电沉积层的耐磨
性明显提高。

因此,不管作为非晶态材料,还是晶化后的微晶材料使用,其性能都与稳定性
密切相关。稳定性是确定材料有效工作极限的一个重要参数。

2. 非晶态合金的力学性能

非晶态合金的力学性能十分突出,其长程无序、短程有序的结构特征使其具
有高强度的同时,又具有高的塑性和冲击韧性。变形时无加工硬化的现象,动态
性能也不错,具有高的疲劳寿命和良好的断裂韧性。尤其是铁族金属－类金属
系非晶态合金,晶化后电沉积层会形成细小的金属间化合物,具有很高的显微
硬度。

电沉积形成非晶态合金时,电沉积液组成、温度、热处理等对非晶态电沉积层的显微硬度等力学性能有很大的影响。例如,电沉积 Ni – P 非晶态合金时,随着电沉积液中 H_3PO_3 浓度从 0g/L 增加到 20g/L,Ni – P 合金电沉积层的显微硬度增加(见图 9 – 1)。随着电沉积液温度的升高,在任何电流密度下,电沉积层显微硬度值均增加,在低电流密度下影响更为显著(见图 9 – 2)。

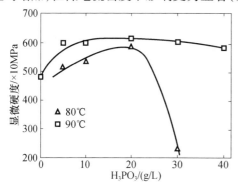

图 9 – 1　电沉积液 H_3PO_3 浓度对电沉积层
硬度的影响

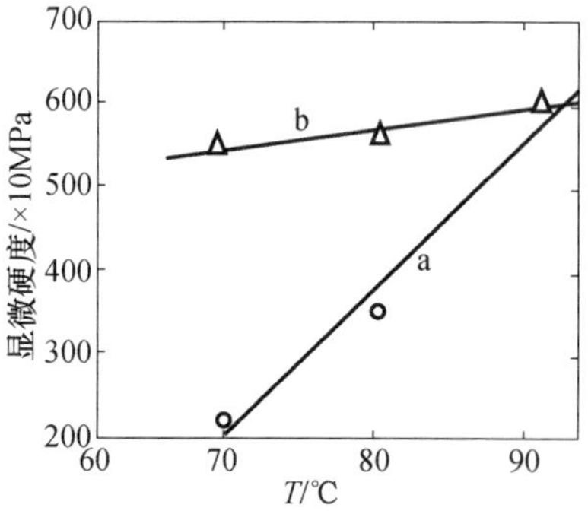

图 9 – 2　温度对 Ni – P 电沉积层硬度
的影响

对非晶态电沉积层显微硬度影响最大的因素是热处理,由于非晶态合金电沉积层处于亚稳状态,受热后易产生晶化,形成稳定相,尤其是过渡金属 – 类金属系非晶态合金,晶化后产生的稳定相通常由金属间化合物组成,这种新形成的化合物相本身具有很高的硬度,导致合金电沉积层获得强化。例如,非晶态 Ni – P 合金电沉积层经加热处理后,其硬度会明显增加,由 500HV 升高至 1000HV 以上,而且耐磨性也会提高。其他如 Ni – B、Fe – B、Ni – W 等合金电沉积层的硬度经热处理后更高。

另外,非晶态合金的原子间结合力一般比晶体强,因而它的机械强度大,但脆性也大。

3. 非晶态合金的摩擦学性能

非晶态合金具有很高的耐磨性,可与硬铬电沉积层相媲美,且使用温度高,承载能力强。作为表面耐磨电沉积层已获得较为广泛的应用。目前,作为耐磨电沉积层应用的非晶态合金主要有 Ni – P、Ni – B、Fe – Ni – P、Fe – P、Co – P、Co – B 等合金。磨损时间、载荷、润滑油添加剂、镀覆工艺、热处理温度等对非晶态合金的耐磨性有一定的影响。

4. 非晶态合金的耐蚀性能

腐蚀是材料和构件失效的主要形式之一。按金属与周围环境介质作用机制的不同,腐蚀可分为化学腐蚀和电化学腐蚀两大类。非晶态合金电沉积层具有优异的耐蚀性,在许多严酷腐蚀条件下,可使用高耐蚀的非晶态合金电沉积层。由实验可知,由金属和非金属形成的非晶态合金,一般都表现出比晶态好的耐蚀性,例如:

P 含量在 10% ~ 11%(质量分数)的非晶态的 Ni - P 合金比晶态的 Ni - P 合金具有优异的耐蚀性。Fe - P 非晶态合金等也得到同样的实验结果。其耐蚀性较高的原因:非晶态合金是均匀的单相,它不存在晶体固有的缺陷,而晶体的缺陷通常是腐蚀的活性点。非晶态合金的表面容易生成稳定、均一的钝化膜,从而提高了耐蚀性;非金属元素能显著提高非晶态合金本身的反应活性,促进腐蚀过程中金属元素的溶解,使非金属元素(如 P、B、S)在表面浓缩富集,从而提高非晶态合金的自钝化能力与耐蚀性。

至于金属和金属形成的非晶态合金,如 Fe - Mo、Fe - W、Fe - Cr 和 Ni - Mo - W 等合金,这类合金多为诱导共沉积获得,其耐蚀性也比晶态合金的耐蚀性要高得多。主要是由于这类非晶态电沉积层的均一、单相结构,无晶体缺陷,表面易形成稳定的钝化膜,从而也有较高的耐蚀性。

5. 非晶态合金的电磁性能

许多非晶态合金如 Ni - P、Fe - P、Co - P、Co - Ni - P 等合金具有良好的电磁性能,可作为矫顽力低、导磁性高的材料。一般来说,非晶态合金的电阻比相应的晶态电阻高一个数量级,而且电阻的温度系数非常小。原因是非晶态合金中原子没有长程有序,不存在晶体的点阵周期场,它的电子能带结构与晶体有显著的差别。因此在电学性能上与晶体不同。非晶态合金具有高电阻率、低电阻温度系数,有时具有负电阻温度系数。非晶态合金的这些特征改进了导磁率特性,制作成变压器磁芯,可减轻涡电流的损失。因此,可以利用非晶态合金磁性材料代替矽钢片来节约电能,节省电力消耗约为 1/5。

与晶态合金一样,非晶态合金的磁性也可以定性的分为结构不敏感磁性和结构敏感磁性。按其性能划分,非晶态磁性合金可分为三大类:铁磁性非晶态合金、亚铁磁性非晶态合金和超顺磁性非晶态合金。超顺磁性非晶态合金是以贵金属 Au 等或非磁性金属 Cu 等为基础,加入少量的过渡族金属制成的非晶态合金。

此外,这些非晶态合金还表现出良好的超导性,如 Ni - Si - B 和 Mo - Si - B 等合金的临界温度为 4.2K 以上。而且还具有热膨胀率随温度变化很小的特性;有些还具有耐放射线照射的特性等。

9.1.3 电沉积非晶态合金的用途

如上所述,非晶态合金具有优异的均匀性、耐磨性和耐蚀性、高硬度、高电阻率、高活性和催化特性以及许多特殊的磁学性质,表现出良好的物理和化学性能。利用各种非晶态合金的特殊性质和综合性能,已经有许多非晶态合金电沉积层进入商业应用。如 Ni - P、Ni - B、Co - P、Co - Mo、Ni - W、Ni - Mo、Fe - W、Fe - Mo 等二元合金以及 Ni - W - P、Ni - W - B 和 Co - W - P 等三元非晶态合金。

在非晶态合金中加入类金属元素 P 可以增强非晶合金的活性,加速腐蚀环境中钝化膜的形成;此外,非晶合金中部分活性大的添加金属元素能够生成腐蚀产物膜,起到腐蚀抑制的作用,使其抗腐蚀性能十分优异。

Ni－P 非晶态合金的研究和应用较早,应用面也较广。Ni－W 合金具有良好的耐蚀性、耐热性、高硬度和耐磨性,可作为轴承、活塞、气缸等材料用于汽车、机械、电子和石油工业。该电沉积层经热处理后,其硬度能达到 1350HV,所以可作为代替铬电沉积层,寿命能提高一倍以上。另外,Ni－W 合金在酸性溶液中耐蚀性很高,若在合金中加入第三种元素硼后,得到 Ni－W－B 非晶态三元合金,其性能比 Ni－W 合金更优异。

Ni－Co、Co－Mo 和 Ni－Co－P 非晶态合金都具有致密、耐蚀性好、硬度和耐磨性较高,还具有很好的电催化活性,能明显地降低析氢超电势,有利于降低槽压,减少能耗,有望代替电解用的铁阴极和石墨电极,成为较理想的电催化阴极。

Co－W 非晶态合金硬度大、耐蚀性强、耐热性优良,也具有良好的电催化活性和电磁性能,在化工和电子工业有良好的应用前景。Ni－Fe、Ni－Co、Ni－P 和 Ni－Mn 合金也都具有良好的磁性能,可作为磁性材料应用于电子工业。利用非晶态合金的优良的磁性能,还可制作磁鼓、磁盘和磁性记忆材料,目前已获得较多的应用。

非晶态合金沉积层和以往的装饰性沉积层及防护性沉积层有所不同,人们对非晶态合金沉积层主要着重于电沉积层的功能特性,根据电沉积层特性,不断开拓它的新用途。耐磨和耐蚀的非晶态合金电沉积层已广泛用于各种功能部件,为新型工业材料的应用打开了新局面。同时,具有光、电及热特性的功能性非晶态电沉积层,也正在开辟新的应用领域。各种新的非晶态合金电沉积层正在不断地开发研究,制备成本不断降低,非晶态合金电沉积层的各种性质也正在不断被挖掘。随着科学技术和现在工业的迅速发展,非晶态合金电沉积层的应用领域还将不断扩大。

9.2 电沉积非晶态二元合金

9.2.1 电沉积非晶态 Ni－P 合金

当合金电沉积层中磷的质量分数超过 8% 时,Ni－P 电沉积层是一种非晶态合金,具有高耐蚀、耐磨、可焊性、磁性屏蔽、高硬度、高强度、高导电性等优异的性能,已广泛应用于汽车、航空、计算机、电子、化工和石油等领域。近年来,由于环保的要求,以其他电沉积层代替铬电沉积层的技术越来越受到重视。Ni－P 合金电沉积层经热处理后的硬度接近或超过硬铬电沉积层,并且电沉积 Ni－P 合金层具有很多优点,在成本和性能方面代替硬铬电沉积层是可行的。

1. 电沉积非晶态 Ni－P 合金工艺

电沉积非晶态 Ni－P 合金的研究较多,其中几种典型的工艺见表 9－2。

表 9-2　电沉积非晶态 Ni-P 合金的溶液组成及工艺条件

溶液组成(g/L)及工艺条件	工艺 1	工艺 2	工艺 3	工艺 4	工艺 5	工艺 6	工艺 7
硫酸镍($NiSO_4 \cdot 6H_2O$)	147.6	17.6	150	170	240	150	14
氯化镍($NiCl_2 \cdot 6H_2O$)	44.2	51.1	45	51	45	45	—
碳酸镍($NiCO_3$)	30	16.1	30	15	—	—	—
硼酸(H_3BO_3)	—	—	—	—	—	—	15
氯化铵(NH_4Cl)	—	—	—	—	—	—	16
亚磷酸(H_3PO_3)	40	3.0	40	5	3~8	50	—
磷酸(H_3PO_4)	35	35	35	35	—	40	—
次磷酸二氢钠($NaH_2PO_2 \cdot H_2O$)	—	—	—	—	—	—	5
电流密度/(A/cm^2)	0.1	0.1	0.06	0.055	0.05	0.5~4.0	0.025
温度/℃	70	70	75	75	60	75~95	80
沉积层中 P 含量/%(质量分数)	26.2	11.22	26.9	16.9	8~12	22~28	9
其他	电沉积时间 6~10.5h		阴极 Cu		厚度 8~12 μm	pH = 1.0	厚度 2.5 μm
	阳极均为 Ni		厚度 0.22 mm				

2. 电沉积液各组分的作用和影响

目前,用于制备 Ni-P 合金的电沉积一般采用氨基磺酸盐、次磷酸盐和亚磷酸盐体系。以上这些电沉积液体系通常是由镍源(硫酸镍、氯化镍、氨基磺酸镍等)、磷源(亚磷酸或次磷酸)、缓冲剂、配位剂及添加剂等组成。

(1)镍源。研究表明,电沉积液中镍离子浓度低会导致沉积速度变慢,析氢严重。随着 Ni 离子浓度的增加,一般阴极电流效率会随之增高,电沉积层质量得到改善。但 Ni 离子浓度过高,电沉积层的沉积速度过快,将导致电沉积层粗糙,电沉积层中 P 的含量也会下降。所以电沉积液中的镍离子要保持在合适的浓度范围内。对于不同的镍源,其阴离子也会对电沉积产生影响。硫酸镍的加入将有利于提高阴极电流效率。但是硫酸根可能会在阴极还原,使电沉积层中夹杂少量硫。氯化镍中的氯离子是阳极活化剂,可以降低或防止镍阳极的钝化,保证镍阳极正常溶解。用氯化镍做阳极活化剂还可以提供部分的 Ni 离子。在保证阳极正常溶解的情况下,尽量减少氯化镍的加入量,因为氯离子容易增加电沉积层的应力,其成本较高。

(2)磷源。次磷酸盐和亚磷酸是目前研究最多的两种磷源。有研究认为,以次磷酸为磷源的电沉积液制得的电沉积层具有更好的光亮度。同时认为,采用次磷酸为磷源的电沉积液有更高的沉积速度以及电沉积层硬度。并可以在较高的

pH 值下进行电沉积,阴极的电流效率较高,但存在高 pH 值下电沉积层中 P 含量低的缺点。降低 pH 值有利于 P 含量的增加,但同时会使次磷酸根离子在阳极的氧化变得容易,生成亚磷酸根离子,影响电沉积液的稳定性。但如果能使次磷酸钠和镍离子形成配合离子,则会提高电沉积液的稳定性。也有学者指出,在次磷酸盐体系中加入氯化铵能够实现低温电沉积(约 40℃),电沉积层中的 P 含量随着电沉积液中氯化铵含量的增大几乎线性增加,此法适合制备 P 质量分数在 6% ~8% 的电沉积层。有学者认为,次磷酸盐体系中电沉积得到的 Ni – P 合金质量不稳定,温度及电流稍有变化就容易引起电沉积层发黑。

以亚磷酸为磷源,其特点是电沉积液更稳定。随着电沉积液中亚磷酸的增加,电沉积层中磷增加,但沉积速度、电流效率随之降低,达到一定值后趋于稳定。但采用亚磷酸作磷源的缺点是,电沉积操作只能在较低的 pH 值下进行,否则会生成亚磷酸镍沉淀夹杂到电沉积层中,降低电沉积层质量,而较低的 pH 值则意味着析氢会严重,降低阴极电流效率。

(3)磷酸。可以起到稳定电沉积液中亚磷酸含量的作用,使电沉积液中亚磷酸含量不致于降低太快,便于电沉积液的维护。磷酸还可以起到缓冲剂的作用,稳定电沉积液的 pH 值。

(4)配位剂和添加剂。配位剂和镍离子形成配合物,提高阴极极化,改善电沉积液的分散能力,对 Fe^{3+} 杂质有一定的隐蔽作用,对稳定电沉积液中 Ni^{2+} 的浓度有一定的作用,还可以提高电流密度;添加剂的主要作用是提高阴极极化,使电沉积层光亮并可适当降低电沉积层的脆性。

(5)温度的影响。电沉积液温度对电沉积层有较大的影响。温度较低会导致电沉积层内应力增大,阴极的电流效率较低,允许的电流密度较低,沉积速度变慢,电沉积层质量变差。当温度低于 50℃,沉积速度会变得很慢。升高温度,将提高阴极电流效率,沉积速度也会随之增大,获得的电沉积层会更加细致光亮。但温度过高,容易引起电沉积液中的添加剂变质,增加电能的消耗,电沉积液的维护也变得困难。一些学者认为,随着电沉积液温度的上升,电沉积层中的 P 含量会下降,也有人认为,温度对电沉积层中 P 含量没有明显的影响。

3. Ni – P 合金电沉积层的性能

(1)耐蚀性。酸性条件下非晶态 Ni – P 合金的耐蚀性随着 P 含量的增加而提高。未经热处理的电沉积层的耐蚀性优于热处理(500℃)后的电沉积层。同样,Ni – P 合金电沉积层在碱性溶液和含 Cl^- 的中性盐溶液中也显示了优良的耐蚀性。阳极极化测试也表明,Ni – P 合金电沉积层的耐蚀性与 Cr 电沉积层相当。

对 P 含量分别为 0、20%、24%、28% 的 Ni – P 合金电沉积层,在 3% 的氯化钠溶液中研究了其阳极极化过程。结论表明,随着非晶态 Ni – P 合金中 P 的增加,其抗腐蚀的能力也增加。将 P 质量分数为 28% 的电沉积层在空气中热处理 1h 后测得的阳极极化曲线,结果指出热处理对非晶态 Ni – P 合金的耐蚀性也有较大的影响,当热处理温度低于 300℃ 时,电沉积层的耐蚀性随着热处理温度的增加而增加,在 200 ~ 300℃ 之间这种增加尤为显著。

有关 Ni - P 合金具有良好耐蚀性的原因,一方面在于非晶态 Ni - P 合金电沉积层是一种均一的单相体系,不存在晶界位错等缺陷以及化学成分偏析,不会发生晶间腐蚀和应力腐蚀;原子排列长程无序。同时,它是由多种元素形成的固溶体。因此从它的微观均匀性和化学组成特殊性来看,减少了电沉积层在腐蚀介质中的微电池腐蚀是必然的。

另一方面是由于在腐蚀介质中,Ni - P 合金表面形成了起钝化膜作用的磷化物膜。非晶态 Ni - P 合金电沉积层的阳极极化曲线没有明显的钝化区,同时,人们发现在腐蚀过程中,其表面生成 Ni - P 化合物,P 的质量分数从而提高到 0.30% ~ 0.40%。对此,有人提出用化学钝化的观点予以解释:在腐蚀过程中,Ni 优先溶解,P 在表面富集。在酸性介质中,磷能强烈地发生水解反应,生成 $H_2PO_2^-$ 并吸附在 Ni - P 合金表面;$H_2PO_2^-$ 具有很强的还原能力,能将 Ni^{2+} 离子还原成 Ni,它吸附在镍质点上,阻碍了镍的水化过程,起到化学钝化的作用。

(2)耐磨性。Ni - P 合金有较好的耐磨性。由于非晶态结构的 Ni - P 合金,原子间的结合力较弱,所以磨损量较晶态的 Ni - P 合金大。同时研究发现,合金电沉积层的耐磨性随着电沉积层中 P 含量的减少而变好。P 质量分数在 1% ~ 4% 之间的电沉积层要比 P 质量分数为 10.6% 的电沉积层具有更好的耐磨性。热处理可以改善 Ni - P 合金的耐磨性。P 质量分数 7% 左右的 Ni - P 电沉积层,400℃ 热处理可以获得最好的耐磨性。而对于 8.5%、10% 和 11.7% 的几种电沉积层,则随着热处理温度的升高磨损量减少。

(3)硬度。电沉积 Ni - P 合金时,随着电沉积液温度的升高或电流密度的增大,电沉积层的硬度值将增加,低电流密度时影响尤为显著。研究表明,Ni - P 合金电沉积层的硬度,随着 P 含量的增加急剧增大,当 P 的质量分数达到 5% 时,电沉积层硬度可达 800HV,此后继续增加电沉积层中的 P,硬度逐渐下降,当电沉积层中 P 质量分数为 15% 时,电沉积层硬度为 600HV。Allen Bai 等人对 P 质量分数从 0 到 28% 的 Ni - P 合金的研究发现,在 P 质量分数小于或等于 20% 时,温度在 100 ~ 400℃ 之间,电沉积层硬度随热处理温度的升高而增大,这是由于 Ni_3P 的析出。对于 P 质量分数为 24% 的电沉积层,在 500℃ 时进行热处理可达到最大硬度。对于 P 质量分数为 28% 的电沉积层,在 200℃ 热处理时硬度可达到最大。

9.2.2 电沉积非晶态 Ni - W 和 Ni - Mo 合金

1. 电沉积非晶态 Ni - W 合金

W 在所有的金属中具有最高的熔点(3410℃),最低的线膨胀系数(43 × 10^{-6}/℃),最高的抗拉强度(4018 N/mm²),并具有相当高的强度和硬度,在高温下稳定。但是在水溶液中单独电沉积钨是不可能的,然而钨可与铁族金属发生诱导共沉积,一定条件下形成 Ni – W 非晶态合金。Ni – W 非晶态合金在高温下耐磨损、抗氧化,具有自润滑性能和抗腐蚀性能。可用于内燃机气缸、活塞环、热锻模、接触器和钟表机芯等工件上。

（1）非晶态 Ni – W 合金电沉积液组成及工艺条件见表 9 – 3。

表 9 – 3　非晶态 Ni – W 合金电沉积液组成及工艺条件

溶液组成（g/L）及工艺条件	工艺 1	工艺 2	工艺 3
硫酸镍（$NiSO_4 \cdot 6H_2O$）	8 ~ 60	40	0.06mol/L
钨酸钠（$Na_2WO_4 \cdot 2H_2O$）	60	70	0.14mol/L
有机酸配合物	50 ~ 100		
氨基配合物	50 ~ 150		
柠檬酸（$C_6H_8O_7 \cdot 2H_2O$）		80	0.3 ~ 0.5mol/L
氯化铵（NH_4Cl）			0 ~ 0.5mol/L
溴化钠（NaBr）			0.15mol/L
电流密度/（A/dm^2）	5 ~ 25	10	5 ~ 20
pH 值	3 ~ 9	6	8.5 ~ 9.2
温度/℃	30 ~ 80	70	80 ~ 85

（2）电沉积液中 W 含量对电沉积层中 W 含量的影响见图 9 – 3。曲线表明,随着电沉积液中 W 含量的增加,电沉积层中 W 含量上升,并趋于稳定值。电沉积层结构由晶态逐渐转变为非晶态,当电沉积层中 W 含量大于 44%（质量分数）时,电沉积层是非晶态结构。

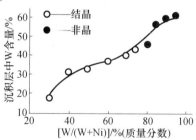

图 9 – 3　电沉积液中 W 含量对电沉积层中 W 含量的影响

（3）配位剂对电沉积层成分的影响。有机酸与氨基配合物是电沉积液中两种主要的配位剂,有机酸配位剂是作为 Ni^{2+} 和 WO_4^{2-} 的配位剂而添加的,其加入量必须大于电沉积液中（Ni + W）摩尔数之和,以防止电沉积液中钨酸沉淀析出,当有机酸的加入量从（Ni + W）摩尔数的 1.0 增加到 1.4 倍时,电沉积层中 W 含量及阴极电流效率略有降低,而电沉积层的光亮度增加,有机酸的添加量取电沉积液中（Ni + W）摩尔数的 1.0 ~ 1.2 倍为适当。

氨基配合物是一种含 NH_4^+ 基团的化合物,其添加是为了提高阴极电流效率,加速 Ni-W 合金共沉积。随着电沉积液中氨基化合物的增加,电沉积层中 W 含量开始明显减少,继续增加氨基化合物的加入量,此时电沉积层中的 W 含量基本不变,阴极电流效率明显增大。当氨基化合物的量继续增加时,阴极电流效率也基本不变。分别从 W 和 Ni 的分担阴极电流效率来看,随着氨基化合物的加入,首先是满足 W 的配合物的形成,然后是与 Ni 形成配合物,从而电沉积析出。

(4)电沉积液温度对电沉积层中 W 含量的影响见图 9-4。随着温度的升高,电沉积层 W 含量升高,当电沉积液温度大于 50℃时,电沉积层均为非晶态结构,此时电沉积层 W 含量均大于 44%。而当温度低于 40℃时,只能获得晶态电沉积层,电沉积层中 W 含量在 44%(质量分数)以下,当 W 的含量达到 44%(质量分数)时,Ni-W 非晶态合金结构形成,Ni 和 W 均以零价态形式存在,且应力变小,缺陷减少。可见,决定电沉积层结构的关键因素是电沉积层中 W 含量,当达到44%(质量分数)以上时,电沉积层结构由晶态过渡到非晶态。

(5)电沉积液 pH 值对电沉积层组成的影响见图 9-5。当电沉积液的 pH 值为 5~7 时,电沉积层为非晶态结构,此时电沉积层中 W 含量大于 44%(质量分数)。而当 pH≤4 及 pH≥8 时,电沉积层均为晶态结构。可见,只有在弱酸性和中性溶液中才能获得 Ni-W 非晶态电沉积层。

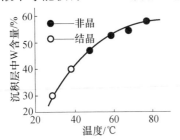

图 9-4 温度对电沉积层中 W 含量的影响

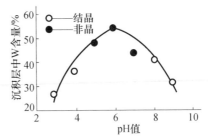

图 9-5 电沉积液 pH 值对电沉积层中 W 含量的影响

2. 电沉积非晶态 Ni-Mo 合金

非晶态 Ni-Mo 合金电沉积层具有优异的耐蚀性能、耐磨性能、力学及电磁学性能。用电沉积制备 Ni-Mo 系非晶态合金电沉积层是最为简便经济的方法,Mo 不能单独从水溶液中沉积出来,但它能与铁族金属共沉积,即诱导共沉积。国外报道了共沉积的配位剂有四种类型:柠檬酸型、酒石酸型、焦磷酸型和醋酸盐型。

(1)非晶态 Ni-Mo 合金工艺。国内目前研究开发的主要为柠檬酸型,其电沉积液组成及工艺条件见表 9-4。

Ni-Mo 合金电沉积层非晶态的转变点为 $W_{Mo}>25\%$,当 $W_{Mo}≥40\%$ 时,易获得非晶态结构。针对电沉积层中 Mo 含量增加带来的电沉积层发黑、脱皮这一问题,采取镀前小电流电解措施来改善。

表 9-4　非晶态 Ni-Mo 合金电沉积液组成与工艺条件

溶液组成(g/L)及工艺条件	工艺 1/(mol/L)	工艺 2	工艺 3	工艺 4/(mol/L)
硫酸镍($NiSO_4 \cdot 7H_2O$)	0.15	60	60	0.15
钼酸铵[($NH_4)_2MoO_4 \cdot 2H_2O$]	0.1	—	—	0~0.2
柠檬酸三钠[$C_6H_5O_7Na_3 \cdot 2H_2O$]	0.3	50	50	0.3
氯化钠($NaCl$)	0.3	20	—	0.3
氨水($NH_3 \cdot H_2O$)	25 mL/L	—	—	25 mL/L
氯化镍($NiCl_2 \cdot 6H_2O$)	—	20	—	—
钼酸钠($Na_2MoO_4 \cdot 2H_2O$)	—	10	10	—
钨酸钠($Na_2WO_4 \cdot 2H_2O$)	—	—	30	—
磷酸二氢钠(NaH_2PO_4)	—	—	—	0~0.2
pH 值	9	9~10	9~10	9
电流密度/(A/dm^2)	12	4~16	4~16	—
温度/℃	30	48	48	30

（2）电沉积液组成和工艺条件对合金电沉积层成分的影响。

① 电沉积液中金属浓度比的影响。电沉积液中金属浓度比(Mo/Mo + Ni)较低时，随着电沉积液中 Mo 含量的上升，电沉积层中 Mo 含量也随之上升，这意味着 Mo 与 Ni 有着相同的沉积倾向。当金属浓度比较高时，Mo 在电沉积层中的含量上升较快，但电流效率急剧下降。已有报道，Ni-Mo 非晶态电沉积层具有与铂黑同等的析氢超电势值。因此，认为电流效率的下降是电沉积层非晶态结构导致的阴极表面析氢加剧的结果。

② 铵离子的影响。氯化铵在 Ni-Mo 共沉积中起了重要的作用。它大大提高了阴极电流效率，同时也降低了电沉积层中 Mo 的含量。其原因是铵离子可能与 Ni 配离子形成了多重配合离子[$NiCit(NH_3)_2$]¯，它对 Ni 沉积有去极化作用，因此有利于 Ni 的沉积。

③ 电流密度的影响。阴极电流密度对电沉积层中 Mo 含量的影响不大，随着电流密度的升高，Mo 含量略有下降。在相当宽的金属浓度比范围内，Mo 含量基本恒定。由此可以推测，Ni 对 Mo 的诱导作用可能发生在电极过程之前，即 Mo 的沉积存在着一个前置转化步骤。按照金属电沉积的理论，较大的电流密度意味着较高的超电势，这将导致高的成核速率，所以，通常认为超电势与沉积物组成和结构有关。按照一般的 Ni-Mo 共沉积机理，先形成低价氧化物(MoO)，然后新生成的氢原子在阴极反应中将它还原成金属 Mo。

④ pH 值的影响。高电流密度在 pH 为 9 左右时取得最低的 Mo 含量，而低电流密度下则随着 pH 值的上升 Mo 含量下降。柠檬酸是一种较弱的多元酸，pH 值

对其电离有很强烈的影响,从而会影响到金属配离子的形成和种类,这是 pH 值有上述影响的主要原因。此外,电沉积层结构导致的阴极析氢超电势的变化也会起很大的作用。

⑤ 温度和搅拌的影响。提高温度可使 Mo 含量上升,却使电流效率下降,特别是当电流密度较高时更甚。因此,对于所研究的电解液体系,温度控制在室温为宜。中等强度的搅拌使 Mo 含量上升大约 3%,低电流密度($3A/dm^2$、$5A/dm^2$、$8A/dm^2$)时,对电流效率几乎无影响,高电流密度时($12A/dm^2$、$20A/dm^2$),电流效率大约上升 6%。如果注意 Mo 的电化当量差不多是 Ni 的一半,则高电流密度区间电流效率的增加量完全用于 Mo 的沉积,所以搅拌有利于 Mo 的沉积。

(3)非晶态 Ni – Mo 合金的硬度。非晶态 Ni – W 合金经过热处理后,其硬度有很大提高,在 850℃热处理后,其硬度可达 1450 HV。

9.2.3 电沉积非晶态 Fe – W 和 Fe – Mo 合金

非晶态铁基合金的电沉积有两大特点。①铁基合金都具有较高的机械强度和硬度,优异的磁性能,较好的耐蚀能力和电催化活性。Fe 又是最普通的元素,如果通过形成非晶态合金使它们具有优异的物理和化学性能,将有很大的应用价值。②Fe 合金的电沉积往往属于异常共沉积或诱导共沉积的类型,例如在水溶液中,Mo、W、P 等都不能沉积出纯单质来,却可以在 Fe、Co、Ni 等一些金属离子共存的溶液中,通过这些金属的诱导作用以合金的形式沉积出来。

1. 电沉积非晶态 Fe – W 合金

由于 W 合金具有优良的耐腐蚀性能,耐热性和耐磨性。因此,在基体上电沉积 W 合金电沉积层,可以大大提高材料的耐腐蚀性能,在船舶、石油化工和国防中得到了广泛的应用。

Fe – W 非晶态合金电沉积层可以通过 Fe^{2+} 和 Fe^{3+} 电沉积液来制备。许多研究者对在不锈钢基体表面上进行电沉积而制得的 Fe – W 非晶态合金的微观结构进行了研究。渡边等曾经使用 Fe^{2+} 离子电沉积液在 80℃和 pH 为 8.5 的条件下制得 Fe – W 非晶态合金,并且证明 Fe – W 非晶态合金具有较强的耐蚀性能和较高的硬度。

(1)非晶态 Fe – W 合金工艺。表 9 – 5 列出了非晶态 Fe – W 合金的电沉积液组成及工艺条件。电沉积液以 Fe 金属的硫酸盐和钨酸钠为主盐,以柠檬酸或酒石酸盐作为配位剂。

表 9 – 5　电沉积非晶态 Fe – W 合金的溶液组成及工艺条件

溶液组成(g/L)及工艺条件	工艺 1	工艺 2
硫酸亚铁($FeSO_4 \cdot 7H_2O$)	12	25 ~ 40
钨酸钠($Na_2WO_4 \cdot 2H_2O$)	80	35 ~ 45

287

溶液组成(g/L)及工艺条件	工艺 1	工艺 2
酒石酸铵($C_4H_{12}N_2O_6$)	47.9	50
电流密度/(A/dm^2)	1	1～8
电流效率/%	75	—
pH 值	8.5	8
温度/℃	80	50
阳极材料	钨棒 + 碳棒	钨棒或不锈钢

（2）工艺条件对沉积层结构的影响。在 W 与 Fe 组成的二元合金电沉积层中引入另一种 Fe 族金属后,将明显地扩大合金的非晶化成分的范围。电沉积液以 $FeCl_2$ 和 K_2WO_4 为主盐,并分别加入 $CoCl_2$ 和 $NiCl_2$ 制备三元合金电沉积层。根据电沉积层的 X 射线衍射表明,Fe – W 合金电沉积层中含 W 量小于10.4%(原子分数)时,电沉积层是体心立方(bcc)的晶体;大于 13%(原子分数)时,则为非晶态;二者之间为晶 + 非晶的混合状态。Fe – W 合金非晶化所需的最小含 W 量为 13%(原子分数),比文献从酒石酸铵溶液中电沉积 Fe – W 非晶态合金所需的最低含 W 量 16.8%(原子分数)还低。同时研究认为电沉积 Fe – W 时形成的是置换型固溶体,当沉积出较多的 W 时,沉积层的结晶成长变得很困难,最终沉积层变为非晶态结构。也有研究认为,Fe – W 合金在电沉积过程中,首先形成 Fe_3 原子簇,当还原的金属 W 较少时,生成了 W 在 Fe_3 结构中的固溶体,这时电沉积层是晶态结构。当还原的 W 足够多时,W 就同 Fe_3 生成置换型的 Fe_3W 金属间化合物,同时限制了晶体的长大,电沉积层转变为非晶态,而此时电沉积层中 W 的含量为 22%(质量分数)左右。

① 电流密度对电沉积层 W 含量和电流效率的影响。电沉积层中的 W 含量随着电流密度的增加逐渐上升,如图 9 – 6 所示。在同样的电沉积条件下,阴极电流效率随着电流密度的增加而下降(见图 9 – 7)。可见,通过改变电流密度,电沉积层中 W 的含量上升的同时,电流效率明显下降。

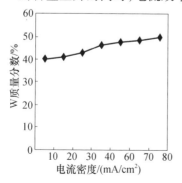

图 9 – 6　电流密度对 Fe – W 合金电沉积层中 W 含量的影响

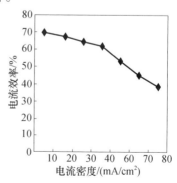

图 9 – 7　电流密度对阴极电流效率的影响

② 电流密度对电沉积层表面和断面的影响。当电流密度较低时,电沉积层表面出现细微的球状突起物;当电流密度逐渐增加时,这些电沉积层表面突起物的尺寸逐渐增大(即电沉积层中的 W 含量较低时,电沉积层表面的突起物呈细微状态)。电流密度较低时,电沉积层表面几乎没有裂纹,而伴随着电流密度的增加,裂纹逐渐增多和加深。这可以认为,由于电流密度的增加,阴极电流效率减小,析氢加剧,从而导致部分氢渗入电沉积层中,使电沉积层表面出现球形突起物和裂纹,也可能是电沉积过程中所产生的应力使电沉积层出现裂纹。

当电流密度为 $10mA/cm^2$ 时,电沉积层结构为晶态,电沉积层断面出现块状结晶;当电流密度逐渐增大时,合金电沉积层结构进入混合晶态;当电流密度继续增大并超过 $30mA/cm^2$ 时,电沉积层完全转变为非晶态结构,其断面光滑、无结晶状结构出现,可以认为这时电沉积过程的析出相是均一的,这也是非晶态合金的典型特征之一。

(3)合金电沉积层的性能。

① 磁性特征。由于非晶态合金对磁壁的运动抵抗较小,从本质上看,不具有磁异方向性,可以说 Fe – W 非晶态合金是软磁性材料,其矫顽力小,透磁率较高。随着合金电沉积层中 W 含量的上升,饱和磁化强度和剩余磁化强度逐渐减小,这是因为饱和磁化强度的大小与电沉积层中的 W 含量有关。当 W 含量在 40% ~ 42%(质量分数)之间时,电沉积层由结晶结构转变为混晶结构,而 W 含量高于 42%(质量分数)后,电沉积层完全转变为非晶态结构,电沉积层的饱和磁化强度和剩余磁化强度变得非常低。由于矫顽力不仅和电沉积层成分有关,而且和电沉积层的厚度、表面状态、结晶粒径、内部应力等因素有关,故关于矫顽力的影响有待于进一步研究。

② 耐蚀性。Fe – W 合金电沉积层在酸性溶液中表现出优良的耐蚀性。这是因为 Fe – W 非晶态合金电沉积层在酸性溶液中能够自钝化,钝化膜厚度可以达到 0.7 ~ 900nm。

2. 电沉积非晶态 Fe – Mo 合金

在含铁硫酸盐溶液中加入钼酸钠,并采用柠檬酸钠为配位剂的电沉积液电沉积,可获得 Fe – Mo 合金电沉积层。

(1)非晶态 Fe – Mo 合金工艺。表 9 – 6 列举了非晶态 Fe – Mo 合金电沉积液组成及工艺条件。

表 9 – 6　电沉积非晶态 Fe – Mo 合金溶液组成及工艺条件

溶液组成(g/L)及工艺条件	工艺 1	工艺 2	工艺 3
硫酸亚铁($FeSO_4 \cdot 7H_2O$)		18 ~ 70	
三氯化铁($FeCl_3 \cdot 6H_2O$)			9
钼酸钠($Na_2MoO_4 \cdot 2H_2O$)	29	31 ~ 94	40

溶液组成(g/L)及工艺条件	工艺1	工艺2	工艺3
柠檬酸钠($Na_3C_6H_5O_7 \cdot 2H_2O$)	76.5	76~230	
焦磷酸钾($K_4P_2O_7 \cdot 10H_2O$)			45
碳酸氢钠($NaHCO_3$)			75
pH 值	4	4~5	4~5
温度/℃	35	30	30
电流密度/(A/dm^2)	1~25	0.8	0.8
电沉积层含 Mo 量/%	25		

（2）Fe – Mo 合金电沉积液组成及工艺条件的影响。电沉积液组成、pH 值、电流密度等对合金电沉积层的含 Mo 量及电沉积层非晶化有一定的影响。随着电沉积液中 Mo 浓度的增加,Fe – Mo 电沉积层中的含 Mo 量增加;电流密度对电沉积层的含 Mo 量影响不大;随着电沉积液 pH 值的增加,电沉积层含 Mo 量先增加后减小,在 pH =5 时,电沉积层具有最大的含 Mo 量。电沉积 Fe – Mo 合金一般采用配位剂电解液,这是因为提供 Mo 的来源的是钼酸盐。在强酸性溶液中钼酸盐溶解度小,而 pH 值较高时 Fe^{2+} 或 Ni^{2+} 离子会生成氢氧化物沉淀,所以需加入与 Fe^{2+} 或 Ni^{2+} 离子形成配位离子的配位剂。使用最多的配位剂是柠檬酸或柠檬酸盐(早期使用酒石酸盐)。对配合物电解液,控制 pH 值非常重要,因为柠檬酸是一种较弱的多元酸,pH 值对其电离有强烈的影响,从而影响到金属配离子的形成和种类。

从电沉积合金层的电流效率看,Fe 族过渡金属电沉积层自身的电流效率为 30% ~40% ,并随着电沉积液中 Mo 浓度的升高而降低。当电沉积层中 Mo 的浓度在 80% 以上时,电流效率降到 10% 以下,而且析出速度降低,但这时电沉积层的非晶状态最佳。

① 阴极电流密度对电沉积层组成及电流效率的影响。当阴极电流密度为 1A/dm^2时,阴极上才开始有 Fe – Mo 电沉积层的沉积。图 9 – 8 表明,随着阴极电流密度的增加,电沉积层中的 Mo 含量增加。图 9 – 9 是阴极电流密度对电流效率的影响。从图中可以看出,电流效率开始随着电流密度的增加而增加,然后随着电流密度的增加而降低。这可能是由于开始时随着电流密度的增加,阴极电势变负,沉积反应较大;而当电流密度继续增加时,极化的结果使析氢反应的速度急剧增加,故电流效率下降。

② pH 值对电沉积层组成及电流效率的影响。pH 值对 Mo 含量和电流效率的影响都很大。随着 pH 值的增加,Mo 含量增加,而电流效率先增加后降低。这是由于在电沉积液中柠檬酸根和 Fe^{2+} 离子的配合平衡与 H^+ 离子和 MoO_4^{2-} 的质子平衡之间的相互影响所致。在低 pH 值时,由于[H^+]浓度较高,H^+ 和 MoO_4^{2-} 的质子和稳定性降低,游离的 MoO_4^{2-} 增多,Fe^{2+} 的配合物相对稳定,故而电沉积层中

的 Mo 含量提高。当 pH 值增加时,会使析氢反应受到抑制,所以电流效率有所增加,由于 pH 值的增加,使铁的配合物稳定,不利于 Fe 对 Mo 的诱导沉积,致使电流效率下降。

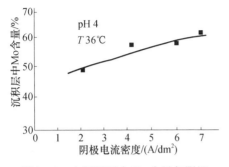

图 9 - 8　电沉积层中 Mo 含量与阴极
　　　　电流密度的关系

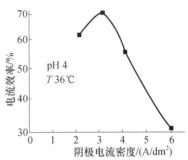

图 9 - 9　电流密度对电流效率的影响

③ 电沉积液温度对电沉积层组成及电流效率的影响。Mo 含量随着温度的升高而增加。这是由于随着温度的升高,析氢更加容易,而 Mo 的还原是与析氢紧密相关的,还原一个 Mo 需要 4 个原子氢,只有析氢多,电流效率低时,电沉积层中沉积的 Mo 才较多。为了防止 60℃ 以上柠檬酸在阳极分解,不致使电流效率太低,一般温度不超过 60℃ 为宜。

④ 添加剂的影响。加入不同的添加剂后,电沉积层中的平均 Mo 含量如表 9 - 7 所列。电沉积层的结构除了加磺基水杨酸外,均为非晶态。

表 9 - 7　加入不同的添加剂后电沉积层中的平均 Mo 含量

添加剂	酒石酸钾钠	三乙醇胺	磺基水杨酸
平均 Mo 含量/%(质量分数)	48.5	53.5	49.6

有人研究了在碱性电沉积液中 Fe - Mo 非晶态合金电沉积层的表面特性。考察了电沉积层外观随电沉积时间、热处理温度和介质的变化。认为在碱性 Fe - Mo 合金电沉积液中,随电沉积时间的变化,电沉积层外观色泽由红→紫→蓝→银灰色变化。一般在 5min 以上电沉积层稳定在银灰色。电沉积层色泽随电沉积时间变化实际反映出了电沉积层厚度和电沉积层组成的影响,也说明了 Fe - Mo 合金电沉积层沉积初期与后期的差异。电沉积层较薄时,外观为紫红色或浅银灰色,表面形貌为块状。而当电沉积层较厚时,电沉积层为银灰色的非晶态 Fe - Mo 合金电沉积层,电沉积层表面有少量颗粒,并有大量的微裂纹出现。这种裂纹的产生可能是由于沉积过程中大量析氢引起电沉积层内应力增大的结果。

⑤ 热处理的影响。非晶态 Fe - Mo 合金电沉积层经过 500℃ 热处理后的表面形貌如图 9 - 10 所示。经 500℃ 加热处理后,电沉积层已变成了晶态电沉积层,表面由原来的裂纹平整表面变成了如图 9 - 11 所示的小颗粒密布、凹凸不平的表面。

这说明电沉积层结构发生变化(由非晶态－晶态)引起了电沉积层表面形貌的变化。

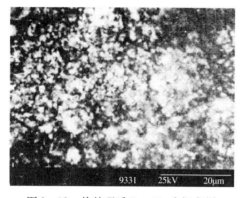 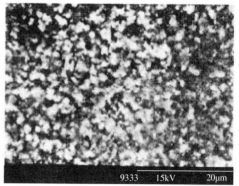

图 9-10　热处理后 Fe-Mo 电沉积层
的表面形貌

图 9-11　热处理后 Fe-Mo 电沉积层
浸渍后的表面形貌

9.2.4　电沉积非晶态 Fe-P 和 Fe-Cr 合金

1. 电沉积非晶态 Fe-P 合金

在非晶态合金电沉积工艺中,Fe(Ni)-P 合金是很重要的一类。Fe-P 非晶态合金的研究起步较晚,但由于铁的来源丰富,且成本较低,尤其是 Fe-P 非晶态合金具有的独特的性能,已日益受到人们的关注。电沉积 Fe-P 合金一般使用二价铁盐($FeCl_2$ 或 $FeSO_4$)和次磷酸钠组成的电解液,pH 值在 1 左右。电沉积层具有很好的耐蚀性,经 400℃ 热处理及离子氮化后,硬度可提高到 1000 HV 以上,并具有良好的耐热性能,可用于高温下工作的零部件。

(1) 电沉积非晶态 Fe-P 合金工艺。常见的电沉积工艺见表 9-8。

表 9-8　非晶态 Fe-P 合金的电沉积液组成及工艺条件

溶液组成(g/L)及工艺条件	工艺 1	工艺 2
氯化亚铁($FeCl_2 \cdot 4H_2O$)	200	0.2mol/L
次磷酸钠($NaH_2PO_2 \cdot H_2O$)	15~44	0.2mol/L
硼酸(H_3BO_3)	20	0.5mol/L
稳定剂	2	
硫酸亚铁($FeSO_4 \cdot 7H_2O$)		1.0mol/L
pH 值	1.2~1.5	<1.5
温度/℃	50	40
电流密度/(A/dm^2)	5~7	10

高谷松文等采用 $FeSO_4$ 和 $FeCl_2$ 两种混合体系,得到的 Fe-P 非晶态合金电沉积层的硬度可与铬电沉积层媲美。

用亚磷酸作为 Fe-P 中 P 的来源,使用可溶性阳极快速刷镀法,在零件表面刷镀 Fe-P 非晶态合金电沉积层,加入稀土添加剂,降低电沉积层脆性,减少刷镀电沉积层的孔隙率,增加刷镀层的光亮度;加入配位剂以配合刷电解液中的杂质。

(2) 电沉积液组成及工艺条件对电沉积层结构的影响。

① 电沉积层的 P 含量与电沉积液中的次磷酸钠含量的关系见表 9-9。从表 9-9 可见,增加电沉积液中次磷酸钠含量可以提高电沉积层中 P 的含量,这是因为电沉积液中 $H_2PO_2^-/Fe^{2+}$ 离子比增大了。但次磷酸钠加入量大于 20g/L 以后,电沉积层 P 含量的增加就不明显了。由 $FeCl_2$ 和 NaH_2PO_2 组成的电解液,阴极极化性能小,阴极电流效率低;而且阴极电流效率随阴极电流密度增大而增加,因而分散能力和覆盖能力较差。为了改善电沉积层质量,控制电沉积液中 NaH_2PO_2 加入量和 pH 值是十分重要的。

表 9-9　电沉积层含 P 量与电沉积液次磷酸二氢钠浓度的关系

$NaH_2PO_2 \cdot H_2O/(g/L)$	15	20	28	36	44
电沉积层含 P 量/%	10.11	12.84	13.70	13.80	14.05

Fe-P 非晶态合金电沉积层的晶化过程与 Ni-P 非晶态合金电沉积层相似,在 250~345℃ 的温度范围内,电沉积层非晶态结构转变为亚稳定相 α-Fe(P) 固溶体,而 395℃ 的强放热峰则反映出 Fe_3P 从 α-Fe(P) 固溶体析出。

② 晶化温度对电沉积层 P 含量的影响见表 9-10。随着电沉积层 P 含量的增加,强放热峰温度开始略有上升,电沉积层 P 含量达到 16%。以后则略有下降。但总的影响很小。

表 9-10　强放热峰温度与电沉积层含 P 量的关系

电沉积层含 P 量/%(质量分数)	13.81	13.92	14.42	15.98	16.44
强放热峰温度/℃	394.7	396.7	398.7	398.1	397

③ 电沉积液 pH 值、稳定剂和阳极的影响。当 pH 值偏低时,由于大量析氢而得不到电沉积层;当 pH 值偏高时,电沉积层 P 含量迅速下降,得不到非晶结构,所以一般 pH 值选择在 1 左右为最佳。

对电沉积液稳定性的影响主要是阳极,其次为稳定剂,Fe^{3+} 是有害杂质,其存在时水解生成 $Fe(OH)_3$ 沉积于阴极工件表面,造成电沉积层粗糙、多孔和发脆。有实验表明,需要控制电沉积液中 Fe^{3+}/Fe^{2+} 之比小于 1/40。为了减小 Fe^{2+} 氧化为 Fe^{3+} 的量,使用可溶性阳极(工业纯铁和低碳钢)比不溶性阳极优越。另外,电解液中还应加入 Fe^{2+} 稳定剂,如抗坏血酸和碘化钾等。

(3) 电沉积液组成及工艺条件对阳极极化曲线的影响。

① 次磷酸二氢钠的影响。对次磷酸二氢钠的研究表明,对阴极极化曲线的影响较小。

② pH 的影响。当 pH 值增大时,阴极极化曲线负移,即在相同的阴极电流密度下,阴极电势较负,这表明阴极过程的阻力增大。

③ 添加剂的影响。有人对电沉积液的基本性能进行了研究,在次磷酸二氢钠含量为 20g/L,pH = 1.5 的电解液中,测试了加入乌洛托品、硫脲、糖精的阴极极化曲线。在电流密度 $J_K > 6A/dm^2$ 时,加入含氮有机化合物乌洛托品使极化曲线负移,而加入含硫有机化合物硫脲和糖精使极化曲线正移。可见,不同的添加剂对电极过程有不同的影响。

(4) 电沉积液组成及工艺条件对电沉积层性能的影响。

① 对电沉积层显微硬度的影响。在不同的温度下对电沉积层进行热处理,然后测量其显微硬度,如图 9 - 12 所示。在 400℃ 以下,随着加热温度的升高,电沉积层硬度增加;在 400℃ 以上,温度升高则使电沉积层硬度降低。即在 400℃ 左右热处理后电沉积层硬度最大,这一结果与 Ni - P 非晶态合金电沉积层的变化规律相同。在 300 ~ 400℃ 范围内加热,非晶态逐渐晶化并析出 Fe_3P。细小弥散分布的 Fe_3P 相使表面强化,电沉积层硬度提高。超过 400℃ 以后,$\alpha - Fe(P)$ 固溶体晶粒长大,晶内析出大量的第二相 Fe_3P 也迅速长大、粗化,这就导致电沉积层硬度下降。

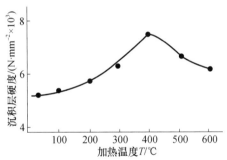

图 9 - 12　电沉积层硬度随加热温度的变化

② 对电沉积层脆性的影响。以不同厚度的 Fe - P 非晶态合金电沉积层用作测量脆性的样品。将样品两端略弯,放入千分卡中,慢慢捻动卡口,直到电沉积层狭条断裂,用电沉积层断裂时千分卡的读数 d 与电沉积层厚度 h 的比值 $B = d/h$ 作为衡量脆性的指标。显然,B 值小,则电沉积层脆性小。

a. 直流电沉积。用直流电流所得 Fe - P 非晶态合金电沉积层与 Ni - P 非晶态电沉积层一样很脆,几乎一弯即断。随电沉积层厚度增加,脆性亦增大。表 9 - 11 列出了 B 值随电沉积层厚度的变化。

表 9 - 11　电沉积层脆性随厚度的变化

电沉积层厚度/μm	20	25	30	70	100
B 值	81	88	99	158	251

改变阴极电流密度($5\sim9\text{A}/\text{dm}^2$)进行电沉积,并控制电沉积层厚度大致相同,测得的 B 值呈缓慢增大趋势。

b. 交直流叠加电沉积。用直流电流和交流电流(50Hz)叠加得到不对称交流电流。用 K 表示交直流叠加电流的不对称性:$K = I_{\text{cm}}/I_{\text{am}}$。其中 I_{cm} 是阴极电流部分的幅值;I_{am} 是阳极电流部分的幅值。$K = 1$ 时为对称交流,即无直流电流叠加;K 值增大对应于叠加的直流电流增大,因而电流的阴极部分幅值增大,时间增长。当直流电流大于交流电流的幅值,得到的是脉动直流,而无阳极电流部分。

交、直流叠加电流的调节参数有两个:直流电流密度 i_{D} 和交、直流叠加的 K 值。这两个参数确定后,叠加电流的阴极部分和阳极部分的幅值以及平均值就都确定了。

K 值对电沉积层脆性的影响见图 9 – 13。用交流叠加电流电沉积所得 Fe – P 非晶态合金电沉积层的韧性比直流电沉积好得多,随着叠加电流 K 值增加,电沉积层脆性逐渐减小,当 $K = 9.4$ 时,电沉积层韧性最好,K 值再增大,韧性反而下降。这说明为了改善电沉积层韧性,选择合适的 K 值是很重要的。

c. 电沉积层厚度的影响。对脆性的影响如图 9 – 14 所示。随着电沉积层厚度增大,脆性增加。不过电沉积层厚度小于 $30\mu\text{m}$,交直流叠加电流所得电沉积层的韧性较好;厚度超过 $50\mu\text{m}$,脆性迅速增大。厚度达到 $100\mu\text{m}$ 以上,交直流叠加电流与直流电沉积所得电沉积层脆性都很大,两者差别很小。

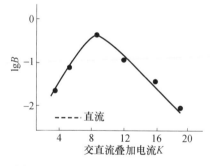

图 9 – 13　电沉积层脆性随叠加电流
　　　　　不对称性的变化

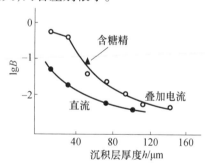

图 9 – 14　电沉积层韧性随厚度的变化

d. 添加剂的影响。在电沉积基液中分别加入 $2\text{g}/\text{L}$ 的糖精、硫脲、丙烯酸硫脲、磺基水杨酸、苯亚磺酸钠、甘氨酸、乙酸钠作为添加剂,观察电沉积层外观,测量电沉积层脆性。试验表明,加入糖精后,仍可获得均匀、光亮的电沉积层,且电沉积层结构为非晶态;电沉积层韧性优于未加的空白试样。其他添加剂则产生负面影响,或表面质量差,或电沉积层脆性更大。

糖精是一种含硫的有机化合物。在电沉积上作为添加剂可以使电沉积层产生压应力。在电沉积非晶态 Fe(Ni) – P 合金的电沉积液中加入糖精,电沉积层亦含有一定的硫,这有利于非晶态电沉积层的形成。糖精产生的压应力抵消非晶态形成过程中产生的拉应力,对降低电沉积层内应力,改善韧性有利。但是,前已指出,非晶态 Fe(Ni)-P 合金电沉积层的脆性主要是渗入电沉积层的氢聚积形成微小孔洞造成的,而糖精并无驱除氢气的作用,因此,虽有改善电沉积层韧性的效果但也有限。

通过以上的分析可以得出:使用交、直流叠加电流和周期换向电流电沉积,可以得到韧性优于直流电沉积的 Fe-P 非晶态合金电沉积层;在电沉积液中加入适量的糖精对 Fe-P 非晶态合金电沉积层的韧性有一定的改善。

③ 对电沉积层耐蚀性的影响。电沉积层的耐蚀性既与 P 含量有关,又与电沉积层的显微组织有关。Fe-P 非晶态电沉积层多为团状沉积,可能出现分层和微裂纹现象,这些缺陷将使电沉积层的耐蚀性大大降低。为了减少和消除这种缺陷,需要优化电沉积条件,如采取搅拌或阴极移动可减少分层。

2. 电沉积非晶态 Fe-Cr 合金

电沉积非晶态 Fe-Cr 合金时,主要采用含有该元素的硫酸盐或氯化物溶液。前者难以得到很均匀的电沉积层,后者可得到均匀的,覆盖能力好的电沉积层。通过控制电沉积条件(电沉积液组成、温度、pH 值、阴极电流密度等),能够制备出非晶态合金电沉积层。

(1) 电沉积非晶态 Fe-Cr 合金工艺见表 9-12。

表 9-12　电沉积非晶态 Fe-Cr 合金的电沉积液组成及工艺条件　　　(g/L)

硫酸盐溶液		氯化物溶液	
硫酸铬 $[Cr_2(SO_4)_3 \cdot 4H_2O]$	140	氯化铬 $(CrCl_3 \cdot 6H_2O)$	160
硫酸亚铁 $(FeSO_4 \cdot 7H_2O)$	80~140	氯化铁 $(FeCl_3 \cdot 4H_2O)$	35
硫酸铵 $[(NH_4)_2SO_4]$	130~400	氯化铵 (NH_4Cl)	100
氨基乙酸 (NH_2CH_2COOH)	180	氨基乙酸 (NH_2CH_2COOH)	150
尿素 $[(NH_2)_2CO]$	60~300	硼酸 (H_3BO_3)	37.2
硫酸 (H_2SO_4)	0~50		
氨基磺酸 (NH_2SO_3H)	0~100		
$T=30℃$,pH 值 1.8~3.4		$T=30℃$,pH 值 1.8~3.4	

(2) 电沉积液中的 Cr 含量和工艺条件的影响。

① 溶液中的 Cr 含量对电沉积层 Cr 含量和 Fe 含量的影响见图 9-15。随着电沉积液中 Cr 含量的增加,电沉积层中的 Cr 含量增大,而 Fe 含量减少。但用增加溶液中 Cr 含量来提高电沉积层 Cr 含量的方法效果是有一定限度的,而通过减少电沉积液中的 Fe 含量是令人满意的方法。电沉积层中 Cr 含量约大于 30%(质量分数)时表现为非晶态结构。这时,溶液中的 Cr 含量大于 87%(质量分数)。图 9-15 中电沉积层的 C 含量随电沉积液 Cr 含量的变化不大。C 含量基本上稳定约 1.2%(质量分数),认为它与电沉积层非晶态化没有任何关系。用电子探针

（EPMA）研究电沉积层组成的结果表明,Fe 和 Cr 是存在的,此外还存在 O 和 C。但对非晶态和晶态,没有监测出两者量的差别。

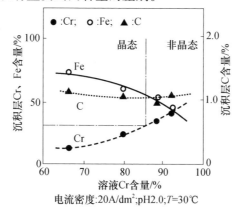

电流密度:20A/dm²;pH2.0;T=30℃

图 9－15　电沉积液中的 Cr 含量对电沉积层中 Cr、Fe 和 C 含量的影响

② 电沉积液中 pH 值、电流密度和温度的影响见图 9－16 和图 9－17。

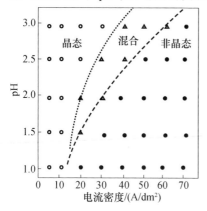

图 9－16　电沉积液 pH 值和电流密度对
Fe－Cr 电沉积层非晶态化的影响

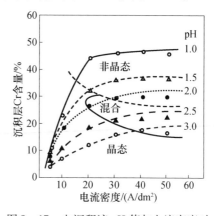

图 9－17　电沉积液 pH 值与电流密度对
Fe－Cr 电沉积层 Cr 含量的影响

　　图 9－16 为电沉积液 pH 值和阴极电流密度与 Fe－Cr 合金电沉积层非晶态化的关系。在一定的 pH 值下,随阴极电流密度的增加,电沉积层从晶态结构向非晶态结构转变。而且,图中表明在晶态与非晶态之间存在着两者的混合状态。

　　图 9－17 表示溶液温度30℃时,溶液 pH 值与阴极电流密度对 Fe－Cr 合金电沉积层中 Cr 含量的影响。pH 值越低,阴极电流密度越大,则电沉积层中 Cr 含量越高,且容易非晶态化。溶液 pH 值为 1 时,电沉积层中的 Cr 含量随阴极密度的增加先急剧增加,然后缓慢降低,即电沉积层中的 Cr 含量减少到 30% 左右,达到非晶态与晶态的临界值。进一步提高溶液的 pH 值,电沉积层中 Cr 含量继续减少,成为晶态与非晶态混合的结构。若电沉积层 Cr 含量降低到这一范围之下,则成为

297

完全的晶态结构。

（3）电沉积层的 AES 分析。图 9 – 18 是电沉积层的 AES 分析结果。可以看出，与晶态电沉积层相比，非晶态结构的电沉积层表面有 Cr 的富集，这正是非晶态结构的优点。

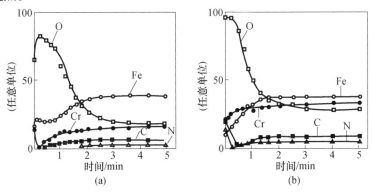

图 9 – 18　电沉积 Fe – Cr 合金层的 AES 分析结果

（a）晶态；（b）非晶态。

9.2.5　电沉积非晶态 Co – P 和 Cr – P 合金

1. 电沉积非晶态 Co – P 合金

电沉积硬铬具有很多优异特性，并得到广泛应用，但铬有很大毒性，且污水处理困难。从环保考虑，电沉积工作者正在研究采用其替代工艺，如纳米 Co – P 合金和非晶态 Co – P 合金等，其沉积层经热处理后能大大提高其硬度和耐磨性，可与硬铬相比美。

（1）非晶态 Co – P 合金工艺。采用直流电沉积，其工艺如下：亚磷酸（H_3PO_3） 12.5g/L，磷酸（H_3PO_4） 12.5g/L，氯化钴（$CoCl_2 \cdot 6H_2O$） 169.7g/L，碳酸钴（$CoCO_3$） 8.4g/L，工作温度 80℃，pH = 1.2 ~ 1.4，电流密度 175mA/cm^2，用碳酸钠或稀盐酸调 pH 值，阳极用纯钴片，阴极是钢片。

以上工艺得到的是含 P 9% ~ 11% 的 Co – P 合金，是非晶态合金。

（2）非晶态 Co – P 合金经过热处理的影响见图 9 – 19。从图 9 – 19 可看出，未经热处理的非晶态合金层为单一的 Co – P 固体相，而经热处理后，成为 Co – P 中混合含有固体过饱和的 Co_2 – P 相等，故增加了其合金的硬度。

由试验还知道：未经热处理的非晶态 Co – P 合金层其硬度为 720VHN；经 350℃、1h 热处理后，其硬度增加很明显，达到 1180VHN。

2. 电沉积非晶态 Cr – P 合金

通常在适宜的三价铬电沉积液中加入适量的次磷酸盐，就可以得到 Cr – P 合金电沉积层，它具有良好的光泽外观和耐蚀性，其耐蚀性优于三价铬和六价铬电沉

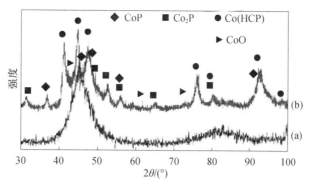

图 9 – 19 非晶态电沉积层(a)及经 350℃ 1h 热处理后(b)的 XRD 图

积层,并可作为优良的防护装饰性电沉积层。

(1) 电沉积 Cr – P 合金工艺见表 9 – 13。

表 9 – 13 电沉积 Cr – P 合金溶液组成及工艺条件

溶液组成(g/L)及工艺条件	工艺 1	工艺 2
氯化铬(CrCl$_3$ · 6H$_2$O)	170	
硫酸铬[Cr$_2$(SO$_4$)$_3$ · 6H$_2$O]		(50%)180
次磷酸钠(NaH$_2$PO$_2$ · H$_2$O)	20	10 ~ 30
甲酸(HCOOH)		20
硫酸钾(K$_2$SO$_4$)		100
氯化钾(KCl)	60	
溴化铵(NH$_4$Br)	30	10
硼酸(H$_3$BO$_3$)	16	50
添加剂		0.1
pH 值	1.5	1.25
电流密度/(A/dm^2)	10	20
工作温度 T/℃	25	30

(2) 电沉积 Cr – P 合金工艺特性。

① 次磷酸钠对电沉积层含 P 量的影响见图 9 – 20。由图可知,电沉积层中含 P 量随电沉积液中次磷酸钠加入量的增大而提高。可以通过控制次磷酸钠加入量来获得 P 含量不同的 Cr – P 合金电沉积层。

② 三价铬盐含量对合金电沉积层厚度的影响。硫酸铬浓度变化对(5min 电沉积)电沉积层厚度的影响较明显,由图 9 – 21 可知,增大硫酸铬加入量,可以提高沉积速率;但试验发现,硫酸铬浓度较高时电沉积层较粗糙。综合考虑,电沉积

液中硫酸铬含量应选择在 35g/L 左右。

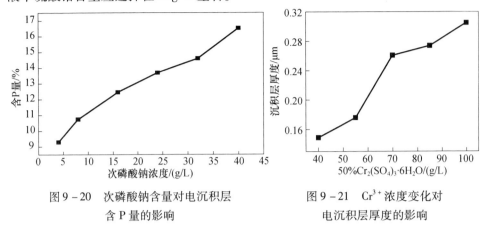

图 9-20 次磷酸钠含量对电沉积层
含 P 量的影响

图 9-21 Cr³⁺ 浓度变化对
电沉积层厚度的影响

（3）电沉积 Cr-P 合金电沉积层的特性。Cr-P 合金电沉积层、三价铬电沉积层和六价铬电沉积层的厚度均控制在 0.5 μm 左右，通过塔菲尔、EIS 和 CASS 试验，对三种电沉积层的耐蚀性进行了比较。

① 塔菲尔曲线测试。测试结果如图 9-22 所示。由塔菲尔曲线计算得到的腐蚀电流和腐蚀电势所示，Cr-P 合金的耐蚀性最好。

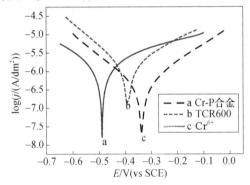

图 9-22 Cr-P 合金电沉积层与 Cr³⁺、Cr⁶⁺ 电沉积层的塔菲尔曲线

② Cr-P 合金电沉积层的 SEM 图像见图 9-23。由图可看出，Cr-P 合金表面有很多结节瘤，但无裂纹。

③ Cr-P 合金电沉积层的晶体结构。图 9-24 为 Cr-P 合金电沉积层的 XRD 谱图。由图可看出，Cr-P 合金电沉积层的 XRD 谱图在衍射角 $2\theta = 43°$ 处有一馒头峰出现，说明合金为非晶态电沉积层。经 XRF 分析发现电沉积层中 P 的质量分数约为 11%。

④ Cr-P 合金电沉积层的 EDS 分析。EDS 表明，在 Cr-P 合金电沉积层中 P 含量为 15%（原子分数），Cr 含量为 85%（原子分数）。

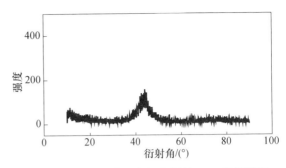

图 9 – 23　Cr – P 合金表面的 SEM 像　　图 9 – 24　Cr – P 合金电沉积层的 XRD 衍射谱图

⑤ Cr – P 合金电沉积层的 XPS 图谱见图 9 – 25 和图 9 – 26。在图 9 – 25 中，结合能 573.6eV 处是金属 Cr，结合能 576.1eV 处是 CrP_3 中的 Cr；在图 9 – 26 中，结合能 129.1eV 和 130.2eV 对应的是 CrP_3 中的 P 及单体 P。从而可知，在 Cr – P 合金电沉积层中主要存在 Cr、P 和 CrP_3。

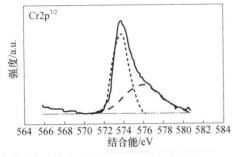

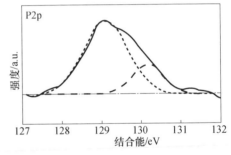

图 9 – 25　Cr – P 合金电沉积层的　　　图 9 – 26　Cr – P 合金电沉积层的
Cr2p$^{3/2}$XPS 谱　　　　　　　　　P2pXPS 谱

9.3　电沉积非晶态三元合金

9.3.1　电沉积非晶态 Ni – W – P 和 Ni – Fe – P 合金

1. 电沉积非晶态 Ni – W – P 合金

非晶态 Ni – P 合金由于自身的非晶态结构特性（如长程无序、短程有序、无晶界无位错等），具有优良的耐腐蚀性。在许多酸碱介质（如 HCl、NaOH 等）中，其耐蚀性优于 18Cr – 8Ni 不锈钢和铬电沉积层。然而，与不锈钢和铬电沉积层比起来，非晶态 Ni – P 合金的硬度和耐磨性较差。因此，在保证不降低电沉积层耐蚀性的前提下，为增加电沉积层的硬度和耐磨性，在非晶态 Ni – P 合金电沉积体系中加入了少量的 W 离子。

Ni – W – P 三元合金是非晶态合金电沉积层，具有高硬度，电沉积层经 400℃、

1h 热处理后,其硬度可达到1400HV以上;并且提高了热稳定性,可在较高的温度下工作;提高了电沉积层的耐磨性和抗腐蚀性能,较 Ni – P 合金电沉积层有更优异的性能,近年来得到广泛的研究。

（1）电沉积非晶态 Ni – W – P 合金工艺:硫酸镍($NiSO_4 \cdot 6H_2O$) 50g/L,钨酸钠($Na_2WO_4 \cdot 6H_2O$) 80g/L,次磷酸二氢钠($NaH_2PO_2 \cdot H_2O$) 15g/L,柠檬酸($H_3C_6H_5O_7 \cdot H_2O$) 100g/L,氨水($NH_3 \cdot H_2O$) 30 mL/L,电流密度 $2 \sim 5A/dm^2$,pH 值 $3.5 \sim 7.5$,温度 $60 \sim 80℃$。

（2）非晶态 Ni – W – P 电沉积层的结构分析。

① 电沉积层 X 射线衍射分析。Ni – W – P 合金在镀态和热处理态的 X 衍射结果见图9 – 27 和图9 – 28。由图9 – 27 和图9 – 28 可知:两种电沉积层均在衍射角 2θ 为45°附近出现平滑峰,不过热处理后峰值增大、峰变窄,说明二者均为非晶态结构。

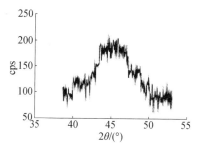

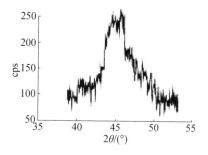

图9 – 27 镀态 Ni – W – P 电沉积层的 X 射线衍射图

图9 – 28 热处理态 Ni – W – P 电沉积层的 X 射线衍射图

② 非晶态电沉积层金相分析。图9 – 29 反映出电沉积层在镀态时组织形貌为胞状,其表面较致密,晶粒均匀,晶界清楚;经低温热处理后,电沉积层晶粒虽增大,晶界减小,但组织依然致密,同时电沉积层出现细小的析出物,这种析出物会随热处理温度的升高和时间的延长不断长大,使非晶态结构弱化。

(a)

(b)

图9 – 29 Ni – W – P 合金电沉积层的表面形貌

(a)镀态;(b)热处理态(200℃、0.5h)。

（3）电沉积液组成及工艺条件对电沉积层成分和结构的影响。

① 电沉积液中 Na_2WO_4 的浓度对电沉积层中 W、P 含量的影响见图 9 - 30。从图中可以看出，电沉积层中的 W 含量随电沉积液中 Na_2WO_4 浓度的增加而增大，但电沉积层中的 P 含量则随 Na_2WO_4 浓度的增加反而减少，说明电沉积液中 WO_4^{2-} 的存在对 P 的析出有阻抑作用。

② 温度对电沉积层的结构的影响。温度为 60℃ 所得到的电沉积层为晶态结构，当温度为 70 ~ 80℃ 时，所得电沉积层均为非晶态结构。可见，随着电沉积温度的升高，电沉积层结构由晶态逐渐向非晶态转变，只有在较高的温度下才能得到非晶态的 Ni - W - P 合金。

③ pH 值对结构的影响。随着 pH 值的升高，电沉积层中的 W 含量升高，而 P 含量降低。对所得电沉积层进行 X 射线衍射测定，此时电沉积层为非晶态结构。

④ 电流密度对电沉积层成分及结构的影响，见图 9 - 31。随着电流密度的增大，电沉积层中 W 含量升高，而 P 的含量降低，此时电沉积层均为非晶态结构。

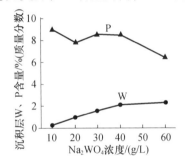

图 9 - 30　不同浓度的 Na_2WO_4 所得电沉积层的 W、P 含量（—●—W%；—▲—P%）

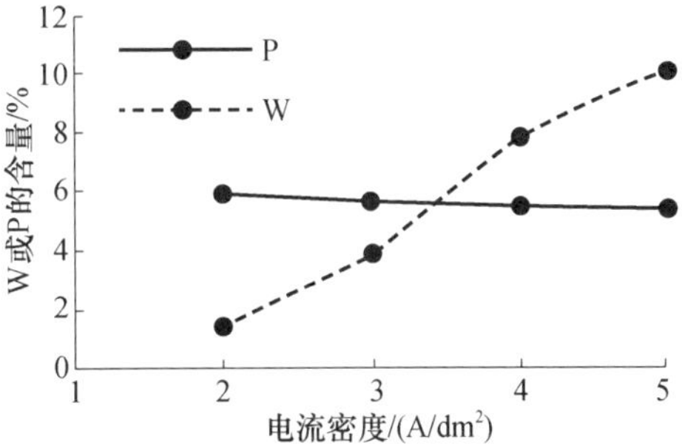

图 9 - 31　电流密度对 Ni - W - P 电沉积层成分的影响

从以上电沉积条件对电沉积层结构的影响研究中可以看出，改变电沉积的条件可以使 Ni - W - P 合金的结构从晶态向非晶态转化。

（4）电沉积液的组成及工艺条件对电沉积层性能的影响。

① Na_2WO_4 对电沉积层硬度的影响。电沉积层硬度随着 Na_2WO_4 浓度的增加而增大，并且当电沉积层中 Na_2WO_4 浓度较小（小于 30g/L）时，电沉积层硬度增加较快；而当 Na_2WO_4 的浓度较大（大于 30g/L）时，电沉积层硬度增加趋缓。

② pH 值和电流密度对电沉积层硬度的影响。pH 值对电沉积层硬度的影响见图 9 - 32。随着 pH 值升高，电沉积层硬度也随之增加。电流密度对电沉积层硬度的影响，见图 9 - 33。随着电流密度增加，电沉积层的硬度也逐渐增大。

电沉积层硬度之所以有这种变化，主要是由于随着电沉积条件（pH 值，电流密度）的变化，电沉积层的结构虽然都是非晶态结构，但是电沉积层成分发生了很大的变化。由图 9 - 32 和图 9 - 33 可以看出，随着 pH 和电流密度的增大，电沉积层中的 W 含量升高，P 含量降低，从而使电沉积层的孔隙率降低，导致密度增加，电沉积层之间的结合力增强,从而电沉积层的硬度也随之有所升高。

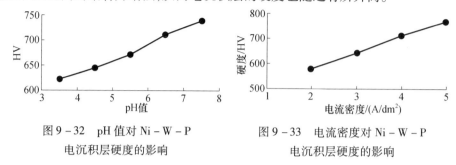

图 9 – 32 pH 值对 Ni – W – P
电沉积层硬度的影响

图 9 – 33 电流密度对 Ni – W – P
电沉积层硬度的影响

③ 对电沉积层耐蚀性的影响。不同浓度的 Na_2WO_4 所得电沉积层的腐蚀电势见图 9 – 34。从图中可以看出,当 Na_2WO_4 的浓度小于 40g/L 时,电沉积层的腐蚀电势变化不大;而当 Na_2WO_4 的浓度大于 40g/L 时,其腐蚀电势迅速下降。浓 HCl 浸蚀试验也证明,W 含量较小时电沉积层的耐蚀性较好,W 含量较大时,电沉积层的耐蚀性有所下降。

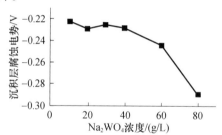

图 9 – 34 不同浓度的 Na_2WO_4 所得电沉积层的腐蚀电势

pH 值对电沉积层的耐蚀性的影响比较复杂,见图 9 – 35。随着 pH 值的升高,电沉积层的耐蚀性先减小后增大,这是因为在 pH 值较小时(pH 值 3.5),电沉积层的耐蚀性主要由 P 含量决定,随着 pH 值的升高,P 含量开始下降较快,W 的含量上升较慢,当 pH 值为 5.5 以后时,P 含量几乎不变,而 W 含量增加较快。此时电沉积层的耐蚀性主要由 W 含量决定。W 含量的提高,使电沉积层孔隙率下降,致密度提高,从而使耐蚀性增加。

电流密度对电沉积层耐蚀性的影响,见图 9 – 36。随着电流密度的增大,电沉积层的耐蚀性有所提高,但变化比较平稳。这是因为随着电流密度的升高,由图 9 – 36 可以看出,电沉积层的 P 含量变化比较缓慢,而 W 的含量有大的提高,此时电沉积层的耐蚀性主要由 W 的含量决定,所以使电沉积层的耐蚀性有了比较大的提高。

热处理对电沉积层的耐蚀性也有一定的影响,热处理后的电沉积层在酸性介质中的腐蚀率略低于镀态时的腐蚀率,这是因为低温热处理后电沉积层依然保持非晶态结构,并且在电沉积层表面形成了一层氧化物薄膜,能阻止腐蚀介质的侵入。同时随晶界的减小,晶间腐蚀减少,故耐蚀性增强。

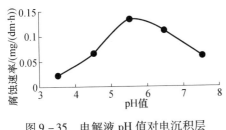
图 9 - 35　电解液 pH 值对电沉积层
耐蚀性的影响

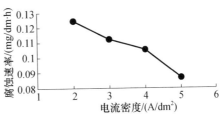
图 9 - 36　电流密度对电沉积层
耐蚀性的影响

2. 电沉积非晶态 Ni - Fe - P 合金

以 Ni^{2+}、Fe^{2+} 的硫酸盐为主盐,作为电沉积层中 Ni、Fe 的主要来源;其特点是硫酸盐成本较低,性质稳定、无腐蚀性,但电解液的缓冲能力和导电性稍差。电解液中 P 的来源由 H_3PO_3 来提供。在铁及其合金电沉积过程中,经常碰到的问题是铁液中 Fe^{2+} 不稳定,将抗坏血酸作为添加剂加入电解液中,可有效地增加电解液的稳定性。同时,采用 pH 值适中的有机酸配位剂,能增强电解液 pH 值缓冲能力,大大抑制 pH 值的增加速度,还可消除低电流密度区发黑发灰的现象,增大阴极极化,使晶粒细小,电沉积层表面发亮。

（1）Ni - Fe - P 非晶态合金的溶液组成和工艺条件:硫酸镍（$NiSO_4 \cdot 6H_2O$）0.38 ~ 0.76g/L,硫酸亚铁（$FeSO_4 \cdot 7H_2O$）　0.18 ~ 0.54g/L,次磷酸二氢钠（$NaH_2PO_2 \cdot H_2O$）　0.005 ~ 0.150g/L,配位剂 I　0 ~ 0.20g/L,配位剂 II　0.1 ~ 0.36g/L,亚磷酸（H_3PO_3）　0.1 ~ 0.5g/L,温度　50 ~ 85℃,pH 值　0.4 ~ 2.0,电流密度　2 ~ 30A/dm^2。

（2）电解液组成对电沉积层成分的影响。

① 主盐浓度的影响。Ni - Fe - P 电沉积层中的 Fe 含量与电解液中铁离子浓度在总金属离子浓度中所占比例的关系,见图 9 - 37。随着电解液中 Fe/（Fe + Ni）的比值增大,合金电沉积层的铁含量增加。

② NaH_2PO_2 浓度的影响。图 9 - 37(b) 为电解液中 $NaH_2PO_2 \cdot 2H_2O$ 的浓度与 Fe - Ni - P 合金电沉积层中含 P 量的关系。在其他条件相同情况下,当电解液中 $NaH_2PO_2 \cdot 2H_2O$ 的浓度小于 6.5g/L 时,随着浓度的提高,合金电沉积层中 P 含量基本上呈线性关系增大。当浓度大于 6.5g/L,增加 $NaH_2PO_2 \cdot H_2O$ 的浓度对电沉积层 P 含量影响不大。

③ H_3PO_3 浓度的影响。对 H_3PO_3 与电沉积层中 P 含量的研究表明,当 H_3PO_3 浓度小于 10g/L 时,电沉积层中 P 含量随电解液中 H_3PO_3 的增加而迅速增加;而大于 12g/L 时,此时电沉积层中 P 的相对含量增加得较缓慢。当合金电沉积层中 P 的相对含量大于 8% 时,电沉积层由晶态开始过渡到非晶态。

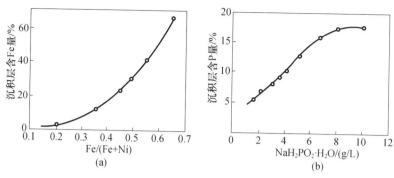

图 9 - 37　主盐浓度对 Ni - Fe - P 电沉积层成分的影响

(a)Fe 组元;(b)P 组元。

④ 添加剂的影响。当在电解液中加入添加剂后,由于该添加剂的 pK 为
2.35,其理论上最大缓冲能力 pH 为 2.35,故可以稳定电解液 pH 值,使其保持在
2~3 之间,保证了溶液最大的缓冲能力。同时,添加剂的加入,克服了 Fe^{3+} 的不稳
定性,对电解液稳定起到很大的作用,并提高电解液的分散能力和覆盖能力。

（3）工艺条件对电沉积层结构的影响。图 9 - 38 为 Ni - Fe - P 电沉积层各组
元含量随着电沉积工艺条件的变化。随着电解液 pH 值增大,电沉积层 P 含量减
少,见图 9 - 38(a)。显然,电解液中 H^+ 浓度的减小不利于 P 组元的沉积,这与化
学镀 Ni - P 合金的规律相同。pH 值过高有利于 Ni 的还原沉积,而不利于 Fe 的还
原沉积。

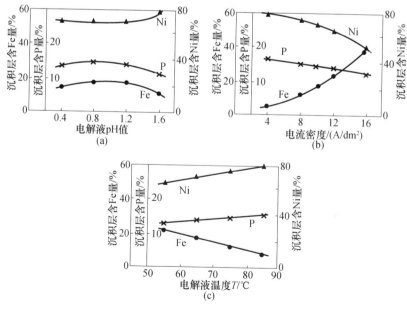

图 9 - 38　电沉积工艺条件对电沉积层成分的影响

电流密度对电沉积层成分的影响见图 9-38(b)。由图可见,随着电流密度的增大,合金层中 P 含量有所降低,Ni 含量下降较多,Fe 含量则明显增加。由此说明,电流密度低时,Fe 的析出受抑制,利于 Ni 和 P 的还原析出。

电解液温度对合金电沉积层成分的影响见图 9-38(c)。随着电解液温度的升高,电沉积层中的 P 含量略有增加,Ni 含量呈线性增加,Fe 含量则呈线性减少。影响的程度没有电流密度的影响那么显著。温度升高,Fe 的析出受抑制,有利于 Ni 和 P 的析出。

以上结果表明,对合金电沉积层成分影响最大的是电流密度,调节电流密度可以改变合金层中 Fe、Ni 含量比,根据性能需要,可以制得内外层成分不同的 Fe-Ni-P 合金电沉积层。然而,须严格控制电流密度。同时,调节温度也可适当调节合金层的成分。而 pH 值宜选择在 0.8~1.2 之间。适当增加电流密度或降低电解液温度可以增大合金电沉积层中的 Fe 含量。

电沉积工艺条件对电沉积层的沉积速度也有较明显的影响。随着电流密度的增大,或电解液温度的升高,电沉积层的沉积速度增加;随着电解液 pH 值升高,沉积速度增大,至 pH 值达到 1.2 时达到最大值,随后逐渐降低。

(4) 电解液组成和工艺条件对电沉积层性能的影响。Ni-Fe-P 合金电沉积层在非晶状态下具有较高的耐磨性,经一定温度加热后,因晶化析出弥散分布的金属间化合物,硬度很高,表现出更高的耐磨性,可与硬铬电沉积层相媲美,作为表面耐磨电沉积层,已获得较为广泛的应用。

① 电解液组成对电沉积层硬度的影响。随着电解液中 NaH_2PO_2 浓度的增大,显微硬度基本上呈线性增加,在 $NaH_2PO_2 \cdot H_2O$ 浓度为 5g/L 时显微硬度增至最大值,此时电沉积层中的含 P 量为 12.8%(质量分数)。当浓度大于 5g/L 时,随着浓度增大,Ni-Fe-P 合金电沉积层的显微硬度略有下降;合金电沉积层的显微硬度与电解液中 Fe/(Fe+Ni)浓度比呈线性关系。随着电解液中 Fe/(Fe+Ni)浓度比的增大,电沉积层中含铁量增加,Ni-Fe-P 电沉积层的显微硬度提高。

② 工艺条件对电沉积层硬度的影响。电解液 pH 值和温度、阴极电流密度对 Ni-Fe-P 合金电沉积层显微硬度有很大的影响。

随着电解液 pH 值提高,合金电沉积层显微硬度明显下降。这是因为一方面 pH 值增大,合金电沉积层 P 含量降低,使电沉积层显微硬度有所下降;另一方面 pH 值增大,电沉积时阴极析氢量减少,可能使溶入合金层的氢含量减少,从而降低电沉积层硬度。虽然降低 pH 值可提高电沉积层显微硬度,但 pH 值过低,电流效率低,电沉积层脆性大,较佳 pH 值为 1.0~1.2。

随着阴极电流密度的增加,合金电沉积层的显微硬度明显提高,呈线性关系。电流密度增大,有利于 Fe 的共沉积,合金层的含 Fe 量增加;另一方面,电流密度增加时,电沉积层沉积速率明显增大。沉积越快,电沉积层表面原子由于来不及扩散,导致电沉积层的结构缺陷越多,这两者均使电沉积层的显微硬度提高。

电解液温度升高,Ni-Fe-P电沉积层的显微硬度降低,这与电解液温度对Ni-P电沉积层显微硬度的影响相反。其原因可能是低温有利于Fe的共沉积,温度升高使得电沉积层中含Fe量降低,从而导致合金层显微硬度的下降。

（5）热处理的影响。研究发现（见图9-39），不同P含量的Ni-Fe-P合金电沉积层的显微硬度随加热温度的变化趋势大致相同。随着加热温度的升高,合金电沉积层的显微硬度增大。200℃加热后,Ni-Fe-P电沉积层仍处于非晶态下,但是这时的原子尺度范围已发生了调整和结构的松弛。因此,200℃加热后显微硬度略微升高,可以认为是由于在该温度下发生了某种形式的结构松弛或原子重排造成的;200~400℃显微硬度急剧升高,显然是由于非晶电沉积层发生晶化相变引起的。在该区合金电沉积层先析出亚稳相,随温度升高亚稳相发生转变,最后形成稳定相Ni(Fe)固溶体及Ni_3P及$(Fe,Ni)_3P$金属间化合物,使合金电沉积层硬化。400℃以上电沉积层显微硬度下降是由于Ni(Fe)固溶体晶粒粗化和化合物相聚集长大所引起的。因此,随着加热温度的进一步上升,Ni-Fe-P电沉积层的显微硬度降低。400℃以上的温度加热,Ni-Fe-P电沉积层的P含量越高,同一温度下的显微硬度值越大。这是由于P含量增加,晶化后形成稳定相的温度升高,相同温度下加热后的组织则较为细小,因此,对于使用温度高的条件,选用P含量较大的电沉积层为宜。

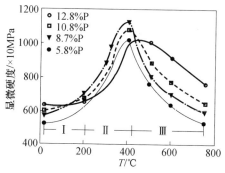

图9-39　电沉积Ni-Fe-P合金层的显微硬度随热处理温度的变化

9.3.2　电沉积非晶态Ni-Co-P和Ni-W-B合金

1. 电沉积非晶态Ni-Co-P合金

（1）电沉积非晶态Ni-Co-P合金工艺:硫酸镍（$NiSO_4 \cdot 6H_2O$）　30~50g/L,硫酸钴（$CoSO_4 \cdot 7H_2O$）　30~50g/L,次磷酸二氢钠（$NaH_2PO_2 \cdot H_2O$）　10~100g/L,硼酸（H_3BO_3）　3~5g/L,硫酸铵［（$NH_4)_2SO_4$］　25g/L,柠檬酸三钠（$Na_3C_6H_5O_7 \cdot 2H_2O$）　10g/L,pH值　2~3.5,温度　30~70℃,电流密度4~7A/dm²。

（2）电沉积层中P含量的影响。对Ni-Co-P合金结构和耐蚀性影响很大。

当 P 含量低于 5%（质量分数）时，电沉积层为结晶的过饱和固溶体；P 含量在 5%～19%（质量分数）时，电沉积层成为非晶态结构；当电沉积层中 P 含量超过 19%（质量分数）时，电沉积层为金属间化合物 Co_2P 结晶构造。普遍认为，P 含量越高对形成非晶越有利，但对于电沉积非晶态 Ni－Co－P 合金，P 含量要在一定的范围内才能形成非晶态合金。Ni－Co－P 合金的腐蚀速率随电沉积层中 P 含量的增加而不断下降，P 含量为 13% 时，腐蚀速率达到最低值。

（3）电沉积条件对电沉积层中 P 含量的影响。图 9－40 所示为电解液温度对电沉积层 P 含量及电流效率的影响，随着温度的增加，电沉积层中 P 含量升高，电流效率也呈直线上升。电解液 pH 值对电沉积层也有显著的影响。随着 pH 值的增加，P 含量迅速下降，但电流效率急剧增加。

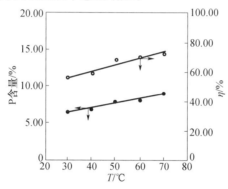

图 9－40　电解液温度对电沉积层 P 含量及电流效率影响

（4）热处理对电沉积层的影响表明，Ni－Co－P 电沉积层经 200℃ 热处理后仍保持非晶态结构，在 300℃ 时开始晶化，并随着热处理温度的不同而形成不同的稳定相，所以，非晶态 Ni－Co－P 电沉积层具有一定的热稳定性，有实际的应用价值。同时，热处理对 Ni－Co－P 合金电沉积层硬度有很大的影响。常温下非晶态 Ni－Co－P 合金的硬度为 753HV，300℃ 时达到 1360HV，随后随温度升高而下降。

（5）耐磨性。对电沉积层的耐磨性研究表明，非晶态合金的磨损量比硬 Cr 及 Ni－Co 合金的磨损量小。经 2000 次磨损，硬 Cr 的磨损量为 29.13g/m²，Ni－Co 合金的磨损量为 25.91g/m²，而非晶态合金 Ni－Co－P 合金的磨损量为 19.50g/m²，即非晶态 Ni－Co－P 合金的耐磨性能优于硬 Cr 及 Ni－Co 合金。非晶态 Ni－Co－P 合金在常温下具有较高的硬度，并且具有长程无序的非晶结构，所以它的耐磨性能优于硬 Cr 及 Ni－Co 合金的耐磨性能。

2. 电沉积非晶态 Ni－W－B 合金

有人采用碱性电解液和不溶性阳极，所得 Ni－W－B 电沉积层含有 40%（质量分数）的 W 和 1%（质量分数）的 B，具有非晶态（或部分非晶态）结构，电沉积层色泽的均匀性和反光能力均优于铬电沉积层。对比 Ni－W－B 电沉积层和 Cr 电沉积层在盐酸、硫酸、磷酸等多种酸中耐蚀性的研究结果表明，以 Ni－W－B 电沉积层的性能最佳。

电沉积非晶态 Ni－W－B 合金工艺见表 9－14。

表 9－14　电沉积非晶态 Ni－W－B 合金溶液组成及工艺条件

溶液组成(g/L)及工艺条件	工艺 1	工艺 2	工艺 3
硫酸镍($NiSO_4 \cdot 6H_2O$)	0.0370mol/L	35	20
钨酸钠($Na_2WO_4 \cdot 2H_2O$)	0.0310	65	80
柠檬酸($C_6H_8O_7 \cdot 2H_2O$)			50
柠檬酸铵[$(NH_4)_3C_6H_5O_7$]		100	
二甲基胺硼烷($C_2H_{10}BN$)		6	
硼酸钠($Na_2B_4O_7 \cdot 10H_2O$)			10～40
柠檬酸钠[$Na_3C_6H_5O_7$]	0.0323mol/L		
磷酸硼	0.0728mol/L		
十二烷基硫酸钠	0.017g/L		
pH 值	9.5	7～7.5	5.7
温度/℃	70	55	45
电流密度/(A/dm^2)	2	4～8	4～10
阳极	Pt	石墨	
阴极	铜片	紫铜片	铜片
注:工艺 1 用 NH_4OH 或 H_2SO_4 调溶液的 pH 值　9.5,电流密度 $2A/dm^2$,工作温度　70℃　电沉积时间 2h,旋转速度　15r/min,其电流效率为 50%。			

在以柠檬酸铵为配位剂的溶液中,Ni－W－B 合金沉积层较 Ni－W 合金有较低的电化学活性,随沉积电流密度提高,合金电沉积层微晶尺寸逐渐增大,说明电流密度提高将更加有利于 Ni－W－B 合金电结晶过程中的晶核生长。

当工艺 1 参数为:阴极电流密度　$20mA/cm^2$,电解液温度　70℃,pH 值 9.5,旋转速度　15r/min,其电流效率为 50%。非晶态合金层得到优良耐蚀性的条件为:电流密度　$35mA/cm^2$,电解液温度　40℃,pH 值　9.0,旋转速度　90r/min,其沉积效率为 38%。得到的是非晶态 Ni－W－B 合金,电沉积层表面为微裂纹。

9.3.3　电沉积非晶态 Fe－Ni－W 和 Fe－Cr－P 合金

1. 电沉积非晶态 Fe－Ni－W 合金

W 与 Fe 族金属形成的合金,如 Fe－Ni－W 和 Co－Ni－W 等与电沉积铬相比具有很多优异特性,如具有高的电流效率,大致为 70%,好的分散能力和覆盖能力,以及低的阴极电流密度,且环保等,它有可能代替具有毒性的电沉积铬工艺。

（1）电沉积非晶态 Fe－Ni－W 合金工艺:硫酸亚铁($FeSO_4 \cdot 7H_2O$)　10g/L,

310

硫酸镍（$NiSO_4 \cdot 6H_2O$）　22g/L，钨酸钠（$Na_2WO_4 \cdot 2H_2O$）　40g/L，柠檬酸（$H_3cit \cdot 5H_2O$）　5g/L，柠檬酸钠（$Na_3cit \cdot 2H_2O$）　55g/L，添加剂　少量，pH 值　7～8，工作温度　75±2℃，阴极电流密度　3～8A/dm²，阴阳极面积比　1:1.5。

（2）非晶态 Fe–Ni–W 合金表面形貌。其表面 SEM 图像见图 9–41。由图可看出非晶态 Fe–Ni–W 合金表面平坦紧密，且有微裂纹，这是由于具有较高的应力引起的。

（3）非晶态 Fe–Ni–W 合金经 540℃ 热处理后的 XRD 图谱见图 9–42，仍然表现为非晶体结构。

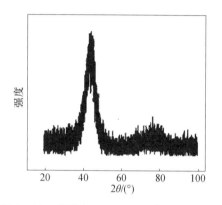

图 9–41　非晶态 Fe–Ni–W 合金的
SEM 图像

图 9–42　非晶态 Fe–Ni–W 合金经 540℃
热处理后的 XRD 图谱

（4）合金层的硬度及耐磨性。镀态 Fe–Ni–W 合金层的维氏硬度为 600HV，经 540℃ 热处理后，其硬度达到 1300HV，比硬铬层的硬度还高。在油滑润条件下，其摩擦系数为 0.11～0.14，和硬铬相近。

（5）耐蚀性。非晶态 Fe–Ni–W 合金经热处理后，其耐蚀性有明显提高，在 5% 氯化钠、5% 硫酸及 5% 氢氧化钠中都有很好的耐蚀性。

2. 电沉积非晶态 Co–W–P 合金

由于 Co 合金具有提高和改善高温抗蚀性，以及高温机械特性，从而近年来对其发展和应用颇感兴趣。

（1）电沉积非晶态 Co–W–P 合金工艺：硫酸钴（$CoSO_4 \cdot 7H_2O$）　0.2mol/L，钨酸钠（$Na_2WO_4 \cdot 2HO$）　0.25mol/L，次磷酸钠（$NaH_2PO_2 \cdot H_2O$）　0.12mol/L，柠檬酸钠（Na_3cit）　0.3mol/L，工作温度　23±2℃，pH 值　7.0，电流密度 15A/dm²，钛上镀铂为阳极，饱和氯化银为参比电极（Ag/AgCl）。

（2）非晶态 Co–W–P 沉积层的 XRD 图谱。由图 9–43 可知，在 2θ 为 44.6° 出现的一个峰，是 Fe 基体的晶体峰[110]；经 600℃，1h 热处理后，出现了一些化学当量的化合物，如 Co_3W，Co_2P 和 WP_2。

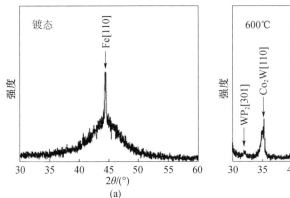
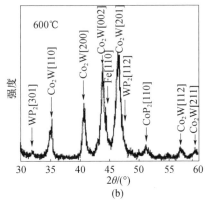

图 9 - 43　非晶态 Co - W - P 电沉积层(a)和经热处理
(在氮气中 600℃,1h)后(b)的 XRD 图谱

9.3.4　电沉积非晶态 Sn - Ni - Fe、Sn - Co - Fe 和 Ni - S - Co 合金

1. 电沉积非晶态 Sn - Ni - Fe 合金

（1）电沉积非晶态 Sn - Ni - Fe 合金工艺:硫酸亚锡(SnSO₄)　0.02mol/L,硫酸镍(NiSO₄)　0.05mol/L,硫酸亚铁(FeSO₄)　0.02mol/L,葡萄糖酸钠(NaC₆H₁₁O₇) 0.2g/L,硼酸(H₃BO₃)　0.3mol/L,氯化钠(NaCl)　0.3mol/L,抗坏血酸(C₆H₈O₆) 2g/L,蛋白胨　0.1g/L,工作温度　22℃,pH 值　6.0,电流密度　1.3A/dm²,石墨阳极,阴极为铜片,搅拌　1000r/min,参比电极为饱和甘汞电极。

（2）非晶态 Sn - Ni - Fe 合金表面形貌见图 9 - 44。可看出合金表面光亮平滑,无裂纹。

（3）非晶态 Sn - Ni - Fe 合金的 PXRD 衍射图谱。图 9 - 45 是在铜基体上电沉积的非晶态 Sn - Ni - Fe 合金粉体的 PXRD 衍射图谱,在图上出现的三个峰是基体 Cu 的峰,即(111),(200)和(211);Sn - Ni - Fe 合金是非晶态。

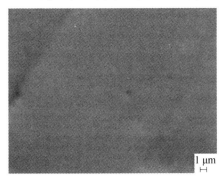

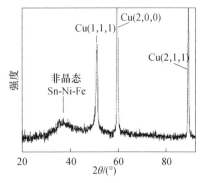

图 9 - 44　非晶态 Sn - Ni - Fe 合金 SEM 图像　　　　图 9 - 45　非晶态 Sn - Ni - Fe 合金的 PXRD 图谱

2. 电沉积非晶态 Sn – Co – Fe 合金

电沉积非晶态 Sn – Co – Fe 合金工艺:葡萄糖酸钠($C_6H_{11}Na$) 120g/L,蛋白胨 0.1g/L,硫酸亚锡($SnSO_4$) 0.02~0.075mol/L,硫酸钴($CoSO_4$) 0.075~0.09mol/L,硫酸亚铁($FeSO_4$) 0.05~0.09mol/L,工作温度 60℃,pH 值 7.0。

3. 电沉积非晶态 Ni – S – Co 合金

电沉积非晶态 Ni – S – Co 合金工艺:以瓦特镍电沉积液为基液。硫酸镍($NiSO_4 \cdot 7H_2O$) 200g/L,氯化镍($NiCl_2 \cdot 6H_2O$) 40g/L,硼酸(H_3BO_3) 35g/L,硫脲[$CS(NH_2)_2$] 100g/L,氯化钴($CoCl_2$) 20g/L,工作温度 30℃,pH 值 3.5,电流密度 10mA/cm^2。

9.4 电沉积非晶态四元合金

9.4.1 电沉积非晶态 Fe – Cr – P – Co 合金

在氯化物溶液中加入含 Fe、Cr、P、Co 的化合物和添加剂后进行电沉积,即可得到非晶态 Fe – Cr – P – Co 四元合金。

(1)电沉积非晶态 Fe – Cr – P – Co 合金工艺:氯化铬($CrCl_3 \cdot 6H_2O$) 0.38mol/L,氯化铁($FeCl_2$) 0.16mol/L,次磷酸钠(NaH_2PO_2) 0.23mol/L,氯化钴($CoCl_2$) 0.17mol/L,酒石酸钠($Na_3C_6H_5O_7 \cdot 2H_2O$) 0.32mol/L,溴化钠($NaBr$) 0.15mol/L,氯化铵($NH_4Cl$) 0.9mol/L,甲酸($HCOOH$) 0.9mol/L;工作温度 25℃,pH 值 1.8,阳极 铂片,阴极 钢片上镀一层薄铜层,参比电极 饱和甘汞电极。

(2)非晶态合金 Fe – Cr – P – Co 组成见图 9 – 46。

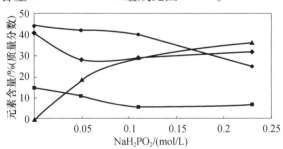

图 9 – 46 电沉积液中不同含量的次磷酸钠对非晶态 Fe – Cr – P – Co 合金组成的影响 (电流密度 500mA/cm^2,通电量 50 C/cm^2)(◆)Fe,(■)Cr,(▲)P,(●)Co

(3)非晶态 Fe – Cr – P – Co 合金的耐蚀性。非晶态 Fe – Cr – P – Co 合金具有良好的耐蚀性,对不同成分的合金在 0.1mol/L 的硫酸溶液中进行了塔菲尔曲线测试,并与非晶态 Fe – Cr – P – Ni 合金进行了对比,实验表明:非晶态 Fe – Cr – P – Co

合金的耐蚀性高于非晶态 Fe – Cr – P – Ni 合金。

9.4.2 电沉积非晶态 Ni – Cr – Fe – P 合金

根据报道,在急冷法制备非晶态合金时,所添加元素对合金耐蚀性提高的程度依次为 Cr > Mo > W > Co。因此,在非晶态 Ni – Fe – P 合金中加入 Cr 作了进一步研究以提高其耐蚀性。

(1)电沉积非晶态 Ni – Cr – Fe – P 合金工艺:氯化铬 150g/L,硫酸镍 20g/L,硫酸铁 1g/L,甲酸 35mL/L,次磷酸二氢钠 10g/L,柠檬酸钠 80g/L,溴化钠 10g/L,氯化铵 50g/L,二甲基甲酰胺 30mL/L,硼酸 30g/L,整平剂 0.5g/L;电流密度 20A/dm^2,工作温度 室温。

(2)非晶态 Ni – Cr – Fe – P 合金耐蚀性测定。

① 阳极极化曲线测定(在 3% NaCl 中)。由图 9 – 47 可看出:非晶态合金的耐蚀性比不锈钢和 Ni 沉积层都高。

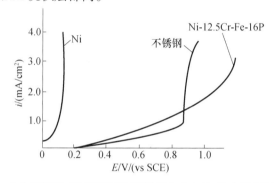

图 9 – 47 合金沉积层、Ni 沉积层和不锈钢在 3% NaCl 中的阳极极化曲线

② 腐蚀速率的测定。在 3% NaCl、1mol/L HCl、1mol/L H$_2$SO$_4$ 溶液中测试塔菲尔曲线,然后计算出的腐蚀速率见表 9 – 15。经耐蚀性测试表明,非晶态 Ni – Cr – Fe – P 合金具有优异的耐蚀性。

表 9 – 15 不同沉积层在不同介质中的腐蚀电流值 （μA/cm^2）

介质	Ni 沉积层	18 – 8 不锈钢	Ni – 12Cr – Fe – P	Ni – 16Cr – Fe – P
3% NaCl	16370	3720	46.28	39.46
1mol/L H$_2$SO$_4$	6230	2140	12.24	6.78
1mol/L HCl	2400	26820	13.18	10.19

9.4.3 电沉积非晶态 Fe – Cr – P – C 合金

(1)电沉积非晶态 Fe – Cr – P – C 合金工艺。硫酸铬 Cr$_2$(SO$_4$)$_3$ · nH$_2$O (19.5% Cr) 167g/L,柠檬酸钠 45g/L,硫酸铁铵[Fe(NH$_4$)(SO$_4$)$_2$ · 12H$_2$O]

40g/L,柠檬酸 30g/L,次磷酸(NaH_2PO_2) 10g/L,硼酸(H_3BO_3) 40g/L,硫酸铵
[$(NH_4)_2SO_4$] 80g/L,甲酸(HCOOH) 50mL/L,硫酸钾(K_2SO_4) 20g/L,pH 值
1.0~2.0,工作温度 30℃。所得 $Fe_{38}Cr_{56}P_6C$ 合金是非晶态合金。

（2）非晶态 $Fe_{38}Cr_{56}P_6C$ 合金的 SEM 形貌见图 9-48,表面比较平整,但由于
表面有应力存在,故有裂纹。

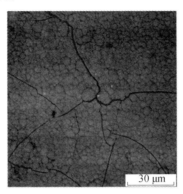

图 9-48 非晶态 $Fe_{38}Cr_{56}P_6C$ 合金的表面形貌

（3）非晶态 $Fe_{38}Cr_{56}P_6C$ 合金的耐蚀性。在 0.5mol/L 的 HCl 溶液中测试塔菲
尔曲线,结果如下:非晶态 $Fe_{38}Cr_{56}P_6C$ 合金的腐蚀电势和腐蚀电流密度分别为
-392mV(vs SCE)和 $37\mu A/cm^2$,电沉积铬层的则分别为 -793 mV(vs SCE)和
1850 $\mu A/cm^2$。由测试结果很明显看出:非晶态 $Fe_{38}Cr_{56}P_6C$ 合金的耐蚀性大大超过
电沉积铬层。

参 考 文 献

[1] 高诚辉. 非晶态合金镀及其电沉积层性能[M]. 北京:科学出版社,2004.

[2] 渡边徹. めつき法によろ非晶質合金の形成機構[J]. 表面技术,1989,40(3):375.

[3] 渡边徹,等. 非晶态电沉积方法及应用[M]. 于维平,李获,译. 北京:北京航空航天大学出版社,1992.

[4] 杨君友,张同俊,李星国,等. 非晶态合金研究进展[J]. 材料导报,1995,26:31-34.

[5] 屠振密,李宁,安茂忠,等. 电镀合金实用技术[M]. 北京:国防工业出版社,2007.

[6] 叶小燕. 镍磷非晶电沉积层的表面研究[J]. 材料保护,1994,27(11):4-6.

[7] Narayan Raj, Mungole M N. Hardness Control in Electrodeposited Niclel-Phosphorus Coatings[J]. Metal Finishing,1985,83(1):55.

[8] Splinter S J, Rofagha R, Mcintypre N S et al. XPS Characterization of the Corrosion Films Formed on Nanocrystalline Ni-P Alloys in Sulphuric Acid[J]. Surface and Interface Analysis,1996,24:181-186.

[9] Du Y B, Zhu L Q, Bai Z Q. Electrodeposited and electroless Ni-P multilayer alloy coating. 16th International various structures[J]. Materials Science and Engineering A,2004,381:98-103.

[10] Diegel R B, Sorensen N R, Clayton C R, et al. An XPS Investigation into the Passivity of an Amorphous Ni-

20P Alloy[J]. Journal of the Electrochemical Society, 1988, 135(5): 1085 - 1092.

[11] 卢燕平, 川岛朝日. 电沉积非晶 Ni - P 合金的层状结构[J]. 材料保护, 1994, 23(5): 5 - 8.

[12] Bai A, Hu C C. Effects of annealing temperatures on the physicochemical propertie of nickel phosphorus deposits[J]. Material Chemistry and Physics, 2003, 79: 49 - 57.

[13] 周婉秋, 郭鹤桐, 姚素薇. Ni - W 非晶态合金电沉积方法及结构研究[J]. 表面技术, 1997, 26(3): 6 - 9.

[14] Waruthi B N, Ramesh L, Mayanna S M, et al. Electrodeposition and Characterization of Co - W alloys[J]. Plating and Surface Finishing, 1999, 86(3): 85 - 89.

[15] Yongfeng R, Suwei Y, Masamichi K. Amorphization of Electrodeposition Fe - W alloy Films and Electrochemical Behavior[J]. J Non - Cryst Solids, 1990, 117/118: 752.

[16] Omi T, Glass H L, Yamamoto H. Phase Structure and Composition of Fe - W alloy Electrodeposition[J]. J Electrochem Soc, 1976, 123(3): 341.

[17] 王峰, 伊藤清, 渡辺徹, 等. Fe - W 非晶态合金镀膜技术及其最佳制备条件的研究[J]. 化工进展, 1999, 6: 47 - 50.

[18] 朱立群, 李卫平, 杨德钧. 铁 - 钼非晶态合金电镀层的表面特性[J]. 材料保护, 1995, 28(11): 6 - 9.

[19] 张远声, 龚敏, 唐贤臣, 等. Fe - P 非晶态合金电镀层性能研究[J]. 腐蚀与防护, 1998, 19(3): 105.

[20] Gao Cheng - Hui. Trilbo - stability and wear mechanism of electrodeposited amorphous Ni - Fe - P alloy[J]. Proceedings of the firstAsia international conference on tribology. Tsinghua University Press, Beijing, China, 1998: 536 - 539.

[21] El - Sharift M R, Watson A, Chisholmt C U. The sustained deposition of thick coatings of chromium/nickel and chromium/nickel/iron alloys and their properties[J]. Trans IMF, 1988, 66: 34 - 40.

[22] 何湘柱, 夏畅斌, 王红军, 等. 非晶态 Fe - Ni - Cr 合金电沉积的研究[J]. 材料保护, 2002, 35(1): 5 - 7.

[23] 姚素薇, 郭鹤桐, 周婉秋, 等. 镍 - 钨 - 磷非晶态合金的电沉积方法及耐蚀性能的研究[J]. 材料保护, 1994, 27(3): 9 - 14.

[24] Renato Alexandre C. Santana. Studies on electrodeposition and corrosion behaviour of a Ni - W - Co amorphous alloy[J]. J Mater Sci, 2007, 42: 9137 - 9144.

[25] 许云华, 牛立斌, 刘焕. 镍钨磷合金电沉积层的性能研究[J]. 材料保护, 2007, 40(7): 5 - 7.

[26] 杨防祖, 曹刚敏, 胡筱, 等. 镍钨硼合金电沉积机理及电沉积层微晶尺寸[J]. 电化学, 2000, 6(2): 169 - 174.

[27] 涂抚洲, 蒋汉瀛. Ni - Fe - P、Ni - W - P 合金与镀层性能[J]. 电镀与涂饰, 1999, 18(3): 18 - 21.

[28] Pedro de Lima - Neto, Gecilio P da Silva, Adriana N. Correia. A comparative study of the physicochemical and electrochemical properties of Cr and Ni - W - P amorphous electrocoatings[J]. Electrochimica Acta, 2006, 51: 4928 - 4933.

[29] Hyeong Jin Yuna, S. M. S. I. Dulalb, Chee Burm Shina. Characterisation of electrodeposited Co - W - P amorphous coatingson carbon steel[J]. Electrochimica Acta, 2008, 54: 370 - 375.

[30] Sziráki L, Kuzmann E, El - Sharif M, etc. Electrodeposition of novel Sn - Ni - Fe ternary alloys with amorphous structure. Applied Surface Science, 2010, 256: 7713 - 7716.

[31] Santana R A C, Prasad S, Campos A R N, et al. Electrodeposition and corrosion behaviour of a Ni - W - B amorphous alloy. Journal of Applied Electrochemistry, 2006, 36: 105 - 113.

[32] HE Feng - jiao, Wang Miao, LU Xin. Properties of electrodeposited amorphous Fe - Ni - W alloy deposits. Trans. Nonferrous Met. SOC C hina, 2006, 16: 1289 - 1294.

[33] Li Baosong, Lin An, Wu Xu, et al. Electrodeposition and characterization of Fe - Cr - P amorphous alloys

from trivalent chromium sulfate electrolyte. Journal of Alloys and Compounds, 2008, 453: 93 – 101.

[34] HanQing, Liu Kuiren, Chen Jianshe, et al. Study of amorphous Ni – S – Co alloy used as hydrogen evolution reaction cathode in alkaline medium. International Journal of Hydrogen Energy, 29 (2004): 243 – 248.

[35] Chisholm C, Kuzmann E, El – Sharif M, et al. Peparation and characterisation of electrodeposited amorphous Sn – Co – Fe ternary alloys, Applied Surface Science, 253 (2007): 4348 – 4355.

[36] Sziráki L, Kuzmann E, El – Sharif M, et al. Electrodeposition of novel Sn – Ni – Fe ternary alloys with amorphous structure. Applied Surface Science, 256 (2010): 7713 – 7716.

[37] Souza C A C, May J E, Machado A T, et al. Preparation of Fe – Cr – P – Co amorphous alloys by electrodeposition. Surface & Coatings Technology, 2005, 190: 75 – 82.

[38] Hyeong Jin Yun, Dulal S M S I, Chee Burm Shin, et al. Characterisation of electrodeposited Co – W – P amorphous coatings on carbon steel. Electrochimica Acta, 2008, 54: 370 – 375.

[39] Kang J C, Lalvani S B. Electrodeposition and characterization of amorphous Fe – Cr – P – C alloys, Journal of Applied Electrochemistry, 1992, 22: 787 – 794.

[40] 吴文健, 曾芳仔. 电沉积 Ni – Cr – Fe – P 非晶态耐蚀性合金镀层. 材料保护, 1998, 31(3): 9 – 11.

第10章 电沉积纳米晶合金

10.1 纳米材料概述

纳米微粒,通常是指 1~100nm 范围内的固体微粒,可以是非晶体、微晶聚合体或微单晶(纳米晶是指在纳米范围内的单晶固体微粒),微粒尺寸上的变化和限制将会产生新的物理和化学现象。

纳米技术是基础科学的一部分。化学是研究原子和分子的,它研究物质的尺寸普遍小于 1nm,而凝聚态物理通常是研究大于 100nm 的原子或分子排列,在以上两个领域之间存在一个断层,这个断层是研究 1~100nm 之间的粒子,这就是纳米技术研究的范围,也就是研究大约由 $10 \sim 10^6$ 个原子或分子构成的粒子形成的领域。

纳米技术是指在纳米尺度下(1~100nm)对物质进行制备、研究和工业化,以及利用纳米尺度物质进行交叉研究和工业化的一门综合性技术体系。其本质是一种可以在分子水平上,一个原子、一个原子地来创造具有全新分子形态的结构手段,使人类能在原子和分子水平上操纵物质;其目标是通过在原子、分子水平上控制结构来发现这些特性,并学会有效的生产和运用相应的工具,合成纳米结构,最终直接以原子和分子来构造具有特定功能的产品。

10.1.1 纳米材料发展现状

早在 20 世纪 60 年代初期,就有人发表文章谈及微小体系的微粒或超微粒的概念。1857 年首先发现纳米晶,1959 年费曼在多次报告中提到的微小体系,这就是纳米尺寸的原子团;1962 年日本人久保(Kubo)等人曾提出微小颗粒费米面附近电子能级量子化,这实际上是最早期纳米微粒的理论探讨。60 年代初期,日本科学家首先在实验室内制备成功纳米颗粒。直到 20 世纪 80 年代初期,作为一种纳米材料把纳米颗粒定义限制为 1~100nm 范围,并对一些纳米颗粒的结构、形态和特性进行了比较系统的研究,还在用量子尺寸效应解释超微粒的某些特性方面获得了成功。

在纳米结构材料领域方面重要的发展始于 20 世纪 80 年代。1983 年加拿大 Erb 教授首先发表了"电沉积纳米晶"的文章,1984 年德国 Gieiter 教授等人,首次采用惰性气体凝聚法制备了具备清洁表面的纳米粒子,并提出了纳米材料界面结构模型。1989 年 McMahon 和 Erb 教授在 Microstr. Sci. 杂志上发表了一篇"电沉积镍－磷纳米晶"的论文,1990年7月在美国召开了国际第一届纳米科学技术学术会议,正式把纳米材料作为材料科学的一个新分支公布于世,这标志着纳米材料科学作为一个相对比较独立的学科。1994年Erb和El－Sherik在美国申请了专利(U. S. Pat. 5353266),在2002年"美国电沉积工作者和表面精饰协会"(AESF)特成立了"电沉积纳米结构材料分委员会"。此后,纳米材料引起了世界各国材料和物理界的极大兴趣和广泛重视,很快形成了世界性的"纳米热"。

纳米材料的发展,第一阶段1990年以前主要是在实验室内探索,可以采用各种手段制备各种材料的纳米颗粒、粉体、合成块体和薄膜,并探索纳米材料不同于常规材料的特殊性能。研究的对象一般局限在单一的纳米晶或纳米相材料。第二阶段1994年前,人们关注的热点是如何挖掘出纳米材料奇特的物理、化学、力学或机械性能,从而设计出具有特殊功能的纳米复合材料。第三阶段从1994年直到现在,纳米组装体系,如人工自组装合成的纳米结构材料体系和纳米尺度图案材料,已经受到人们的极大关注。研究的对象涉及到纳米丝、纳米管、纳米多层膜、微孔和介孔(孔道直径为2~50nm)材料等。

10.1.2 纳米材料制备方法

1. 纳米材料制备

纳米材料的组成一般分为两种类型:一类是由纳米粒子组成的,另一类是在纳米粒子间有较多的孔隙或无序原子或另一种材料。或者纳米粒子镶嵌在另一种基质材料中,就属于第二类称为复合材料,由于纳米材料在光学、电学、催化、敏感等方面具有很多特殊性能,因此得到广阔的应用。

在过去30多年里,约有200多种不同的方法介绍可制取不同形式的纳米结构材料,最基本的可归纳为以下五种类型:

(1)气相法,如物理或化学气相沉积、惰性气体凝聚等;

(2)液相法,如快速固化、雾化等;

(3)固相法,如机械研磨、非晶态初始晶化等;

(4)化学法,如溶胶、凝胶法、沉积法等;

(5)电化学法,如电沉积法、复合电沉积法、化学镀法等。

2. 电化学制备纳米材料的方法

制备纳米材料的电化学方法有很多种,综合起来有以下几种类型:

(1)按电沉积方法,可分为直流法、交流法、脉冲法和复合电沉积法等;

(2)按纳米材料组分,可分为单金属、合金、复合镀层等;

(3)按纳米材料成型状态,可分为纳米膜(纳米多层膜、纳米梯度膜)、纳米管、纳米线、纳米块和纳米粉等;

(4)按电沉积溶液类型:可分为水溶液、有机溶剂和熔体等;

(5)按纳米层特性,可分为高硬度耐磨镀层、高耐蚀镀层、耐高温氧化镀层、电

接触功能和减磨润滑镀层、催化功能和磁性能镀层以及半导体(硫化物、氧化物和碲化物等)等;

（6）按纳米材料应用类型:可分为功能性、防护性及装饰性等。

3. 电化学法制备纳米晶材料的优点

（1）电沉积层具有独特的高密度和低孔隙率,结晶组织取决于电沉积参数。通过控制电流、电压、电沉积液组分和工艺参数,就能精确地控制膜层的厚度、化学组分、晶粒组织、晶粒大小和孔隙率等。

（2）适合于制备纯金属纳米晶膜、合金膜及复合材料膜等各种类型膜层。

（3）电沉积过程,过电势是主要推动力,容易实现、工艺灵活、易转化。

（4）可在常温常压下操作,节约了能源,避免了高温引入的热应力。

（5）电沉积易使沉积原子在单晶基质上外延生长,易得到较好的外延生长层。

（6）有很好的经济性和较高的生产率,投资低,经济效益好。

10. 1. 3 纳米合金材料主要特性

当超微米粒子尺寸不断减小,在一定条件下,会引起材料宏观物理、化学、机械等性质上的变化,通常称为小尺寸效应。另外,由于纳米微粒尺寸小,表面能高,这称为纳米微粒的表面效应,它是指纳米粒子的表面原子数与总原子数之比,随着纳米粒子尺寸的减小,而会大幅度的增加,于是粒子的表面能和表面张力也随着增加,从而引起纳米粒子的性质变化,其性能比传统材料有明显的改善和提高,尤其是具有超硬度、超模量效应等的特殊性。

1. 力学特性

目前对力学性能研究较多的是纳米材料的硬度、韧性和耐磨性等。如纳米 Ni – W 合金的硬度可高达 700HV,并有良好的韧性,弯曲 180° 不脆裂。

（1）硬度材料的硬度对于材料系统的粒度和成分有比较强烈的依赖性,见图 10 – 1。

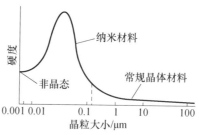

图 10 – 1　晶粒尺寸变化对硬度的影响

（2）韧性膜层结构对材料的韧性影响较大,膜层材料的组分含量是影响的主要因素。多层膜也可以提高材料的韧性,能明显改善和提高其优异性能。

（3）耐磨性纳米膜材料的耐磨性比通常的材料要高,这与晶粒的大小、晶体结构、晶粒界面以及纳米多层膜邻层界面上的位错、滑移障碍比传统材料大而多。因此,滑移阻力比传统材料大。

2. 光学特性

纳米超微粒膜具有特殊的紫外－可见光吸收光谱。当黄金(Au)被细分到小于光波之长的尺寸时(即几百纳米),会失去原有的光泽而呈现为黑色,实际上所有金属呈超微粒子时均为黑色,尺寸越小,色泽越黑。银白色的白金(Pt)变为铂黑,银变为银黑,镍变为镍黑等。这表明金属超微粒对光的反射率很低,一般低于1%。大约有几百纳米的厚度即可消光,利用此特性可制作高效光热、光电转换材料,可高效地将太阳能转化为热能、电能。此外,还可作红外敏感元件、红外隐身材料等。

3. 电学特性

常规的导体(如金属),当尺寸减小到纳米数量级时,其电学性能发生很大变化。研究表明,材料的导电性与材料颗粒的临界尺寸有关,当材料颗粒大于临界尺寸,将遵守常规电阻与温度的关系,当材料尺寸小于临界尺寸时,它可能失掉材料原本的电性能。有人在 $Au/n-Al_2O_3$ 的颗粒膜上观察到电阻的反常现象,随纳米 Al_2O_3 颗粒含量的增加,电阻不但不减少,反而急剧增加。

4. 磁学特性

人们发现蝴蝶、蜜蜂和鸽子等生物中存在超微磁性颗粒,这使这些动物在磁场中能辨别方向,具有回归的本领。磁性微粒就像是一个生物罗盘,生活在水中的超微细菌依靠它可游向营养丰富的水底。

研究表明,这些生物体内的磁颗粒是大小为 20nm 的磁性氧化物,小尺寸超微粒子的磁性比大块材料要强许多倍,20nm 的纯铁粒子的矫顽力是大块铁的1000倍,但当尺寸在减少到 6nm 时,其矫顽力反而又下降到零,表现出超顺磁性。利用超微粒子具有高矫顽力的性质,已做成高储存密度的磁记录粉,用于磁带、磁盘、磁卡及磁性钥匙等,利用超顺磁性人们已研究出应用广泛的磁流体,用于密封等。

铁族金属(Fe、Co 和 Ni)及其合金都有良好的磁性能,铁族金属电沉积制备的纳米二元合金及三元合金,则具有更好的磁性能,如纳米 Ni-Fe 和 Fe-Ni 合金,具有高磁导率、高饱和磁化强度和低损耗,并能改善高温磁性,已用于开关电源、传感器和变压器等,有利于实现小型化、轻量化及多功能化。另外,已知纳米 Bi-Co 合金具有超磁特性,纳米 Fe-Pt 合金还具有很好的永磁功能,并可制成纳米线。

随着电子工业的迅速发展,对磁记录密度的要求也越来越高,性能优异的磁芯头材料是当前最急需的。Co-Ni-Fe 合金具有很高的饱和磁化通密度(B_s)和低的矫顽力(H_c),具有很大的吸引力。最近研究用电沉积法可得到 Co-Ni-Fe 软磁膜,其平均晶粒尺寸接近 10nm,晶体结构为面心立方晶系和体心立方晶系(fcc-bcc)混相组成。纳米 Co-Ni-P 合金具有良好的垂直矫顽磁性,可用于磁记录装置及微电机械系统的驱动器。纳米 Sn－Ni 合金也具有较好的磁性和优良的耐蚀性,主要用于电子工业。

5. 半导体特性

纳米 Pb－Se 合金、Bi_2Te_3 合金、Bi－Sb 合金和 Bi－Te－Se 合金等是优良的半导体材料,在制造微电子器件中具有诱人的特性,如磁性、光学特性等,多用于传感器以及制冷器件。

纳米 $Bi_{1-x}Sb_x$ 合金是优良的半导体制冷材料,具有使制冷器件小型化、质量轻、无噪声、不使用传热介质及无污染等优点;纳米 Pb－Se、Cd－Se 和 Bi－Sb 合金是很好的光电半导体敏感材料,可广泛用于太阳能电池、光电管、照明设备和光探测器等。

纳米 Zn－Te 合金是良好的半导体热电材料,多用于制冷器件。

6. 析氢催化特性

许多合金具有良好的析氢催化特性,如 Ni－Mo、Pd－Fe 合金等,电沉积纳米 Ni－Mo 合金,则具有更高的析氢催化特性,用于电解水能大大降低能量消耗。已知纳米 Pd－Fe 合金具有很好的析氢特性,在室温下就具有快速吸氢动力学特性,即使在真空中也不需活化。

7. 耐蚀性

许多合金通常具有比单金属好的耐蚀性,而纳米晶合金则具有更高的耐蚀性,如 Zn－Ni 合金镀层具有优良的耐蚀性,而纳米 Zn－Ni 合金则有更高耐蚀性,利用线性极化法测纳米 Zn－Ni 合金的极化电阻为 $R_p = 1688\Omega/cm^2$,而常规的 Zn－Ni 合金仅为 $300\Omega/cm^2$,纳米 Ni－Zn 合金的极化电阻比常规 Zn－Ni 合金高 5 倍以上。

纳米 Ni－Cu 合金具有很好的耐蚀性,特别是含 Ni70%(质量分数)纳米 Ni－Cu 合金具有更优异的耐蚀性,在海水、酸、碱和一些氧化性及还原性环境中都具有很高的稳定性。还有纳米 Ni－P 合金、Ni－Co 合金、Ni－Fe 合金和 Fe－Ni 合金等,比相应的常规合金有更高的耐蚀性。

10.1.4 纳米材料主要应用领域

随着颗粒尺寸的量变,在一定条件下会引起颗粒性质的质变。由于颗粒尺寸变小所引起的宏观物理性质的变化称为小尺寸效应。由于纳米微粒的小尺寸效应、表面效应、量子尺寸效应和宏观量子隧道效应等,使得它们在磁、光、电、敏感等方面呈现常规材料不具备的特性。因此纳米微粒在磁性材料、电子材料、光学材料、高致密度材料的烧结、催化、传感、陶瓷增韧等方面有广阔的应用前景。其主要应用领域如下。

1. 陶瓷材料

纳米微粒颗粒小,比表面大并有高的扩散速率,因而用纳米粉体进行烧结,致密化的速度快,还可以降低烧结温度,目前材料科学工作者都把发展纳米高效陶瓷作为主要的奋斗目标,在实验室已获得一些结果。近几年来,科学工作者为了扩大纳米粉体在陶瓷改性中的应用,提出了将纳米添加可使常规陶瓷综合性能得到改善的措施。在陶瓷改性方面,已取得了一些具有商业价值的效果,我国科技工作者取得了很好的成果。

2. 磁性材料

(1)巨磁电阻材料。磁性金属和合金一般都有磁电阻现象,磁电阻是指在一定磁场下电阻改变的现象,人们把这种现象称为磁电阻。巨磁阻就是指在一定的磁场下电阻急剧减小,一般减小的幅度比通常磁性金属与合金材料的磁电阻数值约高 10 余倍。巨磁电阻效应是近 10 年来发现的新现象。由于巨磁电阻效应大,易使器件小型化、廉价化,可广泛地应用于数控机床,汽车测速,非接触开关,旋转编码器中,与光电等传感器相比,它具有功耗小,可靠性高,体积小,能工作于恶劣的工作条件等优点。

(2)纳米微晶软磁材料。非晶材料通常采用熔融快淬的工艺,$Fe-Bi-B$ 是一类重要的非晶态软磁材料,如果直接将非晶材料在晶化温度进行退火,所获得的晶粒分布往往是非均匀的,为了获得均匀的纳米微晶材料,若在 $Fe-Si-B$ 合金中再添加 Nb、Cu 元素,添加 Cu 有利于生成铁微晶的成核中心,而 Nb 有利于细化晶粒。20 世纪 90 年代 $Fe-M-B$、$Fe-M-C$、$Fe-M-N$、$Fe-M-O$ 等系列纳米微晶软磁材料如雨后春笋,已得到快速发展。

(3)其他如纳米微晶稀土永磁材料和纳米巨磁阻抗材料等也得到较快发展。

3. 光学应用

纳米微粒由于小尺寸效应使它具有常规大块材料不具备的光学特性,如光学非线性、光吸收、光反射、光传输过程中的能量损耗等都与纳米微粒的尺寸有很强的依赖关系。研究表明,利用纳米微粒特殊的光学特性制备成各种光学材料将在日常生活和高技术领域得到广泛的应用。

近几年,纳米微粒用于红外反射材料和光吸收材料等也已受到重视,并有了快速的发展。

4. 隐身材料

近年来,各种探测手段越来越先进。例如,用雷达发射电磁波可以探测飞机;利用红外探测器也可以发现放射红外线的物体。美国 F117A 型飞机上的隐身材料就含有多种超微粒子,它对不同波段的电磁波有强烈的吸收能力。因此很难发现被探测目标,起到了隐身作用。

目前,隐身材料虽在很多方面都有广阔的应用前景,现在有几种纳米微粒很可能在隐身材料上发挥作用,如纳米 Al_2O_3、TiO_2、SlO_2 的复合粉体与高分子纤维结合对中红外波段有很强的吸收性能,这种复合体对这个波段的红外探测器有很好的屏蔽作用。纳米磁性材料,类似铁氧体的纳米磁性材料放入涂料中,既有优良的吸波特性,又有良好的吸收和耗散红外线的性能,加之密度小,在隐身方面的应用上有明显的优越性。

5. 其他方面应用

(1)纳米微粒是有效的助燃剂。例如在火箭发射的固体燃料推进剂中添加约1%(质量分数)超细 Al 或 Ni 微粒,每克燃料的燃烧热可增加 1 倍;超细硼粉—高铬酸镀粉可以作为炸药的有效助燃剂;纳米铁粉也可以作为固体燃料的助燃剂。有些纳米材料具有阻止燃烧的功能,可以作为阻燃剂加入到易燃的建筑材料中,提高建筑材料的防火性。

(2)纳米微粒催化剂和半导体纳米粒子光催化等。近年来,关于纳米微粒表面形态的研究指出,随着粒径的减小,表面光滑程度变差,形成了凸凹不平的原子台阶,这就增加了化学反应的接触面。有人预计超微粒子催化剂在 21 世纪很可能成为催化反应的主要角色。

半导体的光催化效应是指:在光的照射下,价带电子跃迁到导带,价带的孔穴把周围环境中的泾基电子夺过来,短基变成自由基,作为强氧化剂将酯类变化如下:酯→醇→醛→酸→CO_2,完成了对有机物的降解。

尽管纳米级的催化剂还主要处于实验室阶段,尚未在工业上得到广泛的应用,但应用前景广阔。

10.2 电沉积纳米晶材料制备原理与方法

电沉积是一种电化学过程,也是氧化—还原过程,研究的重点是"阴极电沉积"。电沉积过程通常是在水溶液中进行,但也可在非水溶液中进行,如极性有机化合物等,还可在熔融盐中进行。电沉积的方法有直流电沉积、交流电沉积、脉冲电沉积、复合电沉积、喷射电沉积和电刷镀电沉积等。在电沉积的溶液中,通常加入适宜的结晶细化表面活性剂是非常必要的,这有利于得到晶粒细化的纳米晶结构。

10.2.1 影响合金电沉积晶粒尺寸的主要因素

1. 电沉积的过电势

为了得到纳米晶,过电势和电流密度是关键。过电势越高,其反应阻力越大,这将有利于新晶核的生成和抑制晶粒的成长。电化学理论研究表明:电结晶反应的成核速率(常用电流 I 表示)与过电势有如下关系:

$$二维成核: \ln I = A - B/\eta$$
$$三维成核: \ln I = A - B/\eta^2$$

式中:A、B 为常数;η 为过电势。

另外,电沉积纳米晶材料是由两个步骤控制的:形成高的晶核数;控制晶核的成长。以上两个条件可以由控制化学和物理参数来实现,晶核的大小和数目可由过电势(η)来控制。可用开尔文电化学公式来表示:

$$\tau = \frac{2\delta V}{z e_0 |\eta|}$$

式中:τ 为临界晶核形成的半径;δ 为表面能量;V 为晶体中原子体积;z 为元电荷数;e_0 为元电荷;η 为过电势。

由开尔文公式可看出,当具有高的过电势时,就可形成小的晶核,有利于形成纳米晶。

2. 添加剂

有许多不饱和有机化合物和含有容易被还原元素(如含 S,Se 等)的有机物以及有些表面活性剂都容易在阴极上被还原,这样就抑制了金属离子在阴极上的还原,于是提高了金属电沉积反应的过电势,使晶粒尺寸减小,这类添加剂常称为晶粒细化剂,如在镀镍溶液中常加入糖精、香豆素和硫脲等。

3. 配位剂

配位剂可以和金属离子形成稳定的配合物,使金属离子在阴极上电沉积困难,从而提高了在阴极上电沉积反应的过电势,有利于电沉积层晶粒的细化,常用的配位剂有柠檬酸盐、酒石酸盐、焦磷酸盐、氰化物及 EDTA 等。

4. 脉冲电沉积

采用脉冲技术有利于电沉积法制取纳米晶。(详见 10.3 节脉冲电沉积方法和特点)

5. 电沉积时形成合金

与单金属相比,合金更容易形成较细的晶粒,因为与另一金属离子共沉积形成合金时,有可能提高阴极过电势,减少吸附原子的表面扩散,致使合金晶粒细化。

6. 复合电沉积

电沉积液中加入第二相纳米微粒时,当纳米微粒与基质金属共沉积过程中,微粒作为基质形核核心,有利于加速微粒的沉积,增加晶粒形核速率和数目,并作为抑制相阻止基质镀层晶粒长大,促使复合镀层晶粒细化,可在电流密的较小时就可得到纳米晶。

7. 电沉积液组分和工艺条件

电沉积液的组分和浓度以及温度、pH 值、液流喷射和搅拌速度、电流密度等都会影响电沉积晶粒的大小。

10.2.2 直流电沉积法制备纳米晶

电沉积过程中,阴极附近溶液中的金属离子放电,并通过电结晶而沉积到阴极上。沉积层的晶粒大小与电结晶时晶体的形核和晶粒生长速度有关,如果在电沉积表面形成大量的晶核,且晶核和晶粒的生长得到较大的抑制,就有可能得到纳米晶。研究表明,高的阴极过电势、高的吸附原子总数和低的吸附原子表面迁移率,是大量形核和减少晶粒生长的必要条件。

通常可以采用多种措施促使纳米晶的形成。

(1) 采用适当高的电流密度。随着电流密度的增加,电极上的过电势升高,使形核的驱动力增加,沉积层的晶粒尺寸减少。不过,如果电流密度增大而阴极附近电沉积液中消耗的沉积离子来不及得到补充,则反而会使晶粒尺寸增大。

(2) 采用有机添加剂。一方面,添加剂分子吸附在沉积表面的活性部位,可抑制晶体的生长。另一方面,析出原子的扩散也被吸附的有机添加剂分子所抑制,较少到达生长点,从而优先形成新的晶核。此外,有机添加剂还能提高电沉积的过电势。以上这些作用都可细化沉积层的晶粒。

电沉积过程中,当金属离子传递到阴极,由于电荷传递反应形成吸附原子,最后形成晶格。电沉积过程中非常关键的步骤是新晶核的生成和晶体的成长,以上两个步骤的竞争直接影响到镀层中生成晶粒的大小,起决定性作用的因素是由于吸附表面的扩散速率和电荷传递反应速率不一致造成的。如果在阴极表面具有高的表面扩散速率(或)和由于较慢的电荷传递反应引起的吸附原子数目聚集,以及低的过电势将有利于晶体的成长;相反,低的表面扩散速率和高的吸附原子聚集以及高的过电势,都将有利于增加成核速率。

成核速率用 J 表示,则

$$J = K_1 e^{\frac{-bs\varepsilon^2}{zek_B T \eta}} \qquad (10-1)$$

式中:K_1 为速率常数;b 为几何指数;s 为一个原子在晶格上占的面积;ε 为边界能量;k_B 为玻耳兹曼(Boltzmann)常数;e 为电子电荷;z 为离子电荷;T 为热力学温度;η 为过电势。

根据塔菲尔公式

$$\eta = \alpha + \beta \log i \qquad (10-2)$$

式中:α 和 β 为常数;i 为电流密度。

由式(10-1)和式(10-2)可知:影响成核速率的电化学因素主要是过电势,而影响过电势的主要因素是电流密度,所以当提高电沉积时的电流密度时,就提高了过电势,也就增加了成核速率。从而可知,生成纳米晶的重要电化学因素,就是有效地提高电沉积时的电流密度及过电势。

总之,电沉积金属的平均晶粒尺寸取决于过电势,在高的沉积过电势下,也就是在较高的电流密度下,就可得到平均晶粒较小尺寸的晶体或纳米晶镀层。

另外,在电沉积液中加入适宜和适量的添加剂,就可通过增大阴极极化,使形核晶界自由能减小,使结晶细化,就可得到纳米晶。通常使用的添加剂有糖精、十二烷基磺酸钠、硫脲及香豆素等。

10.2.3 脉冲电沉积法制备纳米晶

1. 脉冲电沉积法原理和方法

脉冲电沉积是将电沉积槽和脉冲电源连接构成的电沉积体系,脉冲电源有各种波形,通常多采用方波。脉冲电沉积过程中,除可以选择不同的电流波形外,还有三个独立的参数可调,即脉冲电流密度 i_p、脉冲导通时间 θ_1 和脉冲关断时间 θ_2。各参数间的关系可按下列公式进行换算。脉冲周期 $\theta = \theta_1 + \theta_2$,脉冲频率 $f = 1/\theta$,平均电流密度为 $i_m = i_p v$,则峰值电流密度 $i_p = i_m/v$,占空比(导通时间与周期之比)$v = (\theta_1/\theta) \times 100\%$。

采用脉冲电流进行脉冲电沉积时,一个电流脉冲后,阴极—溶液界面处消耗的沉积离子可在脉冲间隔内得到补充,因而可采用较高的峰值电流密度,得到的晶粒尺寸比直流电沉积的小。此外,采用脉冲电流时由于脉冲间隔的存在,使增长的晶体受到阻碍,减少了外延生长,生长的趋势也发生改变,从而不易成为粗大的晶体。目前电沉积纳米晶较多采用脉冲电沉积,所用脉冲电流的波形一般为矩形波。

脉冲电沉积与直流电沉积相比,更容易得到纳米晶镀层。脉冲电沉积可分为恒电流和恒电势控制两种形式,按脉冲性质又可分为单脉冲、双脉冲及换向脉冲等。脉冲电沉积可通过控制波形、频率、通断比及平均电流密度等参数,从而可以获得具有特殊性能的纳米镀层。

2. 脉冲电沉积纳米晶的控制步骤

电沉积纳米晶材料是由两个步骤控制:①形成高晶核数;②控制晶核的成长。以上两个条件可由控制化学和物理参数来实现,晶核的大小和数目可由过电势 η 来控制。

成核速率(J)由下式表示:

$$J = K_1 e^{\frac{-K_2}{|\eta|}} (cm^2/s) \tag{10-3}$$

式中:K_1 为比例常数;K_2 为与二维成核过程所需能量有关常数;$|\eta|$ 为过电势的绝对值。

由式(10-3)可知:成核速率随过电势的增加,而呈指数性的提高,于是晶核形成的数目迅速增多。

可用 Kelvin 电化学公式表示临介晶核形成界限 γ:

$$\gamma = \frac{2\delta V}{ze_0 |\eta|} \tag{10-4}$$

式中:γ 为临介晶核形成界限;δ 为表面能量;V 为晶体中原子体积;z 为元素电荷数;e_0 为元电荷电量;η 为过电势。

公式表明:高的过电势可形成小的晶核,也就是当给出高的电流密度时,就可得到高的过电势,于是相应得到高的形成晶核速率。但是在脉冲电沉积时,高沉积速率的导通时间 θ_1 仅能保持几毫秒,因受扩散控制,在阴极附近金属离子的浓度会迅速降低。因此,脉冲电流转换为关断时间 θ_2 保持 $20 \sim 100\mathrm{ms}$,在 θ_2 时金属离子从电沉积液中扩散到阴极表面,以补偿金属离子的消耗,于是连续反复进行,从而控制了微晶的大小和成长。

3. 脉冲电沉积纳米晶注意事项

进行脉冲电沉积纳米晶时,要注意以下几点:电流密度影响晶核的大小和数目,在每个周期恒定充电情况下,提高电流密度会降低微晶的尺寸;在恒定导通时间 θ_1 和电流密度的条件下,关断时间 θ_2 延长,微晶尺寸增加;在采用晶体有机细化添加剂来控制微晶过程,当关断时间反向时,由于添加剂的分子吸附在电极表面,会阻碍吸附原子的表面扩散;工作温度对微晶和晶核的形成有一定影响。

4. 脉冲电沉积纳米晶的优点

脉冲电沉积中,采用的脉冲电流密度比直流高得多,因而脉冲电沉积时,电极表面吸附原子总数高于直流电沉积,其结果使成核速率大大增加,于是形成细密的晶体结构。另外由于采用高的电流密度,导致高的过电势,有利于提高成核速率,促使晶粒细化。

为了保证阴极-溶液界面处的沉积离子能得到及时的补充,采用峰值电流密度高的脉冲电流时,应结合短的脉冲导通时间(θ_1)和适当大的脉冲关断时间(θ_2),或增加电沉积液与阴极的相对流速,如采用高速冲液或增加阴极旋转速度等措施也是有效的。

5. 脉冲极限电流密度和直流的极限电流密度的关系

脉冲周期和占空比(通断比)的关系见图 10-2。

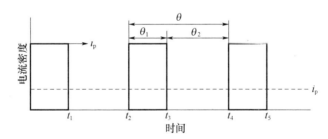

图 10-2 脉冲周期和占空比的关系

Cheh 通过计算和整理给出了脉冲极限电流密度 $(i_\mathrm{p})_1$ 和直流的极限电流密度 $(i_\mathrm{dc})_1$ 的关系式如下:

$$\frac{(i_\mathrm{p})_1}{(i_\mathrm{dc})_1} = \frac{1}{1 - \dfrac{8}{\pi^2} \displaystyle\sum_{j=1}^{\infty} \frac{1}{(2j-1)^2} \times \dfrac{\{ e^{(2j-1)^2 a\theta_2} - 1 \}}{\{ e^{(2j-1)^2 a\theta} - 1 \}}} \quad (10-5)$$

式中:$a = \pi^2 D / 4\delta^2 (\mathrm{s}^{-1})$ 为扩散系数。

图 10-3 表示的是脉冲电沉积的极限电流密度和直流电沉积之比 $\dfrac{(i_\mathrm{p})_1}{(i_\mathrm{dc})_1}$ 与占

空比之间的关系,还可看出脉冲极限电流密度总是高于直流的极限电流密度。还能看出:降低脉冲周期或降低占空比都能在高电流密度下进行电沉积。根据式(10-2)可知,在高的电流密度下,就能得到高的过电势,都能有效地提高成核速率,有利于细晶的形成。

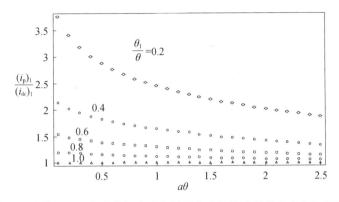

图 10-3　脉冲极限电流密度与直流电沉积之比与脉冲周期和占空比间的关系

根据以上分析可以看出,采用脉冲技术通过选择适宜的脉冲参数,就能减小电结晶的晶粒尺寸,就可以得到纳米晶镀层。因此,在采用电沉积法制取纳米晶时,目前常采用脉冲电沉积技术。

10.3　电沉积锌基纳米合金

10.3.1　电沉积 Zn - Fe 纳米合金

屠振密等人采用双向脉冲技术研究了在氯化物体系中电沉积纳米 Zn - Fe 合金工艺及镀层特性,得到了含 Fe 质量分数为 0.3% ~ 0.8% 的低 Fe 纳米 Zn - Fe 合金镀层。采用体视显微镜观察了镀层的外观形貌;由 SEM 图像判定晶粒的细致程度和晶粒大小;XRD 测试了合金镀层的晶体结构,通过测试确定了 Zn 为六方晶系,Fe 是立方晶系;根据 AFM 的测试结果可知,双向脉冲电沉积可以得到晶粒尺寸在 30nm 左右的镀层,从塔菲尔曲线测试、盐水浸泡试验及中性盐雾试验可知,其耐蚀性较相应的直流电沉积 Zn - Fe 合金镀层大大提高,约是直流镀层的 3 倍左右。

1. 电沉积工艺

(1) 电沉积 Zn - Fe 合金工艺。以氯化物镀锌液为基础的工艺:氯化锌（$ZnCl_2$）　90g/L,硫酸亚铁（$FeSO_4 \cdot 7H_2O$）　4g/L,氯化钾（KCl）　210g/L,柠檬酸　10g/L,抗坏血酸　1.5 ~ 2g/L,添加剂（光亮剂）　14mL/L,工作温度　25℃,pH 值　4 ~ 6。

（2）双向方波脉冲电沉积纳米 Zn－Fe 合金。经优选的最佳脉冲参数：脉冲频率 500Hz，占空比 60%，脉冲电流密度 9.0A/dm²，正反向脉冲比 50∶2，以上参数可表示为：J－60－9.0(50∶2)。

2. 电沉积纳米 Zn－Fe 合金特性

（1）XRD 测试。利用 XRD 进行测试，可以得到不同参数的合金镀层晶型和 Zn、Fe 的相对含量。当脉冲参数为 J－60－9.0(50∶2)的能谱图见图 10－4。

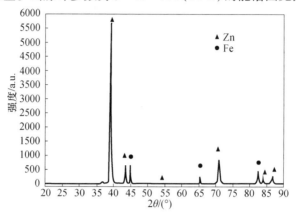

图 10－4　当脉冲参数 J－60－9.0(50∶2)的 XRD 图谱

由图 10－4 可知：由 XRD 图谱可看出，能谱图中 Zn 和 Fe 的峰高，可以判断含量的高低。在能谱图中 J－60－9.0(50∶2)铁峰较高，含 Fe 量约为 0.75%。常规直流合金层 Fe 含量约 0.45%（质量分数）。从 XRD 测试结果知道 Zn 为六方晶系，Fe 是立方晶系。另外，从能谱图可看出 Fe 峰较标准铁峰略有漂移，可能有少量 Fe 溶于 Zn 晶格，形成了固溶体。

（2）AFM 测试。两种合金镀层不同参数的 AFM 图谱，见图 10－5。

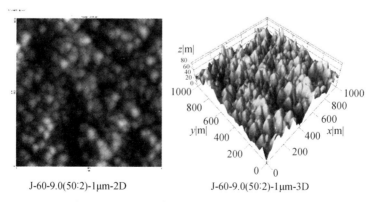

J-60-9.0(50:2)-1μm-2D　　　J-60-9.0(50:2)-1μm-3D

图 10－5　在以上参数下，2D 和 3D 的 AFM 图像

从图 10－5 可知：在脉冲参数为 J－60－9.0(50∶2)时，得到的晶粒最细，而

DC Zn-Fe合金镀层的晶粒尺寸较大,不同脉冲参数的晶粒尺寸,见表10-1。

表10-1 不同脉冲参数下,镀层的晶粒尺寸

编号	常规直流 Zn-Fe 合金	J-60-9.0(50:2)
晶粒尺寸/nm	≈120	≈30

由表10-1可知:在周期反向脉冲条件下,J-60-9.0(50:2)的晶粒的尺寸可以减小到30nm左右,是直流电沉积 Zn-Fe 镀层的1/4。

(3)SEM 观察。脉冲参数为 J-60-9.0(50:2)时电沉积的纳米 Zn-Fe 合金。SEM 图像见图10-6,由图10-6可知,采用双向脉冲技术的表面相对很细密,是纳米级,约为30nm。

图10-6 在 J-60-9.0(50:2)参数下的 SEM 图像

3. 耐蚀性测试

(1)不同参数的电化学测试(塔菲尔曲线)见图10-7。由图10-7计算得到的测试结果见表10-2。由表10-2可知,纳米 Zn-Fe 合金的腐蚀电流密度最低。

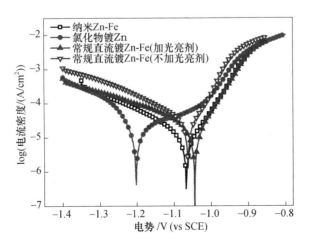

图10-7 不同参数的塔菲尔曲线

331

表 10 - 2　由图 10 - 7 计算得到的测试结果

样品	腐蚀电位	腐蚀电流密度/($\times 10^{-5}$A/cm^2)
氯化物 Zn	-1.202	3.82
Zn - Fe 无光亮剂	-1.062	3.495
Zn - Fe 常规	-1.044	1.586
纳米 Zn - Fe	-1.067	0.9349

（2）盐水浸泡试验。针对不同的试片进行耐蚀性测试可知,采用脉冲技术得到的镀层出现白锈的时间比正常 Zn - Fe 高 3 倍左右。而采用周期反向脉冲得到的镀层在 30 天后还没有出红锈,是正常 Zn - Fe 的 4 倍左右,耐红锈能力大大提高。（采用 5%（质量分数）NaCl 溶液,室温下浸泡,每隔两天换一次盐水,观察不同镀层出现白锈和红锈的时间）。

（3）中性盐雾试验。采用国标 QB/T 3826—1999,试验结果见表 10 - 3。镀层厚度约为 5 μm。

表 10 - 3　不同镀层中性盐雾试验结果

耐蚀性	氯化物镀锌	不加光亮剂 直流 Zn - Fe	加光亮剂 直流 Zn - Fe	脉冲参数 J - 60 - 9.0(50:2)
出白锈/h	12	8	24	48
出红锈/d	6	6	8	>18

从表 10 - 3 可知:直流镀 Zn - Fe 合金（加光亮剂）的耐白锈的能力是镀锌层的 2 倍,是不加光亮剂 Zn - Fe 合金的 3 倍,说明 Zn - Fe 合金中含微量 Fe 后,其耐蚀能力提高了,并细化了晶粒。脉冲 J - 60 - 9.0(50:2) 条件下镀层出白锈时间比正常 Zn - Fe 合金长一倍,而耐红锈能力要远高于直流镀 Zn - Fe 合金镀层,是它的 3 倍左右。

10.3.2　电沉积 Zn - Ni 纳米合金

在目前使用的碱性电沉积液中,采用直流和脉冲法都可得到纳米 Zn - Ni 合金镀层。适当地控制电沉积液中 Zn 和 Ni 的浓度和工艺参数,就能得到含 Ni 量不同的纳米合金镀层。

1. 脉冲电沉积法制备纳米 Zn - Ni 合金

Popov 等人用脉冲电沉积法制备了高 Ni 含量的 Zn - Ni 纳米合金,用 SEM 观测了表面形貌,还用 EDX 研究了镀层的组成,又用线性极化法测定了镀层的耐蚀性。

（1）电沉积纳米 Zn - Ni 合金工艺。电沉积液采用碱性硫酸盐电沉积液,加入适量的配位剂,以避免 Zn 和 Ni 在碱性液中沉淀。改变电沉积液中硫酸锌的含量来控制 Zn - Ni 合金的组成。电沉积液的 pH 值保持在 10.5（用 NaOH 调）,所用化学药品都是分析纯的,用水为三次蒸馏水,电沉积时间根据所需镀层厚度来调节。

电沉积采用脉冲技术,脉冲参数可调,脉冲有 3 个独立的参数,即导通时间 θ_1、断开时间 θ_2 和峰值电流密度 i_p,占空比 $= \dfrac{\theta_1}{\theta_1 + \theta_2} \times 100$。

由试验得知,脉冲极限电流密度总是高于直流电沉积,因此可通过降低脉冲周期或降低占空比来选用高电流密度电沉积。根据塔菲尔公式可知,大的电流密度,就可得到高的过电势 η,$\eta = \alpha + \beta \log i$(式中,$\eta$ 为过电势,α 和 β 为常数,i 为电流密度)。高的过电势,有利于晶核生成速度的增加,有利于细晶的生成,容易得到纳米晶。

(2)电沉积纳米 Zn – Ni 合金镀层特性。在相同占空比的条件下,脉冲电流密度与沉积 Zn – Ni 合金组成的关系,见图 10 – 8。

由图 10 – 8 可知:随峰值电流密度的增加,占空比减小,合金镀层中含 Ni 量随峰值电流密度增加而增加。

Zn – Ni 合金沉积层的 SEM 图像见图 10 – 9。可以看出,沉积层晶体粒度约为 70 ~ 80nm。在高电流密度沉积的合金中含 Ni 达到 50%,Ni 含量的增加归结于占空比的降低和断开时间的增加(电流密度为 $300A/dm^2$,$i_p = 300A/dm^2$,占空比 $= 0.01$)。

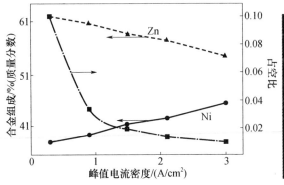

图 10 – 8 脉冲电流密度对 Zn – Ni 组成的影响

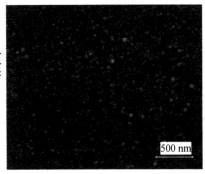

图 10 – 9 Zn – Ni 高分辨率的 SEM 表面形貌

线性极化研究了 Cd、Zn、Zn – Ni 和 Zn – Ni 纳米合金的极化电阻,电势扫描范围从 $+10 \sim -10mV$ 相对于腐蚀电势 E_{corr},扫描速度为 $0.5mV/s$,见图 10 – 10。曲线的斜度表明了极化电阻。Zn 的极化电阻 $R_p = 160\Omega \cdot cm^2$,Cd 的极化电阻 $R_p = 450\Omega \cdot cm^2$,Zn – Ni(常规)的极化电阻 $R_p = 300\Omega \cdot cm^2$,Zn – Ni 纳米合金的极化电阻 $R_p = 1688\Omega \cdot cm^2$。纳米合金的极化电阻最大,是 Zn 的 10 倍,是常规 Zn – Ni 的 5 倍,是 Cd 的 3 倍以上,这说明纳米 Zn – Ni 合金具有相对最高的耐蚀性。

几种牺牲性镀层腐蚀速率的影响见图 10 – 11。可以看出,Zn – Ni 纳米结构的(Zn 质量分数为 28%)合金镀层的腐蚀速率还不到 Cd 镀层腐蚀速率低 1/5,说明纳米结构的合金具有最优异的耐蚀性,因而可以认为纳米 Zn – Ni 合金是最理想的代镉镀层。

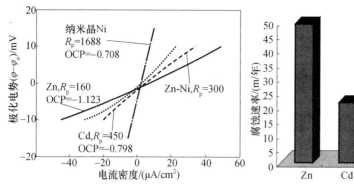
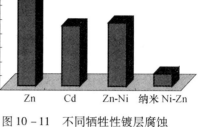

图 10 - 10　不同牺牲性镀层的线性极化曲线　　图 10 - 11　不同牺牲性镀层腐蚀

（R_p 为极化电阻，OCP 为开路电压）　　　　　速率的比较

2. 电沉积法制备 Ni_xZn_{1-x} 合金纳米线工艺及特性

Lin 和 Xin 等人用电沉积法制备了不同类型的 Ni_xZn_{1-x} 合金纳米线，它是通过阳极氧化铝膜板电沉积技术制得的铁磁性金属和非磁性金属的合金纳米线，并用 SEM、XRD、TEM 和 ED（Electro Diffraction）测试了 Ni_xZn_{1-x} 合金纳米线的形态特性，发现随合金纳米线中 Ni 含量的变化，其晶体结构也发生变化，表现出不同的结构特性。

（1）电沉积 Ni_xZn_{1-x} 合金纳米线工艺。阳极氧化铝作为实验模板，阳极氧化铝膜板采购自 Whatman 公司，用 SEM 检测模孔直径大致为 200nm。电沉积采用常规的双电极。在电沉积前，利用离子溅射法在阳极氧化铝膜溅射一层导电的银膜。

为了比较不同类型的电沉积液对合金纳米线中 Ni 含量的影响，配制了三种不同含量的 Ni^{2+}/Zn^{2+} 电沉积液。三种电沉积液的组成及工艺条件分别为：

（a）氯化锌（$ZnCl_2$）　100g/L，氯化镍（$NiCl_2$）　80g/L，氯化铵（NH_4Cl）220g/L；

（b）氯化锌（$ZnCl_2$）　100g/L，氯化镍（$NiCl_2$）　40g/L，氯化铵（NH_4Cl）220g/L；

（c）氯化锌（$ZnCl_2$）　100g/L，氯化镍（$NiCl_2$）　20g/L，氯化铵（NH_4Cl）220g/L，工作温度　室温；pH 值　4~5。

纳米合金镀层特性与镀锌纳米层进行对比，镀纳米锌工艺为氯化锌（$ZnCl_2$）60g/L，氯化钠（NaCl）　200g/L，硼酸（H_3BO_3）　30g/L，工作温度　室温。

（2）电沉积 Ni_xZn_{1-x} 纳米合金工艺特性。电流密度和沉积电势对合金纳米线中镍含量的影响，见图 10 - 12。

（3）Ni_xZn_{1-x} 合金纳米镀层的特性。电沉积纳米合金线的 SEM 图见图 10 - 13。用 EDX 测试合金纳米线中镍和锌元素的组成，结果见图 10 - 14 可知，电沉积的纳米线中含有 Ni 和 Zn 元素，这确认了 Ni_xZn_{1-x} 合金纳米线，其中 Ni 含量大致在 1% ~10% 之间。在图谱中的 Al 和 O 是来自铝模板。

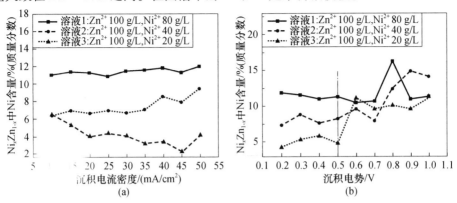

图 10 - 12　不同电沉积液中电流密度和电势变化对 Ni_xZn_{1-x} 合金纳米线中 Ni 含量的影响
(a) 电流密度的影响；(b) 沉积电势的影响。

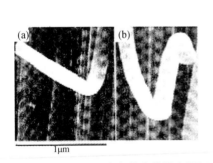

图 10 - 13　Ni_xZn_{1-x} 合金纳米线植入阳极
氧化铝模板的 SEM 图像

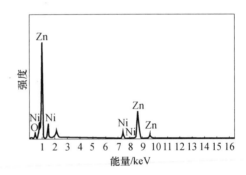

图 10 - 14　电沉积 Ni_xZn_{1-x} 合金纳米线的
能量弥散射线（EDX）探测图谱

电沉积 Ni_xZn_{1-x} 合金纳米线中 Ni 含量对晶体结构的影响见图 10 - 14。由图 10 - 14 可看出：随着阴极电势向负方向变化，Ni^{2+} 沉积速率加速，于是合金中的 Zn 含量降低。

10.3.3　在熔体中电沉积 Zn - Sb 纳米合金

用半导体热电材料制备的制冷器件具有小型化、质量轻、无噪声、不使用传热介质和无污染等优点，已在空间技术、军事领域、医疗器械、石油化工和民用等方面有着广泛的应用。适合做半导体制冷材料的类型很多，如 PbTe、SbZn 和 SiGe 等。特别是 Zn_4Sb_3 因其具有良好的热电性能，有望取代 PbTe 而备受关注。

刘鹏等人采用电沉积法在乙酰胺 - 尿素 - NaBr - KBr 熔体中得到了 Zn - Sb 纳米合金，并应用循环伏安法研究了 Zn 和 Sb 在熔体中的电还原，还研究了 Zn - Sb 合金膜的特性。

（1）实验工艺。全部化学药品均为化学纯。在实验前先将 $ZnCl_2$ 于100℃下真空干燥8h，$SbCl_3$ 于65℃真空干燥 8 h，尿素也在393K 下真空干燥。尿素、乙酰胺、NaBr 和 KBr 混合物在低于353K 下熔融。用油浴恒温槽控制实验温度343 ±1K。

工作电极采用 Pt 丝（99.9%，$0.1cm^2$），对电极为 Pt 片（99.9%，$0.1cm^2$）。将表面沉积了 Ag 的线浸入乙酰胺 - 尿素 - NaBr - KBr 熔体的玻璃管（带有石棉纤维填充的毛细管）中，组成参比电极，其电势用饱和甘汞电极（SCE）校准。本小节采用的电势都是相对于 SCE。

（2）Zn 和 Sb 的电还原。采用循环伏安法进行测试，测试结果表明：在含有 $ZnCl_2$ 和 $SbCl_3$ 的熔体中，Sb(Ⅲ)首先在 Pt 电极上还原为 Sb，然后 Zn(Ⅱ)还原为 Zn，Sb - Zn 合金开始共沉积发生在 - 1.2V 左右。如果使用铜电极也有类似情况，在 - 1.1V 下电解可得到 Zn - Sb 合金。

（3）Zn 和 Sb 在熔盐中的电解共沉积。表 10 - 4 是 $ZnCl_2$ 和 $SbCl_3$ 的浓度以及沉积电势对熔体中沉积 Zn - Sb 合金组成的影响。由表 10 - 4 表明，沉积电势对合金组成有较大影响。另外，通过对合金膜的观察，不同电势下沉积出的膜均为黑色，结合力随沉积电势负移而减小。

表 10 - 4 $ZnCl_2$ 和 $SbCl_3$ 的浓度以及沉积电势对熔体中
沉积 Zn - Sb 合金组成的影响

电沉积液组成	沉积电势/V	Zn 在合金中的百分含量/%
0.05mol/L $ZnCl_2$	- 1.4	80.95
+0.1mol/L $SbCl_3$	- 1.3	96.93
	- 1.2	90.32
0.05mol/L $ZnCl_2$	- 1.1	29.67
+0.08mol/L $SbCl_3$	- 1.4	97.34
	- 1.1	54.20

（4）Zn - Sb 合金膜的显微外观。Zn - Sb 合金膜的 SEM 图像可见，电沉积的合金膜颗粒尺寸均匀，且粒径较小，约 50nm。

10.4　电沉积镍基纳米合金

镍基合金纳米微晶磁性材料具有十分优异的特性，如高磁导率，低损耗，高饱和磁化强度等，现在已用于开关电源、传感器和变压器等。纳米微晶磁性材料有利于实现小型化、轻量化及多功能化，故发展迅速。以 Fe 为基的 Fe - Ni 纳米合金，能进一步改善高温磁性。

10.4.1　电沉积 Ni - Fe 纳米合金

Cheung 等人用电沉积方法得到了纳米 Ni - Fe 合金，其晶粒尺寸小于30nm，合金中 Fe 含量为 28%(质量分数),沉积速度为 100μm,其晶粒大小和晶体结构强烈的依赖于合金镀层中的铁含量。

(1)电沉积 Ni-Fe 纳米合金工艺。在瓦特镀镍液中加入另一主盐氯化亚铁,柠檬酸作配位剂,糖精作晶粒细化剂,阴极用钛板,阳极用电解镍,工作温度 50℃,采用直流电源,电流密度 0.2A/cm²,适当搅拌。

(2)镀层特性。

① Ni-Fe 合金中 Fe 含量和晶粒尺寸的关系见图 10-15。由图 10-15 可见,在 Ni-Fe 合金中随 Fe 含量的增加,晶粒尺寸减小。

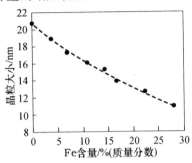

图 10-15 在 Ni-Fe 纳米合金中 Fe 含量的增加与合金晶粒尺寸大小的关系

② 纳米 Ni-Fe 合金的 X 射线衍射图谱,可知 随 Ni-Fe 合金中 Fe 含量的增加,在共沉积中 Fe 有细化晶粒的作用。

③ 电沉积纳米 Ni-20% Fe 合金晶粒尺寸分布(平均晶粒大小为 25.2 ± 8.6nm)见图 10-16。

④ 电沉积纳米合金的硬度。由图 10-17 可看出,纳米 Ni-Fe 合金的显微硬度可高达 500HV 以上,当 Fe 含量在 20% 时,硬度可达 600HV,显微硬度明显增加。

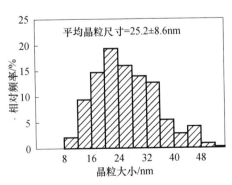

图 10-16 电沉积纳米 Ni-20% Fe
晶粒尺寸分布

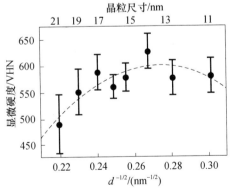

图 10-17 纳米 Ni-Fe 合金对
显微硬度影响

10.4.2 电沉积 Ni－Cu 纳米合金

Ni－Cu 合金主要用作装饰性镀层,最近研究发现它具有良好的机械性、耐蚀性、电性能和催化性能,特别是含 Cu(质量分数为30%)的 Ni－Cu 合金,它在海水中、酸、碱介质和一些氧化性及还原性环境中都有很高的稳定性。

由于 Ni 和 Cu 的还原电势相差较大,要达到共沉积需加入适当的配位剂,研究发现柠檬酸或柠檬酸盐是很好的配位剂,毒性小,较便宜,且能得到质量好的合金镀层。

Ggosh 等人用脉冲电沉积制备了 Ni－Cu 纳米合金,并测定了镀层性能。采用的电沉积 Ni－Cu 纳米合金工艺:硫酸镍($NiSO_4 \cdot 7H_2O$) 0.475mol/L,硫酸铜($CuSO_4 \cdot 5H_2O$) 0.125mol/L,柠檬酸钠 0.20mol/L,pH 值 9.0(用氨水调),电沉积液较稳定,但温度高于 $40^\circ C$ 时,电沉积两三批镀件后,电沉积液变得不够稳定。阳极用镍网,阴极是钛上镀铂,使用方波脉冲电沉积。镀层组成测定用化学法(碘量法),断面用原子吸收光谱法(AAS)测定,镀层硬度测定的试样厚度为 15 ~ 20μm,硬度计载荷为 50g。

脉冲参数:峰值电流密度 i_p,平均电流密度 i_a,导通时间 θ_1,断开时间 θ_2,占空比(θ_1/θ),脉冲频率 f。

(1)脉冲频率对合金镀层中 Cu 含量及电流效率的影响,由图可知,随脉冲频率的增加,合金镀层中 Cu 含量下降,而电流效率上升。脉冲参数为($i_p = 20A/dm^2$,$I_a = 2A/dm^2$,占空比 = 10%)。

(2)脉冲峰值电流密度对电流效率和镀层中 Cu 含量的影响由图可知,随峰值电流密度增加,电流效率增加,但镀层中 Cu 含量下降($I_a = 2A/dm^2$,$\theta_1 + \theta_2 = 10ms$,占空比 = 10%)。

(3)脉冲导通时间对电流效率和镀层中 Cu 含量的影响由图可知,导通时间延长,使镀层中 Cu 含量降低,也使电流效率降低($i_p = 20A/dm^2$,$\theta_2 = 9ms$)。

(4)脉冲断开时间对电流效率和镀层中 Cu 含量的影响随断开时间的增加,镀层中 Cu 含量上升,而电流效率下降。

(5)电沉积过程中工作温度变化对电流效率和镀层中 Cu 含量的影响由图可知,随工作温度增加,电流效率有所上升至 $60^\circ C$ 时平稳,而镀层中 Cu 含量开始增加很快,至 $40^\circ C$ 以后,上升比较平稳($i_p = 20A/dm^2$,$I_a = 2A/dm^2$,$f = 100Hz$)。

(6)电沉积液中 pH 值对电流效率和镀层中 Cu 含量的影响,随 pH 值的增加,镀层中 Cu 含量有所上升,而对电流效率影响则较小。

(7)用扫描电镜 SEM 观察 Ni－Cu 合金表面形貌,见图 10－18。

适当地调整脉冲参数就可以得到表面光亮的银白色 Ni－Cu 合金镀层,但采用直流镀($i = 2A/dm^2$)得到的镀层表面为多瘤状,如图 10－18(a)。若采用脉冲镀,平均电流密度和直流相同($2A/dm^2$)时,则得到的镀层平整光亮,如图 10－18(b),即

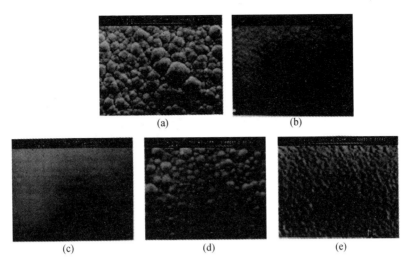

图 10 – 18　电沉积 Ni – Cu 合金的 SEM 图像

（a）直流镀，电流密度 $= 2A/dm^2$，$pH = 9.0$；（b）脉冲镀，$I_p = 20A/dm^2$，$I_a = 2A/dm^2$，$f = 100Hz$，$pH = 9.0$；

（c）脉冲镀，$I_p = 20A/dm^2$，$I_a = 4A/dm^2$，$f = 100Hz$，$pH = 9.0$；（d）脉冲镀，$I_p = 20A/dm^2$，

$I_a = 4A/dm^2$，$f = 50Hz$，$pH = 9.0$；（e）脉冲镀，$I_p = 20A/dm^2$，$I_a = 2A/dm^2$，$f = 100Hz$，$pH = 9$。

使在较高的电流密度（$4A/dm^2$）下如图 10 – 18（c），表面形态也没有明显的变化；当 $i_a = 4A/dm^2$ 和 $f = 50Hz$ 时，开始有球状物生长，如图 10 – 18（d），当 pH 值更高等于 9.5 时表面较粗糙，但仍比直流好。

10.4.3　电沉积 Ni – Mo 纳米合金

电沉积 Ni – Mo 合金具有很多优异特性，如较高的硬度、耐磨损性和抗蚀性，低的热膨胀系数和软磁性以及优异的电化学催化活性等，而且价格比较便宜，已在电化学工业中得到广泛应用。作为析氢催化活性电极材料，在电解水工业中尤为受到重视。

电沉积纳米 Ni – Mo 合金，通常使用的电沉积液体系，常根据采用的配位剂不同可分为：柠檬酸盐体系、酒石酸盐体系和焦磷酸酸盐体系等。

Donten 等人采用电沉积方法在焦磷酸盐体系中得到纳米 Ni – Mo 合金。

（1）电沉积纳米 Ni – Mo 合金工艺。硫酸镍（$NiSO_4 \cdot 7H_2O$）　40g/L，钼酸钠（$Na_2MoO_4 \cdot 2H_2O$）　4 ~ 16g/L，焦磷酸钠（$Na_4P_2O_7 \cdot 10H_2O$）　160g/L，氯化铵（NH_4Cl）　20g/L，1,4-丁炔二醇　50mg/L，非离子表面活性剂 H – 10　100μL/L，电流密度　10 ~ 50mA/cm²，工作温度　20℃，pH 值　8.5。

（2）添加剂影响。当电沉积液中不加光亮剂和润湿剂时，得到的镀层表面粗糙，并有很多小鼓包。当加入 1,4-丁炔二醇和 H – 10 后，外观光滑、平整，小鼓包也没有了，见图 10 – 19。

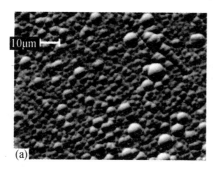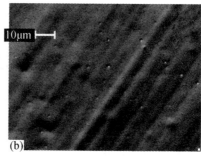

图 10 – 19　电沉积 Ni – Mo(84% : 16%(原子分数))合金的表面形貌(电流密度 = 30mA/cm²)
(a)电沉积液中含钼酸钾 4g/L,不含添加剂;(b)在(a)液中加入 1,4 – 丁炔二醇 50mg/L 和 N – 10　100μL/L。

（3）电沉积液中钼酸钠含量的影响。由实验得知:随着电沉积液中钼酸钠含量的增加,镀层中 Mo 含量也增加,可达到 33% ~35%(原子分数),但沉积速率则明显下降。

（4）电流密度的影响。在低电流密度区,Mo 优先沉积,故 Mo 含量高,可超过30%(原子分数),但电流效率降低。随着电流密度增加,阴极电势向负变化,Ni^{2+} 沉积加速,镀层中 Ni 含量增加,于是 Mo 含量降低。

（5）pH 值的影响。见表 10 –5(原始电沉积液中加入钼酸钠 12g/L,1,4-丁炔二醇　50mg/L 和 N – 10　100μL/L,电流密度　30mA/cm²)。

表 10 – 5　pH 值对 Ni – Mo 合金中的 Mo 含量和沉积速率及电流效率的影响

pH 值	Mo 含量/%（原子分数）	沉积速率/(mg/(h·cm²))	电流效率/%
8.5	29.7	9.1	16.5
9.0	22.1	15.6	32.7
9.75	19.7	14.4	31.5

（6）Ni – Mo 合金中钼含量对晶粒大小的影响见表 10 –6。由表 10 –6 可知,随合金镀层中 Mo 含量增加,晶体颗粒明显变细,由粗晶向纳米晶变化。

表 10 –6　从焦磷酸盐电沉积液中电沉积 Ni – Mo 合金镀层中
Mo 含量对晶粒大小的影响

镀层中 Mo 含量	0	6.9	8.5	15.6	19	21.4	21.7	23.9	24.8
晶粒大小/nm	415	313	280	304	168	113	94	77	61

Huang 和 Yang 等人用电沉积法制得了纳米晶 Ni – Mo 合金电极,并研究了它的晶体结构和析氢特性。

纳米晶 Ni – Mo 合金的制备方法,电沉积液组成及工艺条件:硫酸镍($NiSO_4$·$6H_2O$) 50g/L,钼酸钠(Na_2MoO_4·$2H_2O$)　5 ~15g/L,焦磷酸钠($Na_4P_2O_7$·$3H_2O$)250g/L,柠檬酸钠($Na_3C_6H_5O_7$·$2H_2O$)　10g/L,用氨水调 pH 值到 8.5,工作温

度 30℃,电流密度 6A/dm²,基体为低碳钢,电沉积时间 30min,阳极为纯镍(99.99%)。

采用以上工艺制得的纳米 Ni - Mo 合金镀层,用 X 射线衍射(XRD)和 X 射线光电子能谱(XPS)分析了合金镀层的结构。XRD 测试表明随着镀层中 Mo 含量的增加,晶粒尺寸减小,当 Mo 含量达到 33.8%(质量分数)时,就得到了纳米晶。XPS 分析表明:纳米合金镀层中的镍和钼呈金属状态,合金元素的结合能宽度增加。电化学阻抗谱表明:纳米 Ni - Mo 合金电极的析氢电催化活性优于镍电极。研究还表明纳米晶 Ni - Mo 合金的析氢催化活性强烈的依赖于电极的晶粒大小及合金的组成。

10.4.4　电沉积 Ni - W 纳米合金

电沉积 Ni - W 合金镀层具有高的应力强度和良好的韧性,可用于微型机械器件。另外,纳米 Ni - W 合金还具有较好的磁性,也可用于磁记录装置。

1. 电沉积法制备高强度的 Ni - W 纳米合金镀层

Yamasaki 等人用电沉积法制得的纳米晶 Ni - W 合金具有高的应力强度,大致为 23000MPa,并有良好的韧性。镀层试片可弯曲 180°而未破坏。

(1) 电沉积液组成及工艺条件:硫酸镍(NiSO₄ · 6H₂O) 0.06mol/L,柠檬酸(Na₃C₆H₅O₇ · 2H₂O) 0.5mol/L,钨酸钠(Na₂WO₄ · 2H₂O) 0.14mol/L,氯化铵(NH₄Cl) 0.5mol/L,溴化钠(NaBr) 0.15mol/L,工作温度 75℃,电流密度 5~20A/dm²,pH 值 7.5。

柠檬酸和氯化铵是电沉积液中镍和钨的配位剂,加入溴化钠以改善电沉积液的导电性。镀层基体是经抛光的铜片,高纯铂板作阳极。镀槽是 600mL 的烧杯,内含电沉积液 500mL,药品为分析纯,沉积速度用称量法得到。为了将 Ni - W 电沉积层从铜片上的剥离,可将试片浸在含有 CrO₃(250g/L)和 H₂SO₄(15mL/L)的溶液中。

(2) X 射线衍射法(XRD)分析 Ni - W 纳米合金镀层特性,可知所有的 Ni - W 合金镀层都有较好的延展性,试片弯曲 180°未断裂。随着电流密度的增加,合金的衍射峰加宽,且镀层中 W 含量增加,当 W 含量增加到大于 20%(原子分数)出现非晶态。

(3) 不同电流密度下(5~20A/dm²)制得的电沉积 Ni - W 合金的晶粒尺寸和显微硬度的关系,见表 10 -7。

由表 10 -7 可知,随电沉积时电流密度的增加,镀层中 W 含量增加,晶粒尺寸减小;当电流密度为 0.20 A/cm² 时,晶粒尺寸为 2.5nm。合金层的硬度也随电流密度的增加而增加,当电流密度为 0.20A/cm² 时,合金镀层的硬度为 685HV,此时仍有较好的韧性,弯曲 180°未发生脆裂(以上镀层是在电沉积液温度为 75℃时得到的)。但其他温度得到的电沉积合金镀层,则有明显的脆性。

表 10 - 7   不同电流密度经热处理后的平均晶粒尺寸及维氏硬度的关系
[(450℃,24h)(电沉积 Ni - W 合金电沉积液温度为 75℃)]

电流密度 /(A/cm²)	W 含量 /%	晶粒大小 /nm	硬度 /HV	晶粒大小 (450℃,24h)/nm	硬度 450℃,24h /HV
0.05	17.7	6.8(7.0)①	558	9.5	919
0.10	20.7	4.7(3.0)①	635	9.0(10)①	962
0.15	19.3	4.7	678	8.9	992
0.20	22.5	2.5	685	8.2	997

①为 TEM 观察结果。

2. 电沉积法制备 Ni - W 纳米合金镀层

Iwasaki 等人也用电沉积法制备了 Ni - W 纳米合金,并研究镀层的应力变形和结构。其电沉积液组成及工艺条件,基本与 Yamaski 等人的工艺差不多,仅是增加了糖精(0.6g/L)和十二烷基硫酸钠(0.6g/L),所用 pH 值为 7.6。

(1) Ni - W 纳米合金高分辨率微结构图像,见图 10 - 20(电流密度为 0.10A/cm²)。晶粒尺寸大致为 4.5 ~ 6.2 nm,晶粒间边界约为 0.5 ~ 1 nm 宽,但存在有纳米孔,约为 1 ~ 2 nm,主要在晶粒边界上。

(2) Ni - W 纳米合金镀层的磁性。由于纳米磁性材料的突出特性,其主要用于微型电子元件,如磁记录装置、传感器和敏感元件等。

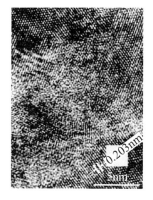

图 10 - 20   高分辨率 Ni - W 纳米合金结构形貌

3. 电沉积制备柱状纳米晶 Ni - W 合金薄膜

Sulitanu 和 Brinza 等人用电沉积方法制取了具有柱状纳米晶结构的 Ni - W 合金薄膜。纳米合金组成含 W 量为 0→18%(质量分数),厚度为 140nm,并测定了纳米 Ni - W 合金薄膜的结构和磁性能。

(1) 电沉积 Ni - W 合金工艺。电沉积制备纳米晶结构的 Ni - W 合金薄膜的电沉积液主要成分为硫酸镍、硼酸、酒石酸钾钠、柠檬酸盐和钨酸盐;电沉积液 pH 值   2.0(用 35% 的氢氧化铵调),工作温度   306 ± 0.5K,搅拌。采用直流电沉积,电流密度   300 ~ 600A/m²,镀层厚度   120 ~ 150nm,合金镀层中 W 含量最高为 18%(质量分数)。

(2) Ni - W 纳米合金中 W 含量变化对晶粒大小(n)及饱和磁化强度的影响,见图 10 - 21。

由图 10 - 21 可知,随 Ni - W 合金中 W 含量的增加,晶粒尺寸逐渐减小,至 W 含量达到 18%(质量分数)时,晶粒尺寸为 6.5nm。饱和磁化强度随 Ni - W 合金

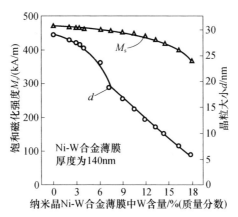

图 10 - 21　纳米 Ni - W 合金薄膜中 W 含量变化对晶粒大小(d)
及饱和磁化强度(M_s)的影响

中 W 含量的增加,则缓慢下降,当 W 达到 18%(质量分数)时,饱和磁化强度约为
80kA/m。

作者还测定了 W 含量为 6%、14% 和 18% 的 Ni - W 合金的磁滞回线,表明 W
含量为 14% 的合金具有很大的垂直磁性各向异性,这种典型合金膜有以下磁性参
数:有相当高的饱和磁化强度,$M_s = 420kA/m$,足够大的垂直矫顽磁性,
$H_c = 120kA/m$ 和大的 $H_T = 120kJ/m^3$。

10.4.5　电沉积 Ni - P 纳米合金

早在 1980 年就有了电沉积合金 Ni - P 纳米晶的报道,Zhou 和 Erb 等人综述了
从溶液中电沉积 Ni - P 纳米晶的研究发展的概况。研究表明:Ni - P 合金纳米晶
粒的大小强烈的受合金层中 P 含量和电沉积液中磷酸含量控制。另外,Ni - P 合
金纳米晶粒的大小,对镀层的硬度和耐磨损性影响极大,对弹性模数也受晶粒大小
的影响,但对耐蚀性和饱和磁性影响很小。

(1)电沉积纳米 Ni - P 工艺特性。纳米 Ni - P 合金电沉积液组成及工艺条
件:硫酸镍($NiSO_4 \cdot 6H_2O$)　130 ~ 150g/L,氯化镍($NiCl_2$)　0 ~ 50g/L;碳酸镍
($NiCO_3$)　0 ~ 40g/L;亚磷酸(H_3PO_3)　可变,磷酸(H_3PO_4)调 pH = 1.5,工作温
度　60 ~ 80℃,电流密度宜控制在 1 ~ 10A/dm²。

① 合金电沉积液中亚磷酸含量对镀层中 P 含量的影响,见图 10 - 22。由图可
知,随电沉积液中亚磷酸含量的增加,镀层中 P 含量增加;且随电流密度增加,镀
层中 P 含量也增加。

② 合金镀层中 P 含量对 Ni - P 合金沉积层的晶粒大小的影响,如图 10 - 23
所示。由图 10 - 23 可看出,镀层中含 P 量低时(如 < 2%)对晶粒尺寸影响最大,
当 P 含量低于 5% ~ 7% 时为纳米晶,超过 5% ~ 7% 时,即变为非晶态,电流密度影

响不大。

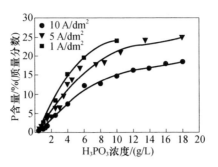

图 10-22　在不同电流密度下,电沉积液中亚磷酸含量
对镀层中 P 含量的影响

③ 电沉积纳米晶的 X 射线衍射图谱,见图 10-24。

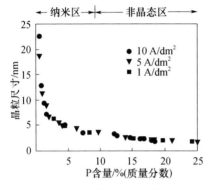

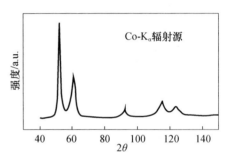

图 10-23　镀层中 P 含量增加与
晶粒尺寸变化的关系

图 10-24　晶粒大小为 6.1nm 的 Ni-2.5%
P(质量分数)合金的 X 射线衍射图谱

（2）电沉积纳米 Ni-P 合金镀层的特性。

① 硬度。Hell-Petch 公式 $H = H_0 + Kd^{1/2}$（H—硬度,H_0—特大晶粒的硬度（为常数）,K—常数,d—晶粒大小）。从公式可以看出硬度是晶粒大小的函数,硬度与晶粒大小的平方根成反比,见图 10-25。由图 10-25 可看出:当晶粒 >10nm 时,随晶粒尺寸增加,硬度降低,硬度遵守 H-P 特性。当晶粒 <10nm 时,硬度随晶粒尺寸增加而增加。若晶粒尺寸进一步减小,则与 H-P 特性成反比。

② 弹性系数。E 为弹性系数;E_0 为常规多晶的弹性系数。E/E_0（标准化弹性系数）与晶粒大小的关系。由实验得知,随着晶粒尺寸的减小,E/E_0 也下降,特别是当晶粒尺寸 <20nm 以后,E/E_0 迅速下降。

③ 腐蚀特性。在 0.1mol/L H_2SO_4 溶液中,用恒电势极化法测 Ni-1.4%P(质量分数)合金纳米晶粒大小为 22.6nm、Ni-1.9%（质量分数）纳米晶为 8.4nm 和非晶态 Ni-6.2%（质量分数）。另外,纳米晶和非晶态镀没有发现明显的钝化现象。由实验表明:纳米晶和非晶态合金在碱性环境和还原性溶液中具有较好的耐蚀性。

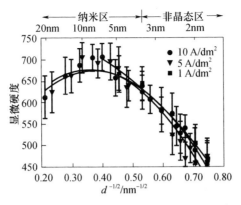

图 10 - 25　电沉积 Ni - P 合金的 H - P 图线

④ 磁性能。Ni - P 合金纳米晶是铁磁性,图 10 - 26 表示镀层中的 P 含量对 Ni - P 合金饱和磁化的影响。

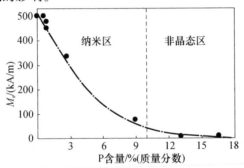

图 10 - 26　P 含量对纳米晶和非晶态合金饱和磁化的影响

Mehta 和 Erb 等人还研究了电沉积纳米合金 Ni - 1.2%P 的晶体成长过程,作者采用透射电子显微镜(TEM)观察了电沉积纳米合金 Ni - 1.2%P 显微晶体的变化情况,发现 Ni - 1.2%P 合金晶体结构在 360℃时是稳定的。在晶体成长的同时伴随着 Ni3P 的沉积,当热处理温度为 480℃时,观察到了 Ni - 1.2%P 的正常晶粒生长,Ni - 1.2%P 合金晶体成长的活化能为 2.25eV。

近 20 年来对电沉积 Ni - P 合金纳米晶研究表明:纳米晶粒的大小强烈依赖于合金层中的 P 含量,也依赖于电沉积液中亚磷酸的含量。纳米晶粒大小极大地影响镀层硬度和抗蚀性。

10.5　电沉积钴基纳米合金

10.5.1　电沉积 Co - Ni 纳米合金

纳米晶 Co - Ni 合金具有良好的磁性能,在电子计算机行业中有广泛的应用。

还具有较高的强度、硬度和耐磨性,也可作为工程材料。用电沉积法制备纳米晶Co - Ni 合金,近年来已受到人们的关注。

1. 喷射电沉积制备 Co - Ni 纳米合金层

Qiao 和 Jing 等人采用高速喷射电沉积的方法制备了 Co - Ni 纳米合金,并用 XRD 和 TEM 等测定了电沉积液及镀层的性能。试验表明:当增加电沉积液中 Co^{2+} 离子的含量、增加喷射速度和提高阴极电流密度以及降低电沉积液的温度,都能提高合金镀层中的钴含量。喷射电沉积具有高的沉积速度,并能细化晶粒,这是由于喷射电沉积可以使用高的电流密度,在阴极上能得到高的过电势。

(1)电沉积 Co - Ni 合金工艺。喷射电沉积使用的阴极为纯铜99.9%,面积为20mm×20mm×0.5mm;用蒸馏水和乙醇清洗;阳极为高纯度镍板99.9%和钴板99.9%,喷嘴直径为 5 mm,喷射电沉积的时间为 10 ~ 15min。

电沉积液组成及工艺条件,见表10 - 8。

表 10 - 8　电沉积液组成及工艺条件

类型	电沉积液组成	含量		工艺条件
		mol/L	g/L	
1	$CoSO_4 \cdot 7H_2O$	0. 031 ~ 0. 213	8. 8 ~ 60	阴极电流密度:318A/dm²
	$NiCl_2 \cdot 6H_2O$	0. 841	200	电沉积液喷射速度:356m/min
	H_3BO_3	0. 486	30	电沉积液温度:40℃
2	$CoSO_4 \cdot 7H_2O$	0. 213	60	阴极电流密度:159 ~ 477A/dm²
	$NiCl_2 \cdot 6H_2O$	0. 841	200	电沉积液喷射速度:356m/min
	II_3BO_3	0. 486	30	电沉积液温度:40℃
3	$CoSO_4 \cdot 7H_2O$	0. 213	60	
	$NiCl_2 \cdot 6H_2O$	0. 841	200	阴极电流密度:159 ~ 477A/dm²
	H_3BO_3	0. 486	30	电沉积液喷射速度:356m/min
	添加剂	0. 01	2. 5	电沉积液温度:40℃
4	$CoSO_4 \cdot 7H_2O$	0. 213	60	阴极电流密度:318A/dm²
	$NiCl_2 \cdot 6H_2O$	0. 841	200	电沉积液喷射速度:254 ~ 510m/min
	H_3BO_3	0. 486	30	电沉积液温度:40℃
5	$CoSO_4 \cdot 7H_2O$	0. 213	60	
	$NiCl_2 \cdot 6H_2O$	0. 841	200	阴极电流密度:318A/dm²
	H_3BO_3	0. 486	30	电沉积液喷射速度:254m/min
	添加剂	0. 01	2. 5	电沉积液温度:从 30 ~ 50℃

(2)电沉积液组成及工艺条件对镀层成分的影响。

① 当电沉积液中镍离子浓度一定时,Co^{2+} 变化对镀层成分含量的影响见

图 10 - 27。由图 10 - 27 可知，随电沉积液中 Co^{2+}/Ni^{2+} 比的增加，合金镀层中 Co 含量增加。

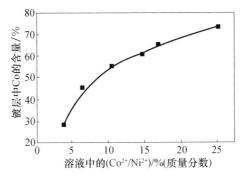

图 10 - 27　电沉积液中 Co^{2+}/Ni^{2+} 比对合金镀层的影响
（电沉积液组成见表 10 - 8,1 号）

② 阴极电流密度对合金组成也有一定影响，使用表 10 - 8 中的 2 号和 3 号电沉积液，表明随阴极电流密度的增加，合金镀层中的 Co 含量降低。

③ 电沉积过程中电沉积液温度对合金镀层中 Co 含量的影响，随电沉积液温度的升高，合金镀层中的 Co 含量下降。

④ 电沉积液喷射速度对合金镀层中 Co 含量的影响，随喷射速度的增加，合金中的 Co 含量上升，但当喷射速度达到 440m/min 后，合金中 Co 含量基本保持稳定。

（3）电沉积工艺参数对镀层晶粒尺寸的影响。

① 在电沉积液中 Co^{2+}/Ni^{2+} 比对形成晶粒尺寸的影响，见图 10 - 28。随电沉积液中 Co^{2+}/Ni^{2+} 比的增加，电沉积的晶粒尺寸减小，从 24nm 降至 14 nm。

② 阴极电流密度对电沉积晶粒大小的影响见图 10 - 29。随阴极电流密度的增加，晶粒尺寸减小，但阴极电流密度对 3 号电沉积液的影响比 2 号电沉积液要明显得多，当阴极电流密度增大至 480A/dm² 左右时，在 3 号电沉积液中可得到经理尺寸约 5 nm 的 Co - Ni 合金。

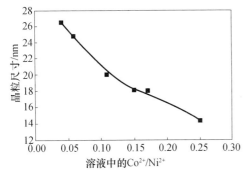

图 10 - 28　电沉积液中 Co^{2+}/Ni^{2+} 比与形成晶粒尺寸的关系（电沉积液组成见表 10 - 8,1 号）

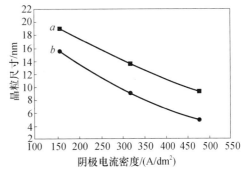

图 10 - 29　阴极电流密度对晶粒尺寸的影响（电沉积液组成见表 10 - 8,a 为 2 号,b 为 3 号）

③ 电沉积液喷射速度对晶粒尺寸的影响由试验得知,随喷射速度的增加,晶粒尺寸逐渐减小。

(4) Co - Ni 合金镀层的 XRD 图谱。不同 Co^{2+} 含量条件下,Co - Ni 合金镀层的 XRD 图谱,使用的电流密度为 $318A/dm^2$,工作温度为 40℃,喷射速度为 $390dm^3/h$。

由图 10 - 30 及试验可知:当 Co^{2+} 的浓度低于 0.09mol/L ($CoSO_4 \cdot 7H_2O$ 25g/L)时,沉积层是单相 fcc α 相,见图 10 - 30(a)。随钴含量的增加,逐渐出现六方紧密晶系(hcp),而 fcc 相大量减少。例如:当沉积层组成增加到 60.39 ± 1.58% (质量分数)($CoSO_4 \cdot 6H_2O$)时,沉积层的晶体结构从 fcc α 相变化到混相(fcc + hcp)。当 Co 含量继续增加,则 hcp 晶逐渐出现,fcc 相逐渐减少。比较图 10 - 30(c)和图 10 - 30(d)的 XRD 图谱,可以看出图 10 - 30(d)的峰明显变宽(图 10 - 30(d)中加入 5g/L 糖精),这也说明电沉积液中加入糖精会明显降低晶粒尺寸的细度。

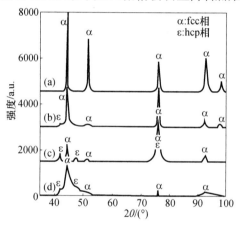

图 10 - 30　不同 Co^{2+} 含量的 Co - Ni 合金沉积层的 XRD 图谱
(a) 0.09mol/L;(b) 0.12mol/L;(c) 0.21;(d) 0.21;添加剂 5g/L。

由试验得知:①随阴极电流密度增加、Co^{2+} 浓度增加和喷射速度增加时,镀层中 Co 含量也增加;当降低电沉积液温度也使 Co 含量增加;②通过喷射电沉积得到的 Co - Ni 合金层,XRD 图谱表明:含 Co 量低的 Co - Ni 合金晶体结构为 fcc 相,若 Co 含量超过 60.39%,则合金晶体结构包含两种,即面心立方晶体相 fcc 和六方紧密相 hcp;③增加电沉积液中 Co^{2+} 浓度和提高阴极电流密度时,都有利于细晶的形成。

2. 喷射电沉积法制备块体纳米晶 Co - Ni 合金

乔桂英和荆天辅等人采用高速喷射电沉积法快速制备了块体纳米晶 Co - Ni 合金,并研究了喷镀工艺参数对沉积层成分、微观结构、及性能的影响。结果表明:提高喷射电沉积液的搅拌强度,能有效减小扩散层厚度,使电沉积在较高的极限电流密度下进行,从而提高合金的形核速率,使沉积层晶粒的尺寸减小,显微硬度提高。随着电沉积液中 Co 含量的增加,沉积层中 Co 含量增加,还导致沉积层中相结构由单相转变为复相。

王楠等人采用了喷射电沉积法来制备块体纳米晶 Co - Ni 合金,采用一定流量和压力的电沉积液从阳极喷嘴垂直喷射到阴极表面,从而改善了电沉积过程,大大提高了阴极极限电流密度,使镀层致密,晶粒细化,并提高沉积速率。

(1) 电沉积 Co - Ni 合金电沉积液组成及工艺条件。试验用化学试剂均为分析纯,阳极采用双阳极为高纯度钴板和镍板,纯度为 99.9% (质量分数),阴极用纯度为 99.9% (质量分数)的铜板。电沉积前用细砂纸打磨、除油和活化处理。

合金电沉积液组成及工艺条件:硫酸钴(CoSO$_4$·7H$_2$O) 80g/L,氯化镍(NiCl$_2$·6H$_2$O) 200g/L,硼酸(H$_3$BO$_3$) 30g/L,糖精 0 和 2.5g/L,pH 值 4 ± 0.1,电流密度 50A/dm^2,喷射速度 5.52m/s,工作时间 20min,工作温度 40℃。

(2) 纳米 Co - Ni 合金电沉积液性能测定。采用稳态恒电流法测阴极极化曲线,使用恒电势仪。工作电极为纯铜板,辅助电极为高纯度钴板和镍板,参比电极为饱和甘汞电极,极间距恒定在 10mm,见图 10 - 31。

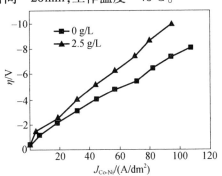

图 10 - 31 添加剂对 Co - Ni 合金极化曲线的影响

用精确度为 0.0001g 的电光分析天平对试样镀前和镀后进行称重,两者之差即为沉积层的质量。测得 Co - Ni 合金的电流效率为:$\eta = 87.7\%$ (无糖精),$\eta = 86.29\%$(加糖精 2.5g/L)。

添加剂对电沉积 Co - Ni 合金的影响见表 10 - 9。

表 10 - 9 添加剂的影响

添加剂 /(g/L)	电流效率 /%	镀层中 Co 含量 /%	阴极过电势 /V	晶粒尺寸 /nm	显微硬度 /HV
0	87.7	78.25	3.594	12.8	423
2.5	86.69	78.11	4.755	5.5	511

(3) Co - Ni 合金镀层性能。

① Co - Ni 合金沉积层的 X 射线图谱见图 10 - 32。

由图 10 - 32 可知,加入添加剂(糖精)后,X 射线峰明显比不加添加剂的 X 射线峰加宽,这说明加入添加剂后沉积层晶粒尺寸明显减小。由分析峰位可知,Co - Ni合金沉积层由面心立方 α(Co) 和密排六方 ε(Co) 组成。

② Co - Ni 合金沉积层的透射电子显微镜 TEM 图像表明加入添加剂后镀层的晶粒尺寸明显减小。同时,由衍射环可看出,不加添加剂时衍射环呈断续分布,而加添加剂后呈连续分布,这也说明晶粒尺寸减小了。

③ 添加剂对 Co - Ni 合金磁性能的影响见表 10 - 10。由表 10 - 10 可看出:添

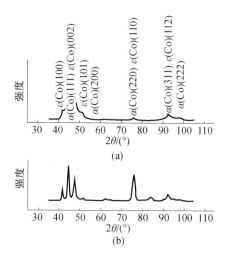

图 10-32　添加剂含量对电沉积 Co-Ni 合金 XRD 谱的影响

(a)2.5g/L;(b)0g/L。

加剂对 Co-Ni 合金的磁性影响较大。H_c 从 1.95A/m 降低到 0.2A/m,表明 Co-Ni 合金为软磁性合金,添加剂使合金镀层的软磁性变好。这是由于添加剂对 Co-Ni 合金晶体结构和晶粒尺寸产生了较大的影响。

表 10-10　添加剂对 Co-Ni 合金磁性能的影响

添加剂/（g/L）	D/nm	Co 含量/%（质量分数）	BH_{max}/（J/m³）	B_s/（A/m）	H_c/（A/m）	M_s/（A·m²）	矩形比
0	12.8	78.25	18.62×10^6	197.5417	1.9503	140190	0.2679
2.5	5.5	78.11	8.57×10^6	206.1483	0.2004	146290	0.05494

④ 添加剂对 Co-Ni 合金表面形貌的影响见图 10-33,由图可知,添加剂对电沉积镀层起到晶粒细化作用,还对镀层起到光亮和整平作用。

10.5.2　电沉积 Co-Cu 纳米合金

1. 脉冲电沉积法制备 Co-Cu 合金纳米线

Miyazaki 和 Kaimuma 等人采用脉冲电沉积法制得了 $Co_x Cu_{1-x}$ 合金纳米膜（$0.17 \leqslant x \geqslant 0.66$）和 Co-Cu 合金纳米线,通过控制脉冲参数可以改变合金镀层的组成。合金膜的 X 射线衍射图像表明,其面心立方晶格（fcc）参数的变化与 x 呈线性关系,当 $x \geqslant 0.42$ 时出现第二相大致为密排六方晶格（hcp）,合金层的晶粒大小在 10~30nm 范围内。在适当的退火温度（400~600℃）下,其磁滞电阻增加。还测定了 $Co_{0.31} Cu_{0.69}$ 合金的磁滞曲线。作者还采用阳极氧化铝模板制取了 Co-Cu 合金纳米线。

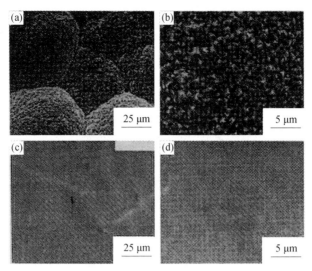

图 10 - 33　添加剂对 Co - Ni 合金表面形貌的影响

(a)和(b)0g/L；(c)和(d)2.5g/L。

（1）Co - Cu 合金电沉积液组成及脉冲参数。使用高浓度的 Co^{2+} 含量为 0.62mol/L 和低浓度的 Cu^{2+} 含量为 0.01mol/L。采用单向脉冲技术,脉冲电流密度 i_{mag} 为 $-600A/m^2$；脉冲宽度 t_{mag} 为 0.01～0.12s；停镀时间 t_{of} 为 4s；通断比为 $t_{mag}/(t_{mag}+t_{of})$。脉冲电沉积时间由镀层厚度决定,规定厚度为 200～500nm。首先用气相沉积法在玻璃平板上沉积一层铜膜,铜膜厚度为 60nm,之后在铜膜上电沉积 Co_xCu_{1-x} 合金膜,然后对合金膜进行特性测试。

（2）Co_xCu_{1-x} 合金膜层性能作者用电子探针微区分析（EPMA）法测定合金膜中的 Co 含量与脉宽 t_{mag} 的关系,表明在合金膜中随 Co 含量增加,脉宽 $t_{mag}(t_{mag}/s)$ 也增加；由 XRD 测试可知, 当 $x<0.4$ 时,具有 fcc 单相,若 $x\geqslant0.42$ 时,出现混相（fcc 和 hcp 相）, 当出现第二相时,（111）衍射强度线明显减小（x 是合金（Co_xCu_{1-x}）膜层中的钴含量）。

（3）Co_xCu_{1-x} 合金纳米线的特性合金纳米线是在阳极氧化铝模板孔中电沉积得到的。

① 研究了氧化铝模板的退火温度 T_{aa} 对磁致电阻（MR）比的影响,可知随着 T_{aa} 的增加至 400℃ , MR 比增大,到 500℃ 时最大；超过 500℃ ,又下降。

② 还研究了退火温度 T_a 对磁致电阻（MR）比的影响,可看出,当 T_a 增加时, MR 略有增加,当 T_a 增加至 250℃ 以后,则 MR 迅速下降。

2. 直流法电沉积 Co - Cu 纳米线

Schwarzacher 等人也采用阳极氧化铝模板电沉积法得到了 Co - Cu 合金纳米线,阳极氧化膜孔厚度为 60μm,孔直径为 20nm 或 200nm。

（1）Co - Cu 合金纳米线电沉积工艺。硫酸铜（$CuSO_4\cdot5H_2O$）　30g/L,硫酸

351

钴（$CoSO_4 \cdot 7H_2O$）　50g/L，柠檬酸钠（$Na_3C_6H_5O_7 \cdot 2H_2O$）　120g/L，硼酸（$H_3BO_3$）　6.6g/L，纯水(电阻率≥18Ω·m)，工作温度　室温，pH 值　5.7。

（2）Co‑Cu 合金纳米线特性。1μm 直径的 Co‑Cu/Cu 纳米线部分扫描电镜(SEM)图像见图 10‑34。

图 10‑34　一组列(1μm 直径)Co‑Cu/Cu 多层圆点的 SEM 图像

（3）作者还测定了在退火温度为 400℃时，Co_{19}‑Cu_{81} 合金纳米线的矫顽力（H_c）和磁致电阻(MR)的关系曲线，以及在铝氧化膜中电沉积 Co_{19}‑Cu_{81} 多相合金纳米线的磁滞电阻和矫顽力的关系（注：铝氧化膜孔径为 20nm，密度为 10^{10} cm^{-2}）。

又用透射电子显微镜(TEM)将 2μm 直径 Co‑Cu/Cu 作了外延多层圆点横截面图像，可以观察到 Co‑Cu/Cu 多层圆点边缘结构部分，而且很薄。

10.5.3　电沉积 Co‑Fe 纳米合金

在磁性装置中使用大量的磁性材料，最近发展的纳米磁性材料具有很多优异特性，因此研究和发展纳米磁性材料受到人们的极大关注。

Fodor 和 Tsoi 等人研究采用电沉积方法制备了磁性材料 $Co_{1-x}Fe_x$ 合金纳米线，并测定了合金纳米线的特性。

1. 电沉积法制备 $Co_{1-x}Fe_x$ 合金纳米线

（1）制取阳极氧化铝模板。首先取高纯度铝（99.997%）6mm × 20mm × 0.25mm，在丙酮溶液中超声波清洗 15min，然后在 500℃ 温度下退火 2h，继之在含高氯酸等溶液中抛光，温度 5℃，电流密度 >500mA/cm^2。

阳极氧化：为了得到排列整齐的膜孔，将试样在 0.3mol/L 的草酸溶液中阳极氧化 2h，温度 5℃。之后，将生成的铝氧化膜在 0.6mol/L 铬酸和 0.4mol/L 的磷酸混合溶液中(60℃)退除 30min。然后将试样在原先用的草酸溶液中第二次阳极氧化 30 min。第二次氧化时采用不平衡工艺，使阳极电势逐渐降低到 8V。

（2）电沉积 $Co_{1-x}Fe_x$ 合金纳米线。采用瓦特型电沉积液，含有 H_3BO_3 45g/L，$CoSO_4$、$CoCl_2$ 以及 $FeSO_4$，（根据想要得到的合金成分选择不同的比例），工作温度 37℃，电势 8V_{rms}，频率 60Hz，对电极为石墨。

2. $Co_{1-x}Fe_x$ 合金纳米线的特性

（1）经过两步阳极氧化后氧化铝模板俯视表面的 SEM 图像，见图 10‑35。由

图 10 - 35 可知,模孔平均直径为 40nm,孔距为 95 nm。模孔为六角形,呈有规律的平行排列,其大小为 1μm。

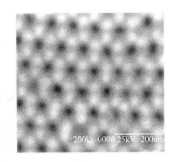

图 10 - 35 在 0.3mol/L 的草酸溶液中经两步阳极氧化模板纳米孔列的 SEM 俯视图

（2）$Co_{1-x}Fe_x$ 合金纳米线的 XRD 图谱。由图谱可知,Co 纳米线是具有(1010)织构的六方紧密(hcp)晶体结构,随着 Fe 含量的增加,有两个结晶转变。第一个发生在 $0 < x < 1$ 范围,属于 hcp 和 fcc(γ)混合相,当 $x = 0.1$ 时,hcp:fcc 相的混合比为7:3,当 Fe 含量超过 15%(原子分数),仅存在一个 α 相(bcc)(x 为合金膜层中的 Fe 含量)。

（3）作者还研究了 $Co_{1-x}Fe_x$ 合金纳米线典型的磁滞回线,以及合金成分变化对矫顽磁性的影响。

10.5.4 电沉积 Co - Pt 纳米合金

已知 Co - Pt 合金是具有希望的高密度磁性、高磁性各向异性和高矫顽磁性。Lim 和 Jeong 等人用脉冲电沉积法在阳极氧化铝模板上制取了 Co - Pt 合金纳米线。

（1）制备阳极氧化铝模板及电沉积 Co - Pt 合金纳米线工艺。

制备阳极氧化铝模板:草酸 0.3mol/L,电势 40V,工作温度 5℃,扩展时间 30~60min 以减薄阻挡层。然后在 25℃ 的 5% 磷酸溶液中工作 55min 进行扩孔。

电沉积 Co - Pt 合金纳米线电沉积液成分:氨基磺酸钴和铂盐,柠檬酸铵,甘氨酸,及次磷酸钠。工艺条件:pH 值 3.8~4.0,工作温度 室温,阳极为多孔铂,阴极为多孔氧化铝模板。脉冲参数:1mA,0.02s；-5mA,0.08s。

（2）作者研究了阳极氧化铝模板及电沉积 Co - Pt 合金纳米线的特性。可知,膜孔大小随。扩展时间增加而增加；孔长度随电势增加而增长。

（3）阳极氧化铝模板上电沉积 Co - Pt 合金纳米线列的 SEM 图像见图 10 - 36。

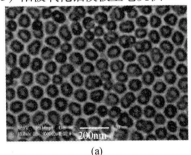
(a)

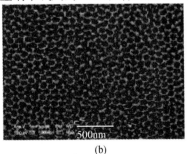
(b)

图 10 - 36 电沉积 Co - Pt 纳米线列在阳极氧化膜中的 SEM 图像
（扩展时间为 75 min。(a)表面观查；(b)斜面。）

由图 10 - 36 可知,降低占空比能使阻挡层减薄,当扩展时间为 75min,占空比为 3 时,微孔大小是 80 nm。通过测试,当 Co - Pt 合金中含 Pt 45%(原子分数)时,其矫顽磁性为 $1100O_e$。

10.6 电沉积铁基和锡基纳米合金

10.6.1 电沉积 Fe - Ni 纳米合金

以铁为基的 Fe - Ni 纳米合金,能进一步改善高温磁性。

Michel 等人用脉冲电沉积法制备了 Fe - Ni 纳米合金磁性材料,具有高饱和磁矩和软磁性。有研究表明,降低晶体材料的平均晶粒尺寸,使其达到 20nm 以下,就可大大的减少磁性损失。Michel 等人制备的是富铁 Fe - Ni 纳米磁性材料。

(1)脉冲电沉积纳米 Fe - Ni 合金工艺。氨基磺酸镍 0.75mol/L,氯化铁 0.25mol/L,硼酸 0.5mol/L,十二烷基硫酸钠 0.5g/L,糖精 1g/L,pH 值 2 ~ 3,工作温度 22~65℃,用 Ni 和 Ni - Fe 合金做阳极,钛板做阴极,电沉积过程中不用搅拌。加入糖精的目的是为了降低电沉积的晶粒尺寸,它是晶粒细化剂。

使用的脉冲参数:导通时间 $Q_1 = 1 ~ 40ms$,断开时间 $Q_2 = 100 ~ 360ms$,峰值电流密度 $i_p = 0.2 ~ 1.2A/cm^2$。

(2)Fe - Ni 合金镀层性能测试。对三种电沉积的 Fe - Ni 纳米合金进行了测试,在合金试样中含 Fe 量大致在 55%(质量分数)的晶体结构为面心立方晶系(fcc);含 Fe 量约为 65%(质量分数),晶体结构形式为 fcc 和 bcc 的混合体;Fe 含量约为 75%(质量分数)试样中,其晶体结构为体心立方晶系(bcc)。

当其他条件相同时,在室温下容易形成 bcc 晶体结构和高 Fe 含量的 Fe - Ni 合金;若电沉积温度为 50℃时,则容易形成 fcc 相结构 Fe - Ni 合金。

用脉冲电沉积得到的两种 Fe - Ni 合金试样,其晶体结构相为 fcc 和 bcc,晶粒尺寸约为 10nm。测得的磁滞曲线随 Fe 含量由 fcc 到 bcc 相的变化,B_s 增加,还可看出其矫顽磁场相当低,特别是 fcc 合金。在没有进行热处理的条件下,bcc 相的 H_c 约为 4Oe,而 fcc 相约为 0.5Oe。

纳米结构的高铁软磁性材料具有很多技术上的优点,这是因为它们有低的矫顽力和高的饱和磁矩。为了得到这类材料,常需要制取晶粒尺寸低于 20nm 的微晶,甚至要低于 10nm。利用脉冲技术电沉积的方法,可以比较容易地制备这种材料,而且最便宜,其他的合成技术常以粉体为基础,则较难得到没有晶粒成长或杂质夹杂的全致密材料。

10.6.2 电沉积 Fe - Pt 纳米合金

Fe - Pt 合金具有良好的磁性能,面心四方晶格结构的 Fe - Pt 合金材料具有很

354

好的永磁功能、较好的机械强度和优良的化学稳定性,已经受到人们的关注。

Chu 和 Wada 等人用恒流电沉积法制备了 Fe – Pt 合金纳米膜和纳米线。

1. 制备工艺

(1) 电沉积 Fe – Pt 合金工艺。采用恒流电源:电压 1 ~ 6V,电流密度 5 ~ 600A/m²。实验采用赫尔槽为 247mL。电沉积液组成及工艺条件:$FeSO_4$ 0.5mol/L,$FeCl_2$ 0.02mol/L,H_2PtCl_6 7.7mmol/L,十二烷基硫酸钠 $CH_3(CH_2)_{11}OSO_3Na$ 50×10^{-6},工作温度为 25℃,并采用快速机械搅拌,为了防止 $Fe(OH)_3$ 的生成,需要保持较低的 pH 值,宜控制 pH 值在 2.0 ~ 3.0 范围内。

(2) 制备 Fe – Pt 合金纳米膜的准备。工作电极(模版)的制备:在 25mm × 100mm × 0.7mm 玻璃板上涂敷一层掺杂铟氧化物薄膜(简称 ITO),厚度约为 120nm,作为电沉积 Fe – Pt 合金纳米膜基层。

在电沉积合金前,首先将其表面在丙酮溶液中超声波清洗 10min,然后在稀硫酸中浸 2 ~ 3s,最后用蒸馏水清洗干净。对电极采用 30mm × 120mm × 2mm 的 Pt 板,工作电极与对电极间距为 2cm。

(3) 制备 Fe – Pt 合金纳米线的准备。玻璃板上涂敷一层掺杂铟氧化物薄膜,表示为 ITO/玻璃。在(ITO/玻璃)膜上溅射一层纯 Al(99.99% 质量分数)薄膜,厚度大致为 1.5μm,之后在 3%(质量分数)的草酸溶液中进行阳极氧化,电压 40V,温度 10℃,至 Al 完全氧化为 Al_2O_3 为止。ITO/玻璃板上的氧化铝孔径为 $\varphi \approx 50nm$,然后用 5%(质量分数)的磷酸中将阻挡层溶解掉,即得到了模板电极。其工作条件:温度 30℃,时间 15min,最后用直流法电沉积 Fe – Pt 合金于模板的纳米孔中。

2. Fe – Pt 合金纳米镀层特性测试

(1) 在铜基体上,不同电流密度下用场发射扫描电镜(FESEM)观察 Fe – Pt 合金膜的表面形貌可知,在低电流密度时,合金镀层细致光亮,但沉积速度较低,晶粒细小;在中等电流密度时,镀层表面仍较均匀而平滑,但晶粒增大;但使用高电流密度时,膜层粗糙,晶粒更大,形成了富铁的粉体。

(2) 在(ITO/玻璃)基铝阳极氧化模板上电沉积 Fe – Pt 合金薄膜的 FESEM 图像见图 10 – 37。从(ITO/玻璃)氧化铝模板上电沉积 Fe – Pt 的合金纳米线,外观表面和在铜基体上电沉积的相似。

由图 10 – 37 可知,Fe – Pt 合金纳米线充满阳极氧化膜孔,均匀而密度高,如图 10 – 37(a),纳米线的平均直径大致为 50nm,膜孔中纳米线的长度依赖于电沉积时间;图 10 – 37(b)和图 10 – 37(c)表明氧化铝膜孔中有 95% 以上的孔,充满着均匀连续的 Fe – Pt 合金纳米线;图 10 – 37(d)在阳极氧化膜孔充满着 Fe – Pt 合金,但晶粒较大。

10.6.3 电沉积 Sn – Ni 纳米合金

电沉积 Sn – Ni 合金具有漂亮的外观和优良的耐蚀性,并有较高的硬度。通常

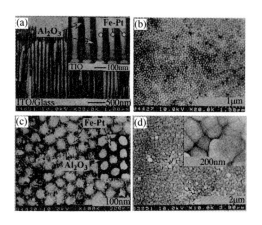

图 10 - 37　Fe - Pt 合金纳米线的 FESEM 图像

(a)垂直断面图;(b)和(c)为(ITO/玻璃)膜板上阳极氧化铝内 Fe - Pt 合金纳米线的仰视图;
(d)在多孔氧化铝上电沉积 Fe - Pt 合金表面形貌。图(c)插入的小块图为背散射电子像(BSE)。

是在氟化物电沉积液中电沉积出来,目前多用于电子工业,如印制电路板等。

Refaey 和 Taha 等人研究了纳米结构的 Sn - Ni(34% Ni,66% Sn 质量分数)合金在氯化钠溶液中的钝化和腐蚀特性以及合金钝化膜对局部腐蚀的化学稳定性。

(1)电沉积纳米 Sn - Ni 合金的制备工艺。电沉积液为氯化物 - 氟化物电沉积液:氯化镍($NiCl_2 \cdot 6H_2O$)　250g/L,氯化锡($SnCl_2 \cdot 2H_2O$)　30g/L,氟化铵(NH_4F)　33g/L,氟化钠(NaF)　20g/L,10%(体积分数)盐酸溶液,药品为分析纯,用两次蒸馏水配制。pH 值　2.5,电流密度　6mA/cm^2,工作温度　65℃。

Sn - Ni 合金电沉积在铜阴极圆片上进行,圆片面积为 1cm^2。电沉积 10min 后取出,用蒸馏水冲洗干净,并干燥。

(2)纳米 Sn - Ni 合金在氯化钠溶液中的腐蚀特性。由 Sn - Ni 合金电极在 0.5mol/L 的 NaCl 溶液中的循环伏安曲线可知,阳极曲线有三个峰,第一个阳极峰 A_1 是将锡氧化为两价锡和四价锡(即 SnO 和 SnO$_2$);第二个阳极峰 A_2 是将镍氧化为 NiO;第三个阳极峰 A_3 是将 NiO 氧化为 Ni$_3$O$_4$。电势增加超过 A_3 后电流密度迅速下降,这是由于形成了钝化膜,当继续增加电势至临界电势(即局部腐蚀电势 E_{pit}),电流又开始上升,在未达到析氧电势前,观察到钝化膜破坏,出现点蚀,此时 M_xO_y 被溶解成为金属离子 M^{n+} (电势扫描范围 -1700 ~ 1000mV,扫描速度 20mV/s)。

Sn - Ni 纳米合金电极在 NaCl 溶液中的临界局部腐蚀电势 E_{pit} 表明,增加 NaCl 溶液浓度,会降低局部腐蚀电势,并增加局部腐蚀倾向。

(3)已知由 XRD 测试 Sn - Ni 合金钝化膜组成为:SnO、SnO$_2$、NiO、Ni$_3$O$_4$ 和 Ni(OH)$_2$。

(4)Sn - Ni 纳米合金阳极在 0.5mol/L 的 NaCl 溶液中的 SEM 图像可看出,扫描前的 Sn - Ni 合金沉积层非常致密,表面几乎无空隙;阳极扫描后的 Sn - Ni 合金表面被腐蚀得很厉害,并有很多凹坑。

(5) 局部腐蚀电势与 pH 值的关系说明合金的的局部腐蚀电势依赖于溶液的 pH 值,所以增加溶液的 pH 值,就能提高钝化膜的耐蚀性。

另外,通过对 Sn – Ni 合金和锡电极在 0.5mol/L NaCl 溶液中(pH = 6.8)的极化测量可知(电势扫描从 – 1700mV 开始,至 1000mV;扫面速度为 20mV/s),Sn – Ni 合金腐蚀速度为 5.17mm/年,而 Sn 为 10.06mm/年。该结果表明当增加 Sn – Ni 合金中的 Sn 含量就有利于提高合金的耐蚀性。

通过一系列试验可知,在含有 34% Ni 的纳米 Sn – Ni 合金具有很高的耐蚀性(比金属 Sn 高),其高耐蚀性是由于在合金表面形成了 Sn 和 Ni 的氧化物钝化膜。纳米 Sn – Ni 合金可用于各种氯化钠介质中,具有优良的耐蚀性。

10.6.4 电沉积 Sn – Cu 纳米合金

随着新能源的开发,二次锂电池的研究受到重视。为了提高锂电池的性能,电池阴极材料的研究和开发特别受到关注,研究发现除了碳化合物外,锡基化合物作为锂电池的负极材料已取得良好效果。

Finke 和 Poizot 等人在自然电流振荡条件下采用电沉积法制备了 Cu – Sn 纳米合金膜,并测定了 Cu – Sn 纳米合金的特性。膜的组成是富铜的固体溶液。

电沉积液组成及工艺条件:硫酸铜($CuSO_4$)95%　0.025mol/L,硫酸锡($SnSO_4$)99%　0.3mol/L,硫酸(H_2SO_4)95%　0.6mol/L,加入少量表面活化剂代号为 DOOA,工作温度 25℃,工作电极为不锈钢片,对电极为铜棒,参比电极为硫酸亚汞电极,实验采用三电极系统,$E_{eq} = 0.64$V vs NHE。电沉积过程中充氮气,以防 Sn^{2+} 被氧化。

采用适宜的 Cu(Ⅱ)/ Sn(Ⅱ) 比的条件下实验的频率/振幅分布图可知,随着电沉积时间的增加频率降低,电沉积时间达到 150s 后基本稳定。最大电流密度则有所增加,开始增加较快,到 100s 后基本稳定。

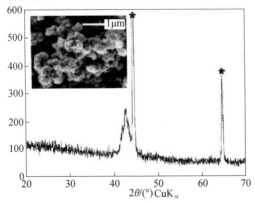

图 10 – 38　电沉积 Cu – Sn 合金的 XRD 和 SEM 图像

电沉积 Cu – Sn 合金的 XRD 和 SEM 图像,由图 10 – 38 可看出有三个峰,其中两个★号的是基体不锈钢的峰带,另一个是富铜的 Cu – Sn 合金峰。由分析可知为 $\delta – Cu_{41}Sn_{11}$ 和 $\zeta – Cu_{10}Sn_3$,由 SEM 可知,合金晶粒大小约为 30nm。

10.6.5 电沉积 Sn – Mn 纳米合金

Sn – Mn 合金对钢铁基体有良好的防护性,镀层的成分含量、晶体结构和晶粒的大小对耐蚀性影响很大。当合金中含有大量金属间化合物或细密的晶体结构能大大提高其耐蚀性。

Gong 和 Zangari 等人用电沉积法从简单的硫酸铵溶液中得到了高耐蚀性的 Sn – Mn 合金。在电沉积液中加入配位剂或添加剂后,可改善合金镀层的组成、微结构、结晶学和抗蚀性。还发现当使用低电流密度时,合金镀层的微结构不够平滑和均匀,且含有一定量的氧。若使用高电流密度可得到均匀、光亮的纳米晶或非晶态合金镀层。电沉积液中加入配位剂如酒石酸盐、葡萄糖酸盐或 EDTA 等,还可抑制 Mn 的析出,可降低合金中的 Mn 含量。

(1) 电沉积液组成及工艺条件:硫酸锡(SnSO$_4$) 0.01mol/L,硫酸锰(MnSO$_4$) 0.59mol/L,硫酸铵[(NH$_4$)$_2$SO$_4$] 1mol/L,还可加入配位剂或添加剂如柠檬酸盐、酒石酸盐、葡萄糖酸盐或 EDTA 等,工作温度 25℃,pH 值 2.5 ~ 3.0(用氨水或稀硫酸调)。药品用分析纯,用水经三次蒸馏。

电沉积试验采用三电极,对电极是 Pt 片,参比电极为 SCE,基体是 304# 不锈钢。基体在用之前,先机械抛光及丙酮和碱性除油,然后在 85% 磷酸溶液中电化学抛光,电沉积前在 5% 硝酸 + 25% 盐酸中浸蚀。

(2) Sn – Mn 合金镀层的 SEM 显微图见图 10 – 39。

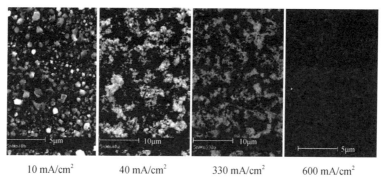

10 mA/cm^2 40 mA/cm^2 330 mA/cm^2 600 mA/cm^2

图 10 – 39 不同电流密度下在硫酸铵电沉积液中电沉积 Sn – Mn
的 SEM 图像(pH 值为 2.5 ~ 3.0)

(3) 还测定了电流密度为 600mA/cm^2 时得到的 Sn – Mn 合金特性,由 Sn – Mn 合金镀层中不同深度的 Mn2p,Sn3d 和 O1s 的 XPS 分析得知,Mn∶Sn∶O 的原子比为 55.0∶3.5∶41.5。

大量试验证明,利用和选择合适的电沉积参数,就可得到高百分含量的 $Mn_{1.77}Sn$ 金属间化合物相,该合金对钢铁具有优良的耐蚀性。

10.7 电沉积三元纳米合金

10.7.1 电沉积 Co - Ni - Fe 纳米合金

铁族金属 Fe、Co 和 Ni 是主要磁性金属。随着电子工业的迅速发展,对磁记录密度的要求也越来越高,磁芯头材料是当前最急需的。Co - Ni - Fe 合金具有很高的饱和磁化通密度(B_s)和低的矫顽力(H_c),$Co_{65}Ni_{12}Fe_{23}$对发展软磁性材料,具有很大的吸引力。

(1)电沉积 Co - Ni - Fe 纳米合金工艺。Nakanishi 等人用脉冲电沉积法在旋转圆盘电极上制得了 Co - Ni - Fe 纳米晶软磁薄膜,膜厚 $1\mu m$。基体采用 Cu 片,直径 10mm,厚 $8\mu m$。对电极用 Pt 线,参比电极为 Ag/AgCl。

电沉积液组成:硫酸钴 $0.063mol/dm^3$,硫酸镍 $0.2\ mol/dm^3$,硫酸亚铁 $0.012mol/dm^3$,氯化铵 $0.28mol/dm^3$,硼酸 $0.4mol/dm^3$,十二烷基硫酸钠 $0.01g/dm^3$,化学药品为试剂级。工作温度为室温,pH 值 2.8。

脉冲参数:占空比 $=\theta_1/(\theta_1+\theta_2)$,$\theta_1$ 为导通时间,θ_2 为断开时间,i_p 为峰值电流密度,i_a 为平均电流密度。圆盘电极转速 1000r/min,脉冲周期 $(\theta_1+\theta_2)=0.1s$。

(2)电沉积纳米 Co - Ni - Fe 合金镀层特性。采用 X 射线荧光分析(XRF)膜的组成,结构特性用 X 射线衍射(XRD)分析、透射电镜(TEM)分析和高能投射电子衍射(THEED)分析。

测试结果该膜的饱和磁通密度 B_s 为 2.1T,矫顽力 H_c 为 1.2Oe,这种特性对磁记录头来说是非常需要的。最近研究用电沉积法可得到 Co - Ni - Fe 软磁膜,其平均晶粒尺寸接近 10nm,晶体结构为面心立方晶系和体心立方晶系(fcc - bcc)混相组成。

10.7.2 电沉积 Ni - Fe - Co 纳米合金

Saedi 和 Ghorbani 等人在改性阳极氧化模板中对电沉积 Ni - Fe - Co 合金纳米线进行了研究。对纯铝用两步阳极氧化法制取阳极氧化铝模板,并用此模板制取了磁性 Ni - Fe - Co 合金纳米线。

(1)制取阳极氧化铝模板将高纯铝(99.99%)试片用丙酮除油,在氩气中(防氧化)500℃退火 4h。再用 1:4 的 $H_2C_2O_4:C_2H_5OH$ 溶液中电抛光(5℃以下),即可得到镜面光泽。

两步法制取阳极氧化铝模板。第一步阳极氧化,用 0.3mol/L 的硫酸溶液,电势 10~18V,工作温度 2℃,工作时间 4h。之后,在 6%(质量分数)的 H_3PO_4 和

1.8%（质量分数）的 CrO_3 混合液中溶解（温度 60℃，5h）。

（2）电沉积 Ni－Fe－Co 合金纳米线工艺。硫酸镍 110g/L，硫酸亚铁 5g/L，硫酸钴 5g/L，硼酸 40g/L，电沉积液接近饱和，在室温下进行（这样可降低浓度极化和氢气析出）。采用磁力搅拌，注意控制电沉积时间，不要让纳米线超出模孔。

（3）Ni－Fe－Co 纳米线的性能表征。由图 10－40 可见，在纳米线列底部出现了新的根结构。

（4）电沉积 Ni－Fe－Co 合金纳米线组成见表 10－11。

表 10－11　在膜中四种（A，B，C，D）电沉积 Ni－Fe－Co 合金纳米线的组成

模板采用的工艺	孔深度/μm	Ni/%（原子分数）	Fe/%（原子分数）	Co/%（原子分数）
A	3.0	74.82	15.06	10.12
B	2.1	69.07	18.69	12.23
C	0.5	45.28	36.79	17.93
D	1.1	52.12	30.96	16.92

（5）Ni－Fe－Co 合金纳米线组成。梯度的 EDX 分析由图 10－38 可知，在纳米线的根底部镍含量高，而在纳米线上部 Fe 和 Co 的含量高，这种现象可解释为在充满电沉积液的电沉积过程中，由于质量传递变化所致。

10.7.3　电沉积 Cu－Ni－P 纳米合金

Chen 和 Shi 等人采用电沉积法制得了纳米晶 Cu－Ni－P 合金，其晶粒平均大小在 10nm 以下，并用纳米压痕技术测定了合金沉积层和退火后的性能，还分析了合金的晶粒大小及溶质元素对塑性变性机理的影响。

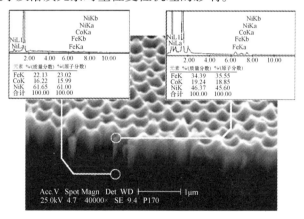

图 10－40　一根合金纳米线梯度组成变化的 EDX 分析

（1）电沉积液的组成及工艺条件：Cu^{2+} 3.0g/L，Ni^{2+} 2.2g/L，柠檬酸钠 40.0g/L，次磷酸钠 70.0g/L，温度 $70 \pm 5℃$，电流密度 $2.5 \times 10^{-2} A/cm^2$，pH 值 7.5~8.0，基体为纯 Ni。合金镀层在 500℃ 真空炉中退火 2h。

纳米晶 Cu-Ni-P 合金镀层分析，其组成：Cu $88.2 \pm 0.6\%$（质量分数），Ni $11.1 \pm 0.7\%$（质量分数），P $1.07 \pm 0.04\%$（质量分数）。

（2）纳米 Cu-Ni-P 合金特性。纳米晶合金的 TEM 和 SAED 图像见图 10-41。

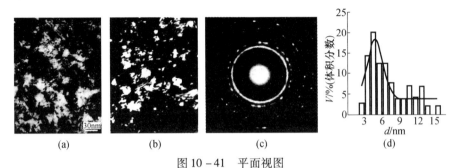

图 10-41 平面视图

（a）光亮场；（b）暗场 TEM 图像；（c）相对应于 Cu 合金纳米晶选择面的电子衍射图（SAED）；
（d）暗场 TEM 观察到的晶粒大小分布图。

由图 10-41 可看出试样的晶粒非常细，图中（c）出现了少量晶体不规则的结晶取向，还看到一些大晶粒中有成对的晶粒；暗场 TEM 图像可观察到晶粒大小为 2~17nm，其平均值为 5 ± 2 nm（见图（d））。

10.7.4 电沉积 Ni-Mo-Co 纳米合金

黄令和杨防阻等人用电沉积方法制备了纳米 Ni-Mo-Co 合金沉积层，并测定了纳米合金层的晶体结构和析氢行为。

（1）电沉积纳米 Ni-Mo-Co 合金工艺。电沉积液组成及工艺条件：硫酸镍（$NiSO_4 \cdot 6H_2O$） 50g/L，钼酸钠（$Na_2MoO_4 \cdot H_2O$） 10g/L，焦磷酸钾（$K_4P_2O_7 \cdot 3H_2O$） 250g/L，硫酸钴（$CoSO_4$） 20g/L，磷酸氢二铵 30g/L，苯亚磺酸钠（0.1%） 1.6mL；pH 值 8.5，电流密度 $6A/dm^2$，温度 25℃，沉积时间 60min。

（2）Ni-Mo-Co 合金纳米晶特性。纳米晶 Ni-Mo-Co 合金的 XRD 图像见图 10-42。由图 10-42 可看出，在 2θ 为 44 附近处出现一个宽衍射峰，经峰分离，

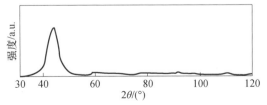

图 10-42 纳米晶 Ni-Mo-Co 合金镀层的 XRD 图像

361

表明其微晶尺寸为2.1nm。此时Ni-Mo-Co沉积层中Ni的含量为29%、Mo为37%、Co为34%。

（3）纳米Ni-Mo-Co合金薄膜的XPS图像。由图10-43可知,Ni-Mo-Co纳米合金镀层的结合能为835.5eV处出现一个谱峰,根据标准谱图手册可知,该谱峰被认为是金属镍的$2p_{3/2}$谱峰,表明合金中Ni是以金属的形式存在于镀层中。

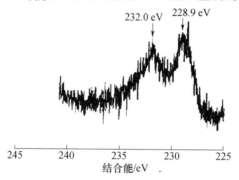

图10-43 纳米合金中Mo3d的XPS图谱

由图10-43可知,Ni-Mo-Co合金镀层在Mo的3d区间得到的XPS谱图,结合能有两个谱峰即228.9eV和32.0eV,从峰形来看,仍是单质态Mo的$3d_{5/2}$和$3d_{3/2}$谱峰。

由图10-44可知,纳米Ni-Mo-Co合金镀层中Co2p的XPS谱图在结合能为779.4eV和794.5eV处有两个谱峰,被认为是单质Co的2p谱峰。

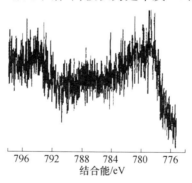

图10-44 纳米合金中Co2p的XPS图谱

（4）纳米Ni-Mo-Co合金电极的析氢电催化特性,见表10-12（在30%KOH溶液中,温度为25℃）。从表10-12可知,纳米Ni-Mo-Co合金电极的过电势为161mV,由于Co的共沉积使析氢反应在纳米Ni-Mo-Co合金上的过电势比其在Ni-Mo合金上降低101mV,但其交换电流密度是纳米Ni-Mo合金上析氢反应的120倍,从而表明由于Co的共沉积使其有更好的析氢电催化活性,即纳米Ni-Mo-Co合金电极具有非常优良的析氢电催化活性。

表 10 - 12　纳米 Ni - Mo - Co 合金电极析氢反应的电化学参数

电极	a/mV	b/mV	α	$I_0/(A/cm^2)$	$\eta/mV(i=0.10A/cm^2)$
纳米 Ni - Mo 合金	463.3	218.5	0.27	1.0×10^{-4}	262
纳米 Ni - Mo - Co 合金	433.1	226.0	0.26	1.2×10^{-2}	161

注:(1)纳米晶 Ni - Mo 合金电极;(2)纳米晶 Ni - Mo - Co 合金电极;a 和 b 为塔菲尔曲线的截距和斜率;α 为传递指数;I_0 为交换电流密度;η 为过电势。

参 考 文 献

[1] 屠振密,李宁,胡会利,等.电沉积纳米晶材料技术[M].北京:国防工业出版社,2008.

[2] 沈品华,等.现代电沉积手册(上册)[M].北京:机械工业出版社,2010.

[3] 屠振密,胡会利,李宁,等.电沉积纳米晶的最新进展[J].表面技术,2008,37(1):67 - 70,79.

[4] Ganesan Prabhu Popov B N. Nanostructured Zn - Ni alloys by pulse electrodeposition. AESF SUR/FIN Conference, 2004 & Interfinish 2004 World Congres. U S A Chicago,June 28 - July 1,1064 - 1075.

[5] Liu Lifeng, Xie Sishen, Li Song, et al. Electrochemical fabrication and structure of $Ni_x Zn_{1-x}$ alloy nanowires [J]. Nanotechnology, 2006, 17: 19 - 24.

[6] 刘鹏,郭新爱,童叶翔,等.在乙酰胺 - 尿素 - NaBr - KBr 熔体中电沉积纳米 Zn - Sb 合金[J].电化学,2006,12(3):239 - 241.

[7] Cheung C, Djuanda F, Erb U. Electrodeposition of Nanocrystalline Ni - Fe alloys[J]. Nanostructured Materials, 1995, 5:513 - 523.

[8] Qiao G, Jing, Jing T, Wang N, et al. High - speed jet electrodeposition and microstructure of nanocrystalline Ni - Co alloys[J]. Electrochimica Acta, 2005, 51: 85 - 92.

[9] Ggosh S K, Grover A K, et al. Nanocrystalline Ni - Cu alloy plating by pulse[J]. Surface and Coatings Technology, 2000, 126(1 - 3): 48 - 63.

[10] Mikolaj Donten, Henrikas Cesiulis, Stojek Zbigniew. Electrodeposition of amorphous/ nanocrystalline and polycrystalline Ni - Mo alloys from pyrophosphate bath[J]. Electrochimica Acta, 2005, 50: 1405 - 1412.

[11] Yamasaki T, Tomohira R, Ogino Y, et al. Formation of ductile amorphous & nanocrystalline Ni - W alloys by electrodeposition. Plating and Surface Plating, 2000, 87(5): 148 - 152.

[12] Wang Hongzhi, Yoo Suwei. Preparation, characterization and the thermal strain in Ni - W gradient deposite with nanostructure[J]. Surface and Coat. Tech. 2002, 157(2 - 3): 166 - 170.

[13] Iwasaki H, Higashi K, Nieh T G. Tensile deformation and microstructure of a nanocrystalline Ni - W alloy produced by electrodeposition[J]. Scripta Materialia, 2004, 50: 395 - 399.

[14] Zhou Y, Erb U, Aust K T, et al. Synthesis, Structur and properties of Nanocrystalline nickel - phosphorus electeodeposits[J]. SFIC SUR/FIN Proceedings, 2005, Orlendo FL,17 - 31.

[15] CMehta S, Smith D A, Erb U. Study of grain growth in electrodeposited Nanocrystalline Nickel - 1.2wt% phosphorus alloy[J]. Materials Science and Engineering, 1995, A204: 227 - 232.

[16] 乔桂英,荆天辅,肖福仁,等.喷射电沉积 Co - Ni 纳米合金沉积层的组织和性能[J].材料研究学报,2004,18(5):542 - 548.

[17] Miyazaki K, Kainuma S, Hisatake K, et al. Giant magnetoresistance in Co - Cu granular alloy tilms and nanowires prepared by pulsed - electrodeposition[J]. Electrochemica Acta, 1999, 44: 3713 - 3719.

［18］ Li Gao – ren, Ke Qing – fang, Guan – kun Liu etal. Electrodeposition of nano – grain sized Bi – Co chin films in organic bath and their magnetism［J］. Materials Letters, 2007, 61(3): 884 – 888.

［19］ Fodor P S, Tsoi G M, Wenger L E. Frabrication and characterization of CoFe alloy nanowires［J］. Journal of Applied Physics, 2002, 91(10): 8186 – 8188.

［20］ Lim S K, Jeong G H, Park I S, et al. Fabrication of electrodeposited Co – Pt nano – arrays embedded in an anode/Ti/Si substrate［J］. of Magnetism and Magnetic Materials, 2007, 310(2), E841 – E842.

［21］ Michel L, Trudeau. Nanocrystalline Fe and Fe – riched Fe – Ni through electrodeposition［J］. NanoStructured Materials, 1999, 12:55 – 60.

［22］ Chu Song – Zhu, Inoue Satoru, Kenji Wada, et al. Fabrication and structural characteristics of nanocrystalline Fe – Pt thin films and Fe – Pt nanowire arrays embedded in alumina film on ITO/Glass［J］. J. Phys. Chem. B 2004, 108(18): 5582 – 5587.

［23］ Refaey S A M, Taha F, Hasanin T H A. Passivation and pitting corrosion of nanostructured Sn – Ni alloy in NaCl solutions［J］. Electrochimica Acta, 2006, 51: 2942 – 2948.

［24］ Finke A, Poizot P, Guery C, et al. Characterization and Li reactivity of electrodeposited Copper – Tin nano – alloys prepared under spontaneous current oscillations［J］. J. of The Electrochemical Society, 2005, 152 (12): A2364 – A2368.

［25］ Gong J, Zangari, G. Electrodeposition of sacrificial tin – manganese alloy coatings［J］. Materials Science Engineering and Engineering, 203, A344: 268 – 278.

［26］ Takuya Nakanishi, Masaki Ozaki, et al. Pluse electrodeposition of nanocrystalline Co – Ni – Fe soft magnetic thin films［J］. Journal of the Electrochemical Society, 2001, 148(9): C627 – C631.

［27］ A. Saedi, M Ghorbani. Electrodeposition of Ni – Fe – Co alloy nanowire in modified AAO template［J］. Materials Chemistry and Physics, 2005, 91: 417 – 423.

［28］ 邓姝皓, 龚竹青, 等. 电沉积纳米晶镍 – 铁 – 铬合金［J］. 电沉积与涂饰, 2002, 21(4): 4 – 8.

［29］ Emerson R N, Kennady C Joseph and Ganesan S. Mechanical and magnetic properties of nanostructured CoNiP films［J］. Indian Academy of Seinces, 2006, 67(2):341 – 349.

［30］ Guan Shan, Nelson B. J. Pulse – Reverse electrodeposited nanograinsized Co – Ni – P thin films and microarrays for MEMS actuators［J］. Journal of the Electrochemical Society, 2005, 152(4):c190 – c195.

［31］ Chen J, Shi Y N, Lu K. Strain rate sensitivity of a nanocrystalline Cu – Ni – P alloy［J］. J. Mater. Res. , 2005, 20(11): 2955 – 2959.

［32］ 黄令, 杨防阻, 许书楷, 等. 纳米晶 Ni – Mo – Co 合金镀层的结构与析氢行为［J］. 应用化学, 2001, 18(10):767 – 771.

［33］ Erb U and Robertson. Advancing microsystem technologies through electroplated nanostructures AESF SUR/FIN Conference, 2004& Interfinish 2004 Wold Congres, U S A Chicago, Jun 28 – July 1 804 – 820.

［34］ Erb U. Electroplating in the context of worldwide nanotechnology initiatives［J］. SFIC SUR/FIN Proceedings, 2005, Orlendo FL. 4 – 15.

［35］ 杨建明, 朱获, 雷卫宁, 等. 电沉积法制备纳米晶材料的研究进展［J］. 材料保护, 2003, 36(4):1 – 4.

第11章　离子液体电沉积合金

11.1　离子液体概述

1. 离子液体的定义和发展

离子液体是指在室温或接近于室温下由有机阳离子和无机阴离子组成的液体物质,也称为室温熔融盐。

组成离子液体的有机阳离子有:N,N' – 二烷基咪唑离子、烷基季铵离子、N – 烷基吡咯离子等。目前,最常用的是由烷基咪唑离子和烷基吡啶离子组成的离子液体。组成离子液体的阴离子常为 Cl^-、BF_4^-、PF_6^-、$CF_3SO_3^-$、$[N(CF_3SO_2)_2]^-$ 等。

Sudgen 等人于 1914 年首次报道了在室温下呈液体的盐类——硝酸乙基胺($[EtNH_3]NO_3$);Hurley 等于 1951 年报道了第一个氯铝酸盐离子液体($AlCl_3$ – 溴化乙基吡啶),其熔点只有 – 40℃;Bonhôte 等人于 1996 年合成了由烷基咪唑阳离子与 $[N(CF_3SO_2)_2]^-$ 阴离子组成的新型离子液体,该离子液体的优点为:对水稳定、低熔点、低黏度、高导电性等。含阴离子 $[N(CF_3SO_2)_2]^-$ 的离子液体的出现推动了离子液体研究的进一步发展。

到目前为止,人们已陆续开发出能够稳定存在的离子液体达几百种。离子液体的应用范围也得到扩展,其在电化学、催化、有机合成、萃取分离等方面的应用不断扩大。作为新一代的绿色溶剂,离子液体必将具有更加广阔的应用前景。

2. 离子液体的分类

组成离子液体的阳离子主要有 4 类:烷基季铵离子、烷基季鏻离子、N, N' – 二烷基咪唑离子、N – 烷基吡啶离子等,其中烷基季鏻离子用的比较少,最稳定的是烷基咪唑离子;阴离子一般为 Cl^-、Br^-、BF_4^-、PF_6^-、$CF_3SO_3^-$、$[N(CF_3SO_2)_2]^-$ 等。图 11 – 1 是离子液体中常见的阳离子的结构式。

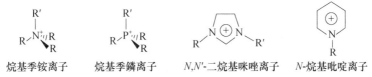

烷基季铵离子　　烷基季鏻离子　　N,N'-二烷基咪唑离子　　N-烷基吡啶离子

图 11 – 1　离子液体中常见的阳离子类型

离子液体中的巨大的阳离子与阴离子具有高度不对称性,由于空间阻碍,使阴、阳离子在微观上难以密堆积,因而阻碍其结晶,使得这种离子化合物的熔点下

降,在较低温度下能够以液体的形式存在。由于形成离子液体的阳离子和阴离子的种类很多,改变阳离子与阴离子的不同组合,就可以设计合成出几百种不同的离子液体。同时,通过调节离子液体的组成、烷基链长及阴阳离子种类等,可以对离子液体的物理特性进行调控。对于某些特定的化学反应,通过调节组成而改变离子液体的物理性能对提高反应速率和反应选择性等往往会有意想不到的效果。

离子液体的种类较多,其分类方法也各不相同。通常是将离子液体分为 $AlCl_3$ 型离子液体、非 $AlCl_3$ 型离子液体和特殊离子液体等三大类。

(1) $AlCl_3$ 型离子液体。$AlCl_3$ 型离子液体是指 $AlCl_3$ 与氯化 1 - 乙基 - 3 - 甲基咪唑(EMIC)、氯化 1 - 丁基 - 3 - 甲基咪唑(BMIC)、氯化 1 - 丁基吡啶(BPC)及其派生物组成的离子液体。$AlCl_3$ 型离子液体的应用研究从 20 世纪 80 年代初开始,对以其为溶剂的化学反应研究较多。由于这种离子液体的组成不是固定的,其电导率及电化学窗口等特性随着组成的变化而变化,其路易斯酸性可以通过调整有机盐与 $AlCl_3$ 的比例来调节。在溶液中,当 $AlCl_3$ 的摩尔分数大于 0.5 时,体系呈路易斯酸性,阴离子主要是 $Al_2Cl_7^-$;当 $AlCl_3$ 的摩尔分数小于 0.5 时,体系呈路易斯碱性,阴离子主要是 $AlCl_4^-$ 和 Cl^-;当 $AlCl_3$ 的摩尔分数为 0.5 时,有机盐与 $AlCl_3$ 的混合物呈中性,阴离子主要是 $AlCl_4^-$。$AlCl_3$ 型离子液体的缺点是热稳定性和化学稳定性较差,对水敏感,需要在完全真空或惰性气氛下进行处理和应用,使用不方便。质子和氧化物杂质的存在对在该类离子液体中进行的化学反应有决定性的影响。此外,因 $AlCl_3$ 遇水会反应生成 HCl,因此该类离子液体对人体皮肤有刺激作用。

(2) 非 $AlCl_3$ 型离子液体。非 $AlCl_3$ 型离子液体在 20 世纪 90 年代开始发展起来。不同于 $AlCl_3$ 型离子液体,非 $AlCl_3$ 型离子液体的组成是固定的,而且其中的许多品种对水、空气稳定,更适于做化学反应的介质,因此近年来取得较大进展。非 $AlCl_3$ 型离子液体的阴离子多为 BF_4^-、PF_6^-,也有 $CF_3SO_3^-$、$N(CF_3SO_2)_2^-$、$C_3F_7COO^-$、$C_4F_9SO_3^-$、CF_3COO^-、$C(CF_3SO_2)_3^-$、SbF_6^-、AsF_6^-、$CB_{11}H_{12}^-$ 等,即由烷基咪唑或烷基吡啶等有机阳离子与 BF_4^-、PF_6^-、SbF_6^- 等阴离子组成的体系。因此,对水稳定和操作简单的非 $AlCl_3$ 型离子液体今后有望在实际生产中得到更加广泛的应用。

(3) 特殊离子液体。特殊离子液体是指能够针对特定性能和应用而进行设计的离子液体。Matsumoto 等合成的离子液体[EMIm]NbF_6、[EMIm]TaF_6 可用于金属的电沉积。据报道,有人合成了目前发现的电导率最高的离子液体[EMIm]F - 2.3HF,其在 298K 时电导率达到 100 mS/cm。

3. 离子液体的特点

离子液体具有很多与传统溶剂不同的特点。

(1) 广泛的适用性。离子液体是许多有机物、有机金属化合物、无机化合物甚至高分子材料的良好溶剂。同时,由于它们大多为非质子溶剂,可以大大地减少溶剂化和溶剂解离现象的发生,溶解在其中的化合物可以有很高的反应活性。

（2）蒸气压不显著。离子液体一般难以挥发,不会成为蒸气扩散到大气中而造成环境污染,因此被誉为"绿色溶剂"。另外,离子液体可以有很宽的液态范围（最高可达300℃的温度区间）。因此,采用离子液体作为反应溶剂,可以在更大的温度范围内研究和控制反应。

（3）电化学窗口宽。离子液体通常都具有良好的导电性和较宽的电化学窗口。离子液体的导电性是其电化学应用的基础,大部分离子液体的电化学稳定电势窗口能够达到4V以上。同时,虽然离子液体具有很高的极性,但却很少与其他物质发生配合,选择合适的离子液体可以极大地促进电化学研究的发展。

（4）种类多。组成离子液体的有机离子可以调整和修饰,在理论上可以组合出的离子液体的种类数量巨大,根据不同的用途和场合,对溶剂的不同要求,离子液体可以有更大的选择空间。

（5）较好的热稳定性和化学稳定性。大多数离子液体的最高工作温度在300～400℃,而有些离子液体在400℃以上还可以保持稳定。离子液体一般都可以回收,重复使用,有利于环保。

由于离子液体具有上述明显的优点,随着人们对其研究的深入与拓展,未来离子液体应用的范围会越来越宽广。

4. 离子液体的应用

由于离子液体具有独特的性质,因而在许多方面得到了应用。

（1）离子液体在有机合成中的应用。离子液体应用于有机合成不仅可以作溶剂,还可以作催化剂。离子液体应用于有机合成反应,可提高反应速率,产品易分离、纯度高,减少有机溶剂的污染。离子液体中的有机合成反应包括氧化反应、还原反应、烷基化反应、加成反应、Aldol 缩合反应、C—C 键的生成与重排反应、酯化反应、硝化反应等。

（2）离子液体在萃取分离中的应用。离子液体对许多有机化合物和金属离子均有良好的溶解性,即能够提供一个非水、极性可调的两相体系,在化学分离过程中可作为一个水的非共溶相使用。离子液体作为萃取溶剂（有机相,即萃取相、疏水相）能很好地应用于液 – 液萃取、液相微萃取、固相微萃取、超临界 CO_2 萃取等。

（3）离子液体在电化学中的应用。离子液体具有较宽的电化学窗口,因此在电化学中得到了广泛的应用。离子液体用作锂离子电池的电解液,在消除电池安全缺陷中显示出了良好的使用性能;将配位离子液体用于锌锰干电池的浆层纸,可显著改善电池的电化学性能;离子液体用作燃料敏化薄膜太阳电池的电解质,可显著提高电池的光电转换效率,同时可有效防止电解质的挥发与泄漏,对环境友好;为改善质子交换膜燃料电池中膜电极材料的机械强度、尺寸稳定性,有人提出了以离子液体为基质的 Nafion 膜,这种膜同时还具有良好的导电性。离子液体在金属电沉积中应用,可以得到水溶液中电沉积不能得到的一些金属、半导体及其合金,这是本章的重点,下面将作详细介绍。此外,离子液体在有机电合成、电化学传感器等方面也有一些应用。

(4)离子液体在纳米材料制备中的应用。离子液体在纳米材料制备中的应用包括纳米无机材料(如 SiO_2 气凝胶)、纳米金属(如纳米钯粒子)、特殊形貌的纳米材料(如 TiO_2 中空微球、纳米氧化锌)及纳米材料修饰等。

(5)离子液体在清洁燃料生产中的应用。离子液体在清洁燃料生产中的应用主要包括在天然气净化中的应用(吸收天然气中的 CO_2、H_2S)、在燃油制备中的应用(燃油中硫化物的萃取、直馏柴油中碱性氮化物的脱除、汽油安定性的改进、油品脱酸等)、在生物燃料制备中的应用(由棉籽制备生物柴油)等。

11.2 离子液体电沉积铝基合金

自从1951年 Hurly 报道了由三氯化铝和溴化乙基吡啶合成出离子液体,并利用此离子液体进行金属电沉积以来,离子液体应用于电沉积的研究主要集中在铝及其合金的电沉积方面。

11.2.1 电沉积 Al-Cr 和 Al-Mo 合金

1. 电沉积 Al-Cr 合金

水流澈等对 $AlCl_3$-BPC 离子液体中电沉积 Al-Cr 合金的电化学行为及合金沉积层的耐蚀性、抗高温氧化性等进行了研究。

(1) $AlCl_3$-BPC 离子液体电沉积 Al-Cr 合金工艺。在含有 Cr^{2+} 离子的 $AlCl_3$-BPC 离子液体(摩尔比为2:1)中分别采用恒电势和恒电流方法制备了 Cr 摩尔分数在 0~94% 之间的 Al-Cr 合金。电沉积过程采用三电极体系:辅助电极为 0.5mm×10mm×50 mm 的纯铝,工作电极为 0.4mm×15mm×50 mm 的铂片和低碳钢,参比电极为 0.5mm×10mm×50mm 的纯铝。电沉积液中 Cr^{2+} 浓度在 0.10~0.31mol/L 范围内,电沉积参数:恒电流密度为 5~35A/dm²,恒电势为 -0.10~-0.45V。

(2)电沉积液的配制。采用摩尔比为2:1的 $AlCl_3$-BPC 离子液体及纯度为99.99%的无水 $CrCl_2$ 为主盐,所有操作均在氩气保护的真空手套箱中进行(O_2 和 H_2O 含量均为1mg/L以下)。配制过程:在带有磁力搅拌的油浴环境(温度80℃)下,将适量的 $CrCl_2$ 加入到摩尔比为2:1的 $AlCl_3$-BPC 离子液体中,得到 $CrCl_2$ 浓度为 0.10~0.31mol/L 的电沉积液。

(3)电沉积液成分和工艺条件的影响。研究发现,电沉积 Al-Cr 合金中 Cr 的含量主要取决于所采用的电流密度、沉积电势和沉积液中 Cr^{2+} 的浓度。随着电沉积参数的变化,可得到富 Cr 或富 Al 的固溶体结构及 Al-Cr(Cr_4Al_9)金属间化合物结构的沉积层。当沉积电势分别为 $-0.20V$、$-0.26V$ 和 $-0.42V$ 时,得到的 Al $-$ Cr 合金沉积层中 Cr 的摩尔分数分别为 63%、55% 和 24%,即随着沉积电势的负移,沉积层中 Cr 含量降低。

(4) 电沉积反应。

① 合金沉积层的形成反应可由下式表示:

$$xCr^{2+}(ad) + 4(1-x)Al_2Cl_7 + (3-x)e^- \leftrightarrow Cr_xAl_{1-x} + 7(1-x)AlCl_4(0 < x < 1)$$

② 当 Cr^{2+} 以非配位形式存在时,由于形成了 $AlCl_4^-$,$Al_2Cl_7^-$ 离子浓度有所降低:

$$CrCl_2 \longrightarrow Cr^{2+} + 2Cl^-$$

$$2Cl^- + 2Al_2Cl_7^- \longrightarrow 4AlCl_4^-$$

$$CrCl_2 + 2Al_2Cl_7^- \longrightarrow Cr^{2+} + 4AlCl_4^-$$

(5) 电沉积 Al $-$ Cr 合金的性能。研究发现,离子液体中的 Cr 以 Cr^{2+} 形式存在,其沉积速率取决于 Cr^+ 还原为 Cr^0 过程的电荷转移步骤。

针对 Al $-$ Cr 合金沉积层的耐蚀性的研究表明,当沉积层中 Cr 的摩尔分数为 4% ~ 40% 时,沉积层在 pH 值为 6 ~ 9 的中性 Na_2HPO_4 $-$ NaH_2PO_4 缓冲溶液和 Na_2SO_4 缓冲溶液中均具有较好的耐蚀性;当沉积层中 Cr 的摩尔分数为 20% ~ 50% 时,沉积层在 600 ~ 800℃下表现出较好的抗高温氧化性能。

2. 电沉积 Al $-$ Mo 合金

津田等对 $AlCl_3$ $-$ EMIC 离子液体中电沉积 Al $-$ Mo 合金的电化学行为及合金沉积层的性能进行了研究。

(1) $AlCl_3$ $-$ EMIC 离子液体电沉积 Al $-$ Mo 合金工艺。使用三电极体系进行恒电流电沉积:采用面积为 $0.099cm^2$ 的 Pt 旋转圆盘电极为工作电极;直径为 $0.10cm$ 的铝丝(99.999%)作为辅助电极和参比电极。

(2) 电沉积液的配制。采用摩尔比 2:1 的 $AlCl_3$ $-$ EMIC 离子液体及 99.5% 的 $(Mo_6Cl_8)Cl_4$ 为主盐。所有实验均在氮气气氛的手套箱(O_2 和 H_2O 浓度 $<5mg/L$)中进行。

(3) 电沉积液成分和工艺条件的影响。

① 主盐金属离子浓度的影响。研究发现,随着离子液体中主盐 $(Mo_6Cl_8)Cl_4$ 浓度的提高,合金沉积层中 Mo 的含量增大。

② 电流密度的影响。随着电流密度的增大,合金沉积层中 Mo 的含量降低。

③ 温度的影响。随着温度的升高,合金沉积层中 Mo 的含量增大。

(4) 电沉积反应。

① 受电势的限制,路易斯酸离子液体 $AlCl_3$ $-$ EMIC 的不饱和 $Al_2Cl_7^-$ 离子能够还原为 Al:

$$4Al_2Cl_7^- + 3e^- \rightleftharpoons Al + 7AlCl_4^-$$

② Mo^{2+} 的还原反应,同时伴随着如下反应:

$$x\{Mo_6Cl_8\}^{4+} + 8(3-2x)Al_2Cl_7^- + 6(3-x)e^- \rightleftharpoons 6Al_{1-x}Mo_x + 2(21-13x)AlCl_4^-$$

(5)电沉积 Al - Mo 合金的性能。Mo 摩尔分数在 11% 以上的 Al - Mo 合金沉积层致密性较好,沉积层中无 Cl 元素的夹杂;Mo 摩尔分数在 8% 以上的 Al - Mo 合金沉积层在 NaCl 水溶液中耐蚀性良好,点蚀电势约为 + 800mV,优于其他铝 - 过渡金属合金沉积层。

11.2.2 电沉积 Al - Cu 和 Al - Ti 合金

1. 电沉积 Al - Cu 合金

(1)$AlCl_3$ - MEIC 离子液体电沉积 Al - Cu 合金工艺。电沉积液组成为:Cu^+ 0.01 ~ 0.05mol/L,$AlCl_3$ 摩尔分数 60.0% ~ 40.0%;电沉积条件为:温度 40℃,电势 0 ~ 0.3V(vs. Al^{3+}/Al)。

(2)电沉积液的配制。MEIC 由氯乙烷和 1 - 甲基咪唑合成,之后在乙腈 - 乙酸乙酯的混合液中进行重结晶。为了消除析氢的影响,需要去除溶液中的质子类不纯物。使用铝电极在搅拌的条件下电解数日,随后使用中孔的玻璃粉介质过滤掉溶液中的金属铝碎渣,并在 1.3×10^{-3}Pa 的气氛中保存 24 h。Cu^+ 是通过在 E_{app} 为 0.85V 的电压下电解铜线阳极获得的。

(3)电沉积液成分和工艺条件的影响。

① 主盐金属离子浓度的影响。Cu^+ 浓度对 Al - Cu 合金组成影响较大。但研究表明,极限电流密度随 Cu^+ 浓度的增加呈线性增大趋势,这表明合金沉积速率受 Cu^+ 浓度的影响。

② 沉积电势的影响。沉积电势为 0.4V 时,沉积层中 Cu 含量较高,沉积层表面形貌为致密的结节状;沉积电势为 0.3V 和 0.2V 时,沉积层仍然致密,但是表面形貌变为圆柱状和树枝状;继续减小沉积电势至 0.1V 时,沉积层与基体的结合力变差,表面形貌变为树枝状。

沉积电势还会对沉积层的相结构产生影响。沉积电势为 0.3V 和 0.4V 时,沉积层为纯铜的结构;沉积电势为 0.24V 时,沉积层为面心立方相的 Al - Cu 合金,Al 的摩尔分数为 7.2%;沉积电势为 0.22V 时,沉积层中 Al 含量升高至 12.7%,出现了 β′相的 Cu_3Al,且 β′相沿(202)和(1210)方向择优生长。

(4)电沉积反应。Al - Cu 合金的电沉积反应可表示为

$$xCu^+ + 4(1-x)Al_2Cl_7^- + (3-2x)e^- \longrightarrow Cu_xAl_{1-x} + 7(1-x)AlCl_4^-$$

(5)电沉积 Al - Cu 合金的性能。在高电势下电沉积可得到表面形貌良好的 Al - Cu 合金沉积层,沉积电势为 0V 时,合金中 Al 含量达到最大值 43%。

沉积层的合金组成主要取决于 Cu^+ 的浓度,而沉积层表面形貌又受沉积层组成影响。当合金中 Al 的摩尔分数达到 7.2% 时,沉积层保留了 Cu 的面心立方结构;当 Al 含量进一步升高到 12.8% 时,开始出现第二相。

2. 电沉积 Al – Ti 合金

Tsuda 等和 Abhishek 等分别在 AlCl$_3$ – EMIC 离子液体中电沉积得到了 Al – Ti 合金,并通过铜旋转圆盘电极研究了 Al – Ti 合金的电沉积行为,采用傅里叶变换红外光谱(FTIR)、紫外可见光谱(UV – vis)、核磁共振(NMR)等方法分析了电解质溶液的性质,采用 SEM、EDS 等对沉积层的表面形貌及元素组成进行了分析。

(1) AlCl$_3$ – EMIC 离子液体电沉积 Al – Ti 合金工艺。电沉积 Al – Ti 合金溶液组成及工艺条件见表 11 – 1。

表 11 – 1   AlCl$_3$ – EMIC 离子液体电沉积 Al – Ti 合金溶液组成及工艺条件

配方	Ti^{2+}/(mmol/L)	AlCl$_3$:EMIC(mol 比)	温度/℃	电流密度/(A/dm^2)
1	1 ~ 170[①]	60.0:40.0	80	0.5 ~ 2.0
2	1 ~ 170	66.7:33.3	80	0.5 ~ 2.0
3	不确定[②]	66.7:33.3	100	恒电势沉积
① 表中数值是加入电沉积液中的 TiCl$_2$ 的量,实际使用时,取饱和溶液的上清液;			
② 使用钛板做阳极,通过阳极溶解提供 Ti^{2+}。			

(2) 电沉积液的配制。配方 1、2 电沉积液的配制,是将固态的 TiCl$_2$ 溶解后加入到 AlCl$_3$ – EMIC 溶液中。配方 3 电沉积液的配制,是先将无水 AlCl$_3$ 和 EMIC 在充满 Ar 气的手套箱里混合,然后不断搅拌,直至 AlCl$_3$ 全部溶解,以金属 Ti 作为阳极,通过电解得到 Ti^{2+} 离子。

(3) 电沉积液成分和工艺条件的影响。

① 主盐金属离子浓度的影响。Ti^{2+} 浓度升高,电沉积液的吸光度增大,Ti^{2+} 的扩散系数减小。CV 曲线表明,随 Ti^{2+} 浓度的增大,Al 的氧化峰向正电势方向移动。FTIR 研究表明,和纯 EMIC 溶液相比,AlCl$_3$ 的加入会使芳香族化合物的峰发生移动并呈现减小的趋势,且出现 C═N 峰,当使用钛阳极电解一段时间后,芳香族、脂肪族和环结构对应的峰会减弱;NMR 研究表明,AlCl$_3$ 和 Ti^{2+} 的引入,使 EMIC 中乙基中的—CH$_3$ 谱负移。

② 熔盐组成的影响。表 11 – 1 中配方 1 与配方 2 的区别在于熔盐组成(即 AlCl$_3$:EMIC 比值)不同。旋转圆盘电极研究发现,极限扩散电流密度大小与电沉积液中 Ti^{2+} 浓度不成线性关系,且当熔盐组成中 AlCl$_3$ 含量越高时,偏离线性关系现象越明显,说明熔盐组成对沉积电流影响较大。

③ 电流密度的影响。当电流密度由 0.05A/dm^2 增大到 2A/dm^2 时,沉积层中 Ti 的摩尔分数由 18.4% 减小到 7.0%,说明电流密度的增大不利于 Ti 的共沉积,且沉积层表面形貌变差。电流密度较小时,沉积层表面细致均匀,为结节状形貌。沉积层的晶粒尺寸随着电流密度的增大而增大。

④ 温度的影响。比较不同温度下的阳极极化曲线可以发现,随着温度的升高,Ti 的溶解电势减小。在室温下,扫描电势为 1.0V 时,TiCl$_3$ 钝化膜不会破裂;

而当温度为80℃和100℃时,在扫描电势为1.0V时就会导致$TiCl_3$钝化膜的破裂。这说明温度对钛的阳极溶解有影响,从而影响电沉积液组成,进而影响沉积层的组成。

⑤ 搅拌的影响。旋转圆盘电极研究发现,当电极转速小于500r/min时,沉积层中Ti的含量与电极转速有关;当电极转速大于500r/min时,沉积层中Ti的含量则与电极转速无关。

(4) 电沉积反应。Al-Ti合金的电沉积反应可表示为

$$[Ti(Al_2Cl_7)_4]^{2-} + 2e^- \longrightarrow Ti + 4(Al_2Cl_7)^-$$
$$4(Al_2Cl_7)^- + 3e^- \longrightarrow Al + 7AlCl_4^-$$

(5) 电沉积Al-Ti合金的性能。沉积层中Ti含量提高会引起沉积层晶粒尺寸的减小,当Ti含量适当时,有利于抑制点腐蚀速率,沉积层致密平整。XRD分析结果表明,当Ti的摩尔分数为7.0%~18.4%时,沉积层为无序的面心结构的Al_3Ti金属间化合物,与纯Al的结构非常相似。合金沉积层的腐蚀电势随Ti含量的增加而正移。

11.3 离子液体电沉积锌基合金

11.3.1 电沉积 Zn-Co 和 Zn-Ni 合金

1. 电沉积 Zn-Co 合金

电沉积Zn-Co合金的耐蚀性、延展性、焊接性、硬度及可涂覆性能等均优于纯锌镀层。但是水溶液体系中Zn与Co的共沉积是异常共沉积,即在共沉积过程中电极电势更负的Zn相对于电势更正的Co优先析出。因此,在水溶液体系中共沉积Zn-Co合金所得到的沉积层中Co含量普遍较低。基于这一原因,孙亦文等人针对基于$ZnCl_2$-EMIC离子液体的Zn-Co合金的电沉积进行了研究。此外,梁军等人针对氯化胆碱-尿素离子液体中Zn-Co合金的电沉积进行了研究,制备出了Co摩尔分数在60%以上的致密、均匀的纳米晶Zn-Co合金沉积层。

(1) 离子液体电沉积Zn-Co合金工艺。$ZnCl_2$-EMIC离子液体电沉积Zn-Co合金工艺:在含有$CoCl_2$的$ZnCl_2$-EMIC离子液体(摩尔比为2:3)中采用恒电势方法可制备不同Co含量的Zn-Co合金。电沉积过程采用三电极体系:辅助电极为Zn圆盘电极,工作电极为(面积0.08cm^2)Ni、W和玻碳电极,参比电极为纯Zn,温度为80℃。

氯化胆碱-尿素离子液体电沉积Zn-Co合金工艺:在含有$ZnCl_2$和$CoCl_2$的氯化胆碱-尿素离子液体(摩尔比为1:2)中采用脉冲电沉积和恒电势电沉积方法制备Zn-Co合金。电沉积过程所用阴极为AM60B镁合金,阳极为纯锌。脉冲电沉积参数为:频率2000Hz,占空比75%,平均电流密度0.35A/dm^2,时间2h。所有

电化学测试均采用三电极体系:辅助电极为 25mm×20mm 的 Zn 片,工作电极为 Pt 圆盘电极(直径 1.0mm),参比电极为纯锌丝,温度为 80℃。

(2)电沉积液的配制。ZnCl$_2$ - EMIC 离子液体电沉积液的配制:采用摩尔比为 2:3 的 ZnCl$_2$ - EMIC 离子液体,纯度为 99.999% 的无水 CoCl$_2$ 为主盐,98% 的无水碳酸丙烯酯为添加剂。所有步骤均在氮气保护下的真空手套箱中进行(O$_2$ 和 H$_2$O 含量均低于 1mg/L)。配制过程:在温度为 80℃ 条件下将 CoCl$_2$ 加入到摩尔比为 2:3 的 ZnCl$_2$ - EMIC 离子液体中,完全溶解后得到海蓝色的电沉积液。

氯化胆碱 - 尿素离子液体电沉积液的配制:将摩尔比为 1:2 的氯化胆碱(分析纯,99.0%)和尿素(分析纯,98.0%)混合,在 80℃ 下充分搅拌至无色;将 CoCl$_2$·6H$_2$O(分析纯,99.0%)在 120℃ 的真空干燥箱中干燥 24h;之后将 0.11mol/L ZnCl$_2$ 和不同含量的 CoCl$_2$(0.01mol/L、0.02mol/L、0.03mol/L、0.04mol/L、0.05mol/L)加入到配制好的离子液体中,充分搅拌至完全溶解,最终得到天蓝色的电沉积液。

(3)电沉积液成分和工艺条件的影响。

① 主盐金属离子浓度的影响。针对 ZnCl$_2$ - EMIC 离子液体中的电沉积的研究表明:合金沉积层中的 Co 含量随着离子液体中 Co^{2+} 浓度的增加而升高;共沉积过程呈正常共沉积趋势,即电极电势较正的 Co 相对于 Zn 优先沉积;Co^{2+} 的含量及沉积电势对共沉积层的结构、组成及相结构影响较大;Zn 和 Co 的共沉积过程是一个三维瞬时成核过程。

针对氯化胆碱 - 尿素离子液体中的电沉积的研究表明,电沉积液中 Co^{2+} 浓度对合金沉积层的组成影响显著,随着 Co^{2+} 浓度从 0.01mol/L 增至 0.02mol/L,沉积层中 Co 的质量分数从 8.24% 增至 16.02%;进一步增加 Co^{2+} 含量至 0.04mol/L 时,沉积层中 Co 的质量分数迅速提升至 60% 以上;继续增大 Co^{2+} 浓度至 0.05mol/L,沉积层中 Co 的含量则不再增大。关于沉积层的表面形貌,当离子液体中 CoCl$_2$ 含量为 0.01mol/L 时,采用脉冲电沉积得到的沉积层呈菜花状结构,晶粒尺寸在 2~8μm,平均厚度约为 14μm,由于晶粒呈离散分布,因此合金沉积层存在大量孔隙;CoCl$_2$ 含量增大至 0.03mol/L 时,沉积层的晶粒尺寸明显减小,约为 2~5μm,然而厚度也有所降低(约 10μm);进一步增加 CoCl$_2$ 浓度至 0.04mol/L,沉积层变得致密、光滑、晶粒分布均匀;当 CoCl$_2$ 浓度增加至 0.05mol/L 时,沉积层的形貌变化不明显。

② 其他成分的影响。针对 ZnCl$_2$ - EMIC 离子液体的电沉积,研究了碳酸丙烯酯添加剂的影响。研究表明,碳酸丙烯酯的加入,能够有效地降低离子液体电沉积液的使用温度,可从 80℃ 降至 40℃。

③ 沉积电势的影响。针对 ZnCl$_2$ - EMIC 离子液体中恒电势电沉积 Zn - Co 合金的研究表明,沉积电势为 0.13V 时得到了纯 Co 沉积层;随着沉积电势的负移(单质 Zn 和单质 Co 的还原电势之间时)可得到 Co 摩尔分数为 82% 的 Zn - Co 合

金沉积层;沉积电势负移至 -0.1V 时,达到了 Zn 的沉积电势,之后随着沉积电势的继续负移,沉积层中 Co 的含量将会显著降低;当沉积电势接近 -0.23V 时,沉积层中 Co 的含量为一定值,沉积电势继续负移,Co 含量将不再发生变化。SEM 观察表明,沉积电势为 0.13V 时沉积层呈均匀、致密的颗粒状,晶粒尺寸为 0.1 ~ 0.5μm;随着沉积电势负移至 -0.2V 时,沉积层中 Co 的摩尔分数低于 50%,合金沉积层呈根瘤状;沉积电势继续负移至 -0.23V 时,沉积层中 Co 的摩尔分数将低于 25%,沉积层的根瘤状结晶特征变得更加明显;沉积电势为 0.13V、-0.2V 和 -0.23V 时,合金沉积层表观状态分别呈黑色、灰色和银白色。

针对氯化胆碱 - 尿素离子液体中电沉积 Zn - Co 合金的 EDS 和 XRD 研究表明,随着沉积电势的负移,沉积层中 Co 的含量和 γ 相 Zn - Co 合金的含量逐渐降低,沉积层中 Zn 的含量和 η 相 Zn - Co 合金的含量逐渐升高。FE - SEM 观察表明,合金沉积层的晶粒尺寸随着沉积电势的负移呈现逐渐增大的趋势。

2. 电沉积 Zn - Ni 合金

孙亦文等人针对 $ZnCl_2$ - EMIC 离子液体中电沉积 Zn - Ni 合金进行了研究。研究表明,虽然 $NiCl_2$ 易溶于纯的氯化 1 - 乙基三甲基咪唑中,但是在该溶液中并不能通过电化学还原得到金属 Ni,$ZnCl_2$ 的加入能够改变 Ni^{2+} 的还原电势,从而使 Ni 的电沉积成为可能。控制沉积电势在一定范围,可得到 Ni 摩尔分数高达 50% 以上的 Zn - Ni 合金沉积层。

(1) 离子液体电沉积 Zn - Ni 合金工艺。在含有 $NiCl_2$ 的 $ZnCl_2$ - EMIC 离子液体(摩尔比 2:3)中采用恒势方法制备不同 Ni 含量的 Zn - Ni 合金。电沉积过程采用三电极体系:辅助电极为 Zn 圆盘电极,工作电极为 W 丝或 W 片电极,参比电极为纯 Zn,温度为 80℃。

(2) 电沉积液的配制。采用摩尔比为 2:3 的 $ZnCl_2$ - EMIC 离子液体,纯度为 99.99% 的无水 $NiCl_2$ 为主盐。所有步骤均在氮气保护下的真空手套箱中进行(O_2 和 H_2O 含量均低于 1mg/L)。配制过程:在温度为 150℃ 条件下将等比例的 $ZnCl_2$(99.99%)和 EMIC 充分混合并搅拌 2 天,以确保 $ZnCl_2$ 和 EMIC 充分反应,最终得到无色的离子液体,之后将 $NiCl_2$ 溶于离子液体中。

(3) 电沉积液成分和工艺条件的影响。

① 主盐金属离子浓度的影响。沉积电势为 0.10V 时,Zn 的沉积速率非常低。此时,合金沉积层中 Ni 的含量随着 Ni^{2+} 浓度的增加而逐渐增加。

② 沉积电势的影响。EDS 分析表明,随着沉积电势的负移,Zn 的沉积速率逐渐增大,沉积层中 Ni 的含量逐渐降低;除非离子液体中 Zn^{2+} 浓度远高于 Ni^{2+} 浓度,否则 Zn - Ni 合金沉积层中 Zn 的摩尔分数将低于 50%。

XRD 研究表明,Zn 在 Ni 上的欠电势沉积比纯 Ni 的沉积电势稍负,利用 Zn 的欠电势沉积过程进行 Zn - Ni 合金的电沉积可得到 Ni 含量较高的沉积层。

SEM 观察表明,沉积电势为 0.1V 时,Zn - Ni 合金沉积层沿着基体的缺陷位置呈根瘤状均匀分布,局部放大图表明,尺寸较大的根瘤状颗粒其实是由尺寸较小的根瘤状颗粒团簇而成;随着沉积电势的负移,合金沉积层逐渐由根瘤状结构转变为菜花状结构,且变得相对疏松、不均匀,菜花状结构的形成归咎于沉积速率的提升;当沉积电势负移至 -0.20V 时,将发生 Zn 的超电势沉积,此时得到的合金沉积层将出现黑斑,与基体的结合变差。

11.3.2 电沉积 Zn - Cu 和 Zn - Mn 合金

1. 电沉积 Zn - Cu 合金

针对电沉积 Zn - Cu 合金,孙亦文等人研究了 $ZnCl_2$ - EMIC 离子液体中的电沉积,Matthijs 等人研究了醋酸胆碱离子液体中的电沉积,Fricoteaux 等人研究了 1 - 丁基 - 1 - 甲基吡咯烷双三氟甲磺酰亚胺($P_{1,4}Tf_2N$)离子液体中的电沉积。下面重点介绍 $P_{1,4}Tf_2N$ 离子液体中电沉积 Zn - Cu 合金。

(1)离子液体电沉积 Zn - Cu 合金工艺。电沉积液组成为:0.2mol/L $Cu(Tf_2N)_2$;0.2mol/L $Zn(Tf_2N)_2$。电沉积条件为:温度为室温;沉积电势 -1.4 ~ -2.5V(vs. Ag);沉积时间 2h。

(2)电沉积液的配制。将 $Cu(Tf_2N)_2$ 和 $Zn(Tf_2N)_2$ 加入到 $P_{1,4}Tf_2N$ 离子液体中溶解,所得溶液在 130℃ 的真空中干燥 7 天后使用。

(3)沉积电势的影响。在沉积电势为 -1.6V 之前,随着沉积电势的负移,沉积层中 Zn 的含量升高,晶粒呈圆球形;当沉积电势较 -1.6V 更负时,沉积层中 Zn 的含量下降,出现结节状;当沉积电势达到 -2.5V 后,沉积层中 Zn 的含量与沉积液中 Zn 的含量基本相同。XRD 分析表明,在沉积电势较正时,沉积层会出现 Cn - Zn 合金的衍射峰;随着沉积电势从 -1.6V 继续负移,所得沉积层变为无定型结构,XRD 谱图中只出现基体 Ni 的衍射峰。

2. 电沉积 Zn - Mn 合金

在 Zn 合金中,Zn - Mn 合金表现出了很高的耐蚀性,但是由于在水溶液中电沉积 Zn - Mn 合金时电化学过程不易控制,电流效率较低,从而使其应用受到限制。

孙亦文等人研究了在憎水性[Bu_3MeN]Tf_2N 离子液体中 Zn - Mn 合金的电沉积。$Bu_3MeN^+Tf_2N^-$ 离子液体的电化学窗口较宽(约 6V),能够通过控制电势在含有不同浓度的 Zn^{2+} 和 Mn^{2+} 的离子液体里得到 Zn - Mn 合金。在此种离子液体中,阴极电流效率接近 100%,所制备的 Zn - Mn 合金呈无定型结构,沉积层致密,与基体结合牢固。

(1)离子液体电沉积 Zn - Mn 合金工艺。在[Bu_3MeN]Tf_2N 离子液体中,Zn^{2+} 的浓度为 25 ~200mmol/L,Mn^{2+} 的浓度为 25 ~220mmol/L,沉积温度为 80℃。

(2)电沉积液的配制。将金属 Zn 和 Mn 通过阳极溶解的方法溶解在

[Bu$_3$MeN]Tf$_2$N 离子液体里,可得到不同浓度 Zn^{2+} 和 Mn^{2+} 的沉积液。

(3)电沉积液成分和工艺条件的影响。

① 主盐金属离子浓度的影响。Zn^{2+} 和 Mn^{2+} 浓度的增大会降低相应离子的扩散系数,这是由于随着主盐浓度的增大,易形成聚合物离子的结果。

沉积层组成主要受沉积液中 Zn^{2+} 与 Mn^{2+} 浓度比的影响,沉积层中 Zn 与 Mn 的含量比与沉积液中 Zn^{2+} 与 Mn^{2+} 浓度比基本接近,说明可以通过调节沉积液组成得到 Mn 质量分数为 0~100% 的 Zn - Mn 合金沉积层。

随着沉积层中 Mn 含量的增大,沉积层颜色由银白色转变为黑色,晶粒尺寸也相应减小。

② 沉积电势的影响。沉积电势对 Zn - Mn 合金的组成影响不大,沉积电势为 -1.3 ~ -1.5V 时,其对沉积层组成没有明显的影响,但是当沉积电势比 -1.5V 更负时,阴极电流效率下降到 25% 以下。

(4)电沉积 Zn - Mn 合金的性能。Zn - Mn 合金沉积层中 Mn 的含量增加,沉积层耐蚀性提高;但是当 Mn 的质量分数大于 50% 时,沉积层耐蚀性反而下降。

11.4　离子液体电沉积钯基合金

Pd 及其合金具有较高的耐磨性、可焊性及对许多化学反应的高催化活性,因此在工业上具有重要的应用价值。为了提高 Pd 的应用效率,人们通常采用向纯 Pd 中引入其他金属的方法来对其进行改性。

11.4.1　电沉积 Pd - Au 和 Pd - Ag 合金

1. 电沉积 Pd - Au 合金

为了提高 Pd 的利用率,常在 Pd 中加入 Au 等元素,而 Au 的加入可明显地提高其催化活性。

(1)离子液体电沉积 Pd - Au 合金工艺。在 EMI - Cl - BF$_4$ 离子液体中,Au$^+$ 6.5mmol/L,Pd^{2+}　12~55mmol/L,温度　30~120℃,电流密度　0~0.4A/dm^2。

(2)电沉积液的配制。EMI - Cl - BF$_4$ 离子液体是通过 EMIC 和 NaBF$_4$ 在干燥的丙酮中反应得到。Pd^{2+} 是通过在 40℃ 下将 PdCl$_2$ 溶解在 EMI - Cl - BF$_4$ 离子液体中形成[PdCl$_4$]$^{2-}$ 得到的,Au$^+$ 是通过在 0.7V 的电势下恒电势阳极氧化 Au 箔得到的,将上述所得两种溶液混合即可得到电沉积 Pd - Au 合金的溶液。

(3)电沉积液成分和工艺条件的影响。

① 电流密度的影响。沉积层中的 Pd 含量随着电流密度的增大而升高,当达到极限电流密度后,沉积层中的 Pd 含量基本保持不变。

由 XRD 和 SEM 可知,随着电流密度的增大,衍射峰变宽,说明晶粒尺寸随着电流密度的增大而减小。

② 温度的影响。温度升高会加快 Pd^{2+} 和 Au^+ 的扩散速率。当电流密度较小时,随着温度的升高,沉积层中 Pd 含量下降;当电流密度达到极限电流密度时,沉积层组成基本不随温度的改变而变化。Pd – Au 合金电沉积的超电势随温度的升高而降低。

(4) 电沉积 Pd – Au 合金的性能。经过电沉积纳米 Pd – Au(33nm)合金修饰后的 ITO 电极和 GCE 电极,在使用 CV 曲线检测肾上腺素(EP)、多巴胺(DA)和尿酸(UA)时,能够减小超电势,增大峰电流,有利于在不同 pH 值的电解液中进行检测。

2. 电沉积 Pd – Ag 合金

Pd – Ag 合金具有良好的催化活性,可增强对 CO 中毒的抵抗能力,具有比Pd/C 和 Pt/C 更加良好的稳定性。Pd 耐磨性较强,加入 Ag 后具有较高的催化活性。

在众多制备 Pd – Ag 合金的方法中,电沉积是较为经济和简单的制备方法,所得沉积层厚度、组分和形貌皆可控。

(1) 离子液体电沉积 Pd – Ag 合金工艺。使用 EMI – Cl – BF_4 离子液体,Ag^+ 10 ~ 20mmol/L,Pd^{2+} 10 ~ 30mmol/L,温度 35 ~ 120℃,沉积电势 – 0.53 ~ – 0.73V。

(2) 电沉积液的配制。将 AgCl 和 $PdCl_2$ 溶解在 EMI – Cl – BF_4 中制得所需要的电沉积液。EMI – Cl – BF_4 离子液体是通过 EMIC 和 $NaBF_4$ 在干燥的丙酮中反应得到。

(3) 电沉积液成分和工艺条件的影响。

① 主盐金属离子浓度的影响。随着 $[Pd^{2+}]/[Ag^+]$ 摩尔比的增大,沉积层中 Pd 的含量增加。但由于 Pd^{2+} 的扩散系数小于 Ag^+ 的扩散系数,使得沉积层中 Pd 的含量略小于沉积液中 Pd^{2+} 的含量。随着沉积层中 Pd 含量的增加,沉积层晶粒尺寸减小。

② 沉积电势的影响。随着沉积电势的负移,沉积层中 Pd 含量增加。但是当负移至 – 0.65V 后,由于极限扩散控制,沉积层中 Pd 的含量趋于稳定。

③ 温度的影响。随着温度的升高,电沉积液黏度下降,离子扩散速率增大,致使沉积速率提高。同时,Pd 和 Ag 的沉积超电势也随着温度的升高而减小。温度升高还会加强 Pd 和 Ag 的互扩散过程。当施加的沉积电势只达到 Ag 的极限扩散时,沉积层中 Pd 的含量随着温度的升高会出现小幅度的增加。SEM 观察发现,随着温度的升高,沉积层结晶变得更加细致。

11.4.2 电沉积 Pd – In 和 Pd – Sn 合金

1. 电沉积 Pd – In 合金

Hsiu 等人研究了[EMIm]BF_4 离子液体中 Pd – In 合金的电沉积。研究发现,Pd 优先于 In 沉积,In 有超电势沉积现象。EDS、SEM、XRD 分析表明,在 In 的超电势沉积范围内,合金的组成与沉积电势无关,仅与离子液体中$[Pd^{2+}]/[In^{3+}]$ 的比例有关。In 和 Pd 的共沉积,不仅提高了 Pd 的硬度和耐磨性能,而且不影响 Pd 的高导电性,可用于替代纯金、纯银、纯钯沉积层。

(1)离子液体电沉积 Pd – In 合金工艺。在[EMIm]BF_4 离子液体中,Pd^{2+} 10mmol/L,In^{3+} 20 ~ 80mmol/L,温度 120℃,沉积电势 – 0.28 ~ – 1.2V。

(2)电沉积液的配制。由于 $PdCl_2$ 和 $InCl_3$ 易溶于离子液体中,只需将 $PdCl_2$ 和 $InCl_3$ 溶解在[EMIm]BF_4 离子液体中即可得到所需要的电沉积液。

(3)电沉积液成分和工艺条件的影响。

① 主盐金属离子浓度的影响。在欠电势沉积电势范围(– 0.3 ~ – 0.7V)内,沉积层中 In 的含量不随沉积液中 In^{3+} 浓度的增加而增大,但是随着沉积液中 Pd^{2+} 浓度的增加而减小;当处于超电势沉积电势范围(< – 0.7V)时,沉积层中 In 的含量随沉积液中 In^{3+} 浓度的增加而增大;当沉积电势达到扩散控制后,沉积层中的 Pd/In 含量比和沉积液中的[Pd^{2+}]/[In^{3+}]浓度比相同。

② 沉积电势的影响。当沉积电势为 – 0.3 ~ – 0.7V 时,随着沉积电势的负移,沉积层中 In 的含量增加缓慢;当沉积电势比 – 0.7V 更负时,随着沉积电势的负移,沉积层中 In 的含量迅速增加;当电势负移至扩散控制时,沉积层中 In 的含量不随沉积电势的变化而变化。

在欠电势沉积范围内,得到的沉积层为球状形貌,随着沉积电势的负移,沉积层晶粒尺寸变大;当负移至超电势沉积范围后,沉积层变为树枝状形貌,并出现微裂纹。

③ 温度的影响。温度较低时,由于电沉积液黏度较大,沉积速率较低。此外,低温下电沉积不利于 In 和 Pd 的相互扩散。

(4)电沉积 Pd – In 合金的性能。Pd – In 合金相比于 Pd、Ag、Au 等贵金属,具有高硬度和良好的耐磨性能,导电性能亦良好。

2. 电沉积 Pd – Sn 合金

Jou 等人同样采用[EMIm]BF_4 离子液体作电解质,以 $PdCl_2$、$SnCl_2$ 为主盐,成功地电沉积制备了 Pd – Sn 合金。

(1)离子液体电沉积 Pd – Sn 合金工艺。在[EMIm]BF_4 离子液体中,Pd^{2+} 20 ~ 30mmol/L,Sn^{4+} 20 ~ 30mmol/L,温度 120℃,沉积电势 – 0.4 ~ – 0.8V。

(2)电沉积液的配制。将 $SnCl_2$ 通过阳极氧化或用 Pd^{2+} 氧化的方式得到稳定的[$SnCl_6$]$^{2-}$ 后,过滤掉 Pd 颗粒,并与溶解好的 $PdCl_2$ 混合在[EMIm]BF_4 离子液体中即得到所需要的沉积液。

(3)电沉积液成分和工艺条件的影响。

① 主盐金属离子浓度的影响。沉积电势在 – 0.4 ~ – 0.8V 范围内时,随着沉积液中 Sn^{4+} 浓度的增加,沉积层中 Sn 的含量增加;当沉积电势小于 – 0.8V 后,沉积层中 Sn 的含量不随沉积液中 Sn^{4+} 浓度的增加而增大,达到扩散控制时,沉积层中两金属的含量比与沉积液中两种金属离子的浓度比相近。

沉积层中 Pd 的含量降低会造成晶粒尺寸的减小。

② 沉积电势的影响。当沉积电势为 −0.4V 时,得到的沉积层表面粗糙,晶粒大小不一;当沉积电势负移至 −0.5 ~ −0.7V 时,沉积层表面光滑,晶粒尺寸均一,沉积层为不连续的多面体结构。

(4) 电沉积 Pd − Sn 合金的性能。相比于 Pt − Ru 合金,Pd − Sn 合金具有更好的催化活性,尤其对乙醇具有更高的催化活性。

11.5　离子液体电沉积半导体合金

离子液体宽阔的电化学窗口除了可沉积轻质合金(如 Al − Ti 合金)外,还可用于制备半导体合金(如 Cd − S、Ga − As、In − P 合金等)。目前,离子液体电沉积已成为制备半导体材料的有效方法之一。

11.5.1　电沉积 Cd − S 和 Cd − Se 合金

Dale 等研究了氯化胆碱 − 尿素离子液体中 Cd − S、Cd − Se、Zn − S 合金的电沉积行为。Cd − S 的循环伏安结果表明:在氟掺杂的氧化锡基质上发生了 n 型 Cd − S 合金的电沉积,在沉积电势为 −0.6 ~ −0.8V 时,制备的 Cd − S 合金沉积层颜色由灰色变为棕黑色,厚度大约为 50nm。

1. 电沉积 Cd − S 合金

(1) 离子液体电沉积 Cd − S 合金工艺。在氯化胆碱离子液体中,$CdCl_2$ 5mmol/L,S 30mmol/L,沉积电势 −0.6 ~ −0.8V。

(2) 电沉积液的配制。离子液体是按照 1mol 氯化胆碱($C_5H_{14}ONCl$)和 2mol 尿素[$(NH_2)_2CO$]的比例混合制备的。将混合物置于圆底烧瓶中 80℃ 下搅拌 2h,将 5mmol/L $CdCl_2$ 和过量的 S 加入到离子液体中,在 100℃ 下搅拌 2h 使 S 完全溶解,从而得到电沉积液。实验表明,100℃ 下 S 的溶解度约为 30mmol/L。S 一旦溶解,便得到澄清的溶液,该溶液颜色取决于温度:80℃ 下呈黄色,100℃ 下呈绿色,120℃ 下呈蓝色。

(3) 电沉积液成分和工艺条件的影响。研究发现,在 −0.6 ~ −0.8V 范围内电沉积得到的 Cd − S 合金沉积层表现出不同的颜色:从苍白透明的黄色(−0.6V)到深褐色(−0.8V)。合金沉积层呈现出深褐色是由于合金中的 Cd 含量较高。有些沉积层是质量参差不齐的黄色薄膜,有些是光滑连续的沉积层,然而当水洗时会有片状剥落。沉积层厚度一般小于 50nm。

(4) 电沉积 Cd − S 合金的性能。电沉积得到的黄色 CdS 薄膜在光照下产生 n 型光电响应。电沉积得到的两种组成的 Cd − S 合金沉积层的带隙分别为 2.48eV 和 2.72eV,而单晶 CdS 的带隙为 2.42eV。

2. 电沉积 Cd − Se 合金

(1) 离子液体电沉积 Cd − Se 合金工艺。Cd − Se 合金沉积层可以从溶有

CdCl$_2$、亚硒酸钠的离子液体中电沉积制备。通常使用 FTO 作为基底,FTO 玻璃依次用异丙醇、无水乙醇、丙酮清洗,最后储存在无水乙醇中备用。电沉积时使用三电极体系,辅助电极为 Pt 箔,参比电极为 Pt 丝,在 100℃下电沉积 2000s。

（2）电沉积液的配制。离子液体的制备方法:按照 1mol 氯化胆碱（C$_5$H$_{14}$ONCl）和 2mol 尿素[（NH$_2$）$_2$CO]的比例进行混合,将混合物置于圆底烧瓶中 80℃下搅拌 2h 即可。

（3）电沉积 Cd - Se 合金的性能。电沉积得到的 Cd - Se 合金沉积层具有 n 型光电响应,其带隙为 1.8eV,这与文献报道的 1.7eV 比较吻合。

11.5.2 电沉积 Si - Li 和 Si - Ge 合金

1. 电沉积 Si - Li 合金

锂离子电池是当今最有前途的高能化学电源之一,通常使用石墨或其他碳材料作为电池的负极活性物质。LiC$_6$ 的理论比容量是 372mA·h/g,与 Li$_{22}$Si$_5$ 的 4200 mA·h/g 相差很大。电沉积是一种较方便地制备硅合金薄膜电极的有效方法。由于硅的氧化还原电势较负,因此必须在有机或离子液体电解质中电沉积硅合金。Schmuck 等采用碳酸丙烯酯（PC）和 N - 丁基 - N - 甲基吡咯烷双（三氟甲磺酰）亚胺（P$_{14}$TFSI）离子液体作为电解质溶液,以 SiCl$_4$ 为硅源、LiTFSI 为导电盐,在铜表面成功地电沉积制备了 Si - Li 合金。

（1）离子液体电沉积 Si - Li 合金工艺。电沉积时使用三电极电解槽,以铜箔做工作电极,锂活塞作参比电极,锂箔作辅助电极。当使用 PC 为溶剂时,电沉积液组成为:SiCl$_4$ 1mol/L,LiTFSI 1mol/L。当使用 P$_{14}$TFSI 为溶剂时,电沉积液组成为:SiCl$_4$ 1mol/L,LiTFSI 1mol/L。电沉积条件:室温,沉积电势 1.0V（vs. Li/Li$^+$）,时间 3600 s。

（2）电沉积 Si - Li 合金的性能。循环伏安曲线表明,SiCl$_4$ 前驱体在 PC 和 P$_{14}$TFSI 中的还原均发生在 1.0V（vs. Li/Li$^+$）左右,所以选择此电势进行恒电势电沉积。SEM 观察表明,电沉积得到的硅粒子的尺寸在 100 ~ 500nm 之间。与 Si 复合电极相比,电沉积得到的硅电极性能和比容量尚不太理想。

研究表明,使用 SiCl$_4$ 作为硅源,在有机和离子液体电解质中直接在铜集流体上电沉积 Si 是可行的。这种方法在替代 Si 阳极的制备方面有较大的潜力,尤其是针对薄膜 Si 阳极,电沉积方法提供了一种廉价制备的新途径。

2. 电沉积 Si - Ge 合金

硅、锗及其化合物是电子和光子领域中重要的半导体材料。锗和硅的纳米颗粒表现出光致发光和可见光发射的量子限域效应。这些现象为在纳米尺度上开发光电子器件,如发光二极管、生物标记及光伏电池等打下了良好基础。

Lahiri 等采用原位紫外可见光谱研究了 [BMP]Tf$_2$N 离子液体中 Si - Ge 合金的电沉积行为。结果发现,Si$_x$Ge$_{1-x}$ 合金纳米晶粒的形成主要取决于沉积电势。

光谱分析表明,Ge 的欠电势沉积发生在 Ge^{4+} 还原为 Ge^{2+} 过程中。

（1）离子液体电沉积 Si – Ge 合金工艺。所用离子液体为 P_{14}TFSI,主盐为 $GeCl_4$ 和 $SiCl_4$。电沉积时采用三电极体系,以在玻璃上溅射金薄膜得到的材料为工作电极,使用前在异丙醇中 90℃下清洗 2h,辅助电极和参比电极均为 Pt 丝。电化学测试在氩气饱和的手套箱中进行。

（2）电沉积液的配制。P_{14}TFSI 离子液体使用前在 100℃条件下真空干燥除水至 2mg/L 以下,该离子液体的电化学窗口的宽度允许进行 Si 的电沉积。

（3）电沉积 Si – Ge 合金的性能。循环伏安研究表明,室温下,0.1mol/L $GeCl_4$、0.1mol/L $SiCl_4$、0.1mol/L $GeCl_4$ 和 $SiCl_4$ 混合液在离子液体 1 – 丁基 – 1 – 甲基吡咯烷双(三氟甲磺酰)酰胺中的第一个阴极过程(– 1V 左右)对应着锗在金上的欠电势沉积和 Si_xCl_y 化合物的形成;第二个阴极过程(– 1.6V)对应着从 Ge^{4+} 到 Ge^{2+} 的还原;第三个阴极过程(– 2.2V)对应着 Ge^{2+} 到 Ge 的还原和可能发生的 Si 在 Ge 上的欠电势沉积;第四个阴极过程(– 2.8V)对应着 Si_xGe_{1-x} 合金的形成。

原位紫外电化学可见光谱研究表明,从 Ge^{4+} 到 Ge^{2+} 的还原过程中存在着 Ge 在金上的欠电势沉积过程。在锗沉积过程中,在较高波长处的红移可能与簇的形成有关。在硅沉积过程中也有类似现象出现,但沉积现象更为复杂。针对 Si_xGe_{1-x} 合金的电沉积的研究表明,Si 和 Ge 纳米颗粒率先形成,然后它们结合在一起形成 Si_xGe_{1-x} 沉积物。

11.6　离子液体电沉积 Li – Cu 合金

11.6.1　Li – Cu 合金的特点及应用

锂离子电池是主要的清洁能源之一。尽管人们进行了不懈的努力,目前锂离子电池仍然存在许多亟待解决的问题。比如,若使用金属锂作负极,其充放电容量理论上可比使用石墨负极提高 10 倍以上,但锂枝晶的形成将导致电池存在安全隐患,且循环效率降低。为解决上述问题,提出了采用 Li – Cu 合金薄膜来作为锂离子电池负极材料,以此薄膜作负极时,当锂选择性溶出后,就会形成铜的纳米网状结构的骨架,在该骨架上嵌锂时,既可以保证电池具有较高的充放电比容量,又可以抑制锂枝晶的形成,还可以避免电极在嵌/脱锂过程中的体积膨胀与收缩,从而保证锂离子电池的安全可靠性。

但是,锂是电极电势最负的金属,Li^+/Li 的标准电极电势为 – 3.04V (vs. SHE),金属锂无法从质子型溶液中沉积出来。要想通过电沉积方式制备 Li – Cu 合金,就必须采用非质子溶液体系。由于离子液体具有很宽的电化学窗口、良好的导电性等优点,故可作为离子液体电沉积 Li – Cu 合金的溶剂。

目前,用于电沉积 Li – Cu 合金的离子液体主要包括 1 – 己基 – 3 – 甲基咪唑三氟甲磺酸盐([HMIm]OTF)和 1 – 乙基 – 3 – 甲基咪唑双三氟甲磺酰亚胺盐([EMIm]TFSI),下面分别进行论述。

11.6.2 [HMIm]OTF 离子液体电沉积 Li – Cu 合金

1. 电沉积液组成及工艺条件

[HMIm]OTF 离子液体电沉积 Li – Cu 合金的溶液组成及工艺条件见表 11 – 2。

表 11 – 2 [HMIm]OTF 恒电势电沉积 Li – Cu 合金溶液组成及工艺条件

溶液组成(mol/L)及工艺条件	工艺 1	工艺 2	工艺 3
三氟甲磺酸铜(Cu(OTF)$_2$)	0.10 ~ 0.15	0.10 ~ 0.15	0.10 ~ 0.15
三氟甲磺酸锂(LiOTF)	0.75 ~ 1.00	0.75 ~ 1.00	0.75 ~ 1.00
1,4 – 丁炔二醇(BDO)	0.001 ~ 0.003		
乙二胺(EDA)		0.001 ~ 0.003	
碳酸亚乙烯酯(VC)			0.001 ~ 0.007
工作温度/℃	60 ~ 100	60 ~ 100	60 ~ 100
沉积电势/V	– 3.0 ~ – 4.5	– 3.0 ~ – 4.5	– 3.0 ~ – 4.5
阴极移动	需要	需要	需要

2. 电沉积液组成及工艺条件的影响

(1)主盐金属离子浓度的影响。在[HMIm]OTF 离子液体中,受溶解度的限制,主盐 Cu(OTF)$_2$ 的浓度只能达到 0.10 ~ 0.15mol/L,而 LiOTF 的浓度则可以在较大范围内变化。随着 LiOTF 浓度的提高,沉积层质量变好。当 Li$^+$ 浓度较低时,沉积层结晶比较粗糙、疏松,Li$^+$ 浓度在 0.75 ~ 1.00mol/L 时可得到结晶细致、均匀的 Li – Cu 合金沉积层。随着 Li$^+$ 浓度的增加,合金中 Li 的含量升高,当 Li$^+$ 浓度为 0.1mol/L 时,沉积层中 Li 的摩尔分数只有 18.72%,当增加 Li$^+$ 浓度至 1mol/L 时,沉积层中 Li 的含量提升至 76.81%。

(2)添加剂的影响。在[HMIm]OTF 离子液体中,为了改善沉积层质量,加入了 BDO、EDA、VC 等添加剂。下面分别介绍其影响规律。

① BDO 的影响。在未加 BDO 时,Li – Cu 合金沉积层中 Li 的摩尔分数大约在 70.85%,沉积层较均匀致密;当加入 1mmol/L BDO 时,Li 含量下降至 45.37% 左右,沉积层颗粒增大;继续增加 BDO 至 3mmol/L 以上时,Li 含量又有所增加,达到 55% 左右,沉积层粒径又有所减小,但是同未添加 BDO 时相比粒径仍然较大。

② EDA 的影响。研究发现,当 EDA 浓度为 1mmol/L 时,Li – Cu 合金沉积层中 Li 的摩尔分数从无添加剂时的 70.85% 下降至 55.60%;增加 EDA 浓度至 3mmol/L 以上时,Li 的含量并未发生大的改变,大约维持在 57%。EDA 对 Li – Cu 合金沉积层微观形貌影响较大,浓度低于 1mmol/L 时,沉积层表面比较疏松,粒径较大且不均匀。

③ VC 的影响。加入 1mmol/L VC 时,所得 Li – Cu 合金沉积层中 Li 的摩尔分数比未加时有所增加,达到 82.56%;随着 VC 浓度的增加,沉积层中 Li 的含量逐渐下降,当 VC 浓度为 9mmol/L 时,Li 含量下降至 72.31%。只要 VC 浓度达到 1mmol/L,就可得到均匀致密的 Li – Cu 合金沉积层。

(3) 沉积电势的影响。当沉积电势在 – 2.5V 时,得到了黑色、不均匀的沉积层;当沉积电势负移至 – 3.0 ~ – 4.0V 时,得到了黑色、均匀的沉积层;继续负移沉积电势至 – 4.5V,重新出现了黑色、不均匀的沉积层。当沉积电势较低时,沉积层较疏松、颗粒较大;当沉积电势为 – 3.5V 时,得到了致密、且颗粒较小的沉积层;继续升高沉积电势至 – 4.5V 时,沉积层较为疏松、且颗粒较大,这可能与电极表面放电金属离子贫乏和电解液分解有关。沉积电势在 – 2.5V 时,沉积层中 Li 的摩尔分数在 39.82% 左右;沉积电势至 – 3.0V 时,Li 的摩尔分数提高至 68.84%;沉积电势达到 – 3.5V 时,Li 的摩尔分数高达 76.81%。但是,当沉积电势在 – 4.0 V 以上时,Li 含量反而下降,这是由于离子液体的分解,降低了电解液的稳定性。

(4) 温度的影响。当温度在 40℃ 时,得到了黑色、不均匀的沉积层;当温度在 60 ~ 100℃ 之间时,得到了具有金属光泽的深灰色、均匀的沉积层,这表明温度升高有利于 Li – Cu 合金的电沉积;但是继续提升温度至 120℃ 时,重新出现黑色不均匀的沉积层。当温度在 40℃ 时,沉积层中 Li 含量较少,大约在 54.5%;随着温度的提升,沉积层中 Li 含量增加,温度在 60℃ 和 80℃ 时,Li 含量可达 77% 左右,这说明温度的升高有利于提高 Li – Cu 合金中 Li 的含量。

11.6.3 [EMIm]TFSI 离子液体电沉积 Li – Cu 合金

1. 电沉积液组成及工艺条件

[EMIm]TFSI 离子液体电沉积 Li – Cu 合金的溶液组成及工艺条件见表 11 – 3。

表 11 – 3　[EMIm]TFSI 离子液体电沉积 Li – Cu 合金的溶液组成及工艺条件

溶液组成(mol/L)及工艺条件	恒电流	恒电势	脉冲电势
NMP/%(体积分数)	33	33	33
LiTFSI	0.7 ~ 0.8	0.7 ~ 0.8	0.7 ~ 0.8
Cu(PTSA)$_2$	0.033 ~ 0.066	0.033 ~ 0.066	0.033 ~ 0.066
温度/℃	20 ~ 50	20 ~ 50	20 ~ 50
电流密度/(A/dm^2)	0.05 ~ 0.10		
沉积电势/V		– 2.0 ~ – 3.5	
平均电压/V			2.0 ~ 5.0
频率/kHz			0.5 ~ 4.0
占空比/%			30 ~ 70
阴极移动	需要	需要	需要

2. 电沉积液组成及工艺条件的影响

（1）恒电流电沉积 针对恒电流电沉积 Li - Cu 合金，主要探讨了主盐金属离子浓度比、温度和电流密度的影响。

① 主盐金属离子浓度比的影响。Li/Cu 浓度比对沉积层组成影响不是很大，Cu 盐浓度只要在一定范围内就可以获得固定组成的 Li - Cu 合金沉积层。

② 温度的影响。随着温度的升高，沉积层中 Li 含量明显减少。

③ 电流密度的影响。当电流密度小于 $0.05A/dm^2$ 时，几乎得不到合金沉积层；当电流密度大于 $0.1A/dm^2$ 时，随着电流密度的增大，沉积层中 Li 含量增加。

（2）恒电势电沉积。针对恒电势电沉积 Li - Cu 合金，主要探讨了沉积电势和温度的影响。

① 沉积电势的影响。当电势比 -2.0V 更负时，随着沉积电势的负移，Li 含量明显增加；当电势比 -4.0V 更负时，电沉积液易分解。研究发现，沉积电势为 -2.0V 时，获得的沉积层外观较差，沉积层较薄且不均匀；沉积电势比 -2.5V 更负时，可获得外观均匀的沉积层。

② 温度的影响。随着温度的升高，沉积层中 Li 含量减少，但是当温度为 50℃ 时，组成出现异常。研究发现，温度在 20～40℃ 区间内均可获得均匀的沉积层。温度进一步升高，导致电沉积液分解，沉积层外观变差。

（3）脉冲恒电势电沉积。针对脉冲恒电势电沉积 Li - Cu 合金，主要探讨了平均电压、脉冲频率、占空比的影响。

① 平均电压的影响。随着平均电压的增加，沉积层中 Li 的含量明显增加，这与恒电势电沉积相类似。平均电压小于 2.0V 时，表面几乎无沉积层；当平均电压大于 5.0V 后，离子液体分解，沉积层外观变差。

② 频率的影响。随着频率的增加，沉积层中 Li 含量开始有所减少，之后又出现了增高和降低。对比沉积层外观的变化，可以发现当频率大于 3 kHz 后沉积层变得不均匀。由此可见，频率对沉积层外观和组成的影响规律不明确。

③ 占空比的影响。与频率的影响类似，占空比对沉积层 Li 含量也没有十分明确的影响规律。当占空比大于 40% 后，Li 的摩尔分数迅速增加到 60% 左右；而当占空比大于 60% 后，Li 含量又减少到 30% 左右。沉积层外观随占空比增大而逐渐变好，当占空比大于 50% 时，沉积层变得比较均匀。

11.6.4 电沉积 Li - Cu 合金的性能

电沉积 Li - Cu 合金薄膜可以作为 Li/S 电池负极使用。将 Li 质量分数分别为 34.7%、57.9% 和 76.8% 的 Li - Cu 合金薄膜与 S 正极组装成扣式电池，以 0.1C 倍率充放电。结果发现，当使用 Li 含量为 34.7% 的 Li - Cu 合金薄膜作负极时，首次放电比容量为 79mA·h/g，实际比容量为理论比容量的 37%。这可能是由于在清洗 Li-Cu 合金薄膜和组装电池的过程中部分沉积层脱落,同时由于 Li-Cu 合金薄膜中 Li 的部分氧化,造成实际放电比容量较低。当经过 10 个充放电循环后,电池的比容量急剧下降至 14mA·h/g,为首次放电比容量的 17.7%;在经过 20 个充放电循环后,电池的比容量下降至 7.8mA·h/g,为首次放电比容量的 9.87%。当使用 Li 含量为 57.9% 的 Li-Cu 合金薄膜作负极时,首次放电比容量为 255mA·h/g,为理论比容量的 50.5%。经过 10 个充放电循环后,放电比容量下降至 172mA·h/g,为首次放电比容量的 67.5%;在经过 20 个充放电循环后,比容量下降至 126mA·h/g,为首次放电容量的 49.4%。当使用 Li 含量为 76.8% 的 Li-Cu 合金薄膜作负极时,首次放电比容量为 428mA·h/g,为理论比容量的 45.4%;在经过 10 个充放电循环后,负极放电比容量下降至 373mA·h/g,为首次放电比容量的 87%;在经过 20 个充放电循环后,放电比容量下降至 329mA·h/g,为首次放电比容量的 77%。

对比发现,当 Li-Cu 合金中 Li 含量较低时,电池首次放电比容量较低,且经过多次充放电循环后电池放电比容量衰减较快。当使用 Li 含量较高的 Li-Cu 合金薄膜作负极时,可以得到较高的放电比容量和较好的电池循环性能。

Li-Cu 合金薄膜作 Li/S 电池负极时电池的循环性能见图 11-2。从图 11-2(a)可以看出,当使用 Li 含量分别为 34.7%、57.9% 和 76.8% 的 Li-Cu 合金作负极时,电池比容量在 20 个循环内均出现了不同程度的下降。当 Li 含量为 34.7% 时,首次放电比容量较小且下降速率较大;当 Li 含量为 57.9% 时,首次放电比容量有所上升且下降速率减缓;当 Li 含量为 76.8% 时,首次放电比容量最大且下降速率最小。由图 11-2(b)可以看出,当使用不同 Li 含量的 Li-Cu 合金作负极时,首次充放电效率均较低,随着循环次数的增加,充放电效率逐渐升高且稳定在 99% 左右。

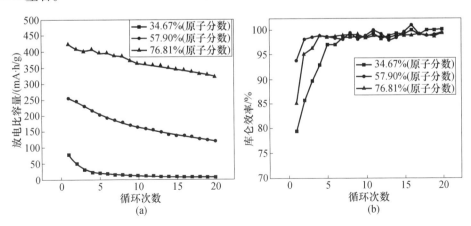

图 11-2 Li-Cu 合金薄膜作 Li/S 电池负极时电池的循环性能
(a)放电比容量与循环次数关系;(b)充放电效率与循环次数关系。

11.7 离子液体电沉积多元合金

11.7.1 电沉积 Tb－Fe－Co 和 Fe－Co－Zn 合金

1. 电沉积 Tb－Fe－Co 合金

目前普遍使用的磁光记录介质是稀土（RE）－过渡族金属（TM）合金非晶薄膜，其典型代表为 Tb－Fe－Co 合金，由于其具有大的磁各向异性而备受关注。目前 Tb－Fe－Co 合金薄膜主要采用真空蒸镀和磁控溅射等物理方法制备，这些方法存在成本高、效率低、沉积层组成不易控制等缺点。电沉积的优点是可以通过控制电解液组成及工艺条件来调节合金沉积膜的组成，非常适合制备不同成分的合金材料。但是稀土金属的电极电势较负，使得其难以从水溶液中进行电沉积，通常要选择在非水体系中进行。国内外学者对低温熔盐中电沉积进行了一些研究，但沉积层组成不稳定，为此人们考虑采用离子液体进行 Tb－Fe－Co 合金的电沉积。

开展离子液体电沉积 Tb－Fe－Co 合金的研究，不仅可以为制备高密度磁光记录材料提供一种新方法，而且也可以发展和拓宽离子液体电沉积的应用领域。

关于离子液体电沉积 Tb－Fe－Co 合金，目前采用的离子液体主要是 1－丁基－3－甲基咪唑四氟硼酸盐（[BMIm]BF$_4$）。

（1）离子液体电沉积 Tb－Fe－Co 合金工艺。[BMIm]BF$_4$ 离子液体电沉积 Tb－Fe－Co 合金的溶液组成及工艺条件见表 11－4。

（2）电沉积液的配制。离子液体 [BMIm]BF$_4$、Tb(BF$_4$)$_3$、Fe(BF$_4$)$_2$ 和 Co(BF$_4$)$_2$ 通常要储存于充满氩气的真空干燥手套箱内。配制电沉积 Tb－Fe－Co 合金电沉积液的步骤如下：

使用电子天平称取适量的[BMIm]BF$_4$ 于烧杯中；分别称取适量的 Tb(BF$_4$)$_3$、Fe(BF$_4$)$_2$ 和 Co(BF$_4$)$_2$，然后将其加入到离子液体[BMIm]BF$_4$ 中；采用磁力搅拌器搅拌，使 Tb(BF$_4$)$_3$、Fe(BF$_4$)$_2$ 和 Co(BF$_4$)$_2$ 完全溶于离子液体[BMIm]BF$_4$ 中，最后用4A 分子筛除去电沉积液中的少量水分。

表 11－4　电沉积 Tb－Fe－Co 合金的溶液组成及工艺条件

溶液组成(mol/L)及工艺条件	恒电势	脉冲电势
Tb(BF$_4$)$_3$	1.0	1.0
Fe(BF$_4$)$_2$	1.0	1.0
Co(BF$_4$)$_2$	0.5	0.5
温度/℃	50	50
电流密度/(A/dm^2)	0.05～0.10	
沉积电势/V	－1.6	

溶液组成(mol/L)及工艺条件	恒电势	脉冲电势
平均电压/V		7.0
频率/kHz		4.5
占空比/%		20
阴极移动	需要	需要

（3）电沉积液成分和工艺条件的影响。

① 主盐金属离子浓度的影响。在 Tb - Fe - Co 三元合金的电沉积过程中,通常是依靠 Fe^{2+} 和 Co^{2+} 的诱导作用使 Tb^{3+} 在阴极上沉积出来。保持电沉积液中 $[Fe^{2+}]:[Co^{2+}] = 2:1$ 和 Tb^{3+} 浓度（1.0mol/L）不变,在温度 50℃、搅拌速度 600r/min、沉积电势 -1.6V 条件下研究了 Fe^{2+} 和 Co^{2+} 总浓度的变化对沉积层外观和组成的影响。结果表明,当 Fe^{2+} 和 Co^{2+} 总浓度很低时得不到沉积层或者沉积层很薄,原因是当 Fe^{2+} 和 Co^{2+} 总浓度很低时,在阴极表面的放电离子较少,因而也无法诱导 Tb^{3+} 在阴极表面沉积,并且 Tb^{3+} 不能单独在阴极上沉积,生长点相对较少,所以无法形成沉积层;随着 Fe^{2+} 和 Co^{2+} 总浓度的升高,逐渐可以诱导 Tb^{3+} 共沉积,从而得到 Tb - Fe - Co 合金沉积层,沉积层外观不断改善,变得均匀光亮。沉积层中 Tb 的含量随着 Fe^{2+} 和 Co^{2+} 浓度的上升而逐渐提高,但当 Fe^{2+} 和 Co^{2+} 浓度达到一定值后,沉积层中 Tb 的含量不再上升;当继续升高 Fe^{2+} 和 Co^{2+} 总浓度时,沉积层中 Tb 的含量反而下降。

固定电沉积液中各金属离子总浓度不变,研究了 Tb^{3+} 浓度变化对合金沉积层外观和组成的影响。结果表明,随着电解液中 Tb^{3+} 浓度的升高,沉积层外观质量逐渐变差,Tb 含量逐渐上升,Co 含量下降,当 Tb^{3+} 浓度达到一定值后,沉积层中 Tb 含量不再上升,当 Tb^{3+} 浓度过高时,沉积层结合力还会下降,易发生脱落。

② 其他成分的影响。对比研究了糖精、香豆素、胡椒醛、丁炔二醇、硫脲等 5 种水溶液中常见的添加剂对离子液体电沉积 Tb - Fe - Co 合金的影响。研究发现,当不加添加剂时,可得到均匀、灰白色的具有金属光泽的沉积层,加入硫脲后得到的沉积层呈褐色,金属光泽较差;加入香豆素和胡椒醛分别得到了灰黑色的沉积层,完全没有金属光泽;加入糖精得到了均匀灰白色的沉积层,金属光泽一般,与未加添加剂时差别不大,而加入 1,4 - 丁炔二醇后可以得到均匀银白色的沉积层,金属光泽良好。

进一步研究了 1,4 - 丁炔二醇含量的影响。当 1,4 - 丁炔二醇含量较低（0.5g/L）时,沉积层中 Tb 的含量变化不明显,随着 1,4 - 丁炔二醇含量的上升,Tb 含量增加,但是当添加剂浓度超过 2.5g/L 后,Tb 含量明显下降。1,4 - 丁炔二醇含量对沉积层微观形貌影响显著,在不加添加剂时,沉积层中的稀土容易氧化形成氧化物颗粒;当加入少量添加剂后,由于添加剂在阴极表面的吸附,抑制了游离氧的吸附,因而表面氧化物含量降低;随着添加剂含量的上升,得到的合金结构上逐渐趋于非晶态,即没有明显的晶粒存在,因此宏观形貌上就出现镜面般的光泽;当添加剂含量过高时,大量添加剂在阴极表面的吸附阻碍了晶粒较大的离子的放电,沉积层中 Tb 的含量降低。研究表明,添加剂 1,4 - 丁炔二醇含量对沉积层晶体结构和沉积层中各元素的化学状态也有一定影响。加入添加剂 1,4 - 丁炔二醇后,合金中以非晶态形式存在的 Tb - Fe - Co 合金含量上升,相应地减少了 bcc 结构的 Fe - Co 合金的含量。加入添加剂后,沉积层中 O、F 元素的含量明显下降,这说明添加剂的加入不仅没有造成有机杂质的夹杂,相反还减轻了离子液体的分解,提高了沉积层的纯度。XPS 分析表明,添加剂对 Tb - Fe - Co 合金的化学状态影响不大,不管是否加入添加剂,沉积层中 Fe、Co 元素存在的形式都是:Fe 的氧化物、Co 的氧化物、Fe 原子、Co 原子,Tb 元素主要是以金属形式存在,即与 Fe、Co 形成金属间化合物。

③ 沉积电势的影响。在低电势下仅得到极薄的沉积层,随着沉积电势的提高,沉积层外观逐渐变得均匀光亮,当达到一定电势(- 1.6V)后,继续升高沉积电势,沉积层易发生脱落,并且在试样的边角有烧焦现象。随着沉积电势的升高,沉积层中 Tb 含量逐渐上升,Fe 含量逐渐下降。

④ 脉冲参数的影响。

a. 平均电压。随着平均电压的增大,沉积层光亮性和均匀性均得到改善,当平均电压过大时,结晶变得粗糙疏松,沉积层外观质量变差,且易脱落。与恒电势电沉积相比,脉冲平均电压为 7.0V 左右时,仍可得到外观质量较好且 Tb 含量较高的 Tb - Fe - Co 合金沉积层。随着平均电压的升高,沉积层中 Tb 含量逐渐增加。

b. 脉冲占空比。占空比对 Tb - Fe - Co 合金沉积层外观形貌和 Tb 含量都有较明显的影响。随着占空比的增加,Tb - Fe - Co 合金沉积层的光亮性和均匀性呈现先增加后减小的趋势,但占空比过高时,易出现重结晶等现象,导致沉积层外观质量变差。随着占空比的增加,Tb - Fe - Co 合金沉积层中 Tb 含量明显下降。

c. 脉冲频率。与脉冲占空比相比,脉冲频率对合金沉积层外观的影响不是很明显。保持脉冲占空比不变,在脉冲频率较高和较低时,所得沉积层外观形貌都较差,只有当脉冲频率适当时才能得到形貌较好的沉积层。脉冲频率对沉积层组成的影响较小。

⑤ 温度的影响。电解液温度的变化会影响电解液的电导率、金属离子的迁移速率、阴极极化等。当温度升高时,放电离子的扩散速度增大,增加阴极扩散层中放电离子的浓度。随着温度的升高,沉积层的均匀性和光亮性均得到较大程度的改善,但当温度过高时,电沉积液稳定性变差,以致使 Tb - Fe - Co 合金沉积层的外观变差。随着温度的升高,沉积层中 Tb 含量逐渐增加,当温度高于 60℃时,沉积层中 Tb 的含量降低,这时电沉积液稳定性降低,易形成氧化物沉淀,Tb 的电沉

积变得更加困难。

⑥ 搅拌速率的影响。当电沉积过程中不搅拌时,阴极表面放电金属离子不能及时得到补充,致使结晶粗糙,沉积层与基体结合力较差,易脱落。随着搅拌速率的提高,Tb - Fe - Co 合金沉积层外观得到明显改善,逐渐变得均匀、光亮;但当搅拌速率过高时,沉积层外观均匀性变差,出现分层现象。随着搅拌速率的升高,沉积层中 Tb 含量逐渐下降,而 Co 的含量却逐渐升高。

(4) 电沉积 Tb - Fe - Co 合金的性能。Tb - Fe - Co 合金薄膜是一种硬磁材料,被用于磁光记录介质。其特点是:矫顽力较高,饱和磁化强度较小。离子液体中电沉积制备的 Tb - Fe - Co/Cu 薄膜的平行和垂直膜面的磁滞回线如图 11 - 3 所示。由图可以得知,Tb - Fe - Co 合金薄膜具有较大的矫顽力、较小的饱和磁化强度,这是由于稀土之间的作用,使合金薄膜由软磁转变成为硬磁。这也表明,Tb - Fe - Co 合金薄膜可以作为磁记录介质薄膜。电沉积制备 Tb - Fe - Co 合金薄膜除具有较高的矫顽力外,还具有明显的平行磁各向异性,这就决定了它可作为纵向磁记录介质材料。

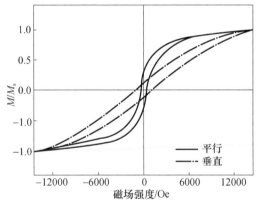

图 11 - 3 Tb - Fe - Co/Cu 薄膜的磁滞回线

2. 电沉积 Fe - Co - Zn 合金

孙亦文等在没有任何添加剂和模板辅助的情况下,在 $ZnCl_2$ - EMIC 离子液体中成功制备出了一维 Fe - Co - Zn 合金纳米线。该一维纳米线直径为 $100 \sim 200nm$,其直径大小可通过沉积电势进行控制。由于不采用任何模板,该方法较传统模板法更加省时省力,简便易行。

(1) 离子液体电沉积 Fe - Co - Zn 合金工艺。在含有 $FeCl_2$、$CoCl_2$ 的 $ZnCl_2$ - EMIC 离子液体(摩尔比为 $2:3$)中采用恒电势方法制备了一维纳米线 Fe - Co - Zn 合金。电沉积过程采用三电极体系:辅助电极为 Zn 丝,工作电极为 Pt 圆盘(循环伏安测试)和 Cu 丝(电沉积过程)电极,参比电极为自制 Zn 电极(将 Zn 丝浸入 $ZnCl_2$ - EMIC 离子液体,之后共同封于玻璃管中),温度为 $90℃$。

（2）电沉积液的配制。电沉积液的配制采用摩尔比为2:3的$ZnCl_2$ – EMIC 离子液体,纯度为99.7%的无水$FeCl_2$和$CoCl_2$为主盐(摩尔比[Fe^{2+}]:[Co^{2+}]:[Zn^{2+}] = 1:4:100)。所有步骤均在N_2气保护下的真空手套箱中进行(O_2和H_2O含量均低于1mg/L)。

（3）电沉积液成分和工艺条件的影响。

① 主盐金属离子浓度的影响。合金沉积层中Fe的含量随着离子液体中Fe^{2+}浓度的升高而增大;当[Fe^{2+}]:[Co^{2+}]:[Zn^{2+}] = 4:1:100 时,制备的合金沉积层依然呈一维纳米线结构,但纳米线的长度较摩尔比[Fe^{2+}]:[Co^{2+}]:[Zn^{2+}] = 1:4:100时制备的纳米线的长度有所缩短,这表明可通过控制电沉积液组成来对沉积层的组成和性质进行调控。

② 沉积电势的影响。SEM 观察表明:当沉积电势为0.0V 时,Zn 在 Fe – Co 合金表面发生欠电势沉积,沉积层呈球状结构;在一定的电势范围(0.0 ~ 0.30 V)内,随着沉积电势的增大,沉积层的表面形貌并不发生改变;随着沉积电势的进一步负移(– 0.1V),沉积层开始呈纳米线状结构,此时纳米线直径约为200nm;随着电势的继续负移,纳米线状结构将变得更加细密,当沉积电势至 – 0.15 V 时,纳米线的直径约为100nm。

EDS 测试表明:沉积层中,Co 和 Fe 的摩尔分数随着沉积层中 Zn 含量的升高而降低;沉积层中 Fe 与 Co 的摩尔比约为1:3,接近电沉积液中两种金属离子的浓度比。

11.7.2 电沉积 Cu – In – Ga – Se 和 Ni – Co – Fe – Zn 合金

1. 电沉积 Cu – In – Ga – Se 合金

太阳能电池作为一种清洁无污染、可长期使用的可再生能源引起了人们的广泛关注,以 Cu(In, Ga)Se_2 半导体化合物为吸收层的 CIGS 薄膜太阳能电池以其转化效率高、抗辐射能力强、生产成本低、稳定性好等优点而成为国际研究的热点。CIGS 作为薄膜太阳能电池的吸收层,具有吸收系数高($10^5 cm^{-1}$)、禁带宽度可调(1.05 ~ 1.67eV)等优点。传统的 CIGS 薄膜的制备工艺包括蒸镀法、溅射法、分子束外延法、喷涂热解法等,这些方法普遍存在设备复杂、成本高、工艺控制困难等缺陷。为此提出了电沉积制备 CIGS 薄膜的设想。然而,水溶液中电沉积得到的 CIGS 薄膜质量较差,且由于金属 Ga 难以沉积,其在沉积层中的含量偏低。在此背景下,研究者开始使用离子液体来替代水溶液进行 CIGS 薄膜的电沉积。

关于离子液体电沉积 Cu – In – Ga – Se 合金,目前的研究还比较少,见诸报道的主要有氯化胆碱/尿素(Reline)体系。下面重点介绍以离子液体 Reline 为溶剂,以 $CuCl_2$、$InCl_3$、$GaCl_3$、$SeCl_4$ 为主盐一步电沉积制备 Cu – In – Ga – Se 合金。

（1）Reline 离子液体电沉积 Cu – In – Ga – Se 合金工艺。以 Reline 离子液体为溶剂,各成分的含量为:$CuCl_2$ 7.5mmol/L, $InCl_3$ 35mmol/L, $GaCl_3$ 30mmol/L,

SeCl$_4$ 70mmol/L;在 70℃下进行恒电势电沉积。

（2）电沉积液的配制。Reline 离子液体的合成方法:将氯化胆碱和尿素置于真空干燥箱中,80℃下干燥 24h,将干燥后的氯化胆碱和尿素按摩尔比 1:2 混合,密封加热至 80℃,不断搅拌,可以观察到固体混合物逐渐转化为液体,并最终转化为透明的全液态,将所得产物在 80℃下真空干燥 24h 后,密封待用。

电沉积液的配制:称取计算量的 CuCl$_2$、InCl$_3$、GaCl$_3$ 和 SeCl$_4$,依次加入到合成好的 Reline 离子液体中,搅拌使其全部溶解。

（3）电沉积液成分及工艺条件的影响。

① 主盐金属离子浓度的影响。InCl$_3$ 浓度对合金沉积层组成的影响见表 11 −5。由表可知,随着 InCl$_3$ 浓度的增加,沉积层中 In 含量增加,Cu 含量降低。由此可以推断,在沉积层中 In 主要取代了 Cu 的位置,故随着 In 含量的增加 Cu 含量降低。另外,随着 InCl$_3$ 浓度的增加,沉积层中 Ga/(Ga + In) 的比例降低,这说明可以通过调整电沉积液中 InCl$_3$ 的浓度来调节 Ga/(Ga + In) 的比例,从而调整CIGS 薄膜的禁带宽度。当电沉积液中 InCl$_3$ 浓度为 45mmol/L 时,沉积层组成为Cu$_{1.00}$In$_{0.78}$Ga$_{0.27}$Se$_{2.13}$,非常接近太阳能电池要求的化学计量比 CuIn$_x$Ga$_{1-x}$Se$_2$。

表 11 −5　In^{3+} 浓度对电沉积 Cu − In − Ga − Se 合金组成的影响

In^{3+} 浓度 /(mmol/L)	摩尔分数/%				沉积层组成	Ga/(Ga + In) 摩尔比
	Cu	In	Ga	Se		
25	25.89	9.93	5.18	58.99	Cu$_{1.00}$In$_{0.38}$Ga$_{0.20}$Se$_{2.27}$	0.34
35	23.78	18.72	6.64	50.86	Cu$_{1.00}$In$_{0.78}$Ga$_{0.27}$Se$_{2.13}$	0.26
45	21.47	20.53	5.64	52.36	Cu$_{1.00}$In$_{0.96}$Ga$_{0.26}$Se$_{2.43}$	0.21
55	21.23	29.49	4.04	45.24	Cu$_{1.00}$In$_{1.39}$Ga$_{0.19}$Se$_{2.13}$	0.12

CuCl$_2$ 浓度对合金沉积层组成的影响见表 11 −6。由表可知,随着电沉积液中CuCl$_2$ 浓度的增加,沉积层中 Cu 含量增加,Ga 含量降低,In 和 Se 含量的变化规律不明确。Cu、In、Ga 之间存在一定的竞争关系,由此可以推断,Cu 原子主要替代了Ga 的位置,故随着沉积层中 Cu 含量的增加,Ga 含量相对降低。

表 11 −6　Cu^{2+} 浓度对电沉积 Cu − In − Ga − Se 合金组成的影响

Cu^{2+} 浓度 /(mmol/L)	摩尔分数/%				沉积层组成
	Cu	In	Ga	Se	
2.5	10.86	16.02	9.12	64.00	Cu$_{1.00}$In$_{1.47}$Ga$_{0.83}$Se$_{5.89}$
7.5	23.78	18.72	6.64	50.86	Cu$_{1.00}$In$_{0.78}$Ga$_{0.27}$Se$_{2.13}$
12.5	28.75	14.95	3.20	53.09	Cu$_{1.00}$In$_{0.52}$Ga$_{0.11}$Se$_{1.84}$
17.5	35.41	16.70	2.05	45.84	Cu$_{1.00}$In$_{0.47}$Ga$_{0.05}$Se$_{1.29}$

随着电沉积液中 GaCl$_3$ 浓度的增加,沉积层中 4 种元素的含量变化不大,说明

通过改变 GaCl₃ 的浓度来调整沉积层组成的作用不大,而且在通过调控 Ga/(Ga+In) 的比例来调整禁带宽度的过程中,调控 InCl₃ 的浓度比调控 GaCl₃ 的浓度更为有效。

随着电沉积液中 SeCl₄ 浓度的增加,沉积层中 Se 含量增加,Cu 和 In 的含量相对降低,Ga 的含量变化不大。SeCl₄ 能够抑制其他金属的沉积,随着 SeCl₄ 浓度的增加,这种抑制作用会增强,所以沉积层中 Se 含量增加,其他几种金属的含量都相应降低。

② 沉积电势的影响。随着沉积电势的负移,沉积层中 In、Ga 含量增加,Cu、Se 含量相对降低。这是因为沉积过程中所施加的电势要远负于 Cu^{2+} 和 Se^{4+} 的沉积电势,而接近 In^{3+} 和 Ga^{3+} 的沉积电势,故沉积电势的变化对前者影响不大,但能够显著促进后者的沉积。因此,沉积电势不仅决定了 In^{3+}、Ga^{3+} 在电极表面能否沉积,而且对沉积层中 In、Ga 含量也有决定性作用。

图 11-4 为不同沉积电势下所得 Cu-In-Ga-Se 合金沉积层表面的 SEM 像。当沉积电势为 -0.9V 时,所得沉积层表面为不均匀的小球,并且存在大量的孔洞,这是因为电势较正时,沉积层中 Se 含量较高,而 Se 一般以球形存在,故沉积层表面分布着大量的小球;当电势增加到 -1.1V 时,沉积层表面逐渐由不均匀的

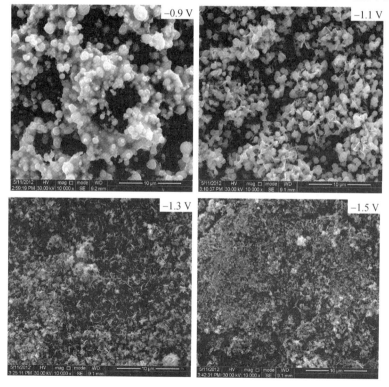

图 11-4 不同沉积电势下所得 Cu-In-Ga-Ce 合金沉积层的 SEM 像

小球变为均匀的球形,并且在小球上有少量针状结构的颗粒形成;当沉积电势为 $-1.3V$ 时,球形颗粒逐渐消失,沉积层的连续性和致密性得到极大改善,但此时针形结构的颗粒也有所增加,通过 EDS 测试可知,该针形颗粒为铜硒化合物;当沉积电势为 $-1.5V$ 时,表面针状铜硒化合物减少,但仍有少量弥散在沉积层表面,沉积层的连续性和致密性也很好。因 $-1.5V$ 时接近离子液体的分解电势,故 $-1.3V$ 为最佳沉积电势。

③ 温度的影响。表 $11-7$ 给出了温度对电沉积 $Cu-In-Ga-Se$ 合金沉积层组成的影响。由表可见,随着温度的升高,沉积层中 Cu 含量降低,In、Se 含量升高,Ga 含量几乎不随温度的变化而变化。这表明,温度升高对 In^{3+} 和 Se^{4+} 还原反应的促进作用明显高于其他两种金属离子。

表 $11-7$　温度对电沉积 $Cu-In-Ga-Se$ 合金组成的影响

温度 /℃	摩尔分数/%				沉积层组成
	Cu	In	Ga	Se	
40	44.21	18.96	3.25	33.57	$Cu_{1.00}In_{0.43}Ga_{0.07}Se_{0.76}$
50	34.98	26.24	2.38	36.40	$Cu_{1.00}In_{0.75}Ga_{0.07}Se_{1.04}$
60	24.51	34.24	2.29	38.96	$Cu_{1.00}In_{0.139}Ga_{0.09}Se_{1.59}$
70	21.23	29.49	4.03	45.24	$Cu_{1.00}In_{1.39}Ga_{0.19}Se_{2.13}$

(4) 电沉积 $Cu-In-Ga-Se$ 合金的性能。电沉积得到的 $Cu-In-Ga-Se$ 合金沉积层,需要在 Ar 气氛内进行退火处理,以利于沉积层的再结晶,并消除杂质相,改善沉积层表面形貌。但是,退火处理易造成沉积层中 Ga 的流失。因此,控制电沉积 $Cu-In-Ga-Se$ 合金沉积层中 Ga 的含量,并优化退火处理工艺,以获得具有黄铜矿结构的 $CuIn_xGa_{1-x}Se_2$ 薄膜是进一步研究的目标。

2. 电沉积 Ni－Co－Fe－Zn 四元合金

Ebadi 等在 EMIC-EG 离子液体中,采用恒电势($-1.10 \sim -1.30V$,相对于饱和甘汞电极)和外加磁场(9T)的方法成功电沉积制备了 $Ni-Co-Fe-Zn$ 合金。结果表明:$Ni-Co-Fe-Zn$ 共沉积过程中同时伴有异常共沉积反应发生;沉积电势在 $-1.10 \sim -1.30V$ 范围内,在有无外加磁场作用情况下,电沉积得到了不同含量及形貌的 $Ni-Co-Fe-Zn$ 合金;外加磁场对合金沉积层的成核及晶粒生长的影响与磁致对流效应(MHD)及所用沉积电势有关。

(1) 离子液体电沉积 $Ni-Co-Fe-Zn$ 合金工艺。在外加磁场存在(9T)条件下,在含有 $NiCl_2 \cdot 6H_2O$、$CoCl_2 \cdot 6H_2O$、$FeCl_2 \cdot 4H_2O$、$ZnCl_2$ 的 EMIC-EG 离子液体(摩尔比 1:5)中,采用恒电势电沉积方法制备 $Ni-Co-Fe-Zn$ 合金。电沉积过程采用三电极体系:工作电极为 Cu 片($0.01cm \times 1cm \times 1cm$),辅助电极为 Pt 丝,参比电极为饱和甘汞电极,电沉积温度为室温。

(2) 电沉积液的配制。电沉积液的配制采用摩尔比为 1:5 的 EMIC-EG 离子液体,0.25mol/L NiCl$_2$·6H$_2$O、0.25mol/L CoCl$_2$·6H$_2$O、0.25mol/L FeCl$_2$·4H$_2$O、0.25mol/L ZnCl$_2$ 为主盐,电沉积液 pH 值为 4(用 HCl 调节)。所有步骤均在真空手套箱中进行(O$_2$、H$_2$O 含量分别为 0.1mg/L 和 0.2mg/L)。

(3)电沉积液成分和工艺条件的影响。

① 沉积电势的影响。Ni – Co – Fe – Zn 合金的共沉积受沉积电势影响较大,其成核位置及阴极电流效率均随着沉积电势的负移而增大;沉积电势为 – 1.1V 时,Ni – Co – Fe – Zn 合金表现为正常共沉积;而沉积电势为 – 1.3V 时,Ni – Co – Fe – Zn 合金表现为异常共沉积。

② 其他条件的影响。由循环伏安曲线可知,Ni – Co – Fe – Zn 合金在 EMIC – EG 离子液体中的还原电流随着外加磁场的引入而增大;计时电流曲线表明,合金沉积层的成核位置随着沉积电势的增大及外加磁场作用的引入而增多,当沉积电势高于 – 1.5V 时离子液体分解,电极表面将不再发生 Ni – Co – Fe – Zn 的共沉积。电沉积 Ni – Co – Fe – Zn 合金的电流效率随着外加磁场的引入及所用沉积电势的负移而增大。SEM 观察发现,外加磁场的引入将对电沉积过程中金属原子的排布产生影响,进而使合金沉积层表面变得更加均匀。AFM 观察发现,相同沉积电势下,外加磁场的引入使得 Ni – Co – Fe – Zn 合金沉积层的表面粗糙度明显降低。

(4)电沉积 Ni – Co – Fe – Zn 合金的性能。相同条件(温度、沉积电势、磁场)下,EMIC – EG 离子液体中电沉积制备的 Ni – Co – Fe – Zn 合金比水溶液体系中电沉积得到的合金沉积层更加均匀、平整。

参 考 文 献

[1] 邓有全. 离子液体—性质、制备与应用[M]. 北京:中国石化出版社,2006.

[2] 李汝雄. 绿色溶剂离子液体的合成与应用[M]. 北京:化学工业出版社,2003.

[3] 王军. 离子液体的性能及应用[M]. 北京:中国纺织出版社,2007.

[4] Ali M R, Nishikata A, Tsuru T. Electrodeposition of aluminum – chromium alloys from AlCl$_3$ – BPC melt and its corrosion and high temperature oxidation behaviors[J]. Electrochimica Acta, 1997, 15(42): 2347 – 2354.

[5] Tsuda T, Hussey C L, Stafford G R. Electrodeposition of Al – Mo alloys from the Lewis acidic aluminum chloride – 1 – ethyl – 3 – methylimidazolium chloride molten salt[J]. Journal of the Electrochemical Society, 2004, 151(6): C379 – C384.

[6] Tierney B J, Pitner W R, Mitchell J A et al. Electrodeposition of copper and copper – aluminum alloys from a room – temperature chloroaluminate molten salt[J]. Journal of Electrochemical Society, 1998, 145(9): 3110 – 3116.

[7] Tsuda T, Hussey C L, Stafford G R et al. Electrochemistry of titanium and the electrodeposition of Al – Ti alloys in the Lewis acidic aluminum chloride – 1 – ethyl – 3 – methylimidazolium chloride melt[J]. Journal of the Electrochemical Society, 2003, 150(4): 234 – 243.

[8] Chu Q W, Liang J, Hao J C. Electrodeposition of zinc – cobalt alloys from choline chloride – urea ionic liquid [J]. Electrochimica Acta, 2014, 115: 499 – 503.

[9] Gou S P, Sun I W. Electrodeposition behavior of nickel and nickel – zinc alloys from the zinc chloride – 1 – ethyl – 3 – methylimidazolium chloride low temperature molten salt[J]. Electrochimica Acta, 2008, 53(5): 2538 – 2544.

[10] Rousse C, Beaufils S, Fricoteaux P. Electrodeposition of Cu – Zn thin films from room temperature ionic liquid [J]. Electrochimica Acta, 2013, 107: 624 – 631.

[11] Chen P Y, Hussey C L. The electrodeposition of Mn and Zn – Mn alloys from the room – temperature tri – 1 – butylmethylammonium bis((trifluoromethane)sulfonyl)imide ionic liquid[J]. Electrochimica Acta, 2007, 52 (5): 1857 – 1864.

[12] Hirano M, Enokida K, Okazaki K. Composition – dependent electrocatalytic activity of AuPd alloy nanoparticles prepared via simultaneous sputter deposition into an ionic liquid[J]. Physical Chemistry Chemical Physics, 2013, 15(19): 7286 – 7294.

[13] Wang Q, Zheng J B, Zhang H F. A novel formaldehyde sensor containing AgPd alloy nanoparticles electrodeposited on an ionic liquid – chitosan composite film[J]. Journal of Electroanalytical Chemistry, 2012, 674: 1 – 6.

[14] Hsiu S I, Tai C C, Sun I W. Electrodeposition of palladium – indium from 1 – ethyl – 3 – methylimidazolium chloride tetrafluoroborate ionic liquid[J]. Electrochimica Acta, 2006, 51(13): 2607 – 2613.

[15] Jou L H, Chang J K, Whang T J. Electrodeposition of palladium – tin alloys from 1 – ethyl – 3 – methylimidazolium chloride – tetrafluoroborate ionic liquid for ethanol electro – oxidation[J]. Journal of the Electrochemical Society, 2010, 157(8): 443 – 449.

[16] Dale P J, Samantilleke A P, Shivagan D D, et al. Synthesis of cadmium and zinc semiconductor compounds from an ionic liquid containing choline chloride and urea[J]. Thin Solid Films, 2007, 515: 5751 – 5754.

[17] Schmuck M, Balducci A, Rupp B et al. Alloying of electrodeposited silicon with lithium – a principal study of applicability as anode material for lithium ion batteries[J]. J Solid State Electrochem, 2010, 14: 2203 – 2207.

[18] Lahiri A, Olschewski M, Höfft O. In situ spectroelectrochemical investigation of Ge, Si, and $Si_x Ge_{1-x}$ electrodeposition from an ionic liquid[J]. J. Phys. Chem. C, 2013, 117: 1722 – 1727.

[19] 燕波. 离子液体电沉积 Li – Cu 合金及其在锂/硫电池负极中的应用[D]. 哈尔滨工业大学,2014.

[20] 苏彩娜. 离子液体电沉积稀土 – 铁族合金的研究[D]. 哈尔滨工业大学,2011.

[21] Yang J M, Hsieh Y T, Zhuang D X, et al. Direct electrodeposition of FeCoZn wire arrays from a zinc chloride – based ionic liquid[J]. Electrochemistry Communications, 2011, 13: 1178 – 1181.

[22] 梅艳霞. 离子液体电沉积铜铟镓硒薄膜的研究[D]. 哈尔滨工业大学,2012.

[23] Ebadi M, Basirun W J, Alias Y, et al. Normal and anomalous codeposition of Ni – Co – Fe – Zn alloys from EMIC/EG in the presence of an external magnetic field[J]. Metallurgical and Materials Transactions A, 2011, 42: 2402 – 2410.

第 12 章　电沉积合金复合层

12.1　复合电沉积概述

在电沉积或化学沉积溶液中加入非水溶性的固体微粒,并使其与基质金属(或称主体金属)共沉积在基体上的电沉积层称为复合电沉积层,亦称为分散电沉积层。这种金属基的复合材料层有时也被称为金属陶瓷。获得复合层的工艺称为复合电沉积、分散电沉积或弥散电沉积。

电沉积金属基复合层,是近 20 年来迅速发展起来的,并能获得一系列新功能性电沉积层的加工方法。因为复合层经特殊组合后,显示出优异的特性,所以复合电沉积受到国内外电沉积工作者的极大重视,在工程技术中也获得了广泛的应用。

从 20 世纪 70 年代开始,国内外先后开展了耐磨、减摩(自润滑)、装饰、耐蚀、电接点等功能性复合层的研究工作;同时对于复合电沉积机理也进行了大量的探索性工作。我国在耐磨和电接触复合层方面取得了可喜的进展;但是在实际应用以及生产性的开发上,还比较落后。

12.1.1　复合电沉积的基本原理

1. 复合电沉积的条件

复合电沉积通常是在一般电沉积溶液中加入所需的固体微粒,在一定条件下进行的。要制备复合层,需要满足几个条件。

(1) 使固体微粒呈悬浮状态。

(2) 使用的微粒的粒度(尺寸)适当,微粒过大时不易包覆在电沉积层中,而且电沉积层粗糙;粒度过细,则微粒在溶液中易团聚,从而使其在复合层中分布不均。一般常使用粒度在 $0.1 \sim 10\mu m$ 的微粒。

(3) 微粒应亲水,在水溶液中最好是荷正电荷。

疏水微粒在进入电解液前,应该用表面活性剂对其进行润湿处理,已被润湿的微粒还需要进行活化处理(在稀酸中浸渍)以除去铁等金属杂质,然后用水清洗数次,最后清洗用水应与配电解液用水质量相同。清洗后微粒表面应呈中性,此时再与少量电解液混合并充分搅拌,使其被电解液润湿,最后将处理好的微粒加入电解液中。为了使微粒表面带正电荷,在电解液中常添加阳离子表面活性剂。

复合电沉积用电解槽与一般电沉积装置的差异在于如何保证固体微粒在镀液中始终保持均匀悬浮状态。搅拌能使微粒均匀悬浮。但是,搅拌方式不同,搅拌速度不同,微粒共沉积量也不相同。目前,国内外进行复合电沉积时,采用的搅拌方式大体相同。如有机械搅拌(螺旋桨搅拌)、空气搅拌、溶液循环搅拌及平板泵搅拌等。

2. 微粒的共沉积过程

到目前为止,大多数研究者主要还是探索生产优质复合材料所必须的条件,而对于金属与固体微粒共沉积机理的研究不很深入,所以理论并不完善。

在复合电沉积过程中,待复合的固体微粒由电解液内部运动到阴极表面会受到两种力的作用:①液体流动带动固体微粒悬浮并运动到阴极附近;②在电场的作用下固体微粒电泳到阴极表面。如果液体流动速度适宜,固体微粒亦可机械地运动到阴极表面。

古列米(Guglielmi)对复合电沉积中微粒共沉积过程提出了弱吸附和强吸附两步吸附理论。这一理论认为微粒与金属共沉积时分两步。第一步,微粒被吸附离子和溶剂分子所覆盖,在范德华力作用下形成一个弱的吸附层。吸附了各种离子的微粒在电场作用下向阴极移动,当带电荷的微粒电泳到双电层内时,由于静电引力的增强,微粒与阴极建立起比较强的吸附,即所谓第二步强吸附。在界面电场的影响下,微粒固定在阴极表面,而后被不断增厚的金属电沉积层所捕获。被电沉积层捕获的微粒仍有被冲刷下来的可能,只有当电沉积层厚度超过微粒半径时,微粒才能牢牢地嵌埋在电沉积层中。

上述理论充分考虑了微粒表面荷电情况及电极溶液界面电场对复合电沉积产生的重要作用。斯诺思(Snoith)等人则认为微粒共沉积是由于机械搅拌引起的。因为在电沉积过程中产生的电场强度很低(0.1~0.3V/cm),它使固体微粒在电解液中产生的电泳速度比机械搅拌产生的运动速度小几个数量级。由于溶液的剧烈搅拌,分散微粒都有被带到阴极表面的机会,但绝大多数微粒由于切向力作用又被冲刷下来,只有少数的微粒因为周围金属离子还原沉积而被固定。随着金属电沉积层的不断增厚,微粒便被弥散在电沉积层当中。当金属表面比较粗糙时,机械地迁移到阴极凹陷处的微粒更容易被镀层捕获形成复合层。

12.1.2 合金复合层的类型、用途和分散剂

1. 合金复合层的类型和用途

单金属复合层的用途很广,包括缎面镍等装饰性复合层、减摩耐磨复合层、自润滑复合层、耐高温复合层、耐蚀性复合层等,复合层还可以通过适当的微粒复合可以实现其他功能,如电催化析氧、电催化析氢、光催化氧化等。

目前合金复合电沉积的研究相对集中,主要是以镍基合金为主,在镍基合金电沉积液中加入某些微粒,以获得减摩、耐磨复合层、耐高温复合层、耐蚀性复合层等。

复合电沉积的应用范围很广,涉及到金属和非金属表面处理的各个领域。除上述用于耐磨和减摩的复合层外,还有电接触功能的复合层,有耐蚀和装饰功能的复合

层,有粘结性能的复合层(以提高金属和有机物的结合强度)及热处理合金的复合层。

2. 电沉积常用基质金属及微粒

金属基复合层是由两相组成的,即基质金属与分散微粒,两相之间有明显的界限。因此人们可根据复合层的不同用途选择基质金属和分散微粒。

复合电沉积可采用的基质金属有:Ni、Cr、Co、Cu、Ag、Fe、Zn、Cd、Sn、Pb 等单质金属,及 Ni - Co 合金、Ni - Fe 合金、Pb - Sn 合金、Ni - P 合金、Fe - P 合金、Ni - B 合金等合金。均匀分散(或称弥散)在基质金属中的固体微粒称为分散剂。分散剂又可分为非金属(无机)微粒、高分子材料微粒和金属微粒三大类。无机微粒主要包括碳化物:如碳化硅、碳化钨、碳化硼、碳化锆、氟化石墨等;氧化物:如氧化铝、氧化钛、氧化锆、氧化铬等;氮化物:如氮化硼。不同于基质金属的另一种金属微粒,也可以作为分散剂。高分子材料作为复合电沉积的分散剂目前使用最多的是聚四氟乙烯树脂(PTFE),有机荧光染料等。至今已用于合金复合电沉积的基质金属和分散剂示于表 12 - 1。

表 12 - 1 合金复合电沉积常用的金属基质的分散剂

合金基质	分散剂(分散微粒)
Ni - Fe	Al_2O_3、Fe_2O_3、SiC、Cr_3C_2、BN
Ni - Co	Al_2O_3、SiC、Cr_3C_2、BN
Ni - P	Al_2O_3、SiC、Cr_3C_2、TiO_2、B_4C、PTFE、ZrO_2、Si_3N_4、CaF_2、BN、金刚石、石墨
Ni - Mn	Al_2O_3、SiC、Cr_3C_2、BN
Ni - W	SiC、Al_2O_3、ZrO_2
Ni - B	Al_2O_3、Cr_3C_2、SiC、金刚石
Fe - P	Al_2O_3、SiC、B_4C
Fe - W	Al_2O_3、SiC、PTFE
Ni - Fe - P	Al_2O_3、SiC
Ni - W - P	Al_2O_3、SiC
Ni - Mo - P	Al_2O_3、SiC
Pb - Sn	TiO_2

因为复合电沉积过程中使用的基质金属不同,分散剂种类和数量不同,因此,有些学者又把复合电沉积层分成以下三种情况:①单金属电沉积层中含有分散剂的复合层,如镍 - 碳化硅,铜 - 氧化铝,银 - 氧化钛等;②合金电沉积层中含有分散剂的复合层;③作为分散剂可以使用两种以上的不同固体微粒共沉积形成的复合层。因为复合电沉积层中含有分散剂,所以复合层不仅具有金属或合金的单独特性,而且综合了各自的特点(指基质金属和分散剂),形成了具有某些特性的新型材料。复合电沉积使用的溶液常常使用相应的电沉积金属(或合金)的镀液。应

当指出,复合电沉积使用的溶液体系对固体微粒的共沉积有很大影响,不同镀液体系共沉积情况有显著的差别。如氧化铝微粒,在酸性硫酸铜溶液中几乎不和铜共沉积,即在酸性硫酸铜溶液中不能得到铜-氧化铝复合层。但在氰化物电沉积铜溶液中氧化铝能和铜共沉积。在铬酸溶液中电沉积铬基复合层是十分困难的,因为电沉积铬的电流效率很低(8%~12%),大量氢气的析出使固体微粒难以共沉积。因此,铬基复合电沉积常常采用三价铬盐体系。

12.1.3 影响合金复合层中微粒复合量的因素

复合层的生成,意味着微粒的共沉积。影响微粒共沉积的因素如微粒表面性质、处理方法、镀液组成及工艺条件都会影响微粒共沉积。

1. 电流密度的影响

微粒共沉积量,随着电流密度的提高而增加,但达到一定数值后,继续提高电流密度,共沉积量反而下降。微粒共沉积量增加的可能原因是由于金属沉积速度加快,缩短了颗粒被捕获的时间,使微粒共沉积量增加。电流密度过高,由于金属的析出速度随电流密度增加而增加,而微粒的吸附速度在其他条件不变的情况下是一定的。即由于微粒共沉积量的提高相对小于金属沉积量的提高,所以复合层中微粒的相对含量有所降低。脉冲电流、换向电流等对电沉积复合层均有影响。

2. 温度和 pH 值的影响

溶液温度对微粒共沉积也有影响。一般来说,温度升高,溶液黏度下降,微粒容易沉淀。而且微粒对阴极表面的粘附性减弱,使微粒共沉积量降低。温度变化对有些复合电沉积体系情况影响比较复杂。

pH 值对微粒共沉积量的影响,视复合电沉积体系不同而有明显差别。如电沉积钴-三氧化二铬复合层时,电解液的 pH 值对复合层中氧化铬含量几乎没有影响;而对于电沉积镍-硫化钼复合层时,二硫化钼的共沉积量随 pH 值降低呈直线上升趋势;但对于电沉积镍-氧化铝复合层时,氧化铝的共沉积量却随 pH 值降低而呈现降低的趋势。

3. 电解液中微粒含量的影响

电解液中固体微粒含量对微粒在沉积层中的含量有明显的影响。

通常情况下,复合层中微粒的复合量随电解液中微粒悬浮含量的增加而增加。但是微粒复合量与电解液中悬浮量并不呈正比例关系,且当微粒悬浮量较大时,复合层中微粒的复合量增加幅度会下降。

4. 电解液的搅拌

电沉积复合层的过程中,为了使固体微粒均匀地悬浮在电解液中,经常采用搅拌或悬浮循环的方法。对电解液搅拌强度的大小也会影响微粒的共沉积量。提高电解液的搅拌强度,会使微粒向复合层表面碰撞概率增大,微粒的共沉积量随电解液搅拌强度增加在某种程度上也会增加。但是,加强搅拌,溶液流动速度加快,使被吸附在电极表面的微粒被冲刷下来的概率也增加了,因此微粒的共沉积量降低。所以复合电沉积过程中,电解液的搅拌强度也要给予充分的重视。

如果大型生产,需要配制几百升电解液时,要保证产品质量,必须保持电解液中悬浮粒子浓度恒定且均匀。此时和实验室小试验不同,选择搅拌方式会遇到不少麻烦。例如,采用平板泵搅拌,起初,随板泵上下运动,微粒也随镀液一起运动,持续一定时间后,由于电解液流速不可能非常均匀,流速较慢的边角处就会有微粒堆积,时间越长,堆积会越多,这样悬浮粒子的真实量与起初加入量相比,就逐渐下降。这样一来复合层中微粒的复合量也会下降,也会影响产品性能。在停电或停产后,再启动生产,槽液中的微粒处理、电解液处理等均会给电沉积生产带来一定困难。

5. 微粒形态及表面状态的影响

(1)微粒导电与否。微粒本身导电与否直接影响微粒的共沉积。因为导电性微粒一旦被电沉积层捕获,它和基质金属一样成为阴极的一部分,在它表面也能引起金属的电沉积。因此,这种共沉积,复合层表面的微粒往往是包覆的。在镍－碳化硼复合电沉积研究中,可清楚地看到这种情况。非导电的微粒共沉积时,复合层表面的微粒总是裸露的,随着电沉积过程的进行,微粒逐渐被掩埋,而新吸附的微粒又被裸露。例如镍－碳化硅共沉积时就属于后者。当微粒导电时,特别是当微粒直径较大或电沉积的电流密度较高时,在微粒表面电流容易集中,于是在复合层表面成瘤状而使复合层变粗糙。

(2)微粒表面荷电状况影响。在复合电沉积过程中,微粒表面的有效电荷密度以及微粒与阴极表面的静电引力是影响共沉积的重要因素。通常,镀液中的微粒表面会吸附金属离子和氢离子,使微粒表面带正电荷。如微粒表面带正电荷,微粒容易吸附在阴极上,所以复合层中微粒含量高;相反,如微粒表面带负电荷,微粒在复合层中的含量会减少,甚至不可能共沉积。在电解液中加入具有一定结构的表面活性剂,可以促进微粒的共沉积。例如,在瓦特镍电解液中进行镍－碳化硅共沉积时,加入一定量的氟碳型表面活性剂,对碳化硅的共沉积有极佳的促进效果。

(3)微粒尺寸及处理方法对共沉积的影响。复合电沉积时,分散微粒的大小、形状和所带电荷情况都能影响微粒的共沉积。微粒太大或呈球形都难以共沉积;微粒太细又容易凝聚。微粒大小是根据对复合层性能要求和复合层种类进行选择的。一般认为其粒径为 $0.1 \sim 10 \mu m$ 较好。微粒进入电解液之前,必须进行活化处理,不经活化处理的微粒,共沉积量也很小。

选择固体微粒时,不但要求纯度高,使用前还要对其表面进行处理。以 SiC 为例,可选用有机溶剂清洗,以去掉 SiC 表面可能存在的油污等有机物,再用热硝酸除去微粒表面的固体杂质,然后用蒸馏水多次清洗、烘干备用。还有一些微粒在电解液中不润湿或润湿性很差,电沉积前必须进行专门的亲水处理,使其与电解液润湿。如 PTFE 微粒需先用一定的非离子型表面活性剂(例如 OP－10)或某种含氟的阳离子表面活性剂的水溶液浸泡,然后加入电解液中即可试生产。

此外,超声波和磁场等对电沉积复合层也有影响。

12.2 电沉积镍磷(Ni-P)合金复合层

获得 Ni-P 合金电沉积层的方法主要有化学沉积和电沉积法。与化学沉积法相比,电沉积法在沉积速度、电解液稳定性、电解液成本及获得最大厚度等方面具有很大的优越性。因而对于形状简单、厚度要求较厚的零件,电沉积法应为适用。

Ni-P 合金电沉积层中 P 含量 >8%(质量分数)时为非晶态。非晶态 Ni-P 合金的原子排列为长程无序,没有晶粒和晶界的区别及位错等晶格缺陷,也不存在成分的偏析现象,是各相等同的均匀物质。由于结构的特殊性,决定了它的一系列优异特性。如在 Ni-P 合金电沉积液中加入碳化硅(SiC),氮化硅(Si_3N_4)等分散微粒,并均匀搅拌电沉积可以得到 Ni-P 合金复合层,即一种非晶态的复合层。

由于 Ni-P 复合层具有更优良的耐磨性和高的硬度,常被用在汽车工业、航空工业、印刷机械和化学工业、食品机械等设备的汽缸、活塞、转轴、压缩机或成型模具。

12.2.1 电沉积 Ni-P 合金复合层工艺

Ni-P 基复合电沉积是在普通 Ni-P 合金电沉积基础上发展起来的,电沉积 Ni-P 合金的工艺很多,但差异较小。Ni-P 合金电沉积液一般以硫酸镍($NiSO_4 \cdot 6H_2O$)作为主盐,再辅以氯化镍($NiCl_2 \cdot 6H_2O$)或碳酸镍,也有以氨基磺酸盐为主盐的工艺,由此得到的电沉积层光亮、韧性好、结合力好,但电沉积液成本高。

镍盐-次磷酸盐型电沉积液所得镀层细致均匀、电沉积液分散能力和覆盖能力较好,电沉积液稳定性差。氨基磺酸镍-亚磷酸型电沉积液工艺稳定,电沉积液成分简单,电沉积层韧性好,电沉积层光亮细致,与基体结合好,但电沉积液成本高。亚磷酸型电沉积液是近几年来人们研究应用较多的体系。这类电沉积液的特点是:成分简单、镀层光亮细致、结合力好、容易获得含 P 量较高的 Ni-P 合金电沉积层。但覆盖能力和分散能力较差。电沉积 Ni-P 合金复合层时,可选用上述任何一种工艺,添加固体微粒如 SiC(3~5μm)或金刚石微粒等。

12.2.2 Ni-P 合金复合层特性

日本学者竹内信彦、增井宽二等人的研究指出,合金基复合层的耐磨性高于单质基复合层。含 P 量为 3%~5%(质量分数)时,Ni-P/SiC 复合层的耐磨性能远高于纯 Ni 层和 Ni/SiC 复合层。热处理可提高 Ni-P/SiC 的显微硬度。但处理温度一般不能过高。Ni-P/SiC 复合层的硬度大于纯 Ni 层和 Ni/SiC 层的硬度,经过400℃热处理,Ni-P/SiC 硬度可以达到 1000HV,经过 400℃热处理后,纯 Ni 层、Ni-P/SiC层、Ni/SiC 层耐磨性能都有较大提高,但是 Ni-P/SiC 层仍是最耐磨的。

热处理工艺对 Ni-P/SiC 复合层耐磨性及硬度影响示于图 12-1。

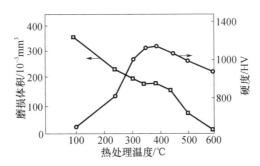

图 12 – 1 热处理温度对 Ni – P/SiC 层硬度和耐磨性的影响

由图 12 – 1 可以看到随着热处理温度的升高, Ni – P/SiC 层硬度升高,400℃ 左右达到最大值,继续提高热处理温度,硬度缓慢下降;磨损量变化趋势为:随着热处理温度的提高,磨损量降低,耐磨性提高。在不同温度范围加热, Ni – P/SiC 层的组织性能各异,其磨损机理也不同。

采用以硫酸镍、氯化镍、次亚磷酸钠为主要成分的电解液,加入粒径约 25μm 的金刚石微粒,得到了 Ni – P/金刚石复合层,其表面形貌、截面形貌等见图 12 – 2。

图 12 – 2 Ni – P/金刚石复合层表面形貌(a)及截面形貌(b)

图 12 – 2(a)为 Ni – P/金刚石复合层表面形貌,电解液中金刚石微粒为 6g/L, 复合层中金刚石占表面分数约为 12%。图中金刚石微粒均匀的分散于复合层中, Ni – P 合金层表面致密,无裂纹、孔洞。图 12 – 2(b)为 Ni – P/金刚石复合层截面图,从图中看出粘结层厚度大约为 15μm,图中金刚石微粒一部分嵌埋在 Ni – P 粘结层中,另一部分裸露 Ni – P 层表面,金刚石棱角分明,表面无物质包裹且金刚石与 Ni – P 粘结层中间无缝隙,结合良好。这种特殊的表面设计可显著增大与配对面的机械啮合强度,进而增加 Ni – P/金刚石复合层与配对面间静摩擦系数。

图 12 – 3 为金刚石含量不同的 Ni – P/金刚石复合层表面形貌。复合层中的金刚石微粒含量与电解液中金刚石加入量的多少密切相关。从图中可以看出复合层中金刚石微粒分布均匀,复合层中的金刚石微粒含量随着沉积液中金刚石微粒含量的增加而增加。当复合层中金刚石微粒含量小于 22.3% 时,复合层中金刚石

微粒分散良好,粘结层 Ni - P 合金平整,金刚石微粒与粘结层结合紧密。当复合层中金刚石表面积分数为 34.4% 时,复合层表面金刚石可观察到层叠状分布及团簇聚集现象,如图 12 - 3(d)所示。

图 12 - 3　Ni - P/金刚石复合层表面形貌,金刚石在复合层表面的面积分数
(a) 2.6%;(b)12.5%;(c)22.3%;(d)34.4%。

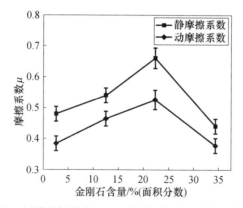

图 12 - 4　金刚石含量对 Ni - P/金刚石复合层摩擦系数的影响

图 12 - 4 给出了不同金刚石含量的 Ni - P/金刚石复合层动、静平均摩擦系数。Ni - P/金刚石复合层动摩擦系数低于其静摩擦系数,遵循经典摩擦定律。随

着金刚石含量增加,Ni－P/金刚石复合层与 GCr15 钢球配副间动、静摩擦系数增大。当复合层中金刚石含量为 22.3% 时,测试结果中最高静摩擦系数可达 0.72。当金刚石含量超过 22.3% 时,配副间摩擦系数呈降低趋势,意味着 Ni－P/金刚石复合层表面金刚石含量及其分散均匀性影响着 Ni－P/金刚石复合层的动、静摩擦系数。

12.3 电沉积镍钨(Ni－W)合金复合层

Ni－W 合金具有较高的熔点和硬度,较好的耐热性、耐磨性和耐蚀性,适用于轴承、活塞、气缸、磨具和石油工业中某些特殊容器等产品的表面电沉积层。当Ni－W合金电沉积层中 W 含量大于 44%(质量分数)时合金呈非晶态,赋予了Ni－W合金更优异的性能。但是该合金层的内应力较高,若电沉积层太厚会产生裂纹,从而影响了它的实际应用。实验表明,如将硬度较高的固体微粒与一些合金共沉积所形成的复合层,其应力较低,同时可减少或消除裂纹。

12.3.1 电沉积 Ni－W 合金复合层的工艺

Ni－W 合金电沉积液中的主盐是镍盐和钨酸钠,其电沉积液组成及工艺条件示于表 12－2。

表 12－2 镍钨合金复合层的电沉积工艺

电沉积液组成(g/L)及工艺条件	1	2	3	4	5	6	7
钨酸钠 ($Na_2WO_4 \cdot 2H_2O$)	36 ~ 60	10 ~ 100	200	30	0.2mol/L	0.14mol/L	0.15mol/L
硫酸镍 ($NiSO_4 \cdot 6H_2O$)	8 ~ 60		10	20	0.1mol/L	0.06mol/L	0.17mol/L
氨磺酸镍 ($Ni(NH_2SO_3)_2$)		10 ~ 100					
柠檬酸 ($C_6H_8O_7 \cdot H_2O$)	50 ~ 180			60			
柠檬酸铵 (($NH_4)_3C_6H_5O_7 \cdot H_2O$)		55	260				0.3mol/L
氨水 ($NH_3 \cdot H_2O$)	50 ~ 150						
硝酸钇			0 ~ 2				
柠檬酸钠 ($Na_3C_6H_5O_7$)					0.5mol/L	0.4mol/L	

(续)

电沉积液组成(g/L)及工艺条件	1	2	3	4	5	6	7
氯化铵(NH₄Cl)					0.3mol/L	0.5mol/L	0.2mol/L
二甲亚砜							0.06mol/L
碳化硅(SiC)(3~5μm)	40~120	40~120					
二氧化锆			(0.58μm) 0~80	(50nm) 2.5~10	5-30		
金刚石(500nm)						0~2	
BN(70nm)							6
pH 值	3~9	6~8	5	6	8	8.5	8
温度/℃	30~80	65~80	50	60		75	65
阴极电流密度/(A/dm²)	5~25	2~30		6~18	5~11	10	脉冲峰值1.2
阳极材料	DSA 阳极	不锈钢		DSA 阳极	铂	DSA 阳极	纯镍棒
搅拌	间歇搅拌	间歇搅拌		60~240 r/min	340r/min	110~250 r/min	600r/min

12.3.2 电沉积条件对复合层中微粒复合量的影响

微粒复合量对合金复合层的硬度、耐磨性及耐蚀性等性能有着直接的影响。因此,复合电沉积中,需要很好地控制微粒在复合层中的复合量。

1. 电沉积液中微粒含量对复合层中微粒复合量成分的影响

图 12 – 5 是表 12 – 2 所列工艺 5 中,电沉积液中 ZrO_2 含量对镀层中 ZrO_2 微粒复合量的影响。

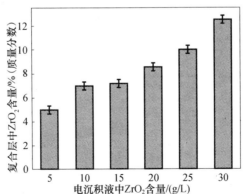

图 12 – 5 电沉积液中 ZrO_2 含量与复合层中 ZrO_2 含量的关系
(电流密度 7A/dm²,超声波 35 kHz)

405

由图 12-5 可知,当电沉积液中 ZrO_2 含量从 5g/L 增加到 30g/L 时,复合层中 ZrO_2 含量持续增加,但复合层中 W 的质量分数由 50% 下降至 43%,这种现象在 $Ni-W/Al_2O_3$、$Ni-W/$金刚石和 $Ni-W/SiO_2$ 复合层中也有所体现(图 12-6)。但是也有的体系中,复合层中微粒的复合量并不是随着电解液中的微粒含量单调增加,而是随着电解液中的微粒含量增加,复合层中微粒的复合量先增大后减小,微粒复合量存在一个最大值,如图 12-7 所示。

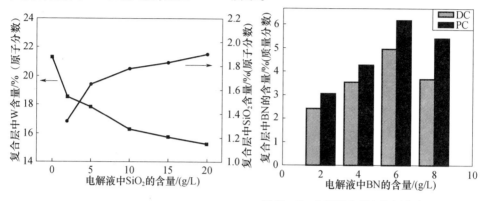

图 12-6　电解液中 SiO_2 含量对复合层成分的影响

图 12-7　电解液中 BN 的含量对 $Ni-W/BN$ 复合层中 BN 的质量分数的影响

2. 电流密度对微粒复合量的影响

图 12-8 表 12-2 所示工艺 4 中电流密度变化对复合层组成的影响。由图可知,随着电流密度增加,复合层中 ZrO_2 含量开始时逐渐增加,当电流密度达到 12A/dm² 时,复合层中 ZrO_2 含量达到最大值。随电流密度的逐渐升高,复合层中 ZrO_2 含量逐渐降低。而随电流密度增加,复合层中 W 含量也增加,变化趋势同电沉积 $Ni-W$ 合金时相似。

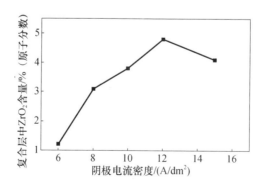

图 12-8　阴极电流密度对复合层成分的影响
（ZrO_2 含量 10g/L,180r/min）

3. 脉冲电流密度的影响

图 12 -9 是表 12 -2 所示工艺 7 中直流电流密度及脉冲电流密度对 Ni - W/BN 复合层中 BN 复合量的影响。由图可见,直流电沉积和脉冲电沉积呈现出相似的规律。电流密度低于 1.2 A/dm² 时,BN 的复合量随着电流密度的增大而增大;当电流密度超过 1.2A/dm² 时,BN 的复合量下降。电流密度过大后,析氢反应剧烈可能是导致 BN 复合量下降的主要因素。

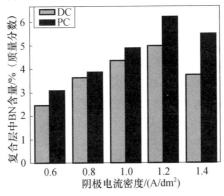

图 12 -9 电流密度对 Ni - W/BN
复合层中 BN 复合量的影响

4. 搅拌速度的影响

搅拌速度对复合层中微粒的复合量有很大的影响。图 12 -10 是表 12 -2 所列工艺 6 中当 Ni - W/金刚石电解液中金刚石的含量分别为 0.1g/L、1g/L 及 2g/L 时,复合层中金刚石的含量随搅拌速度的变化曲线。由图可知,随着搅拌速度的加快,复合层中金刚石的含量增加,当搅拌速度为 180r/min 时,复合层中金刚石含量达到最大值。工艺 4 中搅拌速度对 ZrO₂ 复合量的影响也呈现出相同的规律,而且 ZrO_2 复合量的最大值对应的搅拌速度也为 180r/min。

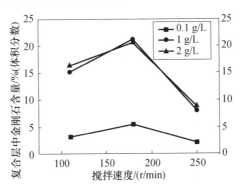

图 12 -10 搅拌速度对电沉积 Ni - W/金刚石复合层中金刚石含量的影响

12.3.3 Ni－W 基复合层的性能

1. Ni－W 基复合层的表面形貌

图 12－11 是表 12－2 所列工艺 5 所得复合层的表面形貌。可以看出,在不使用超声波的情况下得到的 Ni－W 合金层呈现出正棱锥状的表面形貌(图 12－11(a)),而 ZrO_2 的植入明显改变了合金层的形貌,Ni－W/ZrO_2 表面为裂开的近球状形态(图 12－11(c))。在更高的电流密度(11A/dm^2)下,复合层的形貌更突出,呈现出菜花状结构(图 12－11(e))。超声波辅助电沉积显著改变了所有电沉积层的形貌,所有电沉积层变得更规则、光滑、致密、均匀,超声波大大降低了电沉积层的粗糙度(图(b)、(d)、(f))。进一步的研究表明,超声波辅助沉积得到的 Ni－W/ZrO_2复合层其断面结构也很均匀(图 12－12)。

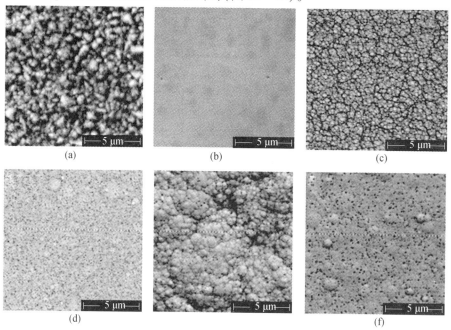

图 12－11   Ni－W(a)、(b)及 Ni－W/ZrO_2(c)、(d)、(e)、(f)的表面形貌,无超声波(a)、
(c)、(e),35 kHz 超声波(b)、(d)、(f)、(c)、(d)的沉积条件为 7 A/dm^2,
10g/L ZrO_2;(e)、(f)的沉积条件为 11A/dm^2,5g/L ZrO_2

图 12－13 是热处理对 Ni－W/ZrO_2 复合层表面形貌的影响。由图 12－13(a)可以看出,复合层由团粒状晶块组成,大小均匀。复合层表面存在黑白相间的微区,其中白色微区是由微粒团聚一起形成的。可以看出其表面形貌是典型的胞状结构,各个团簇微粒呈球型,且球大小相差不大,分布较均匀。由图 12－13(b)可以看出,热处理前后晶态复合层表面并未发生明显变化。由图 12－13(c)可以看

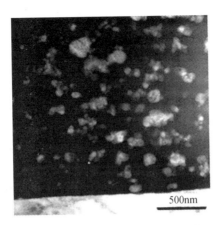

图 12 – 12　Ni – W/ZrO₂ 复合层横截面的 TEM 照片（35 kHz 超声波，
7A/dm²，340r/min，电解液含 20g/L ZrO₂）

出，非晶态 Ni – W/ZrO₂ 复合层相比晶态复合层表面平整，这是由于电解液中钨酸钠浓度增加使电沉积速降低，沉积金属来得及扩散进入晶格中，从而形貌变平整。由图 12 – 13(d)可以看出复合层表面变得相对平滑，这是由于在热处理中，晶块上微小晶粒团聚粗化所致，故经过热处理后的非晶态复合层相对稳定和较少缺陷，使复合层具有更优良的性能。

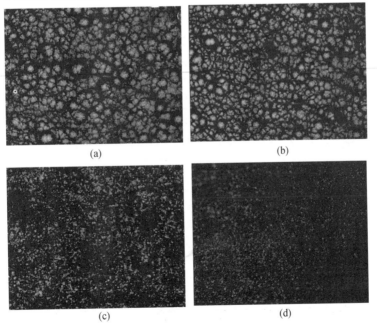

(a) (b) (c) (d)

图 12 – 13　Ni – W/ZrO₂ 复合层热处理前后的表面形貌（400℃）

(a)晶态 Ni – W/ZrO₂ 复合层热处理前；(b)晶态 Ni – W/ZrO₂ 复合层热处理后；

(c)非晶态 Ni – W/ZrO₂ 复合层热处理前；(d)非晶态 Ni – W/ZrO₂ 复合层热处理后。

2. Ni-W 基复合层的硬度和摩擦磨损性能

（1）Ni-W/SiC 复合层的硬度和耐磨性。Ni-W 和 Ni-W/SiC 复合层在各种状态下的硬度和耐磨性如表 12-3 所列。使用相同的处理方法,Ni-W 的硬度和耐磨性均比 Ni-W/SiC 的硬度和耐磨性差。这说明,SiC 微粒的加入,阻碍了 Ni-W 合金晶粒的长大,减少了裂纹和降低了电沉积层的内应力。只要控制好电沉积工艺规范,得到的 Ni-W/SiC 复合层是非晶态。经过 500℃×1h 热处理或碳、氮共渗后,Ni-W/SiC 复合层的硬度和耐磨性增加。

表 12-3　Ni-W 合金及复合层的硬度和耐磨性

镀层	处理方法	硬度/HV[①]	磨损失重/(mg/km)[②]
Ni-W	电沉积态	566	4.12
Ni-W	500℃×1h	727	3.28
Ni-W	碳氮共渗	943	1.47
Ni-W/SiC	电沉积态	689	2.75
Ni-W/SiC	500℃×1h	1060	1.86
Ni-W/SiC	碳氮共渗	1384	0.93
①电沉积层的显微硬度在 HX-1 型显微硬度计上进行,测量的载荷为 100g;②磨损试验在 M-2000 型磨损试验机上进行,转速 400r/min,载荷 300N,时间 3h,机油润滑。			

（2）Ni-W/ZrO_2 复合层的显微硬度。图 12-14 给出了复合层中 ZrO_2 复合量对 Ni-W/ZrO_2 复合层显微硬度及耐磨性的影响。由图 12-14(a)可见,Ni-W/ZrO_2 复合层的显微硬度显著高于 Ni-W 合金层(506HV),且 Ni-W/ZrO_2 复合层的硬度随着 ZrO_2 复合量的增加而提高。这主要是因为复合层中均匀分散的 ZrO_2 复合微粒能很好地细化 Ni-W 合金层的晶粒并抑制其塑性变形。由图 12-14(b)可见,ZrO_2 微粒的复合大大减小了 Ni-W/ZrO_2 复合层的磨损失重,且 Ni-W/ZrO_2 复合层的磨损失重随着 ZrO_2 复合量的增加而进一步减小。

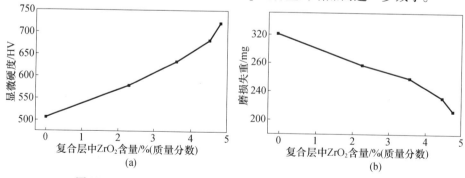

图 12-14　Ni-W/ZrO_2 复合层的显微硬度(a)和磨损失重(b)

从图 12-15 中可以看出,随着热处理温度的升高,非晶态 Ni-W/ZrO_2 复合层的硬度逐渐增加。复合层经 400℃热处理的硬度达到最大,约为 427HV。400℃

热处理 1h 后,由于 Ni - W 的再结晶以及微细 Ni₄W 的析出,Ni₄W 是一种金属间化合物,具有很高的硬度,它的存在使复合层产生了沉积硬化,使得其显微硬度进一步提高。

(3) Ni - W/金刚石复合层的显微硬度和摩擦磨损性能。图 12 - 16 给出了 Ni - W/金刚石复合层硬度和耐磨损性能随着金刚石复合量的变化。由图可见,随着复合层中金刚石复合量的增加,Ni - W/金刚石复合层硬度逐渐增大,同时复合层的磨损失重逐渐下降。当复合层中金刚石的体积分数达到 21% 时复合层硬度高达 818HV。

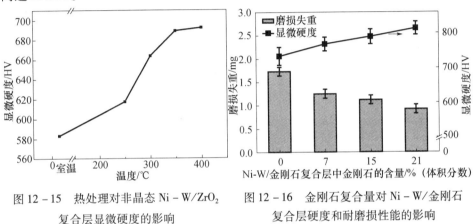

图 12 - 15　热处理对非晶态 Ni - W/ZrO₂ 复合层显微硬度的影响

图 12 - 16　金刚石复合量对 Ni - W/金刚石 复合层硬度和耐磨损性能的影响

图 12 - 17 是金刚石的体积分数分别为 0、7%、15% 和 21% 的 Ni - W/金刚石复合层的摩擦曲线。由图可见,Ni - W 合金电沉积层的摩擦系数随着摩擦距离的增长从 0.5 增大到 0.8(图 12 - 17(a))。当复合层中植入了金刚石微粒后,Ni - W/金刚石复合层的摩擦系数在试验过程中相对平稳,且较 Ni - W 合金电沉积层的摩擦系数要小。随着复合层中金刚石复合量的增加,Ni - W/金刚石复合层摩擦系数进一步减小。

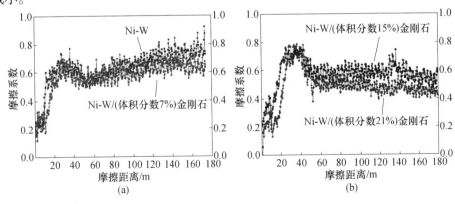

图 12 - 17　Ni - W 及 Ni - W/金刚石复合层的摩擦系数

（4）Ni-W/BN 复合层的摩擦系数。图 12-18 是 Ni-W 及 Ni-W/BN 复合层的摩擦系数。由图可见,不管是直流电沉积还是采用脉冲电沉积的方式得到的 Ni-W/BN 复合层其摩擦系数都远低于 Ni-W 合金层。这是由于 BN 颗粒的六边形结构,使得摩擦滑移只发生在层状排列的 BN 颗粒之间。当电解液中 BN 含量为 6g/L 时,复合层的摩擦系数最小。采用脉冲电沉积的方式得到的 Ni-W/BN 复合层摩擦系数更低,这可能是由于脉冲法能增大 BN 的复合量并使得复合层表面更均一。

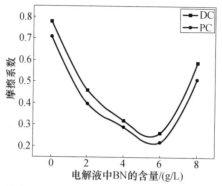

图 12-18　电解液中 BN 微粒的含量对 Ni-W/BN 复合层摩擦系数的影响

3. Ni-W 基复合层的耐腐蚀性

图 12-19 是 Ni-W/BN 复合层在 3.5% NaCl 溶液中的阻抗谱图。由图 12-19 可见,所有电沉积层其 Nyquist 曲线均表现为一段圆弧。不管是直流法还是脉冲电沉积中,电解液中 BN 的含量对 Ni-W/BN 复合层的耐蚀性影响规律一致。当电解液中 BN 的含量为 6g/L 时,复合层的耐蚀性最好,拟合处理的结果表明,其极化电阻 R_p 最大且双层电容 C_d 最小。与直流法相比,脉冲电沉积得到的 Ni-W/BN 复合层晶粒更细,BN 在复合层中的复合量更大,故其耐蚀性更好。

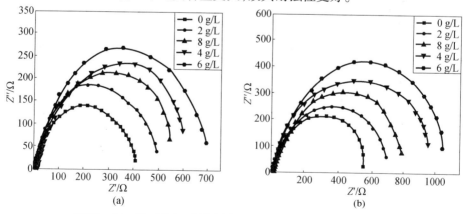

图 12-19　Ni-W/BN 复合层在 3.5% NaCl 溶液中的阻抗谱图
（a）直流电沉积；（b）脉冲电沉积。

图 12 - 20 给出了浸泡在 30%（质量分数）NaOH 溶液中时，Ni - W 及 Ni - W/ZrO$_2$ 电沉积层的磨损失重随浸泡时间的变化。由图可见，Ni - W 的腐蚀后的磨损速度远远大于 ZrO$_2$ 复合量为 4.8%（质量分数）的 Ni - W/ZrO$_2$ 复合层，这种差异在浸泡 30 天内达到 10 倍。这意味着，Ni - W/ZrO$_2$ 复合层的耐碱性远优于 Ni - W 合金层，ZrO$_2$ 纳米微粒的弥散能很好地增强合金层的耐蚀性。

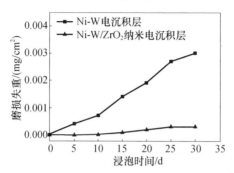

图 12 - 20　Ni - W 及 Ni - W/ZrO$_2$（质量分数 4.8%）电沉积层的磨损失重随
浸泡时间（质量分数 30% NaOH 溶液中）的变化

4. Ni - W 基复合层的抗高温氧化性

图 12 - 21 表示晶态及非晶态 Ni - W/ZrO$_2$ 复合层在 400℃氧化，其单位面积上氧化增重间的变化曲线。由图 12 - 21 可知，两种复合层在短时间内的氧化增重表现为快速增加，80min 后增质量又呈现出变缓的趋势。非晶态 Ni - W/ZrO$_2$ 复合层在 400℃高温氧化后，其氧化增重始终小于晶态 Ni - W/ZrO$_2$ 复合层。在高温环境下，复合层与氧发生作用而引起氧化，氧化增重越大，则抗氧化性越差，说明非晶态 Ni - W/ZrO$_2$ 复合层高温抗氧化性优于晶态 Ni - W/ZrO$_2$ 复合层。这是由于 400℃时非晶复合层发生结构转变，成为晶态结构，内部缺陷相对较少，复合层晶粒排列规则，表而形成彩色膜，高温抗氧化性优于晶态复合层。

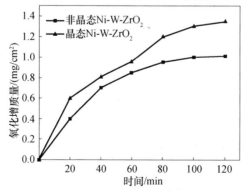

图 12 - 21　400℃下 Ni - W/ZrO$_2$ 复合层氧化增重曲线

12.4 电沉积镍钨磷(Ni－W－P)合金复合层

在 Ni－W 非晶态电沉积层中加入类金属 P,可以进一步提高电沉积层性能。

12.4.1 电沉积 Ni－W－P 合金复合层工艺

电沉积 Ni－W－P 合金电解液,目前主要使用两种工艺,见表 12－4。

表 12－4 电沉积 Ni－W－P 合金电解液组成及工艺条件

电解液组成(g/L)工艺条件	1	2
硫酸镍($NiSO_4 \cdot 6H_2O$)	15～60	50～100
次磷酸二氢钠($NaH_2PO_2 \cdot H_2O$)		3～40
钨酸钠($Na_2WO_4 \cdot 2H_2O$)	20～80	90～210
亚磷酸(H_3PO_3)	5～40	
柠檬酸($C_6H_8O_7 \cdot H_2O$)	31～74	90～220
添加剂 1		0～2
添加剂 2		0～20
pH 值	3～8	3～9
电流密度/(A/dm^2)	15	2～30
温度/℃	30～80	30～70
阳极	不锈钢板	不锈钢板

电沉积 Ni－W－P/SiC 合金复合层只需在上述溶液中加入处理好的微粒如 SiC。常用的 SiC 粒度为 0.3～0.8μm,添加量为 50～90g/L。

12.4.2 Ni－W－P/SiC 复合层的性能

1. Ni－W－P/SiC 复合层的硬度及耐磨性

有人在 Ni－W－P 合金的基础上研究了 Ni－W－P/SiC 复合层,研究结果表明 Ni－W－P/SiC 合金复合层的耐磨性优于 Ni－W/SiC 合金和硬铬,在各种腐蚀性溶液中(HNO_3 除外),耐腐蚀性能均优于不锈钢(Cr18Ni9Ti),结果列于表 12－5。

表 12－5 镍基碳化硅复合层硬度及耐磨损性比较

复合层	硬度/HV	磨损量/mg
△Ni－W－P/SiC	550～750	2.73
△Ni－W－P/SiC*	1100～1400	1.35
※Ni－W/SiC	800～900	17.60
※Ni－W/SiC*	1500～1700	6.40
※Ni－P/SiC*	1300～1400	8.30

复合层	硬度/HV	磨损量/mg
硬铬	900 ~ 1000	20.80

注:Δ 负荷 30kg,60000 循环;※负荷 1kg,10000 循环; * 400℃,1h 热处理;磨损试验在 MM - 2000 型磨损试验机上进行。

2. 热处理对 Ni - W - P/SiC 复合层的硬度及耐磨性的影响

热处理对 Ni - W - P/SiC 复合层硬度的影响见图 12 - 22。由图 12 - 22 可见,随着热处理温度的提高,复合层的硬度也逐渐增加。400℃时达到峰值,热处理温度继续提高,复合层硬度呈直线下降。这是因为低温加热时,复合层结构未变,硬度逐渐升高。如热处理温度继续升高,复合层结构发生变化,晶格畸变加重,硬度升高。在 400℃时,析出大量细小的 Ni_3P 粒子,所以硬度最高,如再升高温度晶粒长大,Ni_3P 粒子聚集并粗化,导致复合层软化,故硬度迅速降低。

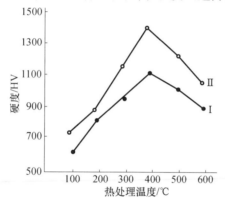

图 12 - 22　热处理温度与不同 P 含量对复合层硬度的影响

I —Ni - W - 5.5% P/13% SiC; II —Ni - W - 9.7% P/13% SiC。

图 12 - 23 显示了热处理温度对 Ni - W - P/SiC 复合层耐磨性的影响。由图可见,电沉积态复合层的磨损率最高,随着热处理温度的提高,磨损率直线下降,热处理温度为 400℃时磨损率最低,继续提高热处理温度,磨损率又开始上升。

由图 12 - 23 看出,高 P 含量的复合层其耐磨性优于含 P 量低的复合层,加入一定量添加剂的复合层耐磨性最佳。热处理温度之所以影响复合层的硬度和耐磨性,是因为热处理温度直接影响复合层结构。

当热处理温度低于 300℃时,复合层保持非晶态结构,当热处理温度达到 300℃时,复合层开始晶化,400℃时复合层中析出了 Ni_3P 粒子,它对复合层起到了沉淀硬化作用,故此时复合层硬度最高,耐磨性也最好。当对含有添加剂的复合层进行热处理时,发现低于 400℃时复合层仍保持非晶态结构,400℃时复合层开始晶化并析出 Ni_3P 相。这说明电解液中加入添加剂后,所得复合层的晶化温度较不

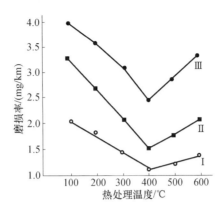

图 12 – 23   复合层耐磨性与热处理温度的关系

Ⅰ—有添加剂的复合层;Ⅱ—高磷复合层;Ⅲ—低磷复合层。

加添加剂的复合层提高了 100℃,这也有利于提高复合层的耐腐蚀性。

3. Ni – W – P/SiC 复合层的耐蚀性

耐腐蚀性测定,采用全浸法测定非晶态复合层在各种腐蚀性介质中在单位时间、单位面积上合金和复合层的损失量,见表 12 – 6。

表 12 –6   Ni – W – P 复合层与不锈钢耐腐蚀性比较

腐蚀性介质(常温)	Ni – W – P/SiC/[mg/(cm² · h)]	Cr18Ni9Ti/[mg/(cm² · h)]
硫酸[H_2SO_4(10%)]	0.002173	0.3749
盐酸[HCl(20%)]	0.06672	0.1188
磷酸[H_3PO_4(85%)]	0.00036	0.00873
氢氧化钠[NaOH(20%)]	0	0
氯化钠[NaCl(10%)]	0.001433	0.01573
氯化铜[$CuCl_2$(10%)]	0.1825	0.6473
三氯化铁[$FeCl_3$(10%)]	0.1581	0.6395
硝酸[HNO_3(16%)]	4.6947	0.0004

12.5   三价铬电沉积镍铬(Ni – Cr)合金复合层

与 Ni 或 Ni 合金基复合层相比,Cr 或 Cr 合金基复合层具有更高的微观硬度、耐蚀性、耐磨减摩性和抗高温氧化性。利用镍基复合电沉积技术特点,结合超声 – 脉冲复合技术优势(电沉积速率高、复合粒子分散性好),以混合羧酸盐 – 尿素体系为三价铬配合剂,何新快等进行了三价铬复合电沉积 Ni – Cr/SiC 纳米复合层的研究。

12.5.1 电沉积 Ni – Cr/SiC 纳米复合层工艺

电沉积 Ni – Cr/SiC 纳米复合层的电沉积液组成为 $CrCl_3$ 0.6mol/L，$C_5H_5Na_3O_7$ 0.5mol/L，$Na_2C_2O_4$ 0.4mol/L，CH_3COONa 0.3mol/L，$CO(NH_2)_2$ 2mol/L，H_3BO_3 0.72mol/L，NaCl 2mol/L，$C_{16}H_{33}(CH_3)_3NBr$ 0.012mol/L，$NiSO_4$ 0.15mol/L，SiC(平均粒径 50nm)，pH 值为 2，温度 35℃。采用 $7A/dm^2$ 的电流密度，电沉积 60min。脉冲工作比 0.3，换向时间 3ms，脉冲频率 20Hz，超声频率 40kHz，超声功率 80W。

12.5.2 工艺参数对微粒复合量与 Cr 含量和复合层厚度的影响

1. 脉冲电流密度

电流密度对 SiC 与 Cr 含量以及厚度的影响见图 12 – 24。由图可知，随电流密度的增大，Cr 含量逐渐增大，而 SiC 含量以及厚度为先稍有增大后迅速减小，其最大值对应的电流密度为 $5A/dm^2$。电流密度增大，基质金属的沉积速率和 SiC 粒子的嵌入速率加快，使得复合层易增厚、SiC 含量增加。同时电流密度的增大，更有利于电位较负的 Cr^{3+} 还原，因而复合层中 Cr 含量相对增加。但电流密度增加到一定值时，基质金属沉积速度的增幅比微粒嵌入的增幅更大，此时 SiC 的含量会相对降低。

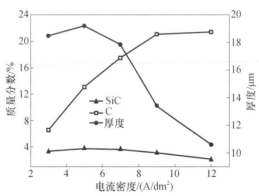

图 12 – 24 电流密度对 SiC 与 Cr 含量及厚度的影响

2. 脉冲工作比

脉冲工作比对 SiC 与 Cr 含量以及厚度的影响见图 12 – 25。由图 12 – 25 可知，随工作比增大，复合层厚度及其 Cr 含量都随之降低，而 SiC 含量先增加后减少。工作比越小，在平均电流密度一定的前提下，脉冲峰值电流密度就越大。这不仅有利于 Cr^{3+}、Ni^{2+} 的电沉积而使复合层增厚，而且使复合液中配位数较高的配合 Cr^{3+} 也会在阴极放电，复合层中 Cr 含量随之增加。但在低电流密度区(工作比大于 0.3)时，随峰值电流密度的加大(工作比变小)，可提高金属的沉积速度和缩短颗粒沉积的极限时间,这有利于 SiC 颗粒与基质金属的共沉积,因而复合层中的 SiC 含量随之增加。在高电流区,随工作比的进一步减小,基质金属电沉积速率的增幅会大于粒子嵌入复合层中的增幅。此时,复合层中 SiC 粒子的复合量会相对减少。

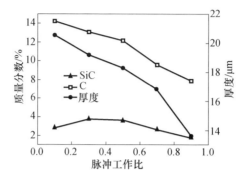

图 12-25 脉冲工作比对 SiC 与 Cr 含量及厚度的影响

3. 脉冲频率

脉冲频率对 SiC 与 Cr 含量以及厚度的影响见图 12-26。由图 12-26 可知,随脉冲频率增加,开始时 SiC 与 Cr 含量以及厚度几乎保持不变,而当脉冲频率高于 20Hz 时,复合层中 SiC 与铬的含量以及厚度急剧减小。在脉冲工作比一定时,随脉冲频率增大(大于 20 Hz),虽其对 Ni^{2+} 电沉积速率影响不大,但它不仅降低了 Cr^{3+} 的电沉积速率,而且不利于 SiC 粒子的嵌入,甚至使镶嵌不牢固的 SiC 粒子脱附。此时,复合层中的 SiC 与 Cr 含量以及镀层的厚度都会随之减小。

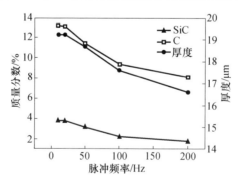

图 12-26 脉冲频率对 SiC 与 Cr 含量及厚度的影响

4. 超声功率的影响

超声功率对 SiC 与 Cr 含量以及厚度的影响见图 12-27。由图 12-27 可知,随超声功率的增加,SiC 与 Cr 含量以及厚度均开始增加,当功率超过 80 W 时,复合层 Cr 含量以及厚度几乎保持不变,但复合层的 SiC 含量反而下降。

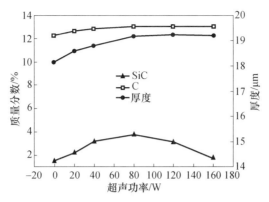

图 12 - 27　超声功率对 SiC 与 Cr 含量及厚度的影响

12.5.3　Ni – Cr/SiC 纳米复合层的性能

1. Ni – Cr/SiC 复合层的微观形貌、组成及结构

图 12 - 28 是所制备的 Ni – Cr/SiC 复合层的 SEM 照片。从图可知,所制备的复合层致密平整,无裂纹,其颗粒为细小球状,且复合层的厚为 21.2 μm,达到功能性电沉积层厚度要求。由 EDS 能谱分析可知复合层中 SiC 含量为 3.8%,而铬含量达 24.68%。

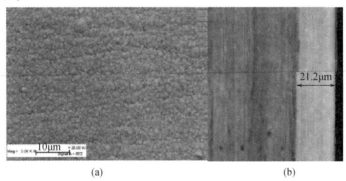

(a)　　　　　　　　　　　　　　　　(b)

图 12 - 28　Ni – Cr/SiC 复合层的 SEM 照片

(a)表面形貌;(b)横截面。

2. Ni – Cr/SiC 复合层的硬度和耐磨性

表 12 - 7 是不同 SiC 含量的 Ni – Cr 复合层试样硬度和磨损量。SiC 含量为 1.5%、2.1% 和 3.8% 的复合层的制备条件仅超声功率不同,分别为 0、20W 和 80W。由表 12 - 7 可知,随 Ni – Cr/SiC 复合层中 SiC 含量的增大,复合层的硬度增大,而磨损量减小。即纳米 SiC 颗粒的嵌入量越高,Ni – Cr/SiC 复合层的硬度越高、耐磨性越好。这是因为 SiC 颗粒的嵌入,不仅可使复合层中的基体 Ni – Cr 合金晶粒细化和结构致密化,而且高硬度的 SiC 颗粒均匀弥散在基质金属中,可以强

化基质金属。

表 12 - 7　不同 SiC 含量的 Ni - Cr 复合层试样硬度和磨损量

SiC 含量/%	硬度/MPa	磨损量/(10^{-7}g/m^2)
1.5	9864	4.1
2.1	10854	3.5
3.8	12542	2.2

3. Ni - Cr/SiC 复合层的耐蚀性

由图 12 - 29 可知,在 1mol/L H_2SO_4 溶液和 3.5% NaCl 溶液中,SiC 含量越高的 Ni - Cr/SiC 复合层其腐蚀电位越高,且对应的腐蚀电流密度和维钝电流密度越小。因此,SiC 含量高的 Ni - Cr/SiC 复合层的耐蚀性更好。

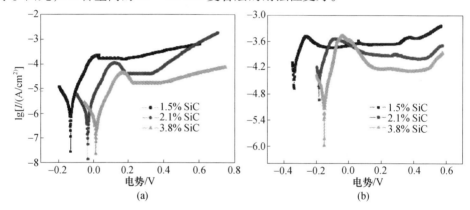

图 12 - 29　SiC 含量不同的 Ni - Cr/SiC 复合层在不同介质中的极化曲线

(a)1 mol/L H_2SO_4 ;(b)3.5% NaCl。

12.6　电沉积锌钴(Zn - Co)合金复合层和
锌镍(Zn - Ni)合金复合层

12.6.1　电沉积 Zn - Co 合金复合层

对于钢铁基体而言,Zn - Co 合金复合层属于牺牲阳极性保护层,具有优异的耐蚀性能,研究表明,Co 的质量分数 <5% 的合金电沉积层其耐蚀性是 Zn 电沉积层的 3 倍以上,可以作为代锌、代镉复合层使用。采用纳米复合电沉积技术制备 Zn - Co/TiO_2 复合层可以进一步提高其耐蚀性能。

1. 电沉积 Zn - Co/TiO_2 复合层的工艺

采用酸性硫酸盐体系,电解液具体组成为:$ZnSO_4$ · $7H_2O$　140g/L,$CoSO_4$ · $7H_2O$　60g/L,Na_2SO_4 · $10H_2O$　80g/L,(NH_4)$_2SO_4$　50g/L,H_3BO_3　20g/L,纳米

TiO$_2$(锐钛矿型,粒径约 5nm),十六烷基三甲基溴化铵(CTAB)适量,pH 值 2,温度 20 ~70℃,阴极电流密度 J_K 1 ~8A/dm^2。

2. 电沉积 Zn – Co/TiO$_2$ 复合层的影响因素

(1) 电解液中 TiO$_2$ 对复合层中 Co 及 TiO$_2$ 的影响。图 12 – 30 给出了 CTAB 为 1g/L,J_K 为 4A/dm^2,温度为 55 ~60℃,pH 值为 2 的条件下,复合电解液中纳米 TiO$_2$ 质量浓度与复合层中 Co 及 TiO$_2$ 质量分数的关系。

从图 12 – 30 可以看出,电解液中 TiO$_2$ 的浓度对复合层中 TiO$_2$ 质量分数的影响较大,随着电解液中 TiO$_2$ 浓度的增加,复合层中 TiO$_2$ 的复合量先增加后减少,当电解液中 TiO$_2$ 浓度为 60g/L 时,复合层中 TiO$_2$ 的复合量达到最大值。另外,从图 12 – 30 中也可以看出,复合层中 Co 质量分数的变化趋势与 TiO$_2$ 一致。

(2) CTAB 对复合层中 Co 及 TiO$_2$ 质量分数的影响。图 12 – 31 给出了 TiO$_2$ 浓度为 60g/L,J_K 为 4A/dm^2,温度为 55 ~60℃,pH 值为 2 的条件下,复合电解液中 CTAB 浓度与复合层中 Co 及 TiO$_2$ 质量分数的关系。在 pH 值为 2 条件下,水溶液中质子浓度比较高,有向粒子表面迁移的趋势,在 TiO$_2$ 表面形成一层双电层,使得 TiO$_2$ 表面带正电荷。加入阳离子型表面活性剂 CTAB 后,TiO$_2$ 与 CTAB 发生吸附作用,使其表面的电荷和双电层厚度增加,双电层之间库仑排斥作用使粒子间发生团聚的引力大大降低,有利于分散体系的稳定,提高了 TiO$_2$ 在复合层中的含量;但当 CTAB 质量浓度超过 1g/L 时,电解液中反离子的质量浓度增加,更多的反离子将被压进滑移面以内,使扩散层厚度减薄,体系的稳定性下降,复合层中 TiO$_2$ 复合量也随之减小。另外复合层中 Co 含量随着 CTAB 增加而减少,这可能是因为电解液中 CTAB 吸附在阴极表面,阻碍了 Co 在阴极的放电沉积。

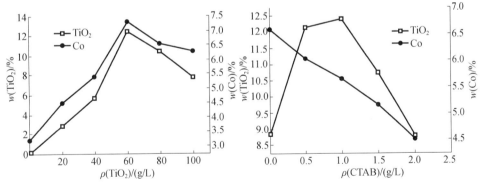

图 12 – 30 电解液中 TiO$_2$ 对复合层中 Co 及 TiO$_2$ 质量分数的影响

图 12 – 31 电解液中 CTAB 对复合层中 Co 及 TiO$_2$ 质量分数的影响

(3) 电流密度对复合层中 Co 及 TiO$_2$ 质量分数的影响。图 12 – 32 给出了 TiO$_2$ 浓度为 60g/L,CTAB 为 1g/L,温度为 55 ~60℃,pH 值为 2 的条件下,阴极电流密度与复合层中 Co 及 TiO$_2$ 质量分数的关系。从图 12 – 32 可以看出,复合层中

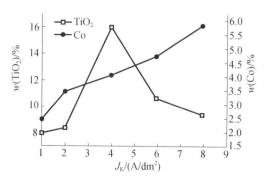

图 12 - 32   电流密度对复合层中 Co 及 TiO₂ 质量分数的影响

TiO₂ 质量分数随阴极电流密度的增加先增加后减小,在 4A/dm² 时达到最大值。同时可以看到,复合层中 Co 质量分数随阴极电流密度的增加而增加,这是因为 Zn - Co 合金电沉积具有异常共沉积的特征。

3. Zn - Co/TiO₂ 合金复合层的耐蚀性

图 12 - 33 是 Zn - Co 及 Zn - Co/TiO₂ 纳米复合层在 5% NaCl 溶液中的极化曲线,表 12 - 8 为图 12 - 33 中极化曲线拟合得到的腐蚀电势和腐蚀电流密度。

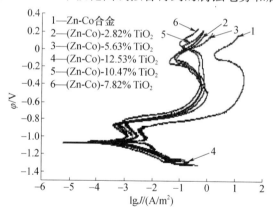

图 12 - 33   Zn - Co 及 Zn - Co/TiO₂ 纳米复合层在 5% NaCl 溶液中的极化曲线

表 12 - 8   Zn - Co 及纳米复合层的腐蚀电势和腐蚀电流密度

电沉积层类型	φ_{corr}/V	J_{corr}/(A/m²)
Zn - Co	- 1.077	0.9794
Zn - Co/(2.82% TiO₂)	- 1.071	0.5090
Zn - Co/(5.63% TiO₂)	- 1.069	0.3435
Zn - Co/(7.82% TiO₂)	- 1.067	0.3345
Zn - Co/(10.47% TiO₂)	- 1.066	0.3039
Zn - Co/(12.53% TiO₂)	- 1.065	0.2219

从图 12 - 33 可以看出,与 Zn - Co 合金层相比,Zn - Co/TiO₂ 纳米复合层阳极极化曲线和阴极极化曲线均向电流密度减小的方向移动;从表 12 - 8 也可以看出,与 Zn - Co 合金层相比,Zn - Co/TiO₂ 纳米复合层的腐蚀电势正移 10mV 左右,腐蚀电流密度也有所降低。

12.6.2　电沉积 Zn - Ni 合金复合层

近年来,人们在努力提高恶劣环境中锌及锌合金层的耐蚀性。相对于锌电沉积层及其他锌合金层而言,锌镍合金有着更高的耐蚀性和更好的力学性能,进而受到了更多的关注。但 Zn - Ni 合金的性能也不能完全满足工业需要。采用复合电沉积的方法可以进一步提升锌镍合金的性能。

1. 电沉积锌钴合金复合层的工艺

采用硫酸盐体系,电解液组成及工艺条件为:$ZnSO_4 \cdot 7H_2O$　35g/L,$NiSO_4 \cdot 6H_2O$　35g/L,Na_2SO_4　80g/L,Al_2O_3 溶胶　6mL/L,pH 值为 2,温度　40℃,1200r/min。直流阴极电流密度 i_{DC} 与脉冲电沉积的平均电流密度相等 i_{avg},$i_{DC} = i_{avg} = 8A/dm^2$,脉冲电沉积的峰值电流密度为 $16A/dm^2$,脉冲频率为 100 Hz($t_{on} = t_{off} = 5ms$)或 500Hz($t_{on} = t_{off} = 1ms$)。

2. Zn - Ni/Al₂O₃ 合金复合层的特性

图 12 - 34 是 Zn - Ni/Al₂O₃ 复合层的表面形貌,可以看出,复合层表面致密无裂纹。图 12 - 34(a)显示,直流电沉积得到的 Zn - Ni/Al₂O₃ 复合层表面大体呈瘤状结构,期间分布有少量菜花样小颗粒。而脉冲电沉积得到的 Zn - Ni/Al₂O₃ 复合层则呈均匀的半球形结节(图 12 - 34(b))。

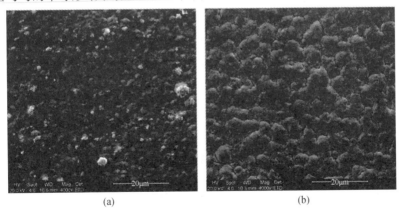

(a)　　　　　　　　　　　　　　(b)

图 12 - 34　Zn - Ni/Al₂O₃ 复合层的 SEM 照片

(a)直流电沉积;(b)脉冲电沉积。

图 12 - 35 是 Zn - Ni 及 Zn - Ni/Al₂O₃ 复合层的硬度。由图可见,脉冲电沉积所得 Zn - Ni 及 Zn - Ni/Al₂O₃ 复合层的硬度均高于直流法。其中脉冲电沉积

$Zn - Ni/Al_2O_3$复合层的硬度最高,达338HV。脉冲电沉积$Zn - Ni/Al_2O_3$复合层的硬度与直流法之间的差异较小,而对于$Zn - Ni$合金层而言,脉冲电沉积大幅度提高了其硬度。复合层硬度主要与镀层中Ni含量、复合层致密程度及Al_2O_3复合量这三个因素相关,脉冲法可以很好地改善复合层的致密度、提高Ni含量,但会降低Al_2O_3的复合量。

图12 - 36是$Zn - Ni$及$Zn - Ni/Al_2O_3$复合层在3.5% $NaCl$溶液中的极化曲线,相应的腐蚀电势和腐蚀电流密度列于表12 - 9。由表12 - 9可见,与$Zn - Ni$合金层相比,$Zn - Ni/Al_2O_3$复合层的腐蚀电势轻微正移,且腐蚀电流密度大幅减小。纳米Al_2O_3的植入可以明显提高$Zn - Ni$合金层的耐蚀性。

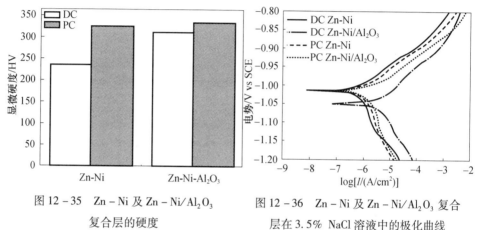

图12 - 35　$Zn - Ni$及$Zn - Ni/Al_2O_3$
复合层的硬度

图12 - 36　$Zn - Ni$及$Zn - Ni/Al_2O_3$复合
层在3.5% $NaCl$溶液中的极化曲线

表12 - 9　由图12 - 36中的极化曲线得到的腐蚀参数

电沉积层	E_{corr}(vs SCE)/mV	$i_{corr}/(\mu A \cdot cm^2)$
直流 $Zn - Ni$ 层	-1048	6
脉冲 $Zn - Ni$ 层	-1015	2
直流 $Zn - Ni/Al_2O_3$ 复合层	-1013	0.8
脉冲 $Zn - Ni/Al_2O_3$ 复合层	-1013	1

与单金属复合电沉积相比,合金复合电沉积的复合层成分及结构的影响因素更多,其影响规律也更复杂,尽管人们在功能性尤其是代硬铬方面,对合金复合电沉积有着很高的研究热情和期望,近年来也取得了一定的研究成果,但是合金复合电沉积的工艺控制很复杂,合金电沉积的产业化还有很长的路要走。

参 考 文 献

[1] 屠振密. 电沉积合金原理与工艺[M]. 北京:国防工业出版社,1993.

[2] 陈亚. 现代实用电沉积技术[M]. 北京:国防工业出版社,2003.

［3］ 高诚辉. 非晶态合金镀及镀层性能［M］. 北京：科学出版社，2004.

［4］ 郭鹤桐，张三元. 复合层［M］. 天津：天津大学出版社，1991.

［5］ ［日］电气镀金研究会. 機能めつさ膜の物性［M］. 日本：日刊工业新闻社，1986.

［6］ 郭忠诚，刘鸿康，王志英，等. 电沉积非晶态 Ni－W－P/SiC 复合层性能研究［J］. 电沉积与环保，1995，15（1）：5－8.

［7］ 郭忠诚，刘鸿康，王志英，等. 电沉积 Ni－W/SiC 复合层的研究［J］. 电沉积与环保，1996，16（6）：8－10.

［8］ 李东山. 增强摩擦型 Ni－P/金刚石复合层的电沉积制备及性能研究［D］. 兰州交通大学，2014.

［9］ 冯佩 Ni－W－ZrO$_2$ 复合层工艺及性能研究［D］. 西安科技大学，2014.

［10］ Zhao Chunmei, Yao Yingwu, He Liang. Electrodeposition and characterization of Ni－W/ZrO$_2$ nanocomposite coatings［J］. Bull. Mater. Sci. , 2014, 37(5)：1053－1058.

［11］ Beltowska－Lehman E, Indyka P, Bigos A, et al. Ni－W/ZrO$_2$ nanocomposites obtained by ultrasonic DC electrodeposition［J］. Materials and Design, 2015, 80 (9)：1－11.

［12］ Hou Kung－Hsu, Wang Han－Tao, Sheu Hung－Hua, et al. Preparation and wear resistance of electrodeposited Ni－W/diamond composite coatings［J］. Applied Surface Science, 2014, 308：372－379.

［13］ Sangeetha S, Paruthimal Kalaignan G. Tribological and electrochemical corrosion behavior of Ni－W/BN (hexagonal) nano－composite coatings［J］. Ceramics International, (2015), http://dx. doi. org/10. 1016/j. ceramint. 2015. 04. 089.

［14］ Wang Yi, Zhou Qiongyu, Li Ke, et al. Preparation of Ni－W－SiO$_2$ nanocomposite coating and evaluation of its hardness and corrosion resistance［J］. Ceramics International, 2015, 41(1)：79－84.

［15］ Beltowska－Lehman E, Indyka P, Bigos A, et al. Electrodeposition of nanocrystalline Ni－W coatings strengthened by ultrafine alumina particles［J］. Surface and Coatings Technology, 2012, 211(10)：62－66.

［16］ 孙万昌，冯佩，侯冠群，等. 稀土钇对 Ni－W/ZrO$_2$ 复合层性能的影响［J］. 摩擦学学报，2013，33（6）：600－605.

［17］ 何新快，侯柏龙，吴璐烨，等. 三价铬超声－脉冲电沉积 Ni－Cr/SiC 纳米复合层［J］. 稀有金属材料与工程，2014，43（7）：1742－1747.

［18］ 万冰华，费敬银，宁广西，等. Zn－Co－TiO$_2$ 纳米复合层的制备及耐蚀性能的研究［J］. 电镀与精饰，2014，36（2）：9－13，31.

［19］ Ghaziof S, Gao W. The effect of pulse electroplating on Zn－Ni alloy and Zn－Ni－Al$_2$O$_3$ composite coatings［J］. Journal of Alloys and Compounds, 2015, 622：918－924.

内 容 简 介

本书以"合金电沉积"为中心,集作者多年来从事合金电沉积方面的科研、教学和生产实践的诸多结晶,并囊括了国内外近50余年来大量合金电沉积方面的参考文献和发展现状,较全面地介绍了合金电沉积的基础理论、工艺技术和应用。本书针对锌合金、镍合金、铜合金、锡合金、铁合金、钴合金、铬合金、贵金属合金、仿金合金以及近年来发展的非晶态合金、纳米合金、离子液体合金和合金复合电沉积层等的制取方法、电沉积液和沉积层特性及应用进行了较全面的论述。

本书可供金属电沉积、表面工程、表面改性、表面技术、腐蚀与防护、合金电沉积等有关领域的设计、科研、工程技术人员和生产技术人员使用和参考,也可供大中专院校的师生作为教材和参考书使用。

This book, under the covered topic of "alloy electrodeposition", based on the author's fifty years of experience in alloy electrodeposition research, teaching and production practice, with an extensive reference to a hill of alloy electrodeposition literatures at home and abroad and with the status quo taken in to account, presents a comprehensive introduction to the basic theories, technologies and applications of alloy electrodeposition. It gives a full discussion on various alloy electrodeposition of preparation methods, property of plating baths, coating characteristics and applications, which mainly include: zinc alloy, nickel alloy, copper alloy, chrome alloy, tin alloy, ferroalloy, and cobalt alloy, noble metal alloy, alloy deposits for chromium replacement, and imitation gold alloy, and alloys developed in recent years, such as amorphous alloy, nano alloy, composite alloy coatings and alloy from ion liquid baths, etc.

The intended readers of this book are the technical professionals who are engaged in design, research and production related to metal deposition, surface engineering, surface technology, corrosion and protection, and alloy electrodeposition, etc. The book also can be used as a textbook or aprofessional reference book for college students and instructors.